Histología Bucal Básica

Francisco J. Sáez • Iker Badiola

Histología Bucal Básica

Springer

Francisco J. Sáez
Facultad de Medicina y Enfermería
Universidad del País Vasco UPV/EHU
Leioa, Spain

Iker Badiola
Facultad de Medicina y Enfermería
Universidad del País Vasco UPV/EHU
Leioa, Spain

ISBN 978-3-032-24362-1 ISBN 978-3-032-24363-8 (eBook)
https://doi.org/10.1007/978-3-032-24363-8

This Springer imprint is published by the registered company Springer Nature Switzerland AG
The registered company address is: Gewerbestrasse 11, 6330 Cham, Switzerland

Presentación

En los estudios universitarios en ciencias de la salud está previsto impartir formación en disciplinas básicas que se encargan del estudio de la organización y funcionamiento del cuerpo humano. Una de estas disciplinas es la Histología, la ciencia que estudia la estructura de los tejidos y cómo estos se organizan para formar los órganos de nuestro cuerpo. Estas disciplinas básicas aportan el conocimiento de la organización del cuerpo humano necesario para poder abordar las distintas especialidades de las ciencias de la salud. En este contexto, los estudiantes de odontología y los dentistas necesitan unos conocimientos básicos de Histología para poder desarrollar su profesión.

Este libro está dirigido a los dentistas en ejercicio y a los futuros dentistas, y trata de presentar de una forma clara y concisa la información básica sobre la materia. Además, en lugar de presentar la información como textos complejos, está presentada de forma concisa y esquemática, para facilitar la obtención de una vista previa de cada tema y su posterior revisión. Este formato esquemático es importante porque los planes de estudio de ciencias de la salud han reducido mucho el tiempo dedicado a las disciplinas básicas.

Este manual se centra en la histología de los tejidos básicos del cuerpo humano (Histología General) y de los tejidos y estructuras de la cavidad bucal (Histología Bucodental). Se ha prescindido de tratar todos los órganos y sistemas del cuerpo humano (Histología Especial u Organografía Microscópica), ya que normalmente no se incluyen en los planes de estudio de odontología. No obstante, en el tema dedicado al tejido nervioso se describe la organización histológica de los nervios y terminaciones nerviosas, ya que al estudiar la Histología Bucodental se hace referencia a la inervación. Por el mismo motivo, se ha incluido un tema dedicado al aparato circulatorio en el que se analizan con cierto detalle los vasos sanguíneos que se pueden encontrar en la cavidad bucal.

La Histología Humana es una disciplina eminentemente visual. La herramienta básica para estudiar Histología es el microscopio. Las primeras investigaciones histológicas completaban sus descripciones con dibujos detallados. Posteriormente, estos dibujos se fueron sustituyendo por fotografías tomadas con el microscopio (micrografías). La descripción de cualquier estructura histológica es mucho más fácil de explicar y de comprender si se acompaña de imágenes explicativas, ya sean micrografías o ilustraciones, y en este manual se ha hecho un esfuerzo por incluir ilustraciones explicativas de lo que se describe en el texto.

Para escribir este libro se han consultado muchos libros de texto de Histología y numerosos artículos publicados en revistas especializadas. Se indican aquí algunos de los libros utilizados como fuente de información. Esta lista incluye las ediciones más actualizadas de algunos tratados, pero también algunas ediciones antiguas que se han considerado interesantes por su forma de exponer los conceptos:

- Berkovitz B. K. B., Holland G. R., Moxham B. J. (2018). Oral Anatomy, Histology & Embryology (5ª ed). Elsevier.
- Bloom W., Fawcett D. W. (1983). Tratado de Histología (9ª ed). Labor.
- Brüel A., Christensen E. I., Tranum-Jensen J., Qvortrup K., Geneser F. (2015). Geneser – Histologia (4ªed). Panamericana.
- Carrascal E. (2001). Histología Humana. Librería Cervantes.
- Chiego D. J. (2014). Principios de Histología y Embriología Bucal con orientación clínica (5ª ed). Elsevier.
- Eynard A. R., Valentich M. A., Rovasio R. A. (2008). Histología y Embriología del ser Humano. Bases celulares y moleculares (4ª ed). Panamericana.
- Gartner L. P., Hiatt J. L. (2008). Texto Atlas de Histología (3ª ed). McGraw-Hill Interamericana.
- Gómez de Ferraris M. E., Campos Muñoz A (2009). Histología, Embriología e Ingeniería Tisular Bucodental (3ª ed). Panamericana.
- Ham A. W., Cormack D. H. (1985). Tratado de Histología (8ª ed) Interamericana.
- Hand A. R. and Frank M. E. (2014) Fundamentals of Oral Histology and Physiology. Wiley Blackwell.
- Junqueira L. C., Carneiro J (2015). Histología Básica. Texto y Atlas (12ª ed). Panamericana.
- Kierszenbaum A. L., Tres L. L. (2016). Histología y Biología Celular. Introducción a la anatomía patológica (4ª ed). Elsevier.
- Krstić R. V. (1985). General Histology of the Mammal. Springer.
- Krstić R. V. (1991). Human Microscopic Anatomy. Springer.
- Nanci A. (2013). Ten Cate's Oral Histology (8ª ed). Elsevier.
- Pawlina W. (2024). Histology. A text and atlas, with correlated Cell and Molecular Biology. Wolters Kluwer.
- Villaro A. C. (2021). Histología para estudiantes. Panamericana.
- Weis L. editor (1988). Cell and Tissue Biology. A Textbook of Histology (6ª ed). Urban & Schwarzenberg.
- Welsch (2014). Sobotta Histología (3ª ed). Panamericana.
- Young B., O'Dowd G., Woodford P. (2014). Wheater – Histología Funcional. Texto y Atlas en color (6ª ed). Elsevier.

Como este manual pretende ser una introducción a la Histología y no un tratado sobre la especialidad, no se han incluido en el texto referencias a las fuentes. Sin embargo, se ha incluido en cada capítulo una breve lista de lecturas complementarias.

Se ha dado mucha importancia al origen etimológico de los términos científicos, ya que pueden facilitar la comprensión de su significado. Para poder cumplir con este objetivo, se han consultado dos obras:

- Diccionario de la lengua española. Real Academia Española. https://www.rae.es/.
- Diccionario médico-biológico, histórico y etimológico. Universidad de Salamanca. https://dicciomed.usal.es.

Además, para esta versión española se ha consultado el Diccionario Panhispánico de Términos Médicos (DPTM) elaborado por la Real Academia Nacional de Medicina de España (RANME) y la Asociación Latinoamericana de Academias Nacionales de Medicina, España y Portugal (ALANAM), disponible en https://dptm.es/. Generalmente, se han utilizado los términos recogidos y recomendados por el DPTM, salvo algún caso excepcional en el que se ha optado por uno de los términos alternativos que se ha considerado más apropiado. Cuando un término no está recogido en el DPTM, se ha escogido el que los autores han considerado correcto o de uso frecuente.

Los autores (Francisco J. Sáez e Iker Badiola) imparten clases de Histología Humana en el grado de Odontología de la Facultad de Medicina y Enfermería de la UPV/EHU. Ambos tienen amplia experiencia en la docencia universitaria en varios grados (Biología, Bioquímica, Medicina, Odontología) y un extenso currículo en investigación en Histología.

Agradecimientos Queremos agradecer a nuestras respectivas familias su paciencia y apoyo constante durante la preparación de este libro. También agradecemos a nuestros colegas por su continua colaboración. Además, estamos en deuda con todos los libros y artículos que hemos consultado, ya que sin ellos no habría sido posible este manual. Los aciertos de este manual se deberán sobre todo a las fuentes consultadas, cualquier error será atribuible a nosotros. Finalmente, queremos agradecer a Springer Nature por su interés en este proyecto.

Competing Interests The authors have no competing interests to declare that are relevant to the content of this manuscript.

Índice general

La histología y el estudio de los tejidos humanos

1

Qué aprenderás en este capítulo

En este capítulo aprenderás qué es un tejido biológico y qué es la Histología. Aprenderás algunos de los términos más usados en el estudio de los tejidos y verás cómo interpretar las secciones histológicas bidimensionales que se estudian con los microscopios. También revisarás algunos conceptos básicos de la organización celular, ya que las células son los componentes fundamentales de los tejidos.

1.1 Qué es la histología y qué es un tejido

A. La Enciclopedia Británica afirma que el objetivo fundamental de la **histología**[1] es determinar cómo se organizan los tejidos en todos los niveles estructurales, desde las células y las sustancias intercelulares a los órganos.

B. El término histología está formado por el prefijo **histo**-, que proviene del griego clásico ἱστός (histós), que significa **tejido**, y el sufijo -**logía**, del griego λογία (logía), que significa **tratado, estudio o ciencia**.

C. La histología es una evolución de la anatomía microscópica que se desarrolló principalmente a partir del siglo XIX por la conjunción de varios hitos:

   1. Aparición del concepto de tejido. El origen del término tejido aplicado a los organismos animales se debe a Marie François Xavier Bichat (1771–1802).
      a. Él distinguió lo que llamó tejidos simples que combinados en el organismo forman los órganos.

[1] Algunos autores han introducido recientemente el término “biología tisular”. Si entendemos que se refieren a la ciencia que estudia los tejidos, sería una nueva e innecesaria forma de denominar a la Histología.

F.J. Sáez, I. Badiola, *Histología Bucal Básica*,
https://doi.org/10.1007/978-3-032-24363-8_1

b. Hay que tener en cuenta que los estudios de Bichat nunca fueron microscópicos
2. Evolución de los microscopios y de la técnica microscópica. Se desarrollaron nuevos microscopios con mayor resolución y menos aberraciones ópticas, lo que permitió mejorar los estudios microscópicos
3. Enunciado de la **teoría celular** (1838–1839), que provocó un gran avance en el estudio de la organización de los seres vivos. Esta teoría propuso que todos los seres vivos, animales, vegetales y microorganismos, están formados por **células** (latín científico cellula, y este del latín cellŭla 'celdilla', diminutivo de cella 'celda').
4. Enunciado de la **teoría de la evolución** (Darwin, 1868) y de la **teoría de la herencia** (Mendel, 1865), que junto a la teoría celular revolucionaron las ciencias biológicas.

D. Las células son entes vivos capaces de realizar reacciones químicas muy complejas (**metabolismo**) que les permiten producir, mantener y renovar sus componentes.
E. La mayoría de las células son capaces de dividirse por **mitosis** para producir dos nuevas células.
F. La enciclopedia Británica define tejido como "un nivel de organización en los organismos multicelulares; consiste en un grupo de células parecidas estructural y funcionalmente y su material intercelular".
G. Un tejido está formado por:
1. **Células**.
a. Pueden ser todas iguales –del mismo **tipo celular**– o pueden ser diferentes –de varios tipos celulares–, cada una especializada en un trabajo, pero trabajando siempre de forma más o menos coordinada.
b. Todos los tipos celulares de un tejido pueden tener un **origen embrionario** común, o puede haber células de distinto origen.
2. Matriz extracelular. Es el medio en el que están inmersas las células.
a. En su mayor parte suele estar producida por alguno de los tipos celulares del tejido.
b. Es un medio muy hidratado, como las mismas células.

1.2 Algunos términos básicos en histología

A. Todas las células de un ser humano proceden de una única célula, el **cigoto**, formado por la fusión del **espermatozoide** paterno con el **óvulo** materno.
B. El cigoto se divide en dos células por **mitosis**. Mediante sucesivas mitosis, las células resultantes van produciendo más células.
C. Las nuevas células que se producen se van especializando para realizar diferentes trabajos. Este proceso de especialización se denomina **diferenciación**.
D. En cada tejido se pueden encontrar grupos de células que se han diferenciado de manera diferente. Cada uno de estos grupos de células constituye un **tipo celular**. Un tipo celular puede estar presente en diferentes tejidos.

E. Las células de un tipo celular que están en el mismo tejido, en el mismo ambiente, constituyen una **población celular**.

F. Cada tipo celular recibe un nombre que lo identifica. Normalmente, este nombre es una palabra formada por:
   1. Una **raíz o lexema**. Los lexemas suelen referirse:
      a. Al tejido en el que está. Como ejemplo podemos citar mio- (del griego μῦς, μυός myos 'músculo'), osteo- (ὀστεο osteo 'hueso'), condro- (χόνδρος chóndros 'cartílago')
      b. A su función, a su papel en el tejido o a alguna característica de la célula, por ejemplo, eritro-, del griego ἐρυθρο, que significa rojo.
   2. Un **sufijo**. Los sufijos suelen ser dos:
      a. **Cito**. El sufijo -cito proviene del griego κύτος kýtos, que significa vaso, receptáculo, y es el equivalente al latín cellŭla, que siginifica celdilla, del que procede la palabra célula.
      b. **Blasto**. El sufijo -blasto proviene del griego βλαστός blastós, que significa germen, que forma u origina algo. Este sufijo suele utilizarse para:
         (1) Designar una **célula inmadura**, es decir, una célula que no ha completado su proceso de diferenciación y que va a transformarse en otra bien diferenciada. Entonces, una célula inmadura del cartílago se llama condroblasto, mientras que la célula madura, bien diferenciada se denomina condrocito.
         (2) Denominar a una **célula que produce u origina alguna estructura**. Podemos citar tres ejemplos:
            (a) El fibroblasto, la célula madura del tejido conjuntivo, que se denomina así por ser una célula "formadora de fibras".
            (b) El odontoblasto, que forma la dentina del diente.
            (c) El ameloblasto, que forma el esmalte dental.
   3. En algunos casos, la palabra comienza con un **prefijo**. Algunos prefijos indican:
      a. Una fase previa de maduración de la célula, como por ejemplo:
         (1) Meta- (del griego antiguo μετα-, 'junto a, después de, entre').
         (2) Pre- (del latín prae- 'anterior').
         (3) Pro- (del latín pro-, 'ante, delante de').
      b. Una característica de la célula, por ejemplo, mega- (del griego μεγα- mega-, 'grande').

G. En la siguiente tabla se muestran los componentes de los nombres de algunos tipos celulares.

Tipo celular	Prefijo	Raíz o lexema	Sufijo
Odontoblasto		odonto	blasto
Preodontoblasto	pre	odonto	blasto
Ameloblasto		amelo	blasto
Preameloblasto	pre	amelo	blasto
Condrocito		condro	cito
Condroblasto		condro	blasto
Eritrocito		eritro	cito
Proeritroblasto	pro	eritro	blasto
Metamielocito	meta	mielo	cito
Megacariocito	mega	cario	cito

H. Se llama **histología general** a la parte de la histología que estudia los tejidos básicos, sus características y su origen embrionario

I. La **histología especial** estudia la organización y disposición de los tejidos en cada órgano. Esta parte de la histología también se llama **organografía microscópica**.

J. Los **órganos** se agrupan en **aparatos** y **sistemas**. Aunque estos conceptos tienen diferente acepción en cada país, se puede considerar que un aparato o un sistema es un conjunto de órganos que colaboran en una determinada función del organismo[2].

K. En los órganos, se suele distinguir dos componentes inseparables:
   1. Los tejidos del órgano que realizan su función principal forman lo que se denomina **parénquima** (del griego antiguo παρέγχυμα parénchyma 'sustancia de los órganos').
   2. Los tejidos que tienen una función secundaria o de sostén constituyen el **estroma** (del griego στρῶμα strôma 'tapiz').

L. Los tejidos se estudian al **microscopio de luz** en secciones de 4 a 10 μm de grosor.
   1. En estas secciones, los tejidos son transparentes al microscopio, incoloros.
   2. Para poder distinguir la estructura de los tejidos, las secciones histológicas se tratan con **sustancias colorantes** muy variadas.
   3. La técnica de **tinción** más frecuente combina dos colorantes:
      a. La **hematoxilina** es una sustancia alcalina que tiñe la célula en colores morados allí donde predominen los componentes ácidos.
         (1) Tiñe intensamente el núcleo que posee un alto contenido en ácido desoxirribonucleico (ADN).

[2] Tradicionalmente, en español se ha denominado "sistema" a los conjuntos de órganos encargados de la integración funcional del cuerpo humano (por ejemplo, sistema nervioso y sistema endocrino) y "aparato" a todos los demás (por ejemplo, aparato digestivo y aparato circulatorio). Esta diferencia no se hace en otros idiomas. La tendencia actual en español es considerar sinónimos ambos términos.

(2) Las regiones celulares que se tiñen con hematoxilina se denominan **basófilas** (del griego βάσις básis 'base' y φιλία philía 'amistad, simpatía'), por su afinidad hacia los colorantes alcalinos.

b. La **eosina** es una sustancia ácida que tiñe las regiones celulares con abundantes componentes alcalinos. Los componentes celulares que se tiñen con eosina se denominan **acidófilos o eosinófilos**.

1.3 Interpretación de los cortes histológicos

A. Los tejidos se suelen observar con **microscopios de campo claro**. Estos microscopios utilizan luz visible que atraviesa la muestra y lentes de vidrio que amplifican la imagen.

B. Para estudiar una muestra de un órgano al microscopio de campo claro es preciso realizar un proceso que consta de varias fases:
1. **Fijación** con sustancias químicas, que impiden que los componentes tisulares se degraden y se destruyan las estructuras.
2. **Inclusión** en un material sólido, como **parafinas** o **resinas**. Este proceso requiere una **deshidratación** de la muestra con alcohol y xileno.
3. **Corte o microtomía** (del griego clásico μικρο- mikro- 'pequeño' y -τομία -tomía, derivado de τέμνειν témnein 'cortar') con una cuchilla para obtener secciones muy finas del tejido (4–10 μm de espesor) que puedan disponerse sobre una lámina fina de cristal o vidrio (**portaobjetos**).
4. **Tinción** de la sección con **colorantes**, para lo cual se necesita **rehidratar** la muestra con disolventes y agua.
5. **Montaje**, que consiste en recubrir el corte histológico con una laminilla de vidrio muy fina (**cubreobjetos**) que se adhiere a la muestra con una resina que se solidifica y preserva la muestra. Para ello es necesario volver a **deshidratar** la sección con disolventes.

C. El proceso de preparación puede provocar alteraciones de la muestra. Las alteraciones debidas al procesado y la observación de las muestras se denominan **artefactos**. Algunas alteraciones posibles son:
1. Contracción debida a las sustancias químicas utilizadas o al calor durante la inclusión en parafina. La contracción puede provocar:
   a. Disminución del tamaño.
   b. Aparición de espacios entre las células y otros componentes del tejido.
2. Aparición de espacios vacíos debidos a la pérdida de sustancias, bien porque no se han fijado adecuadamente, bien porque son solubles en las sustancias químicas empleadas.
3. Alteraciones de la forma debido a la rotura del tejido durante su obtención.
4. Degeneración de los tejidos por una fijación insuficiente.
5. Aparición de pliegues.
6. Aparición de líneas debidas a imperfecciones de la cuchilla.
7. Precipitados de colorantes o de suciedad.
8. Burbujas en el medio de montaje de la muestra.

D. El estudiante de Histología debe tener en cuenta:

1. Las características de un tejido que se describen en los libros se han conocido analizando muchas muestras con diferentes técnicas microscópicas o bioquímicas. Por ello, no debe esperar que se puedan observar todas las características de un tejido en las preparaciones que estudie en una única muestra.
2. En el microscopio se observa una muestra **bidimensional** (longitud y anchura), pero los tejidos tienen una organización **tridimensional** (longitud, anchura y altura).
   a. Una misma estructura tridimensional puede dar lugar a estructuras bidimensionales aparentes muy diferentes (fig. 1.1).
   b. Es necesario interpretar lo observado e imaginar la posible estructura real de lo observado.

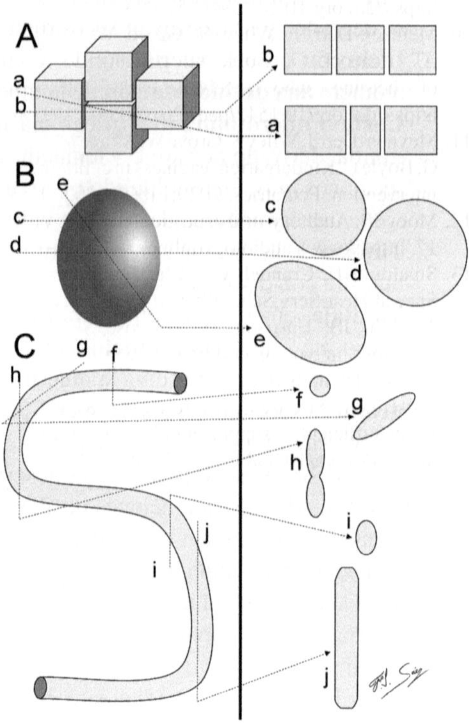

Figura 1.1 Representación de las distintas imágenes bidimensionales que se pueden observar si se realizan secciones de objetos tridimensionales en diferentes planos. Las secciones de formas poliédricas, como por ejemplo un hexaedro regular (**A**), pueden originar diferentes formas poligonales (a, b). Según la complejidad de los poliedros seccionados, variará la diversidad de formas poligonales que se pueden observar. Las secciones de estructuras redondeadas u ovoides (**B**) pueden producir imágenes circulares (c, d) u ovales (e). Las estructuras tubulares (**C**) pueden ser cortadas en planos muy diferentes, lo que da lugar a que se observen formas circulares (f), ovales (g, i), irregulares (h) y alargadas (j)

1.4 Organización celular

A. Antes de comenzar con el estudio de la histología, es conveniente recordar algunos conceptos básicos sobre la célula.

B. Las células humanas, como las células de otros organismos, están formadas fundamentalmente por agua y moléculas orgánicas de distintos tipos, que constituyen el llamado **protoplasma** (del griego οπρωτο, prōto, 'primero' y πλάσμα, plásma, 'sustancia').

C. Todo el contenido celular tiene unos límites, la **membrana plasmática**, una barrera física semipermeable que engloba el resto del protoplasma.

D. Dentro de la célula, existen otras membranas que dividen el protoplasma celular, creando así compartimentos llamados **orgánulos u organelas**, cada uno especializado en diferentes trabajos.

E. La célula se divide en dos compartimentos principales (fig. 1.2):
   1. El **núcleo** es un compartimento que solo se observa cuando la célula no se está dividiendo (**interfase**).
      a. Cuando la célula se divide (**mitosis**), el material nuclear se condensa para formar los **cromosomas**, formados por moléculas lineales de ADN que contienen la información genética en su secuencia de nucleótidos.
      b. En el núcleo en interfase se puede ver:

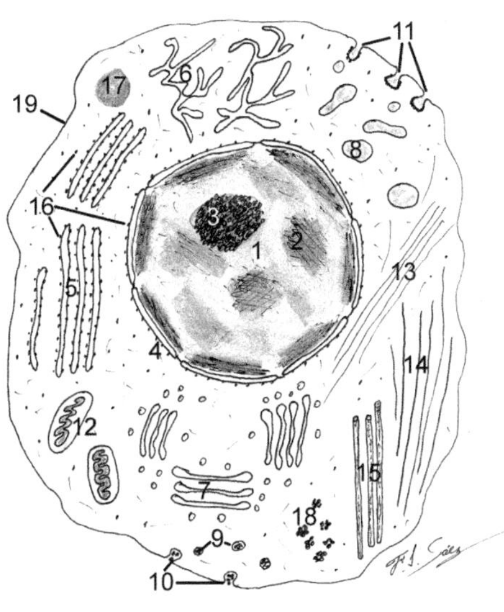

Figura 1.2 Representación simplificada de la estructura de una célula hipotética con sus principales componentes. 1, núcleo; 2, heterocromatina; 3, nucléolo; 4, envoltura nuclear con ribosomas; 5, retículo endoplásmico rugoso; 6, retículo endoplásmico liso; 7, aparato de Golgi; 8, lisosomas y endosomas; 9, vesículas de secreción; 10, exocitosis de vesículas; 11, formación de vesículas de endocitosis; 12, mitocondrias; 13, microfilamentos de actina; 14, filamentos intermedios; 15, microtúbulos; 16, ribosomas; 17, gotas de lípidos; 18, gránulos de glucógeno; 19, membrana plasmática

(1) **Envoltura nuclear**, que tiene dos membranas que forman el límite del núcleo. En su cara externa tienen adheridos **ribosomas**.
(2) **Cromatina**, formada por los cromosomas parcialmente descondensados. Se pueden observar regiones más oscuras (**heterocromatina**) y zonas más claras (**eucromatina**).
(3) **Nucléolos**, uno o más, que son las regiones donde se producen las subunidades de los ribosomas.

2. El **citoplasma** es el resto del protoplasma que junto con el núcleo forma la célula. El citoplasma está formado por compartimentos delimitados por membrana rodeados por el citosol.
   a. Compartimentos rodeados por membranas, cuyas cavidades se denominan **lumen** (del latín lumen, 'luz'). Los más importantes son:
   (1) **Retículo endoplásmico** (del latín reticŭlum, 'redecilla', del griego ἐνδο- endo-, 'dentro', y el sufijo diminutivo -ico): formado por cavidades limitadas por membrana que se distribuyen por el citoplasma formando una red. En el retículo endoplásmico se realizan muchas funciones distintas, como la importación de proteínas recién sintetizadas por los ribosomas para modificarlas y transportarlas a su destino en la célula o fuera de ella.
      (a) Algunas regiones de este orgánulo pueden tener unas partículas (los **ribosomas**) adheridos a la superficie externa de su membrana. Estas regiones se denominan **retículo endoplásmico rugoso**.
      (b) Otras zonas carecen de ribosomas y forman el **retículo endoplásmico liso**.
   (2) **Aparato de Golgi**: Conjunto de cisternas apiladas que recibe materiales del retículo endoplásmico, los modifica y los transporta a su destino definitivo en la célula o fuera de ella.
   (3) **Lisosomas** y **endosomas**: vesículas (cavidades limitadas por membrana) llenas de enzimas que se encargan de degradar otras sustancias de origen endógeno (la propia célula) o exógeno (el medio extracelular). Estas vesículas contienen **enzimas** que provienen del aparato de Golgi.
   (4) **Vesículas de transporte**: vesículas que se producen por gemación de la membrana de un orgánulo y se fusionan con la membrana de otro orgánulo. De esta forma se transportan entre ambos orgánulos componentes de la membrana o del lumen.
      (a) Las **vesículas de secreción** trasladan materiales desde el aparato de Golgi hasta la superficie celular (membrana plasmática), y su contenido se secreta al exterior celular mediante un proceso llamado **exocitosis**.
      (b) En la membrana plasmática se producen vesículas hacia el interior celular (**vesículas de endocitosis**) que pueden fusionarse con otros orgánulos, como los endosomas, incorporando así materiales extracelulares a la célula.

(5) **Mitocondrias** (del griego antiguo μίτος mítos 'hilo' y κόνδρος kóndros 'gránulo'): orgánulos limitados por dos membranas, en cuyo interior se produce el **ciclo de Krebs** y la **fosforilación oxidativa**, es decir, la producción de **ATP** (trifosfato de adenosina).
   (a) El ATP se produce sobre todo gracias a la energía obtenida de la oxidación de moléculas orgánicas en el ciclo de Krebs.
   (b) Posteriormente, el ATP se distribuye por la célula y la hidrólisis de esta molécula se emplea para aportar la energía necesaria para realizar muchas reacciones bioquímicas.

b. **Citosol** (mezcla de los términos griego κύτος kýtos 'célula' y latino solu- 'disolver') o **hialoplasma** (de las palabras de origen griego ὕαλος hýalos 'vidrio' y ὑάλινος hyálinos 'traslúcido'). Es el medio que rodea los compartimentos citoplasmáticos.
(1) En sí, el citosol constituye otro compartimento situado entre la membrana plasmática y las membranas del núcleo y las de los orgánulos citoplasmáticos.
(2) En el citosol podemos encontrar estructuras visibles al microscopio pero que no poseen membrana, por ejemplo:
   (a) Filamentos proteicos que constituyen el **citoesqueleto**. Pueden ser de varios tipos:
      1. **Microfilamentos o filamentos de actina**. Son los más delgados (unos 6 nm).
      2. **Filamentos intermedios**, de un grosor intermedio, como su nombre indica (entre 8 y 10 nm). Los puede haber de varios tipos, según la proteína que los forme: de **vimentina**, de **desmina**, **tonofilamentos** (de **queratinas**), **neurofilamentos**, **gliofilamentos**, etc.
      3. **Filamentos gruesos o filamentos de miosina**. Son más gruesos (25 nm). Sólo se distinguen en las **células musculares**. Se asocian a los microfilamentos y se deslizan sobre ellos, lo que produce movimiento.
      4. **Microtúbulos**. Son filamentos huecos (tubos) formados por la proteína **tubulina**.
   (b) **Ribosomas** (de ribosa, pentosa que forma el ácido ribonucleico, y del griego σῶμα sôma 'cuerpo'):
      1. Son complejos macromoleculares ribonucleoproteicos, es decir, formados por proteínas y **ácidos ribonucleicos (ARN)**.
      2. Su función es producir proteínas leyendo los ARN mensajeros procedentes del núcleo para traducir su secuencia de nucleótidos en las secuencias de aminoácidos de cada proteína.
   (c) **Gotas de lípidos**. Son inclusiones lipídicas, es decir, acumulaciones de materias grasas o aceites que, al no ser solubles en agua, forman una fase no acuosa aislada del resto del citosol.
   (d) **Gránulos de glucógeno**. El glucógeno es un polímero de glucosa que se produce para almacenar glucosa en la célula. Como puede

ser una molécula de gran tamaño, con el microscopio electrónico de transmisión se pueden observar como pequeñas inclusiones en el citosol.

F. Muchas moléculas pequeñas (agua, iones, aminoácidos, azúcares, nucleótidos, etc.) deben atravesar las membranas de la célula para que ésta funcione correctamente.
   1. Normalmente este transporte se hace a favor del **gradiente químico** o **del gradiente electroquímico** de la sustancia transportada, es decir, por **difusión**.
   2. No obstante, existen varios mecanismos diferentes (fig. 1.3):
      a. **Difusión simple**. Si la sustancia es liposoluble, puede atravesar la bicapa lipídica de la membrana.
      b. **Difusión facilitada**. Si la molécula no es liposoluble, necesita la ayuda de **proteínas transmembrana**. En este caso podemos encontrar variantes:

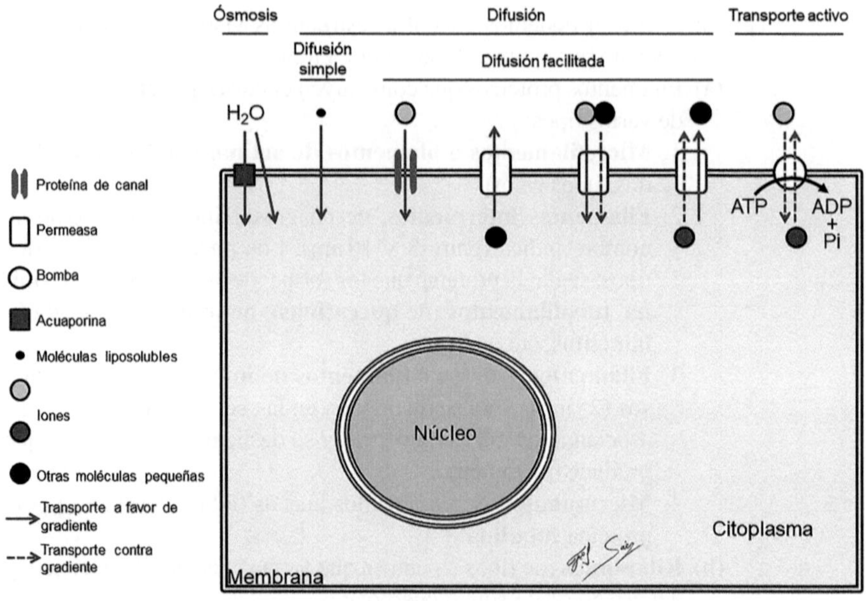

Figura 1.3 Mecanismos de transporte de moléculas pequeñas a través de las membranas. El agua atraviesa las membranas a favor de la presión osmótica, mayoritariamente gracias a las acuaporinas, pero en menor medida a través de la bicapa lipídica. Las moléculas liposolubles atraviesan la bicapa lipídica a favor de su gradiente químico por difusión simple. El resto de moléculas atraviesan la membrana a favor de su gradiente electroquímico o químico mediante difusión facilitada, los iones gracias a proteínas de canal, y las moléculas sin carga eléctrica a través de transportadoras o permeasas. Algunas permeasas transportan dos sustancias distintas, una de ellas a favor y la otra en contra de sus respectivos gradientes. También existen bombas que transportan sustancias en contra de su gradiente mediante un transporte activo que se produce gracias a la energía proporcionada por la hidrólisis del ATP

(1) La difusión facilitada de iones se realiza normalmente por **proteínas de canal**.
(2) Las sustancias sin carga eléctrica suelen atravesar las membranas por **transportadores o permeasas**.
(a) Algunas permeasas transportan una única sustancia a favor de su gradiente (**uniportadores**).
(b) Otras permeasas transportan dos moléculas distintas de forma simultánea, normalmente una de ellas a favor y la otra en contra de sus respectivos gradientes (**cotransportadores**).

c. **Transporte activo**. Ciertas proteínas, llamadas **bombas**, transportan sustancias, normalmente iones, en contra de sus gradientes gracias a la energía proporcionada por la hidrólisis del ATP.
d. **Ósmosis**. El agua atraviesa las membranas a favor de la **presión osmótica**[3]. Puede producirse por dos vías:
(1) A través de la bicapa lipídica. Este transporte es lento.
(2) A través de proteínas transmembrana llamadas **acuaporinas**. Como el paso del agua a través de la bicapa lipídica es lento, el transporte transmembrana de agua depende sobre todo de las acuaporinas.

Lo que hay que recordar
La Histología es la ciencia que estudia los tejidos biológicos, que son agregados de células y material intercelular organizados en un lugar concreto de un organismo animal para realizar alguna función. La Histología usa un vocabulario especializado que hay que conocer. Una de las herramientas básicas empleadas para estudiar los tejidos es el microscopio, y como usa secciones bidimensionales de los tejidos, es necesario saber interpretar las imágenes microscópicas para comprender la organización tridimensional de los tejidos. Además, como las células son los componentes fundamentales de los tejidos, es necesario tener un conocimiento profundo de la organización de las células.

Lectura adicional

Gartner L P 2017a. Cytoplasm. En: Textbook of Histology. 4ª Ed. Elsevier, Filadelfia, pp. 13–54.
Gartner L P 2017b. Introduction to Histology and Basic Histological Techniques. En: Textbook of Histology. 4ª Ed. Elsevier, Filadelfia, pp. 1–12.
Gartner L P 2017c. Nucleus. En: Textbook of Histology. 4ª Ed. Elsevier, Filadelfia, pp. 55–80.
Gómez de Ferraris M E, Campos Muñoz A 2009a. Histología, Embriología e Ingeniería Tisular Bucodental. En: Histología, Embriología e Ingeniería Tisular Bucodental. 3ª ed. Médica Panamericana, pp. 1–12.

[3] La presión osmótica es la que impulsa el flujo de agua a través de una membrana para igualar las concentraciones de las sustancias disueltas a ambos lados de dicha membrana, cuando dichas sustancias no pueden atravesar la membrana.

Gómez de Ferraris M E, Campos Muñoz A 2009b. Métodos y técnicas de estudio en histología e ingeniería tisular bucodental. En: Histología, Embriología e Ingeniería Tisular Bucodental. 3ª ed. Médica Panamericana, pp. 13–26.

Krstić R V 1985. Introduction. En: General Histology of the Mammal. An Atlas for Students of Medicine and Biology. Springer Verlag, Berlin, pp. 1–13.

Krstić R V 1991. Introduction. En: Human Microscopic Anatomy. An Atlas for Students of Medicine and Biology. Springer Verlag, Berlin, pp. 1–3.

Lowe J S, Anderson P G 2015a. Histology. En: Stevens & Lowe's Human Histology. 4ª Ed. Elsevier, Filadelfia, pp. 1–10.

Lowe J S, Anderson P G 2015b. The Cell. En: Stevens & Lowe's Human Histology. 4ª Ed. Elsevier, Filadelfia, pp. 11–36.

O'Dowd G, Bell S, Wright S 2023a. Appendix 1: Introduction to microscopy. En: Wheater's Functional Histology. Elsevier, pp. 432–436.

O'Dowd G, Bell S, Wright S 2023b. Appendix 2: Notes on staining techniques. En: Wheater's Functional Histology. Elsevier, pp. 437–444.

O'Dowd G, Bell S, Wright S 2023c. Cell structure and function. En: Wheater's FunctionalHistology. Elsevier, Amsterdam, pp. 2–32.

Padykula H A 1988. Histochemistry and Cytochemistry. En: Cell and Tissue Biology – A Textbook of Histology. Weiss L Editor. 6ª ed. Urban & Schwarzenberg, Baltimore, pp. 93–112.

Pawlina W 2024a. Methods. En: Histology a Text and Atlas with correlated Cell and Molecular Biology. 9ª ed. Wolters Kluwer, Philadelphia, pp. 1–27.

Pawlina W 2024b. Tissues: Concept and Classification. En: Histology a Text and Atlas with correlated Cell and Molecular Biology. 9ª ed. Wolters Kluwer, Philadelphia, pp. 112–120.

Embriología general

2

Qué aprenderás en este capítulo

El desarrollo de un ser humano puede dividirse en varias etapas desde la fecundación hasta el nacimiento y desde éste hasta la vejez. El desarrollo depende de factores genéticos y epigenéticos y se lleva a cabo por una combinación de mecanismos moleculares y celulares que dan lugar a la formación de los tejidos (histogénesis) y a la forma de los órganos y del ser humano en su conjunto (morfogénesis). Durante el desarrollo embrionario se produce una estructura con dos capas celulares (embrión bilaminar). Algunas células de la capa dorsal de este embrión (epiblasto) migran hacia zonas ventrales y se produce un embrión con las tres hojas germinativas: ectodermo, mesodermo y endodermo. Además, el ectodermo forma el tubo neural y las crestas neurales, cuyas células migran por el mesodermo y forman varias células y tejidos del organismo. Finalmente, verás que cada hoja germinativa puede generar diferentes tejidos y órganos humanos.

2.1 Etapas del desarrollo humano

A. El desarrollo de un individuo comienza con la **fecundación** y la formación del **cigoto**.
B. El desarrollo de un individuo pasa por estas etapas:
   1. **Etapa prenatal**, que incluye:
      a. **Periodo embrionario**. Abarca las primeras 8 semanas en las que se forman el **embrión** y sus **membranas extraembrionarias**. Estas últimas formarán la **placenta**.
      b. **Periodo fetal**. A partir de la novena semana, hasta el parto. En este periodo, el embrión se denomina **feto**.

F.J. Sáez, I. Badiola, *Histología Bucal Básica*,
https://doi.org/10.1007/978-3-032-24363-8_2

2. **Etapa postnatal**, que se divide en varios periodos:
   a. **Periodo neonatal**: las 4 primeras semanas de vida.
   b. **Periodo de lactancia**: desde el primer mes hasta los 12 o 14 meses. A partir del sexto mes comienzan a aparecer los primeros dientes primarios.
   c. **Infancia**: Dividida en dos periodos:
      (1) **Primera infancia**, desde los 12 meses hasta los 6 años. En los 3 primeros años, continúa la eclosión de los dientes primarios.
      (2) **Segunda infancia**, desde los 7 a los 13 años, periodo en el que la dentición primaria va siendo progresivamente sustituida por la dentición permanente.
   d. **Pubertad**: Desde los 12 a los 14 años en el varón y desde los 11 a los 14 en la mujer. Durante este periodo se produce el desarrollo de los órganos sexuales y de los caracteres sexuales secundarios.
   e. **Adolescencia**: en este periodo se alcanza la madurez y suele aparecer el tercer molar permanente.
   f. **Periodo adulto**: a partir de los 20 años. Se completa el desarrollo y con el tiempo da paso a la **madurez** y la **senilidad**.

C. La **embriología** es la ciencia que estudia el desarrollo de un ser vivo (en nuestro caso, el ser humano) desde la fecundación hasta el nacimiento. Se suele distinguir:
   1. **Embriología general**, que estudia el desarrollo temprano hasta la aparición de las **hojas germinativas** en el embrión y la formación de los esbozos de los órganos.
   2. **Embriología especial**, que estudia la **organogénesis**, es decir, la formación de los órganos, aparatos y sistemas en el feto.

D. En este tema se van a describir las primeras semanas del desarrollo, hasta la aparición de las hojas germinativas y el tubo neural.

2.2 Factores que regulan el desarrollo

A. Todo el desarrollo de un ser humano está regulado por muchos factores que pueden ser agrupados en dos categorías:
   1. **Factores genéticos**: cada organismo tiene en el cigoto una información genética que condiciona el programa de desarrollo.
   2. **Factores epigenéticos**: son el conjunto de factores que regulan cómo se expresa la información genética contenida en los cromosomas.
      a. Suelen depender del **ambiente** en el que se produce el desarrollo.
      b. Como ejemplo de la influencia de estos factores epigenéticos, se puede poner el de los **gemelos homocigóticos** que poseen exactamente la misma información genética pero que suelen mostrar alguna característica diferente.

2.3 Mecanismos que regulan el desarrollo

A. **Proliferación celular**.
   1. El cigoto se divide por **mitosis**, y las células resultantes también se dividen por mitosis, y así sucesivamente para originar todas las células del organismo.
   2. La mitosis permite que a partir de una célula se formen dos células cuyo material genético (**genotipo**) es idéntico al de la célula inicial.

B. **Diferenciación**.
   1. Durante el desarrollo, en cada célula se activan ciertos genes y se silencian otros.
      a. En consecuencia, cada célula que se forma va adquiriendo características diferentes.
      b. Este proceso se denomina **diferenciación**.
   2. El conjunto de características de un organismo o una célula se denomina **fenotipo**.
      a. Dos individuos con el mismo genotipo (gemelos homocigóticos) pueden tener características diferentes (fenotipos diferentes)
      b. Dos células de un organismo, con el mismo genotipo, pueden tener fenotipos muy diferentes.
   3. Durante el desarrollo, grupos de células se diferencian y se especilizan en diferentes funciones, es decir, adquieren diferentes fenotipos. Las células con el mismo fenotipo constituyen un **tipo celular**.
   4. La especialización conlleva que la célula sea incapaz de transformarse en otros tipos celulares distintos. Este proceso es progresivo y podemos distinguir células que tienen diferentes potenciales de diferenciación:
      a. **Células totipotentes**: el cigoto es una célula totipotente, ya que puede originar todas las células y tejidos del individuo y el individuo completo.
      b. **Células pluripotentes**: pueden producir cualquier tipo celular del organismo, pero no son capaces de producir un individuo completo.
      c. **Células multipotentes**: pueden originar varios tipos celulares de una estirpe, pero no de otra estirpe distinta. Un ejemplo puede ser la célula madre[1] hematopoyética (célula troncal hematopoyética), que puede originar cualquier célula sanguínea.
      d. **Células monopotentes**: sólo producen un tipo celular. Un ejemplo sería el eritroblasto, que sólo puede originar los eritrocitos sanguíneos.

C. **Migración**. Algunas células tienen la capacidad de desplazarse, por lo que su diferenciación termina en un lugar del embrión distinto al original.

D. **Muerte celular**.
   1. Algunas células reciban señales para activar mecanismos internos de muerte celular.
   2. Existen muchas formas de muerte celular mediante mecanismos que están programados en la célula como respuesta a alguna situación concreta:

---

[1] Aunque en español se ha impuesto la denominación célula madre, probablemente sería más correcto el término célula troncal (en inglés, *stem cell*).

a. La **apoptosis** es un mecanismo muy utilizado y el mejor conocido. Es muy frecuente durante el desarrollo.
b. Otros mecanismos de muerte celular, como la **autofagia**, la **entosis**, la **paraptosis**, la **mitoptosis**, la **pyroptosis**, la **NETosis** y la **necroptosis**, se conocen peor y son menos frecuentes o específicos de ciertas situaciones.
3. Cuando la muerte celular afecta a todo un tejido o a una parte extensa de él, se dice que esta estructura sufre **involución o regresión**.
4. La involución permite que algunas estructuras que ya no son necesarias desaparezcan y el espacio pueda ser ocupado por nuevos tejidos.

E. **Comunicación celular**.
1. El desarrollo está regulado por sistemas de comunicación entre las células.
2. Las células pueden utilizar muchos sistemas de comunicación entre ellas, pero podemos reducir todos ellos a tres mecanismos básicos (fig. 2.1):
a. **Uniones comunicantes**: en las **uniones de hiato (gap)**, que estudiaremos en el capítulo 3, se transmiten pequeñas moléculas desde el interior de una célula al interior de la otra.
b. **Contacto directo**: La membrana de una célula posee en su superficie una molécula (**ligando**) que se une a otra molécula (**receptor**) de la superficie

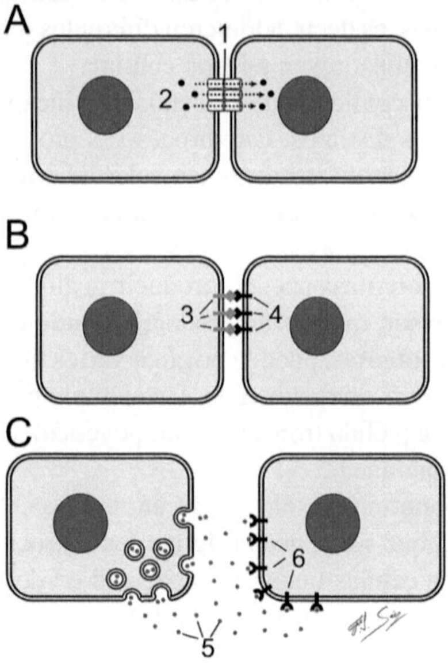

Figura 2.1 Los tres mecanismos básicos de comunicación entre las células. En las uniones comunicantes (**A**), las células se unen mediante complejos transmembrana (1) por los que pueden pasar pequeñas moléculas (2) de una célula a la otra. En las uniones por contacto directo (**B**), el contacto se produce entre una molécula de la superficie de la membrana de una célula, que llamamos ligando (3), y otra molécula de la superficie de la membrana de la otra célula, que llamamos receptor (4). En la comunicación por moléculas solubles, una de las células libera, generalmente por exocitosis, una molécula señal soluble (5), que es captada por receptores específicos de la superficie de otra célula (6)

de la membrana de la otra célula. El receptor unido al ligando estimula otras moléculas del interior celular.

c. **Comunicación por moléculas solubles**: una de las células libera una **molécula señal soluble** que por difusión alcanza la superficie de otra célula, donde se une a un **receptor**. La difusión de la molécula señal se puede producir:
   (1) En un microambiente muy reducido, como ocurre en la **sinapsis** nerviosa.
   (2) Dentro de un tejido o entre tejidos próximos. Las moléculas señal se denominan **mediadores químicos locales**.
   (3) Viajando por la sangre hasta órganos distantes. Las moléculas señal se llaman **hormonas**.

3. Algunas células se desarrollan según el lugar que ocupan, lo que se llama su **nicho celular**. Células en distintos nichos se desarrollan de diferente manera ya que en cada nicho reciben diferentes señales.
4. En cada punto del espacio la célula recibe una **información posicional**. Esta información está mediada por moléculas llamadas **morfógenos** (fig. 2.2).
   a. Los morfógenos se producen en unas células y se extienden por difusión, por lo que se forma un **gradiente de concentración del morfógeno**:
      (1) Cerca del punto de origen la concentración es más elevada.
      (2) A medida que nos alejamos la concentración disminuye.
   b. Las células se diferencian de distinta manera según la distancia a la que se encuentren de la fuente del morfógeno porque responden de diferente manera según la concentración de morfógeno de su entorno. Este sistema de desarrollo se denomina **modelo de bandera francesa**.

F. **Inducción**.
   1. Un **tejido inductor** provoca que otro tejido capaz de recibir una señal (**tejido competente**) se diferencie en otro tipo de tejido (fig. 2.3).
   2. Es muy frecuente ver procesos de inducción durante el desarrollo y son muy importantes en el desarrollo del diente.

G. **Morfogénesis**.
   1. La morfogénesis comprende los cambios de forma en el embrión para generar tejidos y órganos.
   2. En estos procesos intervienen mecanismos moleculares, celulares y tisulares de los que se han mencionado antes.
   3. Se pueden distinguir muchos mecanismos de morfogénesis. Algunos de los más importantes son (fig. 2.4):
      a. **Invaginación**: en una lámina plana de células se produce una depresión de forma cóncava.
      b. **Evaginación**: al contrario que en el caso anterior, se produce una elevación convexa.
      c. **Embolia**: cuando en una estructura esférica se produce una depresión en un punto que se introduce hacia el interior de la esfera.
      d. **Epibolia**: un grupo de células situadas sobre otras proliferan y se extienden para recubrir a las situadas debajo.

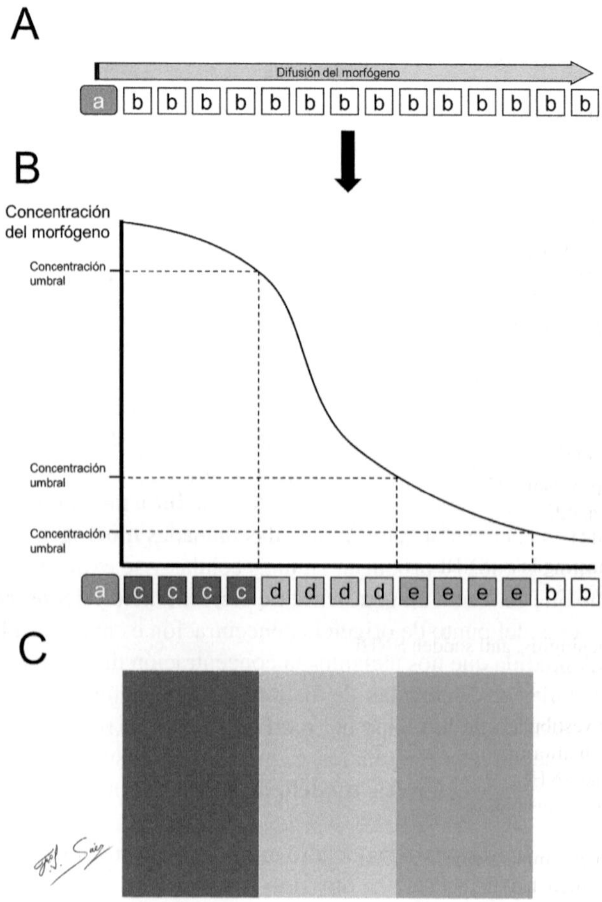

Figura 2.2 Representación esquemática de la acción de los morfógenos. Para simplificar, se representan las células dispuestas en una dimensión, pero el proceso puede producirse en dos y tres dimensiones. Los cuadriláteros pequeños simbolizan células. Una célula (a) produce una sustancia (morfógeno) que se difunde hacia las células vecinas indiferenciadas (b) en la dirección de la flecha (**A**). La concentración de morfógeno es menor cuanto mayor sea la distancia con respecto a la célula que lo produce, lo que origina un gradiente de concentración del morfógeno (**B**). Existen concentraciones umbrales del morfógeno, por encima y por debajo de las cuales las células indiferenciadas responden de manera diferente y se convierten en distintos tipos celulares (c–e). Este fenómeno de morfogénesis se ha llamado modelo en bandera francesa (**C**)

e. **Canalización o plegamiento**: se forma un pliegue en una lámina celular que forma un canal. Si el canal se cierra se forma un tubo.
f. **Mamelonamiento**: en un grupo de células se produce el crecimiento de las células en un punto, formando una yema que sobresale de la superficie inicial.
g. **Delaminación o deslaminación**: una lámina formada por un estrato celular se divide de forma que se producen dos estratos celulares.

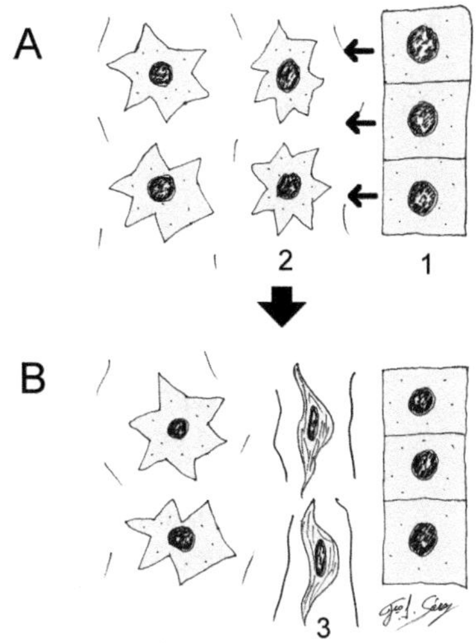

Figura 2.3 Representación de un proceso de inducción antes (**A**) y después (**B**) del proceso. 1, tejido inductor; 2, tejido competente; 3, tejido diferenciado

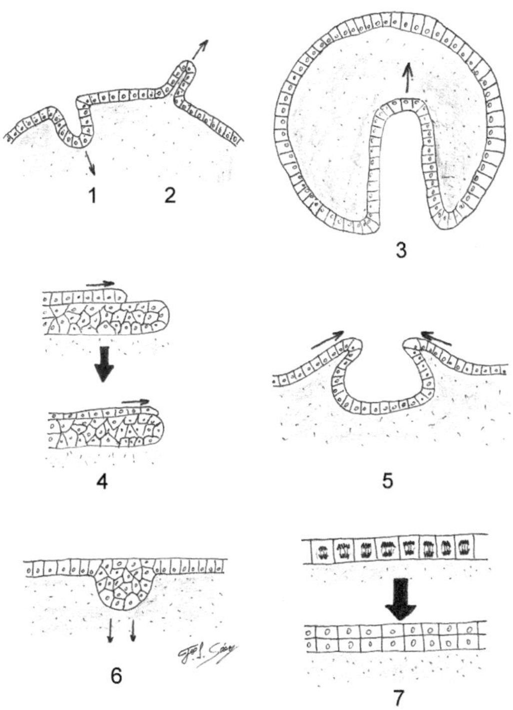

Figura 2.4 Algunos mecanismos de morfogénesis. 1, invaginación; 2, evaginación; 3, embolia; 4, epibolia; 5, canalización o plegamiento; 6, mamelonamiento; 7, delaminación o deslaminación

2.4 Desarrollo humano temprano

A. **Fecundación.**
   1. Fusión del **espermatozoide** y el **óvulo** en los oviductos (trompas de Falopio) de la mujer.
   2. Como resultado de dicha fusión se produce el cigoto, en el cual se mezcla el material genético paterno y materno.

B. **Segmentación.**
   1. El cigoto se divide por mitosis para formar dos células, que sufren mitosis sucesivas. Los periodos entre dos divisiones (interfase) son muy breves.
   2. Las células se denominan **blastómeras** (del griego βλαστός blastós, 'germen', y μερής merḗs, 'partes o porción').
   3. La segmentación tiene dos fases:
      a. Las blastómeras, todas idénticas, se organizan formando una bola maciza que se llama **mórula**.
      b. Al final se produce la **compactación**:
         (1) Las blastómeras exteriores se aplanan y se unen estrechamente entre sí (**masa celular externa**).
         (2) Las blastómeras internas son poliédricas y no muy unidas (**masa celular interna**).

C. **Cavitación.**
   1. Cuando el embrión llega al útero (fig. 2.5) se producen varios cambios en la mórula, que pasa a denominarse **blastocisto** (del griego κύστις kýstis 'vejiga, bolsa').
   2. Aparece una gran cavidad en su interior, el **blastocele** (del griego antiguo κοίλē koílē, 'hueco, cavidad').
   3. La masa celular interna queda desplazada a un polo. Este polo será el polo dorsal del embrión y el opuesto el ventral. La masa celular interna se denomina **embrioblasto**.

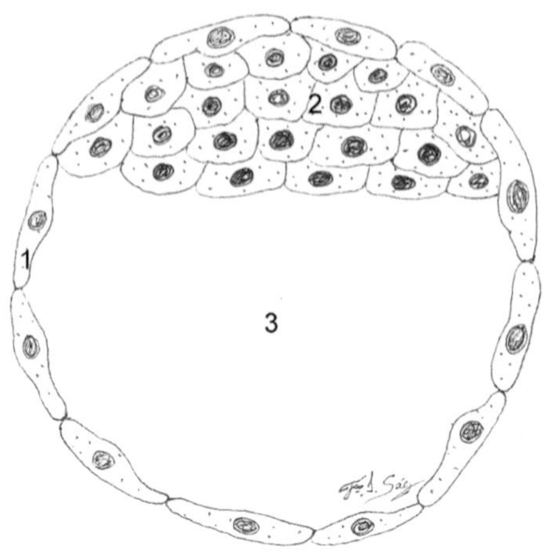

Figura 2.5 Representación de un corte de un blastocisto. 1, trofoblasto; 2, embrioblasto (masa celular interna); 3, blastocele

4. La masa celular externa pasa a denominarse **trofoblasto** (del griego τροφος trofos, 'que se alimenta').

D. **Eclosión del embrión**. Ya en el útero, a los 5 o 6 días de la fecundación, el blastocisto se libera de su envuelta (**zona pelúcida**).

E. **Implantación**.
1. El embrión contacta con el **endometrio** del útero materno y se adhiere a su superficie.
2. Posteriormente, las células del trofoblasto invaden el endometrio y el trofoblasto se introduce en él.
3. El trofoblasto comienza a producir la **placenta**.
4. El trofoblasto se divide entonces en dos estructuras (fig. 2.6):
   a. El **sincitiotrofoblasto**, en el exterior, una estructura multinucleada formada por la fusión de células.
   b. El **citotrofoblasto**, en el interior, que forma una lámina de células epiteliales.

F. **Formación del disco bilaminar** (fig. 2.6). Durante la segunda semana del desarrollo en el embrioblasto se producen varios procesos:
1. Se forman dos capas celulares que forman una estructura discoidal, el **disco embrionario bilaminar**:
   a. Una capa de células dorsal (**epiblasto o ectodermo primitivo**).
   b. Otra ventral (**hipoblasto o endodermo primitivo**).

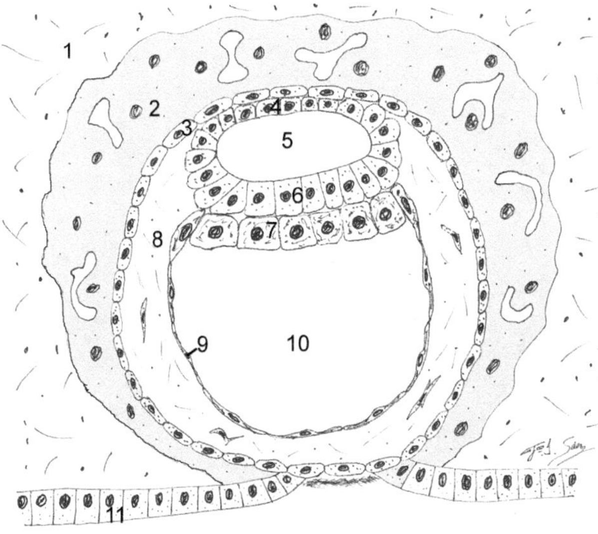

Figura 2.6 Representación de un corte de un embrión bilaminar. 1, endometrio uterino; 2, sincitiotrofoblasto; 3, citotrofoblasto; 4, membrana amniótica; 5, cavidad amniótica o amnios; 6, epiblasto o ectodermo primitivo; 7, hipoblasto o endodermo primitivo; 8, mesénquima extraembrionario; 9, membrana exocelómica o membrana de Heuser; 10, cavidad exocelómica o saco vitelino primitivo; 11, epitelio del útero

2. Aparece otra cavidad en el embrión, dorsal al epiblasto, llamada **cavidad amniótica o amnios** (del griego ἀμνίον amníon, 'membrana del feto').
   a. Esta cavidad está situada entre un techo formado por una capa de células aplanadas, la **membrana amniótica** formada por los **amnioblastos**, y un suelo formado por el **epiblasto**.
   b. La cavidad amniótica seguirá creciendo y más tarde, a partir de la octava semana, rodeará completamente al embrión.
3. **Formación del saco vitelino** (fig. 2.6).
   a. Mientras se forma el amnios, células del hipoblasto migran sobre las células del citotrofoblasto en sentido ventral. Se forman dos estructuras:
      (1) Las células aplanadas forman la **membrana exocelómica o membrana de Heuser** que rodea todo el blastocele
      (2) La nueva cavidad formada se llama **cavidad exocelómica o saco vitelino primitivo** (del latín vitellum 'yema de huevo').
   b. Entre la membrana de Heuser y el citotrofoblasto se encuentra el **retículo extraembrionario**, que va incorporando algunas células de distintos orígenes que forman el **mesénquima extraembrionario** (del griego μεσο- meso- 'medio o intermedio', y ἔγχυμα énchyma 'infusión, inyección').
4. Formación de la **cavidad coriónica** (fig. 2.7).
   a. En el mesénquima extraembrionario se producen cavidades que se fusionan en una única cavidad, llamada **celoma extraembrionario o cavidad coriónica**.

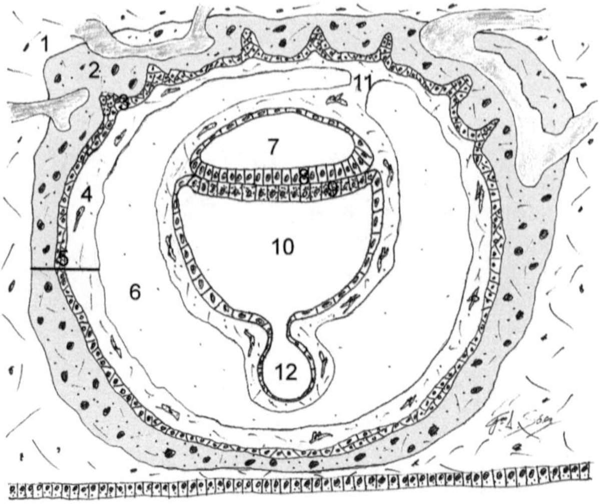

Figura 2.7 Representación de la formación del corion en un embrión bilaminar. 1, endometrio uterino; 2, sincitiotrofoblasto; 3, citotrofoblasto; 4, mesénquima extraembrionario; 5, corion; 6, celoma extraembrionario o cavidad coriónica; 7, cavidad amniótica; 8, epiblasto; 9, hipoblasto; 10, saco vitelino secundario; 11, tallo de conexión o pedículo de fijación; 12, restos del saco vitelino primitivo

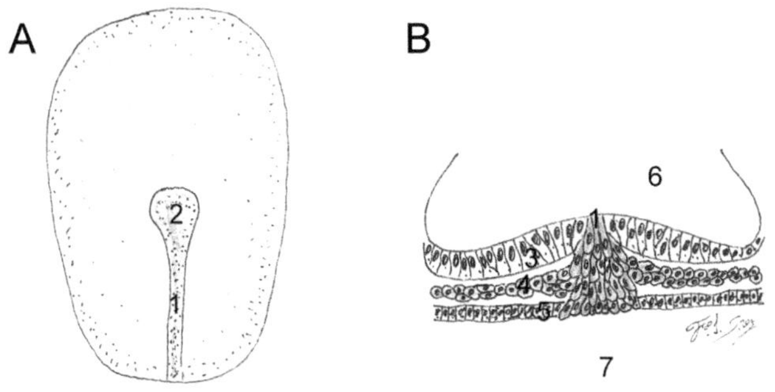

Figura 2.8 Vista dorsal (**A**) y corte transversal (**B**) de un embrión en la tercera semana de desarrollo, durante la gastrulación. 1, Línea primitiva; 2, nudo primitivo o nudo de Hensen; 3, ectodermo; 4, mesodermo; 5, endodermo; 6, cavidad amniótica; 7, saco vitelino secundario

b. Esta cavidad se expande y rodea a todo el embrión (disco bilaminar, cavidad amniótica y saco vitelino), que queda separado del trofoblasto, excepto por un **tallo de conexión o pedículo de fijación**, que en el futuro formará el **cordón umbilical**.

c. La pared externa de la cavidad coriónica, formada por mesénquima extraembrionario, citotrofoblasto y sincitiotrofoblasto se denomina **corion** (del latín coriŭm 'piel, cuero', y este del griego χόριον chórion 'piel, cuero, membrana').

5. Una nueva migración de células del hipoblasto desplaza a las células de la membrana de Heuser, que se desplazan al exterior, y se forma un nuevo **saco vitelino secundario**.

G. **Formación de las hojas o capas germinativas** (fig. 2.8).

1. En la tercera semana del desarrollo se produce la **gastrulación** o formación de la **gástrula** (del latín científico gastrula, y este del griego antiguo γαστήρ, γαστρός gastḗr, gastrós, 'estómago' y del sufijo diminutivo del latín -ŭla).
2. En el epiblasto aparece una línea llamada **línea primitiva** que marca el eje cefalocaudal del embrión. La línea primitiva se dirige hacia la región cefálica, y en su extremo se forma el **nudo**[2] **primitivo o nudo de Hensen** (fig. 2.8).
3. Células del epiblasto situadas en la línea primitiva se introducen hacia el interior del disco bilaminar.

a. Algunas se sitúan entre epiblasto e hipoblasto, formando el **mesodermo intraembrionario** (el griego μεσο- meso-, 'medio' o 'intermedio' y δέρμα dérma, 'piel').

b. Otras desplazan a las células del hipoblasto, formando una nueva capa llamada **endodermo** (del griego ἐνδο- endo-, 'dentro', 'en el interior').

c. Las células del epiblasto que permanecen en la capa superficial del disco embrionario forman el **ectodermo** (del griego ἐκτο- ekto-, 'por fuera', 'en el exterior').

[2] En español se emplean también las denominaciones *nodo* y *nódulo*.

4. Ectodermo, mesodermo y endodermo son las tres **hojas o capas germinativas** del embrión, que ahora es un **disco embrionario trilaminar**.
5. Las tres hojas germinativas proceden del epiblasto.

H. **Formación de la notocorda**.
1. Algunas de las células que penetran en el mesodermo forman una estructura en forma de tubo, el **canal notocordal**.
2. El canal notocordal pierde su cavidad y se aplana, formando la **placa notocordal**.
3. Finalmente, se forma un cordón macizo cilíndrico de células llamado **notocorda** (del griego νῶτον nôton 'dorso' y χορδή chordḗ 'cuerda').

I. **Neurulación** (fig. 2.9).
1. La neurulación (del griego νευρο- neuro-, 'nervio') se produce al final de la tercera semana del desarrollo. Este proceso se prolonga durante la cuarta semana del desarrollo y el embrión en esta fase se denomina **néurula**.
2. En el ectodermo se produce un engrosamiento sobre la notocorda, la **placa neural**.
   a. La placa neural se produce por las señales inductoras que recibe de la notocorda.
   b. La placa crece, de forma que en su región cefálica es más ancha y en su región caudal más estrecha.

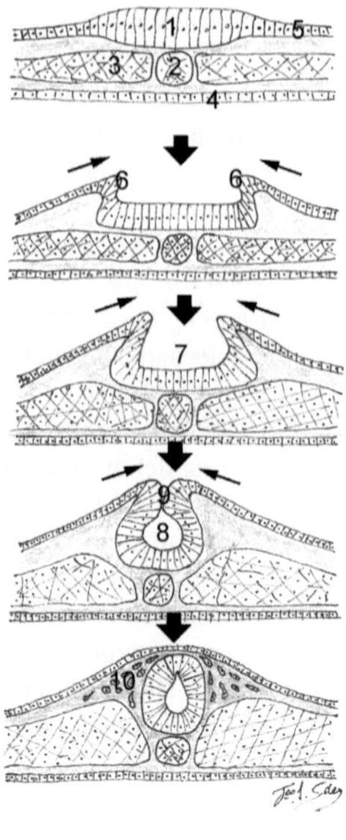

Figura 2.9 Cortes transversales de un embrión durante diferentes momentos del proceso de neurulación. Las flechas gruesas indican el progreso cronológico del proceso y las flechas finas señalan la dirección del movimiento de los pliegues neurales. 1, placa neural; 2, notocorda; 3, mesodermo; 4; endodermo; 5, ectodermo; 6, pliegues neurales; 7, surco neural; 8, tubo neural; 9, crestas neurales; 10, células de la cresta neural

3. Los bordes laterales de la placa se pliegan (**pliegues neurales**), y la parte central se hunde (**surco neural**), en un proceso de canalización o plegamiento.
4. Los pliegues neurales de ambos lados se acercan, se fusionan uno con otro y se forma un cilindro hueco, el **tubo neural**, que se invagina y queda debajo del ectodermo y por encima de la notocorda.
5. Mientras se fusionan los pliegues neurales, algunas células de las crestas de estos pliegues se desprenden y migran hacia zonas laterales y ventrales del tubo neural.
   a. Estas células de las **crestas neurales** se dirigen hacia regiones muy diferentes del embrión para participar en la formación de muchos tejidos.
   b. Las células de las crestas neurales participan en la formación de los esbozos de los dientes.

2.5 Diferenciación de las hojas germinativas

A. Después de la gastrulación, el embrión, que hasta ahora es un disco, se pliega como un libro hacia la parte ventral, girando sobre el eje que forman notocorda y tubo neural.
B. La fig. 2.10 muestra un corte transversal idealizado y simplificado del tronco de un embrión de vertebrado durante el plegamiento y cierre del tubo digestivo
   1. En este plegamiento, los extremos laterales se unen en la zona media y el endodermo, que antes era una lámina, forma un tubo, el **intestino primitivo**.
   2. En la cuarta semana, existe una depresión en la zona cefálica, el **estomodeo** o boca primitiva, cavidad que posteriormente se fusiona y comunica con la parte anterior del intestino primitivo.
   3. A partir de este momento, el desarrollo es un proceso muy complejo en el que no vamos a entrar en detalle.
C. Al final del desarrollo cada hoja germinativa produce los siguientes tejidos y órganos:
   1. **Ectodermo**. Del ectodermo se originan:
      a. **Ectodermo superficial**:
         (1) Epitelio de la piel (epidermis) y el epitelio de las glándulas cuyos conductos excretores desembocan en la superficie corporal.
         (2) Adenohipófisis.
         (3) Esmalte dental.
         (4) Oído interno.
         (5) Epitelio de la córnea y el cristalino.
      b. **Neuroectodermo**:
         (1) **Tubo neural**:
            (a) Tejido nervioso del encéfalo y la médula espinal.
            (b) Retina.
            (c) Glándula pineal.
            (d) Neurohipófisis.

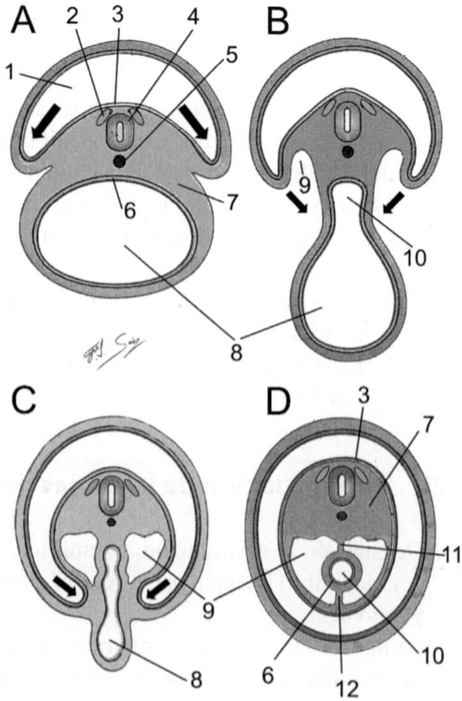

Figura 2.10 Cortes transversales de embriones simplificados e idealizados para mostrar el proceso de plegamiento y formación del tubo digestivo. Se han eliminado del esquema muchas estructuras extraembrionarias que rodean el embrión. El proceso comienza en la fase **A** y progresa en las fases **B**, **C** y **D**, en la cual ya se observa el tubo digestivo completamente cerrado. Las flechas indican la dirección del plegamiento. 1, cavidad amniótica; 2, crestas neurales; 3, ectodermo de superficie; 4, tubo neural; 5, notocorda; 6, endodermo; 7 mesodermo; 8, saco vitelino; 9, celoma intraembrionario; 10, tubo digestivo o intestino; 11, mesenterio dorsal; 12, mesenterio ventral

(2) **Cresta neural**:
   (a) Ganglios y nervios sensitivos y craneales.
   (b) Células de Schwann.
   (c) En la región cefálica, se produce un mesénquima (**ectomesénquima**), que dará lugar a tejidos conjuntivos y de sostén de la cabeza y del diente.
   (d) Cartílagos de los arcos faríngeos.
   (e) Células con funciones especiales que se localizan en diversos tejidos, entre ellas hay células endocrinas y paracrinas y células pigmentarias de la piel y epitelio de la boca.
   (f) Médula suprarrenal.

2. **Mesodermo**. Aparte de la notocorda, que poco a poco va desapareciendo, las células del mesodermo se diferencian muy pronto en dos linajes:
   a. **Células mesenquimáticas**: producen el **mesénquima** de casi todo el cuerpo –excepto en algunas regiones cefálicas–. El mesénquima origina:
      (1) Tejidos conjuntivos, incluyendo los del estroma de los órganos, la piel (dermis e hipodermis) y los tejidos conjuntivos de nervios y músculos.
      (2) Tejidos conjuntivos especializados o de sostén (cartílago y hueso).
      (3) Músculo.
      (4) Tejidos de tipo epitelial que tapizan las cavidades serosas del cuerpo (cavidades que derivan del celoma del embrión).

(5) Tejidos epiteliales que tapizan la luz de los vasos sanguíneos.
(6) Epitelios del aparato excretor (riñón y vías urinarias) y del aparato reproductor.

b. **Células madre hematopoyéticas**. Producen todas las células que circulan por la sangre.

3. **Endodermo**. El endodermo produce:
   a. El epitelio del tubo digestivo.
   b. El epitelio (parénquima) de las glándulas que vierten su secreción en la luz del tubo digestivo (hígado, páncreas ...).
   c. Epitelio de la vejiga.
   d. Epitelio de tiroides, cavidad timpánica, trompa auditiva, amígdalas y paratiroides.

D. Por el interés que tiene en la formación de la cavidad bucal, señalamos aquí los derivados de la zona cefálica:

1. **Derivados del ectodermo**:
   a. Derivados del ectodermo superficial:
      (1) Epitelio de la mucosa bucal.
      (2) Epitelios de las **glándulas salivales** (al menos las glándulas parótidas y otras glándulas menores).
      (3) Epitelio odontogenético (**órgano del esmalte**).
   b. Derivados del neuroectodermo:
      (1) Derivados del tubo neural (ya indicados antes): Tejido nervioso del encéfalo, retina, glándula pineal y neurohipófisis.
      (2) Derivados de las crestas neurales:
         (a) Tejidos conjuntivos y huesos de la cara y cráneo.
         (b) **Papila dental** (formadora de pulpa dental y dentina)
         (c) **Folículo o saco dental** (que origina el ligamento periodontal, el hueso alveolar y el cemento de la raíz dental).
2. **Derivados del mesodermo**: algunos tejidos conjuntivos y huesos de la cabeza, aunque la mayor parte del mesénquima cefálico procede del neuroectodermo (ectomesénquima).
3. **Derivados del endodermo**:
   a. Epitelios de la raíz de la lengua, faringe y laringe.
   b. **Glándulas salivales** submaxilares, sublinguales y linguales de von Ebner (algunos autores atribuyen a todas estas glándulas origen ectodérmico).
   c. Epitelio de las **amígdalas**.

Lo que hay que recordar

Los seres humanos pasan por varias etapas de desarrollo, en el algunas de las cuales se produce el desarrollo de los dientes y otras estructuras asociadas. El desarrollo se produce mediante mecanismos celulares (proliferación, diferenciación, migración y muerte celular) y moleculares (comunicación celular, inducción) que dan forma al embrión (morfogénesis) y producen los tejidos (histogénesis). En las etapas tempranas del desarrollo se originan las tres hojas germinativas del embrión: ectodermo (externa), mesodermo (intermedia) y endodermo (interna), de las cuales se formarán todos los tejidos del organismo. Es importante recordar que mediante la neurulación, parte del ectodermo penetra en el mesodermo y forma el tubo neural (que formará el sistema nervioso central) y las crestas neurales. Las células de las crestas neurales migran por el mesodermo embrionario y producen células y tejidos por todo el cuerpo humano. Es importante indicar que la mayoría de los tejidos dentales y del periodonto se producen a partir del ectodermo de superficie y las crestas neurales. También es importante saber qué tejidos y órganos del cuerpo humano se originan de cada hoja germinativa.

Lectura adicional

Artus J, Chazaud C 2014. A close look at the mammalian blastocyst: epiblast and primitive endoderm formation. Cellular and Molecular Life Sciences 71: 3327–3338.

Carleton A E, Duncan M C, Taniguchi K 2022. Human epiblast lumenogenesis: From a cell aggregate to luminal cyst. Seminars in Cell & Developmental Biology 131: 117–123.

Carlson B M 2014. Human Embryology & Developmental Biology. 5ª ed. Elsevier, Philadelphia.

Chiego D J 2023. Development and Structure of Cells and Tissues. En: Essentials of Oral Histology and Embryology. 6ª ed. Elsevier, St. Louis, pp. 1–17.

Dudek R W 2011. Embryology. 6ª ed. Wolters Kluwer, Barcelona.

Fehrenbach M J, Popowics T 2020. Prenatal Development. En: Illustrated Dental Embryology, Histology, and Anatomy. 5ª ed. Elsevier, St. Louis, pp. 19–32.

Ghimire S, Mantziou V, Moris N, Arias A M 2021. Human gastrulation: the embryo and its models. Developmental Biology 474: 100–108.

Gómez de Ferraris M E, Campos Muñoz A 2009. Embriología General Humana. En: Histología, Embriología e Ingeniería Tisular Bucodental. 3ª ed. Médica Panamericana, pp. 27–56.

Keller R 2005. Cell migration during gastrulation. Current Opinion in Cell Biology 17: 533–541.

Martik M L, Bronner M E 2021. Riding the crest to get a head: neural crest evolution in vertebrates. Nature Reviews Neuroscience 22: 616–626

McClay D R 1991. Gastrulation. Current Opinion in Genetics & Development 1: 191–195.

Mitchell B, Sharma R 2009. Embryology. Churchill Livingstone, Edimburgo.

Moon L D, Xiong F Z 2022. Mechanics of neural tube morphogenesis. Seminars in Cell & Developmental Biology 130: 56–59

Nanci A 2013. General Embryology. En: Ten Cate's Oral Histology. 8ª ed. Elsevier, Londres, pp. 1–13.

Rodrigues da Silva M A, da Silveira G D, Taufer C R, Calloni G W 2022. The mesenchymal potential of trunk neural crest cells. International Journal of Developmental Biology 66: 317–331.

Roth D M, Bayona F, Baddam P, Graf D 2021. Craniofacial Development: Neural Crest in Molecular Embryology. Head & Neck Pathology 15: 1–15.

Schauer A, Heisenberg C P 2021. Reassembling gastrulation. Developmental Biology 474: 71–81.

Sheng G J 2015. Epiblast morphogenesis before gastrulation. Developmental Biology 401: 17–24.

Solnica-Krezel L, Sepich D S 2012. Gastrulation: Making and Shaping Germ Layers. Annual Review of Cell and Developmental Biology 28: 687–717.

Van der Spuy M, Wang J X, Kociszewska D, White M D 2023. The cellular dynamics of neural tube formation. Biochemical Society Transactions 51: 343–352.

Tejidos epiteliales 3

Qué aprenderás en este capítulo
En este capítulo aprenderás qué son los epitelios, cuáles son sus principales características, cómo se clasifican, cuál es su origen embrionario y cúales son sus funciones. Aprenderás cómo se organizan las células para formar los epitelios, y que los epitelios y sus células son estructuras polarizadas. También aprenderás que las células de un epitelio se renuevan constantemente. Finalmente, aprenderás que algunos epitelios (epitelios glandulares) están especializados en la producción de sustancias que secretan sobre superficies o espacios libres o en otros tejidos vecinos. Verás qué tipos de epitelios glandulares existen, cómo son sus mecanismos de secreción y cómo se originan estos epitelios en el embrión.

3.1 Tejidos epiteliales o epitelios

A. El cuerpo humano muestra una gran variedad de tejidos que consideramos **tejidos epiteliales o epitelios** (del griego antiguo ἐπι epi 'sobre' y θηλή thēlḗ 'pezón'), que muestran ciertas características comunes.
B. Los tejidos epiteliales se caracterizan por:
   1. Están formados por células muy unidas entre sí, con poco espacio entre ellas y con escasa matriz extracelular.
   2. Forman **láminas** que recubren o tapizan otros tejidos, normalmente tejidos conjuntivos, a los que denominamos **tejidos subyacentes**.

F.J. Sáez, I. Badiola, *Histología Bucal Básica*,
https://doi.org/10.1007/978-3-032-24363-8_3

3. Separan a los tejidos subyacentes de espacios no ocupados por tejidos, que pueden ser:
   a. **Conductos o cavidades internas** del organismo que están aisladas del medio que rodea al cuerpo humano. Por ejemplo:
      (1) Las **cavidades serosas** del cuerpo.
      (2) Los conductos de los vasos sanguíneos.
   b. El exterior de nuestro organismo. Eso es lo que ocurre en el epitelio de la piel.
   c. **Conductos** de nuestro cuerpo que están comunicados con el exterior. Por ejemplo, los conductos de los aparatos digestivo y respiratorio.
4. Están **polarizados**, ya que la región del tejido orientada hacia el tejido subyacente es distinta que la región orientada hacia el espacio o cavidad. Esto también se refleja en la organización de las células del epitelio. Por eso, se puede distinguir:
   a. **Polarización tisular**:
      (1) Un **polo o región basal**, en contacto con el tejido conjuntivo subyacente.
      (2) Un **polo o región apical**, orientado hacia el espacio libre del otro lado.
   b. **Polarización celular**:
      (1) Es visible sobre todo en las células de los epitelios simples (ver más adelante).
      (2) En epitelios con varios estratos celulares esto se puede ver solo en alguno de los estratos, por ejemplo en las células basales.
      (3) Se pueden distinguir:
         (a) Superficies celulares:
            1. **Superficie apical**. La opuesta al tejido subyacente, en contacto con la superficie libre (en un epitelio simple).
            2. **Superficie lateral**. Que sirve para unirse con el resto de células epiteliales.
            3. **Superficie basal**. En contacto con el tejido subyacente.
         (b) Dominios celulares. En un epitelio simple, las membranas de sus células poseen dos dominios, es decir, dos zonas de organización diferente:
            1. **Dominio apical**: el más próximo a la superficie libre.
            2. **Dominio basolateral**: formado por las regiones laterales y basales. La separación de ambos dominios se consigue mediante las **uniones herméticas** (ver más adelante).
5. Poseen un único tipo celular o varios tipos celulares.
6. Están organizados por células dispuestas en solo una o en varias **capas o estratos**.
7. Son tejidos **avasculares**, es decir, carecen de vasos sanguíneos.

C. No todos los epitelios forman láminas, algunos forman masas de células rodeadas por otros tejidos. En este caso se suele hablar de **tejidos epitelioides**. Esto es frecuente en glándulas endocrinas.

3.2 Origen embrionario.

A. Todas las **hojas germinativas** del embrión pueden producir algún tipo de epitelio (fig. 3.1).
B. Del **ectodermo de superficie** proceden:
   1. El epitelio de la piel (epitelio epidérmico o epidermis)
   2. Los epitelios de las glándulas que vierten su secreción en la superficie de la piel (glándulas sudoríparas, sebáceas y mamarias).
   3. Parte del epitelio del aparato digestivo (epitelio bucal, por ejemplo).
C. Del **neuroectodermo** se originan los epitelios de la médula suprarrenal, que proceden de las **crestas neurales**.
D. Del endodermo proceden:
   1. La mayoría de los epitelios que tapizan el aparato digestivo y el aparato respiratorio.
   2. Los epitelios que tapizan las glándulas anexas a estos aparatos (páncreas, hígado, etc.).

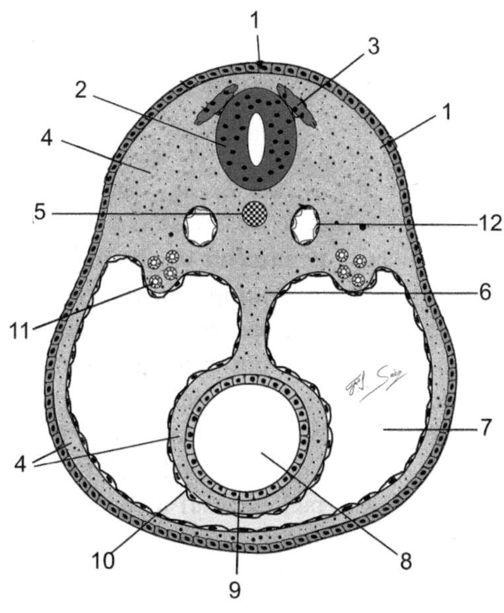

Figura 3.1 Representación simplificada de un corte transversal de un embrión temprano para indicar los diferentes orígenes de los tejidos epiteliales. El ectodermo de superficie y el endodermo son ya en origen tejidos epiteliales y conservan esta condición en las estructuras que forman en los adultos. El mesodermo no es un tejido de tipo epitelial, pero durante el desarrollo produce tejidos epiteliales. 1, ectodermo de superficie; 2, tubo neural; 3, crestas neurales; 4, mesodermo; 5 notocorda; 6, mesenterio; 7, celoma (origina las cavidades serosas del cuerpo); 8, luz del tubo digestivo; 9, endodermo; 10, mesotelio (epitelio que tapiza las paredes de las cavidades serosas); 11, epitelios del aparato excretor y el aparato reproductor; 12; endotelio que tapiza los vasos sanguíneos

3. Los epitelios de algunas glándulas endocrinas (tiroides y paratiroides).

E. Del **mesodermo** también se forman epitelios (antiguamente se les denominaba **falsos epitelios**):
   1. Los epitelios del aparato excretor, el aparato reproductor y la corteza suprarrenal.
   2. El **mesotelio** o epitelio que tapiza las **cavidades serosas**[1] del organismo (cavidad pericárdica, cavidad pleural y cavidad peritoneal).
   3. El **endotelio** o epitelio que tapiza los interiores de los vasos sanguíneos (que transportan la sangre) y linfáticos (que transportan la linfa).

3.3 Funciones de los epitelios.

A. Cada epitelio puede estar especializado en realizar una o varias de las siguientes funciones:

B. **Protección**:
   1. Protección física a las agresiones mecánicas.
   2. Protección de la pérdida de los componentes de los tejidos subyacentes.

C. **Secreción**.
   1. Las células del epitelio pueden estar especializadas en producir sustancias (**células glandulares**).
   2. A veces todas las células de un epitelio son glandulares, y ese **epitelio glandular** se suele denominar **glándula**.

D. **Absorción**.
   1. Para permitir el paso de sustancias necesarias desde el medio apical hacia el tejido conjuntivo subyacente.
   2. Dichas sustancias pueden ser sustancias nutritivas, metabolitos, gases, solventes.

E. **Transporte**.
   1. Cuando el paso de sustancias a través de un epitelio requiere un aporte de energía por parte de las células epiteliales.
   2. Este proceso puede producirse en procesos de:
      a. Excrección.
      b. Absorción.
      c. Secreción.

F. **Receptividad sensorial**.
   1. Mediante terminaciones nerviosas que captan estímulos (por ejemplo, estímulos dolorosos).
   2. Mediante células epiteliales especializadas en la captación de estímulos.

[1] Las cavidades serosas se originan del celoma intraembrionario.

3.4 Clasificación de los epitelios.

A. Se suelen distinguir:
   1. **Epitelios de revestimiento**, epitelios cuya función principal es tapizar una superficie.
   2. **Epitelios glandulares**, formados fundamentalmente por células secretoras.
   3. **Epitelios de transporte**, especializados en transportar sustancias de la zona basal a la apical o viceversa.

B. Esta clasificación es artificial, pues muchos epitelios mezclan características de epitelios de revestimiento, glandulares o de transporte, pero si la tomamos con cautela puede servir para comprender mejor los tejidos epiteliales.

3.5 Organización citológica e histológica de los epitelios.

A. Entre las células epiteliales se pueden encontrar todas las variantes de **uniones celulares especializadas** que se describen en los tratados de biología celular (fig. 3.2). Estos tipos de uniones son:
   1. **Unión hermética, unión estrecha o zónula occludens**:
      a. Las membranas de las dos células están en contacto íntimo.
      b. Forma un cinturón (**zónula**) que rodea cada célula.
      c. Está en la membrana lateral cerca de la membrana apical.

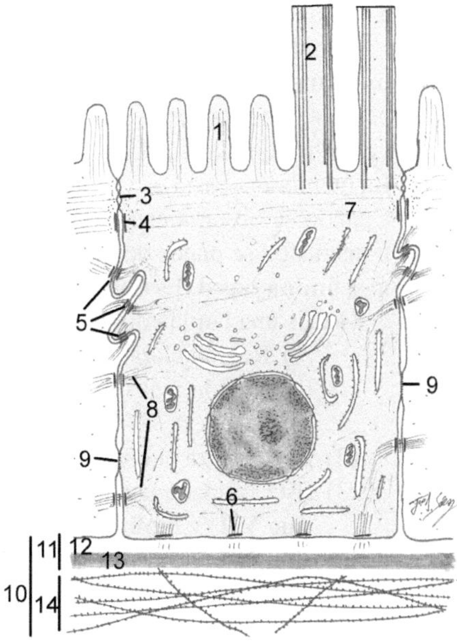

Figura 3.2 Representación de una célula epitelial hipotética que presenta las principales características de las células epiteliales. 1, microvellosidades; 2, cilios; 3, unión hermética (zónula occludens); 4, unión adherente (zónula adherens); 5, desmosoma (mácula adherens); 6, hemidesmosoma; 7, velo o barra terminal de filamentos de actina; 8, filamentos intermedios (tonofilamentos); 9 unión de hiato (gap); 10, membrana basal; 11, lámina basal; 12, lámina rara o lámina lúcida; 13, lámina densa; 14, lámina reticular o fibrorreticular

d. Sirve para impermeabilizar el espacio entre las células, impidiendo o dificultando el paso de sustancias desde un lado del tejido al otro (**transporte paracelular**).
e. Divide la membrana plasmática de la célula en un dominio apical y otro basolateral.

2. **Unión adherente, desmosoma en banda o zónula adherens**.
   a. Las células se adhieren unas a otras.
   b. Tiene forma de cinturón que rodea la célula (**zónula**).
   c. Se sitúa muy cerca de la unión hermética, en posición basal con respecto a esta.
   d. En su cara interna se asocia a **microfilamentos de actina** que forman una malla interna llamada **velo terminal**.
3. **Desmosoma o mácula adherens**.
   a. Las células se anclan unas con otras.
   b. Es una unión focal (**mácula**).
   c. Se encuentra en todas las superficies de la célula que contactan con otra célula.
   d. En el interior celular se unen **filamentos intermedios** de **queratina**.
4. **Unión de hiato, de nexo o comunicante (gap)**.
   a. Son uniones comunicantes, es decir, permiten que las células se envíen señales y que se acople su funcionamiento.
   b. Existen unos pequeños canales que comunican el citosol de ambas células y permiten el paso de pequeñas sustancias (iones, AMPc).
5. **Hemidesmosoma**.
   a. Es una unión de anclaje de la célula con la **lámina basal**, que se explica a continuación.
   b. Es una unión focal.
   c. En su interior se anclan filamentos intermedios de queratina.

B. Los epitelios quedan separados del tejido subyacente por una **membrana basal**.
1. La membrana basal es visible con el microscopio de luz.
2. Cuando se observa esta membrana basal con el microscopio electrónico de transmisión se puede ver que está formada por:
   a. **Lámina basal**. Es una estructura especial adosada al epitelio:
      (1) Es una lámina doble:
         (a) Región clara (**lámina rara o lámina lúcida**) próxima al epitelio.
         (b) Región más oscura (**lámina densa**) próxima al conjuntivo subyacente.
      (2) La sintetiza el epitelio.
      (3) Está formada por moléculas de **colágena** no fibrilar (de **tipo IV** y de **tipo VII**) y **laminina**.
   b. **Lámina reticular o fibrorreticular**.
      (1) La sintetiza el tejido conjuntivo subyacente.
      (2) Está formada por fibras de **colágena de tipo III** (ver capítulo 4).

C. Los epitelios son tejidos **avasculares**:
   1. Carecen de vasos sanguíneos.
   2. Los nutrientes procedentes de la sangre de los vasos presentes en el tejido subyacente deben atravesar por difusión la lámina basal.
   3. Excepcionalmente, en algún epitelio se observan asas capilares muy finas con una pequeña vaina de tejido conjuntivo que penetran entre las células epiteliales y forman **capilares intraepiteliales**.

D. En algunos epitelios las **terminaciones nerviosas sensitivas** atraviesan la lámina basal y se sitúan en los intersticios entre las células epiteliales.

3.6 Renovación y mantenimiento de los epitelios

A. Los epitelios tienen una **tasa de renovación** variable, desde pocos días (epitelio del intestino delgado) a un mes (epidermis). En algunos casos la velocidad de remplazo es muy lenta (epitelio de los túbulos renales).

B. Las células más antiguas son remplazadas por células más jóvenes.

C. En el epitelio se pueden ver varios compartimentos:
   1. **Compartimento mitótico**. Contiene células que se pueden dividir por mitosis. Está formado por dos zonas:
      a. **Zona restringida o nicho de células madre**. Las células troncales o células madre se caracterizan por:
         (1) Son indistinguibles morfológicamente.
         (2) Al dividirse producen dos células: la célula que permanece en el nicho sigue siendo la célula madre, y la que queda desplazada del nicho es la que se diferencia y renueva el epitelio.
      b. **Zona sin células madre**. Células desplazadas del nicho que siguen dividiéndose.
   2. **Compartimento postmitótico o de diferenciación**. Sus células ya no se dividen y completan su diferenciación.

D. El procedimiento de renovación conlleva:
   1. **División celular** (en el compartimento mitótico).
   2. **Migración**. Las nuevas células se desplazan desde los nichos por el epitelio.
   3. **Diferenciación**. En algunos epitelios, las células van modificando sus características a medida que se desplazan.
   4. **Senescencia**. Al final del proceso, las células envejecen y pierden vitalidad.
   5. **Eliminación** de las células más viejas en ciertas zonas del epitelio (fig. 3.3):
      a. En los epitelios simples:
         (1) Existen puntos de eliminación de células viejas en el único estrato celular en puntos alejados de los compartimentos mitóticos.
         (2) Las células se van desplazando por el estrato desde los nichos de células madre hasta llegar a un punto de eliminación.

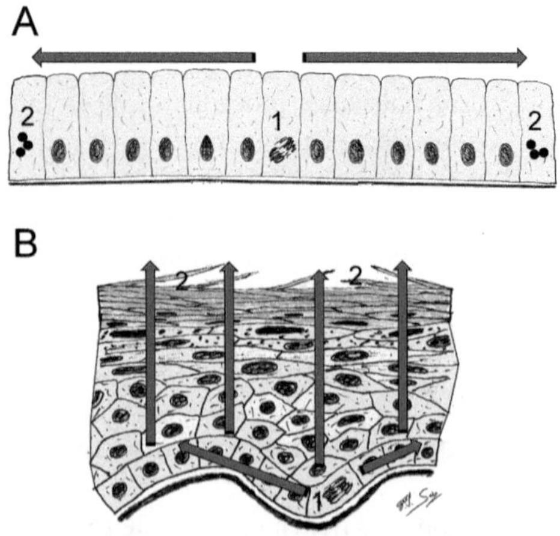

Figura 3.3 Renovación celular en un epitelio simple (**A**) y estratificado (**B**). Las células madre (1) se dividen y producen nuevas células epiteliales que se desplazan en la dirección indicada por las flechas. En ciertos puntos, las células mueren (2) y se destruyen o se desprenden del epitelio

b. En los epitelios estratificados:
   (1) Los nichos suelen estar en el estrato basal.
   (2) Las células van ascendiendo hacia los estratos superiores.
   (3) Las células que llegan a la superficie apical del epitelio se eliminan.

3.7 Clasificación de los epitelios de revestimiento

A. Se pueden ver diferentes tipos de epitelio en las fig. 3.4, 3.5 y 3.6.
B. Los epitelios de revestimiento suelen clasificarse atendiendo a varios criterios morfológicos.
   1. **Forma** de las células cuando se observa en secciones histológicas realizadas perpendicularmente a los planos apical y basal. Hay tres tipos básicos (aunque se pueden encontrar epitelios cuyas células tienen una forma intermedia):
      a. **Epitelio plano, escamoso o pavimentoso**, si las células se ven aplanadas.
      b. **Epitelio cúbico**, si el aspecto de la célula es cuadrado o trapezoidal.
      c. **Epitelio cilíndrico, columnar o prismático**, si la célula se ve alargada, rectangular.
   2. **Número de capas o estratos** de células. Se distinguen tres tipos:
      a. **Epitelio simple**: una única capa de células (fig. 3.4).
      b. **Epitelio estratificado**: dos o más estratos celulares (fig. 3.5).
      c. **Epitelio pseudoestratificado**: todas las células en contacto con la lámina basal (un estrato) pero hay células bajas y células altas, lo que da la impresión de epitelio estratificado (fig. 3.6). Solo las células altas alcanzan la superficie libre del epitelio.
   3. **Diferenciaciones superficiales** en la cara apical de las células epiteliales. Se distinguen varios tipos de epitelios cuando las células muestran alguna estructura especializada en la superficie libre:

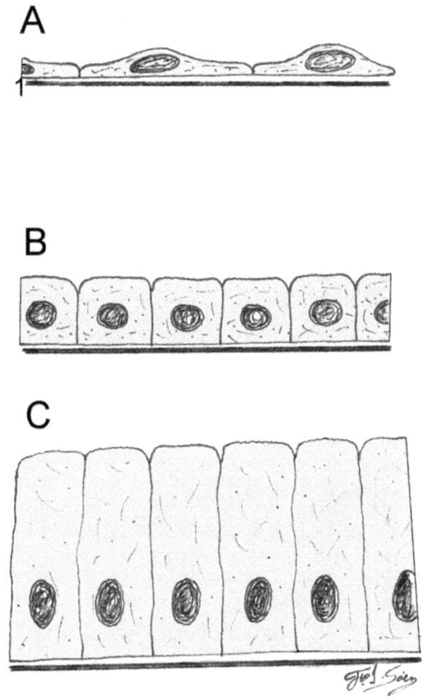

Figura 3.4 Epitelios simples representados en secciones transversales. **A**, Epitelio plano o pavimentoso simple; **B**, epitelio cúbico simple; C, epitelio cilíndrico o prismático simple; 1, lámina basal

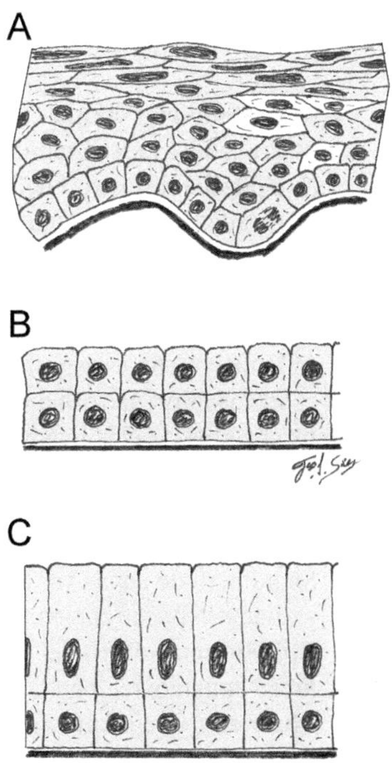

Figura 3.5 Epitelios estratificados representados en secciones transversales. **A**, epitelio plano o pavimentoso estratificado; **B**, epitelio cúbico estratificado; **C**, epitelio cilíndrico estratificado

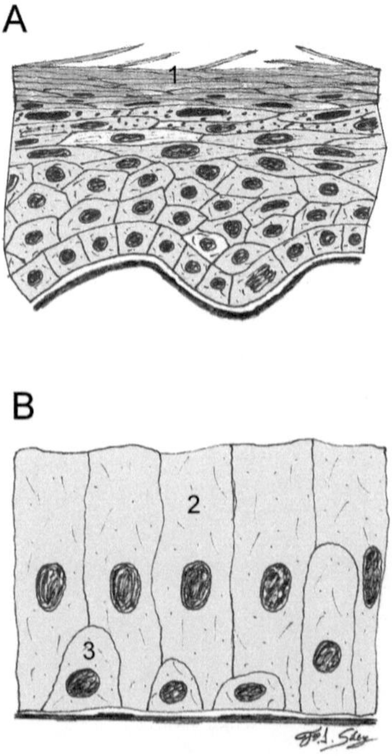

Figura 3.6 Algunos epitelios con características especiales representados en secciones transversales. **A**, epitelio plano estratificado queratinizado o cornificado; **B**, epitelio pseudoestratificado cilíndrico; 1, capa de células cornificadas; 2, células altas; 3, células bajas

a. **Epitelio ciliado**, que posee células con **cilios** en la superficie epitelial libre.
b. **Epitelio con chapa estriada o ribete en cepillo**, que posee muchas **microvellosidades** grandes.
c. **Epitelio con estereocilios**, que presenta **estereocilios**, que son microvellosidades largas e inmóviles.
d. **Epitelio queratinizado o cornificado**, con las células apicales planas muertas y llenas de **queratina**, que forman una capa superficial que se descama (fig. 3.6).

C. Cuando un epitelio es estratificado, es decir, tiene varias capas celulares, se tiene en cuenta siempre la forma de las células de la capa apical.
D. Estos criterios de clasificación son aplicables a epitelios de revestimiento y de transporte y, en muchos casos, a los epitelios glandulares.
E. Algunos epitelios son difíciles de clasificar:
   1. **Epitelio urinario o epitelio de transición (urotelio)** de la vejiga urinaria. Su número de capas varía según el órgano esté vacío (muchas capas) o lleno y dilatado (pocas capas).
   2. **Epitelio seminífero** del testículo.
F. Algunos epitelios reciben nombres especiales:
   1. **Mesotelio**, que recubre las cavidades serosas.
   2. **Endotelio**, que tapiza la luz de los vasos sanguíneos y linfáticos.

3.8 Epitelios glandulares: glándulas

A. Los epitelios glandulares son aquellos cuyas células, o la mayoría de ellas, están especializadas en la producción de una o varias sustancias que se liberan al medio extracelular.
B. Los epitelios glandulares se pueden organizar de varias formas:
   1. Zonas de epitelios de revestimiento cuyas células son secretoras.
   2. Epitelios especializados en la secreción. A estos epitelios se les denomina **glándulas**.
   3. El término glándula se utiliza para denominar:
      a. Un epitelio glandular que se encuentran dentro de un órgano. Por ejemplo, glándulas salivales menores dispersas en la lengua.
      b. Un órgano cuyo constituyente principal son epitelios glandulares. Como ejemplo se pueden citar las glándulas salivales mayores (parótidas, submaxilares y sublinguales). En estas glándulas:
         (1) El tejido glandular, el epitelio, se denomina **parénquima**.
         (2) El resto de tejidos del órgano que rodean el parénquima (tejidos conjuntivos, vasos sanguíneos y nervios) forman el **estroma**[2].
C. Considerando el destino de la secreción, las glándulas se pueden clasificar en los siguientes tipos (fig. 3.7):

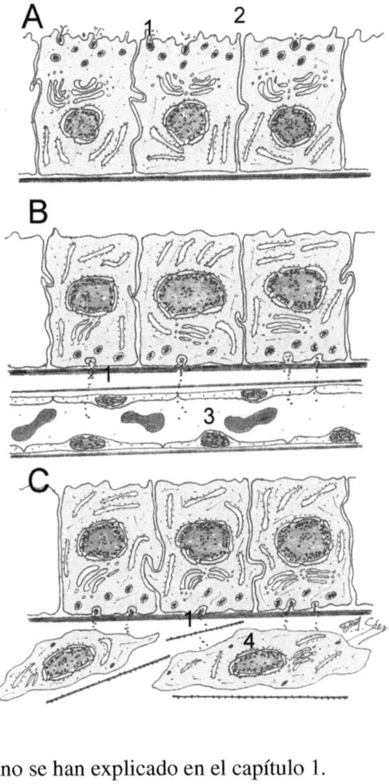

Figura 3.7 Representación de las glándulas exocrinas (**A**), endocrinas (**B**) y paracrinas (**C**). 1, liberación de la secreción; 2, superficie libre; 3, capilar sanguíneo; 4, células próximas al epitelio

[2] Los conceptos de parénquima y estroma de un órgano se han explicado en el capítulo 1.

1. **Glándulas exocrinas**:
   a. La secreción se produce por el polo apical del epitelio.
   b. Vierten su secreción directamente o mediante un conducto de revestimiento epitelial:
      (1) Al exterior del organismo.
      (2) En cavidades del cuerpo comunicadas con el exterior, como las del aparato digestivo o respiratorio.
2. **Glándulas endocrinas**:
   a. Vierten su secreción por el polo basal.
   b. Si las sustancias secretadas se transportan por la sangre y la linfa, llevan señales a otras células o tejidos situados en un lugar lejano del cuerpo. Este proceso se llama **comunicación o regulación endocrina**. En este caso, las moléculas liberadas se denominan **hormonas**.
   c. Si se transporta por difusión en los tejidos cercanos para enviar señales a esos tejidos se denomina **secreción paracrina**.
   d. Una variante de esta secreción paracrina es la llamada **secreción autocrina**[3], en la que la señal producida por un tipo celular regula la actividad del mismo tipo celular.
3. **Glándulas anficrinas**: cuando un único tipo celular realiza una doble secreción, una sustancia mediante secreción exocrina y otra mediante secreción endocrina. Un ejemplo es el hígado.
4. **Glándulas mixtas**: cuando en una glándula hay al menos dos tipos de células secretoras diferentes, de las cuales una realiza secreción exocrina y la otra realiza secreción endocrina. Un ejemplo es el páncreas.

3.9 Glándulas exocrinas

A. Se pueden realizar varias clasificaciones de estas glándulas siguiendo diferentes criterios.
B. Según el mecanismo de liberación de la secreción, se consideran tres tipos de glándulas exocrinas (fig. 3.8):
   1. **Ecrinas o merocrinas**.
      a. Cuando el producto de secreción se libera por **exocitosis**.
      b. Este mecanismo es el más habitual.
   2. **Apocrina**.
      a. Cuando se escinde el extremo apical de la célula, de forma que se libera todo el contenido del citoplasma de esta región.
      b. La región basal de la célula, con el núcleo y la mayoría de los orgánulos, permanece intacta y continúa produciendo materiales para secretar.
      c. No es muy frecuente. Se produce en la glándula mamaria.

[3] La comunicación paracrina y autocrina se realiza entre células vecinas y la pueden realizar células no epiteliales.

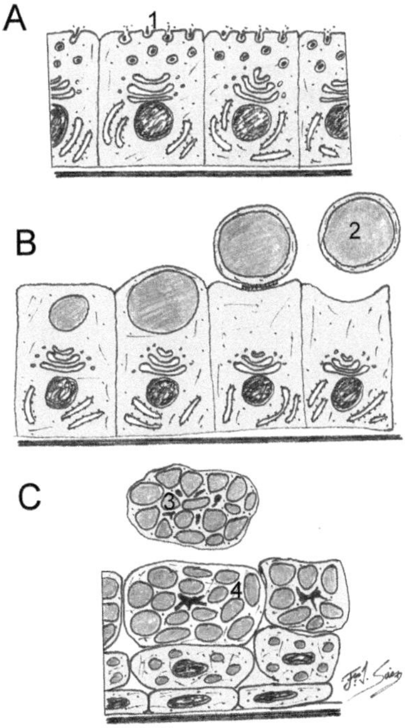

Figura 3.8 Representación de los mecanismos de secreción ecrina o merocrina (**A**), apocrina (**B**) y holocrina (**C**). 1, secreción por exocitosis; 2, citoplasma apical escindido; 3, célula muerta liberada; 4, células en proceso de muerte celular

3. **Holocrina**:
   a. Cuando es toda la célula la que muere, se rompe, y todo su contenido se libera. Un ejemplo es la glándula sebácea de la piel.
   b. También se considera secreción holocrina la liberación de la célula viva que se separa del epitelio. Un ejemplo sería la liberación del espermatozoide.

C. Según la organización de la glándula (**clasificación morfológica**), las glándulas exocrinas pueden ser:
1. **Glándulas intraepiteliales** (fig. 3.9). Un epitelio de revestimiento que tiene algunas células secretoras. Pueden ser de dos tipos:
   a. **Glándula intraepitelial unicelular**, si las células secretoras están aisladas entre células epiteliales no secretoras.
   b. **Glándula intraepitelial multicelular**, si existen grupos de células secretoras en el epitelio de revestimiento.
2. **Láminas o superficies secretoras** (fig. 3.9). Se trata de epitelios de revestimiento cuyas células son todas secretoras.
3. **Glándulas extraepiteliales** (fig. 3.10 y 3.11). El epitelio secretor no está en el epitelio de revestimiento que tapiza una superficie:
   a. Están formadas por una invaginación del epitelio de revestimiento que se sitúa en el tejido conjuntivo subyacente.
   b. El epitelio envuelve un espacio (**luz o lumen**) que está comunicado con la superficie libre del epitelio de revestimiento.

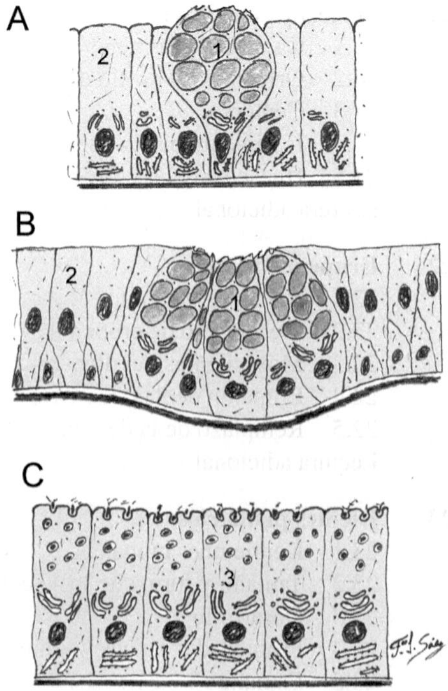

Figura 3.9 Glándula intraepitelial unicelular (**A**), glándula intraepitelial multicelular (**B**) y lámina o superficie secretora (**C**). 1, células secretoras; 2, células epiteliales de revestimiento, no secretoras; 3, células de revestimiento secretoras

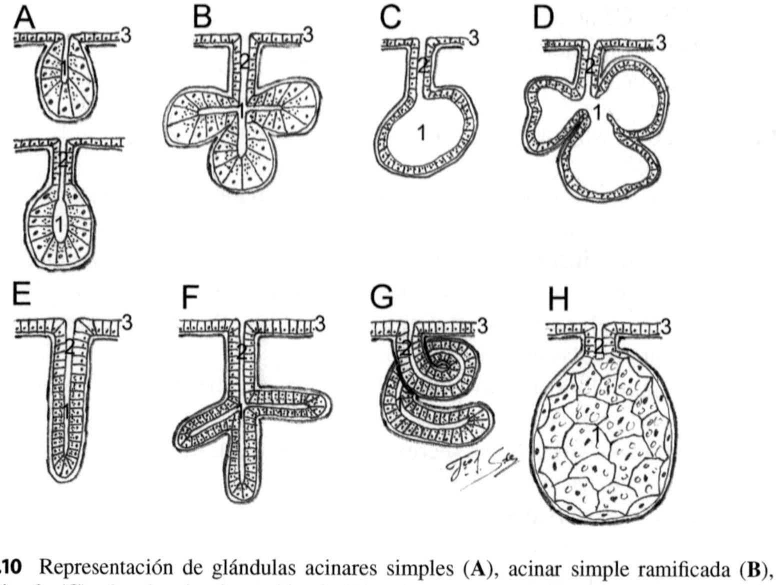

Figura 3.10 Representación de glándulas acinares simples (**A**), acinar simple ramificada (**B**), alveolar simple (**C**), alveolar simple ramificada (**D**), tubular simple (**E**), tubular simple ramificada (**F**), glomerular (**G**) y sacular simple (**H**). 1, adenómeros; 2, conductos excretores; 3, epitelios de superficie

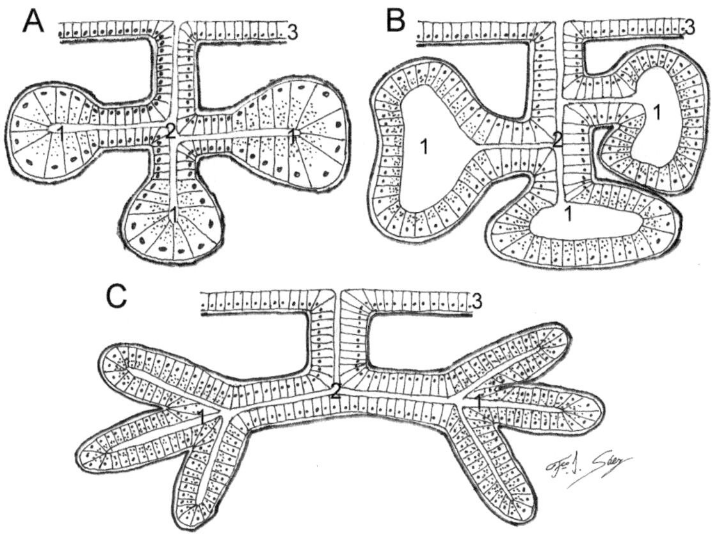

Figura 3.11 Glándula acinar compuesta (**A**), glándula alveolar compuesta (**B**) y glándula tubular compuesta ramificada (**C**). 1, adenómeros; 2, conductos excretores; 3, epitelios de superficie

c. Se pueden distinguir dos zonas en la invaginación:
   (1) La porción secretora se denomina **adenómero**.
   (2) Existe continuidad entre el epitelio de revestimiento y el adenómero mediante un conducto epitelial tubular no secretor, el **conducto excretor**.
d. Las glándulas exocrinas extraepiteliales pueden tener una organización muy variada y se clasifican siguiendo varios criterios.
   (1) Según la forma del adenómero, las glándulas pueden ser:
      (a) **Acinares o acinosas**, formadas por **acinos o acini** (del griego "ακινος" akinos 'grano de uva'), que son estructuras esféricas no muy grandes con un lumen, muy pequeño.
      (b) **Alveolares**, formadas por estructuras esféricas relativamente grandes con una luz amplia (alvéolos, del latín alveŏlus, diminutivo de alveus 'cavidad').
      (c) **Tubulares**, formadas por estructuras en forma de tubo o cilindro hueco. Si este tubo se enrolla formando un glomérulo (del latín glomus 'ovillo'), la glándula se llama glomerular.
      (d) **Saculares**, estructuras dilatadas repleta de células epiteliales. Esta glándula no presenta luz interna.
      (e) Estructuras intermedias:
         1. Adenómero tubular que termina en un acino (**tubuloacinar**).
         2. Adenómero tubular que termina en un alvéolo (**tubuloalveolar**).

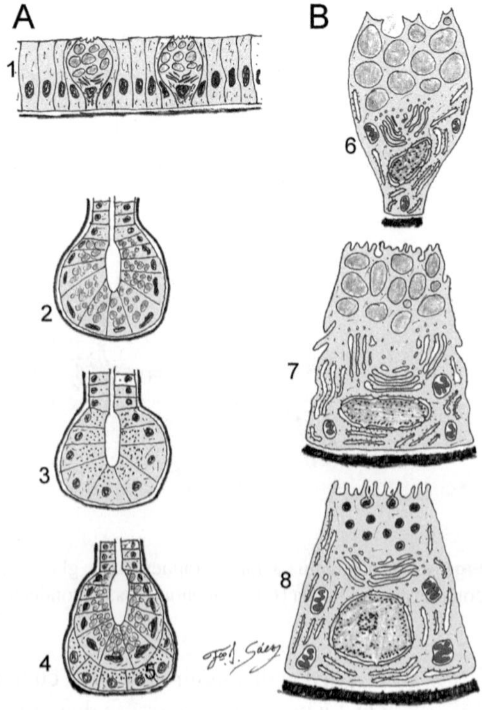

Figura 3.12 Diversos tipos de glándulas exocrinas (**A**) y de células glandulares (**B**) según la sustancia que liberan. 1, glándulas mucosas unicelulares; 2, glándulas mucosas; 3, glándulas serosas; 4, glándulas mixtas; 5, semiluna serosa de Giannuzzi o de von Ebner; 6, célula mucosa de polo abierto; 7, célula mucosa de polo cerrado; 8, célula serosa

(f) Si los adenómeros parecen dividirse, o si hay varios adenómeros al final de un conducto excretor, se habla de **glándula ramificada** (acinar ramificada, alveolar ramificada o tubular ramificada).

(2) Según la organización del conducto excretor:

(a) **Glándula simple**: no tiene conducto excretor o tiene un conducto único sin ramificaciones (fig. 3.10).

(b) **Glándula compuesta**: tiene un conducto excretor ramificado (fig. 3.11).

e. Las glándulas exocrinas extraepiteliales se describen combinando los criterios anteriores: glándulas acinares simples, acinares compuestas, tubulares simples, tubulares compuestas, acinares simples ramificadas, tubulares simples ramificadas, etc.

D. Según la sustancia que produce y libera. Se distinguen dos tipos de células (fig. 3.12):

1. **Células mucosas** (del lat. muccōsus, 'moco o semejante al moco').

a. Producen un **mucus o moco**, material viscoso formado por unas glicoproteínas llamadas **mucinas**.

b. La secreción se acumula en el polo apical como **gránulos de mucígeno** voluminosos y numerosos que ocupan gran parte del citoplasma celular.

c. El resto de orgánulos y el núcleo están comprimidos en el polo basal de la célula.
d. En las preparaciones histológicas habituales los gránulos de mucígeno se observan pálidos y poco teñidos y da la impresión de que la célula está vacía.
e. Se han distinguido dos tipos de células mucosas:
(1) **Células mucosas de polo cerrado**, cuya superficie apical parece íntegra.
(2) **Células mucosas de polo abierto**, cuyo polo apical parece estar abierto, lo cual no es más que un artefacto. Estas células mucosas de polo abierto suelen tener forma de copa o cáliz, y se llaman **células caliciformes**.

2. **Células serosas** (del latín serum, 'suero').
a. Las células serosas producen una secreción acuosa, proteica, bastante fluida, que habitualmente contiene **enzimas**.
b. Los gránulos de secreción (**gránulos de cimógeno**) son pequeños y no comprimen al resto de componentes celulares hacia el polo basal.
c. Los gránulos se tiñen con los colorantes histológicos habituales y el citoplasma apical está bien teñido y con aspecto granulado.
3. La combinación de estas células en los epitelios glandulares puede producir tres tipos de glándulas (fig. 3.12):
a. **Glándulas mucosas**, formadas por células mucosas.
b. **Glándulas serosas**, formadas por células serosas.
c. **Glándulas mixtas**, formadas por células mucosas y serosas. En estos casos, el adenómero está formado por:
(1) Un acino o tubuloacino mucoso.
(2) Un casquete de células serosas, llamado **semiluna serosa** (o **semiluna de Giannuzzi, de von Ebner o de Heindenhain**) que recubren el extremo del tubuloacino mucoso.

3.10 Glándulas endocrinas

A. **Clasificación morfológica**. Hay una gran variedad de glándulas endocrinas, pero se podrían clasificar como sigue:
1. **Glándulas unicelulares**: células aisladas en epitelios de revestimiento o epitelios glandulares exocrinos.
2. **Glándulas en islotes**: grupos más o menos esféricos de células rodeados por tejido conjuntivo.
3. **Glándulas en cordones**: grupos alargados de células revestidos de tejido conjuntivo.
4. **Glándulas foliculares**:
a. El epitelio forma esferas huecas (folículos, del latín follicŭlus 'saquito').
b. El epitelio suele ser cúbico simple.
c. Los folículos están rodeados por tejido conjuntivo.

B. **Según la secreción** es casi imposible realizar una clasificación porque las sustancias producidas por las glándulas endocrinas son muy variadas. Una clasificación simple es:
   1. Glándulas que producen **proteínas o polipéptidos**.
   2. Glándulas que producen **esteroides**.
   3. Glándulas que producen sustancias más simples, como **aminoácidos modificados**.

3.11 Origen embrionario de las glándulas

A. El desarrollo de las glándulas exocrinas y endocrinas se produce a partir de un epitelio de revestimiento (fig. 3.13).

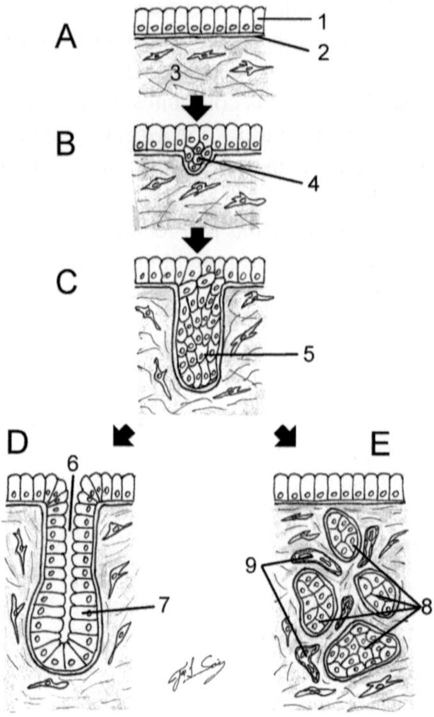

Figura 3.13 Proceso de formación de las glándulas exocrinas extraepiteliales (**A–D**) y endocrinas (**A–C** y **E**). Se han representado varios momentos. Las flechas indican la progresión temporal. En la fase final de la formación de la glándula exocrina extraepitelial (**D**) se produce un conducto excretor. En la fase final de la formación de la glándula endocrina (**E**) se pierde la conexión entre el epitelio de revestimiento y el epitelio glandular. 1, epitelio de revestimiento; 2, membrana basal; 3, tejido conjuntivo; 4, mamelonamiento de células del epitelio; 5, crecimiento de una yema epitelial; 6; formación del conducto excretor; 7, glándula exocrina extraepitelial; 8, glándula endocrina; 9, capilares sanguíneos

B. Se forma un **mamelonamiento** o engrosamiento debido a una acción inductora del mesénquima embrionario subyacente (tejido conjuntivo del embrión).
C. El mamelonamiento va creciendo poco a poco e invadiendo el mesénquima hasta formar una **yema** o excrecencia sólida.
D. Se produce el crecimiento de la yema, que varía según el tipo de glándula:
   1. En las glándulas exocrinas:
      a. Se forma una cavidad que será la **luz** de la glándula.
      b. La glándula permanece siempre unida al epitelio de revestimiento.
   2. En las glándulas endocrinas:
      a. En estas glándulas no se forma una luz interior (salvo en las glándulas foliculares).
      b. La yema en crecimiento se separa del epitelio de revestimiento y queda completamente rodeada por el mesénquima.

Lo que hay que recordar

Los tejidos epiteliales o epitelios se caracterizan por células estrechamente unidas que forman láminas que cubren un tejido conjuntivo (tejido subyacente) y lo separan de un espacio o cavidad. Los epitelios y sus células son estructuras polarizadas que presentan un polo basal (en contacto con el tejido subyacente) y un polo apical (opuesto al polo basal). En el cuerpo humano hay epitelios originados a partir de las tres hojas germinativas y pueden realizar muchas funciones, aunque una clasificación simple distingue entre epitelios de revestimiento, epitelios glandulares y epitelios de transporte. Las células epiteliales presentan características citológicas especializadas, muchas de las cuales son responsables de unir las células entre sí y el epitelio al tejido subyacente. Entre el tejido subyacente y el epitelio hay una membrana basal, que contiene una lámina basal íntimamente unida al epitelio. Las células de los epitelios se renuevan constantemente gracias a las células troncales o células madre que producen nuevas células. Los epitelios de revestimiento se clasifican según el número de capas celulares y la forma de las células. Los epitelios glandulares (glándulas) se clasifican según el destino de su secreción (exocrina, endocrina y paracrina). Las glándulas exocrinas se clasifican según el mecanismo celular de su secreción (ecrinas, apocrinas y holocrinas), según la organización tisular (intraepiteliales, láminas secretoras y extraepiteliales), según la morfología de la porción secretora (acinares, tubulares, alveolares, saculares) y según la forma de su conducto no secretor (simples y compuestas). También se pueden clasificar según el producto que secretan (mucosas y serosas). Las glándulas endocrinas son difíciles de clasificar debido a su diversidad. Por último, recuerda que las glándulas se forman a partir de un epitelio de revestimiento.

Lectura adicional

Basbaum C B, Jany B, Finkbeiner W E 1990. The serous cell. Annual Review of Physiology 52: 97–113.

Botstein Griepp E, Robbins E S 1988. Epithelium. En: Cell and Tissue Biology – A Textbook of Histology. Weiss L Editor. 6ª ed. Urban & Schwarzenberg, Baltimore, pp. 113–154.

Gartner L P 2017. Epithelium and Glands. En: Textbook of Histology. 4ª ed. Elsevier, Filadelfia, pp. 99–126.

Gómez de Ferraris M E, Campos Muñoz A 2009. Histología general humana. En: Histología, Embriología e Ingeniería Tisular Bucodental. 3ª ed. Médica Panamericana, pp. 57–78.

Higashi T, Saito A C, Chiba H 2024. Damage control of epithelial barrier function in dynamic environments. European Journal of Cell Biology 103: 151410.

Imai M, Shibata T, Moriguchi K, Sakai J 1986. Mucous cell types. Okajimas Folia Anatomica Japonica 63: 1–5.

Khan S, Fitch S, Knox S, Arora R 2022. Exocrine gland structure-function relationships. Development 149: dev197657.

Kierszenbaum A L, Tres L L 2019a. Epithelial glands – Cell Biology. En: Histology and Cell Biology – An Introduction to Pathology. 5ª ed. Elsevier, Filadelfia, pp. 67–98.

Kierszenbaum A L, Tres L L 2019b. Epithelium – Cell Biology. En: Histology and Cell Biology – An Introduction to Pathology. 5ª ed. Elsevier, Filadelfia, pp. 1–66.

Krstić R V 1985. Epithelial Tissue. En: General Histology of the Mammal. An Atlas for Students of Medicine and Biology. Springer Verlag, Berlin, pp. 15–97.

Lowe J S, Anderson P G 2015. Epithelial Cells. En: Stevens & Lowe's Human Histology. 4ª ed. Elsevier, Filadelfia, pp. 37–54.

O'Dowd G, Bell S, Wright S 2023. Epithelial tissues. En: Wheater's Functional Histology. Elsevier, Amsterdam, pp. 82–100.

Pawlina W 2024. Epithelial Tissue. En: Histology a Text and Atlas with correlated Cell and Molecular Biology. 9ª ed. Wolters Kluwer, Filadelfia, pp. 122–175.

Polito M P, Romaldini A, Rinaldo S, Enzo E 2024. Coordinating energy metabolism and signaling pathways in epitelial self-renewal and differentiation. Biology Direct 19: 63.

Zhu G L, Hu H L, Xi R W 2021. The cellular niche for intestinal stem cells: a team effort. Cell Regeneration 10: 1.

Tejidos conjuntivos

4

Qué aprenderás en este capítulo

En este capítulo aprenderás las características generales de los tejidos conjuntivos, su origen embrionario y los diversos tipos de células que se pueden encontrar en ellos. Verás que algunos tipos celulares de los tejidos conjuntivos provienen de la sangre. Verás que uno de los componentes fundamentales del tejido conjuntivo es la matriz extracelular, formada por fibras proteicas embebidas en una sustancia fundamental hidratada por el líquido intersticial. Finalmente, aprenderás que hay muchas variedades de tejido conjuntivo, algunas de las cuales están especializadas para formar estructuras esqueléticas del cuerpo humano.

4.1 Características generales

A. El **tejido conjuntivo** o **tejido conectivo**[1] se denomina así porque proporciona el soporte y el armazón de conexión para el resto de tejidos del organismo.
B. Todos los epitelios del organismo, nervios y músculos están soportados o recubiertos por tejido conjuntivo.
C. El tejido conjuntivo se caracteriza por la abundancia e importancia de la **matriz extracelular** (fig. 4.1).
   1. En esto el tejido conjuntivo difiere de los epitelios estudiados en el capítulo anterior:
      a. Las células son relativamente poco abundantes.
      b. Una gran parte del tejido está constituido por la matriz extracelular que ellas sintetizan.

[1] El DPTM desaconseja el uso del término "tejido conectivo" por considerarlo anglicismo.

F.J. Sáez, I. Badiola, *Histología Bucal Básica*,
https://doi.org/10.1007/978-3-032-24363-8_4

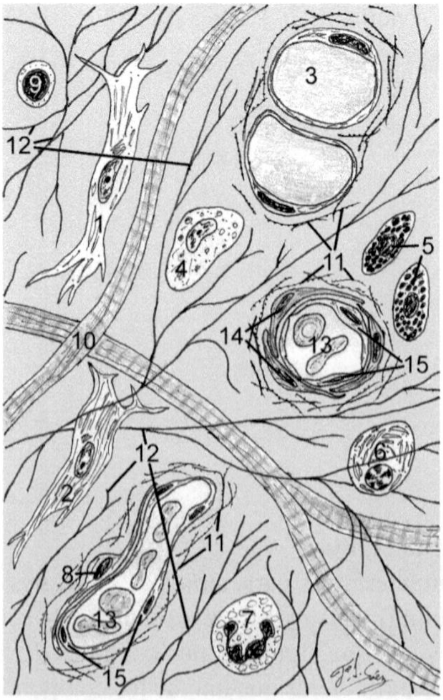

Figura 4.1 Representación idealizada del tejido conjuntivo tomando como ejemplo un tejido conjuntivo laxo. Se muestran los principales tipos celulares y fibras que pueden encontrarse en el tejido. El fondo gris representa la sustancia fundamental hidratada por el líquido intersticial. También se han representado dos vasos sanguíneos de pequeño calibre. No se han representado fibras nerviosas o nervios. Los diferentes componentes no se han dibujado a escala. 1, fibroblasto; 2, miofibroblasto; 3, adipocito; 4, macrófago; 5, célula cebada o mastocito; 6, célula plasmática; 7, neutrófilo; 8, pericito; 9, linfocito; 10, fibras colágenas; 11, fibras reticulares; 12, fibras elásticas; 13, vasos sanguíneos; 14, células musculares lisas en la pared de un vaso sanguíneo; 15, células endoteliales de la pared de los vasos sanguíneos

2. La matriz extracelular está formada por **fibras proteicas** que quedan englobadas en una **sustancia fundamental** con consistencia de gel, sustancia fundamental que está hidratada por el **líquido intersticial, líquido tisular o líquido hístico**.

D. Existen muchas variedades de tejido conjuntivo, por lo que sería más propio hablar de tejidos conjuntivos.
   1. Las variedades de tejido conjuntivo se suelen clasificar según:
      a. La abundancia de fibras.
      b. El tipo de fibra predominante.
      c. Si las fibras están laxamente entrelazadas o estrechamente empaquetadas.
      d. Si las fibras están ordenadas o si están dispuestas al azar.
   2. Algunas variedades de tejido conjuntivo se clasifican según el tipo celular predominante en el tejido.

3. Una clasificación sencilla de los tejidos conjuntivos sería la siguiente:
   a. **Tejidos conjuntivos propiamente dichos**. Las variedades las veremos al final de este capítulo.
   b. **Tejidos conjuntivos especializados**:
      (1) Tejido adiposo.
      (2) Tejidos cartilaginosos.
      (3) Tejido óseo.
      (4) Sangre (tejido sanguíneo).
      (5) Tejido hematopoyético.
4. A los tejidos cartilaginoso, óseo, sanguíneo y hematopoyético se les dedicarán capítulos independientes.

E. Los tejidos conjuntivos pueden desempeñar diferentes funciones según la variedad de tejido conjuntivo. Por ejemplo:
   a. En el tejido conjuntivo laxo abundan las células del **sistema inmune** cuya función es defender el organismo de agentes patógenos externos.
   b. El tejido conjuntivo denso regular presente en los tendones tiene una alta densidad de fibras en su matriz cuya función es aportar resistencia.

4.2 Origen embrionario

A. Los tejidos conjuntivos derivan del **mesénquima embrionario** (del griego μεσο meso, 'medio' o 'intermedio', y ἔγχυμα énchyma 'infusión', 'inyección'.).
   1. El mesénquima es una variante simple de tejido conjuntivo, formado por pocas células indiferenciadas, las células mesenquimáticas, y una matriz extracelular con fibras finas y escasas.
   2. El mesénquima embrionario se sitúa entre el ectodermo y el endodermo.

B. Aunque la mayor parte del mesénquima deriva del **mesodermo**, en la región cefálica del embrión el mesénquima también se produce a partir de células originadas en la **cresta neural** (fig. 4.2). A este mesénquima cefálico de origen neuroectodérmico se le denomina **ectomesénquima**.

C. En los tejidos conjuntivos pueden existir varios tipos celulares cuyo origen puede ser diferente:
   1. Algunos tipos celulares tienen origen en el mesénquima embrionario (**células de origen mesenquimático**).
   2. Otros tipos celulares proceden de la sangre (**células de origen hematopoyético**).
   3. En todo caso, unas y otras son de origen mesodérmico (con la excepción ya mencionada del ectomesénquima cefálico).
   4. Tradicionalmente las células se han organizado en dos poblaciones no necesariamente relacionadas con el origen, **células residentes** y **células pasajeras o transitorias**, lo cual puede dar lugar a algunas confusiones.

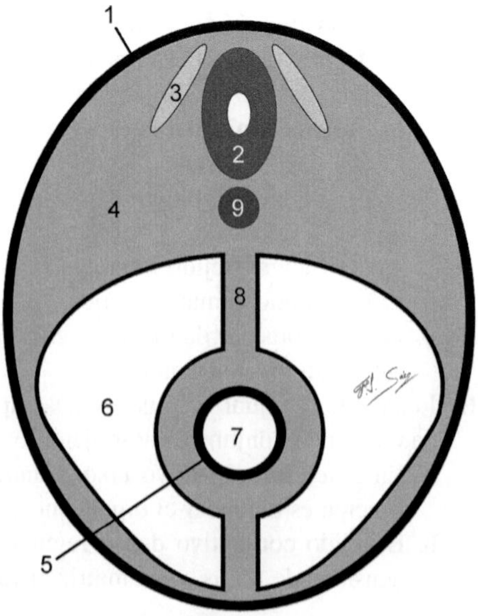

Figura 4.2 Representación esquemática y simplificada de un corte transversal en la región troncal de un embrión temprano, una vez plegado y cerrado el tubo digestivo. Los tejidos conjuntivos derivan principalmente del mesénquima (4) producido por el mesodermo. En la región cefálica, que no se muestra aquí, los tejidos conjuntivos también proceden del ectomesénquima que se forma a partir de las crestas neurales (3). 1, ectodermo de superficie; 2, tubo neural; 5, endodermo; 6, celoma; 7, luz del tubo digestivo; 8, mesenterio; 9, notocorda

4.3 Células del tejido conjuntivo

A. Algunas de las células del tejido conjuntivo están representadas en la fig. 4.1.
B. Tradicionalmente se han clasificado las células del tejido conjuntivo en dos categorías:
   1. **Células residentes**.
      a. Son células que se mueven poco en el tejido y se consideran residentes permanentes del tejido.
      b. En este grupo se incluyen células de tres orígenes diferentes:
         (1) Células formadas en el propio tejido a partir de **células mesenquimáticas** indiferenciadas del mesénquima embrionario o de células mesenquimáticas indiferenciadas que persisten como células troncales de reserva (células madre) en los tejidos conjuntivos del adulto. Este grupo incluye:
            (a) **Fibroblastos**. Son las células básicas de los tejidos conjuntivos propiamente dichos. Sintetizan la mayor parte de la matriz extracelular.
            (b) **Células reticulares**. Son formas especializadas de fibroblastos presentes en tejidos conjuntivos de ciertos órganos linfoides.
            (c) **Miofibroblastos**. Son fibroblastos que pueden contraerse porque poseen un citoesqueleto de **microfilamentos de actina** bien desarrollado. Se parecen a las células musculares lisas.
            (d) **Adipocitos**. Son células en cuyo citoplasma se acumulan grandes inclusiones de lípidos (gotas de grasa). Pueden encontrarse aislados o en pequeños grupos en el tejido conjuntivo, o pueden ser el

tipo celular más abundante, en cuyo caso forman el **tejido adiposo**.

(e) **Células mesenquimáticas**. Son las células madre que permanecen en el tejido conjuntivo para producir las células que hemos mencionado antes.

(f) **Pericitos**. Son células que rodean los vasos sanguíneos más pequeños (capilares).

(2) Células producidas a partir de células **hematopoyéticas embrionarias** e instaladas en el tejido durante el desarrollo embrionario.

(a) Aquí se pueden incluir los **macrófagos residentes**. Se instalan en el tejido conjuntivo al comienzo del desarrollo embrionario y la población se renueva por divisiones celulares.

(3) Células producidas a partir de **células hematopoyéticas de la médula ósea** y que llegan al tejido conjuntivo circulando por la sangre.

(a) Una vez llegadas al tejido actúan en él con escasos desplazamientos y no lo abandonan[2].

(b) Se incluyen en este grupo tres tipos celulares:

1. **Macrófagos derivados de monocitos**. Son células que proceden de monocitos sanguíneos que penetran y se diferencian en el tejido conjuntivo.
2. **Células dendríticas (DC)**, también llamadas **células dendríticas interdigitantes (IDC)**. Algunos autores las identifican con los macrófagos, pero tienen funciones diferentes. Hay varios tipos, unos procedentes de monocitos y otros no.
3. **Células cebadas o mastocitos**. Proceden de células de la sangre sin identificar.

2. **Células pasajeras o transitorias**. En este grupo se incluyen las células del **sistema inmune** que viajan por la sangre y penetran en el tejido conjuntivo cuando existe una infección para llevar a cabo una respuesta inmune. Entre ellas se pueden citar:
   a. Monocitos.
   b. Células plasmáticas o plasmocitos.
   c. Linfocitos.
   d. Neutrófilos.
   e. Eosinófilos.
   f. Basófilos.

C. Las células del tejido conjuntivo pueden tener diferente origen:
1. **Células de origen mesenquimático**, es decir, que se originan en el propio tejido conjuntivo. Ya se han indicado antes cuáles son.
2. **Células de origen hematopoyético**. Como hemos visto hay dos tipos:
   a. **Células procedentes de la hematopoyesis embrionaria**, que se instalan en el tejido en fases tempranas del desarrollo.

[2] Las células dendríticas sí pueden abandonar el tejido conjuntivo y pasar a la linfa, pero por su semejanza con los macrófagos se suelen incluir como células residentes.

b. **Céluas originadas en la hematopoyesis postnatal**, es decir, que se producen en la **médula ósea** como células de la sangre.
   (1) Posteriormente abandonan la sangre y entran en el tejido conjuntivo.
   (2) Incluyen algunas células residentes (macrófagos derivados de monocitos, DC y mastocitos) y todas las transitorias.

D. Existe algo de confusión en cuanto a la clasificación de las células del tejido conjuntivo:
   1. Hay autores que identifican células residentes con células de origen mesenquimático y células transitorias con células de origen hematopoyético.
   2. Sin embargo, tradicionalmente algunas células de origen sanguíneo (macrófagos, DC y mastocitos) se han considerado residentes, por su escasa movilidad una vez alcanzado el tejido.
   3. Por otra parte, la célula plasmática permanece en el tejido una vez instalada y sin embargo se considera transitoria por su relación con la respuesta inmune.

4.4 Fibroblasto.

A. Es la célula característica del tejido conjuntivo. Su nombre significa **formadora de fibras o productora de fibras**.

B. Algunos histólogos utilizan el término "*fibrocito*" porque consideran que el sufijo -cito se debe utilizar para denominar la célula diferenciada de un tejido, como ya se ha explicado en el capítulo 1. Sin embargo, este término es incorrecto, pues la célula del tejido conjuntivo se denominó fibroblasto por su actividad productora de fibras.

C. Se pueden observar dos tipos de fibroblastos según tengan mayor o menor actividad sintética (fig. 4.3):
   1. En un tejido conjuntivo maduro se observan fibroblastos bien diferenciados con poca actividad sintética.
      a. Tienen una forma variable.
         (1) Normalmente se orientan siguiendo los haces de fibras del tejido conjuntivo, por lo que suelen observarse como células fusiformes con largas prolongaciones.
         (2) Otras veces se ven como células estrelladas planas con prolongaciones finas.
      b. Su núcleo es elíptico, con uno o dos nucléolos y cromatina dispersa.
      c. Su citoplasma es poco abundante.
         (1) Suele ser eosinófilo, como las fibras colágenas de la matriz extracelular, lo que hace que en las secciones histológicas teñidas con hematoxilina y eosina sea difícil de distinguir.
         (2) Suele observarse un aparato de Golgi pequeño, algunas cisternas de retículo endoplásmico rugoso y algunas mitocondrias.
      d. Esta es la célula que erróneamente se denomina fibrocito en algunos libros.
   2. En los tejidos conjuntivos en desarrollo, o en aquellos en los que se producen daños y están en un proceso de reparación (por ejemplo, en la cicatrización

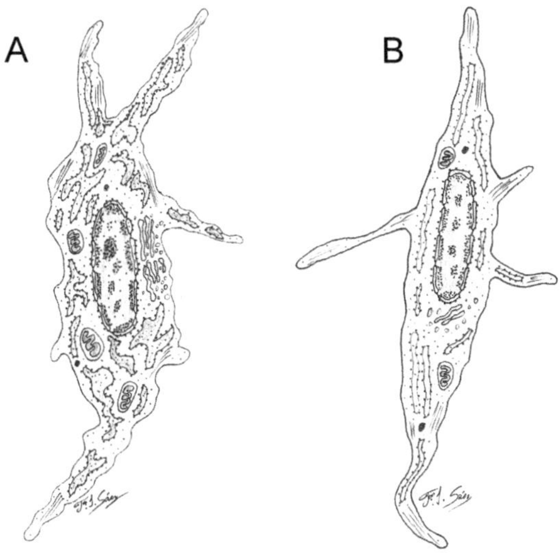

Figura 4.3 Fibroblasto activo, con alta actividad sintética (**A**), y fibroblasto inactivo, con escasa actividad sintética (**B**)

de una herida), los fibroblastos sintetizan activamente fibras y sustancia fundamental de la matriz extracelular.
a. Son de mayor tamaño.
b. Su citoplasma es más voluminoso y los orgánulos biosintéticos son abundantes:
(1) Es algo basófilo debido a la abundancia de cisternas de retículo endoplásmico rugoso.
(2) También está más desarrollado el aparato de Golgi, así como las vesículas de secreción que liberan los productos secretados.

D. Cada fibroblasto es capaz de producir todos los componentes de la **matriz extracelular**, tanto los distintos tipos de fibras como los componentes de la sustancia fundamental, excepto algunas moléculas que se filtran desde la sangre.

4.5 Célula reticular

A. Las células reticulares están presentes en la variedad de tejido conjuntivo llamada **tejido reticular**, presente en algunos órganos linfoides y en la médula ósea.
B. Son fibroblastos especializados en producir las **fibras reticulares** (que se describirán más adelante).
C. Tienen forma estrellada, y sus prolongaciones, que se extienden a lo largo de las fibras reticulares, se unen con las de otras células reticulares y forman una especie de red o entramado que permite alojar en sus huecos otras células.

4.6 Miofibroblasto

A. Es una forma variante del fibroblasto, difícil de distinguir en los preparados de rutina teñidos con hematoxilina y eosina (fig. 4.1), que tiene características híbridas entre el **fibroblasto** y la **célula muscular lisa** que explicaremos en el capítulo correspondiente
B. Con el microscopio electrónico se observa que estas células poseen en su citoplasma haces de **microfilamentos de actina** que, asociados con moléculas de **miosina**, tienen la capacidad de generar la contracción de la célula.
C. La contracción celular se puede transmitir a las fibras de la matriz extracelular debido a la existencia de uniones especializadas en la membrana plasmática.
D. El miofibroblasto se diferencia claramente de la célula muscular lisa por dos características:
   1. Carece de lámina basal (lámina externa) que la rodee, mientras que en la célula muscular lisa sí existe esta lámina externa.
   2. Suele estar aislado, no asociado con otras células similares. En cambio, las células musculares lisas suelen estar en grupos.

4.7 Adipocito

A. Los **adipocitos** son células especializadas en almacenar grasas. Se pueden encontrar dispersas o en pequeños grupos en el tejido conjuntivo, pero en ciertas regiones pueden ocupar todo el tejido, formando el **tejido adiposo**.
B. Suelen ser de gran tamaño, de forma esférica o poliédrica, y la mayor parte de su citoplasma está ocupado por inclusiones de lípidos (**gotitas de grasa**).
C. Durante su formación a partir de células mesenquimáticas, se van acumulando en su citoplasma gotitas de lípidos que se van fusionando entre sí para formar inclusiones de mayor tamaño.
D. Existen dos tipos de adipocitos:
   1. El **adipocito unilocular** tiene una gran gota de grasa que ocupa casi todo el volumen celular (fig. 4.4).
      a. El resto del citoplasma y el núcleo quedan comprimidos en una fina capa periférica adosada a la membrana plasmática.
      b. El tejido adiposo que forman estas células se denomina **tejido adiposo blanco o unilocular**.
   2. El **adipocito multilocular** tiene múltiples gotitas de grasa.
      a. El núcleo suele estar centrado en la célula y hay muchas mitocondrias entre las gotitas lipídicas.
      b. El tejido adiposo que forman se denomina **tejido adiposo pardo o multilocular**.

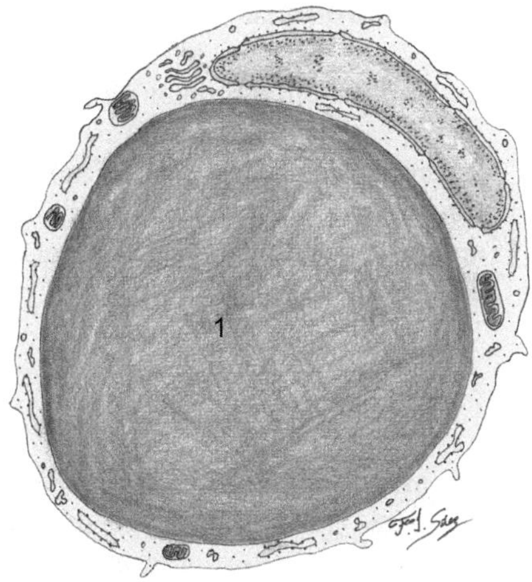

Figura 4.4 Ultraestructura del adipocito unilocular. 1, gota lipídica

4.8 Célula mesenquimática

A. En los tejidos conjuntivos adultos persisten **células mesenquimáticas** embrionarias que actúan como **células madre de reserva**.

B. Tienen el aspecto de fibroblastos, por lo que resulta difícil identificarlas. Normalmente, son más pequeñas y muestran menos orgánulos en el citoplasma.

C. Algunas suelen encontrarse cerca de los vasos sanguíneos –sobre todo venas pequeñas y vénulas–, por lo que se habla de **células perivasculares o adventiciales**.

D. Cuando son estimuladas, pueden dividirse y originar fibroblastos y otras células del tejido conjuntivo, como los adipocitos, y de otros tipos tisulares, como células musculares lisas.

4.9 Pericito

A. Los **pericitos** (del griego περι- peri-, 'alrededor de') son células que rodean los capilares, los vasos sanguíneos más finos que estudiaremos en otro capítulo (fig. 4.1 y 12.5 en capítulo 12).

B. Derivan de las **células mesenquimáticas** y pueden considerarse por tanto células del tejido conjuntivo, aunque están separadas de éste por una **lámina basal**.

C. Poseen en su citoplasma **filamentos de actina** y **miosina** que les permiten contraerse.

D. En ciertas situaciones pueden comportarse como **células madre mesenquimáticas** y producir otros tipos celulares[3].

[3] Algunos autores consideran que son las células mesenquimáticas perivasculares mencionadas antes.

4.10 Melanocito

A. En algunos tejidos conjuntivos (iris y coroides del globo ocular) hay **melanocitos** (del griego μέλας, μέλανος mélas, mélanos 'negro'), células derivadas de las crestas neurales que sintetizan **melanina**.
B. Los melanocitos son abundantes en algunos epitelios, por ejemplo en el epitelio de la piel y el de la cavidad bucal, y las estudiaremos en el capítulo dedicado a la mucosa bucal.

4.11 Macrófago

A. Los **macrófagos** (del griego μακρο- makro-, 'grande' y del latín -phăgus, y este del griego φαγο- phago- y -φάγος -phágos, 'que come') son, como su nombre indica, los "*grandes comilones*" del tejido conjuntivo (fig. 4.5).
B. Están especializadas en realizar **fagocitosis** de agentes extraños al organismo y de materiales de desecho que hay que reciclar, como los eritrocitos viejos o dañados.
C. En algunos tejidos y órganos existen macrófagos especializados que reciben nombres específicos (células de Kupffer en el hígado, células de la microglía en el sistema nervioso central, macrófagos alveolares en el pulmón, etc.)
D. La fagocitosis de microorganismos patógenos se activa cuando están recubiertos de **anticuerpos**, ya que los macrófagos poseen en su superficie **receptores de anticuerpos**.
E. Una función importante de los macrófagos es presentar antígenos a los **linfocitos T**.

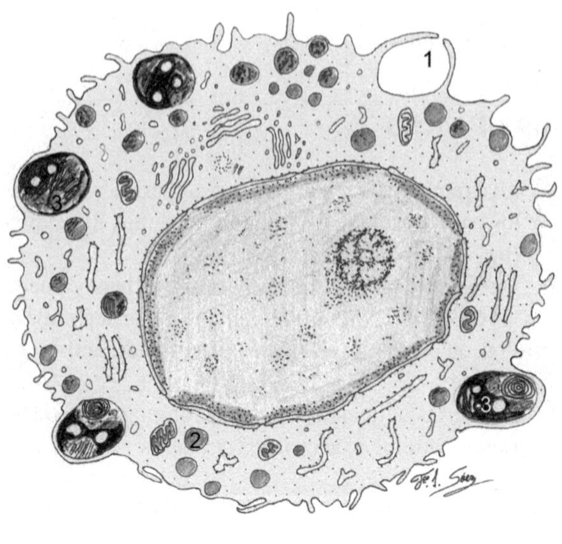

Figura 4.5 Ultraestructura del macrófago. Se observan pseudópodos implicados en procesos de fagocitosis en su superficie (1) y muchas vesículas y lisosomas (2) en su citoplasma. 3, fagosomas con material para digerir

1. Los linfocitos T son células que pueden reconocer una molécula extraña al organismo y reaccionar contra ella.
2. Para identificar uno de estos antígenos otras células deben presentárselos unidos a unas moléculas de la superficie celular llamadas **complejos principales de histocompatibilidad** (**MHC**, por sus siglas en inglés).

F. Existen dos tipos de moléculas MHC:
1. **MHC de clase I (MHC I)**, presentes en todas las células de nuestro cuerpo.
2. **MHC de clase II (MHC II)**, presentes sólo en las **células presentadoras de antígenos** (**APC**, por sus siglas en inglés). Las APC del cuerpo humano son:
   a. Macrófagos.
   b. Células dendríticas.
   c. Linfocitos B.
   d. Algunas células epiteliorreticulares del timo.

G. Desde los años sesenta del siglo pasado se aceptó que todos los macrófagos se formaban a partir de monocitos sanguíneos. Sin embargo, nuevos datos permiten distinguir dos tipos de macrófagos:
1. **Macrófagos de origen embrionario o macrófagos residentes**.
   a. Estos macrófagos se instalan en los tejidos durante el desarrollo embrionario.
      (1) En algunos tejidos se instalan en fases muy tempranas del desarrollo embrionario y se originan a partir de las primeras células hematopoyéticas de la pared del **saco vitelino**.
      (2) En otros tejidos aparecen en fases posteriores del desarrollo embrionario a partir de células hematopoyéticas del **hígado**.
   b. Perviven en los tejidos del adulto porque proliferan y la población se va renovando.
2. **Macrófagos derivados de monocitos**.
   a. Se forman en el tejido cuando se produce una **inflamación**.
   b. Monocitos que circulan por la sangre salen de los vasos sanguíneos y se convierten en macrófagos.
   c. Esta población de macrófagos derivados de monocitos se mantiene por la llegada de nuevos monocitos que se convierten en macrófagos, y porque los propios macrófagos pueden proliferar.

H. La presencia en los tejidos conjuntivos de células fagocíticas formadas a partir de precursores de la sangre hizo que se propusiera la existencia de un **sistema fagocítico mononuclear**, formado por todas las células relacionadas con los macrófagos y que se creía que derivaban de los monocitos.
1. Según los conocimientos actuales, las células de este sistema se podrían clasificar así:
   a. Originadas durante el desarrollo embiornario:
      (1) Macrófagos de muchos tejidos conjuntivos (macrófagos residentes).
      (2) Células de Kupffer del hígado.
      (3) Macrófagos alveolares del pulmón.
      (4) Macrófagos de los órganos linfoides y de la médula ósea.
      (5) Celulas de la microglía del sistema nervioso central.

(6) Macrófagos del peritoneo.
(7) Quizás algunos osteoclastos del hueso.
b. Originadas en el adulto a partir de monocitos:
(1) Monocitos (los monocitos pueden persistir en el tejido conjuntivo).
(2) Osteoclastos del hueso, y probablemente condroclastos del cartílago y odontoclastos del diente.
(3) Macrófagos de la mama.
(4) Macrófagos de la pared intestinal.
2. Algunos autores incluyen en este sistema las células dendríticas.

4.12 Célula dendrítica (DC) o célula dendrítica interdigitante (IDC)

A. Las DC poseen un núcleo claro e irregular y un citoplasma con escasas diferenciaciones y muchas prolongaciones ramificadas, como las ramas de un árbol, de ahí el nombre de **células dendríticas** (del griego δενδρίτης, dendrítēs, 'árbol').
B. Suelen estar rodeadas de linfocitos.
C. Durante mucho tiempo se han relacionado con los macrófagos. Esto se debe a que estas células también intervienen en la respuesta inmunitaria, pero tienen semejanzas y diferencias con ellos:
1. Diferencias: no realizan fagocitosis intensa, no suelen poseer en su superficie receptores de anticuerpos.
2. Semejanzas: son APC, ya que poseen en su superficie MHC II, y su función es captar antígenos, procesarlos y presentarlos a los linfocitos T.
D. La presentación del antígeno puede realizarse en dos lugares diferentes:
1. *In situ*, es decir, en el propio tejido conjuntivo.
2. En los ganglios linfáticos.
a. Las DC tienen gran capacidad de movilidad y pueden penetrar en los **vasos linfáticos** presentes en los tejidos conjuntivos y viajar por estos vasos con los antígenos captados.
b. Al llegar a los **ganglios linfáticos**, que están llenos de linfocitos, se realiza la presentación del antígeno.
E. Durante su viaje por la linfa se denominan **células veladas**.
F. Actualmente se han distinguido varios tipos de DC:
1. **Células dendríticas convencionales o mieloides (cDC o mDC)**. Están presente en los tejidos conjuntivos como APC.
2. **Células dendríticas plasmacitoides (pDC)**. Presentes en los órganos linfoides y que hasta hace poco se creía que derivaban del mismo linaje que los linfocitos.
3. **Células dendríticas monocíticas (moDC)**. Son células dendríticas que se producen en los tejidos a partir de monocitos.
4. **Células de Langerhans**. Son células dendríticas presentes en algunos epitelios, como el de la piel o el de la boca. Estas células tienen un origen muy

discutido, aunque actualmente se cree que se forman en fases tempranas del desarrollo embrionario.

G. El origen de estas células es controvertido:
   1. A partir de un precursor de la médula ósea no identificable y que se ha denominado **precursor común de células dendríticas (CDP)**. A partir de este precursor se forman células que se transportan por la sangre en forma inmadura hasta el tejido donde se formarían:
      a. cDC.
      b. pDC.
   2. A partir de **monocitos**. Los monocitos viajan por la sangre hasta el tejido donde se forman las moDC.
   3. A partir de células del **saco vitelino** que migran durante el desarrollo embrionario hasta los tejidos del embrión.
      a. Esta población se mantiene y autorrenueva en los tejidos.
      b. Este es el origen de las **células de Langerhans**.

4.13 Mastocito o célula cebada

A. Los **mastocitos** (del alemán mästen, 'cebar, engordar'), **células cebadas** o **labrocitos** (del griego λαβρασ labras, 'voraz'), reciben estos nombres porque se pensaba erróneamente que eran células con una alta actividad fagocítica.
B. Se pueden desplazar por el tejido.
C. Son células de tamaño variable (10–30 μm), con forma redondeada u ovoide (fig. 4.6).

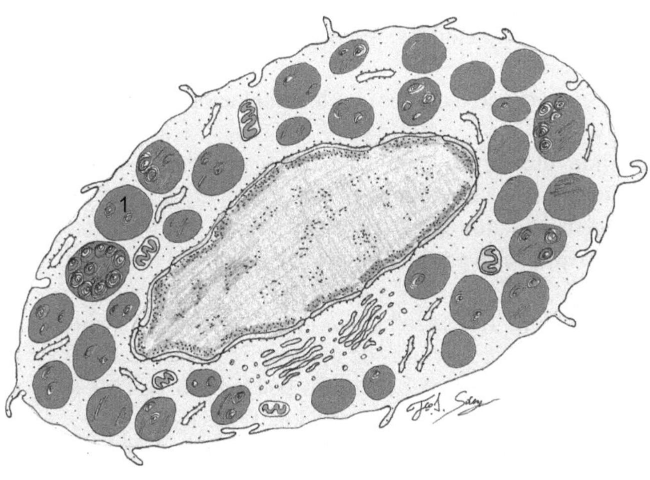

Figura 4.6 Mastocito o célula cebada. En su citoplasma se observan muchos gránulos (1) con material laminar enrollado

1. Su superficie presenta repliegues o pequeñas **microvellosidades**, el complejo de Golgi está bien desarrollado, y hay pocas mitocondrias y pocas cisternas de retículo endoplásmico.
2. El núcleo redondo y pequeño es difícil de ver porque en el citoplasma se acumulan gran cantidad de gránulos basófilos que se colorean intensamente.
3. Los gránulos del citoplasma tienen un aspecto heterogéno:
   a. Presentan un contenido laminar enrollado.
   b. Se tiñen metacromáticamente cuando se usan ciertos colorantes de anilina como el azul de toluidina y la tionina, dos colorantes azules que tiñen los gránulos en púrpura (la **metacromasia** consiste en que una sustancia adquiera un color diferente al del colorante que la tiñe).
   c. En estos gránulos se acumulan sustancias mediadoras de la inflamación, como la **triptasa**, la **heparina** y la **histamina**, que se liberan en la matriz extracelular cuando el mastocito es estimulado.

D. Cuando el mastocito es estimulado se sintetizan otros mediadores de la inflamación (**mediadores de inflamación neosintetizados**), que se liberan según son sintetizados, sin ser almacenados en los gránulos.

E. Las sustancias almacenadas en los gránulos y las sustancias neoformadas provocan la **inflamación** del tejido.

F. Un factor que activa a los mastocitos son los **alérgenos**.
1. Los alérgenos son moléculas que se unen a **inmunoglobulinas de tipo E (IgE)**.
2. Como los mastocitos poseen en su superficie receptores de IgE, la presencia de alérgenos estimula a los mastocitos y provoca la reacción alérgica.

G. Los mastocitos se producen en la médula ósea a partir de la célula madre hematopoyética.
1. Allí se forman unos **precursores de mastocitos (MCp)**, que no son diferenciables morfológicamente, pero que se pueden identificar con marcadores moleculares.
2. Estos precursores se incorporan a la circulación sanguínea hasta los tejidos conjuntivos.
3. En el tejido, el precursor se puede mantener latente o diferenciarse y desarrollar sus gránulos característicos.

H. La entrada de mastocitos en los tejidos puede ser:
1. **Constitutiva**, que se produce en pequeña cantidad para mantener una población estable.
2. **Inducida** por un proceso inflamatorio, que provoca una entrada masiva.

I. Se han distinguido dos subclases de mastocitos:
1. **Mastocitos constitutivos del tejido conjuntivo (CTMCs)**, que se suelen localizar cerca de vénulas y terminaciones nerviosas.
2. **Mastocitos mucosos (MMCs)**, presentes en la mucosa intestinal y pulmonar, normalmente infiltradas en los epitelios que las tapizan. Su formación es inducida por un proceso inmune y son dependientes de los linfocitos T.

J. Como veremos, tienen semejanzas con los basófilos de la sangre, pero son células diferentes.

4.14 Monocito

A. Los monocitos son células sanguíneas que pueden salir de los vasos e instalarse en los tejidos conjuntivos.
B. Pueden tener dos funciones:
   1. En los **tejidos en un estado estable**, los monocitos mantienen un aspecto similar al que tienen en la sangre. Pueden fagocitar **antígenos** y pasar a los capilares linfáticos para llevar los antígenos a los ganglios linfáticos.
   2. En los **tejidos inflamados**, los monocitos se convierten en macrófagos.

4.15 Célula plasmática

A. Las **células plasmáticas o plasmocitos** se diferencian en el tejido a partir de linfocitos B activados que viajan por la sangre.
B. Son células productoras de **anticuerpos**. Los anticuerpos son **inmunoglobulinas**, unas proteínas que se difunden por los tejidos y la sangre y son responsables de la **inmunidad humoral** frente a las infecciones.
C. El tamaño de estas células es variable, entre 10–20 μm de diámetro (fig. 4.7).
D. Su núcleo es redondeado, con la cromatina dispuesta en masas espaciadas que dan al núcleo el aspecto de una rueda de carro.
E. En el citoplasma, cerca del núcleo, suele haber una zona poco teñida ocupada por el aparato de Golgi, mientras que el resto del citoplasma es **basófilo** debido

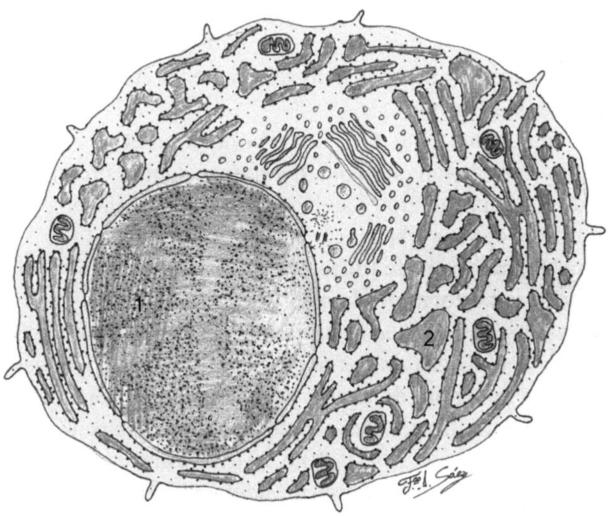

Figura 4.7 Ultraestructura de la célula plasmática o plasmocito. 1, heterocromatina con forma de rueda de carro; 2, cisternas de retículo endoplásmico

a la abundancia de cisternas de retículo endoplásmico rugoso. Estas cisternas pueden ser:

1. Aplanadas y dispuestas en paralelo unas con otras.
2. Dilatadas y rellenas de un material floculento (es decir, con aspecto de hebras enmarañadas). En algunos casos se observan unas inclusiones eosinófilas en el lumen llamadas **cuerpos de Russell**, formadas por cadenas proteicas de las inmunoglobulinas y cuyo significado es desconocido.

4.16 Matriz extracelular del tejido conjuntivo

A. La matriz extracelular está formada por tres tipos de componentes (fig. 4.1):
   1. **Fibras proteicas**.
   2. Una **sustancia fundamental** amorfa, viscosa, en la que están embebidas las fibras proteicas.
   3. **Líquido intersticial, hístico o tisular**, que hidrata la sustancia fundamental.

B. Las fibras del tejido conjuntivo se suelen clasificar en tres tipos diferentes:
   1. **Fibras colágenas**.
   2. **Fibras reticulares**.
   3. **Fibras elásticas**.

4.17 Fibras colágenas

A. Están formadas por la polimerización de una proteína llamada **colágena o colágeno**[4] (del griego κόλλα kólla 'cola, pegamento' y -γενής -genḗs, 'que genera o produce algo').

B. Recibieron su nombre porque cuando se someten a ebullición forman una sustancia pegajosa, la **gelatina**.

C. La colágena que forma estas fibras es una proteína de la que existen muchas variantes[5] que se nombran con números romanos en el orden en el que se van descubriendo (colágena de tipo I, colágena de tipo II, colágena de tipo III, etc.).

D. Algunas variantes forman fibras:
   1. **Colágenas formadoras de fibras**. Por ejemplo, la de tipo I y la de tipo II.
   2. **Colágenas que no forman fibras**. Por ejemplo, la colágena tipo IV, que es uno de los constituyentes de las **láminas basales** de los epitelios.

E. Las fibras más abundantes en los tejidos conjuntivos propiamente dichos están formadas por **colágena de tipo I**. Son fibras de grosor y longitud variable, orientadas en diversas direcciones, y muestran una ondulación suave.

F. Las fibras más gruesas (de 1 hasta 10 o 20 μm) están constituidas por fibrillas más delgadas, pero incluso las fibras más delgadas visibles con el microscopio

[4] Recibe también el nombre de tropocolágena o tropocolágeno.

[5] Se han descrito al menos veintinueve formas de colágena.

óptico están formadas por **fibrillas submicroscópicas** más delgadas, de 20 a 100 nm de grosor, visibles sólo con el microscopio electrónico.

G. Las fibrillas submicroscópicas muestran una **estriación transversal periódica** cada 67 nm, con alternancia de bandas claras y oscuras.

H. Las fibras de tipo I son flexibles pero muy **resistentes a la tracción**. Resisten sin estirarse ni romperse. La fuerza necesaria para romper estas fibras es de varios cientos de kilogramos por centímetro cuadrado, y en esas situaciones pocas fibras llegan a estirarse.

4.18 Fibras reticulares

A. Se denominan así porque son fibras finas que se entrelazan y forman mallas finas (retículos).

B. Se caracterizan también porque se tiñen con métodos de **impregnación argéntica** que utilizan **sales de plata**, lo que permite distinguirlas de las fibras colágenas.

C. Antiguamente se describían estas fibras como formadas por una proteína llamada **reticulina**. Hoy sabemos que esta reticulina es una variedad de colágena formadora de fibras, la **colágena de tipo III**.

D. Cuando se observan con el microscopio electrónico, las fibrillas submicroscópicas son más delgadas que las colágenas típicas (20–40 nm), pero presentan la misma estriación transversal cada 67 nm.

E. Son las primeras fibras que aparecen en el mesénquima y poco a poco son sustituidas por las fibras de colágena de tipo I.

F. Son relativamente abundantes en:
   1. La **lámina reticular** de la membrana basal.
   2. Alrededor de los adipocitos y de los vasos sanguíneos pequeños.
   3. En el **endoneuro** de los nervios.
   4. Alrededor de las células musculares.
   5. En el estroma del hígado y otras glándulas.

G. Son las fibras predominantes en la variedad de **tejido conjuntivo reticular**.

4.19 Fibras elásticas

A. Son fibras de 0,2 a 1,0 μm de grosor que suelen ramificarse y anastomosarse.

B. En algunos tejidos forman haces gruesos de 4 a 5 μm.

C. Son difíciles de distinguir en tinciones de rutina porque se tiñen como las fibras colágenas, pero se pueden poner de manifiesto con tinciones especiales (Verhoeff, resorcina-fucsina de Weigert u otras).

D. Si son muy abundantes, dan un tono amarillento al tejido fresco. En las paredes de las arterias, las fibras elásticas se asocian y forman **láminas elásticas**.

E. Cuando se observan al microscopio electrónico, se observa que estas fibras tienen dos zonas:

1. Una estructura central homogénea. Está formada por **elastina**
2. Una zona periferíca con microfibrillas de 10 nm. Estas microfibrillas están formadas por **fibrilina**.

F. Durante el desarrollo embrionario, las microfibrillas de fibrilina aparecen antes que la elastina.

G. En algunos tejidos, aparecen otras variedades de fibras que pueden ser formas inmaduras de las fibras elásticas típicas:
   1. Fibras formadas exclusivamente por fibrilina que se llaman **fibras de oxitalán**.
   2. Fibras con poca elastina, llamadas **fibras de elaunina**.

H. Las fibras elásticas tienen una gran **elasticidad**, es decir, son distensibles si se tira de ellas y recuperan su forma cuando cesa la fuerza de estiramiento.
   1. Pueden extenderse un 150 % de su longitud inicial sin romperse.
   2. Esta elasticidad parece deberse, fundamentalmente, a las moléculas de elastina.

4.20 Sustancia fundamental

A. El componente principal de la sustancia fundamental son unos polisacáridos llamados **glicosaminoglicanos**, glucosaminoglucanos[6] o **mucopolisacáridos**. Los glicosaminoglicanos son polímeros lineales no ramificados y largos formados por la polimerización de ciertos disacáridos especiales (fig. 4.8).

B. Los disacáridos que forman los glicosaminoglicanos contienen grupos ácidos (**grupos carboxilo**), y además pueden estar **sulfatados**. El resultado es que los glicosaminoglicanos presentan **carga negativa neta**.

C. La carga negativa atrae **cationes**, como el sodio, que es osmóticamente activo.

D. La acumulación de grupos cargados eléctricamente y la **presión osmótica** crean un ambiente hidrófilo que tiende a concentrar el agua del líquido intersticial.

E. Como los glicosaminoglicanos son moléculas lineales largas que no se pliegan o se pliegan poco, ocupan mucho volumen para su masa, y como este volumen concentra agua, se genera una **presión de turgencia** cuyo resultado es la formación de una sustancia viscosa, gelatinosa, muy hidratada (fig. 4.9).

F. Estas características de los glicosaminoglicanos confieren a los tejidos dos propiedades:
   1. Permite a los tejidos conjuntivos resistir **fuerzas de compresión**.
   2. Proporciona un medio acuoso que permite la difusión de moléculas hidrosolubles disueltas en la matriz.

G. Se pueden distinguir dos tipos de glicosaminoglicanos:
   1. Glicosaminoglicanos unidos a alguna cadena proteica, formando **proteoglicanos**.

[6] Según el DPTM, un glucosaminoglucano es un polisacárido en el que todos los aminoazúcares constituyentes son glucosaminas. Por este motivo, en este libro se va a utilizar el término glicosaminoglicano.

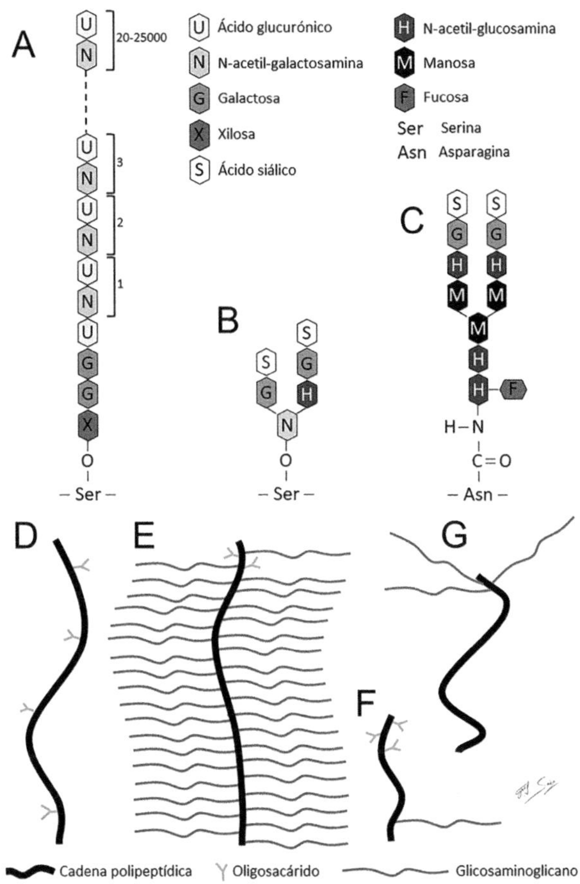

Figura 4.8 Los glicosaminoglicanos (**A**) son polímeros lineales no ramificados de 20 a 25.000 moléculas de disacáridos, según cada caso. En cambio, los oligosacáridos habituales de las glicoproteínas (**B** y **C**) están formados por cadenas cortas y ramificadas formadas por distintos tipos de monosacáridos que se unen a residuos de serina (**B**) o de asparagina (**C**) de la cadena peptídica. Las glicoproteínas típicas (**D**) están formadas por una cadena polipeptídica a la que se unen covalentemente uno o más oligosacáridos, en cambio, los proteoglicanos (**E**, **F** y **G**) están formados por una cadena polipeptídica a la que se unen uno o más glicosaminoglicanos. Los proteoglicanos, además de glicosaminoglicanos, pueden tener unidos oligosacáridos (**E** y **F**)

   a. Estos glicosaminoglicanos tienen decenas o centenares de disacáridos formando su molécula.
   b. Es el caso de glicosaminoglicanos como el **dermatán-sulfato**, el **condroitina-sulfato**, el **heparán-sulfato** y el **queratán-sulfato**.
2. **Glicosaminoglicanos libres**, que no forman proteoglicanos. Hay uno, muy abundante, el **ácido hialurónico o hialuronano**:
   a. El ácido hialurónico es una molécula muy larga de miles de disacáridos, ocupa mucho espacio y, aunque no está sulfatado, retiene mucha agua.
   b. Aunque no se une covalentemente a proteínas, puede unirse indirectamente a proteoglicanos a través de proteínas de enlace especiales formando agregados de proteoglicanos, como veremos en el tejido cartilaginoso.

H. Los proteoglicanos son una variedad de **glicoproteínas**. Se distinguen de otras glicoproteínas por dos caracteristicas (fig. 4.8):
   1. La mayoría de las glicoproteínas tienen cadenas de carbohidratos unidas covalentemente a la cadena peptídica, que se caracterizan por:

Figura 4.9 Propiedades de los glicosaminoglicanos de la sustancia fundamental. Los glicosaminoglicanos ocupan un gran volumen en proporción a su peso molecular. Se muestra para su comparación una proteína globular (**A**), une molécula de glucógeno (**B**), la colágena (**C**) y un glicosaminoglicano (**D**). Además de ocupar un gran volumen (**E**), los glicosaminoglicanos poseen muchas cargas negativas que atraen cationes, principalmente sodio. Como el sodio es osmóticamente activo se concentran grandes cantidades de agua, lo que crea una presión de turgencia (flechas). Esto convierte la sustancia fundamental en un gel poroso hidratado

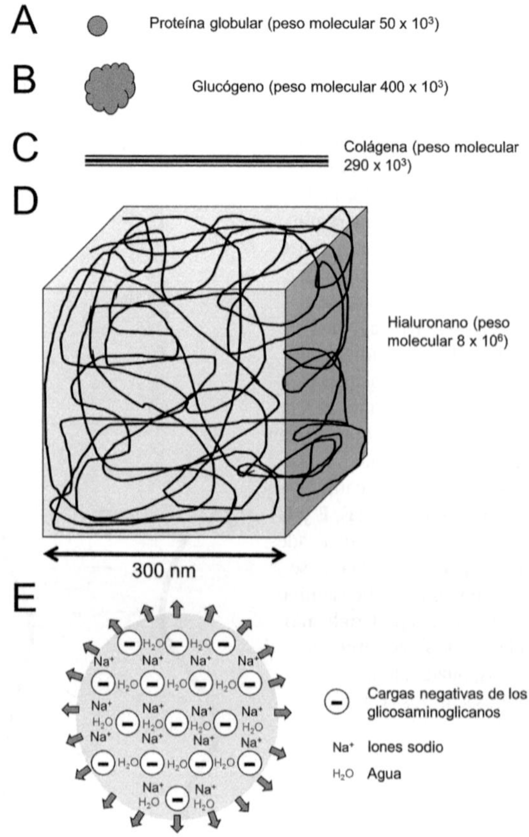

   a. Son **cadenas de oligosacáridos cortas y ramificadas**.
   b. Están formadas por varios tipos de **monosacáridos** (xilosa, manosa, galactosa, etc.)
2. Un proteoglicano es una proteína a la que se une covalentemente al menos un glicosaminoglicano:
   a. Algunos proteoglicanos poseen una única cadena de glicosaminoglicano.
   b. Otros pueden poseer muchas cadenas, hasta doscientas.

I. Algunos de los proteoglicanos mejor conocidos son:
   1. El **versicano**, que se une a las fibrillas colágenas y al ácido hialurónico.
   2. El **agrecano**, la **decorina**, el **biglicano** y la **fibromodulina**, que se asocian al colágeno.
   3. El **sindecano**, que está en la superficie de las membranas plasmáticas de las células.
   4. El **perlecano**, presente en las láminas basales epiteliales.

J. Otros componentes de la sustancia fundamental son **glicoproteínas** que realizan funciones muy importantes, por ejemplo:

1. **Fibronectina**, proteína que posee regiones en su molécula que se pueden unir a otras moléculas de la matriz o a la superficie de las células. Esto permite que se unan las fibras a las células.
2. **Nidógeno o entactina**, presente en la lámina basal.
3. **Laminina**, presente en las láminas basales, que une moléculas de la matriz a las células.
4. **Tenascina**, participa en la unión de células a la matriz extracelular en los tejidos embrionarios y en los procesos de cicatrización.

K. La mayoría de estas glicoproteínas son **proteínas adhesivas**, ya que sirven para unir las células a los componentes fibrosos de la matriz extracelular.

L. En los **tejidos conjuntivos especializados**, como el tejido óseo, pueden existir **glicoproteínas específicas**, como la osteonectina, la osteocalcina y la osteopontina, que intervienen en los procesos de mineralización de la matriz.

4.21 Líquido intersticial

A. El líquido intersticial, hístico o tisular es la fase acuosa de la matriz extracelular en la que están embebidas fibras y sustancia fundamental.

B. Su principal componente es el **agua**.

C. Se forma por filtrado del **plasma sanguíneo** (fig. 4.10), por lo que puede contener componentes propios del plasma, aunque muchas proteínas plasmáticas no suelen pasar a los tejidos.

D. Contiene aminoácidos, azúcares, ácidos grasos, coenzimas, hormonas, neurotransmisores, sales minerales y productos de desecho de las células.

E. En este medio acuoso se difunden los gases, como el **óxido nítrico** (NO, mensajero entre células), el **oxígeno** (O_2) y el **dióxido de carbono** (CO_2).

F. Su composición es variable en cada tejido, ya que depende de los productos que secretan las células y de los intercambios que se producen entre la sangre y los tejidos.

4.22 Variedades de tejido conjuntivo

A. Los tejidos conjuntivos pueden clasificarse en dos grupos: tejidos conjuntivos propiamente dichos y tejidos conjuntivos especializados. Los últimos se estudiarán en otros capítulos. Aquí se van a resumir brevemente las características de los tejidos conjuntivos propiamente dichos.

B. **Tejido conjuntivo embrionario o mesénquima**.
1. El mesénquima es el primer tejido conjuntivo que se forma en el embrión.
   a. En su mayor parte procede del **mesodermo**.
   b. En las regiones cefálicas el mesénquima (**ectomesénquima**) se origina a partir de las células de las **crestas neurales (neuroectodermo)**.
2. Es un tejido delicado, con pocas fibras colágenas delgadas, fundamentalmente **fibras reticulares**, y con mucho **ácido hialurónico**.

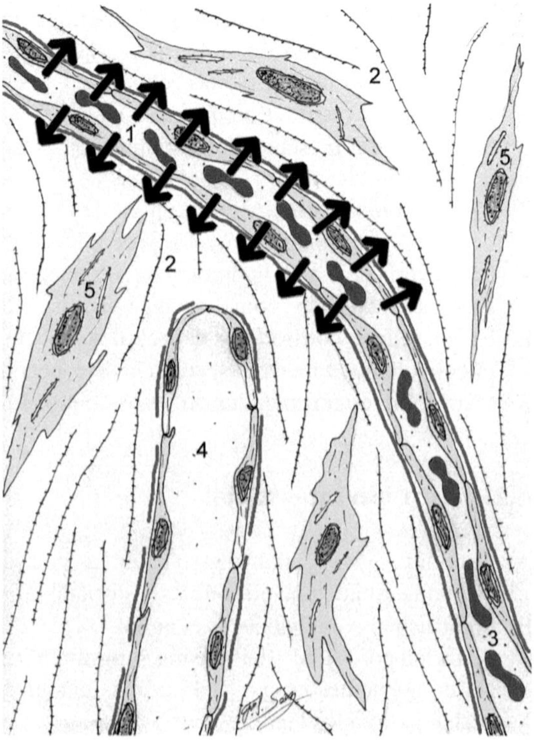

Figura 4.10 Filtrado del plasma sanguíneo para producir el líquido intersticial. En el extremo inicial de los capilares (1) se produce la salida de líquido (flechas) del plasma hacia la matriz extracelular del tejido conjuntivo (2). La salida se debe a la diferencia de presión hidrostática entre la sangre y el tejido conjuntivo. En el extremo final del capilar (3), donde la presión hidrostática es menor, no se produce el filtrado. 4, capilar linfático; 5, fibroblastos

3. Las células están poco diferenciadas (**células mesenquimáticas**), con muchas prolongaciones que contactan con las de las células vecinas por **uniones de hiato**. Estas células son móviles y capaces de dividirse. En algunas zonas las células están dispersas, pero otras veces están muy agrupadas.
4. En el cordón umbilical el conjuntivo embrionario es muy gelatinoso, por lo que se denomina **tejido conjuntivo mucoso** o **gelatina de Wharton**, y tiene pocas células y pocas fibras delgadas y onduladas.

C. **Tejido conjuntivo laxo**.
1. El tejido conjuntivo laxo es muy frecuente en ciertas localizaciones próximas a **epitelios**:
   a. Bajo los epitelios que tapizan la superficie corporal y las cavidades de nuestro cuerpo.
   b. Rodeando los epitelios de las glándulas y los vasos sanguíneos más pequeños.
2. Posee pocos **fibroblastos** separados unos de otros con una matriz laxa, formada por **fibras colágenas finas** que no forman grandes haces de fibras, **fibras elásticas** y **fibras reticulares**.
3. Las fibras dejan grandes espacios ocupados por sustancia fundamental y líquido intersticial. Como estos materiales no se tiñen en las preparaciones de

rutina, estos espacios parecen vacíos, y por ello a este tejido antiguamente se le denominaba **tejido areolar** (del latín *areŏla* 'pequeña área o espacio').

4. En esta variedad de tejido se pueden encontrar todos los tipos de **células residentes** y de **células transitorias**, ya que aquí se desarrolla la actividad inmunitaria.

D. **Tejido conjuntivo denso o fibroso.**
   1. En el tejido conjuntivo denso predominan las fibras sobre las células y la sustancia fundamental.
   2. Las células, poco abundantes, suelen ser fibroblastos, macrófagos y células mesenquimáticas de reserva.
   3. El resto de tipos celulares son raros.
   4. Podemos encontrar dos variedades de tejido conjuntivo denso:
      a. **Tejido conjuntivo denso irregular o no orientado (no modelado)**:
         (1) Presenta haces de fibras colágenas, gruesos y entretejidos apretadamente.
         (2) Está bastante extendido (dermis, cápsulas de órganos, vainas de tendones y nervios, y otros lugares).
      b. **Tejido conjuntivo denso regular u orientado (modelado)**:
         (1) Los haces de fibras colágenas están todos orientados en la misma dirección, paralelos, para atender requerimientos físicos especiales.
         (2) Sólo se distinguen fibroblastos y no se ven otros tipos celulares.
         (3) Es un tipo de tejido muy especializado que se presenta, por ejemplo, en los tendones.

E. **Tejido conjuntivo reticular.**
   1. En este tejido las **fibras reticulares** son las más abundantes y se disponen formando una malla, con grandes espacios entre las fibras entrelazadas.
   2. Presenta **células reticulares** de aspecto estrellado, con sus prolongaciones alargadas que siguen y envuelven a las fibras reticulares.
   3. Los espacios de la malla están ocupados por células de otros tipos, por lo que esta variedad de tejido se presenta en órganos donde las células necesitan espacio para desarrollarse y una malla tridimensional de sostén.
   4. El tejido reticular es típico de los **órganos linfáticos** (excepto el timo) y la **médula ósea**.

F. **Tejido conjuntivo fusocelular.**
   1. El tejido conjuntivo fusocelular es el típico del **ovario** y de parte del **endometrio** uterino.
   2. Está formado por muchos fibroblastos fusiformes, estrechamente apiñados unos con otros, lo que a veces da el aspecto de un **cardumen** o banco de peces.
   3. Hay muy poco espacio extracelular con escasa matriz, donde predomina el **colágena de tipo III**.

G. **Tejido conjuntivo elástico.**
   1. En el tejido conjuntivo elástico predominan las **fibras elásticas**, que son gruesas y ramificadas.
   2. Entre ellas hay finas fibras de colágena y pocos fibroblastos.

3. Se presenta en el ligamento amarillo de las vértebras y en las cuerdas vocales.
4. En algunos órganos huecos, como en las arterias, se encuentran zonas de tejido conjuntivo elástico que forman **membranas fenestradas**, que son láminas perforadas de elastina de grosor variable que se disponen en capas concéntricas alrededor de la luz del vaso sanguíneo.

H. **Tejido adiposo**.
 1. Llamamos tejidos adiposos a tejidos conjuntivos en los que predominan los **adipocitos**. Estas células dejan poco espacio entre ellas ocupado por una matriz extracelular escasa que suele estar atravesada por **capilares sanguíneos**.
 2. Existen dos tipos de tejido adiposo:
  a. **El tejido adiposo blanco o unilocular**, formado por **adipocitos uniloculares**. Tiene varias funciones:
   (1) **Almacenar grasas** utilizadas como sustancias de reserva que se liberan cuando hay una necesidad de energía, por ejemplo, en periodos de ayuno.
   (2) **Producción de hormonas**, por ejemplo:
    (a) **Leptina**, que inhibe la ingesta de alimentos e interviene en la regulación del apetito.
    (b) **Angiotensinógeno**, que eleva la tensión arterial.
    (c) **Adiponectina**.
    (d) **Resistina**.
    (e) **Hormonas esteroides** (testosterona, estrógenos, glucocorticoides).
  b. **El tejido adiposo pardo o multilocular**, formado por **adipocitos multilocular**:
   (1) Presenta muchas mitocondrias en las que no se produce la fosforilación oxidativa (no se produce ATP):
    (a) La energía liberada por las reacciones de la cadena respiratoria se disipa en forma de **calor**.
    (b) Esta producción de calor (**termogénesis atremulenta**) es la principal función del tejido.
   (2) Es más abundante en el **neonato** que en el adulto, y en invierno que en verano.

I. Tejido cartilaginoso. Forma los cartílagos y se estudiará en el próximo capítulo.

J. Tejido óseo. Forma los huesos y se tratará en un capítulo específico.

K. Otras variedades de tejido conjuntivo
 1. Otros tejidos que pueden ser considerados variedades de tejido conjuntivo son:
  a. La **sangre** (que estudiaremos en otro capítulo).
  b. El **cuerpo vítreo** (un conjuntivo con muy pocas fibras).
  c. El **núcleo pulposo** de los discos intervertebrales (un tejido conjuntivo con pocas fibras).
  d. El **líquido sinovial** de las articulaciones (que estudiaremos con las articulaciones).

Lo que hay que recordar

Los tejidos conjuntivos proporcionan soporte al resto de los tejidos del cuerpo. Se originan del mesénquima embrionario (del mesodermo), aunque en la región cefálica pueden originarse del ectomesénquima (de las crestas neurales). Están formados por muchos tipos de células, que suelen clasificarse en células residentes y células transitorias. La célula residente típica del tejido conjuntivo es el fibroblasto. Otras células residentes son los adipocitos, las células reticulares, las células mesenquimáticas, los miofibroblastos, los macrófagos, los mastocitos y las células dendríticas. Las células transitorias son células del sistema inmunitario (neutrófilos, plasmocitos, eosinófilos, linfocitos, basófilos y monocitos) que viajan a través de la sangre y se infiltran en el tejido conjuntivo. En general, las células del tejido conjuntivo pueden tener tres orígenes: mesénquima (o ectomesénquima en la región cefálica), hematopoyesis embrionaria y hematopoyesis posnatal. En la matriz extracelular del tejido conectivo hay fibras de colágeno que proporcionan resistencia a la tracción y fibras elásticas que proporcionan elasticidad. Las fibras están embebidas en la sustancia fundamental, que contiene glicosaminoglicanos, hidratados por el líquido intersticial, lo que proporciona resistencia a la compresión. Los tejidos conjuntivos se clasifican en tejidos conjuntivos propiamente dichos (embrionarios o mesénquima, laxos, densos, reticulares, elásticos, adiposos) y tejidos conjuntivos especializados (cartilaginosos y óseos).

Lectura adicional

Dillac L, El Dika L, Ullah R, Kubiak J, Kloc M 2024. Macrophage Cell Cycle. Results and Problems in Cell Differentiation. 74: 119–134.

Epelman S, Lavine K J, Randolph G J 2014. Origin and Functions of Tissue Macrophages. Immunity 41: 21–35.

Frossi B, Mion F, Sibilano R, Danelli L 2018. Is it time for a new classification of mast cells? What do we know about mast cell heterogeneity. Immunological Reviews 282: 35–46.

Gartner L P 2017a. Connective Tissue. En: Textbook of Histology. 4ª Ed. Elsevier, Filadelfia, pp. 127–148.

Gartner L P 2017b. Extracellular Matrix. En: Textbook of Histology. 4ª Ed. Elsevier, Filadelfia, pp. 81–98.

Goldberg B D, Rabinovitch M 1988. Connective Tissue. En: Cell and Tissue Biology – A Textbook of Histology. Weiss L Editor. 6ª ed. Urban & Schwarzenberg, Baltimore, pp. 155–188.

Gómez de Ferraris M E, Campos Muñoz A 2009. Histología general humana. En: Histología, Embriología e Ingeniería Tisular Bucodental. 3ª ed. Médica Panamericana, pp. 57–78.

Gurish M F, Austen F 2012. Developmental Origin and Functional Specialization of Mast Cell Subsets. Immunity 37: 25–33.

Kierszenbaum A L, Tres L L 2019. Connective Tissue. En: Histology and Cell Biology – An Introduction to Pathology. 5ª ed. Elsevier, Filadelfia, pp. 135–176.

Kloc M, Kubiak J Z, Zdanowski R, Ghobrial R M 2023. Memory Macrophages. International Journal of Molecular Sciences 24: 38.

Komuro T 1990. Reevaluation of fibroblasts and fibroblast-like cells. Anatomy and Embryology 182: 103–112.

Krstić R V 1985. Connective and supporting tissues. En: General Histology of the Mammal. An Atlas for Students of Medicine and Biology. Springer Verlag, Berlín, pp. 99–235.

Lendahl U, Muhl L, Betsholtz C 2022. Identification, discrimination and heterogeneity of fibroblasts. Nature Communications 13: 3409.

Li X D, Li N, Wang Y J, Han Q X, Sun B S 2024. Resarch Progress of Fibroblasts in Human Diseases. Biomolecules 14: 1478.

Lowe J S, Anderson P G 2015. Support Cells and the Extracellular Matrix. En: Stevens & Lowe's Human Histology. 4ª ed. Elsevier, Filadelfia, pp. 55–70.

O'Dowd G, Bell S, Wright S 2023. Supporting/connective tissues. En: Wheater's Functional Histology. Elsevier, Amsterdam, pp. 65–81.

Pawlina W 2024. Connective Tissue. En: Histology a Text and Atlas with correlated Cell and Molecular Biology. 9ª ed. Wolters Kluwer, Filadelfia, pp. 176–215.

Schuster R, Rockel J S, Kapoor M, Hinz B 2021. The inflammatory speech of fibroblasts. Immunological Reviews 302: 126–146.

Varol C, Mildner A, Jung S 2015. Macrophages: Development and Tissue Specialization. Annu. Rev. Immunol. 33: 643–675.

Yu J, Qian B Z 2025. Cellular stress and macrophage activation. Seminars in Immunology 78: 101953.

Tejido cartilaginoso 5

Qué aprenderás en este capítulo

El cartílago está formado por un tejido conjuntivo especializado llamado tejido cartilaginoso. En este capítulo aprenderás que el cartílago se origina a partir del mesénquima y puede crecer por aposición o por intususcepción, y en muchos casos está rodeado por una vaina de tejido conjuntivo llamada pericondrio. Verás que las células del cartílago son los condrocitos y que la matriz extracelular consiste fundamentalmente en fibras colágenas (de tipo II) y grandes agregados de un proteoglicano específico (agrecano). Estudiarás que hay diferentes variedades de cartílago (fetal, hialino, elástico, fibroso y articular).

5.1 Características generales

A. Las estructuras esqueléticas que denominamos **cartílagos** (del latín cartilāgo, 'cartílago, pulpa consistente, carne de algunas frutas') están formadas por el **tejido cartilaginoso** (del latín cartilaginōsus). Es frecuente usar el término cartílago como sinónimo para referirse al tejido cartilaginoso.
B. El tejido cartilaginoso es una variedad de **tejido conjuntivo especializado**. Se caracteriza porque su matriz extracelular está formada por fibras y una sustancia fundamental con consistencia de gel que produce un tejido sólido y firme pero maleable, lo que le da cierta elasticidad.
C. Su rigidez le permite formar algunas estructuras esqueléticas en el cuerpo humano. Su actividad en el esqueleto es posible porque:
   1. Las **fibras colágenas** resisten la tensión.
   2. Sus abundantes **proteoglicanos** muy hidratados permiten resistir presiones.

F.J. Sáez, I. Badiola, *Histología Bucal Básica*,
https://doi.org/10.1007/978-3-032-24363-8_5

D. A pesar de su relativa rigidez, el tejido cartilaginoso tiene capacidad de crecer, por lo que el **esqueleto embrionario** está formado en gran parte por tejido cartilaginoso.
E. Los cartílagos carecen de vasos sanguíneos[1] y nervios.
F. La nutrición del tejido se produce por **difusión** de las sustancias desde los vasos sanguíneos de los tejidos que rodean el cartílago.
G. En algunos cartílagos el tejido que lo rodea es una vaina de tejido conjuntivo especializado llamado **pericondrio**.
H. El tejido cartilaginoso se puede regenerar si se pierde o se daña tejido:
   1. En algunos animales el tejido cartilaginoso puede regenerarse por si mismo.
   2. En los mamíferos y el hombre la reparación de cartílago necesita la participación del pericondrio, en dos fases:
      a. Crecimiento previo de tejido conjuntivo procedente del pericondrio.
      b. Transformación del tejido conjuntivo en cartílago en un proceso de **metaplasia** (transformación de un tejido en otro).

5.2 Origen embrionario y crecimiento del cartílago

A. El cartílago se desarrolla a partir de **mesénquima embrionario** (fig. 5.1).
   1. Los cartílagos se originan en regiones embrionarias donde se acumulan **células mesenquimáticas** que se convierten en **centros de condrificación** (del griego χόνδρος, chóndros, 'cartílago').
   2. Las células mesenquimáticas se convierten en **células condrógenas**.
   3. Estas células sintetizan una matriz hialina y metacromática que incluye fibras colágenas, las cuales apenas son distinguibles en la matriz.
   4. A medida que la síntesis de matriz persiste y el volumen de esta aumenta, las células van quedando separadas. Cada célula ocupa un espacio carente de matriz, que al microscopio parecen compartimentos que recuerdan **lagunas**.

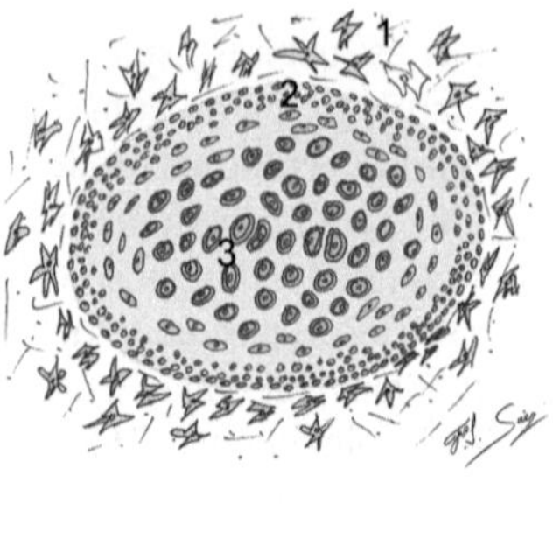

Figura 5.1 Ilustración que representa el cartílago embrionario. 1, células mesenquimáticas, 2, condroblastos; 3, condrocitos

[1] Existen excepciones, ya que puede haber vasos sanguíneos en los cartílagos laríngeos y fetales.

B. El cartílago así formado puede crecer por dos mecanismos (fig. 5.2):
   1. **Crecimiento aposicional**:
      a. El mesénquima que rodea el cartílago se condensa formando un tejido conjuntivo llamado **pericondrio** (del griego περι- peri-, 'alrededor de').
      b. Las células de la cara interna del pericondrio sintetizan matriz cartilaginosa que se va acumulando en la superficie del cartílago previamente formado (fig. 5.2A, B).
   2. **Crecimiento intersticial o por intususcepción** (del latín intus 'interiormente' y susceptio, -ōnis 'acción de recibir'):
      a. Las células internas del cartílago se siguen dividiendo por mitosis y sintetizan nueva matriz entre ellas.
      b. El aumento del número de células y de volumen de matriz extracelular produce un crecimiento desde dentro (fig. 5.2A, C).

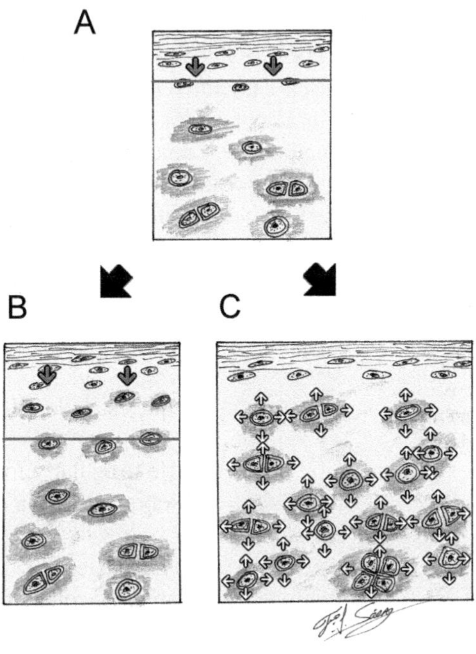

Figura 5.2 Un cartílago (**A**) puede crecer por aposición (**B**) o por intususcepción (**C**). Aunque ambos tipos de crecimiento se pueden producir simultáneamente, en la ilustración se han mostrado sus efectos por separado para mayor claridad. Cuando el crecimiento se realiza por aposición, se produce nuevo tejido desde el pericondrio de la superficie en la dirección indicada por las flechas grises. El nuevo tejido se deposita sobre el existente, por lo que el cartílago crece a partir de la línea gris señalada en **A** y **B**. Si el crecimiento se produce por intususcepción, el cartílago crece desde su interior en todas direcciones (flechas blancas) ya que los condrocitos proliferan por mitosis y todos sintetizan nueva matriz extracelular entre ellos

C. El crecimiento del cartílago es evidente durante el desarrollo embrionario y fetal y se mantiene en la infancia y la adolescencia.
D. La capacidad de crecimiento del cartílago persiste en el individuo adulto, aunque de forma latente.

5.3 Pericondrio

A. Algunas variedades de cartílago están revestidas por una vaina de tejido conjuntivo denominada pericondrio.
B. El pericondrio del cartílago adulto es un territorio de tejido conjuntivo con límites poco nítidos (fig. 5.3 y fig. 5.4). Se suelen distinguir dos capas:
   1. Una más externa, **estrato fibroso**, formada por tejido conjuntivo denso con pocas células.
   2. Otra más interna, que posee más células y tiene la capacidad de producir cartílago durante el desarrollo (**estrato celular o condrógeno**).
C. La nutrición del cartílago se produce por difusión desde los vasos sanguíneos del pericondrio.

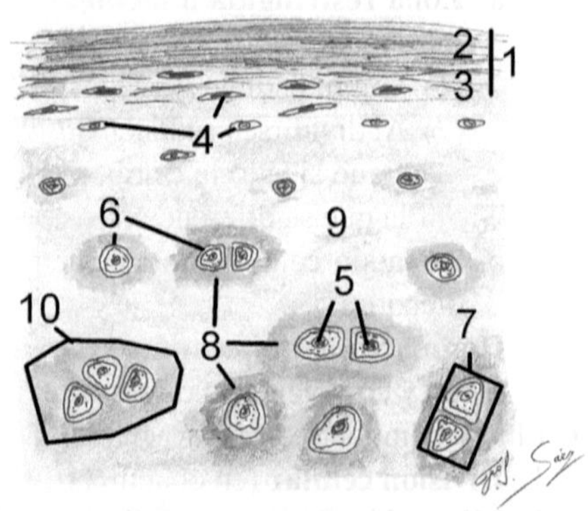

Figura 5.3 Organización histológica del cartílago hialino. 1, pericondrio; 2, estrato fibroso; 3, estrato condrógeno; 4, condroblastos; 5, condrocitos; 6, cápsula condrocítica (matriz capsular); 7, grupos isógenos o isogénicos; 8, matriz territorial; 9, matriz interterritorial; 10, condrona

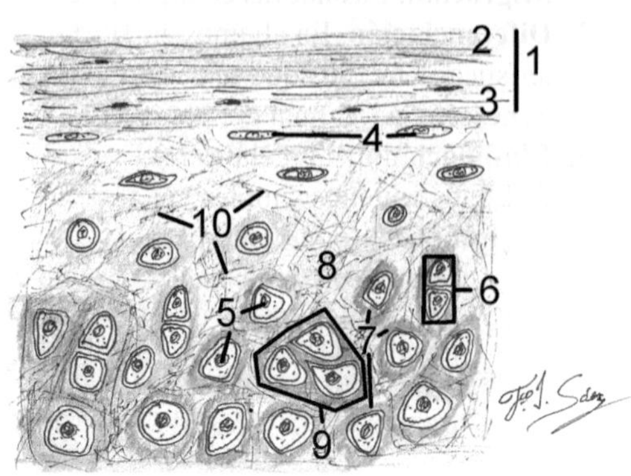

Figura 5.4 El cartílago elástico es similar al cartílago hialino, pero su matriz tiene un aspecto fibroso. 1, pericondrio; 2, estrato fibroso; 3, estrato condrógeno; 4, condroblastos; 5 condrocitos; 6, grupos isógenos; 7, matriz territorial; 8, matriz interterritorial; 9, condrona; 10, fibras elásticas

5.4 Células del cartílago

A. Podemos distinguir las siguientes células en el cartílago o en los tejidos relacionados con él, como el pericondrio (fig. 5.1, 5.3, 5.4 y 5.5):

1. **Células condrógenas**: son células del estrato celular del pericondrio que pueden comenzar a sintetizar matriz cartilaginosa.
   a. Durante la formación del cartílago embrionario derivan de **células mesenquimáticas embrionarias**.
   b. Después del desarrollo embrionario, existen células condrógenas en las capas internas del pericondrio que proceden de **células mesenquimáticas de reserva**.
2. **Condroblastos**: son células condrógenas que van quedando rodeadas de matriz cartilaginosa y van aumentando de volumen.
   a. Su forma varía entre fusiforme y ovalada, y a medida que se desarrollan van aumentando de tamaño.
   b. Son células basófilas que poseen orgánulos de síntesis de proteínas.
   c. Durante el crecimiento aposicional se encuentran entre la capa más interna del pericondrio y la superficie del cartílago.
   d. A medida que sintetizan matriz van quedando en posiciones más internas y adquieren mayor tamaño y se convierten en condrocitos.
3. **Condrocitos**: son las células propias del tejido cartilaginoso maduro.
   a. Proceden del desarrollo de los condroblastos.
   b. Los periféricos son ovoides, los situados en profundidad son más redondeados, con 10 a 30 μm de diámetro.
   c. Ocupan un espacio del que excluyen a la matriz extracelular homogénea del cartílago. Al realizar las preparaciones histológicas, la célula se retrae, por lo que parece una célula pequeña que está dentro de una cavidad mayor llamada **laguna, condroplasto o condrocele**.
   d. El condrocito muestra un **núcleo** redondeado con uno o varios **nucléolos**.
   e. Cuando existe síntesis activa de matriz, el citoplasma muestra muchas cisternas de **retículo endoplásmico rugoso** y un gran **aparato de Golgi**. Cuando no hay síntesis activa de matriz, el retículo endoplásmico rugoso y el aparato de Golgi están menos desarrollados.
   f. Se observan mitocondrias alargadas, algunas gotitas lipídicas e inclusiones de glucógeno.

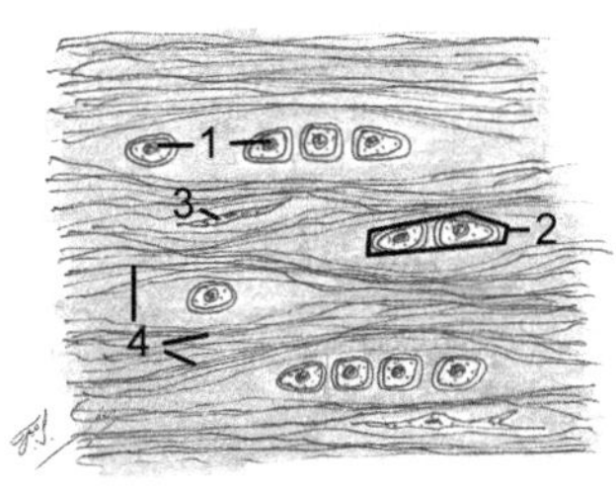

Figura 5.5 Cartílago fibroso o fibrocartílago. 1 condrocitos; 2, grupos isógenos; 3, fibroblastos; 4, fibras de colágena de tipo I

4. **Fibroblastos**: los fibroblastos pueden estar presentes en:
   a. Las capas externas del pericondrio.
   b. En una variedad de cartílago, el **cartílago fibroso**.

B. El concepto de condroblasto y condrocito no está muy claro, pues cada autor utiliza criterios diferentes, y en cada libro se aplican criterios diferentes.

C. Cuando los condrocitos se dividen activamente, se pueden observar grupos de dos a cuatro condrocitos muy juntos que proceden de divisiones mitóticas recientes. Estos grupos reciben el nombre de **grupos isógenos o isogénicos** (de los elementos procedentes del griego ἰσο- iso-, 'igual',y -γενής -genḗs, 'que genera o produce algo').

5.5 Matriz extracelular del cartílago

A. La matriz extracelular de todas las variedades de cartílago tiene características comunes.

B. La matriz cartilaginosa puede tener un aspecto muy homogéneo en ciertas variedades, pero no en todas. Cuando se observa homogénea se debe a que tanto la sustancia fundamental como las fibras, muy pequeñas, tienen el mismo **índice de refracción**.

C. La matriz es basófila:
   1. Se tiñe con colorantes específicos para carbohidratos complejos, como la coloración con ácido peryódico de Schiff (**PAS**).
   2. Esto se debe a que en la matriz predominan **glicosaminoglicanos**, especialmente varias formas de **condroitina-sulfato**.

D. A veces, una fina región de la matriz que rodea el condrocele suele ser diferente al resto de la matriz y se observa como si fuera una **cápsula condrocítica** (**matriz capsular**).

E. Después del agua, los componentes más abundantes de la matriz en todas las variedades de cartílago son:
   1. Fibras colágenas formadas por **colágena de tipo II**.
      a. Estas fibras de colágena de tipo II se caracterizan por ser muy finas.
      b. En la formación de estas fibras participan otros tipos de colágena, como el tipo X y el tipo XI.
      c. Las fibras quedan enmascaradas por la sustancia fundamental.
   2. **Ácido hialurónico**, que como ya sabemos es un glicosaminoglicano que no forma proteoglicanos.
   3. **Agrecano**, un proteoglicano:
      a. Contiene de 100 a 150 moléculas de los glicosaminoglicanos **condroitina-sulfato** y **queratán-sulfato** unidos a la proteína central.
      b. Se puede unir al ácido hialurónico mediante unas **proteínas de enlace** (fig. 5.6).
   4. **Condronectina**, una proteína de adhesión similar a la fibronectina, que une la superficie de los condrocitos a las fibras colágenas y los glicosaminoglicanos.

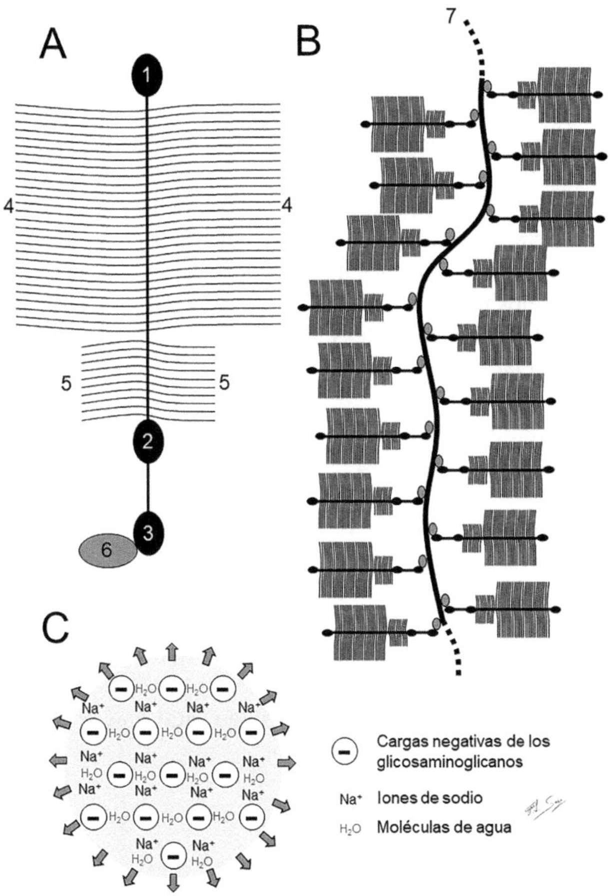

Figura 5.6 El agrecano es el proteoglicano más abundante en la mayoría de los tejidos cartilaginosos (**A**). Está formado por una cadena central proteica fibrilar que posee algunos dominios globulares (1, 2 y 3), a la que se unen covalentemente numerosas cadenas de los glicosaminoglicanos condroitina-sulfato (4) y queratán-sulfato (5). Lo peculiar de este proteoglicano es que por mediación de una proteína de unión (6) se puede unir al ácido hialurónico (7). En el cartílago, numerosas moléculas de agrecano se unen a largas moléculas de ácido hialurónico (**B**). Conviene recordar las propiedades de los glicosaminoglicanos estudiadas en el capítulo 4 (**C**), cuyas numerosas cargas negativas atraen iones sodio y retienen agua, lo que crea una presión de turgencia (flechas grises) que convierte la sustancia fundamental en un gel poroso hidratado. El hecho de que en la matriz del tejido cartilaginoso se creen estos grandes agregados de agrecano y ácido hialurónico explica su consistencia

F. Además, en algunas variedades se pueden encontrar:
  1. **Fibras elásticas**, presentes en el **cartílago elástico**. Son visibles al microscopio porque no quedan enmascaradas.
  2. **Fibras de colágena de tipo I**, que se encuentran en el **cartílago fibroso**.

3. **Versicano**, un proteoglicano:
   a. Contiene varios oligosacáridos y 12 a 15 cadenas de **condroitina-sulfato** unidas a la secuencia proteica central.
   b. Está presente en el **cartílago fibroso**.

G. Lo más característico de la matriz cartilaginosa es que el agrecano forma **complejos** (fig. 5.6):
   1. Numerosas moléculas de agrecano se asocian de forma no covalente a largas moléculas de ácido hialurónico gracias a unas proteínas de unión.
   2. Así se forman unos complejos macromoleculares gigantes, de hasta 3–4 mm.
   3. Estos complejos macromoleculares contienen una gran cantidad de glicosaminoglicanos (los del agrecano y el ácido hialurónico) y son los responsables del aspecto gelatinoso del tejido y de su estabilidad morfológica.

5.6 Variedades de cartílago

A. En el ser humano adulto existen tres variedades de cartílago: **hialino**, **elástico** y **fibroso (fibrocartílago)**.

B. Algunos autores consideran una cuarta variedad, el **cartílago articular**, que otros autores consideran una forma especial de cartílago hialino. En todo caso, el cartílago articular se explicará en el capítulo que trata de las articulaciones entre los huesos.

C. Existe otra variedad de cartílago, el **cartílago fetal**, que es cartílago en desarrollo que ya no se encuentra en el adulto.

5.7 Cartílago fetal

A. En el **cartílago fetal** las células son muy abundantes:
   1. Son fusiformes, redondeadas o incluso estrelladas.
   2. Se distribuyen uniformemente por la matriz, individualmente o por parejas (fig. 5.1).

B. No se distinguen diferencias en la tinción en la matriz extracelular, es decir, no se aprecian las condronas típicas de otras variedades que se explican más adelante.

C. En ocasiones se pueden observar **vasos sanguíneos** en el cartílago.

5.8 Cartílago hialino

A. El **cartílago hialino** (del griego ὑάλινος hyálinos, 'traslúcido') es un tejido semitransparente, vítreo, algo elástico, de color gris azulado y aspecto opalescente[2].

[2] Opalescente: que parece irisado como el ópalo.

B. Se encuentra en los extremos anteriores de las costillas, y en los anillos traqueales, bronquiales y de la laringe.
C. La superficie articular de muchos huesos suele estar recubierta de cartílago hialino que a veces se considera otra variedad (**cartílago articular**).
D. En las preparaciones histológicas, la matriz extracelular del cartílago hialino tiene un aspecto muy homogéneo. Sin embargo, se pueden distinguir varias zonas (fig. 5.3):
   1. **Matriz capsular**: la parte de la matriz en contacto íntimo con los condrocitos (o los condroplastos) se distingue como una lámina delgada y más teñida que el resto. Contiene una red fina de fibras de colágena incluidas en un material parecido al de la lámina basal.
   2. **Matriz territorial**: regiones situadas alrededor de los condrocitos y los grupos isógenos que se tiñen con más intensidad por poseer glicosaminoglicanos más sulfatados.
      a. Con las tinciones de hematoxilina y eosina se suelen observar de azul violeta intenso.
      b. El conjunto formado por los condrocitos y su matriz territorial se denomina **condrona**.
   3. **Matriz interterritorial**: es el resto de la matriz, situado entre las condronas, que se tiñe en tonos más pálidos.
E. El cartílago hialino está rodeado por **pericondrio**.
F. Con el envejecimiento, el cartílago hialino puede sufrir una degeneración debida a varios factores:
   1. Pérdida de agua.
   2. Alteraciones en los proteoglicanos.
   3. Formación de **fibras de asbesto** (fibras colágenas desenmascaradas que se distinguen al microscopio).
   4. Calcificaciones.
   5. Destrucción celular.
G. La **calcificación** del cartílago puede producirse también en situaciones fisiológicas. Concretamente, la calcificación es un proceso necesario como paso previo a la formación de muchos huesos (osificación), como estudiaremos en el capítulo correspondiente.

5.9 Cartílago elástico

A. Se encuentra en la oreja, conducto auditivo externo, trompa de Eustaquio, epiglotis y algunos cartílagos bronquiales.
B. En fresco, su color es amarillento y es más opaco, más flexible y más elástico.
C. Desde el punto de vista histológico es muy similar al cartílago hialino (fig. 5.4):
   1. Posee condrocitos redondeados, con una cápsula y grupos isógenos de dos a cuatro células.

2. Al microscopio, la matriz difiere de la del cartílago hialino porque está atravesada por fibras ramificadas. Estas fibras son **fibras elásticas** que rodean las condronas, atraviesan la matriz interterritorial y contactan con el pericondrio.
3. Los condrocitos pueden ser más abundantes que en la variedad hialina.

D. El cartílago elástico está rodeado por pericondrio.

5.10 Cartílago fibroso (fibrocartílago)

A. El **cartílago fibroso o fibrocartílago** se encuentra en regiones de **tejido conjuntivo denso**, como los discos intervertebrales, en ciertos cartílagos articulares –por ejemplo, en la **articulación temporomandibular**, que estudiaremos en el capítulo 16–, en la sínfisis del pubis, en el ligamento redondo del fémur y en los puntos de inserción ósea de algunos tendones.

B. El cartílago fibroso podría definirse como un tejido conjuntivo denso que entre sus haces de fibras colágenas posee algunas regiones de tejido cartilaginoso.

C. Se parece al tejido conjuntivo denso porque hay amplias zonas donde abundan haces de **fibras colágenas de tipo I** (fig. 5.5). Estas fibras no están enmascaradas por la matriz extracelular.

D. En las regiones fibrosas se observan **fibroblastos**.

E. En los resquicios entre los haces de fibras colágenas de tipo I existen **condronas** formadas por condrocitos aislados, en parejas o en grupos isógenos en hilera, con una matriz cartilaginosa con **colágena de tipo II**.

F. En el cartílago fibroso abunda más el **versicano**, secretado por fibroblastos, que el **agrecano**, secretado por los condrocitos.

G. No se aprecia pericondrio alrededor del cartílago fibroso:
1. Algunas veces, el fibrocartílago puede estar rodeado de regiones de conjuntivo denso con zonas limítrofes difusas, sin una frontera definida.
2. Otras veces, el cartílago fibroso se continúa en cartílago hialino o hueso.

Lo que hay que recordar

El tejido cartilaginoso es un tejido conjuntivo especializado que forma el cartílago. Se forma en los centros de condrificación embrionarios a partir de células mesenquimáticas que se convierten en condroblastos productores de matriz cartilaginosa. Las células quedan atrapadas en la matriz y se convierten en condrocitos. El cartílago puede crecer por aposición de nueva matriz y células en la superficie o por intususcepción (producción de matriz y células en el interior). Algunas variedades de cartílago están recubiertas por una vaina de tejido conectivo llamada pericondrio. En la matriz extracelular se encuentran fibras de colágeno tipo II y un proteoglicano llamado agrecano, debido a que forma grandes complejos. Existen diferentes variedades de cartílago. El cartílago fetal se encuentra durante el desarrollo prenatal. El cartílago hialino es precursor de muchos huesos durante el desarrollo y también se encuentra en los adultos. Una variedad de cartílago hialino es el cartílago articular, que está presente en las articulaciones entre los huesos. El cartílago elástico se caracteriza por las fibras elásticas de su matriz. El cartílago fibroso tiene regiones con colágeno tipo II y condrocitos y áreas con colágeno tipo I, un proteoglicano (versicano) y fibroblastos.

Lectura adicional

Archer C W, Francis-West P 2003. The chondrocyte. International Journal of Biochemistry & Cell Biology 35: 401–404.

Aubin J E, Liu F, Malaval L, Gupta A K 1995. Osteoblast and chondroblast differentiation. Bone 17: S77–S83.

Cancedda R, Cancedda F D, Castagnola P 1995. Chondrocyte differentiation. International Review of Cytology – A Survey of Cell Biology 159: 265–358.

Gartner L P 2017. Cartilage and Bone. En: Textbook of Histology. 4ª ed. Elsevier, Filadelfia, pp. 149–178.

Gómez de Ferraris M E, Campos Muñoz A 2009. Histología general humana. En: Histología, Embriología e Ingeniería Tisular Bucodental. 3ª ed. Médica Panamericana, pp. 57–78.

Goodwin D W 2001. Visualization of the macroscopic structure of hyaline cartilage with MR imaging. Seminars in Musculoskeletal Radiology 5: 305–312.

Gvaramia D, Kern J, Jacob Y et al. 2022. Regenerative Potential of Perichondrium: A Tissue Engineering Perspective. Tissue Engineering Part B-Reviews 28: 531–541.

Hickok N J, Haas A R, Tuan R S 1998. Regulation of chondrocyte differentiation and maturation. Microscopy Research and Technique 43: 174–190.

Jee W S S 1988. The Skeletal Tissues. En: Cell and Tissue Biology – A Textbook of Histology. Weiss L Editor. 6ª ed. Urban & Schwarzenberg, Baltimore, pp. 211–254.

Kierszenbaum A L, Tres L L 2019. Connective Tissue. En: Histology and Cell Biology – An Introduction to Pathology. 5ª ed. Elsevier, Filadelfia, pp. 135–176.

Kronenberg H M 2007. The role of the perichondrium in fetal bone development. Skeletal Biology and Medicine PT A 1116: 59–64.

Lin Z, Willers C, Xu J A, Zheng M H 2006. The chondrocyte: Biology and clinical application. Tissue Engineering 12: 1971–1984.

Malinin G I, Malinin T I 1999. Microscopic and histochemical manifestations of hyaline cartilage dynamics. Progress in Histochemistry and Cytochemistry 34: 169.

O'Dowd G, Bell S, Wright S 2023. Skeletal tissues. En: Wheater's Functional Histology. Elsevier, Amsterdam, pp. 180–196.

Pawlina W 2024. Cartilage. En: Histology a Text and Atlas with correlated Cell and Molecular Biology. 9ª ed. Wolters Kluwer, Filadelfia, pp. 216–237.

Tejido óseo (I). Estructura macroscópica y microscópica.

6

Qué aprenderás en este capítulo

En este capítulo aprenderás las características del tejido óseo, un tejido conjuntivo especializado que forman los huesos. El tejido puede formar diferentes estructuras óseas distinguibles a simple vista y se pueden encontrar diferentes organizaciones microscópicas del tejido. Además, los huesos están revestidos por un tejido conjuntivo llamado periostio. Estudiarás que la matriz ósea está hecha de compuestos orgánicos (colágena de tipo I, glicosaminoglicanos, proteínas) y componentes inorgánicos (hidroxiapatita). Se pueden encontrar varios tipos celulares, algunos de origen mesenquimático y otros de origen sanguíneo.

6.1 Características generales

A. El **tejido óseo** (del latín osseus, 'hueso') es el componente principal y característico de los **huesos** del esqueleto. Muchas veces se utiliza el término hueso como sinónimo de tejido óseo.
B. El tejido óseo es una variedad de **tejido conjuntivo especializado**. Como tal tejido conjuntivo está formado por **células** y una abundante **matriz extracelular** compuesta de **fibras** y **sustancia fundamental** con **líquido intersticial**.
C. La peculiaridad del tejido óseo es que la matriz extracelular está **mineralizada**, **calcificada**, lo que convierte al hueso en una sustancia dura y muy resistente para poder realizar su función en el **esqueleto**.
D. Cuando hablamos de **dureza**, debemos entender el término desde el punto de vista geológico.
   1. En geología, la dureza es el grado de resistencia que opone un mineral a ser rayado por otro.
   2. El mineral más blando es el **talco** y el más duro es el **diamante**.

F.J. Sáez, I. Badiola, *Histología Bucal Básica*,
https://doi.org/10.1007/978-3-032-24363-8_6

E. Los tejidos humanos suelen ser materiales muy blandos, pero el hueso y algunos tejidos del diente están mineralizados, lo que les hace más duros.
F. Es difícil medir la dureza de los tejidos humanos mineralizados y se han publicado datos contradictorios.
   1. En la siguiente tabla se muestra el valor de dureza de varios minerales y de varios tejidos mineralizados medidos en dos de las escalas que se usan en geología.
   2. El valor mostrado en el caso de los tejidos es aproximado y puede variar.

	Escala de Mohs	Escala de Knoop
Talco	1	1
Yeso	2	32
Oro	2,5	69
Cemento dental	2,5–3	40
Hueso	2,5–3	40
Dentina	3–4	64–68
Fluorita	4	163
Esmalte	5	343
Apatita	5	430
Cuarzo	7	800–900
Diamante	10	8000–8500

G. Entre las propiedades del tejido óseo están las siguientes:
   1. Resistencia a la **tensión**.
   2. Resistencia a la **compresión**.
   3. **Elasticidad** relativa.
   4. Peso relativamente **ligero**. Se puede afirmar que la organización del hueso permite la mayor resistencia con un mínimo peso.
H. A pesar de ser un material en apariencia muy resistente, el hueso es un tejido muy **dinámico**:
   1. Se renueva y se reforma durante toda la vida del individuo y está bajo influencia metabólica, nutricional y endocrina.
   2. Estas propiedades son de suma importancia para poder actuar sobre él mediante procedimientos quirúrgicos u ortodóncicos.
I. Entre las funciones de los huesos podemos citar:
   1. **Soporte** interno para el cuerpo.
   2. Lugar de inserción de los músculos y tendones, lo que posibilita la **locomoción**.
   3. **Protección** de los órganos vitales (encéfalo, corazón, etc.).
   4. Alojamiento de la **médula ósea**, que es el tejido que produce las células sanguíneas.
   5. Depósito de calcio y **regulación homeostática** de los niveles sanguíneos y tisulares de calcio.

6.2 Estructura macroscópica del tejido óseo

A. A simple vista o con una lupa de pocos aumentos, en un hueso se pueden distinguir dos organizaciones diferentes del tejido óseo:
   1. **Hueso compacto**: es una masa sólida sin espacios o huecos visibles a simple vista. Sí existen cavidades microscópicas.
   2. **Hueso esponjoso o trabecular**: está formado por:
      a. **Espículas** (del latín *spicŭla*, diminutivo de *spica* 'espiga') **o trabéculas** (del latín trabecŭla 'viga pequeña') de tejido óseo que se entrelazan entre sí y forman una malla o retículo de piezas óseas.
      b. Entre las trabéculas se pueden apreciar espacios comunicados entre sí que forman un sistema laberíntico.
      c. Los espacios están ocupados por un tejido blando llamado **médula ósea**.

B. En un hueso podemos encontrar regiones de hueso compacto y regiones de hueso esponjoso en una distribución variable según cada hueso (fig. 6.1):
   1. En los **huesos largos** de nuestro cuerpo podemos distinguir varias zonas:
      a. La **diáfisis** (del griego antiguo διά diá 'separación, a través de' y φύσισ phýsis 'zona de crecimiento'), que es la región cilíndrica central.
         (1) La diáfisis es un cilindro hueco formado por una pared de tejido óseo compacto que rodea una **cavidad medular** central, donde se aloja médula ósea.
         (2) No suele haber hueso esponjoso o es muy escaso.
      b. Las **epífisis** (del latín renacentista *epiphysis*, y este del griego ἐπί epí 'sobre' y φύσισ phýsis 'zona de crecimiento'), que son las regiones dilatadas que se encuentran en ambos extremos de la diáfisis. Las epífisis poseen:

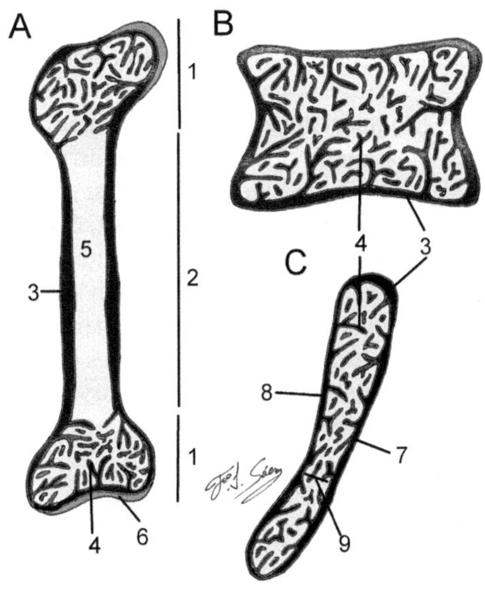

Figura 6.1 Distribución del hueso compacto y el hueso esponjoso en un hueso largo (**A**), un hueso corto (**B**) y un hueso plano (**C**). 1, epífisis; 2, diáfisis; 3, hueso compacto; 4, hueso esponjoso; 5, canal medular; 6, cartílago articular. 7, tabla externa; 8; tabla interna; 9, díploe

(1) Una fina cubierta de hueso compacto en el exterior.
(2) Una región central de hueso esponjoso.

c. Entre epífisis y diáfisis de los huesos en crecimiento hay una región interna con columnas de hueso esponjoso llamada **metáfisis** (del griego μετά meta 'en medio de').

2. Los **huesos cortos**, como las vértebras, suelen tener una capa externa fina de hueso compacto que rodea hueso esponjoso interno.
3. En los **huesos planos** del cráneo, la escápula y el esternón, observamos hueso compacto periférico que forma las llamadas tablas externa e interna, entre las cuales se sitúa hueso esponjoso que forma el **díploe**[1] (del griego διπλός diplós 'doble').

6.3 Superficies óseas

A. La superficie externa de los huesos está recubierta por un tejido llamado **periostio**:
1. Es un tejido conjuntivo con **capacidad osteógena** (del griego antiguo ὀστεο osteo, 'hueso').
2. En los puntos de inserción de tendones y ligamentos y en las regiones recubiertas de cartílago articular no hay periostio.
3. En algunos casos, el periostio recibe nombres especiales, aunque sigue siendo el mismo tejido. Así, en las tablas internas de los huesos del cráneo, el periostio se denomina **duramadre**.
4. La estructura del periostio es variable.
   a. La capa más externa del periostio es un **tejido conjuntivo denso**, con pocas células y con vasos sanguíneos.
   b. La capa más interna del periostio contiene células en contacto con el hueso. Estas células son osteógenas en los huesos en crecimiento, pero permanecen inactivas en el resto.
5. Algunas fibras colágenas del periostio pueden penetrar en la matriz ósea superficial formando las llamadas **fibras de Sharpey o fibras perforantes**.

B. Las superficies internas de los huesos están tapizadas por el **endostio**, un tejido muy delgado con **capacidad osteógena**.
1. Reviste la superficie del tejido óseo en la cavidad medular de las diáfisis de los huesos largos y en las trabéculas del hueso esponjoso.
2. El endostio también recubre algunas cavidades microscópicas que se organizan como conductos o canales en el hueso compacto.
3. Se presenta como una capa pavimentosa delgada formada por células y escasas fibras.

[1] Según el DPTM, en español debería ser sustantivo femenino, que era el género gramatical que tenía en griego, pero se usa más con género masculino.

6.4 Matriz extracelular del hueso

A. La **matriz ósea** puede considerarse formada por dos componentes íntimamente relacionados: el componente orgánico o **matriz orgánica** y el componente inorgánico o **matriz mineral**.
   1. Si se somete el hueso a tratamiento con un **ácido débil**, se eliminan las sales minerales y el hueso pierde su dureza y se convierte en un material resistente y flexible que conserva su organización macroscópica y microscópica.
   2. Si se extraen los componentes orgánicos y se dejan en su lugar los inorgánicos, se mantiene la forma macroscópica del hueso y en parte la organización microscópica, pero el hueso pierde su resistencia a la tracción y la compresión y es muy quebradizo.

B. En resumen, la matriz orgánica proporciona al hueso su resistencia y elasticidad, mientras que la matriz mineral es la responsable de la dureza.

C. La **matriz orgánica** del tejido óseo no difiere mucho de la de otros tejidos conjuntivos.
   1. La **colágena** constituye el 90 % de la matriz orgánica. Se trata de **colágena de tipo I**.
   2. Existen otras proteínas, entre ellas:
      a. **Osteopontina**. Interviene en la adhesión celular, es similar a la fibronectina.
      b. **Osteonectina**. Interviene proporcionando el núcleo de crecimiento para los cristales de hidroxiapatita durante la mineralización.
      c. **Sialoproteína ósea**. Parece que interviene en la mineralización.
      d. **Proteína morfogenética ósea** (**BMP**, por sus siglas en inglés).
         (1) Es un mediador químico local que interviene en la comunicación entre células y promueve la proliferación celular.
         (2) Tiene un papel importante en la formación de hueso.
      e. **Osteocalcina o proteína Gla ósea**[2] (**BGP**, por sus siglas en inglés).
         (1) Enlaza el calcio con el colágeno.
         (2) La producen las células óseas y puede viajar por la sangre, por lo que la osteocalcina puede intervenir en la mineralización de huesos de otros lugares del cuerpo.
      f. **Proteína Gla de la matriz** (**MGP**, por sus siglas en inglés). Interviene en la regulación de los niveles de calcio en el organismo.
      g. **Fosfatasa alcalina**. Interviene en la mineralización, liberando grupos fosfato de moléculas orgánicas para que puedan formar fosfatos de la matriz mineral.

[2] Las proteínas Gla contienen una secuencia de aminoácidos que se unen al Ca^{2+}. Entre dichos aminoácidos se encuentra el γ-carboxiglutamato, que es glutamato carboxilado por acción de la vitamina K.

3. Además, existen **proteoglicanos** con sus **glicosaminoglicanos** característicos.
   a. Entre los proteoglicanos, la decorina y el biglicano.
   b. Entre los glicosaminoglicanos, el ácido hialurónico, condroitina-sulfato, dermatán-sulfato y heparán-sulfato.

D. La **matriz mineral** del tejido óseo puede representar alrededor del 75 % del peso seco de un hueso.
   1. Está formada fundamentalmente por cristales de **fosfato cálcico** en forma de **hidroxiapatita**, $Ca_{10}(PO_4)_6(OH)_2$.
   2. Estos cristales son aciculares y miden 40 a 60 nm de largo por 1,5 a 3 nm de ancho.
   3. Los cristales se disponen en las brechas de 40 nm entre los extremos de las moléculas de colágena de las fibrillas y en los espacios entre las fibrillas (fig. 6.2).

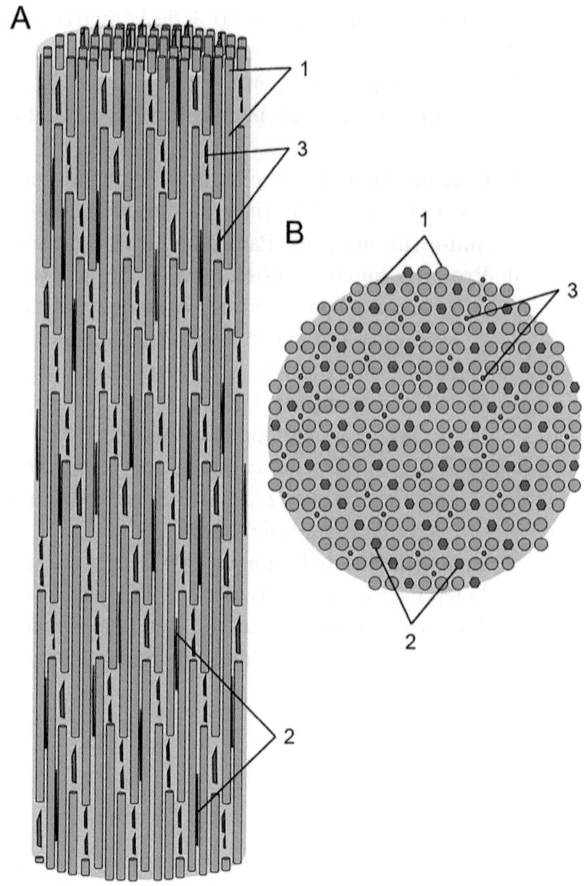

Figura 6.2 Vista longitudinal (**A**) y sección transversal (**B**) de una fibrilla de colágena. Los cristales de hidroxiapatita se depositan en la superficie y dentro de las fibrillas formadas por las moléculas de colágena o tropocolágena (1), bien junto a dichas moléculas (2), bien en las brechas entre ellas (3)

4. La matriz ósea recién formada no está mineralizada, se denomina **osteoide** (del griego ὀστεο osteo, 'hueso' y ειδ-ής/ές -eid(és) 'que tiene el aspecto de') o **matriz osteoide** y está formada exclusivamente por matriz orgánica.
5. La síntesis de matriz ósea se produce siempre sobre una superficie de tejido óseo o de tejido cartilaginoso mineralizado, por lo que el osteoide siempre está recubriendo matriz mineralizada.
6. El proceso de mineralización comienza entre 10 y 20 días después de la síntesis de la matriz orgánica. Se explica con detalle en el capítulo 7.
7. En la matriz mineral pueden encontrarse iones **citrato** y **carbonato**.
8. Los grupos hidroxilo de la apatita pueden ser remplazados por iones de **flúor**, formando **fluorapatita o fluorhidroxiapatita**.
9. Otros minerales que se almacenan en el hueso son el **magnesio**, el **potasio** y el **sodio**.

6.5 Método de estudio de los huesos

A. Existen dos técnicas diferentes para realizar estudios del hueso con el microscopio de campo claro.
   1. **Secciones histológicas de tejido descalcificado**.
      a. Al preparar el tejido se realiza una **descalcificación** que permite cortar el hueso en secciones muy finas. Si no se realizara esta descalcificación, no sería posible cortar el hueso.
      b. Después de realizar los cortes histológicos, se pueden teñir con cualquiera de los colorantes habituales.
      c. Permite el estudio de los componentes celulares y los componentes orgánicos de la matriz extracelular.
   2. **Preparaciones por desgaste**.
      a. Se realizan a partir de hueso macerado limpio, el cual se somete a desgaste hasta conseguir una fina lámina que puede ser observada al microscopio, con o sin el uso de colorantes.
      b. Mediante esta técnica se puede apreciar sobre todo la arquitectura microscópica de la matriz extracelular y se pueden obtener otras informaciones de tipo morfológico.

6.6 Estructura microscópica del tejido óseo

A. Desde el punto de vista microscópico, existen dos tipos de tejido óseo. La principal diferencia entre ambos consiste en la forma en que se organiza la matriz extracelular (fig. 6.3):
   1. El **hueso entretejido, no láminar, reticular o inmaduro** es el primer tejido óseo que se forma cuando se origina un hueso o cuando se repara un hueso fracturado.

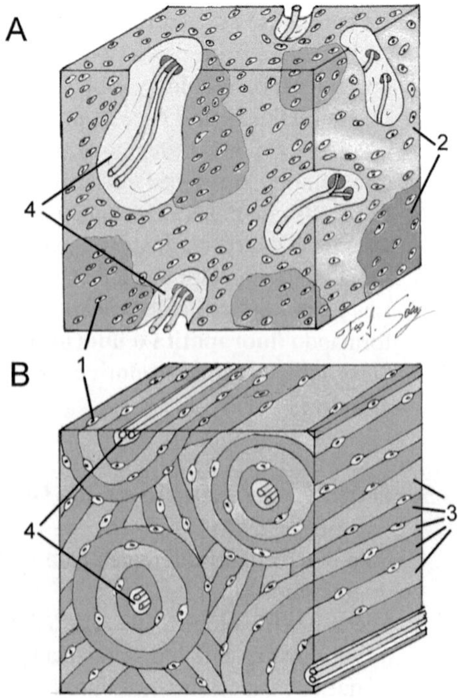

Figura 6.3 Estructura microscópica del hueso entretejido o inmaduro (**A**) y del hueso laminar (**B**). En el hueso entretejido o inmaduro la matriz es homogénea y las células son abundantes, mientras que en el hueso laminar la matriz se dispone en láminas y las células son más escasas. 1, células óseas (osteocitos) en lagunas; 2, matriz ósea homogénea del hueso entretejido; 3, láminas de matriz ósea del hueso laminar; 4, canales vasculares con vasos sanguíneos

   a. El nombre de hueso reticular se aplica en ocasiones al hueso esponjoso, lo cual puede crear confusión, y no se aconseja. También se le ha llamado **hueso fasciculado**.
   b. Su matriz extracelular es homogénea y no se distingue una organización especial.
   c. Sus fibras colágenas se disponen entretejidas aleatoriamente.
   d. Las células del tejido son más abundantes que en el hueso laminar y se disponen sin organización aparente por la matriz.
2. El **hueso laminar, laminillar o maduro** se caracteriza porque:
   a. Su matriz ósea se organiza en forma de **láminas o laminillas óseas**, de 3 a 7 μm de grosor.
   b. Las células, menos abundantes que en el hueso entretejido, se observan dispuestas regularmente en distintos niveles, ya que la mayoría están entre las láminas.

B. El primer tejido óseo que se forma siempre es **hueso entretejido no laminar**, y cuando se remodela se sustituye por **hueso laminar**, por lo que el hueso que vemos habitualmente es hueso laminar.

C. El hueso entretejido no laminar puede persistir en algunos lugares del adulto, como los huesos de los **alvéolos dentales**.

D. Como en los adultos casi todo el hueso está formado por hueso laminar, se va a explicar a continuación su estructura microscópica.

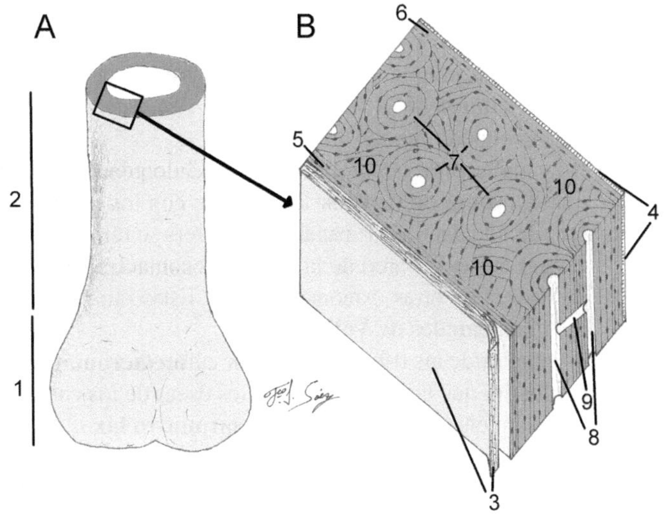

Figura 6.4 Representación de un hueso largo (**A**), cortado transversalmente en la diáfisis, y de la estructura microscópica del hueso compacto (**B**) de la zona recuadrada en **A**. 1, epífisis; 2, diáfisis; 3, periostio (se ha separado parcialmente de la superficie del hueso para distinguirlo mejor de las láminas circunferenciales externas); 4, endostio; 5, láminas circunferenciales externas; 6, láminas circunferenciales internas; 7, osteonas o sistemas de Havers; 8, canal de Havers; 9, canal de Volkmann; 10, láminas intersticiales

1. En cada una de las láminas del hueso laminar todas las fibras de colágeno se encuentran dispuestas con la misma orientación y, por tanto, paralelas entre sí. En cambio, la orientación cambia en cada lámina.
2. Entre las láminas, y a veces dentro de ellas, existen unas pequeñas cavidades, llamadas **osteoplastos, osteoceles**[3] **o lagunas osteocitarias**, en las cuales se encuentran las células óseas, los **osteocitos**.
3. De las lagunas parten en todas direcciones pequeños canales que comunican unos osteoceles con otros (**canalículos calcóforos**).
4. **Organización microscópica del hueso compacto**. En el hueso compacto la organización de las láminas es compleja y podemos distinguir varias estructuras (fig. 6.4):
   a. **Láminas circunferenciales**. Hay dos tipos:
      (1) **Láminas circunferenciales externas**. Son láminas que se disponen en la región periférica del hueso compacto, paralelas a la superficie, por debajo del periostio y rodeando todo el hueso.
      (2) **Láminas circunferenciales internas**. Láminas paralelas a la superficie interna del hueso compacto recubierta de endostio. A veces, estas láminas circunferenciales internas no son muy visibles o no están completas.

[3] El DPTM considera más correcto osteocele que osteoplasto.

b. **Osteonas** (del alemán osteon, y éste del griego antiguo ὀστεο osteo, 'hueso') o **sistemas de Havers**. Son unas estructuras cilíndricas.
   (1) Están formadas por:
      (a) Varias láminas (de 4 a 20) dispuestas concéntricamente alrededor de un pequeño canal central.
      (b) Un canal central de 22 a 110 μm rodeado por las láminas. Se denomina **canal de Havers**.
      (c) De vez en cuando, los canales de Havers se ramifican lateralmente, atraviesan la pared de la osteona y contactan con otros canales de Havers de otras osteonas vecinas. Estas ramas laterales se denominan **canales de Volkmann**.
   (2) En los canales de las osteonas se puede observar:
      (a) **Endostio**, que tapiza las superficies óseas de los canales.
      (b) Una pequeña cantidad de **tejido conjuntivo laxo**.
      (c) Entre el tejido conjuntivo de los canales circulan vasos sanguíneos, que suelen ser un **capilar** y una **vénula postcapilar**, aunque ocasionalmente pueden encontrarse **arteriolas**.
   (3) Los vasos sanguíneos penetran en este sistema de canales procedentes del periostio, atraviesan el hueso cortical compacto, llegan a la médula ósea y vuelven a formar ramas que penetran en el hueso cortical.
   (4) Hay que tener en cuenta que las osteonas pueden estar ramificadas, por lo que no son algo tan simple como un cilindro.

c. **Láminas intersticiales**. Son grupos de láminas que se sitúan en los espacios o intersticios que existen entre las osteonas. Son restos de osteonas más antiguas.

5. **Organización microscópica del hueso esponjoso**. En este caso, la organización microscópica es más simple:
   a. Las **trabéculas** tienen entre 50 y 400 μm de espesor.
   b. En cada trabécula las láminas se distribuyen como discos planos de aproximadamente 60 μm de espesor y 600 μm de longitud.
      (1) Cada disco está formado por unas 20 láminas paralelas a la superficie del disco.
      (2) Estos discos han recibido el nombre de **osteonas trabeculares**, aunque no es frecuente emplear este término para no confundirlo con los verdaderos sistemas de Havers del hueso compacto.
   c. Cuando se observan trabéculas con el microscopio, las láminas se observan paralelas a la superficie de la trabécula.

E. Nutrición del tejido óseo:
   1. **Nutrición del hueso compacto**.
      a. El hueso compacto puede ser muy grueso, por lo que las regiones internas quedan alejadas de los tejidos vascularizados más próximos (periostio en el exterior y médula ósea en el interior).
      b. Las osteonas sirven para introducir los vasos sanguíneos hacia las regiones internas, lo que permite acercar los nutrientes al tejido.

2. **Nutrición del hueso esponjoso.**
   a. Las trabéculas son estructuras relativamente delgadas, por lo que los nutrientes pueden entrar en el tejido por difusión desde los vasos sanguíneos de la médula ósea.
   b. Las trabéculas de hueso esponjoso normalmente carecen de verdaderas osteonas y los vasos sanguíneos no penetran en su interior.
   c. Excepcionalmente pueden observarse sistemas de Havers en trabéculas muy grandes.

6.7 Células del tejido óseo

A. Podemos encontrar varios tipos celulares en el tejido óseo o en su superficie (fig. 6.5). La mayoría de ellas están emparentadas y tienen su origen a partir de las células mesenquimáticas:
   1. **Células osteoprogenitoras**. Derivan de las células mesenquimáticas y originan otras células óseas.
   2. **Osteoblastos**. Proceden de las células osteoprogenitoras. Están recubriendo matriz ósea y sintetizan sobre ella nueva matriz ósea.

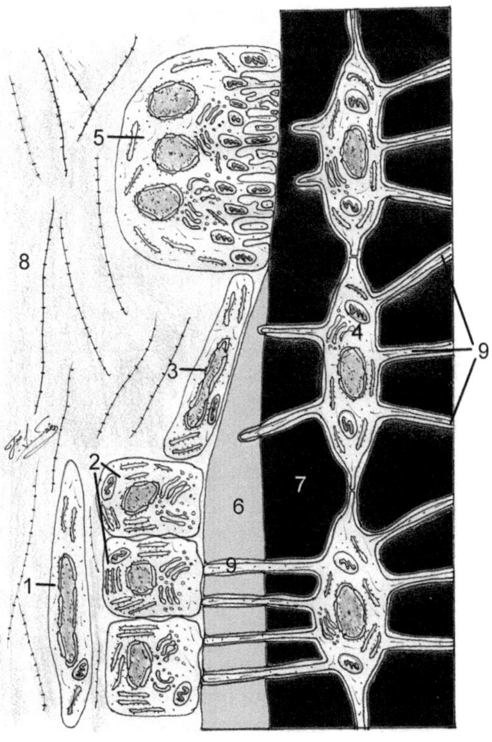

Figura 6.5 Células del tejido óseo. En los tejidos conjuntivos situados en la superficie del tejido óseo, (periostio y endostio) se encuentran las células osteoprogenitoras (1), que se activan y convierten en osteoblastos (2), que sintetizan matriz ósea. Cuando los osteoblastos se inactivan se convierten en células limitantes óseas (3). Algunos osteoblastos quedan atrapados en la matriz ósea que ellas mismas sintetizan y se convierten en osteocitos (4). En la superficie del hueso se pueden encontrar osteoclastos multinucleados (5), que degradan la matriz ósea. 6, matriz ósea no calcificada u osteoide; 7, matriz ósea calcificada; 8, matriz del tejido conjuntivo (periostio o endostio); 9, canalículos calcóforos con prolongaciones de los osteocitos

3. **Osteocitos**. Derivan de osteoblastos que quedan envueltos por la matriz que están sintetizando, por lo que se encuentran dentro del tejido óseo.
4. **Células limitantes óseas**. Derivan de osteoblastos que se vuelven inactivos. Están en las superficies óseas.

B. Sin embargo, hay otras células que se originan a partir de precursores sanguíneos:
1. **Osteoclastos**. Derivan de los monocitos de la sangre, aunque también se piensa que algunos osteoclastos (o sus precursores) pueden ser residentes del tejido instalados ahí desde el desarrollo embrionario.
2. **Macrófagos óseos**. Son macrófagos derivados de los monocitos. Se sitúan junto a los osteoblastos de las superficies del tejido óseo y provocan su muerte.

6.8 Células osteoprogenitoras

A. Las **células osteoprogenitoras** se producen a partir de **células mesenquimáticas**.

B. Se encuentran en las superficies del tejido óseo.

C. Son alargadas, fusiformes, con un núcleo oval alargado y un citoplasma eosinófilo o poco basófilo, ya que poseen poco retículo endoplásmico rugoso y algunos ribosomas libres.

D. Se pueden encontrar en dos formas:
1. **Células periósticas**, presentes en la capa interna del **periostio**.
2. **Células endósticas**, que tapizan las superficies óseas en las cavidades medulares y los conductos vasculares (canales de Havers y de Volkmann) formando el **endostio**.

E. Cuando se forma hueso, es decir, durante el desarrollo embrionario o en otros procesos de remodelación o de reparación ósea, estas células se dividen produciendo osteoblastos que sintetizan el hueso.

6.9 Osteoblastos

A. Los **osteoblastos** son las células producidas por las **células osteoprogenitoras** cuando se activa la síntesis de matriz ósea. Son las responsables de formar matriz ósea.

B. Se encuentran en la zona interna del periostio y en el endostio, siempre en contacto con la superficie de la matriz ósea.

C. Cuando están activos, los osteoblastos forman una capa epitelial de células cúbicas:
1. Tienen un núcleo en el polo más alejado del hueso y un gran aparato de Golgi orientado hacia el polo contrario.
2. El citoplasma es muy basófilo por su gran contenido en cisternas del **retículo endoplásmico rugoso**.

D. Como los osteoblastos están siempre en la superficie del tejido óseo, éste crece siempre por **aposición**.
E. La matriz que sintetizan al principio no está mineralizada y constituye el **osteoide**. Después de un tiempo, las zonas más internas del osteoide se van mineralizando.
F. Durante su vida, un osteoblasto puede tener tres destinos:
   1. Aproximadamente el 15 % de los osteoblastos quedan envueltos por la matriz ósea que han sintetizado y se convierte en **osteocitos**.
   2. Cerca del 30 % se vuelven inactivos y forman **células limitantes óseas**.
   3. El resto mueren por **apoptosis** y son eliminados por los macrófagos óseos. En este proceso, el macrófago produce sustancias que estimulan la formación de nuevos osteoblastos.

6.10 Osteocitos

A. Los **osteocitos** son las células características del tejido óseo, que se sitúan en los **osteoceles**.
   1. En el **hueso laminar**, los osteoceles están entre las láminas y en ocasiones dentro de una lámina.
   2. En el **hueso entretejido no laminar**, los osteoceles se presentan dispersos por la matriz ósea.
B. La forma de la célula se adapta a la de la laguna en la que se encuentra, que suele ser **lenticular**.
C. Los osteocitos emiten numerosas prolongaciones finas que recorren el interior de los **canalículos calcóforos** hasta contactar con las prolongaciones de osteocitos vecinos mediante **uniones de hiato (gap)**. De esta forma, las células del hueso se comunican unas con otras.
D. El citoplasma es algo **basófilo**. Con el microscopio electrónico el citoplasma muestra un desarrollo variable del aparato de Golgi y del retículo endoplásmico rugoso:
   1. Las células más próximas a la superficie (las más jóvenes) tienen estos orgánulos más desarrollados.
   2. Las células en posiciones más profundas (más viejas) presentan un desarrollo menor de los orgánulos biosintéticos, lo que indica que las células más viejas tienen menos actividad sintética.
E. El osteocito interviene en la maduración de la matriz ósea, pero también es capaz de reabsorber la matriz mineral que le rodea (**osteólisis osteocítica**), lo que permite liberar calcio hacia la sangre.
F. Los osteocitos pueden vivir mucho tiempo, entre 10 y 20 años.
   1. En el recién nacido puede haber un 1 % de osteocitos muertos. En un anciano, el 75 % de los osteocitos pueden estar muertos.
   2. Parece que las lagunas y canalículos de osteocitos muertos se rellenan de matriz mineralizada.

6.11 Células limitantes óseas

A. Las **células limitantes óseas o células de revestimiento óseo** se producen a partir de osteoblastos que dejan de sintetizar matriz y se vuelven aparentemente inactivos.

B. Estas células se convierten en células aplanadas, fusiformes, con los orgánulos menos evidentes, que descansan sobre una delgada capa de osteoide.

C. En los puntos de contacto entre ellas se observan **uniones de hiato (gap)**.

D. También pueden emitir prolongaciones que se introducen en los **canalículos calcóforos** superficiales.
   1. Allí contactan con las prolongaciones citoplasmáticas de los osteocitos próximos, donde se forman **uniones de hiato**.
   2. Estos contactos sirven para regular la nutrición de los osteocitos y para regular los movimientos de calcio y fosfato entre la sangre y el tejido óseo.

E. Las células de revestimiento óseo del periostio se denominan **células periósticas** y las del endostio **células endósticas**.

F. Para que el hueso se pueda reabsorber es imprescindible que la matriz mineral no esté recubierta por matriz no mineralizada:
   1. Antes de la resorción ósea, las células limitantes óseas producen **colagenasa**, una enzima que degrada la colágena, lo que destruye el osteoide.
   2. Después, las células limitantes óseas se retraen para que la matriz mineralizada quede expuesta a la superficie y pueda ser degradada por las células encargadas del proceso (**osteoclastos**).

6.12 Osteoclastos

A. Los **osteoclastos** (del griego -κλάστης -klástēs 'que rompe'; literalmente, el término significa **'quebrantahuesos'**) son **células multinucleadas** muy grandes, de hasta 150 μm de diámetro, que se encuentran, como los osteoblastos, en la superficie del tejido óseo.

B. Frecuentemente, los osteoclastos cavan unas cavidades en las que se sitúan. Estos espacios se llaman **lagunas de Howship**.

C. Tienen una estructura muy especializada:
   1. Los **núcleos** son de color violeta rojizo cuando se observan en tinciones con hematoxilina y eosina y se sitúan en el polo opuesto a la matriz ósea.
   2. El **citoplasma** es **basófilo** en las células jóvenes y **eosinófilo** cuando están maduras. En el citoplasma se observan numerosos aparatos de Golgi, muchas mitocondrias, cisternas de retículo endoplásmico rugoso y lisosomas.
   3. La **membrana plasmática** que está en contacto con la matriz ósea está altamente plegada:
      a. Forman un **borde festoneado** que cambia de forma continuamente.
      b. En el citoplasma de esta región hay muchas **mitocondrias** y **lisosomas**.

D. La periferia de la superficie del osteoclasto que contacta con la matriz ósea se adhiere intensamente a la **osteopontina** de la matriz:

   1. Así se sella el espacio entre célula y matriz ósea.
   2. Se crea un microambiente entre el osteoclasto y la matriz ósea en el que se liberan las sustancias producidas por el osteoclasto.

E. Para que los osteoclastos se unan al tejido óseo, es imprescindible que éste no esté recubierto de osteoide, que debe ser degradado por las **células limitantes óseas**.
F. Después, los osteoclastos se encargan de reabsorber la matriz ósea, tanto la matriz mineral como la matriz orgánica. Esto se realiza con **enzimas lisosómicas y no lisosómicas**.
G. El osteoclasto acidifica el medio liberando **protones (H^+)**, que además de crear el ambiente óptimo para las **hidrolasas ácidas**, disuelve las **sales de calcio**.
H. Origen de los osteoclastos:
   1. Los osteoclastos provienen de los **monocitos** sanguíneos, que abandonan la circulación sanguínea y se fusionan en la superficie del hueso, y forman parte del **sistema fagocítico mononuclear**.
   2. Se cree que también puede haber una población de **osteoclastos residentes** que se instalan en el tejido durante el desarrollo embrionario.

6.13 Macrófagos óseos

A. Los **macrófagos óseos** se producen a partir de **monocitos** de la sangre, que son activados por sustancias producidas por los osteoblastos.
B. Se sitúan sobre los **osteoblastos** y provocan la muerte celular por **apoptosis** de muchos de ellos.
C. Estos macrófagos eliminan los osteoblastos muertos.
D. Durante el proceso de eliminación de los osteoblastos muertos, producen sustancias que estimulan la producción de nuevos osteoblastos.

Lo que hay que recordar

Los huesos están formados por tejido óseo. A simple vista, se pueden distinguir el hueso compacto y el hueso esponjoso. Las superficies externas del hueso están recubiertas por el periostio. Los espacios internos están revestidos por el endostio. La matriz extracelular del tejido óseo contiene fibras de colágeno tipo I, proteínas (osteopontina, osteonectina, sialoproteína ósea, osteocalcina, etc.) y glicosaminoglicanos, así como altos niveles de minerales, principalmente cristales de fosfato cálcico (hidroxiapatita). La matriz ósea recién formada carece de minerales y se denomina osteoide. Al microscopio, el tejido óseo inmaduro se observa como no laminar, pero este tejido es sustituido por tejido óseo laminar. En el hueso laminar compacto, las láminas pueden formar estructuras concéntricas llamadas osteonas, en cuyo interior hay un canal vascular. En el hueso se pueden encontrar varios tipos de células: las células osteoprogenitoras, derivadas de las células mesenquimáticas, se encuentran en las superficies del hueso (periostio y endostio) y se convierten en osteoblastos, que producen la matriz ósea. Cuando los osteoblastos quedan atrapados por la matriz que producen, se convierten en osteocitos. Si los osteoblastos detienen su actividad osteogénica, se convierten en células limitantes óseas. También hay células de origen sanguíneo, como los osteoclastos, células multinucleadas formadas por la fusión de monocitos, que destruyen la matriz ósea, y los macrófagos óseos, también producidos por los monocitos en la superficie ósea, que se encargan de controlar a los osteoblastos.

Lectura adicional

Arnett T R, Dempster D W 1990. Protons and osteoclasts. Journal of Bone and Mineral Research 5: 1099–1103.

Ascenzi M G, Roe A K 2012. The osteon: the micromechanical unit of compact bone. Frontiers in Bioscience-Landmark 17: 1551–1581.

Aubin J E, Liu F, Malaval L, Gupta A K 1995. Osteoblast and chondroblast differentiation. Bone 17: S77–S83.

Chang B, Liu X H 2022. Osteon: Structure, Turnover, and Regeneration. Tissue Engineering Part B-Reviews 28: 261–278.

Chen X, Wang Z Q, Duan N et al. 2018. Osteoblast-osteoclast interactions. Connective Tissue Research 59: 99–107.

Gartner L P 2017. Cartilage and Bone. En: Textbook of Histology. 4ª ed. Elsevier, Filadelfia, pp. 149–178.

Gómez de Ferraris M E, Campos Muñoz A 2009. Histología general humana. En: Histología, Embriología e Ingeniería Tisular Bucodental. 3ª ed. Médica Panamericana, pp. 57–78.

Jee W S S 1988. The Skeletal Tissues. En: Cell and Tissue Biology – A Textbook of Histology. Weiss L Editor. 6ª ed. Urban & Schwarzenberg, Baltimore, pp. 211–254.

Kierszenbaum A L, Tres L L 2019. Connective Tissue. En: Histology and Cell Biology – An Introduction to Pathology. 5ª ed. Elsevier, Filadelfia, pp. 135–176.

Kitase Y, Prideaux M 2023. Targeting osteocytes vs osteoblasts. Bone 170: 116724.

Lian J B, Stein G S 1995. Development of the osteoblast phenotype: molecular mechanisms mediating osteoblast growth and differentiation. The Iowa Orthopaedic Journal 15: 118–140.

Matsuo K, Irie N 2008. Osteoclast-osteoblast communication. Archives of Biochemistry and Biophysics 473: 201–209.

McDonald M M, Kim A S, Mulholland B S, Rauner M 2021. New Insights into Osteoclast Biology. JBMR PLUS 5: e10539.

O'Dowd G, Bell S, Wright S 2023. Skeletal tissues. En: Wheater's Functional Histology. Elsevier, Amsterdam, pp. 180–196.

Park-Min K H, Lorenzo J 2022. Osteoclasts: Other functions. Bone 165: 116576.

Pawlina W 2024. Bone. En: Histology a Text and Atlas with correlated Cell and Molecular Biology. 9ª ed. Wolters Kluwer, Filadelfia, pp. 238–279.

Peck W A, Rifas L 1982. Regulation of osteoblast activity and the osteoblast-osteocyte transformation. Advances in Experimental Medicine and Biology 151: 393–400.

Pierce A M, Hammarstrom L 1991. Osteoclasts – Structure and function. Electron Microscopy Reviews 4: 1–45.

Sanchez C, Gabay O, Henrotin Y E, Berenbaum F 2008. Osteoblast: a cell under compression. Bio-medical Materials and Engineering 18: 221–224.
Sun Y, Li J B, Xie X P, et al. 2021. Recent Advances in Osteoclast Biological Behavior. Frontiers in Cell and Developmental Biology 9: 788680.
Thiel A, Reumann M K, Boskey a et al. 2018. Osteoblast migration in vertebrate bone. Biological Reviews 93: 350–363.

Tejido óseo (II). Osificación, remodelación ósea y articulaciones. 7

Qué aprenderás en este capítulo
Se explican aquí los dos mecanismos de formación del hueso: la osificación intramembranosa y la osificación condral. Además, el tejido óseo tiene un alto contenido mineral, así que la matriz orgánica sufre un proceso de mineralización, cuyo mecanismo se explicará. También se explicarán los mecanismos de crecimiento óseo, modelado y remodelación ósea y reparación de fracturas. Finalmente, aprenderás los diferentes tipos de articulaciones entre huesos y verás la compleja organización de las articulaciones sinoviales o diartrosis.

7.1 Histogénesis del hueso (osificación)

A. La formación de hueso se realiza siempre por sustitución o modificación de un tejido conjuntivo previo, es decir, por **osificación** de un tejido ya existente.
B. Se suelen distinguir dos tipos de osificación:
   1. **Osificación intramembranosa o désmica**, que se realiza en una "**membrana**" de tejido conjuntivo embrionario (**mesénquima**). Es una **osificación directa** porque:
      a. Las células mesenquimáticas se convierten directamente en osteoblastos.
      b. La matriz del mesénquima se convierte directamente en matriz ósea.
   2. **Osificación condral**, que se realiza sobre un **tejido cartilaginoso** previamente formado. Es una **osificación indirecta**, pues:
      a. Las células mesenquimáticas se convierten primero en condroblastos que producen cartílago.
      b. Posteriormente el cartílago se degrada y nuevas células mesenquimáticas se convierten en osteoblastos que depositan tejido óseo sobre los restos cartilaginosos.

F.J. Sáez, I. Badiola, *Histología Bucal Básica*,
https://doi.org/10.1007/978-3-032-24363-8_7

C. En ambos casos, el primer hueso formado es hueso esponjoso (**esponjosa primaria o primitiva**).
D. En algunas zonas, el crecimiento de las trabéculas ocupa el espacio entre ellas, que se fusionan, y se forma **hueso compacto**.
E. En otras regiones del futuro hueso, el mesénquima entre las trabéculas se convierte en tejido hematopoyético (**médula ósea**).

7.2 Osificación intramembranosa

A. La **osificación intramembranosa** se produce en tejidos conjuntivos (mesénquima).
B. Mediante este mecanismo se forman:
   1. Algunos huesos llamados **huesos membranosos**: huesos frontal, parietal y parte del occipital, el maxilar y la mandíbula.
   2. El tejido óseo necesario para el crecimiento de los huesos cortos y en el aumento en grosor de los huesos largos.
C. En el caso de los huesos membranosos, la osificación intramembranosa sigue estos pasos (fig. 7.1):

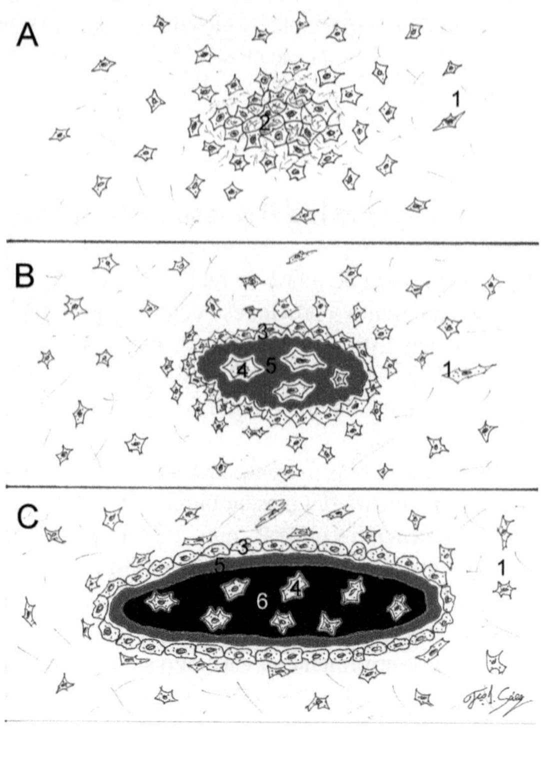

Figura 7.1 Representación del proceso de osificación intramembranosa en tres fases consecutivas, **A**, **B** y **C**. 1, mesénquima con células mesenquimáticas; 2, condensación de células mesenquimáticas que forman un blastema con capacidad osteogénica; 3, osteoblastos; 4, osteocitos; 5, osteoide; 6, matriz ósea

1. Comienza con una condensación de mesénquima en el embrión, es decir, se forma un **blastema** (del griego antiguo βλάστημα blástēma 'germen, retoño') porque se acumulan células en la futura región del hueso.
2. Las células adquieren **capacidad osteogénica** (**células osteoprogenitoras**) y comienzan a sintetizar **matriz ósea**. La primera matriz ósea que se produce no está mineralizada y se denomina **osteoide**.
3. Las células se colocan sobre esta matriz ósea, adquieren forma cúbica, su citoplasma se hace más basófilo y se convierten en **osteoblastos** que sintetizan más matriz sobre la ya formada.
4. La matriz ósea formada se produce en pequeñas zonas lo que produce **trabéculas** (**esponjosa primaria o primitiva**), separadas entre sí por regiones con mesénquima no osificado con vasos sanguíneos.
5. La matriz ósea se va calcificando, por lo que se observa a los osteoblastos sobre una fina capa de **osteoide** que se encuentra sobre matriz ósea ya mineralizada.
6. Cuando algún osteoblasto queda rodeado por matriz ósea, se convierte en **osteocito**.
7. Las células mesenquimáticas circundantes se dividen por mitosis y proporcionan nuevas células osteoprogenitoras y nuevos osteoblastos para remplazar a los que se han convertido en osteocitos.
8. Las trabéculas van creciendo y confluyendo. En algunas zonas se fusionan y así se producen las primeras zonas de hueso compacto (**compacta primaria o primitiva**).

D. Un hueso se puede formar a partir de varias áreas de mesénquima que se osifican:
1. Cada área es un **centro de osificación**.
2. Poco a poco el tejido óseo formado en los diferentes centros de osificación va confluyendo para formar el hueso completo.
3. Las fontanelas del cráneo de los neonatos son regiones blandas donde el tejido conjuntivo no ha sido sustituido todavía por hueso.

7.3 Osificación condral

A. En este caso se forma el esbozo del hueso como una estructura de tejido cartilaginoso hialino. Por eso se llaman **huesos cartilaginosos**.

B. Este es el proceso por el que se forman la mayor parte de los huesos de nuestro organismo, sobre todo los huesos cortos y largos.

C. Una vez formado un esbozo cartilaginoso del hueso, se produce la **osificación condral**, en un mecanismo que se ha estudiado muy bien en los huesos largos, donde tiene lugar en dos fases sucesivas:
1. **Osificación pericondral**.
   a. Se forma una envuelta mesenquimática alrededor de la región central del esbozo cartilaginoso, la futura diáfisis (fig. 7.2).

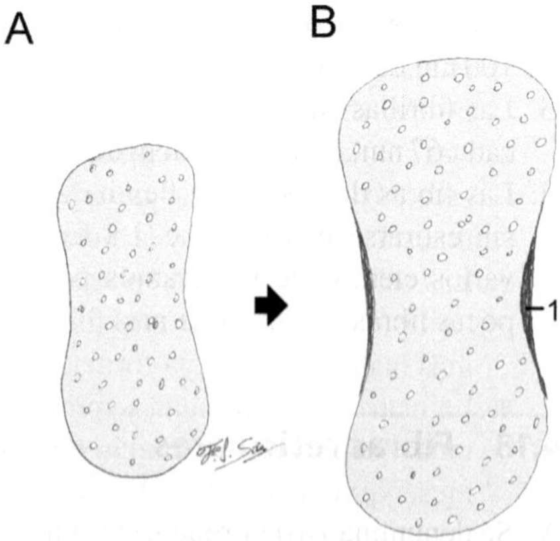

Figura 7.2 Primeras fases del proceso de osificación condral. Se forma un esbozo del futuro hueso formado por cartílago hialino (**A**), alrededor del cual se forma un manguito de hueso por osificación pericondral (**B**). 1, manguito óseo

(1) Esta envuelta, con forma de **manguito o collarete perióstico**, se forma por fuera de la pieza esquelética y se convierte en hueso (**collar óseo**).

(2) En sentido estricto, es una **osificación intramembranosa** que se produce en la superficie del cartílago.

b. El cartílago que queda rodeado del manguito óseo sufre varios cambios.

(1) Sus células aumentan de tamaño (**hipertrofia**), con muchas mitocondrias.

(2) Provocan una **calcificación** de la matriz cartilaginosa.

(3) El proceso lleva a la **muerte celular**.

c. Los vasos sanguíneos y el mesénquima penetran desde la periferia en los espacios que se producen por la muerte celular. Esta penetración se produce en un único sitio del manguito, el **brote perióstico o yema perióstica**, por actividad de los osteoclastos.

d. Así puede comenzar el siguiente proceso de osificación condral que describimos a continuación.

2. **Osificación endocondral**. Este proceso se produce por la aparición de centros de osificación dentro del esbozo cartilaginoso. Normalmente se distinguen dos centros de osificación endocondral:

a. **Centro de osificación primario**. Se produce en el centro de la **diáfisis**.

(1) En esta región los condrocitos proliferan y se organizan en columnas, siguiendo el eje longitudinal del futuro hueso.

(2) Las células del cartílago de esta zona se **hipertrofian**.

(a) Este proceso provoca que las lagunas que ocupan las células se hagan muy grandes y se unan unas con otras.

(b) Así se forman grandes espacios separados por finas regiones de matriz cartilaginosa (fig. 7.3).

(3) La matriz se calcifica y se produce la muerte celular por **apoptosis**:

(a) Esto da como resultado una **matriz cartilaginosa calcificada** con numerosos espacios vacíos.

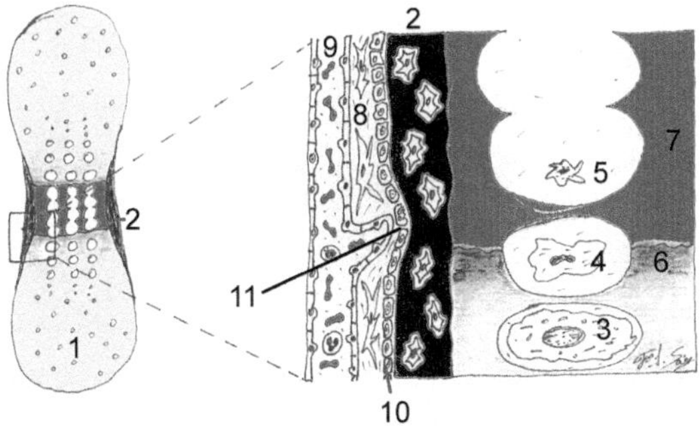

Figura 7.3 Representación del proceso de osificación condral (continuación de la fig. 7.2). 1, molde de cartílago hialino; 2, manguito óseo; 3, condrocito hipertrófico; 4, condrocito en regresión; 5, condrocito muerto; 6, matriz cartilaginosa calcificándose; 7, matriz cartilaginosa calcificada; 8, mesénquima; 9, vaso sanguíneo; 10, osteoblastos; 11, formación del brote perióstico

(b) Los espacios son ocupados por mesénquima y vasos sanguíneos que penetran por el brote perióstico (fig. 7.4).

(4) Algunas células mesenquimáticas se convierten en células osteoprogenitoras que dan lugar a **osteoblastos**.

(5) Sobre las trabéculas de matriz cartilaginosa calcificada, acelulares, se deposita una capa de matriz ósea, primero sin calcificar (**osteoide**), que luego se va calcificando.

(6) A medida que crece en grosor, algunos osteoblastos quedan atrapados en el interior de la matriz ósea y se convierten en **osteocitos**.

(7) Así se forman trabéculas de tejido óseo con matriz cartilaginosa calcificada en su interior que se disponen longitudinalmente siguiendo el eje mayor del hueso (fig. 7.5).

Figura 7.4 Representación del proceso de osificación condral (continuación de la fig. 7.3). 1, molde de cartílago hialino; 2, manguito óseo; 3, trabécula de cartílago calcificado; 4, matriz ósea con osteocitos; 5, vasos sanguíneos; 6, mesénquima; 7, osteoblastos; 8, brote perióstico penetrando en la diáfisis

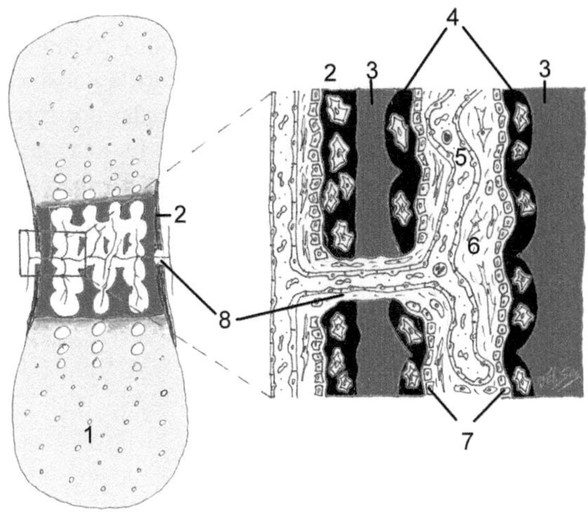

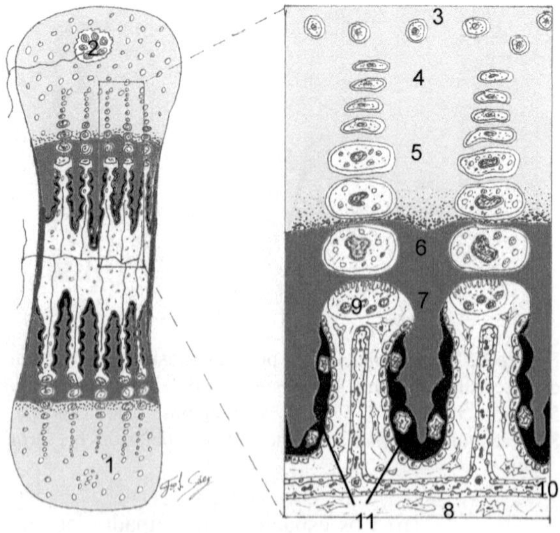

Figura 7.5 Representación del proceso de osificación condral (continuación de la fig. 7.4) y del crecimiento de un hueso largo en la placa epifisaria. 1, molde de cartílago hialino; 2, centro de osificación secundario; 3, zona de cartílago de reserva; 4, zona de proliferación; 5, zona de hipertrofia; 6, zona de cartílago calcificado; 7, zona de resorción; 8, mesénquima; 9, osteoclasto; 10, vaso sanguíneo; 11, matriz ósea con osteocitos

(8) Enseguida aparecen **osteoclastos** que van degradando algunas de las trabéculas óseas recién formadas, por lo que el tejido óseo se va remodelando a medida que se va sintetizando.

b. **Centro de osificación secundario**. Se producen en las **epífisis** por mecanismos similares a los del centro de osificación primario (fig. 7.5).

(1) Se forman en la zona central del cartílago de la epífisis, lo que hace que la osificación comience por el centro mientras las zonas periféricas siguen formadas por cartílago hialino.

(2) Normalmente aparecen más tarde que los centros de osificación primarios, por lo que gran parte de la epífisis del hueso embrionario es cartilaginosa, mientras que la diáfisis es ya de tejido óseo.

(3) Las trabéculas que se forman se disponen de forma radial, ya que los condrocitos crecen en todas las direcciones.

(4) Cuando todo el molde cartilaginoso es remplazado por hueso, permanecen dos regiones formadas por cartílago:

(a) **Cartílago articular**. Es una capa de cartílago que permanece en las regiones articulares de la epífisis.

(b) **Placa epifisaria o disco epifisario**. Es una región cartilaginosa entre epífisis y diáfisis (**metáfisis**), que es la responsable del crecimiento en longitud del hueso en la infancia.

7.4 Mineralización de la matriz ósea

A. La **mineralización** de la matriz es importante no sólo porque se produce en el tejido óseo, sino porque ocurre también en otros tejidos, como el cartílago y varios tejidos dentales (la **dentina**, el **esmalte** y el **cemento**).

B. En todos los tejidos mineralizados, menos en el esmalte, la matriz posee fibras colágenas y sustancia fundamental.
   1. Las sustancias minerales se sitúan sobre las fibrillas de colágena y dentro de ellas, entre las moléculas de colágena (fig. 6.2).
   2. Todo el proceso está regulado por las células de cada tejido.

C. El proceso de mineralización en el hueso, el cartílago, el cemento y la dentina es muy similar y necesita que se supere una determinada concentración de **calcio (Ca^{2+})** y **fosfato (PO_4^{3-})**.

D. En el hueso, el proceso se produce sobre la primera matriz ósea, no mineralizada, el **osteoide**.

E. La mineralización comienza entre 10 y 20 días después de la síntesis de la matriz orgánica.

F. La mineralización se produce según este esquema:
   1. Aumento de la concentración de Ca^{2+} en la matriz extracelular debido a la fijación del ion por **sialoproteínas** y **osteocalcina**.
   2. Acción de la **fosfatasa alcalina**, enzima presente en los osteoblastos, que libera grupos fosfato de varias moléculas orgánicas y provoca un aumento de la concentración de PO_4^{3-} en la matriz extracelular.
   3. Se ha descrito que la mineralización comienza en la matriz del osteoide gracias a dos mecanismos:
      a. **Puntos de mineralización**. Se trata de lugares en la matriz donde se produce una cristalización de la hidroxiapatita. No está claro que realmente se produzcan estos puntos de cristalización en la matriz.
      b. Dentro de las **vesículas matriciales o vesículas de mineralización**, pequeñas vesículas de 50 a 200 nm de diámetro, que se desprenden por gemación de la superficie del osteoblasto. Es decir, son **ectosomas**.
   4. El proceso de mineralización mediado por vesículas matriciales se produce en dos fases:
      a. **Fase de mineralización mediada por vesículas matriciales**: se produce en el interior de **vesículas matriciales**.
         (1) Las vesículas matriciales captan Ca^{2+} y PO_4^{3-} desde la matriz extracelular y los introducen en su interior.
         (2) En el lumen de estas vesículas se forman **nanoesferas** de 10 nm de diámetro formadas por **fosfato cálcico amorfo** [$Ca_9(HPO_4)(PO_4)_5(OH)$].
         (3) El fosfato cálcico amorfo se cristaliza y forma **fosfato octocálcico** [$Ca_8H_2(PO_4)_6 \bullet 5H_2O$].

(4) Debido a la alta concentración de calcio y fosfato en la vesícula matricial, el fosfato octocálcico se transforma en cristales aciculares de **hidroxiapatita [$Ca_{10}(PO_4)_6(OH)_2$]** que se acumulan en la vesícula.
(5) Unas **fosfolipasas** abren poros en la membrana de la vesícula matricial por los que pasan los cristales hacia la matriz extracelular.

b. **Fase de mineralización de la colágena**. Se produce fuera de las vesículas matriciales.
(1) Los cristales de hidroxiapatita forman **nódulos mineralizados**, donde los cristales continúan creciendo entre las fibras colágenas debido a la alta concentración de calcio y fosfato y a la acción de proteínas de la matriz.
(2) Los nódulos crecen y contactan unos con otros, hasta mineralizar toda la matriz. En este momento, se desintegran las vesículas matriciales.
(3) La fusión de los nódulos mineralizados forma una **onda de mineralización** que se va propagando por el osteoide (fig. 7.6).

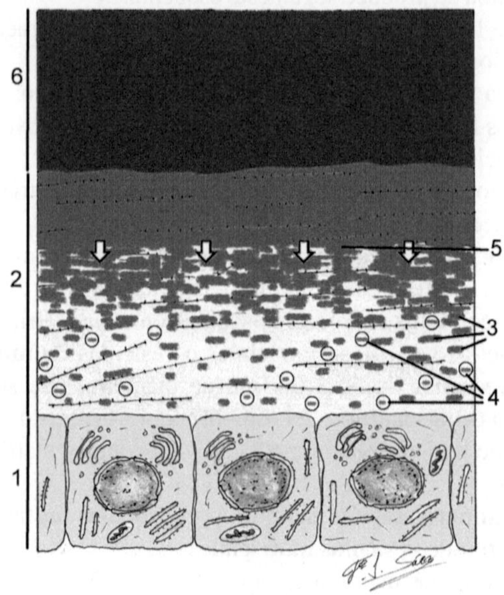

Figura 7.6 Avance de la mineralización de la matriz ósea. La primera matriz que sintetizan los osteoblastos (1) es el osteoide (2), que no está mineralizado. Los osteoblastos aumentan la concentración de calcio y fosfato en el osteoide, y se empiezan a formar cristales de hidroxiapatita, bien libres (3), bien dentro de vesículas matriciales (4), las cuales finalmente se rompen y liberan los cristales. A medida que se sintetiza más matriz, la más alejada de los osteoblastos está más mineralizada que la más próxima. La mineralización se produce como un frente de mineralización (5) que avanza desde la matriz más alejada hacia la más próxima al osteoblasto (flechas blancas). 6, matriz ósea calcificada

7.5 Crecimiento del hueso

A. El hueso puede crecer en grosor y en longitud.
B. En los huesos cortos y planos, el crecimiento se produce por aposición desde el periostio.
C. En los huesos largos:
   1. El crecimiento en grosor se produce por aposición de nuevo hueso desde el periostio.
   2. El crecimiento en longitud se produce gracias a la actividad de la **placa epifisaria o disco epifisario**, que como ya se ha señalado está situada en la **metáfisis**.
   3. En esta placa epifisaria, podemos observar, desde la epífisis hacia la diáfisis, las siguientes regiones (fig. 7.5):
      a. **Zona de cartílago de reserva (zona de reposo)**: cartílago de la epífisis, todavía sin osificar, con poca proliferación celular.
      b. **Zona de proliferación**: zona de cartílago cuyos condrocitos proliferan activamente y se organizan en columnas bien definidas.
      c. **Zona de hipertrofia**: los condrocitos aumentan de tamaño, siguen organizados en columnas, entre las cuales permanecen finos tabiques de matriz cartilaginosa.
      d. **Zona de calcificación**: a medida que continúa la hipertrofia de los condrocitos, se produce la calcificación de la matriz cartilaginosa.
         (1) El crecimiento de los condrocitos conlleva el crecimiento de las lagunas que ocupan, lo que provoca que se pongan en contacto las lagunas de la misma columna, que forman una única cavidad alargada.
         (2) Los límites entre esta región de calcificación y la anterior de hipertrofia son difusos, pues ambos procesos (hipertrofia y calcificación) están relacionados entre sí y algunos autores consideran que son una única zona.
      e. **Zona de resorción o reabsorción**: los condrocitos mueren por **apoptosis**:
         (1) Las cavidades alargadas que ocupaban los condrocitos son invadidas por tejido mesenquimático (en el embrión) o conjuntivo (en el niño), en realidad **tejido hematopoyético** (en periodos postembrionarios) con **vasos sanguíneos**.
         (2) Esta zona está formada por **trabéculas** verticales de matriz de **cartílago hialino calcificado** que rodean cavidades alargadas (paralelas a las trabéculas) rellenas de **médula ósea** (tejido hematopoyético con vasos sanguíneos).
      f. **Zona de osificación**: esta zona está muy vascularizada y está formada por trabéculas con una región interna de matriz cartilaginosa calcificada sobre la que se está depositando matriz ósea, que progresivamente se va calcificando. Entre las trabéculas se encuentra la médula ósea.

D. Cuando la placa epifisaria se osifica completamente, al final de la pubertad, ya no se observan ni cartílago ni las zonas descritas, por lo que el hueso deja de crecer en longitud.

7.6 Modelado óseo

A. Durante el crecimiento, los huesos mantienen una forma similar, pero pueden sufrir pequeños cambios de forma para adaptarse al organismo en desarrollo.
B. Al mismo tiempo, la forma del hueso conserva ciertas proporciones y modifica otras.
C. Para conseguir esto, existe una síntesis de matriz ósea en unas zonas y una resorción en otras. En este caso, los procesos de síntesis por los osteoblastos y de degradación por los osteoclastos son **independientes** y no están acoplados.
D. A este proceso se le llama **modelado óseo**.

7.7 Remodelación ósea

A. Durante toda la vida de un hueso hueso, durante el crecimiento y en los individuos adultos, el tejido óseo de un hueso se remplaza y se reorganiza constantemente.
   1. En este proceso, la degradación de hueso está **acoplada** a la síntesis de nuevo tejido óseo que lo remplace.
   2. A este proceso se le denomina **remodelación ósea**.
B. A partir de los 30–40 años de edad se produce menos tejido óseo del que se reabsorbe, lo que puede conllevar la pérdida de tejido óseo.
C. El primer tejido óseo que se forma siempre, tanto en los procesos intramembranosos como en los endocondrales, es un **hueso entretejido**, sin láminas.
D. Este hueso es posteriormente sustituido por **hueso laminar**. La primera generación de hueso laminar es remplazada posteriormente por nuevas generaciones de hueso laminar, así durante toda la vida del individuo.
E. La reorganización del hueso compacto difiere de la del hueso esponjoso.
   1. **Remodelación del hueso compacto.**
      a. Se producen cavidades por acción de los osteoclastos, que degradan hueso y avanzan en una dirección.
         (1) Estas cavidades de resorción se van agrandando, adquieren forma cilíndrica, como un túnel, y son ocupadas por vasos sanguíneos y tejido conjuntivo.
         (2) A estas cavidades se les denomina **unidades de remodelación ósea** (fig. 7.7).
         (3) En ellas se distinguen dos zonas:
            (a) **Cono de corte o cono perforante**. También llamado **canal de resorción**.

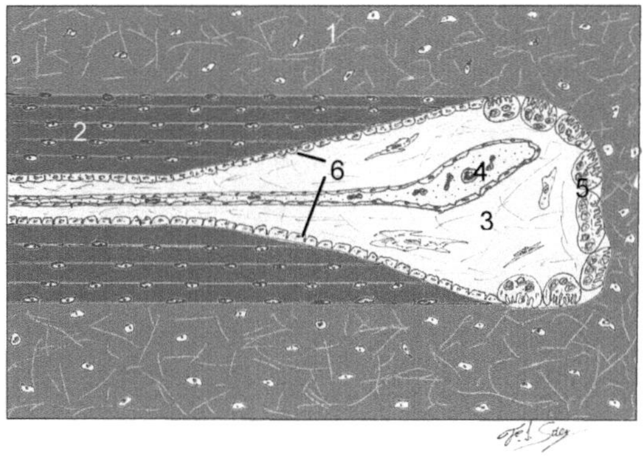

Figura 7.7 Remodelación del hueso compacto. En la ilustración se representa una unidad de remodelación ósea. 1, hueso entretejido o inmaduro; 2, hueso laminar neoformado; 3, tejido conjuntivo; 4, vaso sanguíneo; 5, cono de corte o cono perforante con osteoclastos; 6, cono de cierre con osteoblastos

1. Es el frente de avance de la cavidad donde se encuentran **osteoclastos** recubriendo el hueso, al que van degradando, por lo que la cavidad crece en esa dirección.
2. El diámetro del cono de corte, de unas 200 μm, marca el diámetro de la futura osteona.

(b) **Cono de cierre**, que sigue al cono de corte y forma nuevo hueso. El cono de cierre es más largo que el cono de corte.

1. Aquí las cavidades presentan un revestimiento de **endostio** en contacto con el hueso que las limita. Dicho endostio contiene **osteoblastos**, que van formando nuevo hueso.
2. La síntesis de nuevo tejido óseo se produce depositando nuevas láminas de forma centrípeta, es decir, hacia el interior de la cavidad.
3. Finalmente se rellena la cavidad de resorción con láminas concéntricas de hueso y permanece un pequeño canal central vascular.
4. El resultado es la formación de una nueva **osteona**.

b. La formación de una nueva osteona puede llevar varios meses.
c. La unidad de remodelación ósea no se forma coincidiendo con las osteonas existentes, sino que se produce en cualquier región del hueso compacto. Por ello, las nuevas osteonas se producen "atravesando" las osteonas ya existentes.
d. Los restos de las osteonas parcialmente degradadas pasan a formar las **láminas intersticiales** (fig. 7.8).
e. Entre la nueva osteona formada y la matriz ósea circundante se puede observar una **línea de cementación** que forma el borde de la nueva osteona.

2. **Remodelación del hueso esponjoso**.

a. En el hueso esponjoso, el tejido óseo de las trabéculas también se renueva constantemente.

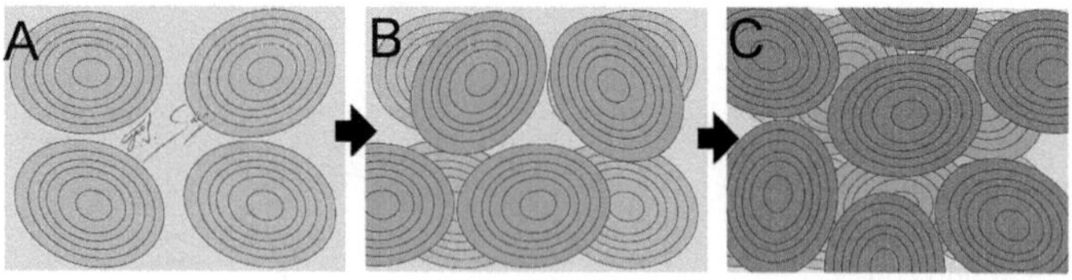

Figura 7.8 Remodelación del hueso compacto. En la ilustración se representan tres fases consecutivas (**A**, **B** y **C**), de formación de nuevas osteonas mediante unidades de remodelación ósea. Las nuevas osteonas formadas no coinciden con las existentes

b. El procedimiento es el siguiente:
   (1) Degradación de la trabécula desde su superficie por acción de osteoclastos, los cuales crean una **fosilla o surco de resorción**.
   (2) Cuando cesa la acción de los osteoclastos, la superficie ósea se recubre de **endostio** que en algún momento puede volver a formar hueso sobre la superficie del hueso viejo.
   (3) El nuevo tejido formado constituye lo que se ha denominado *osteona trabecular*[1].
c. En el límite entre hueso antiguo y hueso neoformado se puede observar una **línea de cementación** (fig. 7.9).
d. En las personas mayores, donde la destrucción de tejido óseo es mayor que la formación:
   (1) Se puede producir un adelgazamiento progresivo de las trabéculas y aumenta el riesgo de que una reabsorción excesiva destruya una trabécula.
   (2) Esto puede ser grave, pues solamente se puede sintetizar matriz ósea sobre otra ya existente, y si se pierde una trabécula no se puede formar una nueva.

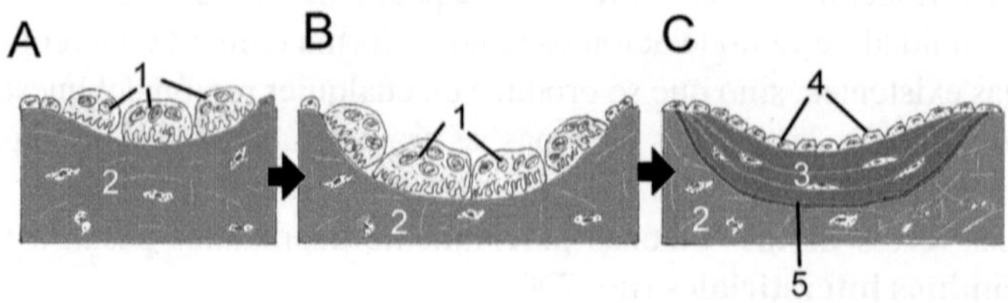

Figura 7.9 Remodelación del hueso esponjoso. En la ilustración se representan tres fases consecutivas de resorción (**A** y **B**) y formación de nuevo tejido óseo (**C**). 1, osteoclastos; 2, hueso esponjoso; 3, hueso neoformado; 4, osteoblastos; 5, línea de cementación

[1] Utilizamos aquí el término como recordatorio, pero hay que insistir en que no recomendamos su uso para evitar confusiones con la verdadera osteona.

7.8 Reparación del hueso

A. Cuando se produce una fractura, se puede reparar debido al dinamismo del tejido óseo.

B. Esta reparación depende de la posición de los extremos fracturados y de su estabilidad mecánica, lo que permite distinguir dos tipos de curación:
   1. **Primaria o directa**: si los extremos de la fractura están en contacto directo por compresión.
      a. Esto ocurre cuando el hueso roto se estabiliza quirúrgicamente con placas que impiden el movimiento entre los fragmentos de hueso.
      b. En los conductos de Havers rotos se producen osteoclastos que abren cavidades de resorción en los extremos vecinos que atraviesan la línea de fractura.
      c. Las cavidades se rellenan con hueso nuevo, estableciendo así una unión firme entre los extremos de la fractura.
   2. **Secundaria o indirecta**: si los extremos fracturados quedan separados por un espacio.
      a. Este espacio se rellena de **material hemorrágico (hematoma de fractura)**, formado por eritrocitos atrapados por una red de fibrina.
      b. Los extremos de hueso roto sufren **necrosis**.
      c. Se produce un proceso de **inflamación aguda**, con invasión de **neutrófilos** y **macrófagos**.
      d. La zona es invadida por vasos sanguíneos y **fibroblastos**, y el material hemorrágico va siendo sustituido por un tejido muy celular y muy vascularizado (**tejido de granulación**), con fibras colágenas de tipo I y de tipo III.
      e. Si los extremos fracturados del hueso están bien estabilizados:
         (1) El tejido de granulación se recubre de **fibrocartílago** que progresa hacia el interior y lo remplaza. Esto produce un **callo cartilaginoso o callo blando**.
         (2) Finalmente, el callo cartilaginoso se osifica desde la periferia hacia el interior y se forma un **callo duro**.
      f. Si hay algo de inestabilidad, el callo cartilaginoso puede tardar en osificarse, aunque puede que durante mucho tiempo sea una región mecánicamente débil.
      g. Si existe mucha inestabilidad, no se forma hueso para reparar la fractura, por lo que los extremos de hueso quedan unidos por tejido conjuntivo denso que forma una **pseudoartrosis** (algo parecido a una falsa articulación).
      h. Con el tiempo, el hueso formado en la fractura se va remodelando y el hueso recupera su aspecto inicial, sin mostrar una cicatriz.

7.9 Articulaciones

A. Clasificación de las articulaciones.
1. Las articulaciones son puntos de contacto entre dos huesos en los que existen especializaciones de algunos tejidos conjuntivos para unirlos.
2. La clasificación de las articulaciones varía según los autores. Podemos considerar dos tipos:
a. **Sinartrosis** (del griego antiguo συν- syn-, 'unión', y ἄρθρωσις árthrōsis, 'articulación') o articulaciones falsas.
b. **Diartrosis** (del griego antiguo δια- dia-,'separación' o 'a través de', y ἄρθρωσις árthrōsis, 'articulación'), o articulaciones verdaderas, que permiten el movimiento entre los huesos.

B. Sinartrosis.
1. En las sinartrosis, los dos huesos quedan unidos por un **tejido conjuntivo** (fibroso o cartilaginoso). La capacidad de movimiento de un hueso con respecto al otro es nula o muy escasa.
2. Cuando existe alguna capacidad de movimiento en una sinartrosis, algunos autores la llaman **anfiartrosis**.
3. Las sinartrosis pueden ser:
a. **Sindesmosis**: los huesos están unidos por un **ligamento** de tejido conjuntivo denso. En los huesos planos del cráneo, estas uniones se denominan **suturas**.
b. **Gonfosis**: es una variedad de la anterior que se encuentra entre las raíces de los dientes y el hueso alveolar. La estudiaremos en el capítulo dedicado al periodonto de inserción.
c. **Sincondrosis**: los huesos quedan unidos por **cartílago**. Hay dos tipos de sincondrosis:
(1) **Sincondrosis primarias**: sólo existe cartílago entre los huesos. Es lo que ocurre en la unión entre costillas y esternón.
(2) **Sincondrosis secundarias o sínfisis**: cada hueso está revestido de **cartílago hialino**, y entre ambos existe un **tejido conjuntivo fibroso**. Suele haber una zona de transición entre el cartílago hialino y el conjuntivo fibroso formada por **fibrocartílago**. En ocasiones, todo el tejido fibroso central es fibrocartílago.
d. **Sinostosis**: cuando cesa el crecimiento óseo, la mayoría de las sindesmosis y sincondrosis se osifican, y se convierten en sinostosis, como ocurre en los huesos del cráneo.

C. Diartrosis.
1. La **articulación verdadera** es muy compleja ya que en ella existen varias estructuras peculiares (fig. 7.10).
a. La superficie articular del hueso está recubierta por **cartílago articular**.
b. Toda la región de contacto entre los huesos está revestida por una **cápsula articular**, que deja una cavidad interior entre las superficies articulares de

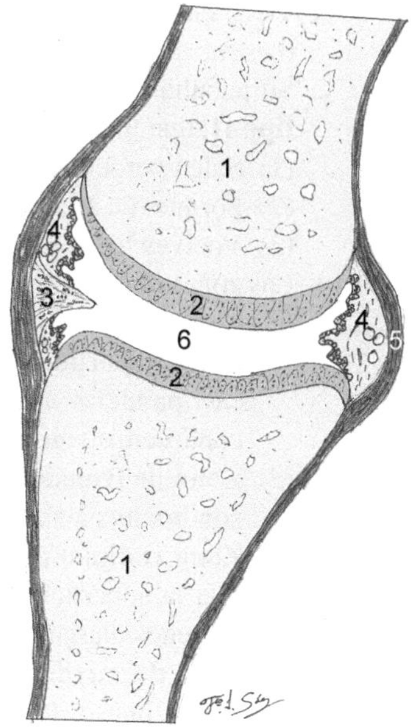

Figura 7.10 Sección medial de una articulación sinovial (diartrosis). 1, hueso; 2, cartílago articular; 3, menisco; 4, membrana sinovial; 5, cápsula articular; 6, cavidad articular

los huesos, llamada **cavidad articular o cavidad sinovial**, rellena de un líquido, llamado **líquido sinovial**.

2. El **cartílago articular** es una variedad de cartílago hialino, aunque en ciertas articulaciones es cartílago fibroso (fig. 7.11).
   a. Limita con el hueso por un lado y con la cavidad articular por el otro.
      (1) Ambas superficies carecen de pericondrio.
      (2) La superficie del lado articular, la que limita con la cavidad articular, es lisa.

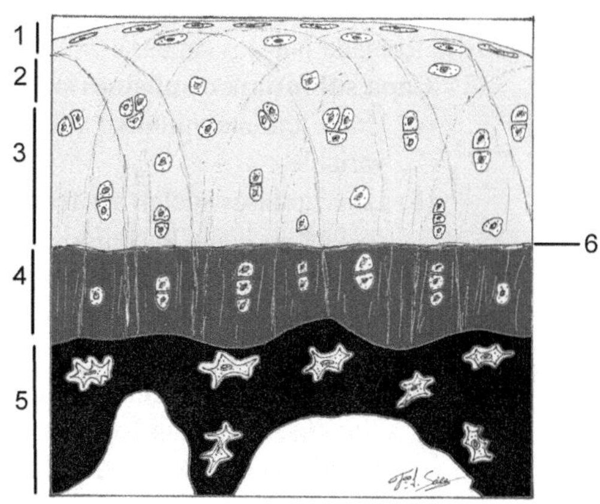

Figura 7.11 Sección de la superficie articular de una diartrosis. 1, zona superficial o estrato I; 2, zona de transición o estrato II; 3, zona radial o estrato III; 4, zona de cartílago mineralizado o estrato IV; 5, hueso; 6, línea limítrofe o marca de marea

b. Tiene entre 1 y 7 mm de grosor y se organiza de forma peculiar, en zonas o estratos situados entre la cavidad articular y el hueso.
c. Su peculiar organización se debe, sobre todo, a las **fibras colágenas de tipo II**, que tienen un trayecto de ida y vuelta:
   (1) Salen perpendicularmente desde la superficie del hueso.
   (2) Forman un arco cerca de la superficie articular.
   (3) Vuelven a dirigirse perpendicularmente a la superficie del hueso.
d. Las zonas que se observan son, desde la superficie articular hasta la superficie ósea:
   (1) **Zona superficial o estrato I**. Las fibras colágenas de tipo II están casi paralelas a la superficie o se observan describiendo arcos. Los condrocitos son fusiformes y su eje mayor es paralelo a la superficie.
   (2) **Zona de transición o estrato II**. Las fibras están entrecruzadas y los condrocitos aislados o en parejas.
   (3) **Zona radial o estrato III**. Las fibras se disponen perpendicularmente a la superficie (**fibras radiales**) y los condrocitos forman grupos isógenos alargados, que se disponen paralelos entre sí y a las fibras.
   (4) **Zona de cartílago mineralizado o estrato IV**. Es la zona de contacto con el hueso. Las fibras colágenas son radiales y no penetran en el hueso. Hay pocos condrocitos y muchos están en regresión y mueren.
e. Entre los estratos III y IV se observa una **línea limítrofe o marca de marea**, de 2 a 5 μm de espesor, en la que abunda el calcio.

3. La **cápsula articular** está formada por tejido conjuntivo que forma una vaina que rodea la zona de contacto de los huesos. Está formada por dos capas (fig. 7.12):
   a. **Membrana fibrosa** de tejido conjuntivo denso que es una continuación del periostio de los dos huesos.
   b. **Membrana sinovial**, que es un tejido que está adosado internamente a la membrana fibrosa.
4. La **membrana sinovial** tiene una superficie irregular y forma pliegues y vellosidades (**vellosidades sinoviales**) que sobresalen en la cavidad articular.
   a. Está formada por dos capas:
      (1) **Capa subíntima o subsinovial**, la más externa.
         (a) Es un tejido conjuntivo vascularizado, con adipocitos en cantidad variable.
         (b) Los capilares suelen ser fenestrados, lo que facilita la difusión de sustancias hacia los tejidos.
         (c) Abundan las fibras elásticas y colágenas.
      (2) **Capa íntima o sinovial**, una región de aspecto epitelial pero que no es un verdadero epitelio.
         (a) Está formada por una a cuatro capas de células llamadas **sinoviocitos**, que están bastante unidas entre sí, pero entre las cuales existe una matriz extracelular amorfa (**afibrilar**).
         (b) Estas células carecen de lámina basal.
         (c) Existen dos tipos celulares:

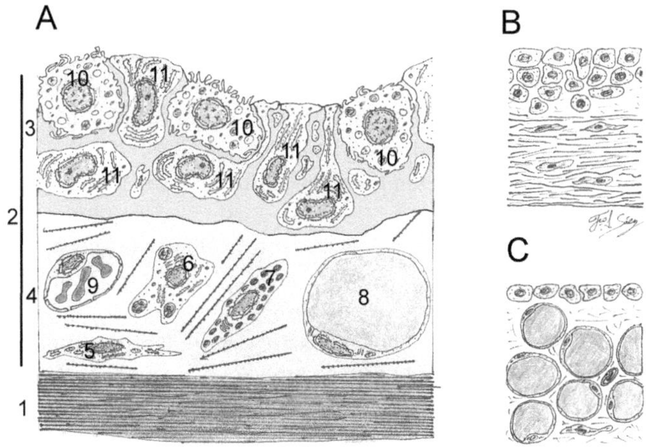

Figura 7.12 Ilustraciones que representan la estructura de la cápsula articular. Se representa una cápsula articular con una membrana sinovial que posee una subíntima areolar (**A**), una subíntima fibrosa (**B**) y otra adiposa (**C**). 1, membrana fibrosa; 2, membrana sinovial; 3, capa íntima o sinovial; 4, capa subíntima o subsinovial; 5, fibroblasto; 6, macrófago; 7, mastocito; 8, adipocito; 9, capilar sanguíneo fenestrado; 10, sinoviocito de tipo A; 11, sinoviocito de tipo B

1. Los **sinoviocitos A**, similares a macrófagos[2].
2. Los **sinoviocitos B**, parecidos a fibroblastos, con actividad secretora que producen materiales del líquido sinovial que rellena la cavidad articular.

b. Se pueden distinguir tres tipos de membranas sinoviales que se diferencian por la organización de su capa subíntima:
   (1) **Areolar**. Formada por una capa subíntima de tejido conjuntivo laxo y una capa íntima gruesa.
   (2) **Fibrosa**. Su capa subíntima es de conjuntivo denso y su capa íntima es fina.
   (3) **Adiposa**. Tiene una capa subíntima con abundantes adipocitos, que aumentan con la edad y ciertas situaciones patológicas. La capa sinovial es plana y simple.

c. Puede haber situaciones intermedias entre estos tres tipos de membranas sinoviales.

5. La **cavidad articular** contiene el **líquido sinovial o sinovia**[3].
   a. Está formado por:
      (1) Sustancias filtradas desde el plasma sanguíneo (agua, proteínas, glucosa).

[2] Los sinoviocitos de tipo A derivan de los monocitos y pertenecen al sistema fagocítico mononuclear.

[3] El término sinovia también se utiliza a veces como sinónimo de membrana sinovial, por lo que se recomienda no usarlo para evitar confusiones.

(2) Moléculas producidas por los sinoviocitos de tipo B (**ácido hialurónico** y glicoproteínas como la **lubricina**), muchas de ellas con capacidad lubricante.
(3) Células libres, sobre todo linfocitos, pero también monocitos, macrófagos, sinoviocitos libres y granulocitos.

b. Este líquido tiene función **lubricante** (lubricina, ácido hialurónico) y **nutritiva** (agua, glucosa).
c. En la cavidad articular puede haber proyecciones de la cápsula articular.
   (1) Estas proyecciones pueden ser incompletas, con su borde libre, en cuyo caso se denominan **meniscos**.
   (2) En algunos casos, como en la **articulación temporomandibular**, esta proyección forma un disco continuo que divide la cavidad articular en dos cavidades. Este disco se denomina **disco articular**.

Lo que hay que recordar

El hueso puede formarse directamente a partir del mesénquima (osificación intramembranosa) o mediante la sustitución de un esbozo de cartílago (osificación condral). La osificación condral requiere la calcificación del tejido cartilaginoso, sobre el que se produce la matriz ósea. La matriz orgánica formada (osteoide) se mineraliza a partir de puntos de mineralización en la matriz o por la acción de vesículas matriciales producidas por las células, en las que se forman cristales de hidroxiapatita. Los huesos largos crecen en longitud mediante la osificación endocondral que se produce en las placas epifisarias. Los huesos se modelan durante el desarrollo para adaptar su forma al cuerpo en crecimiento. Los huesos también se remodelan constantemente, de modo que el tejido óseo se destruye y se genera nuevo tejido para sustituirlo. Esta capacidad de remodelación ósea permite reparar las fracturas óseas. Los huesos de nuestro esqueleto se unen entre sí en las articulaciones. En algunos casos no hay posibilidad de movimiento entre los huesos (sinartrosis), pero en otros sí la hay (diartrosis). Un tipo de sinartrosis es la gonfosis (articulación entre la raíz del diente y el hueso alveolar). Las diartrosis tienen una estructura compleja. Las superficies articulares de ambos huesos están recubiertas de cartílago articular. Además, estas articulaciones están protegidas por una cápsula articular, cuya parte interna es la membrana sinovial, un tejido que produce el líquido sinovial que llena y lubrica la cavidad articular entre los dos huesos.

Lectura adicional

Cohen M M 2000. Merging the old skeletal biology with the new. I. Intramembranous ossification, endochondral ossification, ectopic bone, secondary cartilage, and pathological considerations. Journal of Craniofacial Genetics and Developmental Biology 20: 84–93.

Fitzgerald O, Bresnihan B 1995. Synovial-membrane cellularity and vascularity. Annals of the Rheumatic Diseases 54: 511–515.

García-Aznar J M, Nasello G, Hervas-Raluy S et al. 2021. Multiscale modeling of bone tissue mechanobiology. Bone 151: 116032

Gómez de Ferraris M E, Campos Muñoz A 2009. Histología general humana. En: Histología, Embriología e Ingeniería Tisular Bucodental. 3ª ed. Médica Panamericana, pp. 57–78.

Kierszenbaum A L, Tres L L 2019. Osteogenesis. En: Histology and Cell Biology – An Introduction to Pathology. 5ª ed. Elsevier, pp. 177–198.

Krstić R V 1991. Locomotor Apparatus. En: Human Microscopic Anatomy. An Atlas for Students of Medicine and Biology. Springer Verlag, pp. 439–445..

Moskalewski S, Osiecka-Iwan A, Jankowska-Steifer E, Hyc A 2014. Synovial membrane asks for independence. Folia Morphologica 73: 395–398.

Muehleman C, Arsenis C H 1995. Articular-cartilage. 1. The Normal Joint. Journal of the American Podiatric Medical Association 85: 277–281.

Nanci A 2013. Bone. En: Ten Cate's Oral Histology. 8ª ed. Elsevier, pp. 95–121.

O'Dowd G, Bell S, Wright S 2023. Skeletal tissues. En: Wheater's Functional Histology. Elsevier, pp. 180–196.

Robling A G, Turner C H 2009. Mechanical Signaling for Bone Modeling and Remodeling. Critical Reviews in Eukaryotic Gene Expression 19: 319–338.

Seeman E 2009. Bone Modeling and Remodeling. Critical Reviews in Eukaryotic Gene Expression 19: 219–233.

Simmons D J 1974. Chronobiology of endochondral ossification. Chronobiologia 1: 97–109.

Sinder B P, Pettit A R, McCauley L K 2015. Macrophages: Their Emerging Roles in Bone. J. Bone Min. Res. 30: 2140–2149.

Souteyra J D, Amouroux J 1972. Anatomy, Histology and Pathology of Synovial Membrane and Fluid. 2. Functions of Synovial Membrane. Nouvelle Presse Medicale 1: 401.

Wallis G A 1996. Bone growth: Coordinating chondrocyte differentiation. Current Biology 6: 1577–1580.

Sangre

8

Qué aprenderás en este capítulo

Este capítulo muestra los componentes de la sangre, que consiste en una matriz líquida, el plasma sanguíneo, y varios tipos celulares. Se introducen las funciones de la sangre y los métodos para estudiar su organización. Se explican la composición del plasma sanguíneo, las características de los eritrocitos, los diferentes tipos de leucocitos (neutrófilos, eosinófilos, basófilos, monocitos y linfocitos) y la estructura de las plaquetas.

8.1 Características generales

A. La sangre es un líquido de color rojo, viscoso y ligeramente alcalino (pH 7,4), que discurre por el interior del **aparato circulatorio**.
B. En un ser humano, el volumen de sangre es de unos 5 a 6 litros, que representan entre el 7 y el 8 % del peso corporal.
C. Se considera una **variedad de tejido conjuntivo** formado por células y una matriz extracelular líquida. En sentido estricto, la sangre es un líquido con células en suspensión que circula por el interior de los vasos sanguíneos y que está en estrecha relación con los tejidos conjuntivos por varias razones:
   1. Las células sanguíneas se producen en un tejido conjuntivo especial que llamamos **tejido hematopoyético o hemopoyético** (de las palabras del griego antiguo αἱματο- haimato-, y αἱμο- haimo- 'sangre', y ποίησις poíēsis, 'acción, creación') y que se encuentra en la **médula ósea**.
   2. Excepto los eritrocitos, el resto de las células sanguíneas utilizan la sangre como medio de transporte, pero realizan sus actividades en los tejidos conjuntivos que colonizan.

F.J. Sáez, I. Badiola, *Histología Bucal Básica*,
https://doi.org/10.1007/978-3-032-24363-8_8

3. La **matriz extracelular líquida** de la sangre se produce por secreción (principalmente del hígado) y filtrado de líquido de otros tejidos, y a su vez contribuye por filtrado al **líquido intersticial** de los demás tejidos.
4. Aunque la sangre no es estrictamente una estructura que permita el sostén mecánico del cuerpo, se puede considerar una forma de tejido conjuntivo porque actúa como conector y comunicador de tejidos distantes entre sí.

D. En la sangre se encuentran células y derivados celulares que en conjunto se llaman **elementos formes**:
1. **Células** verdaderas (leucocitos).
2. **Células anucleadas** y sin orgánulos citoplásmicos, cuya vida en la sangre es relativamente breve (eritrocitos).
3. **Fragmentos celulares** rodeados de su membrana plasmática, anucleados pero con orgánulos citoplasmáticos (plaquetas).

E. La sangre comienza a formarse en etapas muy tempranas del desarrollo embrionario, en varias fases:
1. La primera sangre se origina a partir del **mesénquima extraembrionario**, poco después de la gastrulación:
   a. Células de la **pared del saco vitelino** se convierten en progenitores eritroides primitivos que comienzan a producir **eritrocitos primitivos**, exclusivamente.
   b. Otras células producen el revestimiento de los primeros vasos sanguíneos.
2. Pocos días después, se produce una segunda oleada de formación de eritrocitos –a partir de nuevas células del saco vitelino– que circulan por todo el embrión y pueblan el hígado.
3. Posteriormente, a las cinco semanas de la fecundación se producen otras **células troncales** (células madre) en posiciones intraembrionarias. Dichas células se producen a partir de las células del **endotelio de la aorta** y se multiplican en el hígado.

8.2 Funciones de la sangre

A. Podemos atribuir a la sangre los siguientes papeles en nuestro organismo:
1. Transporte de sustancias necesarias hacia los tejidos, como pueden ser el **oxígeno** (O_2) y los **nutrientes**.
2. Transporte de **sustancias de desecho** o innecesarias, como el **dióxido de carbono** (CO_2) y otras moléculas, desde los tejidos hacia los sistemas que los expulsen del organismo.
3. Transporte y distribución de **hormonas** desde las glándulas endocrinas que las producen hasta todos los tejidos del cuerpo.
4. Intervención en los procesos de **homeostasis** (del griego ὁμοιο- homoio-, 'semejante', y στάσις stásis, 'posición, estabilidad'), es decir, en el mantenimiento de las condiciones idóneas para la actividad celular y el sustento de la vida. Incluyen las siguientes acciones:
   a. Amortiguación, por ejemplo, como medio **tampón** del pH.

b. **Coagulación** de la sangre. Cuando la sangre sale de un vaso sanguíneo se convierte en una sustancia gelatinosa y forma un **coágulo** (del latín coagŭlum, 'cuajo'). Cuando se producen roturas de los vasos sanguíneos, el proceso de coagulación sella dichas roturas y evita hemorragias.
c. **Termorregulación**, para mantener la temperatura corporal cerca de 37 °C.

5. Transporte de las células y sustancias humorales del **sistema inmunitario** encargadas de la defensa del organismo frente a agentes patógenos externos.

8.3 Matriz extracelular

A. La matriz extracelular líquida de la sangre se llama **plasma sanguíneo**.
B. Si se extrae sangre se produce un **coágulo** sanguíneo debido a que todas las células o elementos formes de la sangre junto con algunos componentes del plasma forma una masa gelatinosa.
   1. Este coágulo queda separado de una fase líquida que constituye el **suero** (quizá de la voz prerromana sŏrus o del latín serum, 'suero de la leche y la sangre').
   2. La composición del suero no es igual que la del plasma, pues en el suero faltan componentes del plasma que quedan incluidos en el coágulo.
C. Por tanto, si queremos es estudiar el plasma tenemos que extraer la sangre en tubos recubiertos de un **anticoagulante**, como la **heparina**. En esta situación, la sangre no se coagula y se puede centrifugar. Esto provoca que la sangre se separe en tres fases (fig. 8.1):
   1. El sedimento inferior es una capa gruesa de color rojizo, y está formado por las células sanguíneas llamadas **eritrocitos**.
      a. Si se mide el porcentaje del tubo que ocupa este sedimento se obtiene el porcentaje de eritrocitos por volumen de sangre, que se denomina **hematocrito**.

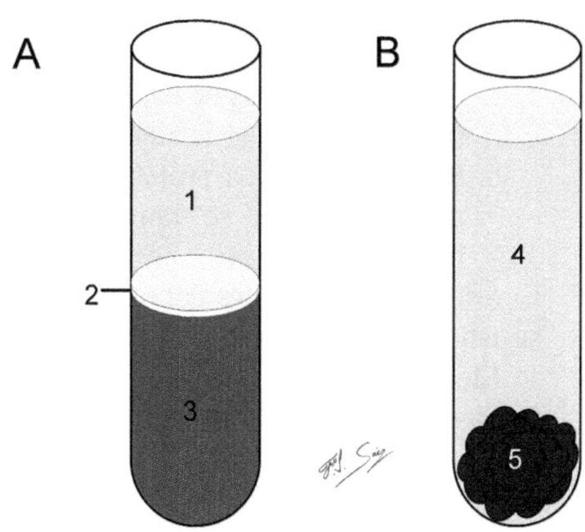

Figura 8.1 Separación de los componentes sanguíneos. En **A**, la sangre se obtiene con anticoagulantes y sus componentes se separan por centrifugación. En **B**, la sangre se obtiene sin anticoagulantes y se produce un coágulo. 1, plasma sanguíneo; 2, cubierta tromboleucocitaria; 3, eritrocitos; 4, suero sanguíneo; 5, coágulo

   b. En los varones sanos, el hematocrito se mantiene entre el 39 y el 50 %, mientras que en las mujeres sanas puede estar entre 35 y 45 %.
2. La capa intermedia es mucho más fina. Es un sedimento que se denomina **cubierta tromboleucocitaria**, por estar formada por el resto de elementos formes de la sangre (**plaquetas y leucocitos**), o **capa leucocítica**. Es de color blanquecino.
3. La capa superior es un líquido semitransparente de color amarillento, que es el **plasma** sanguíneo.

D. El plasma está formado en un 90–92 % por **agua**.

E. Aproximadamente el 7–9 % son proteínas de diverso tipo.
1. Cuando se realizan secciones histológicas las proteínas del plasma de los vasos sanguíneos se fijan y se tiñen con eosina.
2. Hay proteínas con diferentes funciones en la sangre, las más abundantes son:
   a. **Albúmina**, es una proteína pequeña (70 kDa) sintetizada en el hígado.
      (1) Mantiene la presión coloidosmótica entre la sangre y los tejidos.
      (2) Transporta:
         (a) Hormonas, como la tiroxina.
         (b) Metabolitos, como la bilirrubina.
         (c) Fármacos, como los barbitúricos.
   b. **Inmunoglobulinas o globulinas γ**, producidas por las células plasmáticas y los linfocitos B. Son los **anticuerpos** de la **defensa inmune humoral**.
   c. **Ceruloplasmina**, que transporta cobre.
   d. **Transferrina**, que transporta hierro.
   e. **Haptoglobina**, que transporta hemoglobina para ser destruida en el hígado.
   f. **Proteínas del complemento**, producidas en el hígado, que intervienen en la defensa contra microorganismos y en la inflamación.
   g. **Lipoproteínas** del plasma, cuya misión es transportar triglicéridos y colesterol entre los tejjidos. Las más importantes son:
      (1) Quilomicrones.
      (2) Lipoproteínas de muy baja densidad (VLDL, por sus siglas en inglés).
      (3) Lipoproteínas de densidad intermedia (IDL).
      (4) Lipoproteínas de baja densidad (LDL).
      (5) Lipoproteínas de alta densidad (HDL).
   h. **Fibrinógeno**, una proteína grande (340 kDa), que interviene en la coagulación cuando se transforma en **fibrina** (323 kDa). Se produce en el hígado.

F. El resto de componentes del plasma, hasta un máximo de un 2 %, son diversas sustancias entre las que encontramos:
1. **Electrolitos**, como Na^+, K^+, Ca^{2+}, Mg^{2+}, Cl^-, HCO^{3-}, $PO_4{}^{3-}$ y $SO_4{}^{2-}$.
2. **Sustancias nutritivas**, como glucosa, lípidos y aminoácidos.

3. **Sustancias orgánicas nitrogenadas**, como urea, ácido úrico, creatina[1], creatinina[2] y sales de amonio.
4. **Gases**, como nitrógeno (N_2), O_2 y CO_2.
5. Sustancias reguladoras, como ciertas **hormonas**, algunas de las cuales son proteínas.

G. Para algunos análisis clínicos es preciso utilizar plasma, para otros se necesita suero, y en algunos casos se pueden utilizar indistintamente suero o plasma.

8.4 Elementos formes de la sangre

A. Los elementos formes de la sangre son células verdaderas, células anucleadas sin orgánulos y fragmentos de células.

B. No es fácil observar la sangre en los cortes histológicos habituales. En éstos, podemos observar el interior de los vasos sanguíneos con su contenido, pero la estructura y organización celular es difícil de distinguir.

C. Para observar las células de la sangre se recurre a una técnica de preparación especial que consiste en realizar **extendidos o frotis de sangre** (del francés frottis, derivado de frotter, 'frotar').
1. Se deposita una pequeña gota de sangre sobre un portaobjetos.
2. Con ayuda de otro portaobjetos, la sangre de la gota se extiende sobre la superficie de la lámina de vidrio.
3. La sangre se fija por secado al aire o a la llama.
4. Se realiza una tinción utilizando mezclas especiales de colorantes.

D. Las mezclas de colorantes utilizadas para teñir las extensiones de sangre suelen contener:
1. **Eosina**. Es un colorante ácido.
2. **Azul de metileno**. Es un colorante básico o alcalino.
3. Colorantes azulados denominados **azures** (azur A, azur B, violeta de metilo, azul de metilo):
   a. Muchos de ellos son productos de oxidación del azul de metileno.
   b. Pueden ser **metacromáticos**, es decir, que pueden teñir de azul o de otros colores, generalmente de púrpura.
   c. Son colorantes alcalinos

E. Con estas mezclas, las estructuras celulares **acidófilas** se tiñen de color rosado, las **basófilas** de color azul y las que fijan los azures, llamadas **azurófilas**, de color púrpura. Las diferentes características tintoriales de cada célula permiten distinguir diferentes tipos celulares.

F. Las tinciones para sangre más utilizadas son las mezclas derivadas de la tinción de **Romanowsky**, como las tinciones de Giemsa, May-Grünwald, Pappenheim y Wright.

[1] La creatina es muy importante en las células musculares y en las neuronas, donde se utiliza para regenerar ATP.
[2] Es un producto de la degradación de la creatina.

8.5 Eritrocitos

A. Los **eritrocitos** (del griego ἐρυθρο- erythro-, 'rojo'), reciben también los nombres de **hematíes** (del francés hématie, y este de las palabras del griego antiguo αἱμο- haimo-, 'sangre', y -ιδ -id, 'miembro de un grupo') o **glóbulos rojos** (del latín globulum, 'pequeña bola').
B. Son células carentes de núcleo y de orgánulos citoplasmáticos, por lo que no son verdaderas células sino restos de células (fig. 8.2).
C. Con las tinciones habituales se tiñen de color rosa salmón.
D. Los eritrocitos jóvenes pueden conservar algunos ribosomas y se denominan **reticulocitos o eritrocitos policromatófilos** (del griego πολυ- poly- 'mucho', χρῶμα, -ατος chrôma, -atos 'color', y φιλο- philo-, -φιλος -philos, 'amigo').
E. El número de eritrocitos es de $5{,}4 \times 10^6/mm^3$ en el varón y $4{,}8 \times 10^6/mm^3$ en la mujer.
F. Los eritrocitos, como el resto de elementos formes, se producen en la médula ósea y entran en la sangre una vez formados pero, a diferencia de otras células sanguíneas, no abandonan la sangre excepto que se produzca la rotura de un vaso sanguíneo[3].
G. Como carecen de orgánulos no pueden remplazar las moléculas de su membrana cuando éstas se degradan; por eso, una vez en la sangre, su vida media es de unos 120 días.
H. Obtienen energía de la **glicólisis** y la **fermentación láctica** que se producen en su citosol.
I. Al final de su vida su membrana es inestable, frágil. En consecuencia, algunos eritrocitos se desintegran en la sangre, pero la gran mayoría son fagocitados por los **macrófagos** del bazo, del hígado y de la médula ósea.
J. Tienen la forma de un disco bicóncavo, de 7–8 µm de diámetro, 2,6 µm de grosor en la zona periférica y 0,8 µm en su punto central.
K. La forma bicóncava les confiere una gran proporción superficie/volumen, lo cual facilita el intercambio de gases (**O_2** y **CO_2**) entre el citosol y el exterior.

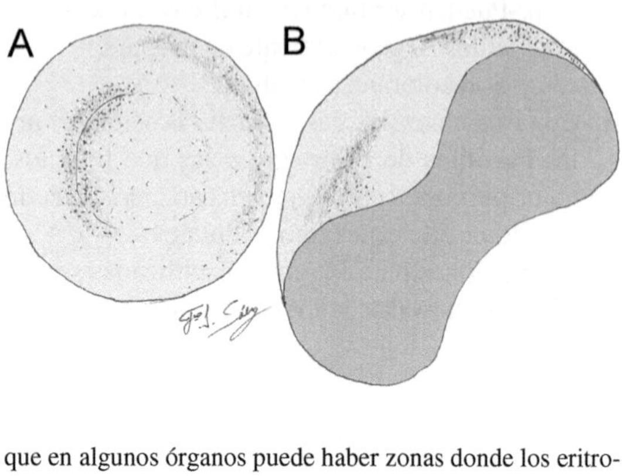

Figura 8.2 Eritrocito, vista general (**A**) y sección transversal (**B**)

[3] Existen excepciones a esta regla, ya que en algunos órganos puede haber zonas donde los eritrocitos salen de los vasos sanguíneos y pasan a los tejidos.

L. La forma bicóncava se obtiene por la organización del citoesqueleto, formado por:
   1. Malla de proteínas adosadas a la membrana. Sus principales componentes son:
      a. **Espectrina**, proteína tetramérica.
      b. **Actina**.
   2. Proteínas integrales de la membrana, como la **glucoforina** y la **proteína banda 3**.
   3. Proteínas que unen la malla proteica a las proteínas integrales de la membrana, como la **ancorina**.

M. A pesar de mantener esta forma, no son muy rígidos y pueden deformarse, lo cual es útil cuando pasan por los vasos sanguíneos más pequeños (**capilares**).

N. Gran parte del citosol del eritrocito está ocupado por la proteína **hemoglobina**.
   1. La hemoglobina es un **tetrámero**, es decir, está formada por cuatro polipéptidos. Se pueden encontrar varias formas de hemoglobina:
      a. **HbA** (96 %). Formado por dos cadenas α y dos cadenas β.
      b. **HbA$_2$** (1,5–3 %). Dos cadenas α y dos cadenas δ.
      c. **HbF** (menos del 1 %). Dos cadenas α y dos cadenas γ. Es la hemoglobina más abundante en el feto.
   2. Cada polipéptido está unido a un **grupo hemo** que contiene **hierro**.
   3. La hemoglobina es responsable del transporte de gases.
      a. La hemoglobina unida a O_2, **oxihemoglobina**, transporta este gas unido al hierro desde los pulmones a los tejidos.
      b. La hemoglobina unida a CO_2, **carbaminohemoglobina**, lo transporta desde los tejidos a los pulmones.
      c. La hemoglobina también puede transportar **óxido nítrico (NO)**, un gas que actúa como mediador local y provoca la dilatación de los vasos sanguíneos.
      d. Si se inspira **monóxido de carbono (CO)**, que se une a la hemoglobina con más afinidad que el O_2, se produce **carboxihemoglobina**, que no puede llevar oxígeno a los tejidos, lo que puede producir la muerte.

O. La presencia de hierro hace que al microscopio electrónico el citosol se observe denso (oscuro) y finamente granulado.

P. Los eritrocitos tienen la enzima **anhidrasa carbónica**, que produce **ácido carbónico** a partir del dióxido de carbono y agua. El ácido carbónico se disocia en **bicarbonato** e **hidrógeno**. El bicarbonato es la forma principal en la que se transporta el dióxido de carbono para ser expulsado en los pulmones.

8.6 Leucocitos

A. Los **leucocitos** (del griego λευκός leukós, 'blanco') o **glóbulos blancos** son un grupo de varios tipos celulares que cuando se centrifuga la sangre forman parte de la **cubierta tromboleucocitaria**, de color blanquecino.

B. Todos tienen en común el hecho de que aislados en gran cantidad forman una masa blanca.
C. Presentan en su citoplasma finos gránulos que se tiñen con los colorantes azures. A estos gránulos los llamamos **gránulos azurófilos o primarios**, y son vesículas con características propias de los lisosomas.
D. Algunos tipos de leucocitos presentan en su citoplasma otros gránulos que son capaces de teñirse con los colorantes de las tinciones para sangre. A estos gránulos los llamamos **gránulos específicos o secundarios**, que son característicos de cada tipo de leucocito.
E. Se han podido diferenciar varios tipos de leucocitos que se clasifican en dos grupos:
   1. **Leucocitos granulares o granulocitos**. Son leucocitos que tienen gránulos azurófilos y gránulos secundarios. Se pueden diferenciar tres tipos, que se distinguen al microscopio por la afinidad tintorial de sus gránulos específicos:
      a. Neutrófilos.
      b. Eosinófilos.
      c. Basófilos.
   2. **Leucocitos agranulares o agranulocitos**. Son leucocitos que carecen de gránulos secundarios. Solamente tienen gránulos azurófilos. Hay dos tipos:
      a. Monocitos.
      b. Linfocitos.
F. Los granulocitos suelen tener el núcleo lobulado, lo que puede dar la impresión de que son células polinucleadas. Se les ha llamado **células polimorfonucleares o polinucleares**.
G. Los linfocitos y monocitos también se denominan **células mononucleares**, ya que su núcleo no está lobulado[4].
H. Todas las células blancas de la sangre salen del torrente circulatorio atravesando la pared de los vasos sanguíneos (generalmente las **vénulas postcapilares**) en un proceso llamado **diapédesis** (del griego διαπήδεσις diapēdesis ‘filtración’) (fig. 8.3).
   1. Las células se adhieren lábilmente al endotelio del vaso sanguíneo.
   2. Comienzan a rodar y desplazarse por la superficie del endotelio.
   3. Se adhieren con más fuerza y emiten **pseudópodos** que crean una abertura en el endotelio (a través de una célula o entre dos células) por donde atraviesa el pseudópodo y luego todo el leucocito.
   4. El leucocito migra como una ameba gracias a la acción de su citoesqueleto citoplasmático, concretamente de **microfilamentos de actina** asociados a **miosina**.

[4] Los términos polimorfonuclear (polinuclear) y mononuclear están en desuso, pues todos los leucocitos tienen un único núcleo, aunque en algunos casos tenga lóbulos.

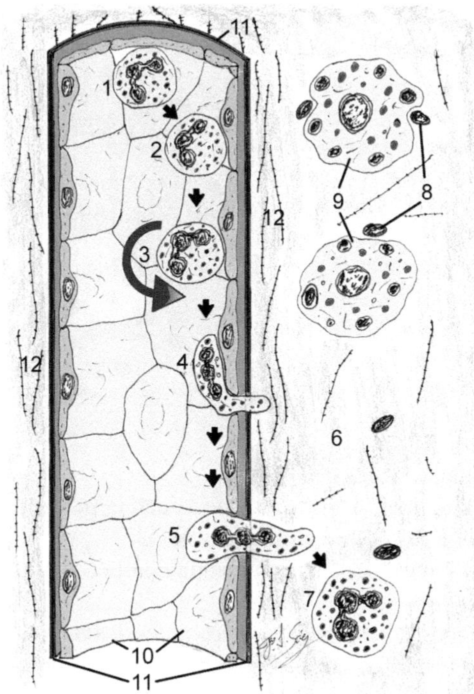

Figura 8.3 Proceso de diapédesis de un leucocito, en este caso un neutrófilo, a través del endotelio de una vénula postcapilar. Se representan varias fases y las flechas cortas indican la evolución del proceso. Los neutrófilos viajan por la sangre (1). Algunos (2) se unen lábilmente a la superficie de las células endoteliales (10) y comienzan a rodar (flecha curva) y desplazarse (3), siempre unidas al endotelio. Finalmente, el neutrófilo se adhiere con más intensidad y emite pseudópodos (4), que comienzan a atravesar la pared endotelial. El neutrófilo se desplaza a través de la perforación endotelial (5) y migra (7) al tejido conjuntivo (13), conde comienza a fagocitar a los microorganismos patógenos (8). La adhesión y migración de los neutrófilos está provocada por las sustancias producidas por los macrófagos (9) que están fagocitando los agentes infecciosos. 11, lámina basal; 12, lámina reticular

8.7 Neutrófilos

A. Los **neutrófilos** son los leucocitos más numerosos, entre el 48 y el 66 % de todos los leucocitos.

B. Los neutrófilos son células de 12 a 15 μm de diámetro en los frotis y 7 μm en suspensión.

C. Su núcleo, con cromatina muy condensada, es multilobulado (fig. 8.4):
   1. Tiene tres a cuatro lóbulos (del latín científico lobulus, y este del griego λοβός lobós 'saco' y el sufijo diminutivo latín -ŭlus) unidos por regiones nucleares estrechas.

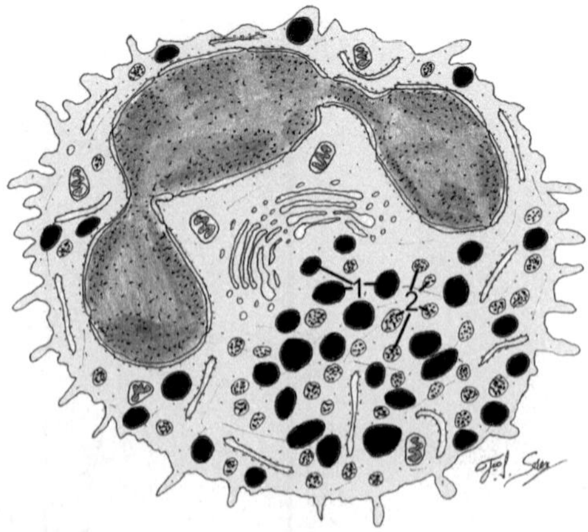

Figura 8.4 Granulocito neutrófilo. 1, gránulos azurófilos; 2, gránulos específicos

2. Estos núcleos segmentados hacen que la célula parezca multinucleada y se les llama **leucocitos polimorfonucleares**.
3. El número de lóbulos nucleares aumenta con la edad del neutrófilo y en algunas enfermedades.
4. En los neutrófilos de las mujeres, pero no en los de los varones, se observa un apéndice nuclear con forma de palillo de tambor llamado **corpúsculo de Barr**.

D. Posee pocos orgánulos sintéticos (retículo endoplásmico, aparato de Golgi), ya que la célula madura tiene una vida corta y su actividad sintética es limitada.

E. En el citoplasma poseen gránulos primarios, secundarios y terciarios. En el ser humano a veces es difícil distinguir los distintos tipos de gránulos.
1. Los **gránulos primarios** tienen 0,5 μm de diámetro.
   a. Son azurófilos, se tiñen de rojo a púrpura.
   b. Son lisosomas que poseen:
      (1) Hidrolasas ácidas.
      (2) **Mieloperoxidasa**, que produce **peróxido de hidrógeno** (H_2O_2).
      (3) Agentes bactericidas:
         (a) **Defensinas**.
         (b) **Lisozimas**.
2. Los **gránulos secundarios** son más pequeños pero más abundantes que los azurófilos.
   a. Se tiñen muy poco con mezcla de colorantes, por lo que adquieren un color rosado o violeta tenue, ya que no tienen una afinidad alta por un colorante específico (son neutros).
   b. Al microscopio electrónico tienen forma oblonga.
   c. Contienen:
      (1) Sustancias antibacterianas:
         (a) **Lactoferrina**, que secuestra hierro.
         (b) **Lisozima**, que rompe la pared bacteriana.

(2) **Colagenasa**, que degrada las fibras colágenas para facilitar la migración por los tejidos.

3. Los **gránulos terciarios** se han descubierto recientemente.
   a. Son secretores. Vierten su contenido a la matriz extracelular por **exocitosis**.
   b. Contienen enzimas que ayudan al neutrófilo en su migración por los tejidos:
      (1) **Fosfatasas**.
      (2) **Metaloproteinasas** (gelatinasas, colagenasas).

F. Cuando el neutrófilo fagocita una bacteria, la introduce en una vesícula intracelular llamada **fagosoma**. Los gránulos primarios y secundarios se unen al fagosoma para destruir la bacteria.

G. Los neutrófilos circulan durante unas 10 horas por la sangre, pero algunos se fijan a las paredes de los vasos sanguíneos.

H. Cuando se produce una infección pasan a los tejidos. En la **inflamación aguda** (primera fase del proceso de inflamación), aumenta el número de neutrófilos de un tejido.

I. Estas células poseen varias funciones:

1. Fagocitan microrganismos infecciosos, razón por la que también se les ha llamado **micrófagos**. En su membrana tienen receptores de anticuerpos y de proteínas del complemento, por lo que su actividad fagocítica aumenta con la **opsonización**[5] de las bacterias.
   a. Los microorganismos fagocitados son destruidos o inactivados mediante varios mecanismos:
      (1) Degradación enzimática, gracias a sus enzimas lisosómicas.
      (2) Producción de reactivos tóxicos para las bacterias, entre otros:
         (a) Componentes de oxígeno tóxico, como el **peróxido de hidrógeno** (H_2O_2) y el **superóxido** (O_2^-).
         (b) Componentes clorados, como el **ácido hipocloroso** (HClO).
   b. Cuando terminan su función de destruir microrganismo, mueren y se acumulan con otros restos formando el **pus**.
2. Destruir microorganismos mediante **NETosis** (muerte celular asociada a la trampa extracelular de neutrófilo).
   a. Cuando un neutrófilo fagocita algún patógeno, se puede desencadenar un proceso de muerte celular del neutrófilo (**suicidio por NETosis**):
      (1) Se degrada la envoltura nuclear y la cromatina invade el citoplasma.
      (2) Se rompe la membrana plasmática, y la cromatina y el contenido del citoplasma se extienden por la matriz extracelular formando un entramado.
   b. El **entramado de cromatina extracelular** se convierte en una trampa que atrapa los microorganismos patógenos, lo cual tiene dos efectos:

[5] La opsonización es la unión de anticuerpos y componentes del complemento a la superficie de la bacteria, para facilitar la fagocitosis por células de defensa (macrófagos y neutrófilos).

(1) Se inmovilizan los agentes patógenos y se impide su dispersión por los tejidos.
(2) Las sustancias antimicrobianas que han abandonado el citoplasma del neutrófilo junto a la cromatina atacan a los microorganismos.

c. Mediante NETosis se pueden destruir **bacterias**, **virus**, **hongos** y **parásitos**.

3. Sintetizan **leucotrienos** que ayudan a provocar el proceso inflamatorio.

J. Como no tienen capacidad de regenerar sus componentes, si no actúan contra los microorganismos mueren después de uno a cuatro días en un tejido.
K. Los neutrófilos muertos pueden ser degradados por los macrófagos o, en el tubo digestivo, salen a la luz intestinal y allí son digeridos.
L. No tienen capacidad para recircular entre tejidos.

8.8 Eosinófilos

A. Los **eosinófilos** (fig. 8.5) constituyen el 1,4 al 4,8 % de los leucocitos.
B. Tienen un tamaño similar a los neutrófilos o algo mayores y un núcleo bilobulado.
C. También poseen **gránulos azurófilos**, que son lisosomas. Contienen **hidrolasas ácidas** y de otros tipos que degradan parásitos y complejos antígeno-anticuerpo.
D. Poseen **gránulos secundarios eosinófilos** grandes (1,0 μm o más):
   1. Con el microscopio de luz se ven de color rosa brillante y son **birrefringentes**[6].
   2. Con el microscopio electrónico suelen mostrar un **material cristaloide** ecuatorial rodeado de una matriz menos densa.

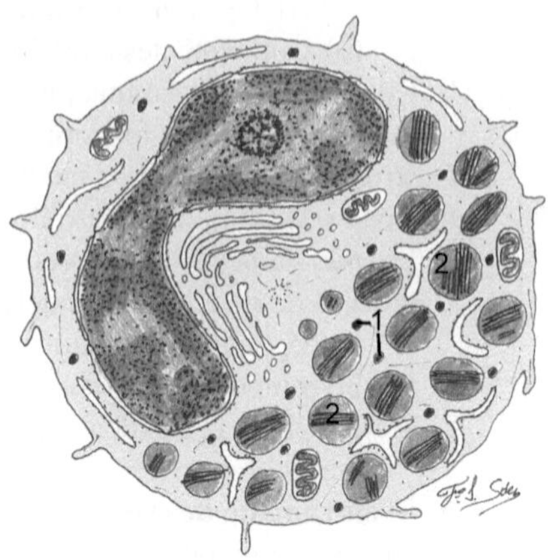

Figura 8.5 Granulocito eosinófilo. 1, gránulos azurófilos; 2, gránulos específicos

[6] Es decir, que produce una doble refracción de un rayo luminoso. Que un material biológico sea birrefringente indica una ordenación de las moléculas.

3. Posee un contenido variado:
   a. Sustancias antiparasitarias:
      (1) **Proteína básica principal** (**MBP**, por sus siglas en inglés), Rica en arginina. Se encuentra en la inclusión cristalina. Además de ser tóxica para los parásitos provoca la desgranulación de los basófilos y mastocitos.
      (2) **Proteína catiónica de eosinófilo** (**ECP**). Está en la matriz amorfa. Produce poros en la superficie del parásito.
      (3) **Neurotoxina derivada de eosinófilo** (**EDN**). Ataca el sistema nervioso de los parásitos. También tiene función antivírica. Se ha localizado en la matriz amorfa.
   b. Sustancias antiinflamatorias:
      (1) **Histaminasa**, que degrada la histamina.
      (2) **Arilsulfatasa**, que degrada los leucotrienos secretados por basófilos y mastocitos.
   c. Sustancias antimicrobianas. Por ejemplo, la **peroxidasa de eosinófilo** (**EPO**), localizada en la matriz de los gránulos.

E. En su superficie posee receptores de anticuerpos (IgG e IgE) y receptores de proteínas del complemento.

F. El eosinófilo se produce en la médula ósea, se transporta por la sangre y realiza sus funciones en los tejidos.

G. El eosinófilo interviene en los siguientes procesos:
1. **Fagocitosis**:
   a. De **complejos de antígeno-anticuerpo**, que son degradados en la célula.
   b. De **bacterias**, en poca cantidad.
2. La defensa contra los **parásitos**, fundamentalmente gusanos helmintos. Cuando un parásito es recubierto por anticuerpos y proteínas del complemento, los eosinófilos se adhieren al parásito, gracias a sus receptores de IgG e IgE y sus receptores de complemento, y liberan el contenido tóxico de sus gránulos.
3. Participan en la inducción y el mantenimiento de las **reacciones alérgicas**.
4. Regulación del **proceso inflamatorio**:
   a. Son atraídos por los mastocitos y los basófilos a los tejidos inflamados.
   b. Producen sustancias que desactivan las moléculas inflamatorias y leucotrienos que aumentan la inflamación.
5. Regulación de los mastocitos y basófilos.

H. El número de eosinófilos aumenta en la sangre cuando hay infecciones parasitarias o procesos alérgicos.

I. Los eosinófilos son abundantes en la mucosa intestinal y en lugares con **inflamación crónica**, como el asma.

J. Parece raro que los eosinófilos puedan recircular por la sangre.

8.9 Basófilos

A. Los **basófilos** (fig. 8.6) son los más escasos de todos los leucocitos, menos del 0,5 % del total.
B. Tienen un tamaño similar a los neutrófilos.
C. El núcleo es irregular, retorcido, con forma de S o bilobulado, pero suele quedar oculto porque los gránulos secundarios se tiñen con los mismos colorantes alcalinos, lo que dificulta distinguir uno de otros.
D. Poseen gránulos azurófilos que son escasos. Son lisosomas que producen **hidrolasas ácidas**.
E. Sus gránulos específicos:
   1. Se tiñen con colorantes alcalinos. La tinción es **metacromática** y se tiñen desde el azul al morado.
   2. Son numerosos.
   3. Son grandes (0,5 μm).
   4. En el microscopio electrónico muestran una textura granulada con **figuras de mielina**[7].
   5. Producen sustancias similares a las que produce el mastocito del tejido conjuntivo:
      a. **Histamina**. La histamina es una sustancia vasoactiva que produce:
         (1) Contracción del músculo liso de los bronquios.
         (2) Relajación del músculo liso de las arteriolas.
         (3) Pérdida de líquido en capilares y vénulas. Esto aumenta la cantidad de líquido en los tejidos, que da lugar a la hinchazón o **edema**.
      b. **Heparina**. Es un glicosaminoglicano sulfatado que actúa como anticoagulante.

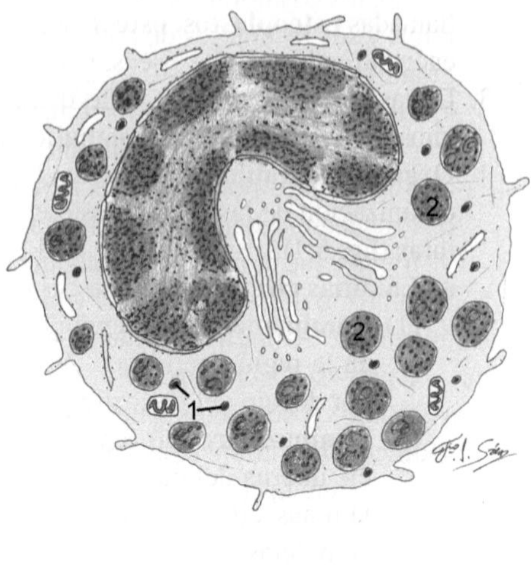

Figura 8.6 Granulocito basófilo. 1, gránulos azurófilos; 2, gránulos específicos

[7] Una figura de mielina es una estructura que muestra el aspecto de una lámina enrollada en espiral, como en la vaina de mielina de una fibra nerviosa (ver capítulo 11).

c. **Heparán-sulfato**. Es un glicosaminoglicano sulfatado similar a la heparina. Es un vasodilatador, es decir, provoca la dilatación de los vasos sanguíneos más pequeños.
d. **Leucotrienos**. Son lípidos que provocan:
(1) Contracción del músculo liso de las vías aérea.
(2) Aumento de la permeabilidad vascular y, por consiguiente, edema.
e. **Interleucinas**[8] que promueven la síntesis de IgE.
f. **Proteína básica principal (MBP)**, la misma que se produce en los eosinófilos.

F. Secretan algunas **citocinas**[9] que regulan la actividad de los linfocitos T.
G. En su superficie posee receptores de anticuerpos (receptores de IgE).
H. Como el resto de células sanguíneas, los basófilos se producen en la médula ósea y pasan a la circulación sanguínea. La vida media de los basófilos en la sangre es de 1 a 2 días.
I. De la sangre pasan a los tejidos donde pueden ser activados para realizar varias funciones:
1. **Intensificar la inflamación**. Los basófilos responden como los mastocitos. Cuando un antígeno se une a moléculas de IgE, los receptores de IgE de los basófilos se unen a este complejo.
a. Esto provoca la liberación a la matriz extracelular del contenido de los gránulos del basófilo.
b. Las moléculas liberadas (fundamentalmente histamina y leucotrienos) provocan:
(1) Contracción de los bronquios.
(2) Dilatación de los vasos sanguíneos.
(3) Aumento de la permeabilidad de los vasos sanguíneos.
c. Este proceso se produce con los **alérgenos**, las sustancias que provocan las reacciones alérgicas.
2. **Acción frente a los parásitos**. Por ejemplo, con la liberación de **MBP**.
3. **Acción antibacteriana**, con poca intensidad.

J. Durante mucho tiempo se pensó que los basófilos y los mastocitos eran dos formas de vida del mismo tipo celular.
1. Según esa creencia, los basófilos son formas de transporte por la sangre que, al entrar en los tejidos conjuntivos, se transforman en mastocitos.
2. En realidad, mastocitos y basófilos son células emparentadas en su origen, pero diferentes en el proceso final de diferenciación:
a. Los **mastocitos**:
(1) Son células cuyos progenitores (**MCp**, por sus siglas en inglés) viajan por la sangre como formas no distinguibles, probablemente similares a linfocitos o monocitos.

[8] Las interleucinas son un tipo de citocinas.
[9] Las citocinas son proteínas pequeñas que intervienen en procesos de comunicación celular, especialmente entre las células inmunitarias.

(2) Se diferencian una vez que se han instalado en los tejidos.
(3) En los tejidos tienen una vida larga.

b. Los **basófilos**:
(1) Son células que se diferencian completamente en la médula ósea antes de pasar a la sangre, por la que se desplazan.
(2) Son atraídas por los tejidos donde se necesitan para apoyar a los mastocitos.
(3) En los tejidos, el basófilo tiene una vida corta.

3. Una diferencia importante entre ambas células es que el mastocito produce **triptasa**, pero el basófilo no. La presencia de triptasa se utiliza como marcador de actividad de los mastocitos.
4. Las características de mastocitos y basófilos se indican en esta tabla:

Característica	Mastocito	Basófilo
Origen	Célula madre hematopoyética	Célula madre hematopoyética
Lugar de diferenciación	Tejido conjuntivo	Médula ósea
Mitosis	Algunas veces	No
Longevidad	Semanas o meses	Días
Tamaño	20–30 μm	8–10 μm
Forma nuclear	Redondeado	Irregular, retorcido, bilobulado
Gránulos	Muchos, grandes	Pocos, algo menores
Producción de triptasa	Sí	No

8.10 Linfocitos

A. Los **linfocitos** (del latín lympha 'agua', hace referencia a un líquido corporal que se denomina **linfa**), son bastantes numerosos, entre el 25 y el 27 % de los leucocitos.
B. Son las células principales del **sistema linfático**.
C. Los linfocitos de la sangre (fig. 8.7) son células circulantes que se han formado en la médula ósea y viajan hasta otros órganos donde se diferencian. Posteriormente pueden volver a recircular hacia otros tejidos.

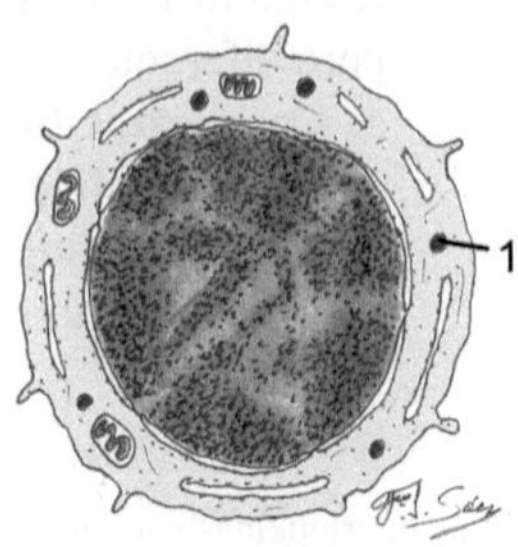

Figura 8.7 Linfocito. 1, gránulos azurófilos

D. Pueden distinguirse **linfocitos pequeños** (6–10 μm), los más abundantes, **medianos** (12–15 μm) y **grandes** (15–18 μm, e incluso mayores), estos últimos raros en la sangre y más frecuentes en otros tejidos.

E. Su núcleo es hipercromático, esférico, con una escotadura.

F. Apenas hay citoplasma y los orgánulos son muy escasos (mitocondrias, ribosomas, poco retículo endoplásmico rugoso y gránulos azurófilos).

G. Cada linfocito reconoce específicamente una sustancia extraña para el organismo (**antígeno**).
   1. Al dividirse forma un **clon** de células capaz de reconocer ese antígeno.
   2. En nuestro organismo poseemos millones de clones de linfocitos diferentes pero indistinguibles.

H. Existen varios tipos de linfocitos, cada uno de ellos especializado en una función diferente, pero es imposible distinguirlos al microscopio, salvo que se identifiquen mediante técnicas de inmunohistoquímica para detectar proteínas específicas de cada tipo celular:
   1. Los **linfocitos B** se producen en la médula ósea y maduran allí o en los tejidos conjuntivos del aparato digestivo.
      a. Se denominan B porque en las aves maduran en un órgano llamado **bolsa de Fabricio**.
      b. En la sangre son el 10–15 % de los linfocitos circulantes.
      c. Cada clon de linfocitos B puede fabricar proteínas de las familias de las globulinas (**inmunoglobulinas o anticuerpos**) que son capaces de reconocer específicamente su antígeno (por reconocer a un antígeno queremos decir que se une a él).
      d. Las moléculas de su superficie que reconocen antígenos son inmunoglobulinas transmembrana de los tipos IgM e IgD.
      e. Cuando un linfocito B se encuentra con un antígeno al que reconoce, se activa y se transforma en una **célula plasmática** productora de anticuerpos.
         (1) Dichas células colonizan los tejidos infectados o se instalan en la médula ósea.
         (2) Los anticuerpos producidos por las células plasmáticas son proteínas solubles que pueden viajar por la sangre hasta el sitio de infección, donde se unen al antígeno y lo bloquean o provocan su degradación por **macrófagos**.
         (3) Esta actividad del sistema inmune mediada por factores solubles se denomina **inmunidad humoral**.
   2. Los **linfocitos T** son el 70–80 % de los linfocitos circulantes. Existen varios tipos de linfocitos T:
      a. **Linfocitos T auxiliares** (**Th**, del inglés helper), cuya función es ayudar a activarse a los linfocitos Tc.
         (1) Son activados por proteínas del **complejo principal de histocompatibilidad de tipo II** (**MHC II**), que son las que utilizan las **células presentadoras de antígenos** (**APC**).

   (2) Hay dos variedades:
      (a) **Th1**. Activan linfocitos Tc, linfocitos NK y macrófagos.
      (b) **Th2**. Cooperan con linfocitos B.
  b. **Linfocitos T citotóxicos (Tc)**.
   (1) Se activan cuando una célula infectada o tumoral les muestran antígenos (es decir, reaccionan frente a antígenos procedentes de agentes externos o de células propias anómalas).
   (2) Los antígenos se presentan en moléculas del **complejo principal de histocompatibilidad de tipo I** (**MHC I**), presentes en las membranas de todos los tipos celulares del organismo.
   (3) Los linfocitos Tc producen sustancias que estimulan la muerte de las células que les presentan los antígenos (**células infectadas** y **células tumorales**).
   (4) Esta inmunidad mediada por linfocitos Tc se denomina **inmunidad celular**.
  c. **Linfocitos T reguladores (Tr)**, que producen sustancias (**linfocinas**) que regulan toda la respuesta humoral y celular.
  d. Se han descrito otros subtipos de linfocitos T, pero no se van a describir aquí.
 3. Los **linfocitos asesinos natos** (**NK**, del inglés *natural killers*, 'asesinos natos') son el 5–10 % de los linfocitos de la sangre periférica.
  a. Son grandes, de alrededor de 15 μm de diámetro, y tienen gránulos grandes, por lo que se les llama **linfocitos granulares grandes** (**LGL**).
  b. Sus gránulos azurófilos son citotóxicos, pero estas células no pueden fagocitar.
  c. Destruyen **células infectadas por virus** y **células tumorales**.

I. Todos los linfocitos se producen en la **médula ósea**.
 1. Los linfocitos B maduran y adquieren su capacidad inmunológica en la médula ósea (aunque parece que completan su maduración en el bazo).
 2. Los linfocitos T inmaduros migran al **timo**, donde maduran.

J. Cuando las células han madurado (**linfocitos maduros vírgenes**), se desplazan a los órganos del **sistema inmunitario** y se multiplican con lentitud y forman clones.

K. Si el linfocito se encuentra con su antígeno, se activa y prolifera con rapidez. Esta proliferación produce dos poblaciones de linfocitos del clon:
 1. **Células efectoras**: que son las que actúan contra el antígeno.
  a. En el caso de los linfocitos B, producen anticuerpos y se convierten en **células plasmáticas**.
  b. En el caso de los linfocitos T, destruyen las células infectadas o alteradas (linfocitos Tc), o colaboran en el proceso (Th).
 2. **Células de memoria**: que permanecen inactivas, latentes, pero que si vuelven a encontrarse con el antígeno reaccionan contra él con mayor rapidez.

L. Los linfocitos pueden recircular constantemente por la sangre, la linfa y los tejidos.

8.11 Monocitos

A. El número de **monocitos** está entre el 2 y el 8 % de los leucocitos sanguíneos.
B. Los monocitos son los leucocitos más grandes, entre 15–22 μm (fig. 8.8).
C. Su núcleo puede ser esférico, ovalado, arriñonado o con forma de herradura y suele ser más claro que el de los linfocitos.
D. Junto a la escotadura se observa en el citoplasma el aparato de Golgi. También hay retículo endoplásmico liso y rugoso, mitocondrias pequeñas y pocos gránulos azurófilos.
E. Como los demás, se producen en la **médula ósea** y viajan por la sangre durante tres días hasta colonizar los tejidos conjuntivos, donde forman algunas de las células del **sistema fagocítico mononuclear** que se han mencionado en el capítulo 4[10].
F. En concreto, a partir de los monocitos se pueden producir:
   1. **Osteoclastos** del hueso, y probablemente **condroclastos** del cartílago y **odontoclastos** del diente.
   2. **Macrófagos** de la mama.
   3. **Macrófagos** de la pared intestinal.
   4. **Células dendríticas monocíticas** (moDC).
G. Además de las células señaladas, los monocitos pueden salir de los vasos e instalarse en los tejidos conjuntivos, donde mantienen un aspecto similar al que muestran en la sangre. En este caso, pueden desempeñar dos funciones:
   1. En los **tejidos en un estado estable** realizan una labor de vigilancia. Pueden fagocitar antígenos e introducirse en los capilares linfáticos para llevar los antígenos a los ganglios linfáticos.
   2. En los **tejidos inflamados** pueden convertirse en **macrófagos**.

Figura 8.8 Monocito. 1, gránulos azurófilos

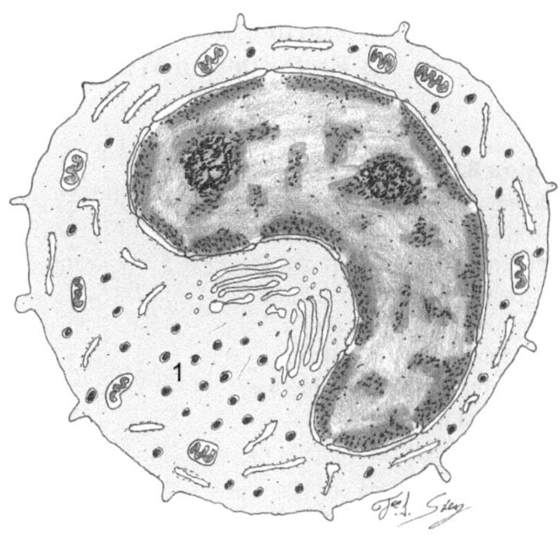

[10] Otras células de este sistema se instalan en los tejidos durante el desarrollo embrionario y se perpetúan allí.

8.12 Plaquetas

A. Las **plaquetas o trombocitos** (del griego θρόμβος thrómbos 'grumo, coágulo') no son verdaderas células, sino fragmentos de citoplasma de grandes células poliploides de la médula ósea llamadas **megacariocitos** (del griego antiguo μεγα- mega-, 'grande', κάρυον káryon 'nuez', 'núcleo').

B. Son muy numerosas, aproximadamente 300.000 plaquetas por mm^3.

C. Son discos biconvexos de 2–3 μm de grosor que carecen de núcleo (fig. 8.9). En la sangre viven unos diez días. En los extendidos de sangre suelen verse agrupadas (**aglutinación**).

D. Con el microscopio de luz se observan dos zonas.
   1. **Cromómero o granulómero**, zona central que se tiñe con mucha intensidad.
   2. **Hialómero**, zona periférica muy pálida.

E. Con el microscopio electrónico se distinguen varias zonas en función de la distribución de los orgánulos. Algunas de estas zonas no tienen fronteras bien definidas y se pueden solapar:
   1. Zona periférica. Está formada por la membrana plasmática y su grueso **glicocáliz.**
   2. Zona estructural. Es una región situada bajo la membrana plasmática, formada por:
      a. Una red de **microfilamentos de actina** asociados a **miosina.**
      b. Debajo de esta red, en el margen del disco plaquetario, existe un anillo de **microtúbulos** cuya función es mantener la forma de la plaqueta.
   3. Zona de orgánulos. Es el centro de la plaqueta. Contienen mitocondrias, peroxisomas, glucógeno y tres tipos de gránulos:
      a. **Gránulos α (alfa)**, de 300 a 500 nm.
         (1) Son azurófilos.
         (2) Contienen factores que intervienen en la fase inicial de la coagulación:
            (a) **Fibrinógeno.**
            (b) **Factor de von Willebrand.**

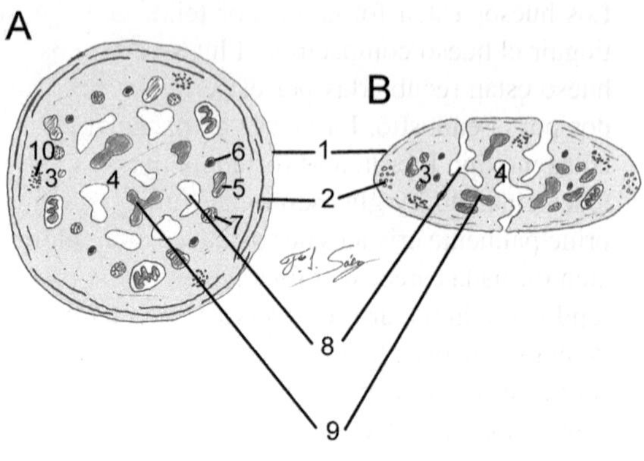

Figura 8.9 Plaquetas en secciones ecuatorial (**A**) y transversal (**B**). 1, zona periférica; 2, zona estructural; 3, zona de orgánulos; 4, zona membranosa; 5, gránulos α; 6, gránulos δ; 7, gránulos λ; 8, sistema canalicular abierto; 9, sistema tubular denso; 10, glucógeno

b. **Gránulos densos o gránulos δ (delta)**, 250 a 300 nm. Son más abundantes. Intervienen en la adhesión plaquetaria y la vasoconstricción. Contienen:
   (1) **Histamina**, que provoca vasodilatación y aumento de la permeabilidad del vaso.
   (2) **Serotonina**, que produce vasoconstricción.
c. **Gránulos λ (lambda)**, 200–250 nm. Parecidos a lisosomas, contienen enzimas que reabsorben el coágulo en las etapas finales de la reparación vascular.

4. Zona membranosa. Es una región en la que se observan cavidades rodeadas por membrana. Existen dos tipos de cavidades:
   a. **Sistema canalicular abierto (OCS)**: es un resto de los **canales de demarcación** que se producen en los **megacariocitos** cuando se forman las plaquetas.
      (1) Son invaginaciones de la membrana plasmática.
      (2) Sus cavidades son canales que se comunican con el exterior celular.
   b. **Sistema tubular denso**: son cisternas del **retículo endoplásmico liso**.
      (1) Sirven como almacén de calcio y contiene material denso.
      (2) Estas cavidades no se comunican con el exterior.

F. Las plaquetas intervienen en varias funciones:
   1. **Hemostasia**, mediante el sellado de las lesiones vasculares, lo que impide la **hemorragia**.
      a. Cuando se produce una lesión de la pared del vaso sanguíneo el colágeno del tejido conjuntivo que lo rodea queda expuesto a la sangre.
      b. Al colágeno se adhieren las plaquetas gracias al **factor de von Willebrand**, producido por las células endoteliales lesionadas y las propias plaquetas.
      c. La herida provoca una reacción de **coagulación** de la sangre que produce proteínas fibrosas, como la **fibrina**, formada a partir de fibrinógeno.
      d. La unión de plaquetas junto con proteínas fibrosas produce un entramado que atrapa más plaquetas y eritrocitos en la zona de la lesión.
         (1) Esto forma un **trombo o coágulo** adherido a la pared vascular que tapona el vaso roto.
         (2) El coágulo impide la hemorragia.
      e. Finalmente, las plaquetas se contraen por la acción de los filamentos de actina y miosina, lo que provoca la contracción del coágulo y facilita que se cierre la herida del vaso sanguíneo.
   2. **Reparación tisular**, ya que las plaquetas liberan **factores de crecimiento**.

Lo que hay que recordar

La sangre es un tejido conjuntivo líquido que desempeña muchas funciones: transporte de oxígeno, nutrientes, desechos y hormonas; mantenimiento de la homeostasis (tampón de pH, coagulación, termorregulación) y transporte de células del sistema inmunitario. Su matriz extracelular líquida es el plasma sanguíneo, que se puede obtener centrifugando la sangre obtenida con anticoagulantes. Si la sangre se extrae sin anticoagulantes, se produce un coágulo que se separa del suero sanguíneo, cuya composición es similar a la del plasma. La sangre se suele estudiar microscópicamente en frotis teñidos con tintes especiales. Los eritrocitos son células bicóncavas, sin núcleo ni orgánulos, llenas de hemoglobina, que transportan oxígeno y dióxido de carbono. Existen varios tipos de leucocitos: granulocitos (neutrófilos, eosinófilos y basófilos) y agranulocitos (monocitos y linfocitos), que viajan a través de la sangre y pasan a los tejidos conectivos donde realizan sus funciones. Los neutrófilos fagocitan los microorganismos y los destruyen o inactivan mediante diversos mecanismos. También inactivan los microorganismos mediante la NETosis, un mecanismo de suicidio celular que utiliza los restos celulares para atraparlos. Los eosinófilos poseen sustancias que atacan a los parásitos, inducen reacciones alérgicas y regulan la inflamación. Los basófilos producen sustancias proinflamatorias y también atacan a los microorganismos y parásitos. Son similares a los mastocitos. Existen varios tipos de linfocitos, cuya función es identificar y destruir microorganismos patógenos y células malignas. Los linfocitos T (células T) son citotóxicos (atacan a las células infectadas o transformadas), mientras que los linfocitos B (células B) producen anticuerpos contra agentes extraños. Los monocitos penetran en los tejidos y forman diferentes tipos de células del sistema fagocítico mononuclear. Las plaquetas son fragmentos celulares biconvexos y anucleados cuya función es taponar las roturas en los vasos sanguíneos para evitar el sangrado.

Lectura adicional

Burn G L, Foti A, Marsman G et al. 2021. The neutrophil. Immunity 54: 1377–1391.

Fettrelet T, Gigon L, Karaulov A et al. 2021. The enigma of Eosinophil Degranulation. International Journal of Molecular Sciences. 22: 7091.

Gartner L P 2017. Blood and Hemopoiesis. En: Textbook of Histology. 4ª ed. Elsevier, pp. 251–286.

Germic N, Hosseini A, Yousefi S et al. 2021. Regulation of eosinophil functions by autophagy. Seminars in Immunopathology 43: 347–362.

Gigon L, Yousefi S, Karaulov A et al. 2021. Mechanisms of toxicity mediated by neutrophil and eosinophil granule proteins. Allergology International 70: 30–38.

Gómez de Ferraris M E, Campos Muñoz A 2009. Histología general humana. En: Histología, Embriología e Ingeniería Tisular Bucodental. 3ª ed. Médica Panamericana, pp. 57–78.

Kierszenbaum A L, Tres L L 2019. Blood and hematopoiesis. En: Histology and Cell Biology – An Introduction to Pathology. 5ª ed. Elsevier, pp. 199–236.

Kim T S, Moutsopoulos N M 2024. Neutrophils and neutrophil extracellular traps in oral health and disease. Experimental and Molecular Medicine 56: 1055–1065.

Krstić R V 1991. Blood. En: Human Microscopic Anatomy. An Atlas for Students of Medicine and Biology. Springer Verlag, pp. 31–37.

Lowe J S, Anderson P G 2015. Blood Cells. En: Stevens & Lowe's Human Histology. 4ª ed. Elsevier Mosby, pp. 105–122.

Miyake K, Ito J, Karasuyama H 2024. Recent advances in understanding of basophil function and differentiation. Folia Pharmacologica Japonica 159: 32–38.

O'Dowd G, Bell S, Wright S 2023. Blood, haematopoiesis and bone marrow. En: Wheater's Functional Histology. Elsevier, pp. 46–64.

Pawlina W 2024. Blood. En: Histology a Text and Atlas with correlated Cell and Molecular Biology. 9ª ed. Wolters Kluwer, pp. 298–343.

Peng J Y, Siracusa M C 2021. Basophils in antihelminth immunity. Seminars in Immunology 53: 101529.

Pfister H 2022. Neutrophil Extracellular Traps and Neutrophil-Derived Extracellular Vesicles: Common Players in Neutrophil Effector Functions. Diagnostics 12: 1715.

Sollberger G 2022. Approaching Neutrophil Pyroptosis. Journal of Molecular Biology. 434: 167335.

Tanaka S 2024. New developments in mast cell/basophil research. Folia Pharmocologica Japonica. 159: 44–47.

Weiss L 1988. The Blood. En: Cell and Tissue Biology – A Textbook of Histology. Weiss L Editor. 6ª ed. Urban & Schwarzenberg, pp. 211–254.

Hematopoyesis

9

Qué aprenderás en este capítulo

En los últimos años se ha progresado mucho en la comprensión del proceso de formación de la sangre (hematopoyesis) y en este capítulo se describen los últimos hallazgos. La hematopoyesis comienza en las primeras etapas del desarrollo embrionario. Los sitios de formación varían a medida que el embrión se desarrolla, pero cuando se producen los primeros huesos, la hematopoyesis se establece en la médula ósea. La médula ósea es un tejido conjuntivo altamente vascularizado que contiene las células hematopoyéticas. Todas las células sanguíneas del adulto se originan de una célula madre hematopoyética. A partir de esta célula, se producen derivados que se diferencian para formar los distintos tipos celulares sanguíneos. Este capítulo describe con detalle el proceso de formación de las células de la sangre y sus precursores.

9.1 Introducción

A. La formación de las células de la sangre se llama **hematopoyesis o hemopoyesis** (del griego αἱματο- haimato- y αἱμο- haimo-, 'sangre', y ποίησις poíēsis, 'acción, creación').

B. Tradicionalmente, durante la hematopoyesis se han distinguido dos líneas de células sanguíneas:
   1. **Línea linfoide**, que incluye los linfocitos.
      a. La formación de linfocitos se denomina **linfopoyesis**.
   2. **Línea mieloide** (del griego μυελός myelós 'médula', y -οειδές -oeidés 'semejante a'), que incluye las llamadas **células mieloides**, que son eritrocitos, granulocitos, monocitos y plaquetas.
      a. La formación de células mieloides recibe el nombre de **mielopoyesis**. La mielopoyesis incluye:

F.J. Sáez, I. Badiola, *Histología Bucal Básica*,
https://doi.org/10.1007/978-3-032-24363-8_9

(1) **Eritropoyesis** (formación de eritrocitos)
(2) **Granulopoyesis** (formación de granulocitos).
(3) **Monopoyesis** (formación de monocitos).
(4) **Trombopoyesis** (formación de plaquetas).

C. Cuando se hace referencia a la formación de leucocitos se utiliza el término **leucopoyesis**.
D. En el ser humano adulto todas las células sanguíneas proceden del mismo precursor, es decir, de una **célula troncal hematopoyética o célula madre hematopoyética** (**HSC**, por sus siglas en inglés).
   1. Esto es lo que se llama **teoría monofilética**.
   2. En el adulto, las células madre se encuentran en la **médula ósea**. Cuando se dividen, las células hijas que producen pueden seguir dos destinos:
      a. Algunas permanecen como células madre (autorrenovación).
      b. Las restantes se diferencian en células sanguíneas.
E. Que las células hijas tomen una u otra vía está controlado por agentes reguladores del ambiente en el que se encuentra la célula. Esta regulación puede ser por:
   1. El **contacto directo** con las células vecinas.
   2. Por la acción de **moléculas solubles** secretados por dichas células, u hormonas producidas en otros tejidos.
F. Las moléculas que regulan la hematopoyesis se denominan **factores de crecimiento hematopoyéticos**, y entre ellos existen:
   1. **Interleucinas** (**IL**).
   2. Otras **citocinas** (como el **interferón**).
   3. **Factores estimulantes de colonias** (**CSF**, por sus siglas en inglés).
G. Algunos de estos factores actúan de manera precoz, es decir, regulan las primeras fases de la hematopoyesis, pero otros son tardíos y pueden ser específicos de ciertos **linajes**.
H. Muchos factores reguladores se producen en la médula ósea y otros factores se producen en otros órganos y llegan a la médula ósea por la sangre, es decir, son **hormonas**.
I. Hay que tener en cuenta que gran parte de lo que se conoce sobre la hematopoyesis se ha estudiado en ratones. Se ha comprobado que la hematopoyesis humana es muy parecida, pero no exactamente igual.

9.2 La hematopoyesis durante el desarrollo humano

A. En el embrión, la producción de las primeras células sanguíneas se hace por mecanismos complejos y poco conocidos.
B. La primera sangre producida en órganos extraembrionarios y embrionarios se produce a partir de precursores de tipo eritroide y mieloide.
C. En fases embrionarias posteriores y en el adulto la hematopoyesis se produce a partir de una **célula madre hematopoyética** (**HSC**).

D. Durante el desarrollo embrionario, la formación de sangre pasa por varias etapas.
   1. **Hematopoyesis primitiva**. No deriva de la HSC. Es una hematopoyesis extraembrionaria. Se produce en dos lugares:
      a. En el **saco vitelino**.
         (1) Comienza entre los 16 y 18,5 días post coito (dpc).
         (2) Se forman unos grupos de células, llamados **islotes sanguíneos**, cuyas células superficiales forman el endotelio de los primeros vasos sanguíneos y las células interiores forman las primeras células sanguíneas.
         (3) Se producen varios tipos celulares:
            (a) Eritrocitos primitivos nucleados grandes (**megaloblastos**).
            (b) **Megacariocitos**.
            (c) **Monocitos/macrófagos** primitivos. En las semanas posteriores, estas células originan las células de la microglía que se instalan de forma permanente en el sistema nervioso central.
         (4) Hacia los 21–22 dpc, comienza a latir el corazón, se establece la circulación sanguínea intraembrionaria y se observan megaloblastos en las cavidades cardiacas.
      b. En la **placenta** se producen otros **macrófagos (células de Hofbauer)**. Estos macrófagos colaboran en la enucleación de los eritrocitos primitivos.
   2. **Hematopoyesis transitoria definitiva o prodefinitiva**. Comienza con precursores instalados en el saco vitelino y probablemente en el propio embrión. Se produce a partir de dos progenitores diferentes:
      a. **Progenitores mieloides derivados del saco vitelino (yolk sac-derived mieloid progenitors, YSMP).** Estas células colonizan el hígado entre la tercera y cuarta semana. A partir de estos progenitores se producen:
         (1) Macrófagos residentes de los tejidos, como células de la microglía del sistema nervioso central (estas células nunca de precursores del hígado), células de Langerhans de la epidermis y células de Kupffer del hígado.
         (2) Eritrocitos.
      b. **Precursores de células linfoides (LMP)**. Su origen no se conoce. Estas células colonizan pronto el hígado y originan linfocitos B y T.
      c. También se han identificado células similares a las YSMP que se producen en el endotelio embrionario.
   3. **Hematopoyesis definitiva**. Se produce a partir de las **células madre hematopoyéticas (HSC)**. Estas células se originan en la **región aorta-gónada-mesonefros (región AGM)** entre la semana 4 y 5.
      a. Células endoteliales (de origen mesodérmico) forman **islotes hematopoyéticos intra-aórticos (IAHC**, por sus siglas en inglés). Estas células forman un **endotelio hemogénico o HE** en la cara ventral de la aorta dorsal. A partir de este HE se producen las primeras HSC.
      b. Las HSC migran al saco vitelino y a la placenta. Durante esta migración raramente se diferencian, pero pueden dar algunas pocas células sanguíneas.

c. Más tarde, las HSC colonizan el hígado, en el que se instalan hacia la sexta semana. Aquí ya se forman células sanguíneas de forma continua.
d. Finalmente, las HSC siembran la médula ósea en el segundo trimestre.

E. En resumen, durante el primer y el segundo trimestre del desarrollo embrionario humano, el sitio principal de formación de células sanguíneas es el hígado, que actúa como punto de confluencia de todas las vías hematopoyéticas embrionarias.
F. A partir del tercer trimestre, la hematopoyesis embrionaria se produce mayoritariamente en la médula ósea.
G. Al principio todos los huesos producen sangre. En el adulto algunos huesos carecen de médula ósea hematopoyética.

9.3 Modelos de hematopoyesis

A. Hasta el cambio de siglo, se consideraba que la hematopoyesis seguía un **modelo jerárquico**, de forma que el linaje de células hematopoyéticas seguía un esquema que recuerda las ramas de un árbol.
B. El modelo jerárquico se basa en que cada vez que una célula se divide, cada una de sus células hijas tiene dos caminos posibles de diferenciación completamente independientes.
   1. Una vez que han tomado una vía de diferenciación, el proceso es irreversible.
   2. En consecuencia, las células van tomando una vía de diferenciación que depende de la anterior.
C. A este esquema se llegó mediante experimentos de **trasplante de médula ósea**:
   1. Se trataron ratones con **rayos X** para destruir sus células hematopoyéticas.
   2. A estos animales se les inyectaron extractos de la médula ósea de animales con hematopoyesis activa.
   3. En el **bazo** del animal se instalaron **colonias** con uno o varios tipos de células sanguíneas (fig. 9.1).
   4. La médula ósea inyectada contenía células con diferentes mutaciones cromosómicas.
      a. De esta forma, se pudo comprobar que cada colonia derivaba de una única célula trasplantada.
      b. En consecuencia, se asumió que existe un tipo celular precursor de los tipos celulares que se observan en la colonia.
   5. Las células precursoras que se supuso que habían fundado las colonias recibieron el nombre de **unidades formadoras de colonias** (**CFU**, por sus siglas en inglés). Hasta hace poco era habitual llamar a los precursores de algún linaje hematopoyético con esta denominación, pero actualmente está en desuso.
D. Los estudios realizados recientemente han puesto en duda el modelo jerárquico de hematopoyesis.
   1. Se comprobó que algunas vías de diferenciación o linajes no son independientes:

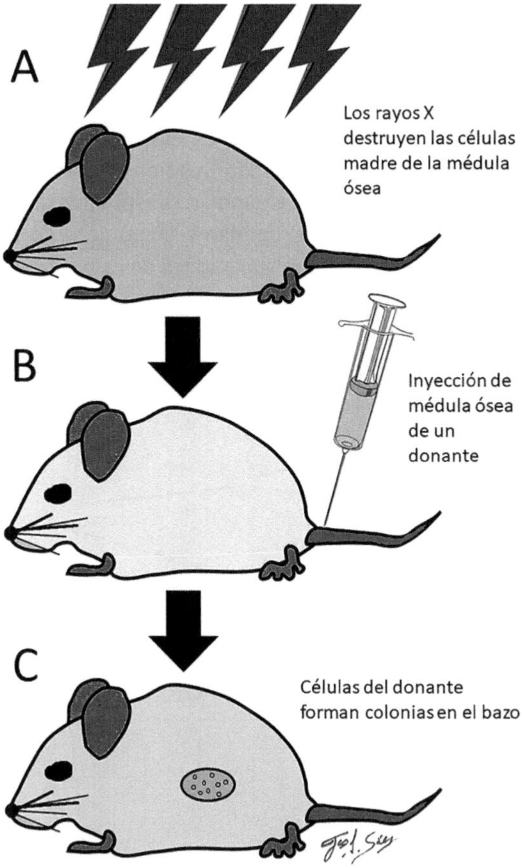

Figura 9.1 Experimento que demuestra la existencia de las células madre y las células progenitoras de las células sanguíneas. El experimento consiste en destruir con rayos X las células madre hematopoyéticas de un ratón (**A**). Pasado un tiempo, el ratón morirá por falta de producción de células sanguíneas. Sin embargo, si se le inyecta médula ósea de otro ratón (**B**), el ratón sobrevive y se observa que en el bazo se producen colonias de células hematopoyéticas (**C**). Si la médula inyectada contiene células con diferentes mutaciones cromosómicas, se puede comprobar que cada colonia deriva de una única célula trasplantada. En consecuencia, se puede asumir que existe un tipo celular precursor de los tipos celulares que se observan en una colonia. Las células precursoras que se supone han fundado las colonias recibieron el nombre de unidades formadoras de colonias (CFU), aunque esta denominación está siendo remplazada a medida que se descubren nuevos datos

   a. Algunas células que aparentemente deberían producir una línea o un linaje, pueden producir dos líneas o dos linajes diferentes.
   b. Es decir, existen varias trayectorias de diferenciación entrelazadas y una célula puede cruzar de una vía a otra.
2. La vía de diferenciación que siga un progenitor depende del **ambiente** regulatorio que encuentre en la médula ósea, es decir, en la médula ósea puede

haber **compartimentos progenitores o nichos** que condicionan el destino de la célula progenitora.

E. La fig. 9.2 muestra un esquema que representa el modelo actual de hematopoyesis.

F. Análisis genómicos y moleculares recientes indican que todas las HSC no son iguales. En los ratones se ha diferenciado tres tipos de HSC:

1. **LT-HSC** (células a largo plazo). Cuando se trasplantan a un animal irradiado, pueden producir todos los tipos celulares sanguíneos de forma prolongada. En reposo no se dividen, pero en situaciones de estrés se reactivan y vuelven a dividirse.

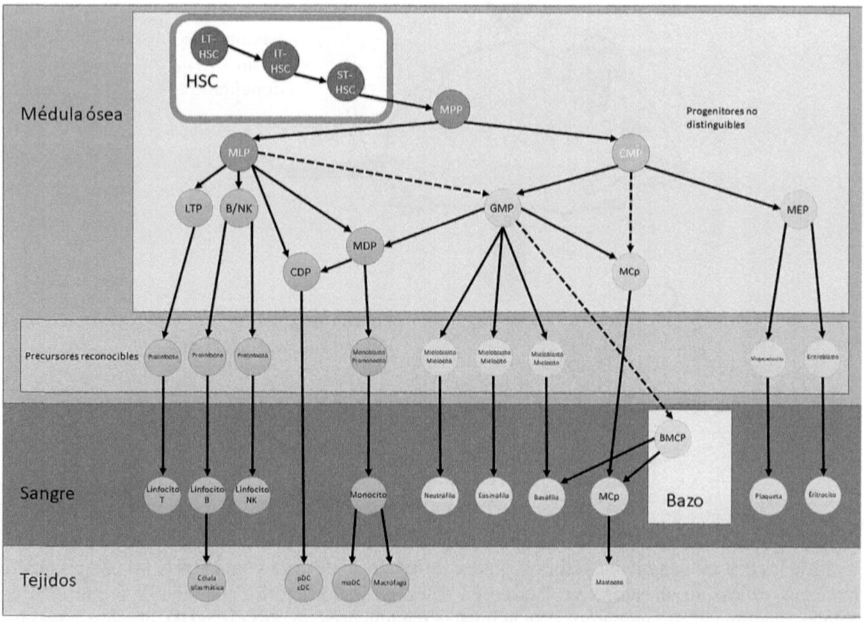

Figura 9.2 Esquema que representa el modelo de hematopoyesis humana aceptado en la actualidad. De arriba abajo se han representado los precursores no identificables, los precursores identificables de la médula ósea, las células circulantes por la sangre y, cuando difieren de las circulantes, las células diferenciadas que se pueden observar en los tejidos. También se incluye un recuadro con células precursoras que se desarrollan en el bazo. Las flechas de trazo continuo representan las vías de diferenciación predominantes y las flechas de trazo discontinuo representan algunas vías alternativas o minoritarias. B/NK, precursor de linfocitos B y NK; BMPC, progenitor bipotente de basófilos y mastocitos; cDC, células dendríticas convencionales o mieloides; CDP, precursor común de células dentríticas; CMP, progenitor común mieloide; GMP, progenitor de granulocitos y monocitos; IT-HSC, célula madre hematopoyética intermedia; LT-HSC, célula madre hematopoyética de larga duración; LTP, precursor de linfocitos T; MCp, progenitor de mastocitos; MDP, progenitor de monocitos y células dendríticas; MEP, progenitor de megacariocitos y eritrocitos; MLP, progenitor linfoide común; moDC, células dendríticas monocíticas; MPP, progenitor multipotente; pDC, células dendríticas plasmocitoides; ST-HSC, célula madre hematopoyética de corta duración

2. **ST-HSC** (células a corto plazo). Cuando se trasplantan a un animal irradiado pueden producir células sanguíneas durante un tiempo breve (8–12 semanas).
3. **IT-HSC** (células de plazo intermedio), que poseen una capacidad de autorrenovación limitada y se sitúan por tanto un estadio de diferenciación intermedio.

G. No está claro que en el ser humano existan los tres tipos de HSC, aunque es posible.

H. Las HSC pueden atravesar las paredes de los vasos sanguíneos y circular por la sangre.

I. Las ST-HSC pueden originar **progenitores multipotentes** (**MPP**):
1. Se dividen con rapidez y producen todas las células de la sangre, igual que una HSC.
2. A diferencia de las HSC, no tienen la capacidad de autoperpetuarse y deben regenerarse a partir de las ST-HSC.

J. Existen diferencias en la hematopoyesis murina y humana. Aquí se va a describir la hematopoyesis humana, por lo que pueden encontrarse diferencias con las descripciones de otros textos que pueden estar basados en la hematopoyesis del ratón.

K. A partir de la MPP, se producen dos tipos de células progenitoras (**células progenitoras comunes**), indistinguibles, que producen dos líneas diferentes:
1. **Progenitor común mieloide (CMP)**, es la precursora de la línea mieloide. Produce:
   a. **Progenitor de granulocitos y monocitos (GMP)**. De esta célula se forman:
      (1) **Progenitor de mastocitos (MCp)**. Esta célula circula por la sangre para originar los mastocitos en los tejidos.
      (2) Granulocitos.
      (3) **Progenitor de monocitos y células dendríticas (MDP)**. A partir de esta célula se pueden originar:
         (a) Monocitos.
         (b) El **precursor común de células dendríticas (CDP)**.
      (4) Es posible que este GMP pueda circular por la sangre hasta el bazo, donde origina un **progenitor bipotente de basófilos y mastocitos (BMCP)**, del cual se producen dos tipos celulares que salen al torrente sanguíneo:
         (a) Basófilos.
         (b) MCp, que en los tejidos originan mastocitos.
   b. **Progenitor de megacariocitos y eritrocitos (MEP)**, del cual se producen las plaquetas y los eritrocitos.
   c. En menor medida, es posible que CMP pueda producir directamente MCp.
2. **Progenitor linfoide inmaduro** (**multilymphoid progenitor** or **MLP**, en inglés), precursora de la línea linfoide. A partir de estas células se pueden seguir dos rutas:
   a. **Ruta mayoritaria**: esta vía de diferenciación produce las células de la línea linfoide:

(1) **Precursor de linfocitos T (LTP)**.
(2) **Precursor de linfocitos B y NK**.

b. **Ruta minoritaria**: esta vía de diferenciación se produce en ciertos casos y produce células de la línea mieloide:
   (1) MDP, que a su vez puede originar monocitos y CDP.
   (2) Directamente CDP.
   (3) En ciertas condiciones, es posible que den lugar al GMP y producir granulocitos (al menos neutrófilos).

L. Todos estos progenitores que hemos mencionado son células indistinguibles al microscopio con las técnicas histológicas habituales, pero se pueden identificar gracias a marcadores moleculares y genéticos.

M. Finalmente, de las células progenitoras mencionadas surgen células precursoras ya reconocibles:
   1. La mayoría de estas células se denominan, como es habitual, con el sufijo **-blasto**.
   2. Estas células precursoras son **monopotentes**, es decir, cada una es capaz de producir sólo un tipo celular sanguíneo.

N. Las células madre y las células progenitoras comunes se dividen con relativa lentitud para mantener su población, mientras que la frecuencia de la mitosis aumenta en las siguientes formas precursoras.

9.4 Médula ósea

A. La médula ósea es una variedad de **tejido conjuntivo reticular** que se encuentra en las cavidades de los huesos:
   1. Canal medular de la diáfisis de los huesos largos.
   2. Espacios entre las trabéculas del hueso esponjoso.

B. Está formada por (fig. 9.3):
   1. **Células reticulares**. Son una variedad de fibroblastos de forma estrellada, que suelen disponerse cerca de los vasos sanguíneos o formando prolongaciones que rodean los vasos. Por ello se les llama (**células reticulares adventiciales o células adventiciales**).
   2. **Fibras reticulares** (**colágena de tipo III**). Se disponen entrecruzadas.
   3. **Células hematopoyéticas**. Son muy variadas y se describirán más adelante. En general son:
      a. **Precursores de eritrocitos**.
      b. **Precursores de granulocitos**.
      c. **Precursores de linfocitos**.
      d. **Precursores de monocitos**.
      e. **Megacariocitos**. Producen las plaquetas.
   4. **Adipocitos**, que se forman de la acumulación de lípidos en algunas células reticulares.

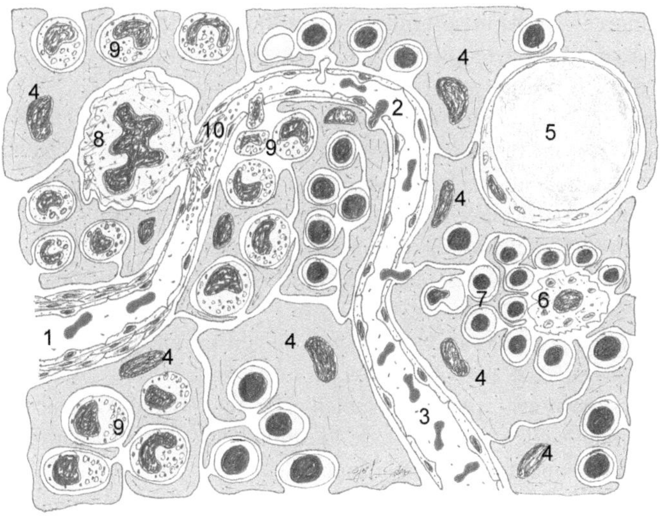

Figura 9.3 Estructura histológica de la médula ósea. 1, arteriola; 2, sinusoide; 3, vénula postcapilar; 4, células reticulares adventiciales; 5, adipocito; 6, macrófago; 7, nido eritropoyético o eritroblástico; 8, megacariocito; 9, precursores de granulocitos; 10, liberación de plaquetas

5. **Macrófagos,** que destruyen las células no útiles o muertas (eritrocitos viejos) y restos celulares, como los núcleos expulsados de los precursores de los eritrocitos.

C. Se llama tejido reticular porque las células reticulares emiten prolongaciones citoplasmáticas que se extienden cubriendo las fibras reticulares y forman un entramado. Este entramado de células y fibras crea un ambiente propicio para que aniden las células hematopoyéticas en los huecos de la malla.

D. La médula ósea está vascularizada:
1. Entran vasos sanguíneos pequeños, **arteriolas**, que se ramifican.
2. De las arteriolas surgen unos capilares llamados **sinusoides** (del latín sinus 'seno' y -oīdes, y este del griego clásico -ειδής -eidḗs o -ειδές -eidés 'semejante a'):
   a. Comparados con la mayoría de los capilares, los sinusoides son muy amplios (30–75 μm).
   b. Su pared de células endoteliales, así como la lámina basal, están perforadas para permitir la entrada y salida de células sanguíneas.
   c. Algunos sinusoides se observan completamente repletos de células sanguíneas, por lo que se cree que en ellos la sangre no circula, sino que se acumula.
      (1) Estos sinusoides actúan como zonas de reserva o almacén.
      (2) Cuando se necesitan más células sanguíneas, los sinusoides movilizan las células almacenadas hacia la circulación sanguínea y se vacían, para volver a llenarse más tarde.

3. La sangre llega por las arteriolas, se distribuye por los sinusoides y finalmente pasa a **vénulas postcapilares** que llevan la sangre a la circulación venosa de retorno al corazón.

E. Recientemente se han identificado algunos **nichos hematopoyéticos**:
1. Las HSC se localizan cerca de los vasos sanguíneos, preferentemente cerca de la superficie de una trabécula ósea:
   a. La mayoría de las HSC están adosados a los sinusoides, cercanas a las células endoteliales y a células adventiciales.
   b. Otras están adosadas a las arteriolas más pequeñas, en contacto con **pericitos**.
2. Las células precursoras de eritrocitos suelen formar grupos llamados **nidos eritropoyéticos o eritroblásticos**.
   a. Estos nidos eritropoyéticos suelen estar en contacto con macrófagos.
   b. También suelen estar cerca de los sinusoides para facilitar el paso de los eritrocitos neoformados a la sangre.
3. Los **megacariocitos** están situados junto a los sinusoides y emiten prolongaciones citoplasmáticas que penetran en la luz de dichos sinousoides, donde se fragmentan y se convierten en plaquetas.
4. Los precursores de linfocitos están controlados por los **osteoblastos**, y por eso suelen encontrarse próximos al **endostio** que recubre las trabéculas óseas.
5. Los precursores de los granulocitos pueden verse entremezclados o en pequeños grupos alejados de los sinusoides. Las formas más maduras de estas células pueden moverse y desplazarse hacia los sinusoides.

F. La médula hemopoyética se denomina **médula ósea roja**, por su color en fresco.
1. En el neonato, toda la médula ósea produce sangre.
2. En el adulto esta función queda restringida a las vértebras, las costillas, el esternón, los coxales y las epífisis proximales del húmero y el fémur.

G. Las regiones de la médula que no realizan hematopoyesis se convierten en tejido adiposo y se denominan **médula ósea amarilla**, por su color en fresco.

9.5 Eritropoyesis

A. Los eritrocitos viven unos cuatro meses, por lo que es necesario que se produzcan constantemente.

B. Se generan a partir de un progenitor de eritrocitos y megacariocitos (**MEP**) que pertenece a la línea mieloide, es decir, que desciende de **CMP**.

C. A partir de estas células precursoras se producen células ya distinguibles al microscopio según esta secuencia (fig. 9.4):
1. **Proeritroblastos**.
   a. Células de 14–20 μm de diámetro.
   b. El citoplasma es basófilo.
   c. El núcleo es grande, eucromático, con algo de heterocromatina uniformemente dispersa y dos o más nucléolos.
   d. Se dividen por mitosis varias veces hasta producir el siguiente tipo celular.

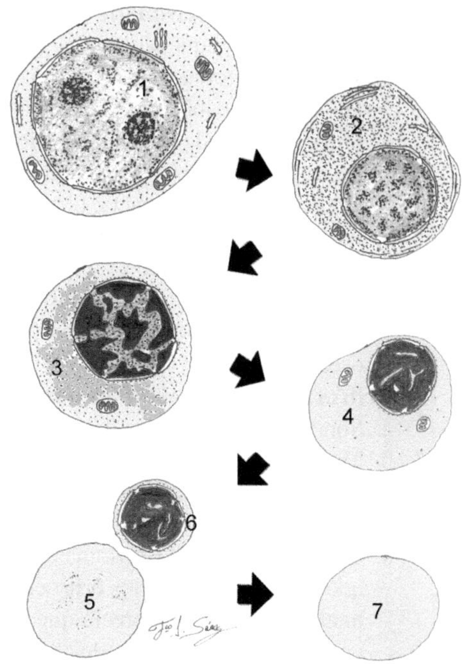

Figura 9.4 Eritropoyesis. Las flechas muestran el progreso de la diferenciación. 1, proeritroblasto; 2, eritroblasto basófilo; 3, eritroblasto policromatófilo; 4, eritroblasto ortocromático (normoblasto); 5, eritrocito policromatófilo o reticulocito; 6, fragmento celular con el núcleo del eritroblasto; 7, eritrocito

2. **Eritroblastos basófilos**. Difíciles de distinguir de los proeritroblastos.
   a. Son algo más pequeños (15 μm).
   b. Su citoplasma es muy basófilo, pues posee muchos **ribosomas** libres para sintetizar hemoglobina, y apenas se observa retículo endoplásmico rugoso.
   c. Tienen un anillo periférico de microtúbulos que mantiene la forma celular.
   d. Su núcleo posee cromatina en grumos y no muestra nucléolos, ya que cesa la síntesis de ribosomas.
   e. Estas células también proliferan por mitosis.
3. **Eritroblastos policromatófilos**.
   a. De menor tamaño (12–15 μm).
   b. El citoplasma tiene una tinción peculiar:
      (1) Regiones basófilas con parches acidófilos, o zonas con variaciones de color, desde un verde azulado a verde gris de intensidad decreciente.
      (2) Se debe a que va disminuyendo el número de ribosomas al tiempo que aumenta la concentración de **hemoglobina**.
      (3) Como la hemoglobina fija la eosina, mientras que los ribosomas fijan los colorantes azules alcalinos, el resultado es una mezcla de tinción variable en cada célula.
   c. Núcleo más pequeño, con cromatina bastante condensada que muestra un patrón cuadriculado como de **tablero de ajedrez**.
   d. Estas células también pueden dividirse por mitosis.

4. **Eritroblastos ortocromáticos o acidófilos (normoblastos).**
   a. Células más pequeñas que las anteriores, en torno a las 10 μm.
   b. Poseen un citoplasma eosinófilo debido a la abundancia de hemoglobina y la escasez de ribosomas. El citoplasma carece de orgánulos, salvo alguna mitocondria aislada y algunos ribosomas libres.
   c. Su núcleo, pequeño y excéntrico, se tiñe con intensidad. La cromatina nuclear es muy compacta, organizada en masas gruesas.
   d. Estas células no se dividen.
   e. Finalmente, el núcleo es expulsado rodeado de una fina película de citoplasma con su membrana plasmática y la célula se convierte en el reticulocito. El núcleo expulsado es destruido por los macrófagos de la médula ósea.
5. **Eritrocitos policromatófilos o reticulocitos.**
   a. Son la forma inmadura del eritrocito.
   b. Tienen el tamaño de un eritrocito.
   c. Son células anucleadas originadas de los normoblastos que han expulsado su núcleo.
   d. Contienen algunos ribosomas, lo que da a su citoplasma un tono basófilo que no se observa en los eritrocitos maduros. Si la tinción se produce con **azul de cresilo**, se aprecia que los ribosomas forman una malla azulada en el citoplasma rosado, de ahí el nombre de **reticulocitos**.
   e. Atraviesan las paredes de los sinusoides y penetra en el torrente circulatorio.
   f. Cuando pierden los ribosomas se observan como eritrocitos típicos.

D. Apenas un 1 % de los eritrocitos totales se encuentra en la médula ósea ya que no se almacenan eritrocitos en la médula ósea.
E. El proceso de formación de eritrocitos desde un eritroblasto basófilo dura una semana, aproximadamente.
F. La eritropoyesis está estimulada por la **eritropoyetina** (**EPO**), una hormona producida en el riñón.

9.6 Granulopoyesis

A. Según el modelo tradicional de hematopoyesis, la producción de granulocitos (neutrófilos, basófilos y eosinófilos) se realiza a partir de la célula mieloide **CMP**, que es común a otras células sanguíneas, y a partir de la cual se origina el progenitor de monocitos y granulocitos (**GMP**).
B. En ciertas circunstancias, el GMP puede originarse también a partir de la célula linfoide **MLP**.
C. En todos los casos, a partir de GMP se producen precursores de cada tipo de granulocito identificables en las preparaciones microscópicas.
D. Los primeros precursores de los distintos tipos de granulocitos (neutrófilos, eosinófilos y basófilos) son morfológicamente semejantes entre sí, e incluso las primeras células del proceso son indistinguibles.

E. La secuencia de diferenciación que se produce en la médula ósea es (fig. 9.5):
1. **Mieloblastos**. Los mieloblastos que producen neutrófilos, los que producen basófilos y los que producen eosinófilos son iguales morfológicamente y, por lo tanto, indistinguibles. Presentan estas características:
   a. Células de 15 a 20 μm de diámetro.
   b. Poseen un núcleo oval con heterocromatina periférica y tres o más nucléolos.
   c. Tiene un citoplasma basófilo y sin gránulos.
   d. Se dividen por mitosis.
2. **Promielocitos (progranulocitos)**. Como ocurre con los mieloblastos, es imposible distinguir si un promielocito es del linaje neutrófilo, eosinófilo o basófilo.
   a. Son células más grandes (18–24 μm).
   b. El núcleo es arriñonado, con heterocromatina periférica y otra heterocromatina dispersa, y posee uno o dos nucléolos.
   c. Características del citoplasma:
      (1) Poseen **gránulos azurófilos**:
         (a) Estos gránulos se sintetizan únicamente en esta fase.
         (b) Al microscopio electrónico, los gránulos azurófilos son densos, de 0,1 a 0,25 μm.

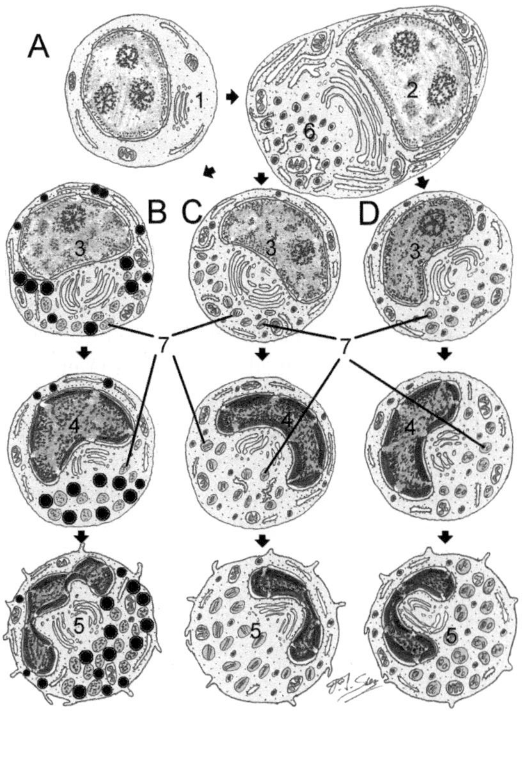

Figura 9.5 Granulopoyesis. Las flechas muestran el progreso de la diferenciación. Se muestran los tipos celulares comunes para los tres tipos de granulocitos (**A**) y las formas precursoras de neutrófilos (**B**), de eosinófilos (**C**) y de basófilos (**D**). 1, mieloblasto; 2, promielocito (progranulocito); 3, mielocitos; 4, metamielocitos; 5, granulocito maduro; 6, gránulos azurófilos; 7, gránulos específicos. No se muestra la forma en cayado precursora del neutrófilo

(2) Se observan cisternas de retículo endoplásmico y ribosomas libres.
(3) El complejo de Golgi se sitúa junto a la escotadura nuclear.

d. Estas células van creciendo, pasando de unas 18 μm iniciales a las 24 μm finales. Se producen entonces divisiones mitóticas, que vuelven a originar células más pequeñas.

3. **Mielocitos**. Es posible distinguir tres tipos de mielocitos: mielocitos neutrófilos, mielocitos eosinófilos y mielocitos basófilos.
   a. Miden entre 10 y 16 μm de diámetro.
   b. Tienen núcleos de formas variadas, normalmente escotados, y con un único nucléolo.
   c. En los citoplasmas celulares ya son visibles los **gránulos específicos** propios de cada tipo de granulocito.
   d. Se dividen por mitosis.
4. **Metamielocitos**. Se pueden distinguir metamielocitos neutrófilos, eosinófilos y basófilos.
   a. Su tamaño está entre las 12 y 15 μm.
   b. El núcleo es muy escotado y puede tener forma de riñón.
   c. Los gránulos específicos son más abundantes que los azurófilos.
   d. Son células incapaces de dividirse.
5. **Granulocito inmaduro (etapa en banda)**. Al menos en el caso de los neutrófilos, los primeros granulocitos que se producen poseen un núcleo con forma de cayado, en el que todavía no se distingue la lobulación característica. Esta forma ya puede circular por la sangre. Esta célula se denomina **forma en banda o en cayado**.
6. **Granulocito maduro**. Cuando se distinguen claramente dos lóbulos en el núcleo, se considera que el granulocito está maduro (etapa segmentada). En el caso del neutrófilo, se denomina **neutrófilo segmentado**.

F. El desarrollo de los neutrófilos se conoce con más detalle:
   1. La fase mitótica de su desarrollo dura una semana.
   2. La fase postmitótica dura una semana.
   3. Su vida media en la sangre es de 6–12 horas.
   4. La vida en el tejido conjuntivo es de unos 2–3 días, por lo que es necesario producir estas células de forma continua.

G. Suele haber en la médula ósea una gran reserva de metamielocitos, formas en cayado y neutrófilos segmentados.
   1. Pueden ser liberados en caso de necesidad, como puede ser cuando se produce una infección bacteriana.
   2. Se ha calculado que existen 30 células en banda o maduras en la médula ósea por cada célula circulante.

9.7 Linfopoyesis

A. La linfopoyesis se produce a partir del progenitor linfoide maduro (**MLP**). Este progenitor origina precursores de linfocitos, **prolinfocitos**, que son difíciles de identificar morfológicamente, ya que son células similares a los linfocitos maduros.
B. Los precursores de los linfocitos se producen en la médula ósea pero pueden viajar por la sangre y completar su diferenciación en otros órganos.
   1. **Linfocitos T**.
      a. Los prolinfocitos se trasladan desde la médula ósea al **timo**. Allí, se producen **linfocitos Th y Tc vírgenes** (que no han contactado todavía con su antígeno específico), que pasan a la sangre.
      b. Los linfocitos vírgenes siembran los **órganos linfoides secundarios** (ganglios linfáticos, placas de Peyer, Bazo, amígdalas) donde podrán contactar con su antígeno y convertirse en **células efectoras** y **linfocitos T memoria**.
   2. **Linfocitos B**.
      a. A partir de prolinfocitos se desarrollan los **linfocitos B vírgenes** en la médula ósea (aunque parece que completan su desarrollo en el bazo).
      b. Los linfocitos vírgenes se desplazan a los **folículos linfoides** de los órganos linfoides secundarios, donde maduran cuando contactan con un antígeno y se convierten en **células efectoras** (células plasmáticas) y **linfocitos B memoria**.
   3. **Linfocitos NK**. Maduran tanto en la médula ósea como en el timo.

9.8 Monopoyesis (monocitopoyesis)

A. Los monocitos se producen a partir de un precursor común con los granulocitos, el **GMP**. De esta célula se produce el progenitor de monocitos y células dendríticas, **MDP**.
B. A partir del MDP se originan **monoblastos**, que se convierten en **promonocitos**.
   1. Ambas son formas difíciles de diferenciar, ya que son escasas y semejantes a otros precursores de otras células sanguíneas.
   2. Se dividen por mitosis.
C. El promonocito mide unas 20 μm de diámetro, posee una cromatina fina, su citoplasma es basófilo, con el aparato de Golgi y el retículo endoplásmico bien desarrollados y numerosos gránulos azurófilos pequeños. Finalmente originan los monocitos.
D. Los monocitos derivan de la línea mieloide, pero algunos pueden formarse a partir del **progenitor linfoide inmaduro, MLP**, que puede originar MDP.
E. La diferenciación de un monocito en la médula ósea puede durar 2–3 días.
F. Los monocitos permanecen en la sangre 12–24 horas y migran al tejido conjuntivo y otros tejidos, donde se convierten en **macrófagos** y otras células del **sistema fagocítico mononuclear**.

9.9 Trombopoyesis

A. La **trombopoyesis** es la formación de plaquetas, que tienen un origen común con los eritrocitos a partir de la progenitora de megacariocitos y eritrocitos (**MEP**).

B. El primer precursor identificable que se origina del MEP es el **megacarioblasto**:
   1. Mide de 15 a 25 μm de diámetro.
   2. Su núcleo, como el de la mayoría de las células humanas, es **diploide** (2n cromosomas).
   3. Replicaciones sucesivas de los cromosomas, sin división del núcleo ni el citoplasma (**endomitosis**), dan lugar a células **poliploides**, con dotaciones cromosómicas **4n**, **8n**, **16n**, **32n** y **64n**.
   4. También se producen divisiones de los centriolos en el citoplasma, de manera que el número de pares de centriolos se corresponde con el grado de poliploidía.
   5. La célula resultante es el megacariocito.

C. Los **megacariocitos** (del griego antiguo μεγα- mega- 'grande', y κάρυον káryon 'nuez', 'núcleo') son unas células gigantes polimorfonucleares (fig. 9.6).
   1. Son muy grandes, de 50 a 100 μm de diámetro.
   2. Son esféricas, pero con **pseudópodos** irregulares y romos en su superficie.
   3. El núcleo es grande, multilobulado, con un número de lóbulos variable.
   4. Posee **gránulos azurófilos**.
   5. En el megacariocito maduro se producen **canales de demarcación** del citoplasma:

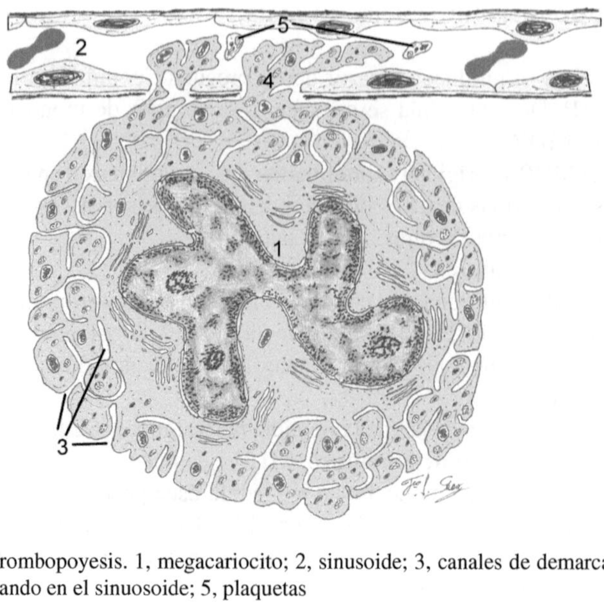

Figura 9.6 Trombopoyesis. 1, megacariocito; 2, sinusoide; 3, canales de demarcación; 4, pseudópodo penetrando en el sinuosoide; 5, plaquetas

a. No está claro si son producidos por la fusión de vesículas intracitoplasmáticas o por invaginaciones de la membrana plasmática.
b. Estos canales dividen la periferia celular en regiones pequeñas del citoplasma que contienen gránulos y algunos orgánulos.
c. Estas regiones son las precursoras de las plaquetas.

6. Las zonas del citoplasma que poseen canales de demarcación se extienden como prolongaciones (**pseudópodos**), que atraviesan las paredes de los sinusoides de la médula ósea y se despliegan por la luz del vaso sanguíneo.

D. Las prolongaciones celulares que penetran en los sinusoides se fragmentan en plaquetas.
1. Un megacariocito puede tener hasta seis prolongaciones.
2. Se pueden producir más de mil plaquetas de una de estas prolongaciones.

E. Al final del proceso, el megacariocito muere y sus restos son degradados por los macrófagos.

F. La trombopoyesis es estimulada por la **trombopoyetina**, una hormona que se produce en el **hígado** y el **riñón**.

9.10 Origen de las células dendríticas interdigitantes (DC o IDC)

A. El origen de estas células presentadoras de antígenos se está aclarando en los últimos años.

B. Hay varias poblaciones de estas células que pueden tener diferentes orígenes:
a. Las **células dendríticas monocíticas (moDC)** se han identificado recientemente y se producen en los tejidos a partir de monocitos.
b. Células dendríticas convencionales o mieloides (cDC) y células dendríticas plasmacitoides (pDC).
(1) Hace algunos años se pensaba que las **células dendríticas convencionales o mieloides (cDC)** se formarían de la línea mieloide y las **células dendríticas plasmacitoides (pDC)** de la línea linfoide.
(2) Ahora parece claro que las cDC y las pDC se producen a partir del mismo precursor de la médula ósea. Este precursor se ha denominado **precursor común de células dendríticas** (**CDP**, por sus siglas en inglés). Este precursor tiene su origen a partir de:
(a) **MDP**, que se puede orignar de la línea mieloide (GMP), pero también se puede producir a partir de la línea linfoide (MLP).
(b) Se puede producir directamente a partir del MLP.

C. Conviene recordar que las **células de Langerhans**, que se consideran una variedad de células dendríticas infiltradas en algunos epitelios, se producen durante el desarrollo embrionario a partir de precursores del saco vitelino.

9.11 Origen de los mastocitos

A. Los mastocitos se producen de precursores de la médula ósea, concretamente del precursor mieloide, **CMP**.
B. Se ha descubierto que puede haber varias vías de diferenciación que originan mastocitos.
C. Todas las rutas tienen en común que se produce un **progenitor de mastocitos (MCp)**, que se incorpora a la circulación sanguínea y pasa a los tejidos, donde se convierte en mastocitos.
D. Las rutas descubiertas hasta ahora son:
   1. MCp se produce en la **médula ósea**. Esta ruta tiene dos alternativas:
      a. MCp se produce directamente a partir de CMP.
      b. MCp se produce a partir de GMP, que a su vez desciende de CMP.
   2. MCp se produce en el **bazo**:
      a. La célula GMP se desplaza desde la médula ósea por la sangre hasta el bazo.
      b. En el bazo, GMP produce un **progenitor bipotente de basófilos y mastocitos (BMCP)**. Esta célula origina basófilos y MCp, que se desplazan por la sangre.

Lo que hay que recordar

La hematopoyesis es la producción de células sanguíneas. Durante el desarrollo embrionario, las primeras células sanguíneas se producen en el saco vitelino y la placenta (hematopoyesis primitiva). Más tarde, se observan células progenitoras mieloides y linfoides en el saco vitelino y el endotelio embrionario (hematopoyesis definitiva transitoria). Finalmente, las células madre hematopoyéticas se originan en la región aorta-gónada-mesonefros y migran a la médula ósea (hematopoyesis definitiva). En el adulto, a partir de estas células madre se forman un progenitor mieloide común (CMP), que produce progenitores de granulocitos, monocitos, plaquetas y eritrocitos, y un progenitor linfoide inmaduro (MLP), que produce principalmente precursores de linfocitos y, en raras ocasiones, precursores de monocitos y células dendríticas. La médula ósea tiene células y fibras reticulares que proporcionan un nicho adecuado para las células hematopoyéticas. Hay sinusoides sanguíneos con paredes perforadas que facilitan la entrada de las células sanguíneas formadas. Los precursores de los eritrocitos (eritroblastos) sintetizan hemoglobina y pierden el núcleo y los orgánulos. Los precursores de granulocitos (mieloblastos y mielocitos) sintetizan gránulos primarios y secundarios. Los precursores de linfocitos (prolinfocitos) producidos en la médula ósea maduran aquí (linfocitos B) o se desplazan al timo para madurar (linfocitos T). Los monoblastos forman promonocitos que dan lugar a los monocitos. Las plaquetas se producen como fragmentos del citoplasma de células gigantes poliploides, los megacariocitos. Las células dendríticas interdigitantes se producen a partir de monocitos (células dendríticas monocíticas) o del precursor común de las células dendríticas (células dendríticas convencionales y células dendríticas plasmocitoides). Las células de Langerhans se originan durante el desarrollo embrionario a partir de precursores del saco vitelino.

Lectura adicional

Bonnet D 2002. Haematopoietic stem cells. J. Pathol. 197: 430–440.

Calvanese V, Mikkola H K A 2023. The genesis of human hematopoietic stem cells. Blood 142: 519–527.

Dahlin J S, Hallgren J 2015. Mast cell progenitors: Origin, development and migration to tissues. Molecular Immunology 63: 9–17.

Doulatov S, Notta F, Laurenti E, Dick J E 2012. Hematopoiesis: A Human Perspective. Cell Stem Cell 10: 120–136.

Gremmel T, Frelinger A L III, Michelson A D 2024. Platelet Physiology. Seminars in Thrombosis and Hemostasis 50: 1173–1186.

Ivanovs A, Rybtsov S, Ng E S, et al. 2017. Human haematopoietic stem cell development: from the embryo to the dish. Development 144: 2323–2337.

Jee W S S 1988. Bone Marrow. En: Cell and Tissue Biology – A Textbook of Histology. Weiss L Editor. 6ª ed. Urban & Schwarzenberg, pp. 467–478.

Kierszenbaum A L, Tres L L 2019. Blood and hematopoiesis. En: Histology and Cell Biology – An Introduction to Pathology. 5ª ed. Elsevier, pp. 199–236.

Konieczny J, Arranz L 2018. Updates on Old and Weary Haematopoiesis. Int. J. Mol. Sci. 19: 2567.

Krstić R V 1991. Bone Marrow and Hematopoiesis. En: Human Microscopic Anatomy. An Atlas for Students of Medicine and Biology. Springer Verlag, pp. 5–29.

Laurenti E, Göttgens B, 2018. From haematopoietic stem cells to complex differentiation landscapes. Nature 553: 418–426.

McGrath K E, Frame J M, Palis J. 2015. Early hematopoiesis and macrophage development. Seminars in Immunology 27: 379–387.

Miyake K, Ito J, Karasuyama H 2024. Novel insights into the ontogeny of basophils. Frontiers in Allergy 5: 1402841.

Morrison S J, Scadden D T, 2014. The bone marrow niche for haematopoietic stem cells. Nature 505: 327–334.

Murphy T L, Grajales-Reyes G E, Wu X, et al. 2016. Transcriptional Control of Dendritic Cell Development. 34: 93–119.

Ng A P, Alexander W S 2017. Haematopoietic stem cells: past, present and future. Cell Death Discovery 3: 17002.

O'Dowd G, Bell S, Wright S 2023. Blood, haematopoiesis and bone marrow. En: Wheater's Functional Histology. Elsevier, pp. 46–64.

Park J, Kang S-J 2024. The ontogenesis and heterogeneity of basophils. Discovery Immunology 3: kyae003.

Rogkoti T, Donnelly H, Dalby M J et al. 2025. Mechanical signatures and models of the bone marrow niche. Nature Reviews Bioengineering, https://doi.org/10.1038/s44222-025-00305-6

Weiss L 1988. The Life Cycle of Blood Cells. En: Cell and Tissue Biology – A Textbook of Histology. Weiss L Editor. 6ª ed. Urban & Schwarzenberg, pp. 445–466.

Zhang Y, Gao S, Xia J, Liu F 2018. Hematopoietic Hierarchy – An Updated Roadmap. Trends Cell Biol. 28: 976–986

Tejidos musculares 10

Qué aprenderás en este capítulo
Este capítulo describe los tres tipos de tejido muscular: músculo liso, músculo esquelético y músculo cardíaco. Todos están formados por células que se pueden contraer debido a la organización especial de su citoesqueleto y el deslizamiento de los microfilamentos de actina entre los de miosina. Se explica que el músculo esquelético y el cardíaco muestran una estriación transversal cuando se ven bajo el microscopio, mientras que el músculo liso no tiene. También se muestra cómo se organizan el citoesqueleto y otros orgánulos en las células de cada uno de estos tipos musculares y cómo ocurre la contracción.

10.1 Características generales

A. La principal característica de los tejidos musculares es la capacidad de **contracción**.
   1. Todos los tejidos musculares se caracterizan porque sus células son alargadas y se orientan en una dirección que coincide con la dirección en la que se produce la contracción.
   2. La contracción de los tejidos musculares permite el movimiento de unas partes del cuerpo humano con respecto de otras. Esto posibilita la locomoción, la constricción, el bombeo de líquidos, la erección de los pelos, la gesticulación, etc.

B. Con frecuencia se observa que las **células musculares o miocitos** (del griego antiguo μῦς, μυός mŷs, myós, 'músculo') forman estructuras microscópicas alargadas:
   1. Estas estructuras alargadas se denominan **fibras musculares**.

F.J. Sáez, I. Badiola, *Histología Bucal Básica*,
https://doi.org/10.1007/978-3-032-24363-8_10

2. En muchas ocasiones dichas fibras son las propias células musculares, es frecuente utilizar como sinónimos los términos fibra muscular y célula muscular[1].

C. Los órganos contráctiles formados por tejido muscular se denominan **músculos**.

D. Algunos componentes de las células musculares reciben nombres especiales, por ejemplo:
   1. La membrana plasmática se llama **sarcolema** (del griego σαρκο- sarko-, 'carne' y λέμμα lémma, 'corteza').
   2. El citoplasma se llama **sarcoplasma**.
   3. El retículo endoplásmico liso se llama **retículo sarcoplásmico**.

E. El tejido muscular es de origen mesodérmico y se origina a partir del **mesénquima** embrionario. Algunas células mesenquimáticas se convierten en células musculares.

F. En el adulto, es posible la conversión de **células mesenquimáticas de reserva** en células musculares.

10.2 Variedades de tejido muscular

A. Tradicionalmente se distinguen tres o cuatro variedades de tejido muscular que producen dos categorías de músculo (fig. 10.1):
   1. El **músculo liso** se llama así porque en él no se aprecian bandas transversales.
      a. Está formado por células fusiformes.
      b. Su contracción es lenta.
   2. Los **músculos estriados** están formados por células musculares que muestran bandas transversales espaciadas regularmente. Existen diferentes variedades de músculo estriado:
      a. El **músculo esquelético**, que constituye la musculatura somática, es decir, la de la pared corporal y la de las extremidades.
         (1) Está formado por células cilíndricas muy largas y multinucleadas.
         (2) Su contracción es rápida y vigorosa.
      b. El **músculo estriado visceral**. No está asociado al esqueleto, sino que se encuentra en órganos blandos.
         (1) Se encuentra en la lengua, la faringe, la parte lumbar del diafragma y la parte superior del esófago.
         (2) Tiene las mismas características que el músculo esquelético, por lo que a veces no se considera una variedad distinta.
      c. El **músculo cardíaco**, que forma la mayor parte de la pared del corazón (el **miocardio**).
         (1) Está formado por células largas, aunque más cortas que las del musculo esquelético, y ramificadas.
         (2) Su contracción es vigorosa y rítmica.

[1] Es importante recalcar que la fibra muscular es una célula viva, por tanto, no tiene equiparación con las fibras de la matriz extracelular, colágenas y elásticas, que son agregados proteicos sin vida propia.

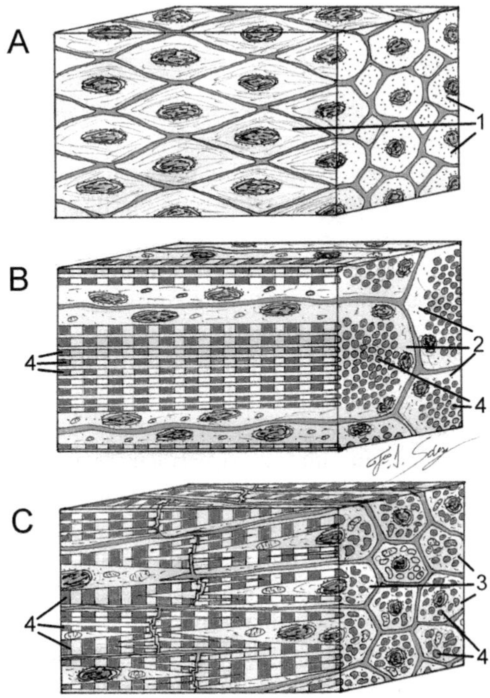

Figura 10.1 Las tres variedades de tejido muscular: músculo liso (**A**), músculo esquelético (**B**) y músculo cardíaco (**C**). 1, célula muscular lisa; 2, célula muscular esquelética; 3, célula muscular cardíaca; 4 miofibrillas

B. El músculo esquelético, salvo alguna excepción, es de **contracción voluntaria**, mientras que el músculo liso y el músculo cardíaco se caracterizan porque son de **contracción involuntaria**.

10.3 Tejido muscular liso (músculo liso)

A. La fibra o célula muscular lisa (**miocito liso**) es alargada y fusiforme.
   1. Su longitud varía desde 20 a 200 μm, aunque en el útero grávido pueden alcanzar 500 μm.
   2. Su diámetro puede estar entre 3 y 10 μm.
B. Las células musculares lisas pueden presentarse:
   1. Formando **músculos lisos**. El músculo liso está formado por miocitos agrupados, bien en **haces** (del latín fascis 'haz, manojo') o **fascículos** (del latín fascicŭlus 'hacecillo'), bien en **capas**.
      a. En los haces o capas, las células se imbrican unas con otras –con la porción gruesa de una fibra situada junto a los extremos finos de las células vecinas– para formar una masa compacta.
         (1) En secciones longitudinales, las fibras se observan **fusiformes**.
         (2) En cortes transversales se aprecia una mezcla de **perfiles redondeados** de distintos tamaños, dependiendo de que cada célula haya sido

cortada en su parte central o en su extremo adelgazado. Los núcleos se observan sólo si el corte atraviesa la parte gruesa central.

b. Los haces o las capas están separadas por **tejido conjuntivo laxo** con fibroblastos, fibras colágenas y elásticas, capilares sanguíneos y nervios.

c. Dentro de cada haz o capa de músculo, entre las células, existe una **matriz extracelular** producida por los propios mocitos, que contiene fibras colágenas, reticulares, elásticas y proteoglicanos.

2. Aisladas o en pequeños grupos dentro del tejido conjuntivo (por ejemplo, en el tejido conjuntivo de las vellosidades intestinales).

a. Por este motivo se considera a las células musculares lisas **células residentes** del tejido conjuntivo.

b. En algunos tejidos existen **miofibroblastos**, células con características mixtas de fibroblastos y células musculares lisas.

C. El músculo liso se encuentra en:

1. La **musculatura visceral**, es decir, la que se encuentra en las paredes del tubo digestivo y sus glándulas asociadas, del aparato respiratorio, de los conductos urinarios y genitales, de los vasos sanguíneos y de los vasos linfáticos.
2. Pequeñas **unidades contráctiles**, como los músculos erectores de los pelos, en la piel, o los músculos del cuerpo ciliar y los músculos del iris del ojo.
3. La **areola de la mama**. Aquí se encarga de la erección del pezón.
4. El **escroto**, donde es responsable de su fruncimiento.

D. Estructura del miocito liso. La principal característica de las células musculares lisas es la ausencia de una organización repetitiva de filamentos del citoesqueleto, por lo que no se observa ninguna estriación en su citoplasma.

1. Cada célula está rodeada por una **lámina basal** que se denomina **lámina externa** (fig. 10.2). Pese a estar muy cerca unas de otras (entre 40–80 nm), la unión entre las células se produce no por complejos de unión típicos de células epiteliales, sino por la matriz extracelular interpuesta, incluida la lámina externa.

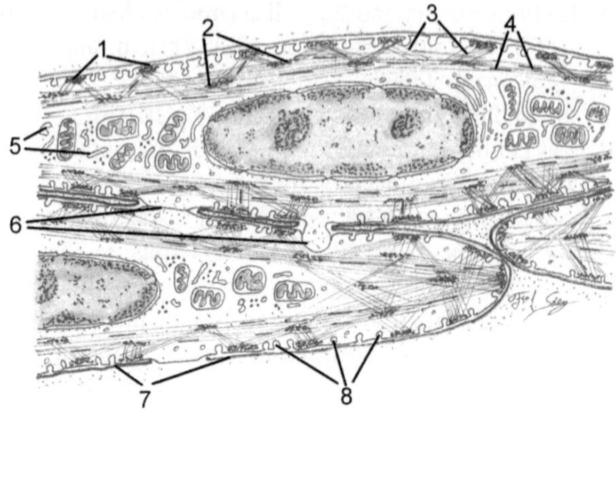

Figura 10.2 Células musculares lisas. 1, placas densas o placas de adhesión; 2, cuerpos densos; 3, microfilamentos de actina; 4, filamentos de miosina; 5, retículo sarcoplásmico; 6, uniones de hiato (gap); 7, lámina externa; 8, cavéolas

2. El **núcleo** de la célula muscular lisa es alargado, relativamente claro, con algo de heterocromatina periférica y un nucléolo. Cuando la célula se contrae, el núcleo se enrolla en tirabuzón.
3. El **sarcoplasma** es eosinófilo al microscopio óptico (se tiñe de rojo con la tinción habitual de hematoxilina y eosina) y no muestra estriaciones u otras características especiales, de ahí el nombre de músculo liso.
4. El aparato de Golgi, las mitocondrias, el retículo endoplásmico rugoso y los lisosomas se observan en dos regiones del citoplasma próximas al núcleo situadas en los polos opuestos en el eje longitudinal de la célula.
5. Son frecuentes las **inclusiones o partículas de glucógeno**.
6. En las regiones periféricas de la célula se observa **retículo sarcoplásmico** que almacena calcio.
7. Con el microscopio electrónico se observa la organización del citoesqueleto.
   a. Se han descrito las siguientes estructuras:
      (1) **Placas densas o placas de adhesión**. Son zonas densas adheridas a la cara interna del sarcolema mediante proteínas de unión (**integrinas**). A las integrinas se asocia la **actinina α**.
      (2) **Cuerpos densos**. Zonas densas distribuidas por el citosol. También contienen actinina α.
      (3) **Haces contráctiles de filamentos**, formados por:
         (a) **Microfilamentos de actina**. Estos filamentos se organizan de una manera poco conocida pero diferente de la de los músculos estriados.
            1. Forman **haces** dispuestos longitudinal u oblicuamente en la célula.
            2. Cada haz está formado por 13–14 filamentos de actina.
            3. Los extremos de cada haz terminan en una placa densa o en un cuerpo denso, donde se unen a la actinina α.
         (b) **Filamentos gruesos de miosina II**. Un filamento de este tipo se asocia a un haz de microfilamentos.
      (4) **Filamentos intermedios** de **desmina**, o de desmina y **vimentina** en el músculo de los vasos sanguíneos.
         (a) Estos filamentos contactan con los cuerpos densos y las placas densas.
         (b) Su función es sostener estructuralmente el entramado de microfilamentos contráctiles.
   b. Los filamentos del citoesqueleto son los responsables de la contracción de la célula mediante el siguiente mecanismo:
      (1) Hay haces contráctiles de filamentos que están anclados a las placas densas del sarcolema por un extremo y a cuerpos densos citosólicos por el otro.
      (2) Otros haces contráctiles están anclados por ambos extremos a los cuerpos densos citosólicos.
      (3) En consecuencia, el citoplasma queda atravesado por haces de filamentos conectados entre sí y con el sarcolema, formando "**cadenas**"

de haces que se dirigen en varias direcciones, entrecruzándose, y que conectan un punto de la superficie celular con otro punto distante de la superficie celular.

(4) La contracción simultánea de todas estas cadenas de filamentos produce un acortamiento de la célula muscular lisa. El acortamiento simultáneo de todas las células del tejido produce el acortamiento, es decir, la contracción del tejido.

8. El sarcolema presenta unas depresiones o invaginaciones con forma de redoma o de letra 'Ω', llamadas **cavéolas**.
   a. El verdadero significado de las cavéolas en éstas y otras células puede ser:
      (1) Realizar **endocitosis**.
      (2) Acercar la membrana plasmática al interior o crear **microambientes** especiales con los materiales de la superficie celular.
      (3) Acoplar las señales de estímulo que recibe la célula para producir la contracción del citoesqueleto interno. Esto se realizaría gracias a:
         (a) **Bombas de Ca^{2+}** abundantes en el sarcolema de las cavéolas.
         (b) Mantener una proximidad con las cisternas superficiales de retículo endoplásmico liso.
9. Las células musculares lisas están muy próximas unas a otras, aunque no se observa con claridad una unión especializada como los desmosomas de otras células. No obstante, las **placas densas** de una célula están enfrentadas a las placas densas de las células vecinas, por lo que se cree que la matriz extracelular interpuesta realiza una labor de puente, de cohesión, entre estas estructuras.
10. En muchos músculos lisos, las células vecinas contactan unas con otras en pequeños puntos donde se producen **uniones de hiato (gap)**, que permiten que las células se acoplen funcionalmente y se puedan contraer simultáneamente.

E. Mecanismo de contracción:
   1. El **calcio** extracelular y el acumulado en el retículo endoplásmico liso son transportados al citosol a través de las bombas específicas.
   2. El calcio se combina con la proteína **calmodulina**, una proteína citosólica, y se forma un **complejo Ca^{2+}-calmodulina**. El complejo formado por el calcio y la calmodulina activa una **quinasa** que fosforila la miosina.
   3. Las cabezas de la miosina fosforilada interactúan con los microfilamentos de actina. Esto provoca el desplazamiento de los microfilamentos de actina sobre los de miosina.
   4. Como las cabezas de la miosina tienen diferente orientación, unos filamentos de actina se desplazan en una dirección y otros en la contraria, lo que acorta los haces contráctiles.
   5. El acortamiento de los haces contráctiles provoca el acortamiento de la célula.

6. Cuando disminuye la concentración de Ca^{2+} en el citosol, se activa una **fosfatasa** que desfosforila la miosina, provocando la separación de la actina y la miosina y la relajación muscular.

F. El músculo liso es de **contracción involuntaria** y el aumento de calcio en el citosol está controlado por varios mecanismos:
1. **Control hormonal**, mediante **hormonas** y **mediadores químicos locales**. Algunas de las moléculas que estimulan o inhiben la contracción son noradrenalina, óxido nítrico, estrógenos, oxitocina (en el útero), histamina, vasopresina y serotonina.
2. **Control nervioso**.
   a. El músculo liso está inervado por el **sistema nervioso autónomo**.
      (1) En la mayor parte de los órganos, el músculo liso está inervado por el sistema nervioso **simpático** y el **parasimpático**.
      (2) En el tracto gastrointestinal, la inervación procede de la **división entérica** del sistema nervioso autónomo.
   b. Los principales neurotransmisores que utilizan el sistema nervioso autónomo para controlar la contracción del músculo liso son la **noradrenalina** y la **acetilcolina**.
      (1) Estos neurotransmisores son antagónicos, es decir, que uno estimula y el otro inhibe la contracción.
      (2) El efecto de cada neurotransmisor varía en cada órgano. En algunos la noradrenalina estimula y la acetilcolina inhibe, en otros es al contrario.
      (3) El efecto que causa el neurotransmisor depende de los **receptores** de cada célula muscular.
   c. Las terminaciones nerviosas no forman sinapsis con los miocitos, sino que quedan algo separadas (10–100 nm):
      (1) Los neurotransmisores deben difundirse por la matriz.
      (2) Estos neurotransmisores pueden ser eficaces incluso en distancias de 1 μm, aunque el efecto es más lento.
3. **Fuerzas físicas**. La distensión del tejido estimula la contracción muscular. Esto se produce porque el estiramiento de la célula provoca un cambio en el potencial del sarcolema.
4. **Actividad contráctil intrínseca**. En algunos casos, el músculo liso posee cierta capacidad de contracción sin recibir estímulos.

G. Según la inervación, se pueden distinguir dos tipos de músculo liso:
1. **Músculo liso multiunitario**.
   a. Cada miocito liso tiene su propia inervación y se puede contraer de forma independiente.
   b. La contracción es rápida y va seguida de una relajación completa (**contracción fásica**).
   c. Nunca se produce una contracción espontánea.
   d. Este músculo se encuentra en el iris y el conducto deferente.

2. **Músculo liso unitario**.
   a. Sólo algunos miocitos están inervados, pero como están comunicados con el resto por **uniones de hiato**, el estímulo se propaga a todas las células, que se contraen simultáneamente.
   b. Estos músculos siempre tienen cierto grado de contracción:
      (1) Los estímulos pueden aumentar o disminuir el grado de contracción.
      (2) La contracción es lenta y contenida (**contracción tónica o tono**).
   c. Pueden producirse **contracciones espontáneas**, por ejemplo, si se estira el músculo.
   d. Algunas células de estos músculos actúan como **marcapasos**, es decir, son centros generadores de estímulos espontáneos que se transmiten al resto de las células por las uniones de hiato.
   e. Este músculo es el típico de los vasos sanguíneos, el tubo digestivo, las vías biliares y urinarias y el útero.

H. Las células del músculo liso se pueden dividir por **mitosis**, aunque es infrecuente.
   1. En los vasos sanguíneos se remplazan células dañadas o envejecidas.
   2. En las capas musculares externas del estómago y el colon hay divisiones regulares para aumentar lentamente el grosor de dichas capas.
   3. En el útero grávido la pared muscular aumenta por dos mecanismos simultáneos:
      a. **Hiperplasia** (del griego antiguo ὑπερ- hyper- 'exceso' y πλάσις plásis 'formación'), que es el aumento del número de células por las divisiones celulares.
      b. **Hipertrofia** (del griego τροφία trophía 'nutrición, crecimiento'), o aumento de tamaño de las células.

I. El músculo dañado se puede regenerar por la producción de nuevos miocitos lisos:
   1. A partir de **miocitos** ya existentes que se dividen por mitosis.
   2. Por multiplicación y diferenciación de **células mesenquimáticas de reserva**, situadas normalmente en la adventicia de los vasos sanguíneos.
   3. A partir de **células endoteliales** y **pericitos** (células de la pared de los vasos sanguíneos).

J. Las células del músculo liso pueden realizar otras actividades no relacionadas con la contracción:
   1. Sintetizar materiales de la **matriz extracelular**: colágena (de tipo III y IV), elastina, laminina, glicosaminoglicanos y proteoglicanos.
   2. **Regulación paracrina y endocrina**:
      a. Producción de **factores de crecimiento**.
      b. Algunas células musculares lisas modificadas del **aparato yuxtaglomerular** de la pared de la arteriola aferente del glomérulo renal producen **renina**, que es un componente importante del **sistema renina-angiotensina** que controla la presión arterial.

10.4 Tejidos musculares esquelético y estriado visceral

A. Los **músculos** que forman la pared corporal y los músculos de las extremidades están formados por **tejido muscular esquelético**.
B. El **músculo estriado visceral** tiene las mismas características.
C. En estos músculos, las células o fibras musculares son largas estructuras más o menos cilíndricas y multinucleadas.
D. El músculo esquelético deriva de células mesenquimáticas que se convierten en **mioblastos**. Las células multinucleadas del músculo esquelético se forman durante el desarrollo por la fusión de mioblastos.
E. Las fibras musculares se asocian en **haces o fascículos** asociados a **tejido conjuntivo** (fig. 10.3):
   1. Dentro de cada fascículo, entre las fibras musculares, existe un retículo delicado de tejido conjuntivo, el **endomisio**, que posee escasos fibroblastos.
   2. Rodeando cada fascículo, existe una vaina de tejido conjuntivo llamada **perimisio**.
   3. Todos los fascículos de un músculo se mantienen unidos por una capa de tejido conjuntivo llamada **epimisio**.
   4. Epimisio, perimisio y endomisio están en continuidad entre ellos, por lo que esta división es artificial, aunque sirve para facilitar el estudio y la descripción de la organización muscular.
   5. Por todas estas regiones de tejido conjuntivo se distribuye una rica red de **vasos sanguíneos**, **vasos linfáticos** y **nervios**.
   6. En los extremos de los músculos, estas vainas de conjuntivo forman los **tendones**, que unen los músculos a los huesos.

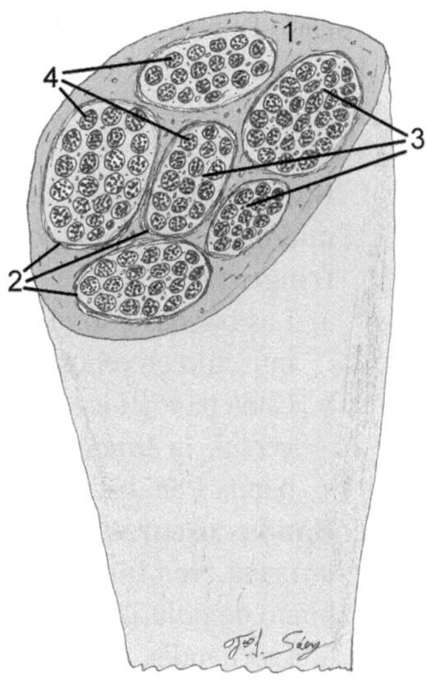

Figura 10.3 Sección transversal de un músculo esquelético, 1, epimisio; 2, perimisio; 3, endomisio; 4, fibras musculares esqueléticas, en cuyo interior se ven miofibrillas cortadas transversalmente

F. Tamaño de las fibras musculares:
   1. Pueden ser tan largas como el músculo, pero en la mayoría de los casos parece que las fibras son más cortas. En algunos músculos tienen menos de 1 mm de longitud, en otros hasta 30 cm.
   2. El grosor de la fibra muscular varía de 10 a 100 μm, o incluso más, dependiendo de cada músculo. Dentro de un músculo se pueden encontrar fibras más delgadas y otras más gruesas, pero suele haber un grosor medio.
   3. La actividad física puede provocar un aumento de grosor de las fibras musculares (**hipertrofia**). La falta de actividad puede provocar reducción del grosor (**atrofia**).

G. Una característica del músculo esquelético es que es un **músculo estriado**:
   1. Se observa una **estriación transversal** al microscopio. Además, se puede observar una **estriación longitudinal** más fina.
   2. Ambas estriaciones se deben a las mismas estructuras celulares, las **miofibrillas**.
      a. Las miofibrillas son delgadas fibras, de 1 a 2 μm de grosor, que discurren longitudinalmente por el interior de la célula.
      b. Son muy numerosas, se disponen en paralelo dentro del citoplasma y cada una de ellas presenta una estriación transversal.
   3. Como las estrías transversales de cada miofibrilla están dispuestas en el mismo nivel, es decir, que coinciden o **están en registro**, la estriación transversal se hace visible en la célula, y de ahí el aspecto estriado característico de estos músculos (fig. 10.4).
   4. Las miofibrillas se aprecian en cortes transversales como puntos finos. Pueden estar distribuidas uniformemente por la célula, o separadas en grupos de contorno poligonal llamados **campos de Cohnheim**, que son artefactos producidos por la manipulación del tejido para su estudio.

H. Cuando se observa la estriación transversal con detalle en cortes longitudinales de células musculares, se aprecia una alternancia de bandas claras y de bandas oscuras. Esta diferencia se aprecia mejor si el tejido se tiñe con **hematoxilina férrica**.
   1. **Bandas claras**. Se denominan **bandas I** porque cuando se observan con microscopio de luz polarizada, las bandas claras son **isótropas** y **monorrefringentes**.
      a. Las bandas I son más largas en el músculo estirado, algo más cortas en el músculo en reposo y mucho más cortas en el músculo contraído.
      b. Cada banda I está atravesada en el punto medio por una línea oscura transversal, la **línea Z** (del alemán zwischen, 'intermedio'), que divide a la banda I en dos **semibandas** de idéntico tamaño.
   2. **Bandas oscuras**. Se llaman **bandas A** porque son **anisótropas** con luz polarizada. Son **birrefringentes**, porque su índice de refracción cambia con el plano de polarización.
      a. Las bandas A tienen una longitud constante.

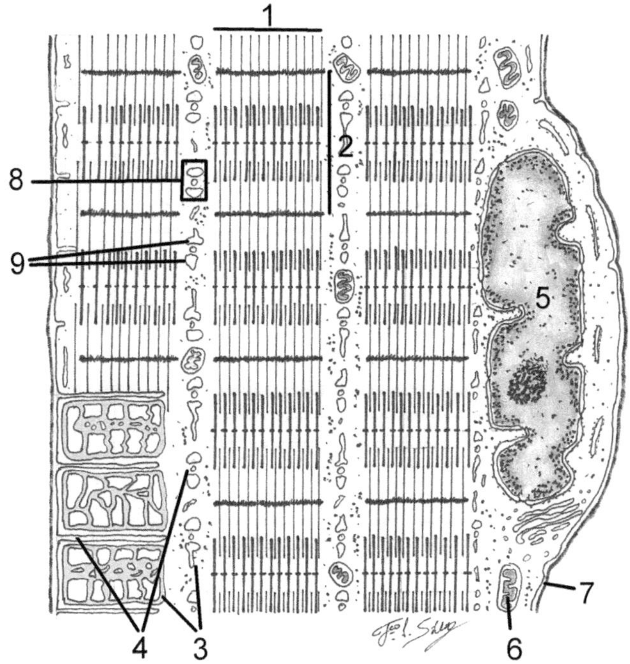

Figura 10.4 Ultraestructura de una célula muscular esquelética. La célula muscular esquelética es cilíndrica y de gran longitud, por lo que en la ilustración se representa una pequeña parte de la célula. 1, miofibrilla; 2, sarcómera; 3, retículo sarcoplásmico; 4, túbulos T; 5, núcleo; 6, mitocondrias; 7, lámina externa; 8, tríada; 9, cisternas terminales

b. En ciertas preparaciones de calidad excepcional puede apreciarse una pequeña región más clara en el centro de la banda A, a la que se denomina **banda H (banda de Hensen)**.
c. En el centro de la banda H se observa una línea oscura llamada **línea M**.
3. Cada segmento de la miofibrilla situado entre dos líneas Z se denomina **sarcómera**.
a. La sarcómera es la **unidad contráctil** repetitiva de la miofibrilla.
b. Está formada por dos semibandas I entre las que se encuentra una banda A, todo ello situado entre dos líneas Z.

I. La organización de la sarcómera se comprende mejor cuando se estudia con el microscopio electrónico. Un esquema simplificado se muestra en la fig. 10.5.
1. La longitud de la sarcómera en reposo, es decir, la distancia entre dos líneas Z contiguas, está entre 2,2 y 3 μm.
2. Las **líneas Z** son redes fibrilares complejas que poseen proteínas de unión a la actina, como **actinina α** y **Cap-Z**.
3. Desde las líneas Z parten **microfilamentos de actina** que se dirigen paralelos entre sí hacia el centro de la sarcómera. En el músculo en reposo no alcanzan el centro, ya que su longitud es de 1 μm.

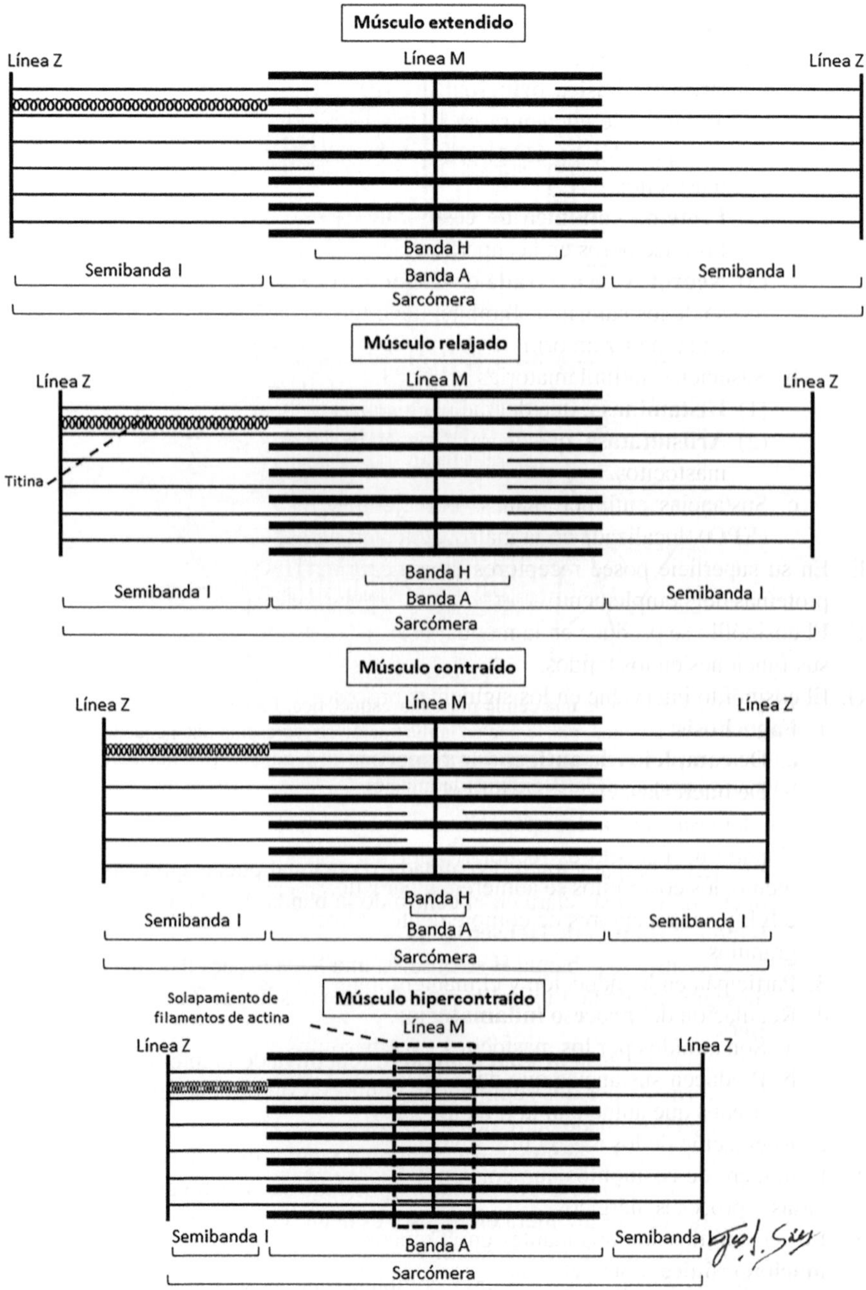

Figura 10.5 Representación esquemática de la estructura de una sarcómera en diferentes estados: extensión, relajación, contracción e hipercontracción. La longitud de la sarcómera y de las bandas I y H varía en cada estado, pero la banda A permenece siempre con una longitud constante. Cada filamento de miosina se une al disco Z mediante una gran proteína extensible llamada titina, que aquí se ha representado como una línea helicoidal. Para simplificar, en este esquema se ha representado solamente una molécula de titina en cada sarcómera

4. En el centro de la sarcómera se encuentran **filamentos gruesos de miosina**, de 1,5 μm de longitud. Estos filamentos están paralelos entre sí y en sus extremos se intercalan con los filamentos de actina procedentes de las líneas Z.
5. La **banda A** es la región ocupada por los filamentos de miosina. Dentro de la banda A, entre los filamentos de miosina se intercalan los de actina, pero estos no llegan a la región central.
   a. **Banda H**: es la región central de la banda A donde donde sólo existen filamentos de miosina porque no llegan los de actina.
   b. **Línea M**: formada por proteínas que unen entre sí los filamentos de miosina en el centro de la banda H.
6. La **semibanda I** es la región ocupada por filamentos de actina hasta donde se intercalan con los de miosina.
7. Los extremos de los filamentos de miosina se sujetan a las líneas Z mediante unos finos filamentos de una proteína llamada **titina**. Esta proteína es distensible y elástica, lo que permite que los alargamientos y acortamientos de la sarcómera no la alteren.

J. La célula esquelética es multinucleada.
   1. El número de núcleos depende de la longitud de la célula, pero en una célula larga pueden llegar a varios centenares.
   2. Se localizan en la periferia celular, por debajo del sarcolema, lo cual es fácil de apreciar en los cortes transversales.
   3. Son núcleos alargados que poseen uno o dos nucléolos y cromatina periférica.
   4. A veces, junto a la célula muscular se observan núcleos que pertenecen a células alargadas que se adosan a la superficie de la fibra, ocupando depresiones poco profundas. Estas células son las llamadas **células satélite**.
      a. Como la célula satélite tiene muy poco citoplasma y se adosa a la superficie de la fibra muscular, en el microscopio óptico puede parecer que es otro núcleo de la fibra muscular, aunque el aspecto de estos núcleos suele ser algo diferente.
      b. Son **mioblastos** en reposo, es decir, células de reserva que pueden ser utilizadas para reparar el músculo dañado.

K. La célula muscular esquelética está rodeada por una **lámina externa**. Las células satélites están dentro de la misma lámina externa.

L. El citoplasma o **sarcoplasma** se observa rojo pardusco en el tejido fresco, debido a la abundancia de **mioglobina**, una proteína fijadora de oxígeno.
   1. Cuando se tiñe para observar al microscopio, el citoplasma es **eosinófilo**, debido a las miofibrillas y a las abundantes mitocondrias.
   2. Las **mitocondrias** se disponen en hileras situadas entre las miofibrillas y, sobre todo, en grandes grupos por debajo del sarcolema.
   3. Cerca de los núcleos, en la periferia celular, se acumulan otros orgánulos, por ejemplo, muchos aparatos de Golgi pequeños, así como ribosomas y algunas cisternas de retículo endoplásmico rugoso.
   4. Los **lisosomas** están en cantidades variables.

   5. Hay **inclusiones de glucógeno** por toda la célula e **inclusiones de lípidos** entre las miofibrillas y junto a los núcleos.

M. El **retículo sarcoplásmico** tiene una organización compleja.
   1. Los túbulos del retículo sarcoplásmico se orientan longitudinalmente, por lo que se les ha llamado **sistema L**.
   2. Estos túbulos se anastomosan entre sí formando una red que se introduce entre las miofibrillas y las rodea de distinta manera según la región:
      a. Banda H. Aquí los túbulos forman una red muy densa.
      b. Límite banda A-banda I. Aquí, los túbulos terminan en unas dilataciones que rodean las miofibrillas como anillos.
         (1) Se les llama **cisternas terminales** porque en ellas desembocan los túbulos longitudinales.
         (2) En ellas se acumula calcio.
      c. Banda I. En esta zona, las cisternas se disponen de forma longitudinal, paralelas a las miofibrillas.

N. En la membrana plasmática se observan estructuras especiales:
   1. Regiones con forma de anillo situadas a la altura de los discos Z que se llaman **costámeros**. En los costámeros existen muchas proteínas que relacionan las proteínas del citoesqueleto con las de la lámina externa que envuelve a la célula.
   2. Invaginaciones de la membrana plasmática con forma tubular que se introducen hacia el citoplasma y se extienden entre las miofibrillas. A estas estructuras se les llama **túbulos transversales o túbulos T** y están en relación estrecha con el retículo sarcoplásmico (fig. 10.4):
      a. En los límites entre banda A y banda I, entre dos cisternas terminales, discurre un túbulo T. Las dos cisternas terminales y el túbulo T asociado a ellas forman una estructura que se denomina **tríada**.
      b. Como el retículo sarcoplásmático almacena calcio, la unión con los túbulos T permite que la activación de la membrana plasmática producida por la llegada de un estímulo se transmita con gran rapidez a la membrana del retículo sarcoplásmico, provocando la liberación de calcio, lo cual produce la contracción celular.

O. Cada sarcómera tiene una longitud aproximada de 2,2 a 3 μm en estado de reposo, pero se acorta con la contracción (hasta 1 μm en contracciones extremas) y se alarga si el músculo se estira (hasta más de 4 μm).
   1. La longitud de los filamentos de actina y miosina es constante.
   2. La **contracción** muscular se produce por **deslizamiento** de los filamentos de actina sobre los de miosina. Esto provoca el acortamiento de la sarcómera porque los filamentos de actina penetran más profundamente entre los filamentos de miosina.
      a. Se observa por tanto un acortamiento de las semibandas I y de la banda H, la cual puede llegar a extinguirse.
      b. La banda A permanece con la misma longitud.

3. Si se produce una **hipercontracción** del músculo, los microfilamentos de actina sobrepasan la línea M y se superponen con los de la semibanda I enfrentada.
   a. Las semibandas I se reducen al mínimo.
   b. La banda H no es visible.
   c. La banda A permanece constante.
4. Si se produce la **extensión** muscular, la célula y sus miofibrillas se alargan.
   a. Las semibandas I y la banda H aumentan su longitud.
   b. La banda A permanece con su longitud constante.

P. El mecanismo de contracción, como en el músculo liso, depende de la interacción de las cabezas de miosina con los microfilamentos de actina:
1. El proceso consume **ATP**.
2. Durante la contracción, las cabezas de miosina realizan varias acciones:
   a. Se unen al microfilamento.
   b. Se pliegan y "empujan" al microfilamento de actina.
   c. Se liberan del microfilamento.
   d. Recuperan su forma inicial.
3. Este proceso se repite mientras dura el estímulo inicial.
4. Los filamentos de miosina son **bipolares**. Las cabezas de un extremo se orientan al revés que la del otro extremo. El resultado es que los microfilamentos de actina de cada semibanda I se deslizan hacia el centro de la sarcómera, que se acorta.
5. El acortamiento de todas las sarcómeras de una miofibrilla acorta la miofibrilla. El acortamiento de todas las miofibrillas de una fibra muscular acorta la fibra.

Q. Se distinguen varios tipos de células musculares esqueléticas:
1. **Fibras de tipo I o fibras rojas**. Son de contracción lenta.
   a. Son fibras pequeñas.
   b. Poseen muchas mitocondrias, enzimas oxidativas y mioglobina. Suelen contener gotitas lipídicas.
   c. La **mioglobina** es una proteína que se une al oxígeno. Es responsable del color rojizo de las fibras en fresco.
   d. Son resistentes, se fatigan con lentitud e intervienen en movimientos que no desarrollan gran fuerza. Son abundantes en músculos responsables del mantenimiento de la postura corporal.
   e. Utilizan metabolismo aerobio (**fosforilación oxidativa**).
   f. Suelen estar muy irrigadas.
2. **Fibras de tipo IIA o fibras intermedias**. Son de contracción rápida.
   a. Son de tamaño mediano.
   b. Poseen muchas mitocondrias y mioglobina.
   c. Poseen abundante glucógeno.
   d. Se contraen con rapidez y resistencia, generando un pico de tensión muscular.
   e. Son resistentes a la fatiga.

   f. Pueden utilizar un metabolismo anaerobio para producir ATP (**glicólisis** y **fermentación láctica**).
3. **Fibras de tipo IIB o fibras blancas**. Son de contracción rápida y discontinua.
   a. Son fibras grandes.
   b. Tienen pocas mitocondrias y mioglobina.
   c. Poseen mucho glucógeno y abundantes **enzimas glicolíticas**.
   d. Pueden desarrollar una contracción muy fuerte por menos tiempo.
   e. Se fatigan con rapidez por la acumulación de **ácido láctico**.
   f. El metabolismo aerobio no puede satisfacer las necesidades energéticas y utilizan **metabolismo anaerobio**.
   g. Están menos irrigadas.

R. En cada músculo se observa una mezcla de fibras rojas, intermedias y blancas en una proporción adecuada para cumplir su función, pero esta proporción puede variar si se producen ejercicios forzados prolongados.

S. La excitación de los miocitos esqueléticos se produce por estímulos nerviosos.
1. Las terminaciones de las fibras nerviosas motoras se ramifican y contactan con las células musculares en zonas llamadas **placas motoras terminales (uniones neuromusculares)**.
   a. Cada miocito posee una única placa motora en su región media.
   b. Estas placas motoras tienen el aspecto de las sinapsis[2] entre fibras del sistema nervioso.
2. En las placas motoras terminales, las fibras nerviosas liberan un neurotransmisor, la **acetilcolina**, que estimula receptores del sarcolema de la célula muscular.
3. Las neuronas que inervan un músculo esquelético se llaman **neuronas motoras**.
   a. Una neurona motora puede inervar unas pocas fibras o muchas fibras musculares. La neurona motora y las fibras que inervan forman una **unidad motora**.
   b. Todas las fibras musculares de una unidad motora son blancas, rojas o intermedias.
   c. Las fibras musculares de una unidad motora están distribuidas por el músculo.
4. La pérdida de inervación provoca la **atrofia** de las fibras musculares inervadas.

T. Los miocitos esqueléticos se producen durante el desarrollo:
1. Se produce la fusión de **mioblastos** para formar células multinucleadas alargadas llamadas **miotubos**, que finalmente se convierten en miocitos.
2. Algunos mioblastos permanecen en el tejido adulto como **células satélite**.
3. Los miocitos diferenciados no se pueden dividir por mitosis, ni siquiera durante la vida fetal.

---
[2] Las sinapsis se estudiarán en el capítulo dedicado al tejido nervioso.

U. El crecimiento muscular se produce por **hipertrofia**, es decir, aumento de grosor de las fibras musculares.
V. El tejido muscular dañado se puede regenerar:
   1. Por diferenciación de las **células satélite** en mioblastos. Estos se dividen, se fusionan entre sí y producen nuevas fibras musculares.
   2. Si la pérdida de fibras musculares en un músculo de un adulto es grande, puede que parte de ellas se sustituyan por tejido conjuntivo.

10.5 Tejido muscular cardíaco (músculo cardíaco)

A. El **tejido muscular cardíaco** (del griego καρδιο- kardio-, 'corazón') es otra variedad de **músculo estriado** que se diferencia del esquelético en varios aspectos:
   1. Las células son cilíndricas y alargadas pero **uninucleadas**, y se unen entre sí por sus extremos mediante los **discos intercalares**.
   2. La unión de células por sus extremos produce **fibras cardíacas** multicelulares.
   3. Las fibras se ramifican, se conectan por sus extremos con otras y se forma una red tridimensional.
   4. Los núcleos no están en la periferia celular, sino en el interior.
   5. La contracción es involuntaria y rítmica.
B. Las células musculares del corazón se organizan en **capas o láminas**:
   1. Entre las láminas hay regiones delgadas de tejido conjuntivo con **vasos sanguíneos** y **nervios**.
   2. De los vasos sanguíneos surgen **capilares** delgados que penetran en las láminas de tejido muscular y forman una red que rodea las células musculares.
C. La célula muscular (fig. 10.6) se denomina **cardiomiocito**.
   1. Es una célula grande, de 50–120 μm de largo y 15–20 μm de diámetro, generalmente **mononucleadas**, alargadas, en forma cilíndrica, pero pueden estar **ramificadas**, bifurcadas, y unidas a otras células cardíacas por sus extremos.
   2. El **núcleo**, raramente dos núcleos, y muchos orgánulos están en posición centrada. El núcleo es alargado, eucromático, con uno o dos nucléolos.
   3. En el citoplasma próximo a los extremos nucleares hay **gránulos de glucógeno**, **inclusiones lipídicas** y gránulos de **lipofuscina** que aumentan en número con la edad.
   4. El resto del citoplasma posee **miofibrillas** similares a las del músculo esquelético y responsables de la estriación transversal de estas células.
      a. Estas miofibrillas no son uniformes y cilíndricas, sino que forman estructuras gruesas y de contorno irregular que **se anastomosan** con las miofibrillas vecinas.
      b. La organización de las **sarcómeras** de las miofibrillas es idéntica a la del músculo esquelético, es decir, con sus líneas Z y M y sus bandas I, A y H.

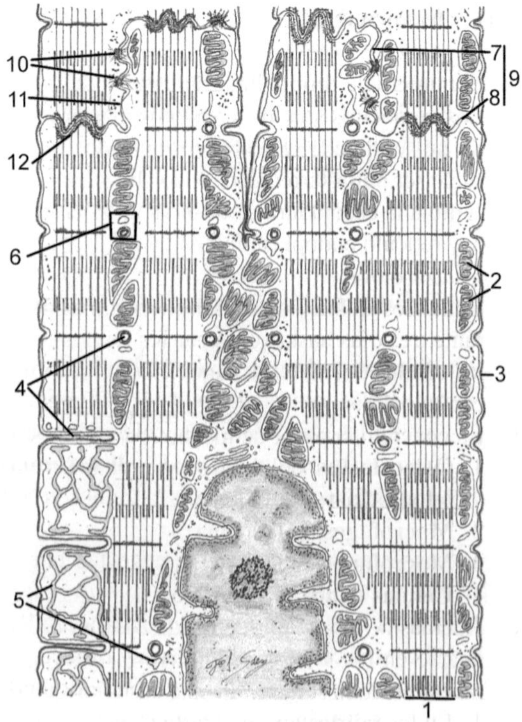

Figura 10.6 Ultraestructura de una célula muscular cardíaca. En la ilustración se muestra la porción central de la célula, que contiene el núcleo, y se observa que la célula se ramifica. 1; miofibrilla; 2, mitocondrias; 3, lámina externa; 4, túbulos T con lámina externa; 5, retículo sarcoplásmico; 6, díada; 7, segmento o componente longitudinal o lateral; 8, segmento o componente transversal; 9, disco intercalar; 10, desmosomas; 11, unión de hiato (gap); 12, fascia adherens

5. Entre las miofibrillas se intercalan:
   a. Numerosas **mitocondrias**, muy grandes y con muchas crestas en su interior. Ocupan casi la mitad del volumen celular[3].
   b. **Partículas de glucógeno**. El glucógeno es la principal fuente de moléculas orgánicas para la síntesis de ATP.
   c. **Inclusiones lipídicas**. Los triglicéridos también aportan mucha energía en el estado basal.
6. Es muy abundante la **mioglobina**, que ya hemos dicho que es una proteína que almacena oxígeno molecular.
7. Los **túbulos T** de estas células son muy amplios, están tapizados en su interior por la **lámina externa** y se encuentra a la altura de las líneas Z.
8. El **retículo sarcoplásmico** está menos desarrollado que en las células esqueléticas.
   a. Forma un sistema de túbulos algo anastomosados que siguen los filamentos de la sarcómera.
   b. No se forman cisternas terminales típicas, pero a los túbulos T se asocian cisternas del retículo, generalmente de una en una, formando **díadas**.

[3] En el músculo esquelético, las mitocondrias solo ocupan un 2 % del volumen celular.

D. Las células se unen por sus extremos mediante los **discos intercalares**.
   1. En estos lugares, las membranas de las dos células vecinas se aproximan mucho, lo que deja un espacio de apenas 15–20 nm.
   2. En los cortes longitudinales de fibras cardíacas, los discos intercalares se muestran como líneas rectas o con aspecto de escalera, por lo que se pueden distinguir diferentes segmentos:
      a. **Segmentos o componentes transversales**. Dispuestos perpendiculares al eje mayor de la fibra cardíaca y, por tanto, perpendiculares a las miofibrillas. Se pueden distinguir dos tipos de uniones intercelulares:
         (1) **Fascia**[4] **adherens.** Tienen el aspecto de grandes desmosomas, tan amplios como todo el grosor de la miofibrilla que se ancla aquí.
            (a) Las células quedan unidas por **cadherinas**.
            (b) A la cara interna de la membrana de estas fascias se unen los filamentos finos de las semibandas I de las sarcómeras terminales de las miofibrillas, como si aquí hubiera un disco Z.
         (2) **Desmosomas** típicos, a cuya cara interna se anclan **filamentos de desmina.** Permiten aumentar la cohesión entre las células.
      b. **Segmentos o componentes longitudinales o laterales**. Dispuestos en paralelo al eje mayor de la fibra y de las miofibrillas. En estas regiones se observan:
         (1) **Uniones de hiato (gap)**. Permiten que las células musculares queden acopladas eléctricamente, lo que facilita que se transmitan los impulsos eléctricos responsables de la contracción.
         (2) **Desmosomas**.

E. Las células del músculo cardíaco de las paredes de las aurículas contienen algunas vesículas de secreción de 0,4 μm llamados **gránulos auriculares**.
   1. Almacenan y secretan **factor natriurético auricular** (**ANF**) y **péptido natriurético cerebral** (o factor natriurético cerebral, **BNF**).
   2. Estos péptidos son hormonas que actúan sobre los riñones para estimular la eliminación de sodio y agua, lo que favorece la disminución de la presión sanguínea.
   3. Las células donde abundan estos gránulos auriculares suelen denominarse **células mioendocrinas**.

F. Regulación de la contracción en el músculo cardiaco.
   1. Las células del músculo cardíaco pueden contraerse de manera espontánea y rítmica. Para controlar y coordinar esta capacidad, existen algunas células especializadas del propio tejido muscular que producen y propagan un impulso eléctrico.

[4] Una *fascia* (del latín científico *fascia*, *'banda que sujeta'*, *'faja'*, *'venda'*) es una zona de unión celular cuya superficie es relativamente grande. Cuando una unión entre células tiene una superficie pequeña, focalizada en un punto, como ocurre en los desmosomas típicos, se denomina *mácula* (del latín *macŭla*, *'mancha'*).

2. El **sistema nervioso autónomo** también colabora en el control de la contracción rítmica cardíaca. La acción de las terminaciones nerviosas modifica el ritmo de la contracción, pero no la provoca.

G. Origen del músculo cardíaco.
   1. El músculo cardíaco se origina a partir de una región concreta de mesénquima, el **manto mioepicárdico**.
   2. Las células de músculo cardíaco siguen dividiéndose hasta el nacimiento.
      a. Después del nacimiento, los cardiomiocitos dejan de dividirse.
      b. Algunos mantienen cierta capacidad de dividirse por mitosis, con lo que una persona de 50 años ha renovado el 45 % de sus células cardíacas desde el nacimiento.
      c. En ocasiones, los núcleos se dividen pero las células no, y se forman **células binucleadas**, que pueden constituir entre el 25–57 % del total de cardiomiocitos.
      d. Frecuentemente hay multiplicación de cromosomas sin división nuclear, por lo que en el adulto la mayoría de las células de músculo cardíaco son **poliploides** (número cromosómico 4n u 8n).
   3. Se han identificado **células progenitoras musculares cardiacas** en los adultos, que tienen una capacidad limitada de regenerar células de músculo cardíaco y otros tipos celulares.
   4. Después del nacimiento, el corazón crece por aumento de tamaño de sus células.

H. En caso de muerte (**necrosis**) de tejido cardíaco, por ejemplo, por falta de riego sanguíneo (**isquemia**), el tejido cardíaco raramente se regenera y se remplaza el tejido muerto por tejido conjuntivo.

Lo que hay que recordar

Los tejidos musculares tienen células (fibras musculares o miocitos) capaces de contraerse. En todos los tejidos musculares, las células están rodeadas por una lámina basal (lámina externa). Las células del músculo liso tienen forma fusiforme y son mononucleadas. Su citoplasma está atravesado por haces de filamentos de actina y miosina entrelazados, que se deslizan unos sobre otros y contraen la célula. Esta contracción es involuntaria y está regulada por las hormonas y el sistema nervioso. Las fibras musculares esqueléticas son cilíndricas, alargadas, multinucleadas y tienen bandas transversales claras (bandas I) y oscuras (bandas A). Su citoplasma tiene miofibrillas dispuestas longitudinalmente y formadas por sarcómeras sucesivas, que son estructuras formadas por finos microfilamentos de actina entrelazados con gruesos filamentos de miosina. La distribución de estos filamentos produce las bandas I y A. El deslizamiento de los filamentos entre sí acorta la sarcómera y, en consecuencia, la miofibrilla y toda la célula muscular. La contracción es voluntaria en respuesta a señales nerviosas. Las células del músculo cardíaco son alargadas, a veces ramificadas, uninucleadas y contactan entre sí en sus extremos en estructuras llamadas discos intercalares. Tienen miofibrillas con sarcómeras similares a las del músculo esquelético. Su contracción es involuntaria y rítmica.

Lectura adicional

Agarkova I, Ehler E, Lange S, et al. 2003. M-band: a safeguard for sarcomere stability? Journal of Muscle Research and Cell Motility 24: 191–203.

Au Y 2004. The muscle ultrastructure: a structural perspective of the sarcomere. Cellular and Molecular Life Sciences 61: 3016–3033.

Gartner L P 2017. Muscle. En: Textbook of Histology. 4ª ed, pp. 179–210.

Gauthier G F 1988. The Muscular Tissues. En: Cell and Tissue Biology – A Textbook of Histology. Weiss L Editor. 6ª ed. Urban & Schwarzenberg, pp. 255–276.

Gómez de Ferraris M E, Campos Muñoz A 2009. Histología general humana. In Histología, Embriología e Ingeniería Tisular Bucodental. 3ª ed. Médica Panamericana, pp. 57–78.

Kierszenbaum A L, Tres L L 2019. Muscle tissue. En: Histology and Cell Biology – An Introduction to Pathology. 5ª ed. Elsevier, pp. 237–260.

Krstić R V 1985. Muscular tissue. En: General Histology of the Mammal. An Atlas for Students of Medicine and Biology. Springer Verlag, pp. 237–291.

Lin B L, Song T, Sadayappan S 2017. Myofilaments: Movers and rulers of the Sarcomere. Comprehensive Physiology 7: 675–692.

Lowe J S, Anderson P G 2015. Contractile cells. En: Stevens & Lowe's Human Histology. 4ª ed. p. 71–83.

Luther P K 2009. The vertebrate muscle Z-disc: sarcomere anchor for structure and signaling. Journal of Muscle Research and Cell Motility 30: 171–185.

O'Dowd G, Bell S, Wright S 2023. Muscle. En: Wheater's Functional Histology. Elsevier, pp. 101–121.

Pawlina W 2024. Muscle Tissue. En: Histology a Text and Atlas with correlated Cell and Molecular Biology. 9ª ed. Wolters Kluwer, pp. 344–387.

Pettinato A M, Ladha F A, Hinson J T 2022. The cardiac sarcomere and cell cycle. Current Cardiology Reports 24: 623–630.

Rassier D E 2017. Sarcomere mechanics in striated muscles: from molecules to sarcomeres to cells. American Journal of Physiology-Cell Physiology 313: C134–C145.

Schultz E, McCormick K M 1994. Skeletal-muscle satellite cells. Reviews of Physiology, Biochemistry and Pharmacology 123: 213–257.

Soussiyanicostas N 1991. Muscular ontogeny – From mesodermal induction to sarcomere formation. Bulletin de l'institute Pasteur 89: 255–295.

Squirre J M 1997. Architecture and function in the muscle sarcomere. Current Opinion in Structural Biology 7: 247–257.

Tejido nervioso

11

Qué aprenderás en este capítulo

Este capítulo describe las principales características del tejido nervioso y del sistema nervioso y su origen embrionario. Se explican la organización citológica y las propiedades de las neuronas, las células excitables responsables de la conducción del impulso nervioso, y cómo se produce este impulso. Se describe el mecanismo de transmisión del impulso entre neuronas en las sinapsis. Además, se estudian los diferentes tipos de células de la neuroglía que acompañan a las neuronas en el tejido nervioso y las características de las fibras nerviosas. Finalmente, se describen las estructuras del sistema nervioso que se pueden encontrar en las paredes de la cavidad bucal y en los tejidos del diente y del periodontonto, es decir, los nervios periféricos y las terminaciones nerviosas motoras y sensoriales, libres y encapsuladas.

11.1 Características generales

A. El tejido nervioso forma el **sistema nervioso**, responsable de:
   1. La **comunicación** entre los diferentes tejidos y órganos del cuerpo.
   2. La recepción de señales desde el medio externo que se pueden transformar en **sensaciones**.
   3. La **reacción** del organismo frente a los estímulos externos.
   4. La **consciencia**.
   5. La **conducta**.
   6. La **personalidad**.

B. El funcionamiento del sistema nervioso se basa en la capacidad de las células nerviosas de producir y transmitir señales, lo cual se consigue porque estas células poseen dos propiedades:

F.J. Sáez, I. Badiola, *Histología Bucal Básica*,
https://doi.org/10.1007/978-3-032-24363-8_11

1. **Irritabilidad**, que es la capacidad de reaccionar frente a estímulos físicos y químicos.
2. **Conductividad**, que es la capacidad de transmitir esta reacción a otras zonas de la célula o a otras células.

C. La señal que producen las células nerviosas es una corriente eléctrica que se transmite por la superficie de la célula. Esta corriente se denomina **impulso nervioso**.

D. Las células nerviosas poseen largas prolongaciones citoplasmáticas por las que conducen el impulso nervioso.

1. El impulso producido en un punto del organismo puede transmitirse por estas prolongaciones a otras células o tejidos.
2. La longitud de estas prolongaciones puede ser relativamente corta o muy larga, y gracias a ello el impulso nervioso puede transmitirse dentro del sistema nervioso o a otros órganos (**órganos efectores**).

E. El tejido nervioso está formado por varios tipos celulares que se pueden clasificar en dos categorías:

1. **Neuronas** (del griego νεῦρον neûron, 'nervio'). Son las células fundamentales del sistema nervioso, ya que son las encargadas de llevar a cabo las funciones propias de este sistema.
   a. Presentan un **soma o cuerpo celular**, que posee el núcleo y la mayoría de los orgánulos.
   b. Tienen varios tipos de prolongaciones citoplasmáticas que parten del soma. Las prolongaciones encargadas de transmitir el impulso nervioso se denominan **fibras nerviosas**.
   c. Las prolongaciones de unas neuronas contactan con las de otras neuronas y forman **circuitos neuronales** que pueden ser muy complejos y se combinan con otros circuitos para ejecutar una función.
2. **Células neuróglicas**, de la **neuroglía** o de la **glía** (del griego bizantino γλία glía, 'pegamento'). Son varios tipos de células asociadas a las neuronas que cumplen, según sean sus características, funciones de protección, aislamiento, nutrición, defensa o barrera.

F. La transmisión de señales entre neuronas se realiza en uniones celulares especializadas que reciben el nombre de **sinapsis** (del griego σύναψις sinapsis, 'unión, enlace').

G. Algunas células nerviosas pueden secretar sustancias reguladoras, hormonas o mediadores químicos locales, por lo que se denominan **células neuroendocrinas**.

11.2 Organización del sistema nervioso

A. En el sistema nervioso se pueden distinguir varias partes:
   1. El **sistema nervioso central** recibe impulsos nerviosos de todo el cuerpo, los integra y elabora respuestas.
      a. Está formado por varios órganos, como el **cerebro**, el **cerebelo**, el **tronco del encéfalo** y la **médula espinal**.
      b. Cerebro, cerebelo y tronco del encéfalo forman el **encéfalo**.
      c. En los órganos del sistema nervioso central se suelen distinguir dos regiones con diferente organización:
         (1) La **sustancia gris**, donde se encuentran los cuerpos o somas neuronales rodeados de sus prolongaciones citoplasmáticas y otras células gliales. El conjunto de estructuras entrelazadas que rodean los somas neuronales forman el **neuropilo** (del griego νεῦρον nêuron, 'nervio' y πῖλος pîlos, 'fieltro').
         (2) La **sustancia blanca**, que carece de somas neuronales y está formada sólo por fibras nerviosas y células gliales.
      d. El sistema nervioso central posee envueltas de tejido conjuntivo que protegen sus órganos (**meninges**).
      e. También hay pequeñas cantidades de tejido conjuntivo que envuelve a los **vasos sanguíneos** que entran en estos órganos.
   2. El **sistema nervioso periférico** comprende todo el tejido nervioso que no está situado en el sistema nervioso central y lo pone en contacto con todas las regiones de nuestro cuerpo. Está constituido por:
      a. **Plexos nerviosos**: redes de fibras nerviosas.
      b. **Nervios periféricos**: haces de fibras nerviosas.
         (1) Los nervios parten del encéfalo (**nervios craneales**) y de la médula espinal (**nervios raquídeos o espinales**).
         (2) Los nervios se ramifican al alejarse del sistema nervioso central. Al llegar a su destino, presentan terminaciones libres o forman estructuras terminales especializadas.
         (3) Los nervios suelen llevar mezcladas diferentes tipos de fibras:
            (a) **Fibras nerviosas aferentes** (del latín afferente, 'que lleva hacia'), que llevan impulsos desde la periferia al sistema nervioso central.
            (b) **Fibras nerviosas eferentes** (del latín efferente, 'que lleva hacia fuera'), que llevan los impulsos desde el sistema nervioso central a los órganos periféricos.
      c. **Ganglios**: contienen somas de neuronas. Se distinguen dos tipos:
         (1) **Ganglios sensoriales**. Situados en algunos nervios craneales y en la raíz dorsal de todos los raquídeos.
            (a) En ellos están los somas de **neuronas pseudounipolares**.
            (b) Estas neuronas tienen una prolongación citoplasmática bifurcada en dos ramas:
               1. Una llega a los órganos periféricos, y por ella la neurona recibe estímulos.

2. La otra se dirige al sistema nervioso central, al que se transmite la señal recibida.

(2) **Ganglios autónomos**. Hay varios tipos situados en diversos lugares del organismo.

(a) Contienen somas neuronales del **sistema nervioso autónomo o vegetativo**.

(b) Estas neuronas reciben impulsos de fibras nerviosas procedentes de neuronas del sistema nervioso central y emiten fibras que transmiten el impulso nervioso hacia los órganos efectores.

B. La distinción entre sistema nervioso central y sistema nervioso periférico es anatómica, pero ambos pueden intervenir en dos tipos de funciones, lo que nos permite considerar dos partes funcionales del sistema nervioso:

1. **Sistema nervioso somático** (del griego σωματικός *sōmatikós* 'corporal'), voluntario o de la vida de relación.

a. Comprende todas las partes del sistema nervioso responsables de controlar las relaciones de nuestro cuerpo con el medio.

b. Las fibras eferentes del sistema somático llevan directamente el impulso nervioso desde el sistema nervioso central al órgano efector. Es decir, el soma neuronal que produce el axón se encuentra en la sustancia gris del encéfalo o la médula espinal.

c. Las fibras aferentes (sensoriales) son neuronas pseudounipolares.

2. **Sistema nervioso autónomo**[1] (del griego αὐτόνομος *autónomos* 'que vive según sus leyes', 'independiente') **o vegetativo** (del latín *vegetāre* 'vivificar', 'estar vivo'), que controla la actividad visceral.

a. Posee dos tipos de neuronas:

(1) **Neuronas eferentes (neuronas motoras viscerales)**. Conduce impulsos involuntarios al músculo liso, músculo cardíaco y epitelios glandulares. Forman el siguiente circuito:

(a) Somas neuronales (**neuronas presinápticas**) situados en el encéfalo o la médula espinal, que emiten fibras eferentes (**fibras preganglionares**) que salen del sistema nervioso central.

(b) Neuronas de ganglios autónomos (**neuronas postsinápticas**). Reciben la señal de las fibras preganglionares.

(c) **Fibras postganglionares**, que son los axones que surgen de las neuronas postganglionares y que transmiten el impulso al órgano efector (músculo liso, músculo cardíaco y glándulas).

(2) **Neuronas aferentes (neuronas sensoriales viscerales)**. Transmiten dolor y reflejos desde las vísceras al sistema nervioso central. Son neuronas pseudounipolares.

b. El sistema nervioso autónomo tiene tres divisiones:

(1) **Sistema nervioso simpático** (de los términos griegos σύν sýn 'con', 'unión' y πάθος patho 'padecimiento', 'sentimiento'). Prepara el cuerpo para "pelear o huir". Produce aumento de la respiración, la presión

[1] Es frecuente que se le denomine erróneamente sistema nervioso autonómico.

arterial, la frecuencia cardíaca y el flujo sanguíneo a los músculos. Además, dilata las pupilas y desacelera las funciones viscerales.

(2) **Sistema nervioso parasimpático** (del griego παρά pará 'a lo largo de', 'al lado de'). Lleva a cabo la **homeostasis**. En general, produce efectos antagónicos al sistema simpático.

(3) **Sistema entérico** (del griego ἔντερον *énteron* 'intestino'). Inerva el tubo digestivo. Se comunica con el sistema nervioso central mediante fibras simpáticas y parasimpáticas, pero también funciona de forma independiente.

C. Los sistemas nerviosos somático y vegetativo, poseen somas neuronales y fibras tanto en el sistema nervioso central como en el periférico.

11.3 Origen embrionario

A. En la embriogénesis, el sistema nervioso se origina durante la **neurulación**, cuando se produce el **neuroectodermo**.

B. El neuroectodermo forma dos estructuras embrionarias:

1. El **tubo neural**, del que se producen los componentes del encéfalo y la médula espinal, incluyendo neuronas, neuroglía (excepto microglía), epéndimo y plexos coroideos.
2. las **crestas neurales**, cuyas células migran y originan varias estructuras nerviosas:
   a. Casi todo el sistema nervioso periférico sensorial
   b. Neuronas sensoriales de ganglios craneales y raquídeos.
   c. Ganglios autónomos y neuronas postganglionares.
   d. Células de aracnoides y piamadre (meninges)
   e. Células satélites de ganglios periféricos.
   f. Células de Schwann.

11.4 Neurona

A. La neurona es la célula fundamental del sistema nervioso (fig. 11.1). Se puede distinguir:

1. Un **soma o cuerpo celular** formado por el núcleo y el citoplasma circundante. Dicho citoplasma se llama **pericarion**.
2. Un número variable de prolongaciones cortas y, generalmente, ramificadas, llamadas **dendritas** (del griego δένδρον déndron, 'árbol').
3. Una prolongación única y que puede ser muy larga, llamada **cilindroeje o axón** (del griego ἄξων áxōn, 'eje'). El axón puede tener alguna ramificación (**ramas o colaterales axónicos**), y al final puede mostrar ramificaciones finas (**arborización terminal**).

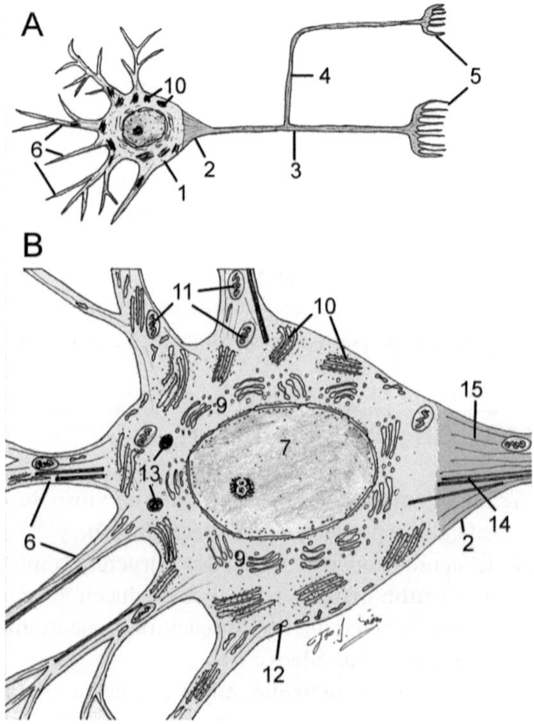

Figura 11.1 Las neuronas pueden tener formas muy variadas, pero aquí se representa una neurona hipotética (**A**), y detalles de la organización de su soma (**B**). 1, soma neuronal; 2, cono axónico; 3, axón; 4, colateral axónico; 5, terminales axónicos; 6, dendritas; 7, núcleo; 8, nucléolo; 9, aparato de Golgi; 10, retículo endoplásmico rugoso (cuerpos de Nissl); 11, mitocondrias; 12, retículo endoplásmico liso; 13, gránulos de lipofuscina; 14, microtúbulos; 15, neurofilamentos

B. Se puede considerar que en una neurona hay dos "compartimentos" diferentes:
   1. Las dendritas y el soma son funcional y estructuralmente similares, de manera que se pueden considerar que forman un único compartimento.
   2. El axón, por su función y su organización, se puede considerar una unidad diferente.
C. Las neuronas no se dividen, pero en algunas áreas del cerebro existen **células madre neurales** que, si se produce una lesión, pueden dividirse, migrar hacia el lugar del daño y diferenciarse para remplazar las neuronas dañadas.
D. Transmisión del impulso nervioso.
   1. Las dendritas captan señales de otras neuronas o células sensoriales que provocan un **potencial de acción** en su membrana que se transmite hacia el soma como un **impulso nervioso**.
   2. El soma también puede recibir estímulos.
   3. Todos los estímulos se integran en el soma y, si se supera un umbral, se emite un impulso nervioso que se transmite hasta el extremo del axón o **terminación axónica**.
E. Soma neuronal.
   1. El soma neuronal puede tener una forma variable: redondeado, ovoide, piramidal …

2. El tamaño varía mucho cuando se comparan diferentes tipos neuronales: existen neuronas de 8 μm (neuronas granulosas del cerebelo) y otras de 100 μm (neuronas piramidales gigantes de la corteza cerebral).
3. El núcleo suele ser grande y **eucromático** y suele mostrar un gran **nucléolo**. Puede ser redondeado o mostrar escotaduras.
4. En el pericarion, al microscopio óptico se observan:
   a. Regiones citoplasmáticas basófilas, llamadas **cuerpos de Nissl** o **sustancia cromófila**, que son regiones con abundantes cisternas del retículo endoplásmico rugoso.
      (1) Esto indica que la neurona tiene una intensa actividad sintética.
      (2) Los cuerpos de Nissl están también en los puntos de inicio de las dendritas, pero no en el punto de origen del axón, el llamado **cono axónico**.
   b. Mucho retículo endoplásmico liso, que también se encuentra en las dendritas y los axones. Este retículo liso suele formar **cisternas hipolémicas**, es decir, situadas bajo la membrana plasmática.
   c. Muchos **aparatos de Golgi**, también en el origen de las dendritas.
   d. Abundantes **mitocondrias**, que también se observan en dendritas y axones.
   e. Abundantes lisosomas, que se convierten en **gránulos de lipofuscina**, que aumentan con el envejecimiento y dan a algunas neuronas un color pardo amarillento.
   f. **Neurofibrillas**, formadas por **neurofilamentos**, una variedad de filamentos intermedios, que también son visibles en dendritas y axones.
   g. **Microtúbulos**.
   h. **Microfilamentos de actina** asociados a la membrana plasmática.

F. Dendritas.
1. Son prolongaciones que pueden ramificarse mucho y forman **arborizaciones dendríticas**.
2. Permiten aumentar la superficie receptora de las neuronas, es decir, aumentan la posibilidad de establecer sinapsis.
3. Una neurona puede tener muchas dendritas.
4. En ellas se observan la mayoría de los orgánulos citoplasmáticos, incluyendo pequeños focos del aparato de Golgi. Estos dictiosomas del aparato de Golgi son estructuras discretas y aisladas del aparato de Golgi del soma.
5. La superficie de las dendritas puede aumentar con la formación de evaginaciones o excrecencias de la superficie, de 1 μm de largo y forma de hongo, que se denominan **espinas dendríticas**:
   a. Suelen ser sitios de sinapsis.
   b. Poseen **microfilamentos de actina** que les estabilizan, pero también les permiten cambiar de forma.
6. Una excepción con respecto a la estructura de las dendritas es la "dendrita" de las **neuronas pseudounipolares**, que es muy larga, su estructura es típica de un axón, posee vaina de mielina, como los axones, y se comporta como tal, por lo que se le denomina **axón dendrítico o rama dendrítica periférica**.

G. Axón.
  1. Cada neurona puede tener un único axón.
  2. El axón está especializado para transmitir el potencial de acción que se produce en su punto de origen en el pericarion, el **cono axónico**:
     a. El cono axónico no tiene cuerpos de Nissl.
     b. El límite entre el citoplasma del pericarion (con cuerpos de Nissl) y el cono axónico (sin cuerpos de Nissl) puede ser abrupto.
  3. El axón está recubierto por la membrana plasmática (**axolema**).
  4. En el interior del axón, o **axoplasma**, se pueden encontrar túbulos delgados de retículo endoplásmico liso, mitocondrias delgadas, **microtúbulos** y **neurofilamentos**.
  5. Algunos axones producen **ramas colaterales (colaterales axónicos)** en ángulo recto.
  6. En su porción final puede ramificarse y formar muchas ramas pequeñas (**arborización terminal o telodendria**, plural telodendron).
  7. Existen dilataciones (**botones sinápticos**) que establecen sinapsis con otras células. Pueden encontrarse dos tipos:
     a. **Botones terminales**, en los **terminales axónicos**. Esto ocurre en la mayoría de los casos.
     b. **Botones de paso**, en el trayecto del axón, aunque esto es menos frecuente.
  8. Algunos axones están revestidos de una envuelta producida por células de la glía, llamada **vaina de mielina** (del griego μυελός *myelós* 'médula' e *-ina* 'sustancia').
     a. Los axones con vaina de mielina son los **axones o fibras mielínicas**.
     b. El resto de axones que carecen de esta vaina se denominan **axones o fibras amielínicas**.
  9. El **segmento inicial** del axón es la región situada entre el cono axónico y el comienzo de la envuelta de mielina:
     a. Tiene un filtro de filamentos de actina que controla el paso de orgánulos y vesículas desde el pericarion hacia el axón.
     b. Es el punto donde se produce el potencial de acción que se transmite por el axón.
  10. Por el axón se transportan muchas sustancias hacia el terminal (**transporte anterógrado**) o hacia el soma (**transporte retrógrado**). Este transporte se realiza guiado por los microtúbulos.
  11. En algunas neuronas, se transportan moléculas señal que se liberan en el terminal axónico (**neurosecreción**).

H. Algunas diferencias entre dendritas y axones son:
  1. Una neurona puede tener muchas dendritas, pero solo un axón.
  2. Las dendritas son más cortas que los axones.
  3. Las dendritas son de diámetro mayor en el punto de origen en el soma celular.
  4. Las dendritas carecen siempre de vaina de mielina.
  5. Las dendritas pueden estar muy ramificadas. Los axones pueden tener pocos colaterales axónicos y alguna arborización terminal.
  6. Los axones carecen de cuerpos de Nissl.

11.5 Tipos de neuronas

A. Existen muchos tipos neuronales diferentes, cada uno en una región concreta del sistema nervioso y especializado en una actividad concreta.
B. A pesar de la variedad, se puede hacer una clasificación de las neuronas teniendo en cuenta las ramificaciones de su citoplasma (fig. 11.2):
   1. **Neurona anaxónica**. Es una neurona sin axón. Son muy poco frecuentes. Un ejemplo es la neurona amacrina de la retina, que posee dendritas, pero no axón.
   2. **Neurona unipolar o monopolar**. Posee una única prolongación, el axón. No se encuentran en el ser humano.
   3. **Neurona pseudounipolar**. Estas células poseen una única prolongación que, a poca distancia del soma, se bifurca en forma de T.
      a. Ambas ramas poseen características de axón.
      b. Esta neurona se forma a partir de una neurona con un axón y una dendrita. Durante el desarrollo, ambas prolongaciones citoplasmáticas se aproximan y se fusionan en sus trayectos iniciales, hasta adquirir la forma definitiva (fig. 11.3).
         (1) La prolongación dendrítica adquiere entonces propiedades de axón (**axón dendrítico**). El extremo distal de este axón dendrítico se ramifica y muestras típicas prolongaciones dendríticas pequeñas que se

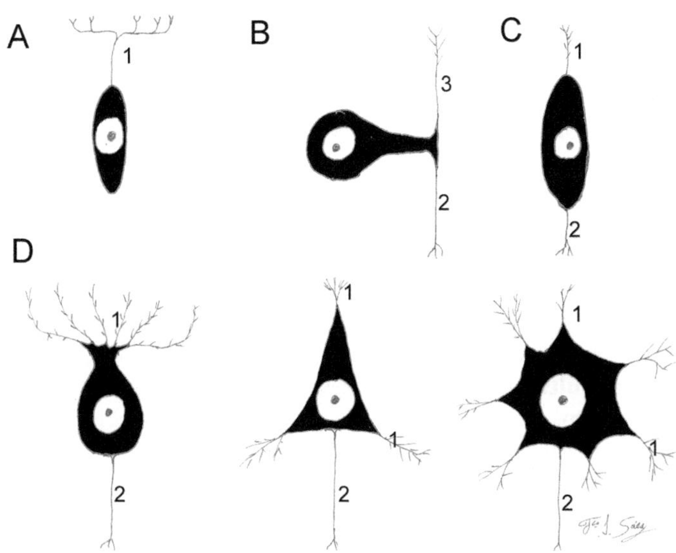

Figura 11.2 Neuronas anaxónica (**A**), pseudounipolar (**B**), bipolar (**C**) y multipolares (**D**). Se representa sombreado en negro el soma neuronal, con el núcleo en blanco. 1, dendritas; 2, axones; 3, axón dendrítico (rama dendrítica periférica)

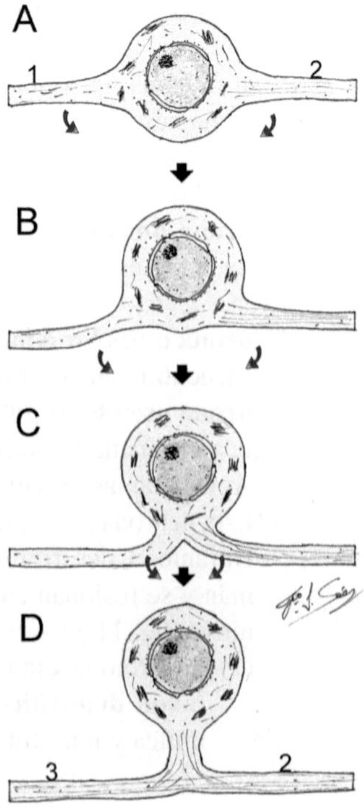

Figura 11.3 Representación simplificada del desarrollo de una neurona pseudounipolar. El avance de una fase a otra del proceso se indica con las flechas rectas. El punto de origen de la dendrita (1) y el axón (2) de una neurona bipolar (**A**), se va desplazando hacia el mismo polo de la neurona en la dirección mostrada por las flechas curvas. Los puntos de origen de ambas prolongaciones se va aproximando (**B**, **C**) y finalmente convergen, lo que provoca la fusión de ambas prolongaciones en su parte inicial (**D**). La dendrita adquiere características de axón y se convierte en un axón dendrítico (3)

comportan como dendritas: reciben señales y propagan el impulso nervioso hacia el soma y el axón.

(2) La prolongación axónica inicial sigue comportándose como un axón típico.

c. Las células sensoriales ganglionares son de este tipo. Su dendrita o axón dendrítico se dirige hacia la periferia (**rama dendrítica periférica**). El axón se dirige hacia el sistema nervioso central (**rama axónica central**).

4. **Neurona bipolar**. Posee dos prolongaciones, el axón y una dendrita, normalmente originadas en polos opuestos del pericarion, que suele ser fusiforme. Hay neuronas de este tipo en la retina y el epitelio olfatorio, por ejemplo.
5. **Neurona multipolar**. Posee muchas dendritas, originadas en varios puntos del pericarion, y un único axón. Es el tipo neuronal más frecuente en el ser humano y existe una gran variedad de neuronas de este tipo con organización muy diferente.

11.6 Potencial de membrana

A. En la membrana plasmática de las neuronas hay canales y bombas encargadas de transportar iones hacia el interior o hacia el exterior celular (fig. 11.4).

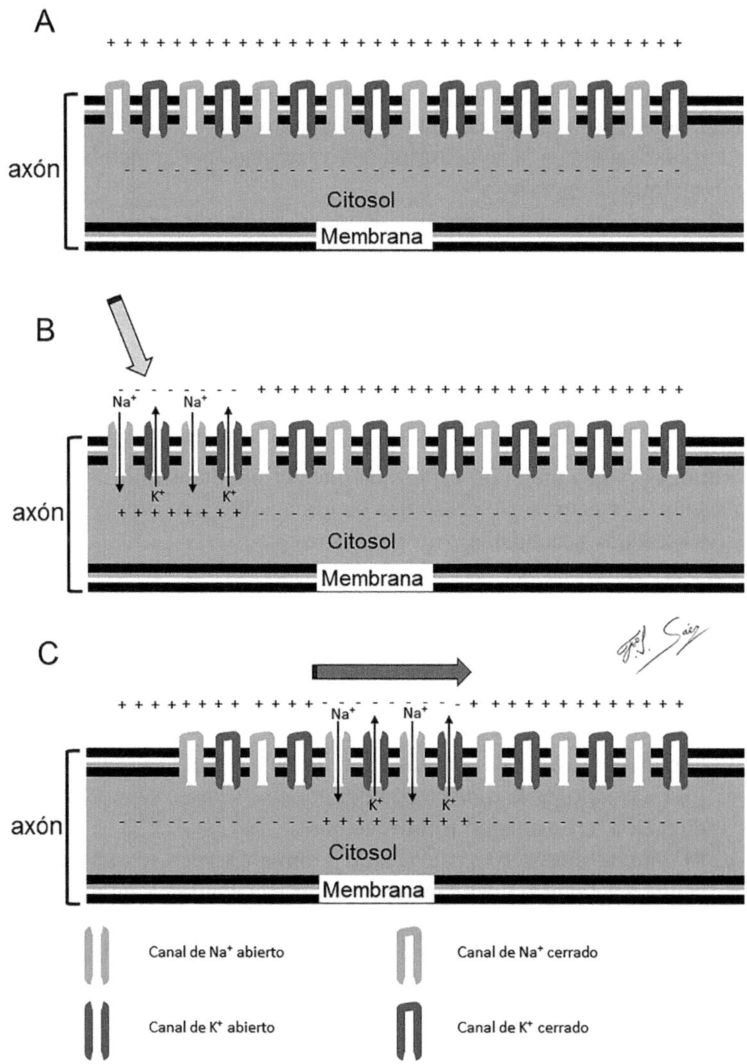

Figura 11.4 Propagación del potencial de acción en la membrana de una neurona. En estado de reposo, la membrana tiene un potencial de membrana negativo en el interior con respecto al exterior (**A**). Cuando llega un estímulo (**B**), representado aquí como una flecha gris clara, se abren canales iónicos que permiten la entrada de sodio, lo que invierte la polaridad. La situación se recupera con rapidez por la salida de potasio. Este estímulo se propaga como un potencial de acción (**C**) en la dirección mostrada por la flecha gris oscura, debido a la sucesiva apertura y cierre de los canales de la membrana

B. En una neurona no estimulada existe una diferencia de potencial del −40 a −90 mV a través de la membrana, con el interior negativo con respecto al exterior. A esto se le denomina **potencial de reposo**.
C. Cuando se estimula un punto de la superficie de una neurona los canales y bombas transportan Na^+ al interior celular y hay una **despolarización**.
   1. El potencial se invierte hasta +30 mV, ya que el interior se hace positivo con respecto al exterior.
   2. A esto se le denomina **potencial de acción**.
D. Esta situación se revierte con rapidez por la salida de iones K^+ y se vuelve a la situación de reposo en apenas unos milisegundos.
E. La despolarización en la zona estimulada se propaga por la membrana neuronal como un **impulso nervioso**.
F. Todas las señales recibidas por una neurona se integran en el soma, que finalmente transmite o no el potencial de acción al axón.
G. Cuando el potencial de acción llega a los terminales axónicos, se transmite el estímulo a otras neuronas o células efectoras a través de las **sinapsis**.

11.7 Sinapsis

A. La **sinapsis** es una unión especializada que permite transmitir un impulso nervioso entre dos neuronas o desde una neurona a otro tipo celular (células musculares o células glandulares).
B. Existen dos tipos de sinapsis:
   1. En algunos organismos existen **sinapsis eléctricas**:
      a. Son **uniones de hiato (gap)**.
      b. Permiten la **transmisión bidireccional** de un impulso eléctrico.
      c. En el ser humano parecen infrecuentes y de relativamente poca importancia.
   2. El tipo más frecuente de sinapsis en el ser humano es la **sinapsis química**.
      a. En estas uniones la transmisión del impulso se hace siempre en la misma dirección (**transmisión unidireccional**).
      b. El impulso eléctrico que llega a un terminal axónico se transmite a la otra célula mediante la liberación de una sustancia química, un **neurotransmisor**.
         (1) El neurotransmisor contacta con receptores de la **célula diana** (célula que recibe la señal), lo que se traduce en un estímulo en la célula diana.
         (2) Si la célula diana es otra neurona, el estímulo se convierte en una nueva señal eléctrica.
C. Una sinapsis típica entre dos neuronas está formada por (fig. 11.5A, B):
   1. **Componente presináptico**. Es la región del botón del terminal axónico.
      a. Posee mitocondrias y muchas vesículas de 40–60 nm de diámetro que contienen neurotransmisores (**vesículas sinápticas**).

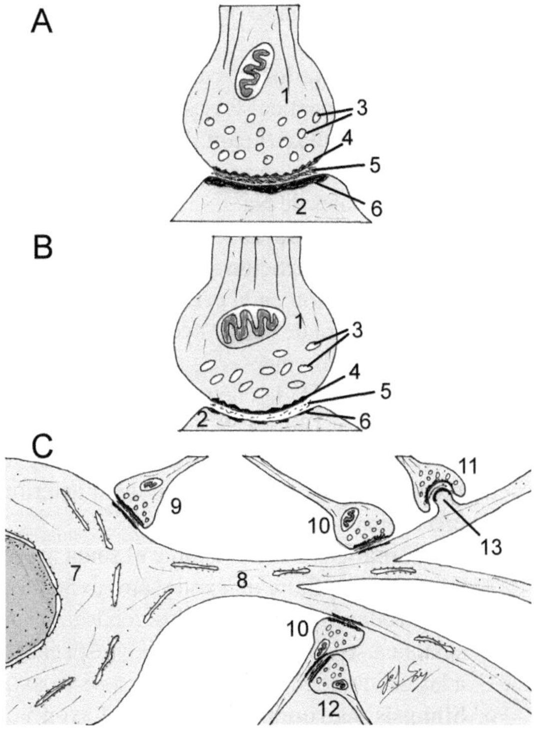

Figura 11.5 Estructura de las sinapsis de tipo I (**A**) y de tipo II (**B**), y tipos de sinapsis según su localización (**C**). 1, componente presináptico; 2, componente postsináptico; 3, vesículas sinápticas; 4, condensación de la membrana presináptica; 5, hendidura sináptica; 6, condensación de la membrana postsináptica; 7, soma neuronal; 8, dendrita; 9; sinapsis axosomática; 10, sinapsis axodendrítica; 11, sinapsis axoespinosa; 12, sinapsis axoaxónica; 13, espina dendrítica

b. En la cara interna de la membrana plasmática existe una **región condensada** formada por proteínas especializadas en la liberación de las vesículas.

2. **Hendidura sináptica**. Es el espacio entre las dos células. Suele haber un material denso, que es responsable de mantener unidas las membranas de ambas células.
3. **Componente postsináptico**. Es la región de la neurona que recibe la señal, en la dendrita, el pericarion o, en ocasiones, en el axón. Bajo la membrana hay una **región condensada**.

D. Existen sinapsis que muestran algunas diferencias en su estructura. Por ello se suelen distinguir dos tipos de sinapsis (fig. 11.5A, B):

1. **Sinapsis de tipo I**. Presentan las siguientes características:
   a. Las vesículas sinápticas son esféricas.
   b. En la hendidura sináptica hay material denso.
   c. La membrana postsináptica está muy engrosada.
   d. En las imágenes microscópicas la sinapsis es **asimétrica**.
2. **Sinapsis de tipo II**. Sus características son:
   a. Las vesículas sinápticas son ovales.
   b. No hay material denso en la hendidura sináptica.
   c. La membrana postsináptica no está muy engrosada.
   d. Con el microscopio se ven **simétricas**.

E. Las sinapsis también se pueden clasificar según el efecto que causa en la célula postsináptica:
   1. **Sinapsis excitadoras**, cuando la liberación del neurotransmisor activa a la célula postsináptica. En estos casos, la liberación del neurotransmisor provoca la **despolarización** de la membrana y la producción del potencial de acción. Como ya se ha explicado, la despolarización se produce por la apertura de canales de Na^+.
   2. **Sinapsis inhibidoras**, en las que la liberación del neurotransmisor provoca una **hiperpolarización** de la membrana postsináptica y no se produce un potencial de acción en la célula postsináptica. La hiperpolarización se produce por la apertura de canales de Cl^- que introducen este ion en la célula.
   3. En general, las sinapsis de tipo I son excitadoras y las de tipo II inhibidoras.
F. Según las partes de las neuronas que establecen sinapsis, se distinguen varios tipos de sinapsis (fig. 11.5C):
   1. **Axodendrítica**. Entre el axón y una dendrita.
   2. **Axoespinosa**. Es una variante de la anterior que se produce entre el axón y una espina dendrítica.
   3. **Axosomática**. Entre el axón y el soma neuronal.
   4. **Axoaxónica**. Entre un axón y otro axón.
   5. **Dendrodendrítica**. Entre dos dendritas. Son muy raras. En la dendrita presináptica se observan vesículas y especializaciones de membrana similares a las del componente presináptico de un axón.
   6. **Sinapsis neuromuscular**. Entre el axón y una célula muscular. Pueden ser de dos tipos:
      a. **Placas motoras**: son las uniones sinápticas entre los terminales axónicos de neuronas motoras y las **células musculares esqueléticas**.
         (1) La lámina externa de la célula de Schwann que protege el axón se fusiona con la lámina externa de la célula muscular y el botón terminal axónico queda muy próximo a la membrana plasmática de la célula muscular, con una lámina externa compartida entre ambos.
         (2) La membrana postsináptica del miocito tiene numerosos repliegues estrechos y profundos.
      b. **Sinapsis autónomas**: son las uniones entre los terminales axónicos de neuronas del **sistema vegetativo** y las **células de músculo liso**.
         (1) La membrana presináptica y la membrana postsináptica están separadas por la **lámina externa** del miocito liso.
         (2) La membrana postsináptica del miocito liso tiene **cavéolas**.
G. Según la posición del botón sináptico, se pueden distinguir dos tipos de sinapsis:
   1. **De paso**. El botón sináptico (botón de paso) está en el recorrido del axón.
   2. **Terminal**. El botón sináptico (botón terminal) está al final del axón.
H. Cada neurona suele producir un único tipo de neurotransmisor que libera en sus terminales axónicos. Algunos de los neurotransmisores más frecuentes son:
   1. **Acetilcolina** (**sinapsis colinérgica**). Normalmente activa la célula diana (postsináptica), es decir, interviene en sinapsis excitadoras.

2. Aminoácidos y derivados. Entre ellos, los más frecuentes son:
   a. **Glutamato** (**sinapsis glutamatoérgica o glutamatérgica**). Se encuentra en sinapsis excitadoras.
   b. **Ácido gamma-aminobutírico, GABA** (**sinapsis gabaérgica**). Es un neurotransmisor inhibidor muy frecuente.
   c. **Glicina** (**sinapsis glicinérgica**). Es inhibidor, muy frecuente en la médula espinal.
   d. **Aspartato**.
3. Neuropéptidos. Entre ellos:
   a. **Sustancia P**. Undecapéptido excitador.
   b. **Neuropéptido Y**. Formado por 36 aminoácidos. Excitador.
   c. **Vasopresina**. Formada por nueve aminoácidos.
   d. **Somatostatina**. Tetradecapéptido.
4. Monoaminas. Por ejemplo:
   a. **Serotonina** (**sinapsis serotoninérgica**). Puede ser excitador o inhibidor.
   b. **Dopamina** (**sinapsis dopaminérgica**). Como el anterior, puede ser excitador o inhibidor.
   c. **Adrenalina o epinefrina** (**sinapsis adrenérgica**).
   d. **Noradrenalina** (**sinapsis noradrenérgica**). También llamada **norepinefrina**, puede ser excitador o inhibidor.
5. **Purinas**. El **ATP** puede actuar como neurotransmisor en algunas sinapsis, tanto en el sistema nervioso central como en el sistema nervioso periférico. Parece que actúa como excitador.

I. Los péptidos se producen en el soma y se transportan por el axón. La mayoría de los neurotransmisores pequeños se producen en la propia terminal sináptica.

11.8 Neuroglía

A. Aunque las neuronas son las células más importantes del sistema nervioso, el número de células de **neuroglía** probablemente quintuplique o decuplique el número de neuronas, lo que nos da una idea de su importancia.
B. Encontramos diferentes tipos de células gliales:
   1. En el sistema nervioso central:
      a. **Macroglía**:
         (1) Ependimocitos.
         (2) Astrocitos.
         (3) Oligodendrocitos.
      b. **Microglía**:
         (1) Microgliocitos.
   2. En el sistema nervioso periférico:
      a. Células satélite o anficitos.
      b. Células de Schwann.

C. Además de estas células gliales frecuentes, existen otras menos abundantes:
   1. **Neuroglía radial**. Se observan durante el desarrollo embrionario del tubo neural y guían a las neuronas en desarrollo. En el adulto sólo se observan unas descendientes:
      a. **Células de Müller** de la retina.
      b. **Neuroglía de Bergmann** del cerebelo.
   2. **Pituicitos**. Son células de la neurohipófisis que contribuyen al control de la producción de neurohormonas en este órgano.
D. Origen de las células de la glía:
   1. Casi todas las células gliales, excepto las de la microglía, derivan del **neuroectodermo**.
      a. Las células gliales del sistema nervioso central se originan a partir del tubo neural
      b. Las células gliales del sistema nervioso periférico derivan de las células de las crestas neurales.
   2. Los microgliocitos se originan durante el desarrollo embrionario a partir de **células hematopoyéticas** de la pared del saco vitelino.

11.9 Ependimocitos

A. Los **ependimocitos** son células que forman una estructura similar a un epitelio llamada **epéndimo** (del latín moderno ependyma, derivado del griego ἐπί epí- 'sobre, encima' y ἔνδυμα endyma 'prenda de vestir').
B. El epéndimo tapiza las cavidades internas del sistema nervioso central (**ventrículos encefálicos** y **conducto central de la médula espinal**), lleno de **líquido cefalorraquídeo**, y reviste los **plexos coroideos**, donde forma el **epitelio del plexo**.
C. Los ependimocitos son células epiteliales cúbicas o cilíndricas, unidas por **desmosomas, desmosomas en banda** (**zónula adherens**), **interdigitaciones** y **uniones de hiato (gap)**.
D. En su citoplasma hay mitocondrias y **filamentos intermedios**.
E. En su polo apical poseen **microvellosidades** y **cilios**.
F. Carecen de lámina basal (excepto en el plexo coroideo).
G. Sus funciones son:
   1. Separan el líquido de cefalorraquídeo del tejido nervioso.
   2. Reabsorben líquido cefalorraquídeo.
   3. Regulan el intercambio entre el líquido y el tejido nervioso.
   4. Los cilios provocan el movimiento del líquido cefalorraquídeo.
   5. El epitelio del plexo produce el líquido cefalorraquídeo.

11.10 Astrocitos

A. Los **astrocitos** (del griego ἄστρον ástron, 'estrella'), presentes en el **sistema nervioso central**, son células de forma estrellada comunicadas por **uniones de hiato**, lo que les permite acoplarse y funcionar sincrónicamente.
B. Poseen **filamentos intermedios (gliofilamentos)**, formados por la **proteína ácida fibrilar de la glía**, que les dan cierta rigidez.
C. Sus prolongaciones terminan en expansiones que forman pies o **pedicelos**, que pueden ser de varios tipos:
   1. **Pies perivasculares**, que cubren los vasos sanguíneos y contribuyen así a la **barrera hematoencefálica**.
   2. **Pies perineuronales**, que cubren la superficie de las neuronas.
   3. **Pies subpiales**, que tapizan la superficie externa del órgano y forman la **membrana limitante glial externa**.
D. Los pedicelos contribuyen a separar el sistema nervioso central del resto del organismo.
E. Los astrocitos realizan muchas funciones:
   1. Sostén de las neuronas. Aportan rigidez gracias a los gliofilamentos.
   2. Separación y aislamiento:
      a. Separan el tejido nervioso del flujo sanguíneo. Sus pedicelos forman parte de la **barrera hematoencefálica** que aísla el tejido nervioso de los vasos sanguíneos.
      b. La **membrana limitante glial externa** separa el tejido nervioso de los tejidos circundantes.
   3. Homeostasis química.
      a. Son capaces de detectar variaciones de **potasio** o de **pH** y reaccionar regulando el medio iónico extracelular, de forma que en las neuronas se pueda producir el potencial de acción.
      b. Los astrocitos almacenan el exceso de **glucosa** sintetizando **glucógeno**.
         (1) Las neuronas necesitan glucosa pero no pueden almacenarla.
         (2) Cuando hay carencia de glucosa, los astrocitos degradan el glucógeno en glucosa y ésta en **lactato**, que liberan para que las neuronas lo utilicen en su metabolismo energético.
   4. Regulación de las sinapsis:
      a. Sus prolongaciones rodean las sinapsis, aislándolas para impedir la difusión de neurotransmisores.
      b. Realizan un **aislamiento eléctrico**.
      c. Regulan la concentración de neurotransmisores porque pueden destruirlos.
   5. Producen **citocinas** que regulan la producción de vainas de mielina por los oligodendrocitos.
   6. Cuando existen lesiones, los astrocitos contribuyen a eliminar moléculas liberadas por las células dañadas y participan en la cicatrización del tejido (**esclerosis**).

F. Se distinguen cuatro tipos de astrocitos:
1. **Astrocitos protoplasmáticos** (fig. 11.6).
   a. Se encuentran sobre todo en la **sustancia gris**.
   b. Su cuerpo celular es de unos 15–25 μm, y su núcleo redondeado y claro.
   c. Poseen muchas prolongaciones cortas y muy ramificadas. Estas prolongaciones en su parte periférica son delgadas y laminares.
2. **Astrocitos fibrosos** (fig. 11.7).
   a. Presentes sobre todo en la **sustancia blanca**.
   b. Son más pequeños (10–12 μm).
   c. Sus prolongaciones son finas, largas y poco ramificadas.
3. **Astrocitos interlaminares**:
   a. Están localizados en la capa superficial de la sustancia gris del encéfalo.
   b. Emiten extensiones hacia la piamadre y hacia las capas profundas de la corteza cerebral.
4. **Astrocitos con proyecciones varicosas**:
   a. Se encuentran en las capas más profundas de la corteza cerebral.
   b. Tienen extensiones poco ramificadas con numerosas varicosidades.

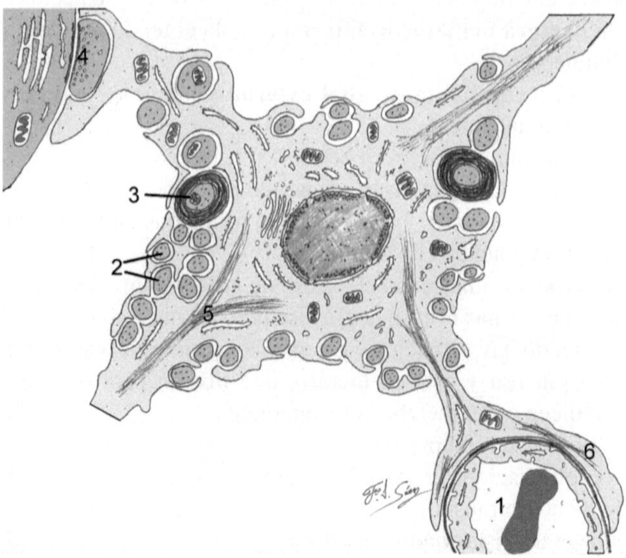

Figura 11.6 Astrocito protoplasmático. 1, capilar sanguíneo; 2, axones amielínicos; 3, axón mielínico; 4, sinapsis axosomática; 5, gliofilamentos; 6, pie del astrocito (pedicelo)

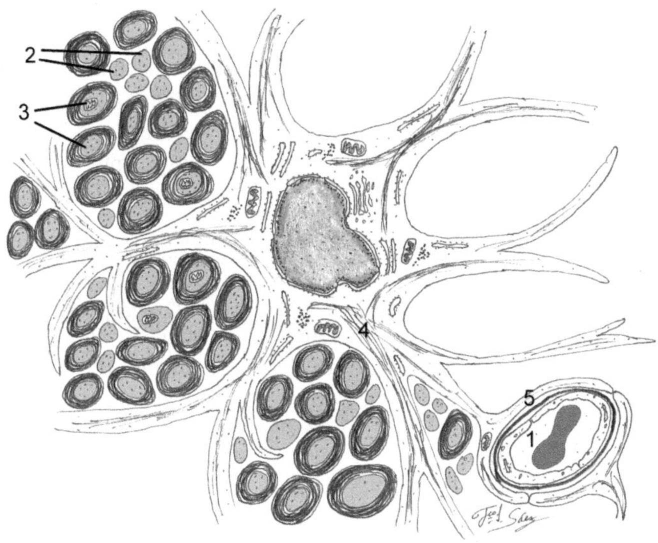

Figura 11.7 Astrocito fibroso. 1, capilar sanguíneo; 2, axones amielínicos; 3, axones mielínicos; 4, gliofilamentos; 5, pie del astrocito (pedicelo)

11.11 Oligodendrocitos

A. Los **oligodendrocitos** (del griego antiguo ὀλιγο- oligo-, 'poco' y δένδρον déndron, 'árbol') están presentes en la sustancia blanca y la sustancia gris.
B. Como su nombre indica, los oligodendrocitos son células con pocas prolongaciones y poco ramificadas (fig. 11.8).

Figura 11.8 Oligodendrocito. 1, vainas de mielina; 2, axones

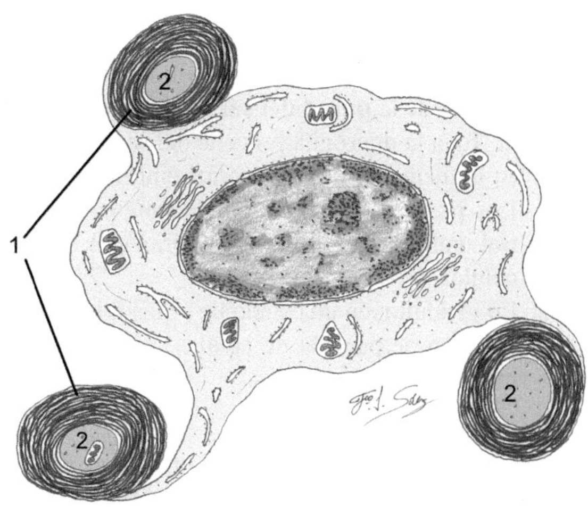

C. El cuerpo celular es de 6–8 μm. El núcleo es ovoide. El citoplasma, denso al microscopio electrónico, contiene retículo endoplásmico rugoso, ribosomas, mitocondrias, aparato de Golgi y microtúbulos.
D. Carecen de filamentos intermedios.
E. Se han descrito dos tipos de oligodendrocitos:
   1. **Oligodendrocitos satélite o perineuronales**, adosados al soma neuronal en la sustancia gris del sistema nervioso central.
   2. **Oligodendrocitos interfasciculares**, abundantes en la sustancia blanca, se sitúan entre las fibras nerviosas.
F. Las prolongaciones citoplasmáticas de ambos tipos de oligodendrocitos forman **vainas de mielina** alrededor de los axones en el sistema nervioso central.
   1. Un oligodendrocito puede formar de 10 a 50 segmentos de vaina de mielina.
   2. Un oligodendrocito puede formar segmentos de mielina sobre uno o varios axones.

11.12 Microgliocitos o célula de la microglía

A. Las células de la microglía o **microgliocitos** también se denominan **células de Río Hortega**[2].
B. Tradicionalmente se ha considerado que pertenecen al **sistema fagocítico mononuclear**.
C. Pueden presentarse en dos estados:
   1. Cuando están en reposo, las células tienen un cuerpo celular pequeño y prolongaciones largas y ramificadas que escrutan el tejido.
   2. Cuando hay una lesión o una infección, adquieren forma **ameboide** o ramificada, con prolongaciones más gruesas que en reposo y con un cuerpo grande que puede dividirse, migrar y **fagocitar**, además de **presentar antígenos** a los linfocitos T.
D. A diferencia de las demás células gliales, los microgliocitos son de origen mesodérmico/hematopoyético:
   1. Se producen durante el desarrollo embrionario a partir de **células hematopoyéticas** de la **pared del saco vitelino** que producen macrófagos.
      a. Toda la microglía procede del saco vitelino.
      b. La hematopoyesis hepática embrionaria no contribuye a la microglía.
   2. Los precursores viajan por la sangre y anidan en el sistema nervioso central embrionario, donde proliferan con rapidez y se produce un aumento de células.
   3. En el adulto, en un estado de reposo, la proliferación de estas células cesa.
   4. En caso de pérdida de células, se pueden producir nuevas células por dos mecanismos:

[2] Pío del Río Hortega fue un histólogo vallisoletano, discípulo del bilbaíno Nicolás Achúcarro. Destacó por sus trabajos sobre la histología del sistema nervioso. Se exilió durante la guerra civil de 1936–1939.

a. Proliferación de las células de la microglía supervivientes, que recuperan la capacidad de división.
b. Formación de nuevas células a partir de precursores de la **médula ósea**.

E. Realizan dos funciones:
1. **Mantenimiento homeostático**.
a. Durante el desarrollo:
(1) Intervienen en la formación de patrones neuronales regulando la superviviencia y la muerte neuronal.
(2) Regulan el patrón de formación de sinapsis.
b. Regulan la actividad sináptica en el adulto.
c. En caso de daño del tejido nervioso, producen **citocinas** que protegen y estimulan a las neuronas supervivientes (**neuroprotección**).
2. **Defensa inmune**. Su función es fagocitar, liberar sustancias citotóxicas para otras células y presentar antígenos a los linfocitos T.
a. Eliminan bacterias, células lesionadas y detritos de células muertas.
b. Cuando se activan para la defensa inmune pueden producir sustancias tóxicas para las propias neuronas (**neurotoxicidad**), pero contrarrestan este efecto con su acción neuroprotectora.

11.13 Células satélite o anficitos

A. Las **células satélite o anficitos** (del griego antiguo ἀμφι- amphi-. 'alrededor') son células presentes en los ganglios nerviosos del sistema nervioso periférico. En los ganglios del sistema entérico hay unas **células neurógicas entéricas** con morfología y función semejante a la de los astrocitos del sistema nervioso central.
B. Se organizan en forma de células planas o cúbicas unidas entre sí para formar una vaina que rodea los somas de las neuronas de dichos ganglios.
C. En los ganglios paravertebrales y periféricos, las prolongaciones de las neuronas deben penetrar entre estas células para establecer sinapsis (en los ganglios sensitivos no hay sinapsis).
D. Derivan de las células de la **cresta neural**.
E. Estas células son equivalentes a las **células de Schwann** y están en continuación con las células de Schwann de los axones que entran o salen de los ganglios.
F. Sus funciones son:
1. Mantener un microambiente regulado para la neurona.
2. Proveer aislamiento eléctrico.

11.14 Células de Schwann o neurolemocitos

A. Las **células de Schwann** están presentes en los nervios periféricos, donde acompañan a las fibras nerviosas y las protegen, bien formando una **vaina axónica simple**, bien formando una **vaina de mielina**.

B. La célula está rodeada por una lámina basal o **lámina externa**.
C. Son células procedentes de las **crestas neurales**.
D. Cuando se forma la vaina simple, la célula puede proteger varios axones (**axones amielínicos o fibras amielínicas**), pero cuando se forma una vaina de mielina, la célula de Schwann forma un único segmento de vaina alrededor de un único axón (**axón mielínico o fibra mielínica**).
E. El aspecto de estas células varía según formen o no vaina de mielina. De hecho, se han distinguido tres variantes:
   1. **Células de Schwann no mielinizantes o de Remak**. Son las que forman vainas simples (fig. 11.9).
      a. Son células alargadas, paralelas al axón.
      b. En su superficie se producen profundos surcos en los que se sitúan los axones, que pueden quedar completamente envueltos por la célula de Schwann.
   2. **Células de Schwann mielinizantes**. Forman la **vaina de mielina** alrededor del axón. Rodeando la vaina queda una porción periférica de citoplasma que contiene un núcleo oval aplanado, un aparato de Golgi pequeño, algunas cisternas de retículo endoplásmico rugoso, algunas mitocondrias y algunos lisosomas (fig. 11.10). También posee **filamentos intermedios de vimentina**.
   3. **Células de Schwann reparadoras**. Se encargan de reparar lesiones en el sistema nervioso periférico. Se producen a partir de cualquiera de los dos tipos anteriores (mielinizantes y no mielinizantes) en respuesta a una lesión.
F. Las funciones de las células de Schwann son:
   1. Sostén y protección de las fibras nerviosas.
   2. Limpieza de detritos.
   3. Guiar la proliferación de axones periféricos durante la regeneración de axones tras una lesión.

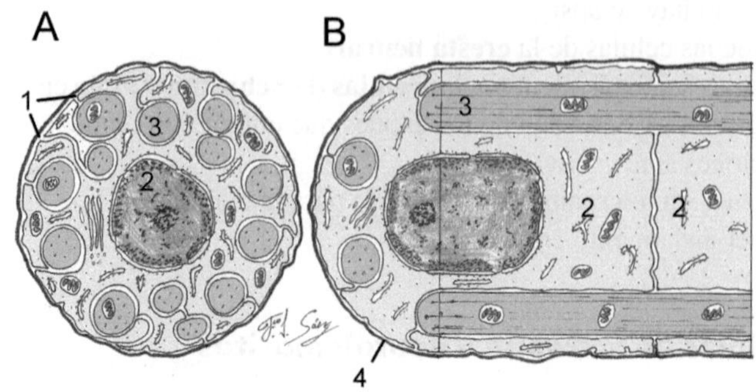

Figura 11.9 Fibras nerviosas amielínicas en el sistema nervioso periférico. Sección transversal (**A**) y sección a escuadra (**B**). 1, mesaxón; 2, células de Schwann; 3, axones; 4, lámina externa

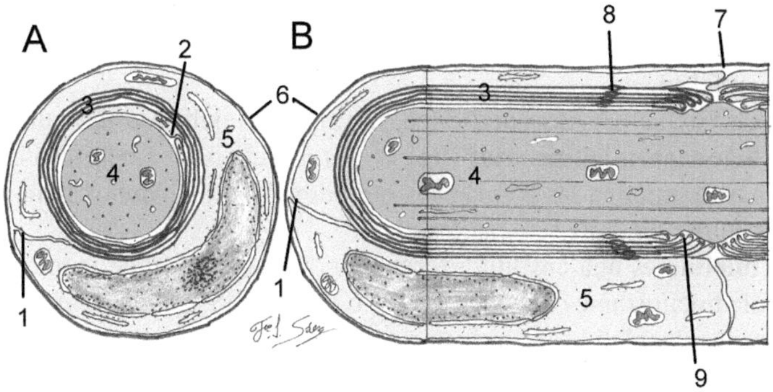

Figura 11.10 Fibras nerviosas mielínicas en el sistema nervioso periférico. Sección transversal (**A**) y sección a escuadra (**B**). 1, mesaxón externo; 2, mesaxón interno; 3, vaina de mielina; 4, axón; 5, célula de Schwann; 6, lámina externa; 7, nódulo de Ranvier; 8, cisura de Schmidt-Lantermann; 9, bulbos paranodales

11.15 Fibras nerviosas

A. La fibra nerviosa está formada por un **axón**.
   1. En el sistema nervioso periférico, la fibra está siempre, desde casi su inicio hasta casi su final, rodeada por **células de Schwann**, que puede formar o no vaina de mielina, lo que produce **fibras mielínicas** y **fibras amielínicas**, respectivamente.
   2. En el sistema nervioso central también existen fibras mielínicas y amielínicas.

B. **Fibras amielínicas**.
   1. En el sistema nervioso periférico, las fibras amielínicas, denominadas también **fibras de Remak o fibras grises**, circulan envueltas por el citoplasma de las células de Schwann (fig. 11.9), situadas en unas depresiones de la superficie de estas células.
      a. El lugar donde la membrana de la célula de Schwann forma la depresión que envuelve al axón se denomina **mesaxón**.
      b. Una célula de Schwann puede envolver varias fibras nerviosas, cada una en una depresión con su mesaxón. En algunas ocasiones, si las fibras nerviosas son muy finas, varias de ellas pueden encontrarse en la misma depresión de la célula de Schwann con un único mesaxón.
      c. En un mesaxón se puede distinguir la zona próxima al exterior celular (**mesaxón externo**) y la zona próxima al axón (**mesaxón interno**).
   2. En el sistema nervioso central los axones amielínicos no están recubiertos por ninguna célula:
      a. Son axones libres que circulan, junto con fibras mielínicas, sostenidos (que no envueltos) entre las prolongaciones de los astrocitos.

   b. No existe una célula neuroglial en el sistema nervioso central que equivalga a la célula de Schwann no mielinizante.

C. **Fibras mielínicas.**
   1. En el sistema nervioso periférico, la vaina de mielina la forman las **células de Schwann mielinizantes** (fig. 11.10). En el sistema nervioso central, las vainas de mielina las forman los **oligodendrocitos**. Ambos tipos de vainas de mielina son muy semejantes.
   2. La **mielina** es una envoltura formada por la aposición de membranas de la célula mielínizante (oligodendrocito o célula de Schwann, según el caso).
   3. La vaina de mielina se produce mediante el siguiente mecanismo:
      a. El axón queda incluido en una depresión o invaginación longitudinal del citoplasma de la célula glial.
      b. Posteriormente, el citoplasma de la célula glial se enrolla alrededor del axón y se van apilando varias capas de membrana alrededor del axón.
      c. Estas capas excluyen el citoplasma que contienen, por lo que las membranas quedan adosadas íntimamente.
   4. Debido a su origen membranoso, la mielina está formada fundamentalmente por **lípidos**, pero también existen algunas proteínas características.
   5. Cada célula glial forma un **segmento** de vaina de entre 200 μm a 1,5 mm, que queda en contacto con otros segmentos producidos por otras células.
   6. Los puntos de contacto entre segmentos se denominan **nódulos de Ranvier**. Aquí, las células contiguas emiten prolongaciones que se entrelazan en forma laxa, mientras que las membranas de la vaina de mielina forman ensanchamientos terminales llamados **bulbos paranodales**.
   7. En el sistema nervioso periférico, pero raramente en el sistema nervioso central, la vaina de mielina presenta unos surcos o hendiduras oblicuas. Estos surcos se denominan **cisuras de Schmidt-Lantermann**.
   8. El lugar donde las membranas de la vaina se conectan con la membrana del soma celular se denomina **mesaxón**. Hay un **mesaxón externo**, en el exterior de la vaina, y un **mesaxón interno**, entre la mielina y el axón.
   9. El papel de la vaina de mielina consiste en permitir una propagación más rápida del impulso nervioso por el axón.
      a. La velocidad de propagación es mayor en los axones más gruesos, pero el aislamiento eléctrico que provoca la vaina de mielina hace que el impulso se transmita de un nódulo de Ranvier a otro, según la llamada **propagación saltatoria** de los impulsos.
      b. Esto permite una conducción más rápida, y está facilitado porque se concentran más canales de Na^+ en las membranas axónicas en los nódulos de Ranvier.

D. Comparación de la vaina de mielina en el sistema nervioso periférico (SNP) y en el sistema nervioso central (SNC):
   1. **Célula glial** mielinizante:
      a. SNP: célula de Schwann.
      b. SNC: oligodendrocito.

2. **Segmentos** que puede formar la célula glial:
   a. SNP: un segmento de un único axón.
   b. SNC: varios segmentos del mismo o de varios axones.
3. **Aislamiento** de la fibra:
   a. SNP: cada fibra está rodeada de la célula de Schwann, su lámina externa y tejido conjuntivo del endoneuro.
   b. SNC: puede haber varias fibras muy próximas, parcialmente rodeadas por prolongaciones de los astrocitos, pero sin ningún aislamiento, ni lámina basal, ni tejido conjuntivo.
4. **Mesaxones**:
   a. SNP: hay un mesaxón interno y otro externo.
   b. SNC: puede no haber un mesaxón externo porque la capa de citoplasma externa no forma una circunferencia completa.
5. **Cisuras de Schmidt-Lantermann**: son menos abundantes en el SNC.

E. Las fibras nerviosas en los nervios periféricos se clasifican en varios tipos:
1. **Fibras de tipo A**. Son fibras mielínicas de 3 a 20 μm de diámetro. Son las más frecuentes, las más grandes y las más rápidas.
2. **Fibras de tipo B**. Son fibras mielínicas finas de 2 a 3 μm de diámetro, más lentas que las de tipo A.
3. **Fibras de tipo C**. Son fibras amielínicas de 0,5 a 1,5 μm de diámetro, más lentas que las de tipo A y las de tipo B.

11.16 Nervios periféricos

A. Es importante entender la organización de los nervios periféricos ya que podemos encontrarlos en los tejidos de la cavidad bucal, incluidos el diente y el periodonto.

B. Los nervios periféricos están compuestos por (fig. 11.11):
1. **Haces o fascículos** (del latín fascicŭlus, 'hacecillo') de **fibras nerviosas mielínicas y amielínicas**.
   a. Cada fascículo está formado por varias fibras, desde 10 a cientos de ellas.
   b. Las fibras siguen en el fascículo un curso ondulado, lo que permite que el nervio se estire sin que se rompan las fibras.
   c. Los somas de los que surgen estas fibras nerviosas se encuentran en los órganos del sistema nervioso central o en los ganglios.
2. **Células de Schwann**, que forman las vainas simples y las vainas mielínicas que recubren los axones.
3. **Tejido conjuntivo**.
   a. Puede contener vasos sanguíneos (***vasa nervorum***).
   b. Forma una serie de vainas que, aunque están en continuidad, se dividen en tres tipos para facilitar su estudio
      (1) **Endoneuro** (del griego ἐνδο- endo-, 'dentro').
         (a) Es la pequeña porción de tejido conjuntivo laxo, con alto contenido en **fibras reticulares**, que forma un fieltro alrededor de las

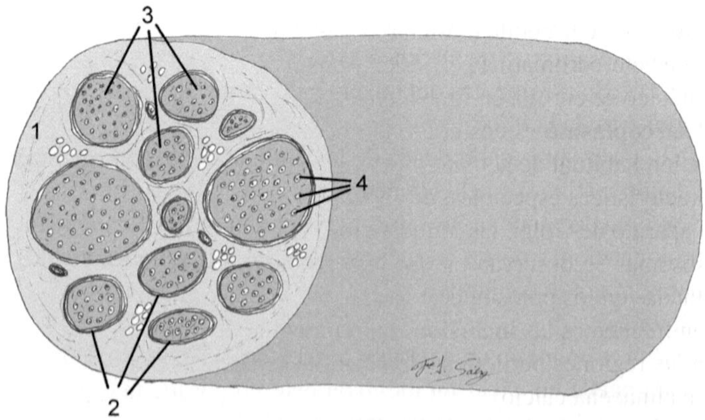

Figura 11.11 Sección transversal de un nervio periférico. 1, epineuro; 2, perineuro; 3, endoneuro; 4, fibras nerviosas

láminas externas de las células de Schwann (**lámina reticuloendotelial de Key Retzius**).

(b) Puede contener fibroblastos, macrófagos, mastocitos y capilares sanguíneos.

(c) Las fibras reticulares pueden ser sintetizadas por los fibroblastos y las células de Schwann.

(2) **Perineuro** (del griego περι- peri-, 'alrededor'). Es el tejido conjuntivo que rodea un fascículo de fibras nerviosas. Está formado por dos capas:

(a) **Porción fibrosa**: externa, de **tejido conjuntivo denso**, con fibras colágenas orientadas en una espiral suave y con fibras elásticas.

(b) **Porción epitelial**: interna, formada por varias capas de células aplanadas similares a **fibroblastos**, pero con organización epitelial. Cada capa tiene una **lámina basal interna** y una **lámina basal externa**. Se le conoce también como **epitelio perineural o vaina perineural**.

(3) **Epineuro** (del griego ἐπί- epí-, 'sobre, encima').

(a) Es el tejido conjuntivo que forma una **cápsula** que rodea y engloba a varios haces nerviosos para formar el nervio periférico.

(b) Es **tejido conjuntivo denso no modelado**, con fibras colágenas y gruesas fibras elásticas.

(c) Es frecuente la presencia de **adipocitos** y vasos sanguíneos de diverso calibre, según el tamaño del nervio.

C. Al acercarse a su extremo distal, es decir, a la región más alejada del sistema nervioso central, los nervios se van ramificando, de manera que se separan los fascículos. El epineuro se va adelgazando progresivamente.

D. Los nervios más pequeños, formados ya sólo por un fascículo, carecen de epineuro y presentan su perineuro, que se va haciendo más delgado hasta quedar formado sólo por células aisladas y aplanadas.
E. En el extremo de la terminación nerviosa, el perineuro desaparece y persiste sólo la célula de Schwann, que finalmente puede desaparecer y, en la región sináptica, persiste sólo su lámina basal.

11.17 Terminaciones nerviosas motoras

A. Las **terminaciones nerviosas motoras** son las terminaciones nerviosas que llevan estímulos desde el sistema nervioso hacia otros órganos o tejidos.
B. Son **terminaciones nerviosas eferentes**.
C. Pueden ser:
   1. **Terminaciones somáticas**. Estas fibras proceden de **neuronas motoras** de la médula espinal o del tronco del encéfalo e inervan los músculos esqueléticos. Allí producen las **placas motoras** que estimulan los **miocitos esqueléticos**.
   2. **Terminaciones viscerales**. Estas fibras proceden de neuronas de los **ganglios del sistema autónomo**. Son **amielínicas** y terminan en el músculo cardíaco, el músculo liso y los epitelios glandulares.
      a. En los músculos cardíaco y liso, las fibras terminan cerca o relativamente lejos de los miocitos.
      b. En los epitelios glandulares, los axones contactan con las células epiteliales de dos maneras:
         (1) **Terminación hipolemmal.** El axón atraviesa la lámina basal del epitelio y queda a una distancia de 10–20 nm de la célula epitelial.
         (2) **Terminación epilemmal.** El axón está protegido por la célula de Schwann, excepto en una zona que se aproxima a la célula epitelial, de la que queda separada 100–200 nm. Entre el axón y la célula epitelial se encuentran las **láminas basales** de la célula de Schwann y del epitelio.
      c. En ningún caso se forman verdaderas sinapsis.

11.18 Terminaciones nerviosas sensitivas

A. Las **terminaciones nerviosas sensitivas** funcionan como receptores sensoriales que captan estímulos periféricos y los transmiten al sistema nervioso central.
   1. Son **terminaciones nerviosas aferentes** (**receptores aferentes**).
   2. Son capaces de iniciar un impulso en respuesta a un estímulo.
   3. Son las terminaciones de los axones de **neuronas sensoriales**.
B. Los receptores sensoriales pueden captar diferentes estímulos, lo que permite distinguir diferentes tipos de receptores sensoriales:
   1. **Exteroceptores**. Perciben estímulos externos.
   2. **Interoceptores**. Perciben estímulos de los órganos internos.

3. **Propioceptores**. Perciben estímulos relacionados con la posición del cuerpo, producidos por el sistema músculo-esquelético o el aparato vestibular del oído.

C. Existen receptores que captan estímulos químicos, otros captan estímulos mecánicos o físicos. Se pueden distinguir dos tipos de receptores sensoriales:
1. Receptores de **sensibilidad somatoestática**, es decir, receptores de calor, frío, dolor, presión, contacto, vibración, posición y sensibilidad visceral.
2. Receptores situados en los **órganos de los sentidos**, encargados de la recepción de estímulos especiales, como la **vista**, el **oído**, el **equilibrio**, el **gusto** y el **olfato**.

D. Captación del estímulo:
1. A veces, el estímulo lo capta la propia terminación nerviosa.
2. Otras veces, el estímulo lo captan células especializadas que lo transmiten a la terminación nerviosa, normalmente en una **sinapsis**.

E. Por su organización histológica, se pueden distinguir dos tipos de terminaciones sensitivas:
1. **Terminaciones nerviosas libres**, no encapsuladas (fig. 11.12).
   a. Son las porciones terminales libres de fibras nerviosas sensitivas que pueden estar recubiertas parcialmente por células de Schwann.
   b. Las terminaciones nerviosas libres están distribuidas por todo el organismo. Son las terminaciones nerviosas más frecuentes y están presentes en los epitelios, tejidos conjuntivos, músculos y membranas serosas.

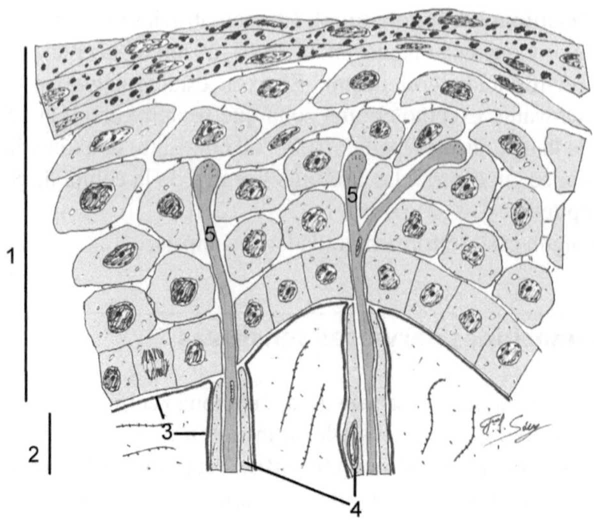

Figura 11.12 Terminaciones nerviosas libres. 1, epitelio de la piel; 2, tejido conjuntivo; 3, lámina basal; 4, célula de Schwann; 5, terminal axónico

c. Existen terminaciones nerviosas libres receptoras de temperatura (**termorreceptores**), de dolor (**nocirreceptores**), de sustancias químicas (**quimiorreceptores**), y de movimiento (**mecanorreceptores**).
d. A pesar de esta diversidad, todas tienen un aspecto parecido.
e. Los nocirreceptores reaccionan ante estímulos con potencial lesivo, que pueden ser estímulos mecánicos intensos, calor o frío intenso y sustancias químicas.
f. En el epitelio de la boca y la piel se pueden encontrar dos tipos:
   (1) Terminaciones nerviosas libres que se introducen en el epitelio y se distribuyen entre las células.
   (2) Terminaciones que contactan con células sensoriales especiales.

2. **Células sensoriales especiales**:
   a. Reciben un estímulo y lo transmiten a las terminaciones nerviosas libres.
   b. Se han localizado en varios lugares: corpúsculos gustativos, cuerpo carotídeos, epidermis (**células de Merkel**, presentes también en el epitelio de la mucosa bucal), retina y oído interno.
3. **Corpúsculos sensoriales** (terminaciones encapsuladas). Además de las terminaciones nerviosas, poseen células neuróglicas (**células de Schwann**) y células del tejido conjuntivo que forman una **cápsula** periférica derivada del endoneuro, perineuro y epineuro. Por su interés para el odontólogo, vamos a estudiar los siguientes:
   a. **Corpúsculos de Ruffini** (fig. 11.13).
      (1) Se encuentran en la piel, el periodonto y las cápsulas articulares.
      (2) Tienen forma cilíndrica, de 40 a 90 μm de largo por 7 a 15 de ancho.
      (3) Tienen una cápsula muy fina de tejido conjuntivo.

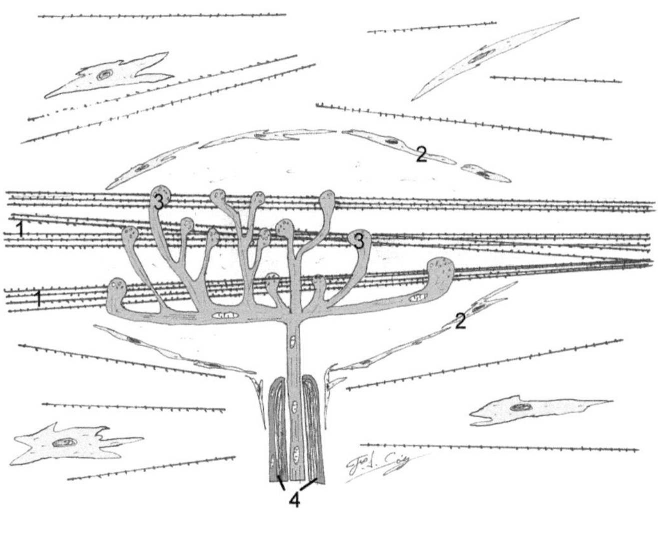

Figura 11.13 Corpúsculo de Ruffini. 1, fibras colágenas; 2, cápsula; 3, terminaciones nerviosas; 4, vaina de mielina

(4) El interior está atravesado por fibras colágenas.
(5) Tienen un axón mielínico sensorial que entra por un lateral o por un extremo de la estructura cilíndrica, pierde la vaina de mielina y se ramifica en muchas terminaciones finas que acaban en un pequeño bulbo en forma de perilla en contacto con las fibras colágenas.

b. **Órganos tendinosos de Golgi** (fig. 11.14).
(1) Están encapsulados y se sitúan en la transición entre el músculo esquelético y tendones o aponeurosis.
(2) Son fusiformes, de hasta 1,5 mm de largo y 120 μm de diámetro.
(3) Su vaina es perineural, con células aplanadas.
(4) En el interior hay fibras colágenas que forman haces longitudinales.
(5) Lateralmente entran axones mielínicos, que pierden la vaina y se ramifican entre las fibras colágenas, por las que trepan.
(6) Las ramificaciones están cubiertas por células de Schwann y tienen engrosamientos con mitocondrias que son las regiones receptoras.

c. **Corpúsculos de Vater-Pacini o de Pacini** (fig. 11.15).
(1) Son corpúsculos laminares grandes presentes en diversos lugares, como en los tejidos subcutáneos y el periostio de los huesos. Pueden ser de 1 a 4 mm de largo por 200 a 300 μm de ancho.
(2) Posee varias envultas:
(a) Una **vaina de tejido conjuntivo**, la más externa.
(b) Una **vaina perineural**, por dentro de la vaina conjuntiva, con células aplanadas que pueden formar varias láminas periféricas (hasta 50).
(c) Una **maza interna**, interna, formada por muchas laminillas (que pueden llegar también hasta 50). Estas laminillas están constituidas por el citoplasma de células de Schwann.

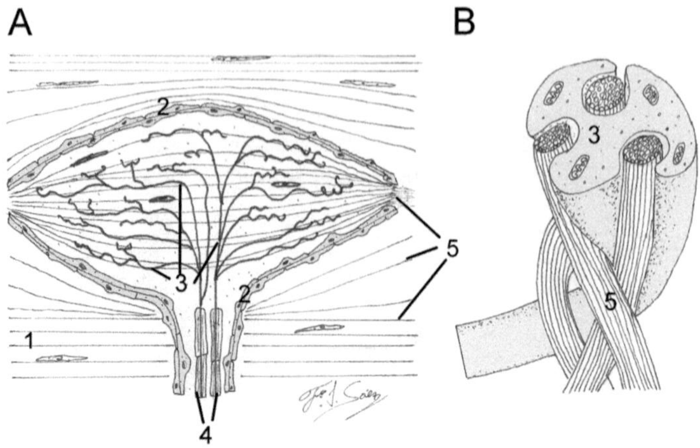

Figura 11.14 Sección de un órgano tendinoso de Golgi (**A**), e imagen aumentada de una terminación nerviosa que engloba a las fibras colágenas (**B**). 1, conjuntivo denso del tendón; 2, cápsula (vaina perineural); 3, fibras nerviosas; 4, células de Schwann; 5, fibras colágenas

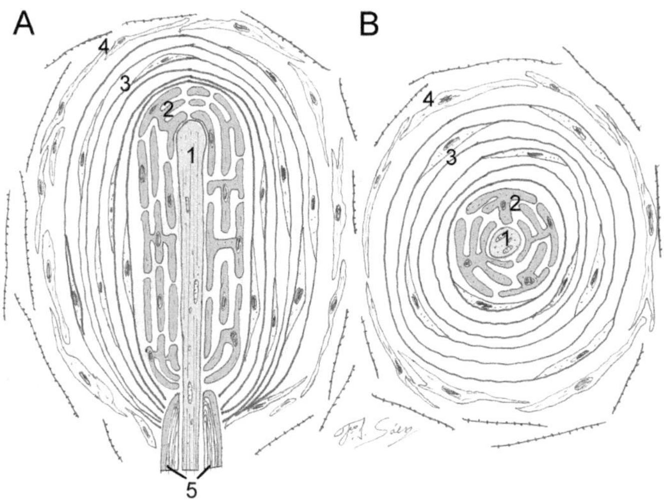

Figura 11.15 Sección longitudinal (**A**) y sección transversal (**B**) de un corpúsculo de Vater-Pacini. 1, terminación axónica sensorial; 2, maza interna (vaina de células de Schwann); 3, vaina perineural; 4, vaina conjuntiva; 5, vaina de mielina

(3) Una gruesa terminación nerviosa sensorial penetra en el corpúsculo y no se ramifica. Posee mitocondrias.

d. **Corpúsculos de Meissner** (fig. 11.16).
   (1) Son receptores encapsulados presentes en la piel y la mucosa bucal.
   (2) Son ovoides o cilíndricos, de 120–180 μm de largo por 30–40 μm de ancho.
   (3) Están recubiertos por una cápsula poco desarrollada.
   (4) Contienen las terminaciones de varios axones que están rodeadas por pilas de láminas formadas por células de Schwann modificadas (**células laminares**).
   (5) La parte inferior del corpúsculo está rodeada por una o dos células aplanadas que provienen del perineuro. Entre las células perineurales y las láminas hay fibras colágenas finas.

e. **Órganos terminales mucocutáneos**. Son similares a los corpúsculos de Meissner, presentes en zonas de transición entre la piel y las mucosas (ano, genitales y labios).

f. **Bulbos terminales de Krause o corpúsculos de Krause** (fig. 11.17).
   (1) Son terminaciones nerviosas esféricas, de unas 50 μm de diámetro.
   (2) Están presentes en la piel, articulaciones, conjuntiva ocular, peritoneo, genitales, boca y nariz.
   (3) Está formada por una terminación nerviosa mielínica que pierde la mielina y penetra en una envoltura conjuntiva, donde la fibra suele ramificarse y rellena el corpúsculo.

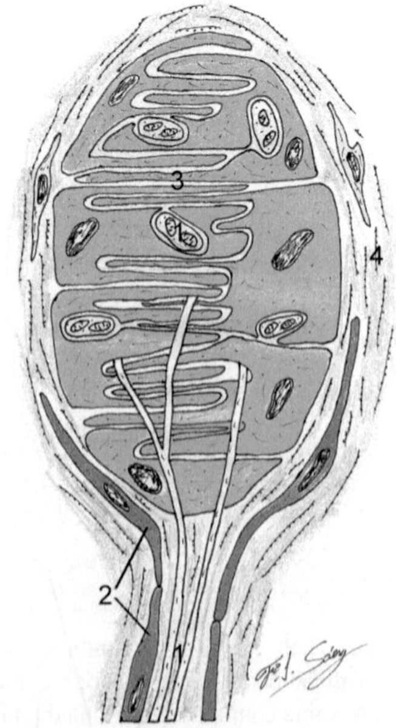

Figura 11.16 Sección de un corpúsculo de Meissner. 1, terminación axónica sensorial; 2, células del perineuro; 3, células laminares (células de Schwann modificadas); 4, cápsula

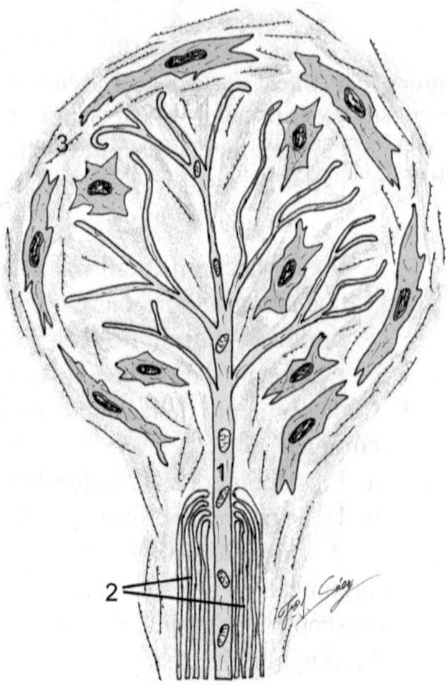

Figura 11.17 Sección de un bulbo terminal de Krause (corpúsculo de Krause). 1, terminación nerviosa sensitiva; 2, vaina de mielina; 3, envoltura conjuntiva

Lo que hay que recordar

El tejido nervioso forma el sistema nervioso, que es responsable de la comunicación, las sensaciones, las reacciones, la conciencia, el comportamiento y la personalidad. Los tejidos nerviosos se originan en el neuroectodermo: el tubo neural forma el sistema nervioso central y las crestas neurales forman la mayor parte del sistema nervioso periférico. La neurona es la célula fundamental del tejido nervioso. Tiene un soma o cuerpo celular que procesa los impulsos recibidos por un número variable de prolongaciones citoplasmáticas llamadas dendritas y emite un impulso nervioso a otras neuronas u órganos efectores mediante una única prolongación llamada axón. El impulso nervioso se produce por variaciones en el potencial de membrana de la neurona. La transmisión del impulso nervioso entre las neuronas se produce en los puntos de contacto llamados sinapsis, donde se liberan sustancias (neurotransmisores) que excitan a la neurona vecina. Las neuronas están acompañadas por células de la neuroglía: astrocitos, oligodendrocitos, ependimocitos y células de la microglía en el sistema nervioso central, y células satélite y células de Schwann en el sistema nervioso periférico. Los axones forman fibras nerviosas, que pueden estar protegidas por una vaina de mielina, producida por los oligodendrocitos en el sistema nervioso central y por las células de Schwann en el sistema nervioso periférico. En el sistema nervioso periférico, las fibras nerviosas están protegidas por varias vainas de tejido conectivo (endoneuro, perineuro y epineuro) que forman los nervios periféricos. Las terminaciones de las fibras nerviosas pueden ser motoras (somáticas y viscerales) o sensoriales (libres o encapsuladas).

Lectura adicional

Aten S, Kiyoshi C M, Arzola E P et al. 2022. Ultrastructural view of astrocyte arborization, astrocyte-astrocyte and astrocyte-synapse contacts, intracelular vesicle-like structure, and mitocondrial network. Progress in Neurobiology 213: 102264.

Baldwin K T, Murai K K, Khakn B S 2024. Astrocyte morphology. Trends in Cell Biology 34: 547–565.

Cuadros M A, Sepulveda M R, Martin-Oliva D et al. 2022. Microglia and microglia-like cells: Similar but different. Frontiers in Cellular Neuroscience 16: 816439.

Garaschuk O, Verkharatsky A 2019. Physiology of Microglia. Methods in Molecular Biology – Microglia: Methods and Protocols 2034: 27–40.

Garaschuk O, Verkhratsky A 2019. Microglia: The neural cells of nonneural origin. Methods in Molecular Biology – Microglia: Methods and Protocols 2034: 3–11.

Gartner L P 2017. Nervous Tissue. En: Textbook of Histology. 4ª ed, pp. 211–250.

Gómez de Ferraris M E, Campos Muñoz A 2009. Histología general humana. En: Histología, Embriología e Ingeniería Tisular Bucodental. 3ª ed. Médica Panamericana, pp. 57–78.

Hasel P, Liddelow S A 2021. Astrocytes. Current Biology 31: R326–R327.

Jessen K R, Mirsky R 1997. Embryonic Schwann cell development: the biology of Schwann cell precursors and early Schwann cells. Journal of Anatomy 191: 501–505.

Jones E G 1988. The Nervous Tissue. En: Cell and Tissue Biology – A Textbook of Histology. Weiss L Editor. 6ª ed. Urban & Schwarzenberg, pp. 277–352.

Kagawa T, Wada T, Ikenaka K 2001. Regulation of oligodendrocyte development. Microscopy Research and Technique 52: 740–745.

Kaur C, Hao A J, Wu C H, Ling E A 2001. Origin of microglia. Microscopy Research and Technique 54: 2–9.

Kierszenbaum A L, Tres L L 2019. Nervous tissue. En: Histology and Cell Biology – An Introduction to Pathology. 5ª ed. Elsevier, pp. 261–298.

Kimelberg H K, Norenberg M D 1989. Astrocytes. Scientific American 260: 66.

Krstić R V 1985. Nervous tissue. En: General Histology of the Mammal. An Atlas for Students of Medicine and Biology. Springer Verlag, pp. 293–389.

Lowe J S, Anderson P G 2015. Nervous Tissue. En: Stevens & Lowe's Human Histology. 4ª ed., pp. 84–104.

O'Dowd G, Bell S, Wright S 2023. Nervous tissues. En: Wheater's Functional Histology. Elsevier, pp. 122–142.

Osanai Y, Yamazaki R, Shinohara Y, Ohno N 2022. Heterogeneity and regulation of oligodendrocyte morphology. Frontiers in Cell and Developmental Biology 10: 1030486.

Pawlina W 2024. Nerve Tissue. En: Histology a Text and Atlas with correlated Cell and Molecular Biology. 9ª ed. Wolters Kluwer, pp. 388–441.

Richardson W D, Kessaris N, Pringle N 2006. Oligodendrocyte wars. Nature Reviews Neuroscience 7: 11–18.

Salzer J L 2015. Schwann cell myelination. Cold Spring Harbor Perspectives in Biology 7: a020529.

Zhang L J, Cao Y, Zhang X et al. 2021. The origin and repopulation of microglia. Developmental Neurobiology 82: 112–124.

Zorick T S, Lemke G 1996. Schwann cell differentiation. Current Opinion in Cell Biology 8: 870–876.

Aparato circulatorio

12

Qué aprenderás en este capítulo
El aparato circulatorio consta del aparato cardiovascular y al aparato vascular linfático. En este capítulo aprenderás la organización histológica del corazón, los vasos sanguíneos mayores (arterias y venas) y los vasos sanguíneos menores (arteriolas, capilares, sinusoides, vénulas y venas pequeñas). También aprenderás cómo se organizan los vasos linfáticos (capilares linfáticos, vasos colectores y conductos linfáticos).

12.1 Características generales del aparato circulatorio

A. El **aparato circulatorio** está formado por dos componentes relacionados:
   1. **Aparato cardiovascular**, por el que circula la **sangre**.
   2. **Aparato vascular linfático**, que recoge la **linfa** producida en los tejidos y la lleva al aparato cardiovascular.

B. El **aparato cardiovascular** es el que distribuye la sangre por todo el organismo.
   1. La sangre es un tejido líquido que distribuye el oxígeno, los nutrientes y las hormonas por los tejidos, al tiempo que retira de ellos el dióxido de carbono y otras sustancias de desecho.
   2. Para realizar este trabajo, la sangre circula por el aparato cardiovascular, que funciona como las cañerías de un sistema de distribución de agua en una ciudad:
      a. Existe una estación de bombeo que impulsa la sangre, el **corazón**.
      b. De la estación de bombeo parten unos conductos que se van ramificando en conductos de menor calibre y distribuyen el líquido hacia los tejidos. Estos conductos son las **arterias**.
      c. En los tejidos, la sangre se distribuye por una red de conductos de pequeño calibre, que forman la **microcirculación**.

F.J. Sáez, I. Badiola, *Histología Bucal Básica*,
https://doi.org/10.1007/978-3-032-24363-8_12

   d. Tras pasar por los tejidos, la sangre se recoge en nuevos tubos que se van fusionando en conductos de mayor calibre, hasta que la sangre retorna al punto de partida. Estos tubos se denominan **venas**.
3. El corazón impulsa la sangre hacia dos sistemas continuos de vasos tubulares:
   a. **Circulación pulmonar**: distribuye la sangre hacia los pulmones para que se oxigene y se elimine el dióxido de carbono, después de lo cual la sangre es llevada de vuelta al corazón.
   b. **Circulación general o sistémica**: distribuye la sangre hacia todos los tejidos del organismo, donde aporta oxígeno y recoge el dióxido de carbono, y lleva la sangre de vuelta al corazón.
4. En ambas circulaciones podemos distinguir los siguientes vasos sanguíneos:
   a. **Arterias elásticas o de conducción**. Son vasos de gran diámetro que salen del corazón y al ramificarse van produciendo arterias más pequeñas.
   b. **Arterias musculares o de distribución**. Se originan de las arterias elásticas más pequeñas.
   c. **Arteriolas o vasos de resistencia**. Son las pequeñas ramas finales de las arterias musculares pequeñas. Se producen en los tejidos que se van a irrigar.
   d. **Capilares**. Son los vasos más pequeños que surgen de las arteriolas terminales y en los que se produce la mayor parte del intercambio de sustancias con los tejidos.
   e. **Vénulas postcapilares**. Vasos de pequeño calibre que recogen la sangre de los capilares.
   f. **Vénulas**. Se producen por fusión de vénulas postcapilares. De mayor calibre que las vénulas postcapilres.
   g. **Venas**. Producidas por fusión de vénulas. Las venas pequeñas se van fusionando para formar venas cada vez de mayor calibre (venas medianas) que, finalmente, se fusionan en venas grandes que llevan la sangre de vuelta al corazón.

C. El **aparato vascular linfático** drena líquido de los tejidos. El proceso es el siguiente:
1. En la microcirculación se produce un intercambio de líquido entre la sangre y los tejidos (fig. 12.1):
   a. Dentro de los capilares sanguíneos, la **presión hidrostática** es mayor que en los tejidos y la **presión osmótica** es menor, por lo que ambas diferencias de presión impulsan al líquido que forma el plasma sanguíneo a salir de los capilares hacia los tejidos, y constituye el **líquido intersticial, hístico o tisular**.
   b. En el extremo venoso de los capilares, la tendencia se invierte, ya que la presión hidrostática en el capilar es menor y la presión osmótica es mayor que en el tejido, por lo que el líquido intersticial es impulsado hacia el interior del capilar.
   c. No obstante, la cantidad de líquido que retorna a la sangre es menor que la que la ha abandonado previamente, por lo que el exceso de líquido intersticial se introduce en unos **capilares linfáticos** y forma la **linfa**.

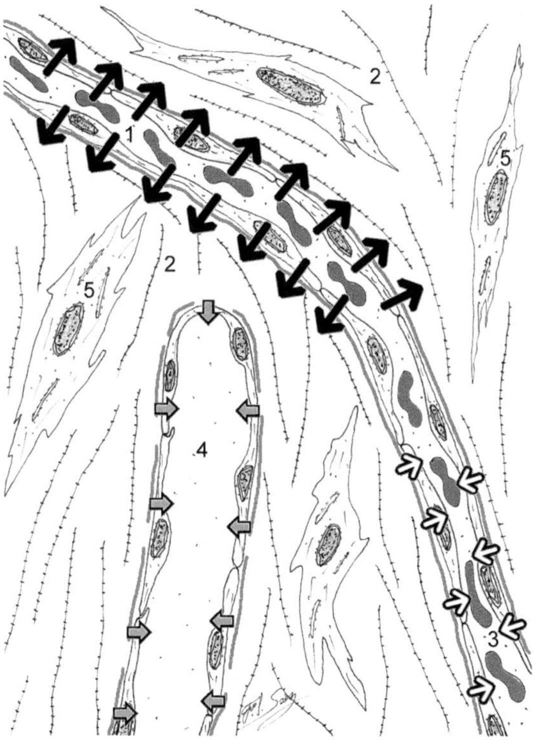

Figura 12.1 Filtrado del plasma sanguíneo para producir el líquido intersticial. En el extremo arterial de los capilares (1) se produce la salida de líquido del plasma (flechas negras) hacia la matriz extracelular del tejido conjuntivo (2). La salida se debe a la diferencia de presión hidrostática (mayor en el capilar) y osmótica (mayor en el tejido) entre la sangre y el tejido conjuntivo. En el extremo venoso del capilar (3), donde la presión hidrostática es menor y la osmótica mayor que la del tejido, se produce el efecto contrario, es decir, el paso de líquido desde el tejido hacia la sangre (flechas blancas). El volumen de líquido que vuelve a la sangre en el extremo venoso es menor que el que ingresa en el tejido en el extremo arterial. Para evitar que se acumule un exceso de líquido en los tejidos, éste pasa a unos capilares de extremo ciego (flechas grises), los capilares linfáticos (4), que llevan este líquido de regreso hacia el corazón. 5, fibroblastos

2. Los capilares linfáticos se originan en los tejidos como tubos con su extremo inicial ciego.
3. Los capilares linfáticos se fusionan en **vasos linfáticos** de calibre mayor que, finalmente, llevan la linfa a venas situadas cerca del corazón, por lo que el líquido retorna así a la sangre.
4. Durante el trayecto de los vasos linfáticos, la linfa atraviesa los **ganglios linfáticos**, órganos del sistema inmune donde es filtrada para detectar agentes infecciosos.

D. En este capítulo se va a describir brevemente la organización histológica del corazón y de los vasos sanguíneos mayores. Se describirá con más detalle la estructura y organización de los vasos sanguíneos y linfáticos de menor calibre que podemos encontrar al estudiar los tejidos de la boca y el diente.

12.2 Características generales de los vasos sanguíneos

A. La pared de los vasos está formada por tres capas o túnicas:
1. **Túnica íntima**. Es la capa más interna, en contacto con la sangre circulante. Está formada por:
   a. **Endotelio**. Es un epitelio plano simple. Excepcionalmente, en algunos lugares el epitelio es cúbico. Está caracterizado por:
      (1) Las **células endoteliales** suelen estar alargadas en la dirección del flujo de sangre.
      (2) Posee **lámina basal**. No obstante, en algunos vasos sanguíneos de poco calibre la lámina basal puede ser discontinua o inexistente.
      (3) Las células endoteliales secretan:
         (a) **Factor de von Willebrand**, que es una proteína plasmática multimérica que se sintetiza también en los **megacariocitos** de la médula ósea.
            1. Este factor transporta el factor VIII en el plasma y cumple una función importante en la agregación de plaquetas y el sellado de un sitio de lesión.
            2. En la mayoría de los vasos sanguíneos la secreción es continua, pero en el endotelio de las arterias esta secreción se almacena en los **cuerpos de Weibel-Palade**.
         (b) **Endotelina I**, que es un agente hipertensivo.
   b. **Tejido conjuntivo subendotelial**. Es una capa de tejido conjuntivo situada bajo el epitelio. Puede haber células musculares lisas (**células miointimales**) que parecen tener capacidad fagocítica.
   c. **Lámina elástica interna**, que es la frontera entre la túnica íntima y la túnica media.
      (1) Es característica de las **arterias musculares**, es menos obvia en las arterias elásticas y no se observa en las venas.
      (2) En las arterias musculares suele formar una capa hialina ondulada.
      (3) Puede ser doble y en esos casos se observan dos láminas elásticas muy próximas, que se anastomosan en algunos puntos.
2. **Túnica media**. Se distingue bien en las arterias y peor en las venas.
   a. En las arterias forma una capa donde se mezcla tejido conjuntivo –con fibras colágenas y elásticas en diversa proporción según el vaso– con tejido muscular liso.
      (1) Es la capa más gruesa de la pared arterial.
      (2) Las **fibras elásticas** son más abundantes en las arterias elásticas que en las arterias musculares.
      (3) Las células musculares se orientan en sentido circular.

(a) La contracción de esta capa muscular hace que disminuya el calibre del vaso (**vasoconstricción**). La vasoconstricción reduce la luz del vaso, lo que hace disminuir el flujo sanguíneo y aumentar la **presión sanguínea**.
(b) La relajación de este músculo circular hace que aumente el calibre vascular (**vasodilatación**) y, por tanto, el flujo sanguíneo, y que disminuya la presión sanguínea.
(c) La contracción y la relajación muscular están bajo control hormonal, nervioso y de factores químicos locales.

b. En algunas arterias se distingue una **lámina elástica externa** en el límite con la túnica más externa.
c. En las venas suele ser una capa fina a veces imperceptible, formada por tejido conjuntivo y células musculares lisas.
d. En los vasos más pequeños, capilares y vénulas postcapilares, la túnica media está remplazada por unas células llamadas **pericitos**.

3. **Túnica adventicia**. La capa más externa, formada por tejido conjuntivo, que puede poseer fibras colágenas y elásticas, según los casos, y a veces células musculares lisas dispuestas longitudinalmente, especialmente en las venas.
   a. En las venas es la capa más gruesa y más visible de su pared.
   b. En las arterias suele ser delgada y se distingue mal del tejido conjuntivo perivascular.
   c. En los grandes vasos pueden ser muy evidentes otros vasos sanguíneos de menor calibre (***vasa vasorum***) y nervios (***nervi vascularis***), cuya función es, respectivamente, irrigar e inervar la pared vascular. Las terminaciones de estos vasos y nervios pueden alcanzar la túnica media.

B. Los vasos de menor calibre poseen túnicas medias y adventicias cada vez menores, hasta que en los vasos más pequeños (capilares) prácticamente han desaparecido.

C. Los vasos sanguíneos son órganos cuyos tejidos necesitan obtener **nutrientes**. Estos nutrientes se pueden obtener:
1. De la sangre que circula por el vaso sanguíneo. Esto es viable en los vasos más delgados y en los tejidos próximos a la luz de los vasos de mayor calibre.
2. De los vasos sanguíneos que irrigan la túnica adventicia (*vasa vasorum*).
   a. Esto es necesario en los tejidos alejados de la luz (túnicas media y adventicia) de los vasos sanguíneos más gruesos (arterias y venas).
   b. Como la sangre que circula por las venas es más pobre en nutrientes que la que circula por las arterias, los *vasa vasorum* son más abundantes en las venas.

D. Las arterias y en menor cantidad las venas reciben **inervación motora** (*nervi vascularis*) en su túnica adventicia:
1. Del **sistema nervioso simpático**. Son terminaciones nerviosas que no llegan a penetrar en la túnica media.
   a. Liberan **noradrenalina**, que se difunde hasta la túnica media y provoca la contracción del músculo liso y la consiguiente **vasoconstricción** de la pared vascular.

b. En las venas, las terminaciones motoras también actúan sobre el músculo de la túnica adventicia.

2. Del **sistema nervioso parasimpático**. Esto ocurre en las arterias que inervan los músculos esqueléticos, que reciben **inervación colinérgica** que produce **vasodilatación**.

E. Las arterias también reciben **inervación sensorial**, que pueden ser receptores de presión (**barorreceptores**) y **quimiorreceptores**.

F. La pared del corazón tiene una organización peculiar, pero como el resto de los vasos está formada por tres capas que son equivalentes a las tres túnicas descritas.

12.3 Corazón

A. El corazón está formado por una pared que rodea cuatro cavidades:
1. Dos **aurículas o atrios** que reciben sangre:
   a. **Aurícula derecha**. Recibe la sangre de la circulación sistémica.
   b. **Aurícula izquierda**. Recibe sangre oxigenada de las venas pulmonares.
2. Dos **ventrículos**, que impulsan la sangre hacia la circulación:
   a. **Ventrículo derecho**. Recibe la sangre de la aurícula derecha y la impulsa hacia las arterias pulmonares.
   b. **Ventrículo izquierdo**. Recibe la sangre de la aurícula izquierda y la impulsa hacia la circulación sistémica por la arteria aorta.

B. La pared del corazón está formada por tres capas, que son equivalentes a las tres capas descritas para los vasos sanguíneos:
1. **Endocardio**. Es la capa más interna.
   a. Está formado por un **endotelio** (epitelio plano simple) y un **tejido conjuntivo subendotelial**, que en su capa más profunda tiene células cardíacas del **sistema de conducción**.
   b. Equivale a la túnica íntima de los vasos.
2. **Miocardio**. Es la capa intermedia.
   a. Es la capa más gruesa, formada por **músculo cardíaco**.
   b. Es la capa contráctil del corazón.
   c. Equivale a la túnica media.
3. **Epicardio**. Es la capa externa.
   a. Está formada por un **tejido conjuntivo laxo** con abundante **tejido adiposo**, **vasos coronarios** y nervios, revestido por el **mesotelio**, un epitelio plano simple.
   b. El epicardio es la **capa visceral del pericardio**, la cavidad en la que se encuentra el corazón, y se continúa con la capa serosa del pericardio parietal.
   c. Equivale a la túnica adventicia de los vasos.

12.4 Arterias

A. Se suelen distinguir tres tipos de arterias, que se suceden a medida que la circulación se aleja del corazón:
   1. **Arterias elásticas o de conducción** (fig. 12.2). Son las arterias que salen del corazón y sus primeras ramas. No están presentes en los tejidos de la cavidad bucal, por lo que señalamos brevemente sus características.
      a. Son arterias de gran calibre.
      b. Su túnica media se caracteriza por poseer dos componentes entremezclados:
         (1) **Células musculares lisas**, dispuestas circularmente alrededor de la luz vascular.
         (2) Gruesas **láminas elásticas perforadas**, formadas por la fusión de fibras elásticas.
   2. **Arterias musculares o de distribución** (fig. 12.3). La mayor parte de las arterias de nuestro cuerpo son arterias musculares. Algunas tienen un calibre relativamente amplio pero la mayoría son de calibre mediano o pequeño.
      a. Tienen una prominente **lámina elástica interna**, de 2 a 3 μm de grosor, ondulada y de aspecto hialino, que separa la túnica íntima de la media.
      b. Tienen una túnica media donde el **músculo liso** es muy visible. Según el calibre del vaso, podemos encontrar entre 4 y 30 capas concéntricas de células musculares.

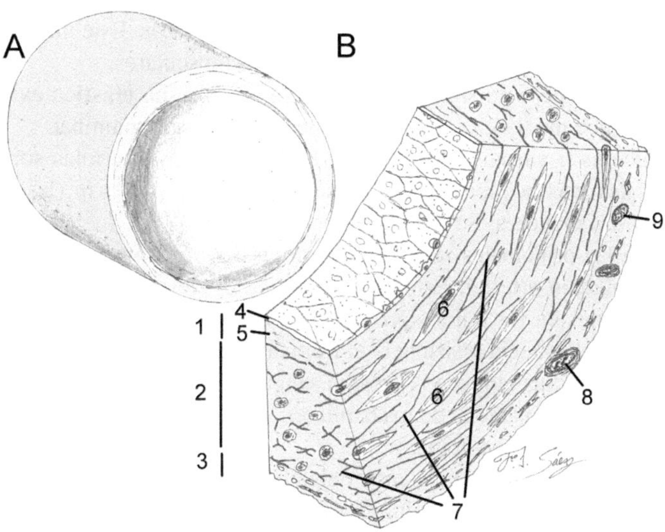

Figura 12.2 Sección transversal de una arteria elástica (**A**), mostrando en detalle la organización de su pared (**B**). 1, túnica íntima; 2, túnica media; 3, túnica adventicia; 4, endotelio; 5, tejido conjuntivo; 6 células musculares lisas; 7, fibras elásticas; 8, *vasa vasorum*; 9, *nervi vascularis*

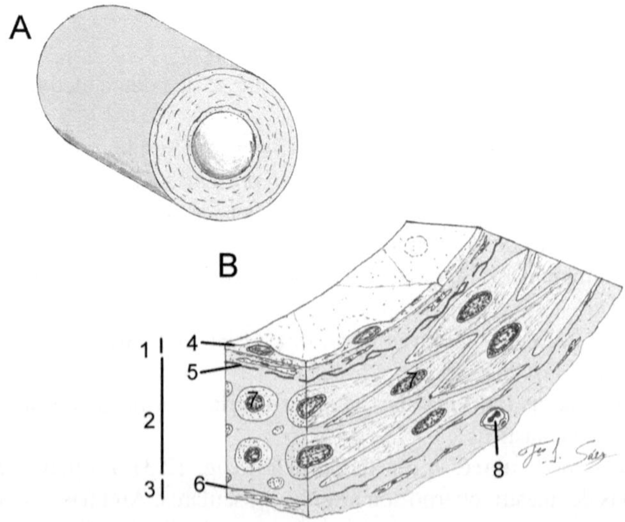

Figura 12.3 Sección transversal de una arteria muscular (**A**), mostrando en detalle la organización de su pared (**B**). Para simplificar, en **B** se han dibujado sólo unas pocas capas de células musculares lisas en su túnica media, pero normalmente la túnica media es más gruesa y posee más capas de células musculares lisas. 1, túnica íntima; 2, túnica media; 3, túnica adventicia; 4, endotelio; 5, lámina elástica interna; 6; lámina elástica externa; 7, células musculares lisas; 8, *vasa vasorum*

c. Entre las células musculares lisas hay **fibras colágenas y elásticas** poco visibles, salvo que se utilicen tinciones específicas. Este material extracelular es producido por las propias células musculares.
d. A veces, pero no siempre, se observa una **lámina elástica externa** entre la túnica media y la adventicia, que puede ser multilaminar.

3. **Arteriolas o vasos de resistencia** (fig. 12.4). Las arteriolas son los vasos arteriales más pequeños, con diámetros entre 200–400 μm (las mayores) a 50 μm las menores. Sus características son:
   a. Son las principales responsables de la **presión sanguínea** normal en la circulación arterial. Esto se debe a que el elevado número de arteriolas presentes en los tejidos produce una zona superficial bastante grande, lo que conlleva una resistencia al flujo también muy grande.
   b. Las arteriolas reducen la presión sanguínea a unos niveles soportables por las delgadas paredes de los capilares.
   c. Organización histológica:
      (1) Su **túnica íntima** es muy delgada y está formada por el endotelio con muy poco tejido conjuntivo subyacente. En algunas arteriolas mayores puede verse la **lámina elástica interna**, pero en la mayoría de las demás no es visible.
      (2) La **túnica media** está formada por sólo una a tres capas de células musculares lisas.

Figura 12.4 Sección transversal de una arteriola. 1, endotelio; 2, células musculares lisas; 3, tejido conjuntivo adventicial

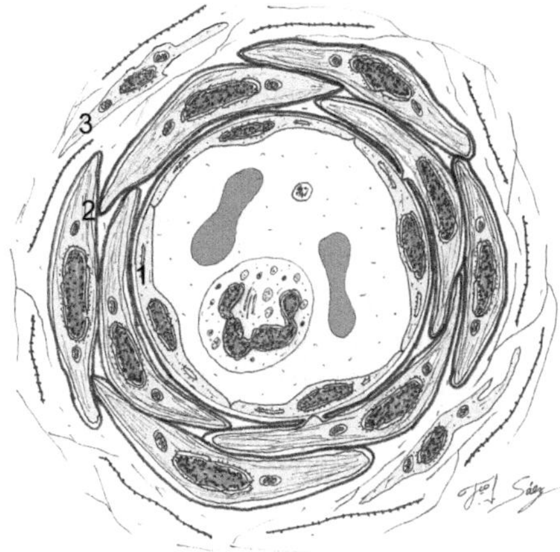

(3) No existe lámina elástica externa.

(4) La **túnica adventicia** es tejido conjuntivo que se mezcla y se confunde con el tejido conjuntivo circundante, sin límites netos.

B. Las arterias van disminuyendo de calibre a medida que se ramifican y el paso de un tipo de arteria a otro es gradual. Por ello, existen arterias con características intermedias.

C. Las células endoteliales de las arterias poseen **cuerpos de Weibel-Palade** que contienen **factor de von Willebrand**.

12.5 Regulación de la presión arterial

A. Regulación nerviosa. El encéfalo controla la presión arterial.
   1. Los nervios vasomotores del **sistema simpático** liberan **noradrenalina** y provocan la **vasoconstricción**.
   2. Los nervios del **sistema parasimpático** liberan **acetilcolina**, lo que provoca que las células endoteliales liberen **óxido nítrico (NO)**. El NO provoca la relajación del músculo liso del vaso y la consiguiente **vasodilatación**.

B. Control hormonal. Las células musculares son sensibles a mediadores químicos y hormonas, por ejemplo:
   1. La **angiotensina II** se produce en la sangre a partir del **angiotensinógeno** sintetizado por el hígado gracias a la acción de la **renina**, secretada por los riñones cuando la presión arterial es baja. Produce **vasoconstricción**.
   2. La **hormona antidiurética (ADH) o vasopresina**, producida por la **hipófisis**, produce **vasoconstricción**.

12.6 Microcirculación o circulación terminal

A. La **microcirculación o circulación terminal** es el lugar donde se produce el intercambio de sustancias entre la sangre y los tejidos.

B. Los vasos sanguíneos que forman la microcirculación pueden ser (fig. 12.5):
   1. **Arteriolas terminales o precapilares**.
   2. **Metarteriolas**. Presentes en algunos tejidos.
   3. **Capilares**.
   4. **Vénulas postcapilares**.

C. El flujo sanguíneo a través de la microcirculación no siempre es continuo. Por ello, se distinguen dos tipos de vasos:
   1. **Canales preferenciales**: Son vasos sanguíneos que están siempre abiertos.
      a. El flujo de sangre es continuo, aunque la cantidad de sangre que pasa en cada momento puede ser mayor o menor y está regulada por el grado de contracción de la arteriola terminal o la metarteriola.
      b. Hay dos tipos de vasos sanguíneos que se comportan como canales preferenciales:
         (1) **Capilares preferenciales**.
         (2) **Metarteriolas**.
   2. **Capilares verdaderos**. Son capilares que pueden estar abiertos o cerrados a la circulación.
      a. El flujo de sangre es discontinuo y depende de las necesidades del tejido.

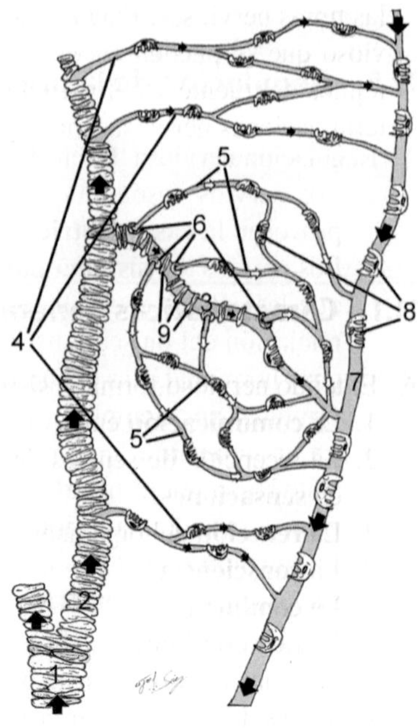

Figura 12.5 Ilustración que representa una hipotética vista externa de vasos sanguíneos de la microcirculación. 1, arteriola revestida de músculo liso; 2, arteriola terminal; 3, metarteriola; 4, capilares preferenciales; 5, capilares verdaderos; 6 esfínteres precapilares; 7, vénula postcapilar; 8, pericito; 9, células musculares lisas. Las flechas negras indican el flujo sanguíneo continuo, las flechas huecas indican el flujo sanguíneo opcional por los capilares verdaderos

b. Normalmente, en un tejido sólo se permite el paso de sangre por un 25 % de la red capilar y el resto de capilares sólo se abren si aumentan las necesidades de oxígeno y nutrientes.

D. Las **arteriolas terminales o precapilares** son las arteriolas más pequeñas, con sólo una o dos capas de músculo liso en su túnica media. De su pared terminal se producen los capilares y las metarteriolas.

E. Las **metarteriolas** surgen en algunos tejidos como ramas de las arteriolas terminales.

1. Su porción proximal está cubierta por células de músculo liso dispuestas de forma discontinua, mientras que la parte distal carece de músculo liso y es semejante a la de los capilares.
2. En los tejidos donde existen metarteriolas, de ellas surgen los capilares. Al final, las metarteriolas desembocan en una vénula postcapilar.

F. Los **capilares** (del latín capillus, 'cabello') forman una red anastomosada de túbulos de muy pequeño calibre que desembocan en una vénula postcapilar.

1. Características.
   a. Surgen como ramificaciones muy finas a partir de las arteriolas terminales y las metarteriolas.
   b. Su diámetro es de 7 a 9 μm.
   c. Cada capilar suele ser relativamente corto, de un milímetro de longitud promedio, pero el total de capilares del cuerpo humano suma varios miles de kilómetros.
   d. En los capilares verdaderos, el punto de origen del capilar en la pared de la arteriola terminal o de la metarteriola puede presentar un anillo de músculo liso que actúa como **esfínter precapilar**, que al cerrarse o abrirse impide o permite, respectivamente, el paso de la sangre por el capilar. En algunos tejidos no existen estos esfínteres.
   e. Los capilares son los **vasos de intercambio** donde se produce la mayor parte de la difusión de sustancias entre la sangre y los tejidos.
   f. La concentración de capilares refleja las necesidades metabólicas de un tejido. En el miocardio se encuentran 2000 capilares por mm^2. En la dermis 50.
2. Organización histológica. Su pared es muy delgada y está formada por:
   a. **Endotelio**, que tiene una única capa de células muy aplanadas (epitelio plano simple).
      (1) En los capilares pequeños la luz está rodeada por una única célula, en los capilares mayores pueden hacer falta 2–3 células para rodear todo el perímetro.
      (2) Los bordes de las células se superponen en pliegues marginales que se proyectan a la luz con **fascias ocluyentes**.
      (3) Las células endoteliales son muy delgadas, de 0,2 a 0,4 μm. La región que contiene el núcleo es algo más gruesa y sobresale hacia la luz vascular.
      (4) La mayor parte de los escasos orgánulos se encuentran en la zona próxima al núcleo.

(5) Son muy abundantes las **cavéolas** (hasta 1000 cavéolas por μm^2) en las membranas del lado luminal y del lado basal.
   (a) Las cavéolas pueden formar estructuras en racimos, donde varias cavéolas desprendidas de la membrana están en contacto entre sí.
   (b) Pueden llegar a establecerse conexiones entre cavéolas de las membranas luminal y basal formando canales temporales.
(6) En el citoplasma hay **filamentos intermedios** de vimentina o de desmina y **microfilamentos de actina**.
(7) Las células se unen entre sí por **uniones herméticas (zónula occludens)** que pueden ser discontinuas (para facilitar el **transporte paracelular**), **uniones de hiato (gap)** y uniones de adhesión mediadas por **cadherinas**

b. **Lámina basal**.
c. **Red de fibras reticulares y de colágeno** que rodean la lámina basal y se entremezclan con la matriz extracelular de los tejidos circundantes.
d. **Pericitos**. Son células que se encuentran rodeando las arteriolas terminales, los capilares y las vénulas postcapilares.
(1) Organización:
   (a) Son células de citoplasma ramificado, con ramas principales que siguen la dirección principal del vaso sanguíneo, y ramas secundarias transversales, que envuelven el capilar.
   (b) Se encuentran rodeadas de una **lámina basal** que se fusiona con la del endotelio.
   (c) Existen **uniones de hiato (gap)** con las células endoteliales.
   (d) Posen m**icrofilamentos de actina** y **filamentos de miosina** y son células contráctiles.
   (e) Algunos pericitos pueden emitir prolongaciones muy finas que contactan con el citoplasma de los pericitos de otros capilares situados en la proximidad. Estos **nanotúbulos de túnel interpericítico** forman uniones de hiato con los pericitos con los que contactan y sirven para acoplar la actividad contráctil de ambas células.
(2) Tipos de pericitos:
   (a) **Pericito helicoidal**, cuyas prolongaciones se enrollan alrededor del capilar formando una hélice. Son habituales en los tramos centrales de los capilares.
   (b) **Pericito reticular**, cuyas prolongaciones se disponen formando una malla alrededor del capilar. Son habituales en las arteriolas terminales y en los puntos de inicio de los capilares. Tienen una mayor capacidad contráctil.
(3) Funciones de los pericitos:
   (a) La contracción de los pericitos influye en la capacidad de perfusión del capilar (es decir, en el volumen del flujo sanguíneo).

(b) Cuando se producen lesiones, los pericitos se activan y se convierten en células endoteliales y musculares de los nuevos vasos, por lo que se considera que son equivalentes a **células mesenquimáticas de reserva**.

3. Tipos de capilares:
   a. **Capilares continuos**. El endotelio no está interrumpido y la lámina basal es continua (fig. 12.6). Típico de los tejidos musculares, glándulas exocrinas y tejido nervioso.
   b. **Capilares fenestrados** (del latín fenestra, 'ventana'). Su endotelio está perforado por numerosos poros (fig. 12.7). Estas perforaciones se encuentran en regiones discretas que forman **placas cribosas o tamices**, separadas entre sí por otras zonas no perforadas. Las perforaciones tienen de 60 a 100 nm de diámetro. Se distinguen dos tipos de capilares fenestrados:
      (1) **Capilares fenestrados con diafragma**. En estos capilares, los poros están cerrados por un material laminar ultrafino, de 4 nm de espesor, que se denomina **diafragma**.
         (a) El diafragma posee aspecto fibrilar y en su centro hay un engrosamiento llamado **nódulo central**.

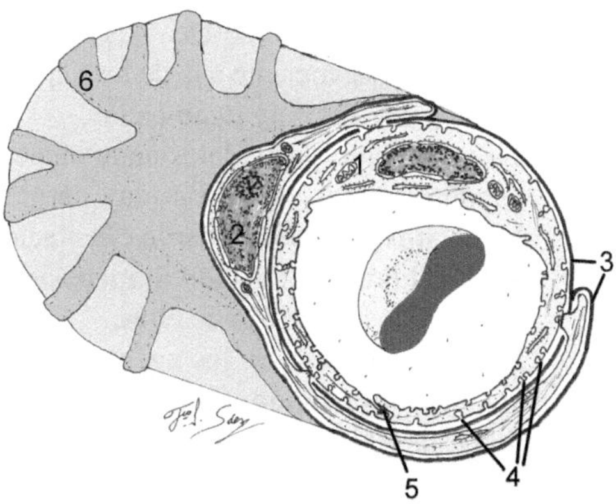

Figura 12.6 Vista longitudinal externa y sección transversal de un capilar continuo. 1, endotelio; 2, pericito; 3, lámina basal; 4, cavéolas; 5, fascia ocluyente; 6, prolongaciones del pericito

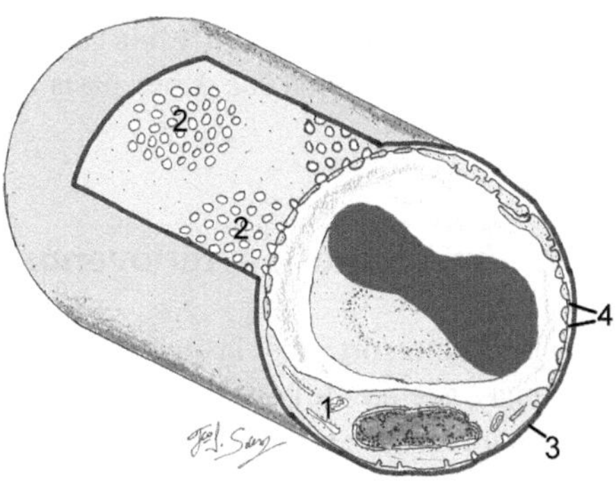

Figura 12.7 Vista longitudinal externa y sección transversal de un capilar fenestrado. Se ha eliminado una zona de la lámina basal para poder observar mejor las fenestraciones. 1, endotelio; 2, campos con fenestraciones; 3, lámina basal; 4, diafragma

(b) Estos diafragmas pueden ser artefactos producidos por el procesamiento de los tejidos.
(c) Se encuentran en riñón, intestino y glándulas endocrinas.
(2) **Capilares discontinuos**. Son capilares fenestrados cuyos poros no poseen diafragma. Son característicos de los glomérulos renales.

c. **Sinusoides** (del latín sinus 'seno' y del griego -ειδής -eidḗs 'semejante a'). Son unos capilares de luz amplia, 30–40 μm, y contorno irregular, ya que se suelen adaptar a los espacios que quedan entre los componentes de los tejidos que atraviesan.
(1) Se encuentran en hígado, médula ósea y bazo.
(2) La lámina basal puede faltar o ser discontinua.
(3) Hay varios tipos:
(a) En algunos órganos, los sinusoides son **discontinuos** porque las células contactan entre sí en ciertos puntos, pero en otros quedan separadas por grandes huecos.
(b) En otros existen grandes **perforaciones** que atraviesan la célula endotelial.
(c) Hay grandes **capilares fenestrados** en la hipófisis y las glándulas suprarrenales que se consideran sinusoides.

G. Las **vénulas postcapilares** recogen la sangre de los capilares.
1. Tienen un diámetro de 15 a 30 μm.
2. Su pared es semejante a la de los capilares, generalmente con **fenestraciones** y con **pericitos** muy ramificados.
3. La unión entre las células endoteliales no es tan fuerte como en arterias y capilares. Estos vasos son muy permeables y son el sitio preferido por los **leucocitos** para abandonar la circulación sanguínea y pasar a los tejidos, mediante el proceso llamado **diapédesis**. Los leucocitos pasan entre las células endoteliales o a través de ellas.
4. Son muy sensibles a los agentes vasoactivos como la **histamina**, que provoca la **inflamación**. Cuando se produce una inflamación, se abren brechas de hasta 500 nm por donde sale el líquido sanguíneo que se acumula como líquido intersticial, formando el **edema**.
5. En algunos órganos linfoides, las células endoteliales de estas vénulas son cúbicas o cilíndricas y están especializadas en la identificación y segregación de los linfocitos que deben pasar a estos órganos (**vénulas de endotelio alto, HEV**).

12.7 Anastomosis arteriovenosas

A. En algunos órganos, las terminaciones de las arteriolas se comunican con las venas, además de por los capilares, por unas conexiones de mayor calibre llamadas **anastomosis arteriovenosas o arteriovenulares** (del griego ἀναστόμωσις anastómōsis, 'abertura, embocadura').

B. Organización histológica:
   1. Poseen paredes gruesas para la luz del vaso, con músculo liso y mucha inervación vasomotora, especialmente del **sistema simpático**.
   2. En la región central, las células musculares lisas son gruesas y de trayecto longitudinal, por lo que se han descrito como **células epitelioides**.
   3. No hay lámina elástica interna.
C. Funcionamiento. Las anastomosis arteriovenosas actúan como **cortocircuitos**:
   1. Si la musculatura de la anastomosis se contrae, la sangre pasa por la red capilar.
   2. Si la pared muscular se relaja, la sangre pasa directamente de la arteriola a las venas sin atravesar la red capilar.
D. Existen dos tipos de anastomosis arteriovenosas:
   1. **Anastomosis en puente**. Son conductos rectos relativamente simples.
   2. **Anastomosis en glomo**, **aparatos glómicos o glomus** (del latín glomus, 'bola, pelota'). Son conductos que se retuercen y forman ovillos rodeados de una **cápsula** de tejido conjuntivo y provistos de muchas fibras nerviosas adrenérgicas y colinérgicas.
E. Localización:
   1. **Tejido eréctil** del pene y el clítoris. Su papel es controlar la **erección**:
      a. La contracción del músculo liso cierra el vaso y envía la sangre a los tejidos eréctiles, lo que provoca la erección.
      b. La relajación del músculo liso abre la anastomosis y tiene el efecto contrario.
   2. En ciertas áreas de la **piel** abundan las anastomosis en glomo, donde tienen un papel importante en la **termorregulación** del organismo:
      a. La contracción de la anastomosis aumenta el flujo de sangre por la red capilar de la piel y permite la pérdida de calor.
      b. La relajación evita el flujo sanguíneo por los capilares y favorece la conservación del calor.

12.8 Venas

A. Las **venas** llevan la sangre desde los tejidos de retorno al corazón. Suelen discurrir paralelas a las arterias, aunque transportan la sangre en dirección contraria.
B. En la circulación pulmonar, las venas no discurren paralelas a las arterias.
C. Se puede distinguir una vena con una arteria que se encuentra paralela a ella por varios criterios:
   1. En general, la luz venosa es mayor y sus paredes son proporcionalmente más delgadas.
   2. El músculo liso forma haces, más que capas, que en ocasiones discurren longitudinalmente.
D. La sangre que circula por las venas lo hace con muy baja presión, por lo que la circulación es más lenta.

1. En algunos casos, los movimientos del músculo esquelético del cuerpo presionan las venas e impulsan la sangre.
2. Este impulso es importante en las extremidades inferiores.

E. Las venas se clasifican de forma arbitraria según su tamaño.
1. **Vénulas**. Son vasos algo mayores que las vénulas postcapilares.
   a. Las vénulas discurren paralelas a las arteriolas, pero llevando la sangre en sentido contrario, de vuelta al corazón,
   b. Se pueden distinguir varios tipos:
      (1) **Vénulas colectoras**, de 30 a 50 μm de diámetro.
         (a) Está completamente rodeada por Pericitos. Llevan la sangre a otras vénulas de mayor diámetro.
         (b) A veces se consideran vénulas postcapilares.
      (2) **Vénulas musculares**, de 50 a 100 μm de diámetro.
         (a) Estructura:
            1. **Túnica íntima**: formada por un endotelio continuo y tejido conjuntivo subendotelial.
            2. **Túnica media**: presenta una o dos capas de células musculares lisas orientadas circularmente.
            3. **Túnica adventicia**: suele ser gruesa con bastante colágena y fibras elásticas.
      (3) En algunos órganos, de forma excepcional, hay vénulas sin músculo.
2. **Venas** (**vasos de capacitancia**). Las vénulas vierten la sangre en venas pequeñas y medianas, también paralelas a las arterias, pero con mucha mayor capacidad, por lo que contienen un gran volumen de sangre, mayor que el de las arterias.
   a. Clasificación:
      (1) **Venas pequeñas**. Son venas con un diámetro de 0,1 a 1 mm.
      (2) **Venas medianas**. Tienen un diámetro entre 1 mm y 1 cm.
   b. Estructura:
      (1) **Túnica íntima**: posee el endotelio y una capa subendotelial fina de fibras reticulares y, raramente, fibras elásticas que no forman una lámina elástica. Contiene algunas células de músculo liso.
      (2) **Túnica media**: hay varias capas de células de músculo liso. Las células musculares están organizadas en forma laxa y entremezcladas con fibras colágenas y fibroblastos.
      (3) **Túnica adventicia**: es la capa más gruesa, especialmente en las venas medianas, y posee fibras colágenas y elásticas dispuestas longitudinalmente y células musculares lisas dispersas.
   c. Flujo de sangre:
      (1) Tras pasar por la red capilar, la sangre ha perdido la presión con la que venía impulsada desde el corazón y puede tener dificultades para circular, sobre todo en las extremidades inferiores, donde debe ascender en contra de la gravedad.

(2) Los movimientos del **músculo esquelético** pueden presionar las venas e impulsar la sangre. Ahora bien, estos movimientos pueden impulsar la sangre hacia adelante o hacia atrás.

d. **Válvulas**:

(1) Para evitar que la sangre circule en sentido contrario, algunas venas medianas de diámetro superior a 2 mm, sobre todo en los miembros inferiores, poseen **válvulas** que impiden el retorno sanguíneo.

(2) Las válvulas están formadas por dos hojuelas o **valvas** semilunares formadas por repliegues de la túnica íntima:

(a) Si la sangre se mueve hacia el corazón, empuja las valvas y las separa, lo que permite que avance.

(b) Si la sangre se mueve en sentido contrario, empuja las valvas hacia atrás y estas cierran el paso, impidiendo el retroceso.

(3) La pared de las venas es más delgada en la zona de las válvulas. Cuando la sangre retrocede y cierra la válvula, esta región se abomba y forma el **seno de la valva**.

3. **Venas grandes.** Son venas de más de 1 cm de diámetro, algunas de ellas de gran tamaño. Poseen las siguientes capas:
   a. **Túnica íntima**: posee endotelio, una gruesa capa subendotelial con fibroblastos, una red de fibras elásticas y algunas células musculares lisas.
   b. **Túnica media**: es relativamente delgada. El límite entre esta capa y la túnica íntima es difuso. Posee de 2 a 15 capas de músculo liso dispuesto circularmente y algunos fibroblastos.
   c. **Túnica adventicia**: es muy gruesa, con fibras colágenas y elásticas y con células musculares lisas dispuestas longitudinalmente, por lo que se suele llamar **adventicia muscular**. Las venas cavas y pulmonares pueden tener células de músculo cardíaco cerca del corazón (**manguitos miocárdicos**).

12.9 Sistemas porta

A. Un sistema porta lleva sangre de una red capilar a otra red capilar.

B. Se pueden encontrar dos tipos de sistema porta:

1. **Sistema porta arterial**. Una arteria o arteriola conecta las dos redes capilares. Se encuentra en el **sistema porta del riñón**, donde comunica los corpúsculos renales y los túbulos de algunas nefronas.
2. **Sistema porta venoso**. Una vena comunica las dos redes capilares. Hay dos:
   a. **Vena porta hepática**, que conecta el intestino con el hígado.
   b. **Sistema porta hipotálamo-hipofisario**, que conecta el hipotálamo con la *pars distalis* de la hipófisis.

12.10 Vasos linfáticos

A. La **circulación linfática** es un sistema de drenaje:
   1. Vasos de extremo ciego presentes en los tejidos recogen el exceso de líquido intersticial y lo transportan en forma de **linfa** hacia vasos linfáticos mayores.
   2. Los últimos vasos linfáticos, los conductos linfáticos (**conducto torácico** y **conducto linfático derecho**) desembocan en las venas situadas en la región del cuello.

B. Se calcula que la circulación linfática devuelve a la sangre entre 2 y 3 litros de líquido cada 24 horas.

C. Si se bloquea en un órgano la salida de flujo linfático, la falta de drenaje en el tejido produce **edema**.

D. Funciones de los vasos linfáticos:
   1. Funciones circulatorias:
      a. Drenar el exceso de líquido intersticial y devolverlo a la circulación sanguínea.
      b. Transportar moléculas de gran tamaño absorbidas en el intestino y que no pueden penetrar en los capilares sanguíneos.
   2. Funciones inmunitarias:
      a. Transportar **linfocitos** de unos órganos a otros.
      b. Transportar **antígenos** a los ganglios linfáticos para provocar una respuesta inmune:
         (1) Los vasos linfáticos llegan a los ganglios linfáticos (**vasos linfáticos aferentes**).
         (2) Allí, la linfa es escudriñada para detectar agentes patógenos y activar la respuesta inmune.
         (3) La linfa sale de los ganglios linfáticos por nuevos vasos linfáticos (**vasos linfáticos eferentes**).

E. Composición de la linfa. La linfa es un líquido procedente del líquido intersticial y, por tanto, en última instancia deriva del plasma sanguíneo. Contiene:
   1. Agua, electrolitos y algunas proteínas (2–5 %).
   2. Las **células dendríticas interdigitantes** que en el tejido de origen han contactado con un agente patógeno (**antígeno**), pueden penetrar en los vasos linfáticos y viajan por la linfa para alcanzar los ganglios linfáticos.
   3. En los ganglios linfáticos, muchos **linfocitos** procedentes de la sangre pasan a la linfa, por lo que la linfa suele contener linfocitos.
   4. Los vasos linfáticos del intestino también transportan **colesterol** y **ácidos grasos** absorbidos en este órgano.

F. A continuación, se describen los principales tipos de vasos linfáticos.
   1. **Capilares linfáticos**. Los capilares linfáticos son los vasos linfáticos más pequeños y los que recogen la linfa de los tejidos (fig. 12.8). Sus principales características son:
      a. Su diámetro es mayor que el de los capilares sanguíneos (hasta 100 μm).
      b. Un extremo es ciego, por lo que la linfa producida viaja hacia el extremo contrario y se dirige hacia los vasos linfáticos de mayor calibre.

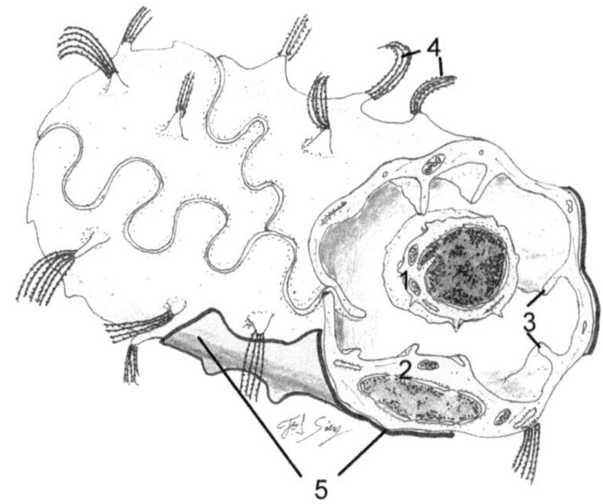

Figura 12.8 Vista longitudinal externa y sección transversal de un capilar linfático. 1, linfocito; 2, endotelio; 3, pliegues de las células endoteliales; 4, fibras colágenas; 5, parche de lámina basal

c. Poseen un **endotelio** muy fino, excepto en la región donde se encuentran los núcleos celulares.
   (1) A veces tiene microvellosidades o pliegues que se proyectan hacia la luz capilar.
   (2) En ocasiones, estos pliegues se producen en la periferia celular, en los contactos con otras células endoteliales, y se extienden recubriendo a las células vecinas.
d. La unión entre las células es laxa, no se observan uniones herméticas continuas, por lo que se producen brechas por las que pueden pasar con facilidad ciertas sustancias.
e. La **lámina basal** es discontinua o no existe y no hay pericitos.
f. Unos **filamentos de anclaje** se adhieren a la superficie externa del endotelio.
   (1) Son fibras de la matriz extracelular del tejido circundante que se unen, bien directamente a la membrana plasmática endotelial, bien a los restos de lámina basal.
   (2) Parece que siempre hay un resto de lámina basal en el punto de unión.
   (3) Los filamentos de anclaje permiten que el capilar no se cierre cuando hay mucha presión del tejido circundante.

2. **Vasos colectores**.
   a. Los capilares linfáticos se van uniendo para formar vasos de mayor calibre, con una pared muy delgada de endotelio, fino tejido conjuntivo y algunas células de músculo liso.
   b. Estos vasos van formando vasos más gruesos, en los que se puede distinguir varias capas con límites imprecisos (fig. 12.9).
      (1) La **túnica íntima** posee endotelio con su lámina basal. A veces, una lámina elástica interna incompleta que separa la túnica íntima de la túnica media.
         (a) La túnica íntima suele presentar **válvulas** similares a las de las venas y con la misma función de impedir el retorno. Están for-

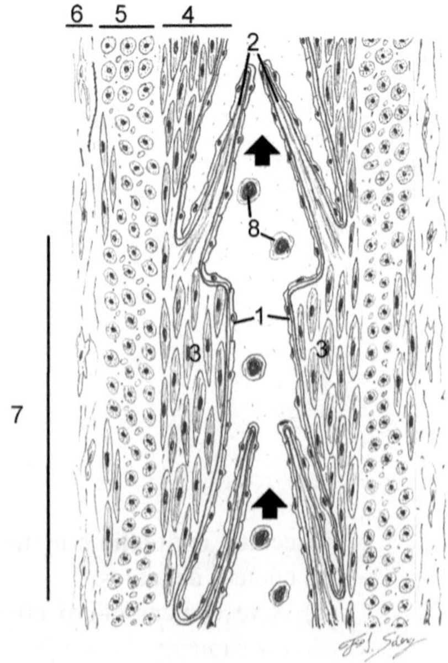

Figura 12.9 Sección longitudinal de un vaso linfático colector. 1, endotelio; 2, válvulas; 3, cojines subendoteliales; 4, túnica íntima; 5, túnica media; 6, túnica adventicia; 7, linfangión; 8, linfocito. Las flechas indican la dirección de avance de la linfa

madas por dos capas de endotelio con una zona central de fibras colágenas y reticulares.

(b) En la túnica íntima puede haber **cojines subendoteliales** que se proyectan en la luz del vaso. Dichos cojines están formados por **células musculares lisas** orientadas en la misma dirección que el vaso sanguíneo (longitudinalmente).

(2) La **túnica media** posee una o a lo sumo tres capas de células musculares lisas dispuestas circularmente con respecto a la luz del vaso. Ocasionalmente, puede haber algunas células musculares lisas de orientación longitudinal.

(3) La **túnica adventicia** es fina.

c. La presencia de válvulas y de los cojines subendoteliales divide el vaso linfático en segmentos con aspecto de bulbos, que quedan separados por dichas válvulas. Cada segmento se llama **linfangión**.

3. **Conductos linfáticos**.

a. Los vasos linfáticos mayores confluyen finalmente en dos grandes conductos, el **conducto linfático derecho** y el **conducto torácico**, los cuales drenan la linfa en el torrente venoso.

b. Poseen una túnica íntima, una media y una adventicia con haces longitudinales de músculo liso y *vasa vasorum*.

c. Por su tamaño pueden parecer venas, pero el mayor grosor de su túnica media los diferencia.

G. Los vasos linfáticos suelen observarse próximos a alguna arteria pequeña o arteriola y alguna vena pequeña o vénula. Los criterios para diferenciar vasos linfáticos de venas son:
   1. La luz de los vasos linfáticos carece de células visibles, excepto linfocitos. Las venas pueden tener muchos eritrocitos y algunos leucocitos.
   2. La linfa suele teñirse con más intensidad que el plasma sanguíneo.
   3. Las válvulas son más numerosas en los vasos linfáticos que en las venas.

H. **Flujo linfático**. Como el sistema vascular linfático carece de una bomba impulsora, el avance es lento y se produce gracias a dos mecanismos:
   a. **Mecanismo intrínseco**: por la contracción de la musculatura lisa del **linfangión**. En los vasos grandes son lentas: 2–3 por minuto.
   b. **Mecanismo extrínseco**: debido a la compresión provocada por la contracción de los músculos esqueléticos contiguos.

Lo que hay que recordar

El aparato cardiovascular distribuye la sangre por todos los tejidos del cuerpo. Los vasos sanguíneos grandes tienen una pared formada por tres capas de tejido, que de dentro hacia fuera son la túnica íntima, la túnica media y la túnica adventicia. El corazón bombea sangre a las arterias, que se ramifican en arterias más pequeñas hasta formar arteriolas. Las arteriolas transportan la sangre a la microcirculación, formada por arteriolas terminales, metarteriolas, capilares y vénulas poscapilares; aquí es donde tiene lugar el intercambio de gases y otras moléculas entre la sangre y los tejidos. La sangre regresa al corazón circulando a través de vénulas y venas que convergen en venas cada vez mayores. El aparato vascular linfático se encarga de drenar el exceso de líquido de los tejidos y devolverlo al torrente sanguíneo. Está formado por capilares linfáticos que recogen el exceso de líquido tisular y lo transportan a través de vasos colectores hasta los conductos linfáticos que convergen en las venas cercanas al corazón.

Lectura adicional

Breslin J W, Yang Y, Scallan J P, et al. 2019. Lymphatic vessel network structure and physiology. Comprehensive Physiology 9: 207–299.

Friederici H H 1968. Tridimensional Ultrastructure of Fenestrated Capillaries. Journal of Ultrastructure Research 23: 444.

Frokjaerjensen J 1985. The continuous capillary – Structure and function. Matematisk-Fysiske Meddelelser Kongelige Danske Videnskabernes Selskab 41: 11–16.

Kierszenbaum A L, Tres L L 2019. Cardiovascular system. En: Histology and Cell Biology – An Introduction to Pathology. 5ª ed. Elsevier, pp. 421–446.

Krstić R V 1991. Cardiovascular System. En: Human Microscopic Anatomy. An Atlas for Students of Medicine and Biology. Springer Verlag, pp. 39–67.

Martinez-Lemus L A 2012. The Dynamic Structure of Arterioles. Basic & Clinical Pharmacology & Toxicology 110: 5–11.

Maul G G, 1969. Ultrastrure of pores of fenestrated capillaries. Journal of Cell Biology 43: A87.
Maul G G 1971. Structure and formation of pores in fenestrated capillaries. Journal of Ultrastructure Research 36: 768.
O'Dowd G, Bell S, Wright S 2023. Circulatory system. En: Wheater's Functional Histology. Elsevier, pp. 144–158.
Ota T 2023. Functional vascular anatomy and arteriovenous shunts of the spine. Seminars in Neurology 43: 356–369.
Paaske W P, Sejrsen P 1989. Permeability of continuous capillaries. Danish Medical Bulletin. 36: 570–590.
Pawlina W 2024. Cardiovascular System. En: Histology a Text and Atlas with correlated Cell and Molecular Biology. 9ª ed. Wolters Kluwer, pp. 442–481.
Petrova T V, Koh G Y 2020. Biological functions of lymphatic vessels. Science 369: 157.
Rapp R, Ellaban N B, Kramer I R H 1976. Fenestrated capillaries in human dental pulps. Journal of Dental Research 55: B85–B85.
Rovenská E, Rovensky J 2012. Lymphatic vessels: Structure and function. Israel Medical Association Journal 13: 762–768.
Ryan T J, Curri S B 1989. Blood-vessels and lymphatics. Clinics in Dermatology 7: 25–36.
Sherman J L 1963. Normal Arteriovenous anastomoses. Medicine 42: 247.
Shore R C, Moxham B J, Berkovitz B K B 1984. Fenestrated capillaries in the periodontal-ligament. Journal of Dental Research 63: 513–513.
Simionescu N, Simionescu M 1988. The Cardiovascular System. En: Cell and Tissue Biology – A Textbook of Histology. Weiss L Editor. 6ª ed. Urban & Schwarzenberg, pp. 211–254.
Smaje L H 1984. Permeability of fenestrated capillaries. International Journal of Microcirculation – Clinical and Experimental 3: 324–324.
Sumagin R, Sarelius H 2013. Emerging understanding of roles for arteriole in inflammation. Microcirculation 20: 679–692.

Odontogénesis 13

Qué aprenderás en este capítulo

Este capítulo introduce la morfología y la estructura de los dientes, los términos básicos para comprender la organización y la histología dental, los diferentes tipos de la dentición humana y las nociones básicas sobre la cronología de su desarrollo. Se describen con detalle el origen embrionario del diente a partir del epitelio bucal y el mesénquima subyacente y los procesos de formación de la corona y de formación de la raíz. Finalmente, se discuten los mecanismos moleculares que se producen durante la odontogénesis y las hipótesis sobre la formación del patrón de dentición.

13.1 Morfología y estructura del diente

A. Los dientes están formados por:
   1. Un esqueleto de tejido mineralizado, la **dentina**.
   2. Una cavidad interna, la **cavidad pulpar**, rodeada por la dentina y rellena de tejido conjuntivo que constituye la **pulpa dental**.
   3. Otros tejidos mineralizados que recubren la dentina:
      a. **Esmalte**. Recubre la dentina en la parte del diente que sobresale en la cavidad bucal.
      b. **Cemento**. Recubre la dentina en la parte del diente que está incluida en la encía y no es visible.

B. Los dientes constan de dos partes (fig. 13.1):
   1. **Corona**. Es la parte que sobresale de la encía y es visible en la cavidad bucal.
      a. Aquí, la dentina está recubierta por el esmalte.
      b. El límite entre dentina y esmalte se denomina **conexión amelodentinaria (CAD)**.

F.J. Sáez, I. Badiola, *Histología Bucal Básica*,
https://doi.org/10.1007/978-3-032-24363-8_13

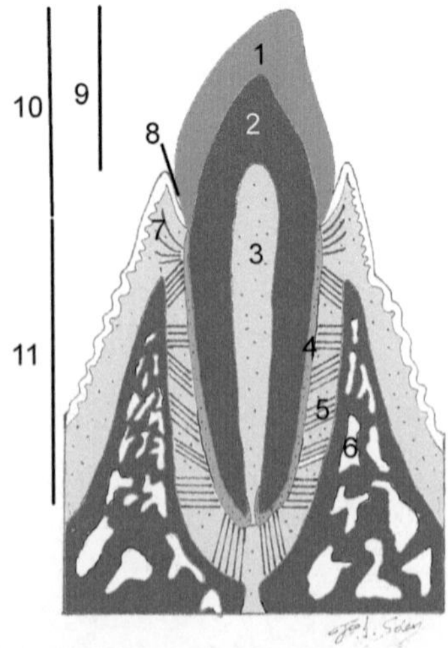

Figura 13.1 Sección inciso-apical de un diente. 1, esmalte; 2, dentina; 3, pulpa dental; 4, cemento; 5, ligamento periodontal; 6, hueso alveolar; 7, encía; 8, unión dentogingival; 9, corona clínica; 10, corona anatómica; 11, raíz

c. En realidad, no toda la zona recubierta de esmalte sobresale en la cavidad bucal, y por eso se suelen distinguir dos tipos de corona:
   (1) **Corona clínica**: la parte que queda visible por no estar cubierta por la encía.
   (2) **Corona anatómica**: es toda la parte del diente recubierta de esmalte. Comprende la corona clínica pero también una pequeña zona que no es visible en la cavidad bucal por estar recubierta por la encía.

2. **Raíz**. Es la parte del diente que no es visible, ya que está dentro de la encía, y que no está recubierta de esmalte. Aquí, la dentina está recubierta por:
   a. El cemento. La zona de unión de dentina y cemento se denomina **conexión cementodentinaria (CCD)**.
   b. El **periodonto**, formado por todos los tejidos que sostienen y protegen el diente. Se distinguen dos componentes:
      (1) **Periodonto de protección**, formado por la **encía** y la **unión dentogingival**.
      (2) **Periodonto de inserción**, formado por:
         (a) **Cemento** (que recubre la dentina). Aunque estrictamente es una parte del diente, se considera que forma parte del periodonto por su estrecha vinculación con los otros componentes de éste.
         (b) **Ligamento periodontal** (tejido conjuntivo fibroso).
         (c) **Hueso alveolar**, que forma el alvéolo dental, es decir, la cavidad en la que se aloja la raíz.

C. La corona y la raíz contactan en la **región del cuello o región cervical**.

D. Para poder describir un diente se distinguen diferentes zonas anatómicas (fig. 13.2):
   1. La cara del diente que mira hacia la cavidad bucal se denomina **cara lingual** (en el maxilar inferior) o **cara palatina o palatal** (en el maxilar superior)

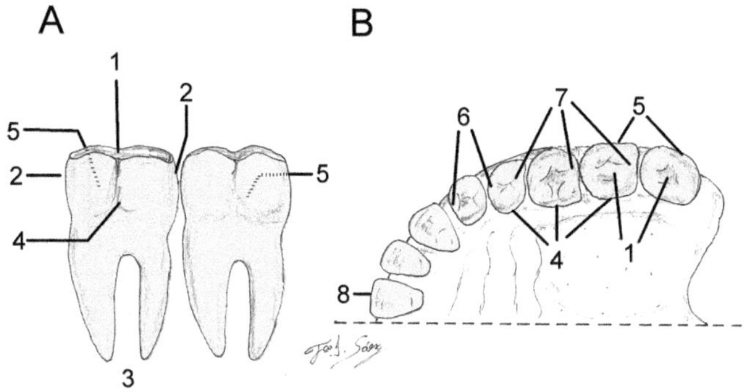

Figura 13.2 Representación de la relación entre dos dientes vecinos (**A**) y de una hemiarcada del maxilar superior (**B**) para mostrar los planos y superficies de un diente. 1, cara oclusal; 2, cara proximal; 3, cara apical; 4, cara palatina (maxilar superior) o lingual (maxilar inferior); 5, cara libre (cara bucal o malar en los dientes posteriores, cara labial en los dientes anteriores); 6, cara mesial (proximal); 7, cara distal (proximal); 8, borde incisal

2. La cara del diente que mira hacia el **vestíbulo** (el espacio entre los dientes y las mejillas o los labios) se llama **cara libre**.
   a. En los dientes anteriores (incisivos, caninos y primeros molares) se suele denominar **cara labial**.
   b. En los dientes posteriores (segundos premolares y molares), se suele denominar **cara bucal o malar** (del latín *mala* 'mejilla').
3. Las caras del diente que miran hacia un diente vecino se denominan **caras proximales**.
   a. Normalmente, los dientes poseen dos caras proximales:
      (1) La **cara mesial** es la más cercana de la línea media (la que divide al ser humano en dos mitades casi simétricas).
      (2) La **cara distal** es la más lejana a la línea media del cuerpo.
   b. La cara mesial de cada diente contacta con la distal del diente anterior y viceversa.
   c. Existen excepciones a esto último:
      (1) Las caras mesiales de los incisivos centrales se ponen en contacto entre sí.
      (2) La cara distal del último molar no contacta con ningún diente.
4. La cara del diente que contacta con el diente de la otra arcada se denomina **cara oclusal**, aunque en los incisivos y caninos suele denominarse **cara o borde incisal**.
5. El extremo de la raíz, es decir, la parte más alejada de la corona, se denomina **cara apical**.

E. Descripción de los componentes histológicos de un diente. Existen dos formas de describir la posición relativa de los componentes del diente (fig. 13.3):
   1. Según el **eje oclusal-apical**, cuando se ponen en relación dos estructuras dentales microscópicas se denominan:

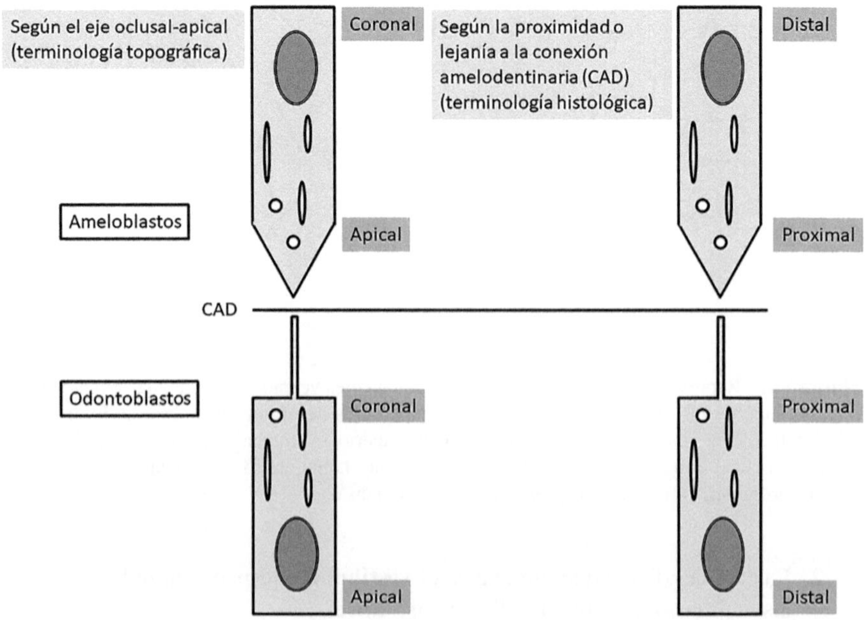

Figura 13.3 Terminología histológica de las estructuras dentales

a. **Coronal**, la más próxima a la corona o a la cara oclusal.
b. **Apical**, la que está más próxima a la cara apical del diente. Esto puede ser confuso porque el término apical se utiliza en los epitelios para describir un polo de la célula opuesto al basal.

2. Tomando como referencia la **CAD** (conexión amelodentinaria) en la corona o la **CCD** (conexión cementodentinaria) en la raíz, se pueden utilizar los términos:
   a. **Proximal**, lo más próximo a la CAD o la CCD.
   b. **Distal**, lo más alejado de la CAD o la CCD.

F. En el ser humano tenemos dos denticiones, lo que nos convierte en seres **difiodontos**:
   1. **Dentición temporal, primaria, decidua o de leche**.
      a. Estos dientes erupcionan en la cavidad bucal durante los primeros años de vida y comienzan a ser sustituidos a partir de los seis años de edad.
      b. Está formada por 20 piezas dentales, 10 en el maxilar superior y 10 en la mandíbula, distribuidos formando un arco. En cada lado del arco dental (**cuadrante o hemiarcada**) hay:
         (1) Dos **incisivos**: uno central y uno lateral.
         (2) Un **canino**.
         (3) Dos **molares**, primero y segundo.

2. **Dentición permanente**.
   a. Está formada por dientes que erupcionan a partir de los seis años de edad.
   b. Son 32 piezas distribuidas de la siguiente manera por cuadrante:
      (1) Dos **incisivos**: uno central y uno lateral.
      (2) Un **canino**.
      (3) Dos **premolares**, primero y segundo.
      (4) Tres **molares**, primero, segundo y tercero.

13.2 Características generales de la formación de la dentición humana

A. El proceso básico de formación del diente es igual para todos los dientes.
B. La formación de los dientes recibe el nombre de **odontogénesis** (del griego ὀδούς, ὀδόντος odoús, odóntos, 'diente' y γένεσις génesis, 'origen').
   1. En este proceso se pueden distinguir dos fases:
      a. **Morfogénesis**. Proceso durante el cual se va formando una estructura que va adquiriendo la forma y organización del diente definitivo.
      b. **Histogénesis**. Proceso ligado al anterior, durante el cual cada tejido constitutivo del diente va adquiriendo sus características citológicas e histológicas definitivas, es decir, se produce la **diferenciación**.
   2. En este capítulo se va a describir la morfogénesis dental. Los procesos de histogénesis se explicarán en los capítulos dedicados a cada tejido dental.
C. Origen de las denticiones humanas:
   1. **Dentición temporal, primaria, decidua o de leche**. Está formada por dientes cuyo desarrollo comienza en el embrión y se completa después del nacimiento.
   2. **Dentición permanente**. Va sustituyendo progresivamente a la dentición primaria a partir de los seis años de edad. Comprende dos tipos de dientes:
      a. **Dientes de remplazo**. Remplazan a los dientes deciduos. Son los **incisivos, caninos y premolares** permanentes. Se originan de una estructura diferente a la de los dientes primarios y los dientes de incremento.
      b. **Dientes de incremento**. Son dientes que se forman al fondo de las arcadas dentales, en lugares donde no existían dientes de leche. Son los **molares** de la dentición permanente. Su origen es común con el de los dientes deciduos, pero su erupción se produce mucho más tarde.
D. Según la estructura a partir de la que se forman los dientes se distinguen dos generaciones de dientes:
   1. **Primera generación**: dientes deciduos y dientes de incremento.
   2. **Segunda generación**: dientes de remplazo.
E. Las estructuras dentales tienen un doble origen.
   1. A partir del **ectodermo de superficie**: el esmalte dental se produce a partir de un epitelio de **origen ectodérmico**.
   2. A partir del **ectomesénquima cefálico**: el resto de las estructuras dentales y del periodonto de inserción se forman a partir del ectomesénquima cefálico,

es decir, de tejido mesenquimático originado a partir de las células de la **cresta neural**, de **origen neuroectodérmico**.

F. Durante el desarrollo y la formación del diente se producen numerosos casos de **inducción** entre los diversos tejidos que forman el diente. De hecho, la formación del diente comienza por procesos de inducción entre el epitelio ectodérmico de la cavidad bucal y el ectomesénquima cefálico subyacente.

G. La morfogénesis es un proceso continuo, pero para estudiarlo se ha dividido el desarrollo dental en varias fases:
1. **Formación de la corona**. En este caso se distinguen varias fases:
   a. **Fase de yema o brote**.
   b. **Fase de casquete**. Se puede distinguir una fase inicial y otra terminal.
   c. **Fase de campana**. También aquí es posible distinguir entre una campana inicial y otra avanzada.
   d. **Fase de campana aposicional**. En muchos libros se considera la continuación de la fase de campana avanzada.
2. **Formación de la raíz y erupción**.

13.3 Origen de los esbozos dentales

A. Formación del **listón dental** (fig. 13.4).
1. El primer indicio histológico de desarrollo dental, previo a la formación del epitelio dental, es la **condensación de ectomesénquima** y la aparición de una red capilar bajo el epitelio que posteriormente formará el epitelio dental.
2. A partir de la quinta o sexta semana del desarrollo embrionario se produce un engrosamiento del epitelio de la cavidad bucal sobre la condensación de mesénquima:
   a. Este engrosamiento se denomina **banda epitelial primaria o listón dental**.
      (1) En la parte inferior de la cavidad bucal el engrosamiento tiene forma de arco continuo.
      (2) En la parte superior de la cavidad bucal, el engrosamiento del epitelio aparece en forma de arco dividido en dos mitades, una a cada lado de la línea media central.
   b. Se ha descrito la formación de engrosamientos en ciertos puntos de esta banda epitelial, llamados **placodas dentales**. Estas placodas son un punto importante en la formación de los dientes, ya que defectos en la formación de las placodas conllevan defectos en del desarrollo dental, como dientes de morfología aberrante, dientes pequeños, dientes grandes, dientes supernumerarios, etc.

B. Formación de la **lámina dental** (fig. 13.4).
1. En la séptima semana del desarrollo, en la banda epitelial primaria se producen dos prominencias que proliferan y se invaginan en el mesénquima subyacente:

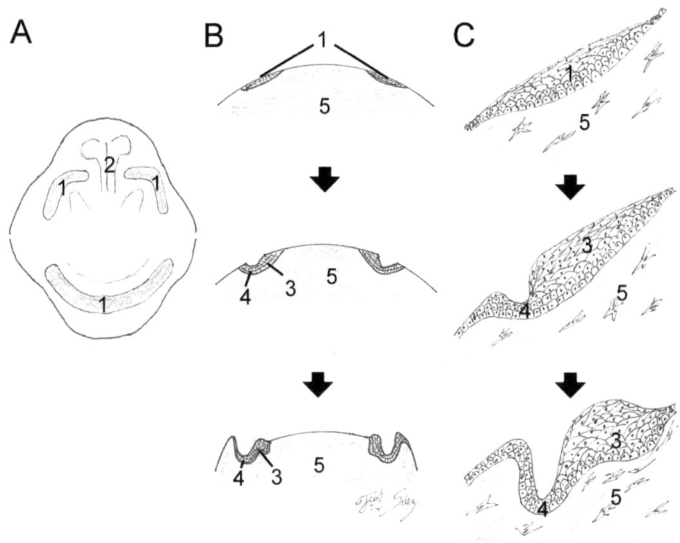

Figura 13.4 Localización de la banda epitelial primaria, las placodas dentales y la lámina dental en la cavidad bucal (**A**), sección de la pared bucal mostrando el desarrollo de la lámina dental con poco aumento (**B**) y más ampliada (**C**). 1, placoda dental; 2, cisura naso-bucal; 3, lámina dental; 4, lámina vestibular; 5, mesénquima

   a. La prominencia situada hacia el exterior es la **lámina vestibular**, que se divide en dos capas separadas por un espacio que formará el **vestíbulo** de la boca, es decir, el espacio entre los labios y mejillas y los dientes.
   b. El resto de la banda epitelial forma la **lámina dental**.

C. Formación de los esbozos de los dientes deciduos (fig. 13.5).
   1. Entre la octava y la decimoséptima semana de gestación, en el borde libre de la lámina dental, también llamada **lámina general**, y en dirección labial se forman cinco **esbozos o primordios** de los futuros dientes en cada hemiarcada (veinte esbozos en total).
   2. Estos esbozos originan las piezas de la dentición decidua, que comienzan a desarrollarse hasta la fase de campana.
   3. Los esbozos se sitúan por el lado labial de la lámina general, y quedan comunicados con esta por una corta **lámina lateral**.

D. Formación de los esbozos de los dientes permanentes (fig. 13.5). Los primordios de los dientes permanentes se forman en fases tempranas del desarrollo.
   1. Los **dientes de remplazo** se forman desde el quinto mes de vida intrauterina hasta el décimo mes de vida postnatal.
      a. Se forma una prolongación de la lámina general en dirección lingual (arcada inferior) o palatina (arcada superior) con respecto a los primordios de los dientes deciduos.
      b. Esta prolongación se llama **lámina de sucesión**.
      c. De la lámina de sucesión surgen los primordios de los dientes de remplazo.

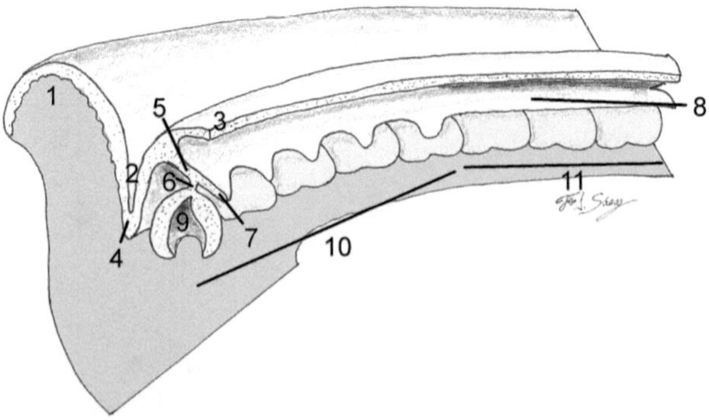

Figura 13.5 Hemiarcada del maxilar inferior en desarrollo para mostrar la organización general de la odontogénesis. Se trata de un modelo teórico, pues se muestran estructuras en diferentes fases de desarrollo que aparecen en momentos diferentes. 1, labio; 2, vestíbulo; 3, epitelio bucal; 4, lámina vestibular; 5 lámina dental o lámina general; 6, lámina lateral; 7, lámina de sucesión (formará los gérmenes dentales de los dientes de remplazo); 8, lámina de incremento o accesoria (dientes de incremento); 9, germen dental; 10, gérmenes dentales de los dientes decíduos; 11, gérmenes dentales de los dientes de incremento

2. Los **dientes de incremento** se forman a partir de los tres meses y medio o del cuarto mes de vida fetal.
   a. Se produce un alargamiento hacia atrás de la lámina general, que forma la llamada **lámina de incremento o accesoria**[1].
   b. En primer lugar, se forma el primordio del primer molar permanente (tres meses y medio o cuatro meses de desarrollo).
   c. El primordio del segundo molar aparece hacia el sexto mes después del nacimiento.
   d. El tercer molar puede aparecer a los 4 o 5 años de edad.

E. Como regla general, se desarrollan antes los dientes anteriores que los posteriores.
   1. Esto es válido tanto para los dientes deciduos como para los permanentes.
   2. Este fenómeno está relacionado con el hecho de que los maxilares van creciendo, alargándose durante el desarrollo, y pueden aparecer nuevas piezas dentales en lugares posteriores a medida que se crea el espacio necesario.

[1] El término lámina accesoria, usado en algunos textos, es una traducción de 'accessional lamina', donde 'accession' tiene el significado de 'aumento' o 'incremento'.

F. En la siguiente tabla se resume el calendario de desarrollo dental:

	Deciduos	Permanentes			
		Remplazo	Incremento		
			1er molar	2° molar	3er molar
Semana 5–6	Banda epitelial				
Semana 7	Lámina dental				
Semana 8	Esbozos				
Semana 11	Casquete inicial				
Meses					
3.er mes	Campana inicial				
4.° mes	Campana aposicional (mineralización)	Esbozos incisivos permanentes	Esbozo		
Nacimiento		Calcificación	Calcificación		
1.er año	Final formación corona ----- Comienza erupción y formación raíces			Esbozo (6° mes)	
2.° año					
3.er año	Final erupción y formación raíces		Formación corona		
4.° año					Esbozo
6.° año		Erupción incisivos	Erupción		
10.° año		Fin erupción incisivos ---- Erupción caninos premolares	Final formación raíz	Erupción	Calcificación corona
11.° año				Erupción	
12.° año		Fin erupción caninos premolares		Erupción	
16.° año		Final de formación de la raíz		Final de formación de la raíz	
17.° año y siguientes					¿Erupción?

13.4 Formación de la corona

A. Durante la formación de la corona se pueden distinguir una serie de etapas, fases o estadios que facilitan el estudio. Hay que insistir en que el proceso es continuo, por lo que existen periodos de transición entre las fases en los que el germen dental puede mostrar características de dos etapas.

B. La observación al microscopio de una preparación histológica de un germen dental puede ser complicada, ya que el germen dental puede ser seccionado en diferentes planos, por lo que puede mostrar el aspecto de una etapa diferente.

C. **Fase de yema o brote** (fig. 13.6).
   1. Se llama así porque está marcada por la aparición, a partir de la lámina dental, de unas **yemas o brotes epiteliales** macizos. Estos brotes formarán los futuros órganos del esmalte.
   2. Alrededor del brote, el mesénquima se condensa.

D. **Fase de casquete o caperuza**.
   1. A medida que crece el brote y va cambiando su forma, se produce una extensión de la lámina general entre el brote y la lámina. Esta extensión se llama **lámina lateral**.
   2. En ocasiones, al observar cortes histológicos se observa que el germen dental se une a la lámina dental por dos extensiones epiteliales.
      a. Estas extensiones limitan una región de mesénquima llamada **nicho del esmalte**.

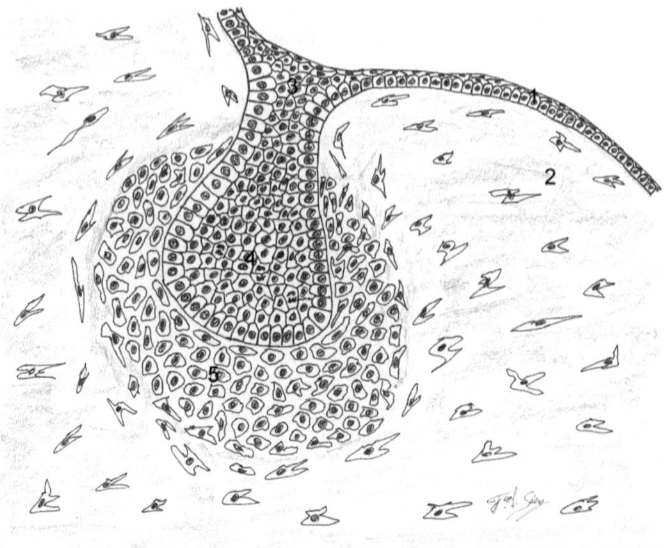

Figura 13.6 Estadio de brote o yema. 1, epitelio bucal; 2, mesénquima; 3, lámina dental; 4, brote o yema; 5, mesénquima condensado

b. En realidad, se trata de un efecto ficticio producido porque la lámina dental es curvada y el plano de corte atraviesa por dos puntos la lámina.

3. Esta fase de casquete se puede dividir en una fase inicial y otra terminal.
   a. **Fase de casquete inicial** (fig. 13.7).
      (1) Formación del **órgano del esmalte**.
         (a) El brote crece, se ensancha y se produce en su extremo libre una invaginación, y el brote toma forma de un **casquete o caperuza**. El brote se convierte en el **órgano del esmalte**.
         (b) El epitelio del órgano del esmalte se diferencia. La capa de células externas más unidas entre sí rodea otras células situadas en la parte central, unidas de forma más laxa:
            1. La capa epitelial que recubre por fuera la parte convexa del casquete se denomina **epitelio dental externo**.
            2. La parte que recubre la concavidad del casquete se denomina **epitelio dental interno o preameloblástico**, ya que sus células se convertirán en los **ameloblastos** (células productoras de **esmalte**).
            3. La región central se denomina **retículo estrellado**:
               a. Entre sus células se producen, de forma progresiva, muchos espacios y las células adquieren aspecto estrellado y quedan unidas por los extremos de sus prolongaciones citoplasmáticas.

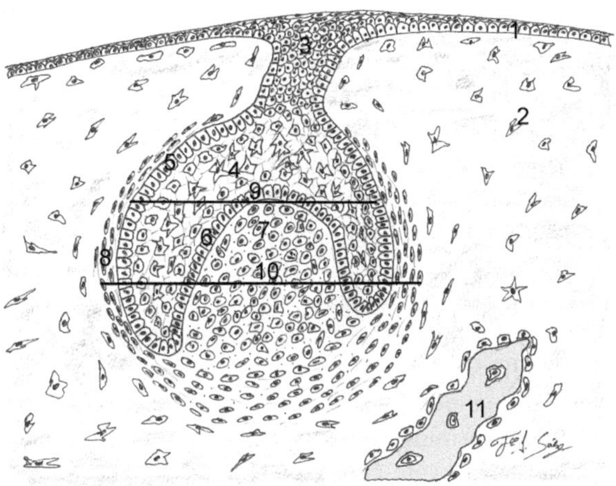

Figura 13.7 Germen dental en estadio de casquete o caperuza inicial. 1, epitelio bucal; 2, mesénquima; 3, lámina dental; 4, retículo estrellado; 5, epitelio dental externo; 6, epitelio dental interno o preameloblástico; 7, papila dental; 8, saco o folículo dental; 9, órgano del esmalte; 10, germen dental; 11, osificación intramembranosa

b. Los espacios entre las células se van llenando de un líquido viscoso rico en **glicosaminoglicanos** como el **ácido hialurónico**.
c. Estas células producen **colágena** de tipo I, II y III.
d. En su citoplasma hay **tonofilamentos** que se anclan en los **desmosomas** que unen unas células con otras. También hay **uniones de hiato (gap)**.
e. Producen mediadores químicos que activan **osteoclastos** en su proximidad con el fin de remodelar el hueso que rodea al diente en desarrollo.
f. Pueden producir **fosfatasa alcalina**, una enzima que interviene en la mineralización de los tejidos.

(c) Todo el órgano del esmalte, que es un epitelio, está rodeado de una **lámina basal**.

(2) El órgano del esmalte engloba en su extremo libre parte del mesénquima condensado que lo rodeaba.
(a) Esta región del mesénquima forma la **papila dental**.
(b) La papila dental comienza a vascularizarse en esta fase (aparecen los primeros **vasos sanguíneos**).

(3) Las células mesenquimáticas que rodean el casquete y la papila forman el **folículo o saco dental**.

(4) El órgano del esmalte, el folículo dental y la papila dental en conjunto constituyen el **germen dental**.

b. **Fase de casquete terminal o avanzado** (fig. 13.8). En esta fase el casquete es de mayor tamaño y se distingue por la aparición de dos estructuras transitorias, cuyas células mueren por **apoptosis**.

(1) **Nudo primario del esmalte**.
(a) Es una condensación celular del retículo estrellado situada en contacto con el epitelio dental interno. Se forma en el futuro lugar de la cúspide o las cúspides del diente. Por ello, en incisivos y caninos, el nudo primario es único, pero en premolares y molares se producen nudos en cada cúspide.
(b) Está formado por células que no se dividen y se ha comprobado que expresan ciertos genes específicos. Se cree que los nudos del esmalte son centros organizadores de la forma del diente y que producen moléculas que regulan el desarrollo dental.

(2) **Cuerda del esmalte**, formada por un cordón de células que contactan el nudo del esmalte con el epitelio externo en su región opuesta al epitelio dental interno. Se cree que puede intervenir en el desarrollo de la forma del órgano del esmalte.

E. **Fase de campana**.

1. El órgano del esmalte crece y adquiere forma de campana que va rodeando la papila dental. Los bordes de esta campana reciben el nombre de **asas cervicales**.

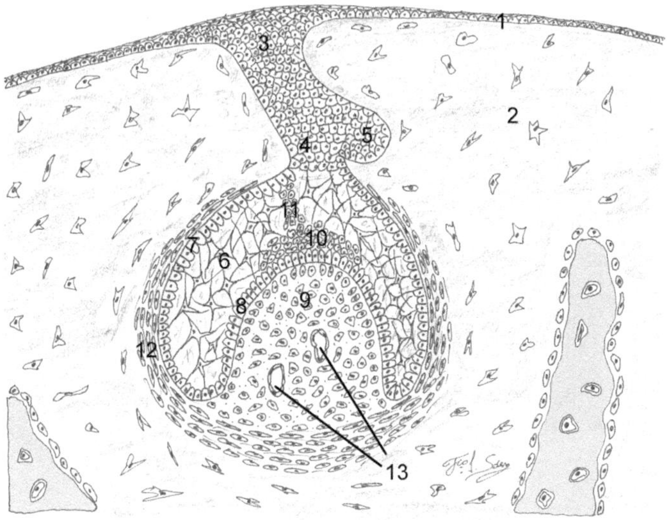

Figura 13.8 Germen dental en estadio de casquete terminal o avanzado. 1, epitelio bucal; 2, mesénquima; 3, lámina dental; 4, lámina lateral; 5, lámina de sucesión; 6, retículo estrellado; 7, epitelio dental externo; 8; epitelio dental interno; 9, papila dental; 10, nudo primario del esmalte; 11, cuerda del esmalte; 12, folículo dental; 13, vasos sanguíneos

2. La lámina dental se va degradando poco a poco, excepto en los lugares donde existen los gérmenes dentales en desarrollo o los esbozos de los dientes permanentes (**lámina de sucesión** y **lámina de incremento**). En consecuencia, el órgano del esmalte queda unido a la lámina dental y el epitelio bucal por una estructura alargada llamada **pedículo dental**.
3. Es posible distinguir entre una campana inicial y otra avanzada.
   a. **Fase de campana inicial** (fig. 13.9). Se caracteriza por los siguientes hechos:
      (1) Se observan dos capas en el folículo dental, una interna con abundantes células y vasos sanguíneos (**capa celulovascular**), y otra externa fibrosa (**capa fibrosa**).
      (2) Desaparecen el nudo y la cuerda del esmalte.
      (3) Aparece el **estrato intermedio**, una nueva estructura entre el epitelio dental interno y el retículo estrellado.
         (a) Está formado por varias capas, hasta cuatro o cinco, de células aplanadas, con núcleos alargados, sin polaridad visible.
         (b) Producen fosfatasa alcalina, lo que sugiere que pueden intervenir en la mineralización del esmalte.
      (4) A medida que el germen dental crece, el retículo estrellado se va haciendo más delgado y el estrato intermedio va quedando más próximo al epitelio externo y, por tanto, a los vasos sanguíneos del folículo dental, de los que al parecer se nutre y nutre a los futuros ameloblastos.

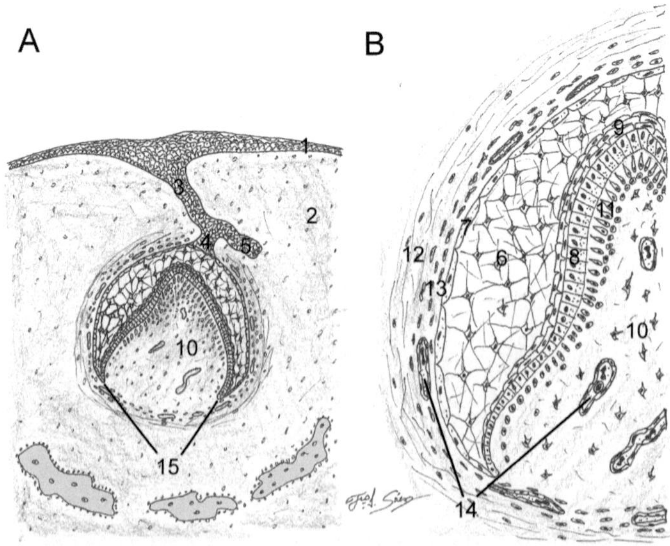

Figura 13.9 Germen dental en estadio de campana inicial (**A**), con un detalle aumentado (**B**). 1, epitelio bucal; 2, mesénquima; 3, lámina general; 4, lámina lateral; 5, lámina de sucesión; 6, retículo estrellado; 7, epitelio dental externo; 8, epitelio dental interno (preameloblastos); 9, estrato intermedio; 10, papila dental; 11, preodontoblastos; 12, capa fibrosa del folículo dental; 13, capa celulovascular del folículo dental, 14, vasos sanguíneos; 15, asas cervicales

(5) Las células del epitelio dental interno se convierten progresivamente en **preameloblastos**. Esta diferenciación comienza por las cúspides y progresa hacia las asas cervicales.

(6) En la papila dental no se observa una diferenciación clara, excepto las células de la papila en contacto con el epitelio dental interno que se van convirtiendo en **preodontoblastos**.

b. **Fase de campana avanzada** (fig. 13.10), Esta fase se caracteriza por:

(1) Las células de la papila dental más próximas al epitelio interno se convierten en **odontoblastos** y comienzan a sintetizar **dentina**. Esto se produce primero en las regiones de las cúspides, y la diferenciación celular y la síntesis de dentina progresa hacia las asas cervicales.

(2) La primera dentina que se produce, llamada **predentina**, no está mineralizada. La **mineralización** comienza poco después por las regiones de dentina más próximas al epitelio dental interno y progresa hacia las más próximas a los odontoblastos.

(3) En la papila dental comienza la **inervación**.

(4) Las células del epitelio interno comienzan a transformarse en **ameloblastos jóvenes**.

(a) Los ameloblastos jóvenes están separados de los odontoblastos o de la dentina por su lámina basal, que marca el punto de la futura **CAD**.

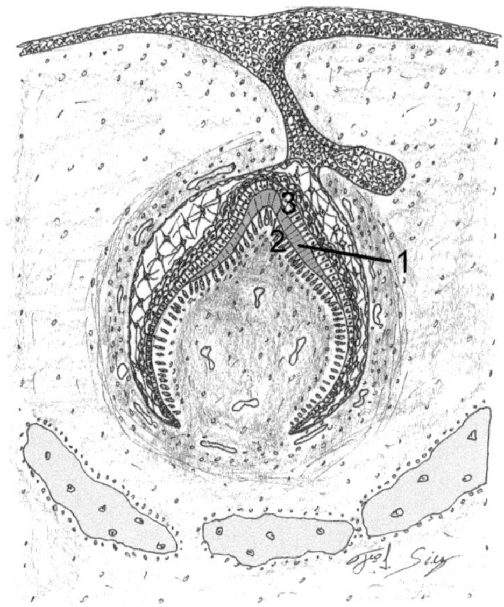

Figura 13.10 Germen dental en estadio de campana avanzada o terminal. Este estadio difiere del anterior por la aparición de la primera dentina. 1, dentina; 2, odontoblastos; 3, ameloblastos jóvenes

(b) Es muy importante señalar que los preamelobastos y ameloblastos jóvenes se pueden nutrir de los vasos sanguíneos de la papila. Sin embargo, a medida que se produce la aposición de dentina entre papila y ameloblastos, esto será más difícil.

(5) La papila dental se va convirtiendo en la **pulpa dental**.

(6) Durante el desarrollo de los dientes de leche, en estas fases ya es visible la **lámina de sucesión** con los brotes de los dientes permanentes que los sustituirán.

(7) Esta fase es breve, pues rápidamente comienza la siguiente. De hecho, algunos autores consideran que ambas son solo una.

F. **Fase de campana aposicional**[2] (fig. 13.11). Algunos autores consideran que la fase de campana terminal y ésta son una única fase, e incluyen esta etapa en la anterior. Se caracteriza por:

1. Los ameloblastos jóvenes se convierten en **ameloblastos secretores** que producen **esmalte**, que se deposita por aposición sobre la dentina. Este proceso comienza en las cúspides y va progresando hacia las asas cervicales.
2. La **lámina dental** (lámina general y lámina lateral) se va desintegrando, aunque quedan restos llamados **perlas de Serres**.
3. El **retículo estrellado** se va adelgazando y puede desaparecer, lo que permite que el estrato intermedio contacte con el epitelio dental externo.
   a. Este proceso comienza en las cúspides y progresa hacia las asas cervicales.
   b. Gracias a este adelgazamiento los ameloblastos, que ya tienen dificultades para nutrirse desde la papila dental, pasan a recibir los nutrientes de los vasos del folículo dental.

[2] Algunos textos lo denominan folículo dentario (aposicional), pero este término puede llevar a confusión con el folículo o saco dental que rodea el germen dental.

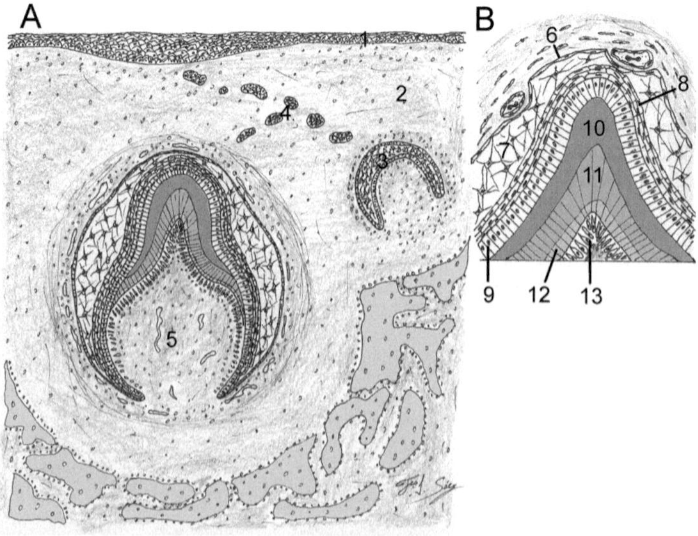

Figura 13.11 Germen dental en estadio de campana aposicional (**A**), con un detalle aumentado (**B**). 1, epitelio bucal; 2, mesénquima; 3, esbozo del diente de remplazo; 4, perlas de Serres; 5, papila dental (pulpa dental); 6, epitelio dental externo; 7, retículo estrellado; 8, estrato intermedio; 9, ameloblastos; 10, esmalte; 11, dentina; 12, predentina; 13, odontoblastos

4. El proceso continúa hasta la formación de toda la corona.
5. Al final, el órgano del esmalte se atrofia y se convierte en el **epitelio dental reducido (epitelio reducido del esmalte)**, formado por la fusión de epitelio dental interno, estrato intermedio y epitelio dental externo.

13.5 Formación de la raíz

A. Cuando la formación de la corona está prácticamente terminada se produce el crecimiento de la raíz. Esto se consigue por la proliferación de las asas cervicales del órgano del esmalte (fig. 13.12).
   1. Las **asas cervicales** del órgano del esmalte muestran la siguiente organización:
      a. Están formadas por un epitelio formado por dos láminas, una procedente del epitelio dental externo y otra del epitelio dental interno.
      b. No se observa entre ellas ni estrato intermedio ni retículo estrellado.
      c. A esta estructura bilaminar se le denomina **vaina de Hertwig o vaina epitelial radicular de Hertwig**.
   2. La vaina prolifera y crece en dirección apical, englobando a la papila dental.
      a. La papila dental queda rodeada por esta vaina excepto en una pequeña zona apical por la que se comunica con el folículo dental.

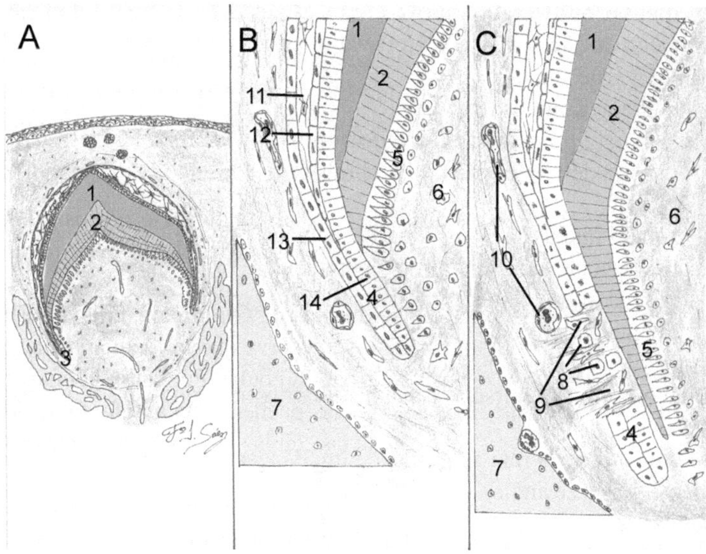

Figura 13.12 Etapas iniciales de formación de la raíz. A partir de la corona ya formada (**A**), se produce el crecimiento de las asas cervicales del órgano del esmalte (**B**), y la síntesis de dentina de la raíz (**C**). 1, esmalte; 2, dentina; 3, asa cervical; 4, vaina de Hertwig; 5, odontoblastos; 6, pulpa dental; 7, hueso; 8, restos epiteliales de Malassez; 9, mesénquima del folículo dental invadiendo el espacio dejado por la disgregación de la vaina de Hertwig; 10, vasos sanguíneos, 11, retículo estrellado; 12, estrato intermedio; 13, epitelio dental externo; 14, epitelio dental interno

b. En esta zona apical, la vaina deja una pequeña abertura circular llamada **diafragma epitelial** que indica el lugar del **foramen apical** de la futura raíz.

B. En los **dientes unirradiculares**, la vaina epitelial en el diafragma continúa creciendo en dirección apical.
1. Al crecer, la vaina envía señales inductoras a la papila a la que rodea y las células de la papila más próximas se convierten en **odontoblastos** y comienzan a secretar **dentina** (la dentina de la futura raíz).
2. Mientras la vaina de Hertwig crece en dirección apical, en sus regiones cervicales, las situadas más próximas a la corona, se produce la desintegración de la vaina. Esto ocurre a medida que se deposita dentina.
3. En las zonas donde se desintegra la vaina de Hertwig, la dentina de la raíz queda recubierta por:
   a. Restos de la vaina, que se denominan **restos epiteliales de Malassez**.
   b. Tejido procedente del **folículo dental**, que engloba los restos epiteliales de Malassez y entra en contacto con la dentina. Este tejido que rodea a la dentina de la raíz y ocupa el espacio de la vaina de Hertwig se va a transformar en los componentes del **periodonto de inserción**.
   c. Las células del folículo dental más próximas a la dentina se convierten en **cementoblastos**, que producen **cemento** que se deposita sobre la dentina.

C. En los **dientes multirradiculares**, el proceso es esencialmente el mismo, salvo por el hecho de que la vaina de Hertwig se divide en ramas, una por cada futura raíz (fig. 13.13).
   1. En un diente con dos raíces:
      a. Cuando se produce el **diafragma epitelial** y su foramen apical, dos zonas opuestas del diafragma emiten prolongaciones que se dirigen una hacia la opuesta.
      b. Cuando ambas prolongaciones contactan, dividen el foramen apical en dos, cada una con su diafragma epitelial.
      c. En cada uno de estos forámenes, la vaina epitelial progresa independientemente para formar una raíz.
   2. En los dientes con tres raíces, en lugar de dos prolongaciones, el diafragma emite tres que, al unirse, forman tres diafragmas epiteliales y tres forámenes apicales.

D. El crecimiento de la raíz se produce simultáneamente al proceso de **erupción** del diente, que se estudiará en otro capítulo.

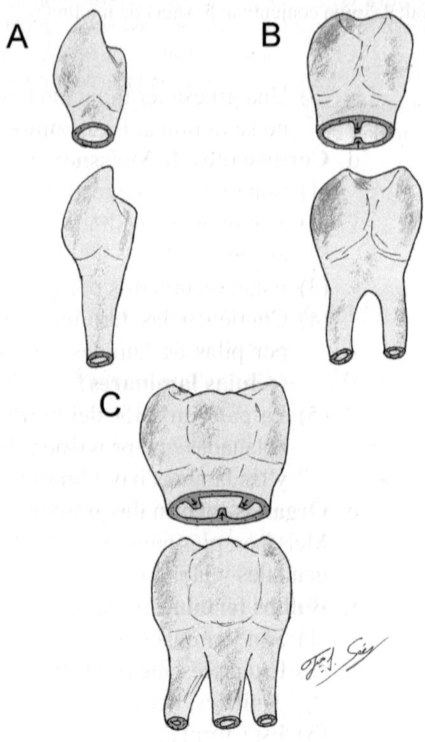

Figura 13.13 Representación esquemática de la formación de un diente unirradicular (**A**), birradicular (**B**) y trirradicular (**C**). Las flechas indican la dirección del crecimiento de las prolongaciones del diafragma epitelial que dividen el foramen apical primario y el propio diafragma para producir las vainas epiteliales de cada futura raíz

13.6 Origen embrionario de los tejidos dentales y del periodonto

A. A modo de resumen podemos indicar en este esquema cuál es el origen de cada componente del diente y del periodonto:

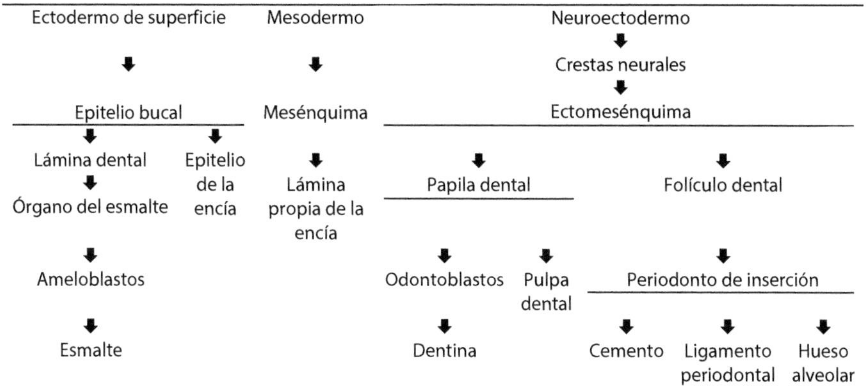

13.7 Mecanismos de inducción durante la odontogénesis

A. El desarrollo dental está regulado por múltiples procesos de **inducción**. La inducción es uno de los mecanismos del desarrollo que se estudió en el capítulo 2.
B. Estos procesos se investigan con mucho interés, pues pueden aportar información para los dentistas en el campo de la regeneración y reparación de dientes.
C. Se ha demostrado la participación de muchos **factores de crecimiento** y **factores de transcripción** en estos procesos de inducción, aunque el papel concreto de muchos de ellos está sin dilucidar. Por otra parte, el hecho de que existan muchas moléculas encargadas de regular el proceso garantiza un control muy fino.
D. Muchos de estos procesos de inducción se han demostrado de manera experimental. En su mayor parte, estos mecanismos son **interacciones epitelio-mesenquimáticas**, ya que en el desarrollo del diente intervienen estructuras derivadas del **epitelio bucal** y del **ectomesénquima**.
E. En los primeros momentos de condensación del ectomesénquima y formación del epitelio odontógeno (listón dental) interviene de alguna manera no esclarecida el **endodermo** del tubo digestivo anterior.
F. Los procesos de inducción entre epitelio y mesénquima se realizan mediante el intercambio de información entre ambos tejidos, que puede producirse de tres maneras:
   1. **Producción de mediadores químicos locales**, es decir, sustancias que se difunden de unas células a otras.

2. **Contactos entre moléculas de las superficies de las células**, es decir, moléculas unidas a las membranas plasmáticas celulares. Esto implica que las células deben estar en contacto.
3. **Moléculas de la matriz extracelular**, que pueden ser las responsables de la inducción.

G. Ciertos experimentos sugieren que, al menos en las primeras fases del desarrollo dental, los procesos de inducción entre epitelio y mesénquima se realizan sobre todo por contactos entre las células y por la acción inductiva de la matriz extracelular, más que por mediadores químicos difusibles.
  1. En unos experimentos se aislaron en fases muy tempranas el mesénquima y el epitelio odontogénico.
  2. Una vez aislados, ambos tejidos se cultivaron separados por una membrana con poros que permite la difusión de sustancias, pero no el contacto celular ni el contacto con la matriz extracelular.
  3. El resultado fue que no hubo diferenciación de gérmenes dentales.

H. Durante el desarrollo dental las inducciones se suceden en serie, una a continuación de otra, como en una cascada de procesos, de manera que al producirse uno de estos procesos los tejidos formados inducen un nuevo proceso, creando una serie de pasos encadenados que dan lugar al diente.

I. En la fig. 13.14 se muestran, de manera muy simplificada, los principales pasos de inducción en el desarrollo de la corona del diente. En realidad, algunos de los procesos numerados en la figura pueden ser la suma de varias inducciones que se suceden con rapidez.

13.8 Desarrollo del patrón de dentición

A. El **patrón de dentición** es el responsable de determinar el tipo de diente que se va a formar en cada lugar específico de un arco dental, es decir, si se formará un incisivo, un canino, etc.

B. No se sabe con seguridad cómo se regula el patrón de dentición. Se han propuesto varias hipótesis:
  1. **Hipótesis del código homeobox odontogénico** (fig. 13.15).
     a. Según esta hipótesis, la formación del patrón dental está controlada por la expresión en la zona odontogénica de ciertos **genes homeobox**.
     b. Los genes homeobox producen proteínas que se unen al ADN nuclear y regulan la expresión de otros genes.
     c. Se ha comprobado que el ectomesénquima de la región donde se producen los incisivos expresa ciertos genes homeobox, mientras que la región donde se producen los molares expresa otros genes homeobox distintos.
  2. **Hipótesis del modelo de campo** (fig. 13.15). Está relacionada con la anterior.
     a. Según esta hipótesis, los genes homeobox serían responsables de que en cada zona se produzca un **morfógeno** diferente.
     b. Como ya se explicó en el capítulo 2, un morfógeno es una molécula que se produce en un lugar y se difunde por el tejido o por tejidos adyacentes.

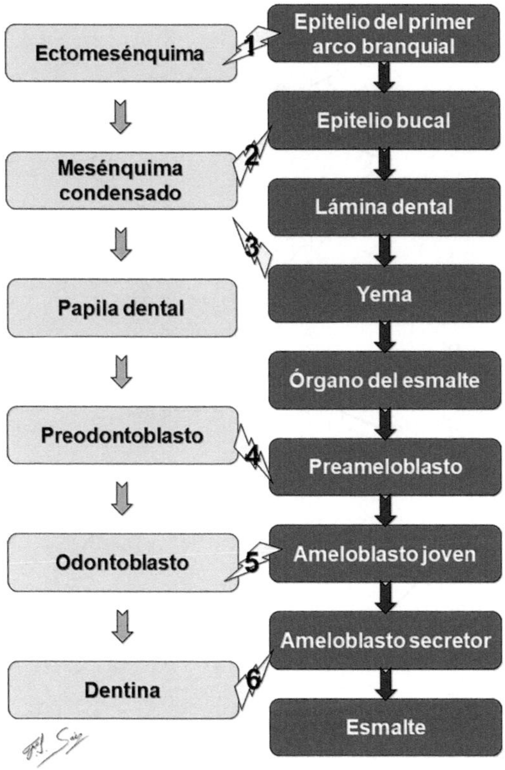

Figura 13.14 Procesos de inducción que se producen durante el desarrollo dental. En la columna de la izquierda se representan algunas de las fases por las que pasan las estructuras dentales originadas por el ectomesénquima. En la columna de la derecha se representan las estructuras originadas por el epitelio. Las flechas en cada columna indican un proceso de diferenciación. Los rayos numerados entre las columnas indican posibles procesos de inducción. Por ejemplo, el epitelio del primer arco branquial induce (rayo 1) al ectomesénquima a condensarse. Una vez condensado, el mesénquima induce al epitelio bucal (rayo 2) a producir la lámina dental. Así se van sucediendo procesos de inducción entre las nuevas estructuras que se forman. Los procesos mostrados (numerados del 1 al 6), son hipotéticos y puede haber alguno más que no se ha incluido aquí. Además, cada proceso de inducción puede ser la suma de varias inducciones simultáneas

c. La difusión provoca un **gradiente del morfógeno**, es decir, la concentración de esta molécula será mayor cerca del punto donde se produce que en los puntos alejados.
d. Las células situadas en cada zona responden de distinta manera según la concentración de morfógeno que les llega.
e. En el caso de los dientes, se ha comprobado que en las futuras regiones molares se produce **FGF-8** y **FGF-9**, mientras que en la región de los incisivos se produce **BMP-4**.

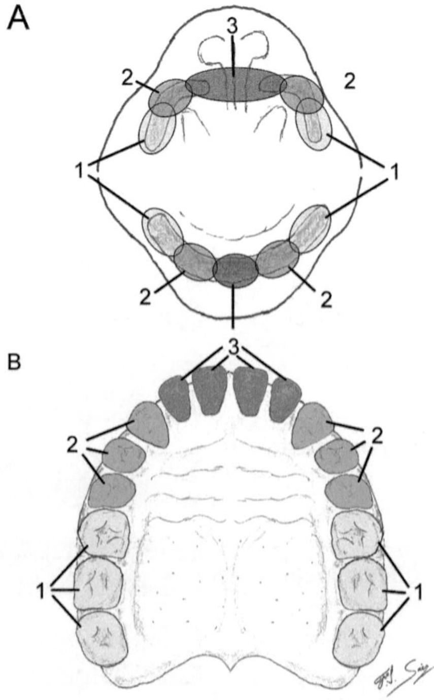

Figura 13.15 Representación de la localización del epitelio odontógeno en la boca del embrión (**A**), como se mostró en la fig. 13.4. Los óvalos sombreados indican las regiones donde las células del ectomesénquima expresan distintos genes homeobox, Barx1 (1), Msx2 (2) y Alx3 (3). En cada una de estas zonas se produce un diente con una forma diferente. Así, en **B** se ha representado el arco superior de la boca del adulto, y cada pieza dental se ha sombreado en el mismo tono que los óvalos en A. Los molares se producen en las zonas de expresión de Barx1 (1), los premolares y caninos en la zona de expresión de Msx2 (2) y los incisivos en la zona de expresión de Alx3 (3). La expresión de diferentes genes homeobox está relacionada con la producción de morfógenos. Así, FGF-8 está más concentrado en la zona 1, donde se expresa Barx1, y BMP-4 está presente en la región 3, donde se expresa Alx3. Hay que hacer notar que en este esquema se ha simplificado mucho, pues parece que hay más genes homeobox implicados

3. **Hipótesis del modelo clonal.**
   a. Según esta hipótesis, todos los dientes se forman por la actividad de un clon de **células ectomesenquimáticas** y no depende de los morfógenos presentes en las regiones donde se producen los dientes.
   b. Este clon puede estar determinado a formar los dientes por el punto de origen de las **células ectomesenquimáticas** en el momento de origen a partir de las **crestas neurales**.
   c. Este clon inicial se instalaría y proliferaría en un punto del futuro arco dental. En ese punto, las células producen un tipo de diente.
   d. Al crecer la mandíbula, el clon proliferaría y se extendería hacia la parte posterior de la mandíbula en crecimiento. Las células que se van des-

plazando, más viejas que las que generaron el clon, habrían adquirido el potencial de crear un tipo dental distinto. Esto se repetiría a lo largo del cuadrante dental.

e. En resumen, el hecho de que se forme un tipo de diente distinto no dependería de factores locales sino de la edad de las células que se desplazan distalmente.

Lo que hay que recordar

Los dientes están formados por una corona que sobresale en la cavidad bucal y una raíz inmersa en la encía. Ambas estructuras se unen en el cuello o región cervical. El diente está formado por un tejido mineralizado, la dentina, que rodea una cavidad interna de tejido conectivo, la pulpa dental, y está recubierto por otros tejidos mineralizados, el esmalte en la corona y el cemento en la raíz. El límite entre la dentina y el esmalte es la conexión amelodentinaria (CAD), y el límite entre la dentina y el cemento es la conexión cementodentinaria (CCD). Para describir los tejidos dentales, utilizaremos los términos proximal (cuando están más cerca de la CAD o la CCD) y distal (cuando están más alejados). Los seres humanos tienen dos denticiones: la dentición primaria o temporal aparece después del nacimiento, mientras que la dentición permanente aparece después de los seis años. Los dientes permanentes pueden ser de remplazo (reemplazan a los dientes primarios) o de incremento (no reemplazan otros dientes). La corona se produce por mecanismos de inducción entre el ectomesénquima y el epitelio bucal. Se produce una yema del epitelio bual que forma el órgano del esmalte, que adquiere forma de campana. El mesénquima encerrado en la campana forma la papila dental, y el mesénquima que rodea la campana forma el folículo dental. La papila dental dará lugar a la pulpa y la dentina, y el órgano del esmalte al esmalte. El epitelio del órgano del esmalte crece después apicalmente e induce la formación de la dentina radicular, mientras que el folículo dental produce cemento, ligamento periodontal y hueso alveolar. Existen varias hipótesis para explicar por qué se produce un diente diferente en cada sitio: la hipótesis del código homeobox odontogénico, la hipótesis del modelo de campo y la hipótesis del modelo clonal.

Lectura adicional

Abramyan J, Geetha-Loganathan P, Sulcová M, Buchtová M 2021. Role of cell death in celular processes during odontogenesis. Frontiers in Cell and Developmental Biology 9: 671475.

Bastos V C, Gomez R S, Gomes C C 2022. Revisiting the human dental follicle: From tooth development to its association with unerupted or impacted teeth and pathological changes. Developmental Dynamics. 251: 408–423.

Bei M 2009. Molecular genetics of tooth development. Currrent Opinion in Genetics & Development 19: 504–510.

Berkovitz B K B, Holland G R, Moxham B J 2018. Early tooth development. En: Oral Anatomy, Histology & Embryology. 5ª ed. Elsevier, pp. 350–368.

Chen J, Sun T, Lin B et al. 2024. The essential role of proteoglycans and glycosaminoglycans in odontogenesis. Journal of Dental Research 103: 345–358.

Chiego D J 2023. Development of teeth. En: Essentials of Oral Histology and Embryology. 6ª ed. Elsevier, pp. 59–74.

Cobourne M T, Sharpe P T 2014. Tooth Development. En: Fundamentals of Oral Histology and Physiology, Hand A R and Frank M E Editores. Wiley Blackwell, pp. 44–62.

Fehrenbach M J, Popowics T 2020a. Overview of Dentitions. In Illustrated Dental Embryology, Histology, and Anatomy. 5ª ed. Elsevier, pp. 197–210.

Fehrenbach M J, Popowics T 2020b. Tooth Development and Eruption. En: Illustrated Dental Embryology, Histology, and Anatomy. 5ª ed. Elsevier, pp. 52–76.

Gómez de Ferraris M E, Campos Muñoz A 2009. Embriología dental (odontogénesis). En: Histología, Embriología e Ingeniería Tisular Bucodental. 3ª ed. Médica Panamericana, pp. 113–136.

Inubushi T, Nag P, Sasaki J I et al. 2024. The significant role of glycosaminoglycans in tooth development. Glycobiology 34: cwae024.

Jeong J K, Kim T H, Choi H, Cho E S 2024. Impaired breakdown of Herwig's epithelial root sheath disturbs tooth root development. Developmental Dynamics 253: 423–434.

Kierszenbaum A L, Tres L L 2019. Upper digestive segment. En: Histology and Cell Biology – An Introduction to Pathology. 5ª ed. Elsevier, pp. 511–542.

Kovacs C S, Chaussain C, Osdoby P et al 2021. The role of biomineralization in disorders of skeletal development and tooth formation. Nature Reviews Endocrinology 17: 336–349.

Lowe J S, Anderson P G 2015. Blood and Lymphatic Circulatory Systems and Heart. En: Stevens & Lowe's Human Histology. 4ª ed. Pp. 143–165.

McCollum M, Sharpe PT 2001. Evolution and development of teeth. Journal of Anatomy 199: 153–159.

Nanci A 2013. Development of the Tooth and its Supporting Tissues. En: Ten Cate's Oral Histology. 8ª ed. Elsevier, pp. 70–85.

O'Dowd G, Bell S, Wright S 2023. Oral tissues. En: Wheater's Functional Histology. Elsevier, pp. 241–252.

Pawlina W 2024. Digestive System I: Oral cavity and Associated Structures. En: Histology a Text and Atlas with correlated Cell and Molecular Biology. 9ª ed. Wolters Kluwer, pp. 588–631.

Rao P C, Jing J J, Fan Y, Zhou C C 2023. Spatiotemporal cellular dynamics and molecular regulation of tooth root ontogeny. International Journal of Oral Science 15: 50.

Smith T M, Tafforeau P 2008. New visions of dental tissue research: tooth development, chemistry, and structure. Evolutionary Anthropology 17: 213–226.

Sui B D, Zheng C X, Zhao W M et al. 2023. Mesenchymal condensation in tooth development and regeneration: a focus on translational aspects of organogenesis. Physiological Reviews 103: 1899–1964.

Thesleff I, Humerinta K 1981. Tissue interactions in tooth development. Differentiation 18: 75–88.

Warshawsky H 1988. The Teeth. En: Cell and Tissue Biology – A Textbook of Histology. Weiss L Editor. 6ª ed. Urban & Schwarzenberg, pp. 594–640.

Yamanaka A 2022. Evolution and development of the mammalian multicuspid teeth. Journal of Oral Biosciences 64: 165–175.

Mucosa bucal

14

Qué aprenderás en este capítulo

Este capítulo explica la organización histológica de la pared de la cavidad bucal, con especial atención a la estructura de los diferentes tipos de epitelio. Se describen los tipos celulares presentes en el epitelio y los procesos de queratinización y cornificación. Se describen los tres tipos básicos de mucosa presentes en la cavidad bucal y dónde se encuentran. Finalmente, se describe con detalle la mucosa especializada de la lengua, con sus papilas linguales y sus corpúsculos gustativos.

14.1 Conceptos generales

A. El **aparato estomatognático** está formado por todos los órganos y tejidos asociadas a los **maxilares** para llevar a cabo funciones propias de la fase inicial del proceso digestivo, como son:
   1. Ingestión.
   2. Salivación.
   3. Masticación.
   4. Degustación.
   5. Deglución.

B. El aparato estomatognático está formado por:
   1. Ambos maxilares.
   2. La articulación del maxilar inferior con la base del cráneo.
   3. La musculatura asociada a estos huesos.
   4. Los dientes y sus estructuras de sostén.
   5. Las glándulas salivales.

F.J. Sáez, I. Badiola, *Histología Bucal Básica*,
https://doi.org/10.1007/978-3-032-24363-8_14

6. Los tejidos de la pared de la boca, lo que incluye sus vasos sanguíneos y nervios.
7. Cualquier estructura que encontramos en la boca (lengua, amígdalas, etc.).

C. El aparato estomatognático es importante porque participa en muchas funciones: la digestión, el habla, la expresión facial, la respiración, la tos, el estornudo, el bostezo, el beso, etc.

D. La **cavidad bucal o boca** es el lugar de entrada de los alimentos al aparato digestivo (fig. 14.1). Es una cavidad con los siguientes límites:
1. La entrada a la boca está limitada por los **labios**.
2. El paso a la orofaringe está marcado por el **istmo de las fauces**.
3. Las **mejillas o carrillos** limitan lateralmente la cavidad bucal.
4. En la parte superior encontramos el **paladar**.
5. En la parte inferior el **piso de la boca**, donde se encuentra la **lengua**.

E. Dentro de la boca, los dos **arcos dentales**, instalados en los maxilares superior e inferior, delimitan dos espacios:
1. El **vestíbulo bucal**, espacio que queda situado exteriormente con respecto a los dientes, entre estos y las paredes internas de las mejillas y los labios.
2. La **cavidad bucal propiamente dicha**, también llamada **cavidad bucal o cavidad oral**[1]. Esta última cavidad, cuando los maxilares están cerrados, está casi toda ella ocupada por la lengua.

F. Con la apertura de la mandíbula que separa los dientes, vestíbulo y cavidad bucal quedan comunicados.

G. Los órganos del aparato digestivo y otros, como el respiratorio, son tubos comunicados con el medio externo y están formados por una pared en la que se pueden distinguir varias capas:

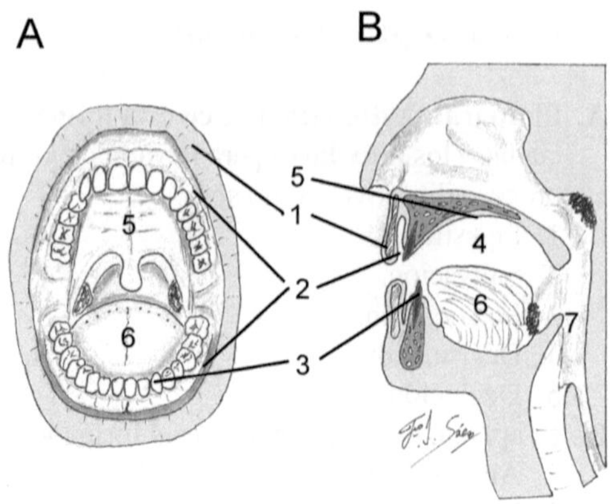

Figura 14.1 Vista de la boca abierta (**A**) y corte medial de la cabeza (**B**). 1, labios; 2, vestíbulo; 3, dientes; 4, cavidad bucal; 5, paladar; 6, lengua; 7, faringe

[1] El término cavidad bucal puede referirse a todo el espacio entre los labios y el istmo de las fauces, o solamente al espacio interno entre el istmo de las fauces y los dientes. Para distinguir ambas acepciones, en el último caso se suele hablar de cavidad bucal propiamente dicha.

1. **Capa o túnica mucosa**. La más interna, que tapiza la luz de estos órganos.
   a. Suele haber glándulas mucosas o serosas asociadas, cuyas secreciones humedecen y lubrican la superficie, que por tanto es húmeda y más o menos viscosa.
   b. La túnica mucosa de estos órganos suele estar formada por:
      (1) Un **epitelio**, de naturaleza diferente según el órgano, que tapiza la luz del conducto.
      (2) Un **tejido conjuntivo** por debajo del epitelio, hacia el exterior de la pared del órgano, que se denomina **lámina propia o corion**[2] (del griego χόριον chórion 'piel, cuero, membrana').
2. **Capa o túnica submucosa**. Región de tejido conjuntivo diferente a la anterior y situada externamente a la túnica mucosa.
3. Otras capas o túnicas más externas que suelen incluir una **túnica muscular**, generalmente de músculo liso, y otras de tejido conjuntivo. Esto es variable en cada órgano.

H. La organización habitual de las paredes del aparato digestivo está presente parcialmente en la boca, pero difiere de la de otras partes del tubo digestivo según la zona que se estudie. Se puede resumir su organización así:
   1. **Túnica mucosa**, que recubre internamente la pared de la boca.
   2. En ocasiones existe una **túnica submucosa**.
   3. En algunos casos, como en el paladar duro, la submucosa está en contacto directo con el **hueso**. Cuando no hay submucosa, la mucosa puede descansar directamente sobre el hueso (**mucoperiostio**).
   4. En otras zonas, como las mejillas, la submucosa contacta con el **músculo esquelético** que forma dichas mejillas. A veces no hay submucosa y la mucosa puede descansar directamente sobre el músculo.

14.2 Características generales de la mucosa bucal

A. La mucosa bucal o mucosa oral es muy similar histológicamente a la **piel**, pero está más coloreada debido a varias causas: grado de vascularización, grosor del epitelio, grado de queratinización y cantidad de melanina.

B. La mucosa bucal normalmente tiene tonos rosados, pero cuando se produce inflamación suele mostrar un color rojo.

C. La mucosa de la cavidad bucal mantiene su humedad característica gracias a las secreciones de numerosas glándulas llamadas **glándulas salivales** (del latín 'salīva').

D. La mucosa bucal está formada por:
   1. Un **epitelio**.
   2. Una **lámina propia** de tejido conjuntivo.

[2] El término corion se refiere a la parte exclusivamente conjuntiva de la lámina propia. No obstante, cuando en la lámina propia no hay glándulas, ambos términos son sinónimos.

3. Una **membrana basal** situada entre el epitelio y la lámina propia. Su estructura es la típica de las membranas basales:
    a. **Lámina basal**, formada por:
        (1) **Lámina lúcida**.
        (2) **Lámina densa**.
    b. **Lámina reticular**.

E. El origen embrionario de epitelio y lámina propia es distinto:
    1. El epitelio bucal se origina a partir del **ectodermo de superficie**.
    2. La lámina propia es de origen **mesenquimático** y **ectomesenquimático**, o sea que deriva del **mesodermo** y de las células de las **crestas neurales**.

F. La superficie de contacto entre lámina propia y epitelio no es plana y en los cortes se suele ver ondulada, lo cual es un reflejo de su organización tridimensional:
    1. El epitelio presenta unas evaginaciones hacia la lámina propia, llamadas **crestas epiteliales**.
    2. Entre dichas proyecciones epiteliales se disponen regiones de la lámina propia llamadas **papilas coriales**.

14.3 Epitelio de la mucosa bucal

A. La mucosa bucal presenta siempre un **epitelio plano (escamoso) estratificado**, que puede presentar un grado variable de **queratinización**.

B. Es un epitelio muy similar al de la piel, con la diferencia de que este último siempre está queratinizado. Por consiguiente, mucho de lo que se sabe del epitelio de la cavidad bucal se debe a estudios sobre el epitelio de la piel.

C. Se pueden distinguir tres tipos de epitelios en la mucosa bucal según su grado de queratinización (fig. 14.2):
    1. **Epitelio plano estratificado queratinizado (u ortoqueratinizado)**. También se denomina **epitelio cornificado**. Sus células se organizan en cuatro estratos (cada uno de ellos formado por una o varias capas de células), que de la zona basal a la apical son:
        a. **Estrato basal**.
        b. **Estrato espinoso**.
        c. **Estrato granuloso**.
        d. **Estrato córneo**. Sus células tienen las siguientes características:
            (1) Son células muertas sin núcleo u otros orgánulos.
            (2) Están **cornificadas**, completamente llenas de **queratina** (del griego κερατίνη keratínē, 'córneo, de cuerno') y otras sustancias asociadas, y unidas entre sí por un material de tipo lipoproteico impermeabilizante.
            (3) Son muy acidófilas.
    2. **Epitelio plano estratificado paraqueratinizado**.
        a. Presenta los mismos estratos que el epitelio queratinizado.
        b. Sin embargo, el estrato córneo, también llamado aquí **paraqueratinizado**, se caracteriza por poseer células con las siguientes características:

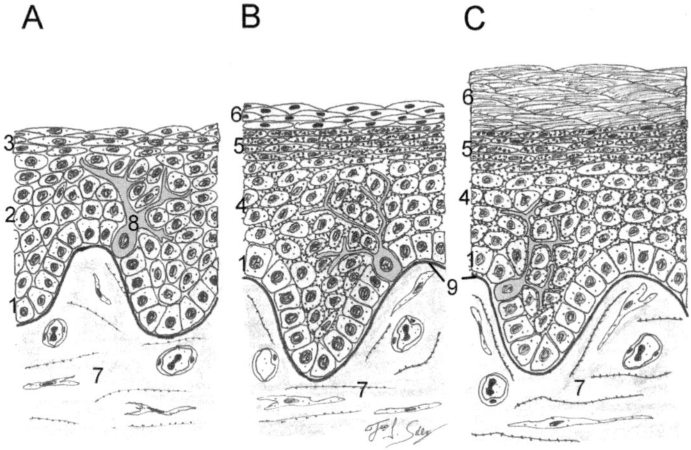

Figura 14.2 Epitelio plano estratificado no queratinizado (**A**), paraqueratinizado (**B**) y queratinizado u ortoqueratinizado (**C**). 1, estrato basal; 2, estrato intermedio; 3, estrato superficial; 4, estrato espinoso; 5, estrato granuloso; 6, estrato córneo; 7, lámina propia; 8, melanocito; 9, lámina basal

(1) Tienen un núcleo **picnótico** (del griego πυκνός pyknóς, 'denso'), es decir, un núcleo pequeño, condensado y muy oscuro, debido a que su cromatina está altamente condensada.
(2) Tienen un menor grado de queratinización y cornificación.
(3) Son acidófilas (en menor intensidad que las del epitelio queratinizado).

3. **Epitelio plano estratificado no queratinizado**. Carece de estrato granuloso y presenta sólo tres estratos:
   a. **Estrato basal**.
   b. **Estrato intermedio.** Equivalente al espinoso.
   c. **Estrato superficial**. Está formado por células aplanadas de citoplasma muy poco acidófilo y poco queratinizado, con un núcleo oval de aspecto normal.

D. Existen varios tipos celulares presentes en el epitelio bucal que podemos agrupar en dos categorías:
   1. **Células intrínsecas**. Son las propias del tejido epitelial.
      a. Se denominan **queratinocitos**.
      b. Se producen en el estrato basal, a partir de **células madre de reserva** (stem cells) y van ascendiendo hasta el estrato superior o córneo, donde mueren y se pierden por descamación.
      c. Durante este ascenso van cambiando sus características y su aspecto.
   2. **Células extrínsecas permanentes**. Son células originadas en otras zonas del cuerpo que se instalan en el epitelio. Son:
      a. **Células de Langerhans**.
      b. **Células de Merkel**.
      c. **Melanocitos**,

E. A continuación, se va a describir con detalle la organización del epitelio queratinizado, por ser semejante al de la piel y el mejor estudiado. Los otros tipos de epitelios poseen características similares. No obstante, se indicarán algunas de las características del epitelio no queratinizado.

14.4 Queratinocitos

A. Los queratinocitos presentan diferentes características en cada estrato, por lo que debemos estudiar cada uno por separado (fig. 14.3).

B. **Queratinocitos del estrato basal**. El estrato basal está formado por una única capa de células cúbicas, de altura variable, caracterizadas por:
   1. El núcleo puede ser redondeado o un poco ovalado.
   2. Debido a la presencia de muchos ribosomas y retículo endoplásmico rugoso, el citoplasma es muy basófilo.
   3. Las proteínas sintetizadas incluyen las propias de la célula y las de la lámina basal, como la **colágena tipo IV**.
   4. Entre las células y la lámina basal se forman muchos **hemidesmosomas**.
   5. Entre las células existen **uniones herméticas**, **desmosomas**, y **uniones de hiato (gap)**.

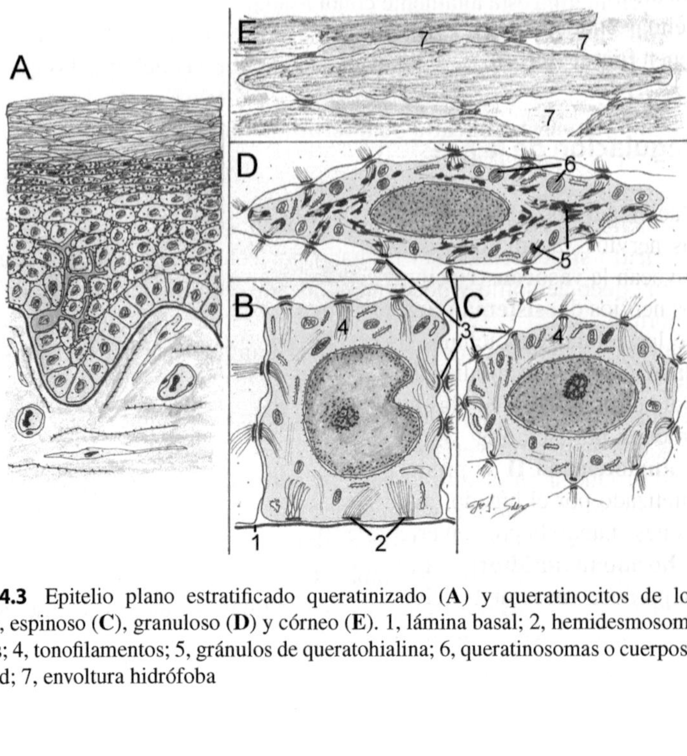

Figura 14.3 Epitelio plano estratificado queratinizado (**A**) y queratinocitos de los estratos basal (**B**), espinoso (**C**), granuloso (**D**) y córneo (**E**). 1, lámina basal; 2, hemidesmosomas; 3, desmosomas; 4, tonofilamentos; 5, gránulos de queratohialina; 6, queratinosomas o cuerpos laminares de Odland; 7, envoltura hidrófoba

6. En el citoplasma existen muchos filamentos intermedios de queratina o **tonofilamentos** formados por las **citoqueratinas 5 y 14**.
7. Tienen alta capacidad de proliferación. Por eso a esta capa celular también se le llama **estrato germinativo**.

C. **Queratinocitos del estrato espinoso**. En el estrato espinoso, los queratinocitos se disponen en varias capas, su forma es variada, cúbica hacia la zona basal (**células parabasales**), más aplanados en las capas más apicales. Se caracterizan por:

1. En muchas preparaciones histológicas se observan filamentos que atraviesan el escaso espacio intercelular y conectan evaginaciones espinosas de la superficie de las células, como si unieran las células entre sí.
   a. Es por este aspecto espinoso de las células que se le llama estrato espinoso. En realidad, este aspecto es un **artefacto** debido a la preparación del tejido.
   b. Lo que ocurre realmente es que las células están conectadas entre sí por abundantes **desmosomas**, en cuya cara citosólica se anclan numerosos **tonofilamentos**.
2. El citoplasma celular es ligeramente basófilo.
3. Los tonofilamentos son de **citoqueratinas 1 y 10**, en las capas más bajas, y de **citoqueratinas 2 y 11** en las capas apicales.
4. En las capas superiores, las células muestran en su citoplasma unas vesículas de 0,25 μm de diámetro. Estos gránulos tienen lípidos y su interior tiene un aspecto laminar. Se desarrollan en los siguientes estratos y forman los **queratinosomas**.
5. El estrato espinoso y el estrato basal en conjunto han recibido el nombre de estrato de Malpighi.

D. **Queratinocitos del estrato granuloso**. En el estrato granuloso se observan dos o tres capas de células más grandes que las de estratos inferiores, que en el corte histológico transversal presentan aspecto fusiforme, pero que en realidad son aplanadas, escamosas. Se caracterizan por:

1. Su núcleo es pequeño y bastante denso.
2. En el citoplasma se observan muy pocos orgánulos.
3. Son muy abundantes unos gránulos de 0,5 a 1,0 μm de diámetro, llamados **gránulos de queratohialina**. Estos gránulos carecen de membrana y son agregados de proteínas sintetizadas por ribosomas que los rodean. Son muy basófilos y están íntimamente asociados a los tonofilamentos. Contienen varias proteínas:
   a. **Profilagrina**, proteína precursora de la **filagrina** (*filagrin, keratin **fil**ament **agg**regating prot**ein***). Esta última es una sustancia cementante que engloba a los tonofilamentos.
   b. **Loricrina**.
   c. **Tricohialina**.
4. Los **tonofilamentos** son muy abundantes y están más fosforilados que en las capas basal y espinosa.

5. Los **queratinosomas, cuerpos laminares o cuerpos de Odland**. Son de mayor tamaño que en el estrato espinoso.
   a. Son vesículas generalmente ovaladas de 0,1 a 0,3 μm de diámetro, con numerosas estructuras laminares en su interior.
   b. Estas vesículas se fusionan con la membrana plasmática mediante exocitosis. El material lipoproteico que contienen se incorpora a la membrana celular.
6. Al interior de la membrana plasmática comienzan a añadirse proteínas, como la **loricrina** y la **involucrina**, que aumentan el grosor de la membrana.
7. Presentan una intensa actividad sintética, lo cual es sorprendente pues ellas mismas activan su muerte y en pocas horas se convierten en células muertas.

E. **Queratinocitos del estrato córneo**. En el estrato córneo se observan varias capas de células escamosas, los **corneocitos**, sin núcleo en el epitelio queratinizado o con núcleo picnótico en el paraqueratinizado. Se caracterizan por:
1. Los citoplasmas son muy acidófilos.
2. Los corneocitos son el resultado final de las transformaciones de los queratinocitos, que comienzan en el estrato espinoso y se acentúan en el estrato granuloso. En total, las células sufren las siguientes transformaciones:
   a. **Queratinización**. Se producen los siguientes eventos:
      (1) Los gránulos de queratohialina producen **filagrina** y **tricohialina**. Ambas provocan la agregación de los filamentos intermedios de citoqueratina, lo que provoca el colapso y aplanamiento de los queratinocitos.
      (2) El citoplasma pierde sus orgánulos y queda repleto de **tonofilamentos** englobados por el material procedente de los gránulos de queratohialina.
      (3) La densidad de filamentos es variable, y hay **corneocitos densos** y **corneocitos claros**.
      (4) Las células están muy deshidratadas.
   b. **Agregación de proteínas a la cara interna de la membrana plasmática**. Ciertas proteínas producidas en el citosol se entrelazan y se asocian a proteínas de filamentos intermedios justo debajo de la membrana plasmática, lo que provoca un engrosamiento por el interior de la membrana. En este engrosamiento participan:
      (1) La **loricrina**. Interviene de forma mayoritaria (75 %).
      (2) La **involucrina**. Constituye solo el 5 % del material de la capa, pero su participación es importante pues también aporta lugares de unión a los constituyentes lipídicos de la envuelta externa de la membrana.
      (3) La **tricohialina**. Esta proteína une filamentos intermedios entre sí y con otras proteínas.
      (4) **Proteínas pequeñas ricas en prolina** (**proteínas SPR**, por sus siglas en inglés).
   c. **Adición de lípidos a la membrana**. Esto produce una membrana plasmática mucho más gruesa que la habitual. El proceso es el siguiente:

(1) Los cuerpos laminares son ricos en **ceramidas**, **ácidos grasos libres** y **colesterol**.
(2) Cuando estos cuerpos laminares se fusionan con la membrana plasmática (**exocitosis**), estos materiales lipídicos se añaden a la membrana plasmática.
(3) La membrana plasmática se convierte en una gruesa envoltura hidrófoba.

3. Todas estas transformaciones convierten al queratinocito en corneocito, por lo que este proceso se denomina **cornificación**. La cornificación incluye:
   a. La queratinización.
   b. La pérdida de orgánulos.
   c. La pérdida del núcleo.
   d. El engrosamiento de la membrana plasmática por la incorporación de sustancias lipídicas y proteicas producidas por las propias células. La compleja estructura que se produce se ha llamado **envoltura celular (envoltura celular cornificada)**.
4. En el epitelio queratinizado (ortoqueratinizado) de la mucosa bucal los procesos de cornificación no son tan intensos como los que se producen en el epitelio de la piel.
5. Las células del estrato córneo quedan unidas por desmosomas modificados (**corneodesmosomas**), que se van degradando para permitir la descamación.
6. En la boca, el estrato córneo suele ser grueso, hasta 20 células de grosor, más que lo habitual en la mayoría de las áreas de la piel.

F. **Queratinocitos en el epitelio no queratinizado**. Los queratinocitos del epitelio no queratinizado muestran la mayoría de las características descritas en el epitelio queratinizado. No obstante, se pueden destacar algunas diferencias:
   1. Las capas granulosa y córnea están remplazadas por una **capa superficial**. Las células de este estrato superficial no son tan acidófilas como en el epitelio queratinizado y están vivas, con núcleos y orgánulos.
   2. No se observan gránulos de queratohialina o son muy escasos y no se asocian con los tonofilamentos.
   3. Los tonofilamentos están dispersos y no se agrupan o condensan como en el epitelio queratinizado, debido a la ausencia de filagrina.
   4. Los **cuerpos laminares** son pequeños y redondeados. Su interior no es laminar, sino que muestra una masa densa. En consecuencia, la capa superficial de este epitelio es mucho más permeable que la del epitelio queratinizado.
   5. Las células carecen de loricrina, pero contienen **involucrina**.
   6. Las células del estrato basal pueden producir **citoqueratina 19**, además de las 5 y 14 que también se producen en el epitelio queratinizado.
   7. Las células del estrato intermedio y del estrato superficial poseen **citoqueratinas 4 y 13**, en lugar de las citoqueratinas 1 y 10 o 2 y 11 del epitelio queratinizado.

G. **Diferenciación de los queratinocitos**. Los queratinocitos que se producen en el estrato basal van ascendiendo y modificando sus propiedades. A medida que ascienden se van diferenciando:

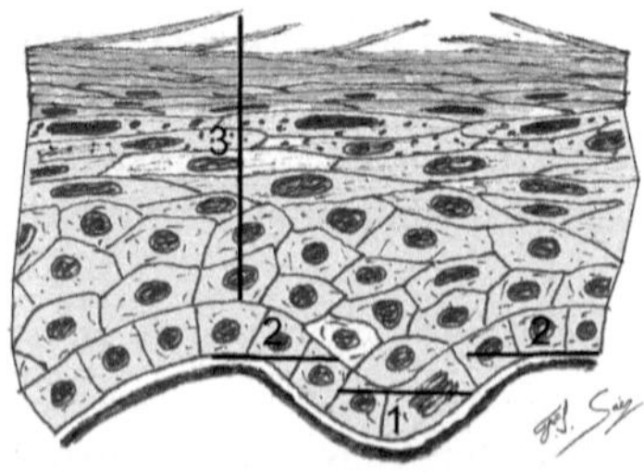

Figura 14.4 Unidad epitelial proliferativa, según Allen y Potten. Las células proliferan y ascienden en regiones columnares del epitelio. En el estrato basal, en el centro de la columna, se encuentran los nichos con las células madre (1). A su alrededor, en el mismo estrato basal, hay células en tránsito y división (2), que proliferan activamente. Por encima de estas dos zonas, en el resto de estratos del epitelio, se encuentran las células en diferenciación y actividad funcional (3), que no se dividen y ascienden hacia la superficie

1. La producción de nuevos queratinocitos se realiza a partir de **células madre de reserva (stem cells)**.
2. Estas células madre no son distinguibles de otras y se encuentran dispuestas en nichos situados en el estrato basal, en los puntos de contacto con los vértices de las papilas de la lámina propia y quizá en los vértices de las crestas epiteliales.
3. Las células se disponen en **unidades epiteliales proliferativas** descritas por Allen y Potten en la epidermis (fig. 14.4). Cada unidad se organiza en forma de columna de contorno hexagonal y está formada por tres tipos de células:
   a. **Células madre**, situadas en los nichos del estrato basal. Son el 10 % de las células del estrato basal.
   b. **Células en tránsito y división (transit amplifying cells, TACs)**. Son células derivadas de la división de las células madre.
      (1) Se dividen activamente y se desplazan lateralmente por el estrato basal, alrededor del nicho de células madre.
      (2) Finalmente, sufren cambios críticos en sus hemidesmosomas, que provocan que se separen de la lámina basal, dejen de dividirse y asciendan al estrato espinoso.
   c. **Células en diferenciación y actividad funcional**. Son las células que ya no se dividen y se van diferenciando progresivamente a medida que ascienden en el epitelio. Por tanto, se encuentran en los estratos espinoso, granuloso y córneo.
4. Se estima que hay unas 1400 unidades proliferativas por milímetro cuadrado.

14.5 Células extrínsecas

A. Además de los queratinocitos, en el epitelio de la mucosa bucal pueden encontrarse otras células que no se originan en el propio epitelio. Se pueden distinguir dos tipos:
   1. **Células extrínsecas permanentes**. Son células que están presentes siempre en el epitelio.
   2. **Células extrínsecas transitorias**. Son células del sistema inmune que pueden infiltrar el epitelio si se produce una inflamación.

B. Las principales características de las células extrínsecas permanentes se muestran en la fig. 14.5 y se describen a continuación.

C. **Melanocitos**.
   1. En el microscopio de campo claro con las tinciones habituales, los melanocitos son células redondeadas, encogidas, con un halo alrededor.
   2. Se localizan en la **capa de Malpighi (estratos basal y espinoso)**, e incluso en la lámina propia.
   3. Son células que tienen ramificaciones citoplasmáticas muy complejas de aspecto dendrítico.
   4. Se sitúan entre los queratinocitos, a los que no se unen, ya que los melanocitos carecen de desmosomas. Debido a las prolongaciones de su citoplasma, cada melanocito puede contactar con 30 o 40 queratinocitos.

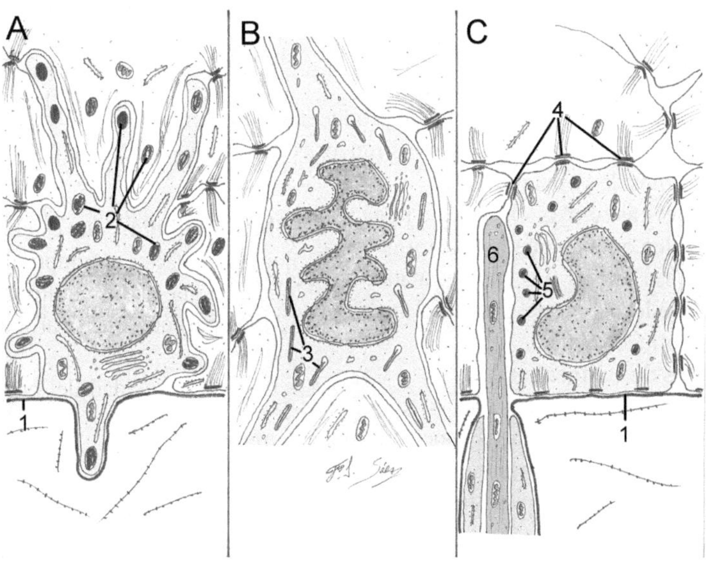

Figura 14.5 Ultraestructura del melanocito (**A**), la célula de Langerhans (**B**) y la célula de Merkel (**C**). 1, lámina basal; 2, melanosomas; 3, gránulos de Birbeck; 4, desmosomas; 5, vesículas densas; 6, terminación sensorial libre

5. Producen unas vesículas derivadas del aparato de Golgi llamadas premelanosomas.
   a. En estas vesículas se produce la oxidación del aminoácido tirosina, que se convierte en 3,4-dihidroxifenilanina (**DOPA**), a partir del cual se producen diversas formas de **melanina**:
      (1) **Eumelanina**, un pigmento pardo negruzco.
      (2) **Feomelanina**, de color rojo amarillento.
   b. La síntesis de melanina es estimulada por la radicación solar.
6. A medida que se produce más melanina, los premelanosomas se van oscureciendo y finalmente se convierten en **melanosomas**, estructuras alargadas de 0,2 a 0,6 µm. A veces, en el microscopio de campo claro se ven grupos de melanosomas que se llaman **gránulos de melanina**.
7. Los melanosomas se transfieren a los queratinocitos por un proceso llamado **secreción citocrina**. En realidad, lo que ocurre es que los queratinocitos fagocitan los extremos de las prolongaciones dendríticas de los melanocitos.
8. La melanina tiene una gran capacidad de absorción de la luz ultravioleta que elimina en forma de calor.
9. Las zonas de la mucosa bucal donde la pigmentación es más perceptible son las encías, el paladar duro, la lengua y las mejillas.
10. El epitelio de la mucosa bucal duplica con respecto al epitelio de la piel la proporción de melanocitos con respecto a queratinocitos.
11. Existe una relación entre la pigmentación de la piel y la de la mucosa bucal, ya que las personas con piel más pigmentada poseen más pigmentación en la mucosa bucal.
12. Muchas pruebas apuntan a que los melanocitos se producen a partir de las **células de la cresta neural**.
    a. A partir de estas células se producen **células madre de melanocitos** que migran hacia la piel y otras mucosas del cuerpo entre el tercer y el sexto mes de gestación.
    b. Estas células son de vida larga y pueden dividirse, aunque se dividen más lentamente que los queratinocitos.
    c. En la piel, las células madre de melanocitos se sitúan en los folículos pilosos. Se desconoce el nicho donde residen estas células madre en la mucosa bucal.

D. **Células de Langerhans**.
1. Las células de Langerhans son células presentes en todo el epitelio, pero sobre todo en las capas superiores del **estrato espinoso**.
2. Son células de aspecto estrellado o dendrítico. Sus prolongaciones se introducen entre los queratinocitos, pero no se unen a ellos porque no poseen desmosomas.
3. Con el microscopio de luz su núcleo se observa teñido con intensidad, mientras que el citoplasma es claro.
4. Al microscopio electrónico, el núcleo es irregular, con muchas indentaciones. El citoplasma carece de melanosomas y tonofilamentos, y presenta unos gránulos con forma de raqueta de tenis, los **gránulos de Birbeck**, de 150

a 500 nm de longitud y una anchura de 40 nm, en cuya zona central existe una línea central densa. Estos gránulos se forman por invaginación de la membrana, luego son parte del sistema de **endosomas**.

5. Como se explicó en el capítulo 4, estas células son **células dendríticas interdigitantes** originadas de precursores de la **pared del saco vitelino** que durante el desarrollo embrionario se instalan en el epitelio, se mantienen y autorrenuevan.
6. Su misión es actuar como **células presentadoras de antígenos**. Dichos antígenos son internados y procesados en los gránulos de Birbeck.
7. Las células de Langerhans están asociadas con el **tejido linfoide difuso** del **sistema MALT** (siglas en inglés de **tejido linfoide asociado a las mucosas**), formado por linfocitos que se acumulan en la lámina propia y pueden invadir el epitelio.

E. **Células de Merkel.**

1. Las células de Merkel se encuentran en el estrato basal y son similares a los queratinocitos, con los cuales pueden unirse mediante **desmosomas**, cosa que no hacen los melanocitos.
2. Otra diferencia con respecto a los melanocitos es que carecen de prolongaciones dendríticas.
3. La población de células de Merkel se mantiene y autorrenueva.
4. El núcleo posee una invaginación que suele contener una inclusión formada por cortos filamentos paralelos.
5. Aunque en el citoplasma hay **tonofilamentos** perinucleares y periféricos, estos no son tan abundantes como en el queratinocito. Están formados por las **citoqueratinas 8, 18 y 20**.
6. Tienen características de **células neurosecretoras**. Al microscopio electrónico su citoplasma posee vesículas densas, de 80 a 180 nm de diámetro, similares a las vesículas de secreción de catecolaminas de algunas células de glándulas endocrinas.
7. Asociadas a estas células se observan **axones mielínicos** de nervios sensitivos:
   a. La terminación nerviosa pierde su cubierta mielínica y atraviesa la lámina basal del epitelio. Allí se ensancha para formar una terminación aplastada llamada **disco receptor** que está próxima a la célula de Merkel.
   b. El conjunto formado por la célula de Merkel y el disco receptor se llama **corpúsculo de Merkel**.
   c. Los corpúsculos de Merkel son **mecanorreceptores**, probablemente encargados de la captación de la **presión**.
8. Se han dado dos explicaciones a su origen, ya que poseen componentes típicos de epitelios y células nerviosas:
   a. **Origen neuroectodérmico**, a partir de precursores derivados de las crestas neurales:
      (1) Los precursores de las células de Merkel se infiltrarían en el epitelio durante el desarrollo embrionario.

(2) A favor de esta teoría está la presencia de las vesículas neurosecretoras.

b. **Origen ectodérmico**, a partir del **ectodermo de superficie**.

(1) Según esta teoría, las células de Merkel derivan de células del propio epitelio y son células epiteliales modificadas.

(2) Un apoyo a esta teoría es que poseen **tonofilamentos** y no neurofilamentos.

(3) Esta teoría es la más aceptada en la actualidad. No obstante, se siguen clasificando como células extrínsecas.

14.6 Lámina propia

A. La **lámina propia o corion** es un tejido conjuntivo laxo, semidenso o denso, según las zonas, inervado y vascularizado.

B. Se suelen distinguir dos zonas:

1. **Capa superficial o papilar**, situada adyacente al epitelio, entre las crestas epiteliales, que forma las **papilas coriales**. Suele ser un tejido algo laxo.
2. **Capa profunda o reticular**[3], de tejido más denso.

C. En todos los casos, predomina la **colágena de tipo I**. Puede haber **fibras elásticas** y, en algunas regiones, **fibras de oxitalán**.

D. En el labio superior y las mejillas, tres cuartas partes de las personas adultas tienen **glándulas sebáceas**, situadas cerca de las glándulas salivales de la submucosa. Su estructura es similar a la de las glándulas sebáceas de la piel, pero la función de su secreción no está clara.

14.7 Submucosa de la cavidad bucal

A. La **túnica submucosa** está formada por **tejido conjuntivo laxo**, pero de densidad variable.

B. En ocasiones, como cuando la mucosa se adhiere directamente al hueso del paladar, no existe submucosa, y la mucosa se denomina **mucoperiostio**.

C. La submucosa está presente en las zonas donde se requiere movimiento y que no están expuestas a la masticación.

D. En algunas regiones tiene **glándulas salivales menores**.

[3] Pese al nombre "reticular", la colágena de tipo III suele representar solamente el 8 % del total, mientras que el 90 % es de tipo I. En realidad, el nombre hace referencia a la organización entrecruzada de las fibras colágenas.

14.8 Vascularización e inervación de la mucosa bucal

A. **Vasos sanguíneos de la mucosa bucal.**
   1. Los vasos sanguíneos que irrigan la mucosa bucal son numerosos y proceden de arterias que discurren paralelas a la superficie en la submucosa o, si no hay submucosa, en la parte más profunda de la capa reticular de la mucosa.
   2. Los vasos se ramifican por la lámina propia y producen una **red capilar** en la capa papilar de la lámina propia que se extiende por las papilas coriales.
   3. La red capilar de la lámina propia es mucho más rica que la que existe en el tejido conjuntivo de la piel, lo que influye en el color más rosado de la mucosa bucal.
   4. A diferencia de la piel, en la mucosa bucal no hay anastomosis arteriovenosas.

B. **Inervación de la mucosa bucal.**
   1. La cavidad bucal está muy inervada, incluyendo la mucosa, los dientes y el periodonto.
   2. Se distinguen varios tipos de terminaciones nerviosas:
   3. **Inervación autónoma** para las glándulas salivales y los vasos sanguíneos.
      a. Las **fibras parasimpáticas** de los nervios craneales VII (facial) y IX (glosofaríngeo) hacen sinapsis con neuronas de los ganglios submandibular y ótico, que inervan la cavidad bucal a través de los nervios lingual y auriculotemporal.
      b. Las **fibras simpáticas** se producen en la médula espinal torácica, hacen sinapsis con neuronas del ganglio cervical superior que envían axones a la boca.
   4. **Inervación somática**. La cavidad bucal está inervada por el **V par craneal o nervio trigémino** (del griego tri- τρι- 'tres' y el latín geminum 'gemelo', 'emparejado'). Este nervio tiene tres ramas, oftálmica, maxilar y mandibular. La cavidad bucal está inervada por las dos últimas:
      a. **Rama maxilar**. Todas sus fibras son **sensoriales**. Inerva labio superior, mejilla superior, maxilar superior, dentadura superior y paladar.
      b. **Rama mandibular**. Posee dos tipos de fibras:
         (1) **Sensoriales**. Inervan labio inferior, mejilla inferior, maxilar inferior, dentadura inferior, dos tercios anteriores de la lengua y suelo de la boca.
         (2) **Motoras**, que inervan los músculos de la masticación y otros relacionados con la boca.
   5. Las fibras nerviosas sensoriales que inervan la cavidad bucal pierden su mielina y forman una red en la capa reticular que termina en un **plexo nervioso subepitelial**.

6. Las terminaciones nerviosas sensoriales pueden ser de tres tipos:
   a. **Terminaciones nerviosas libres**. Se encuentran en la lámina propia y el epitelio.
      (1) Las terminaciones que penetran en el epitelio se introducen entre los queratinocitos hasta las capas medias o altas del epitelio. A veces, los queratinocitos engloban las fibras nerviosas y se forma un **mesaxón**.
      (2) Pueden responder a estímulos químicos, de temperatura o de tacto.
   b. **Terminaciones nerviosas asociadas a las células de Merkel**.
      (1) Son fibras mielínicas grandes que producen unas terminaciones desnudas con forma de disco (**discos de Merkel**) que contactan con las células de Merkel.
      (2) Las células de Merkel responden a estímulos táctiles y transmiten la señal a las terminaciones nerviosas.
   c. **Terminaciones nerviosas encapsuladas**. Son abundantes en la capa papilar de la lámina propia.
      (1) Se han descrito corpúsculos de Meissner, corpúsculos de Ruffini, bulbos de Krause y órganos terminales mucocutáneos.
      (2) Los **corpúsculos de Meissner** captan estímulos táctiles de baja frecuencia.
      (3) Otros corpúsculos pueden estar especializados en percibir algún tipo de sensación, aunque no está claro que exista una especialización estricta.
7. Un caso especial es la recepción del **gusto**, de la que se encargan unas estructuras especializadas llamadas **corpúsculos o botones gustativos**. Se pueden encontrar en varios puntos de la mucosa bucal, pero como son predominantes en la mucosa especializada de la cara dorsal de la lengua, los describiremos en el apartado dedicado a ella.

14.9 Tipos de mucosa bucal y distribución anatómica

A. La mucosa bucal presenta diferente organización en cada región de la boca. Se pueden distinguir tres tipos de mucosa bucal:
   1. **Mucosa de revestimiento o mucosa móvil**.
      a. Su función es proteger las zonas no sometidas a la presión y la fricción masticatoria.
      b. Su epitelio es no queratinizado.
      c. Se encuentra en el piso de la boca, los labios, las mejillas, la superficie ventral de la lengua y el paladar blando.

2. **Mucosa masticatoria**.
   a. Su función es proteger aquellas regiones directamente sometidas a fricción y presión masticatoria.
   b. Su epitelio puede ser queratinizado (paladar duro) o paraqueratinizado (encías).
   c. La mucosa del dorso de la lengua tiene las características de una mucosa masticatoria, pero debido a la presencia de otras estructuras especiales, la consideramos una mucosa especializada.
3. **Mucosas especializadas**.
   a. Son aquellas mucosas de regiones que tienen funciones especializadas y tienen una organización peculiar para realizar dicha función.
   b. Existen dos mucosas especializadas muy diferentes:
      (1) **Mucosa de la superficie dorsal de la lengua**:
         (a) Está especializada en la percepción del **gusto**.
         (b) Presenta unas estructuras llamadas **papilas linguales**.
         (c) Su epitelio está paraqueratinizado.
      (2) **Mucosa de la raíz lingual**:
         (a) Recubre la **amígdala lingual**, una estructura del **sistema inmunitario**.
         (b) Su epitelio no está queratinizado.

B. Los **labios**, que forman la entrada a la cavidad bucal, tienen tres regiones anatómicas:
   1. La **piel de los labios**, está en la cara externa de los labios y tiene características propias de la piel, como la presencia de **glándulas sebáceas** y **folículos pilosos**.
   2. La **zona bermellón** también está situada en la cara externa, pero carece de glándulas sebáceas y folículos pilosos. Sus límites están bien marcados. Algunos autores consideran que esta región del labio es una mucosa especializada.
   3. La **zona intermedia** es la zona de unión entre la zona bermellón y la mucosa labial. Tiene un epitelio paraqueratinizado sin estrato granular. En los niños puede ser gruesa y forma la almohadilla de lactancia.
   4. La **mucosa labial** es la cara interna de los labios. Tiene características de **mucosa de revestimiento**.

C. La distribución anatómica y organización histológica de los diferentes tipos de mucosas en la pared de la cavidad bucal se puede resumir en la siguiente tabla:

Tipo de mucosa	Lugar	Epitelio	Lámina propia	Papilas coriales	Submucosa
Masticatoria	Encía	Queratinizado o paraqueratinizado	Denso, poca vascularización		No. Mucosa unida al periostio (mucoperiostio)
	Paladar duro	Queratinizado, a veces paraqueratinizado, grueso	Denso, vascularización media	Largas	Mucoperiostio en la línea media, mucosa con adipocitos y glándulas salivales en algunas zonas laterales
De revestimiento	Mucosa alveolar	No queratinizado, fino	Rico en fibras elásticas, muy vascularizado	Cortas y ausentes	Laxo con gruesas fibras elásticas unidas al periostio. Glándulas salivales
	Suelo de la boca	No queratinizado, muy fino	Fibras colágenas y algunas fibras elásticas, muy vascularizado	Cortas y amplias	Laxo con adipocitos y glándulas salivales, unida al músculo
	Labios (cara interna)	No queratinizado, muy grueso	Denso con algunas fibras elásticas, muy vascularizado. A veces glándulas sebáceas	Cortas e irregulares	Denso con adipocitos y glándulas salivales. Unida al músculo
	Mejillas	No queratinizado, muy grueso	Denso con algunas fibras elásticas, muy vascularizado y a veces glándulas sebáceas	Cortas e irregulares	Denso con adipocitos y glándulas salivales. Unida al músculo
	Cara ventral de la lengua	No queratinizado, fino	Fina capa con fibras colágenas, algunas fibras elásticas, glándulas salivales, escasa vascularización	Cortas y numerosas	Fina e irregular, unida al músculo, con adipocitos. A veces ausente, y la mucosa se une al conjuntivo del músculo
	Paladar blando	No queratinizado, grueso, con corpúsculos gustativos	Fino, fibras elásticas que forman láminas elásticas. Alta vascularización	Cortas	Tejido laxo con numerosas glándulas salivales

Tipo de mucosa	Lugar	Epitelio	Lámina propia	Papilas coriales	Submucosa
Especializada	Cara dorsal de la lengua	Queratinizado (zona anterior) y no queratinizado (zona posterior), grueso, que forma papilas linguales, algunas con corpúsculos gustativos	Fibras colágenas y algunas elásticas. Glándulas salivales en la zona posterior, alta vascularización y abundante inervación	Largas (zona anterior), cortas o ausentes (zona posterior)	No, la mucosa se une al conjuntivo del músculo
	Raíz lingual	No queratinizado	Lámina propia y submucosa fusionados, invadidos por tejido linfoide	–	–
	Labios (zona intermedia)	Paraqueratinizado, fino (grueso en los lactantes)	Denso, no muy vascularizado, fibras colágenas y elásticas	Largas e irregulares	–
	Labios (zona bermellón)	Queratinizado, fino	Fibras colágenas y algunas elásticas, algunas glándulas sebáceas. Alta vascularización	Largas y estrechas	No, mucosa directamente adherida al músculo

D. No se va a describir con detalle cada una de las regiones señaladas en la tabla. Solamente se van a estudiar las características más importantes de las regiones revestidas por mucosa especializada, es decir, la mucosa dorsal de la lengua (que explicaremos a continuación) y la mucosa de la amígdala lingual (que se estudiará en el próximo capítulo).

14.10 Mucosa especializada de la lengua

A. La **cara dorsal** de la lengua está cubierta por una mucosa especializada.
   1. Funcionalmente es una mucosa masticatoria, pero se caracteriza por la presencia de unas estructuras llamadas **papilas linguales** (del latín papilla 'pezón de la teta').
   2. Las papilas linguales son excrecencias que surgen de la superficie de la mucosa.

B. **Anatomía de la lengua**. En la lengua se pueden distinguir varias zonas:
   1. El **surco terminal** (***sulcus terminalis***) es una línea en forma de V con el vértice dirigido hacia la orofaringe. Está situado hacia el tercio posterior de la lengua y separa los dos tercios anteriores de la lengua del tercio posterior.
   2. El **cuerpo**, también llamada **superficie palatina**, está formado por la zona de la lengua anterior al *sulcus terminalis*. Se origina a partir del **primer arco faríngeo**. Aquí se encuentran las papilas linguales.
   3. La **base o raíz de la lengua** es el tercio posterior al surco terminal. Procede del **tercer arco faríngeo**. Carece de papilas linguales. En esta zona existen **folículos linfoides**, pero este tipo de mucosa especializada se estudiará en el capítulo siguiente.

C. Existen cuatro tipos diferentes de papilas (fig. 14.6):
   1. **Papilas filiformes**.
      a. Dispuestas por la cara dorsal de todo el cuerpo de la lengua, en hileras paralelas al surco terminal.
      b. Cada papila tiene forma cónica y tiene de 2 a 3 mm de longitud.
      c. El epitelio en las puntas puede ser grueso y estar muy queratinizado, mientras que en el epitelio que recubre los espacios entre papilas puede ser más fino y poco o no queratinizado.

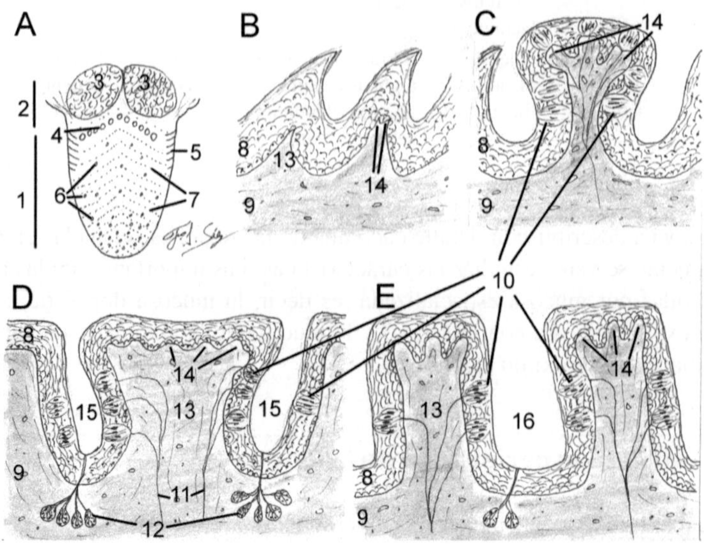

Figura 14.6 Vista de la lengua (**A**), y secciones histológicas de papilas filiformes (**B**), fungiformes (**C**), circunvaladas (**D**) y foliadas (**E**). 1, cuerpo de la lengua; 2, base o raíz de la lengua; 3, amígdalas linguales; 4, papilas circunvaladas; 5, papilas foliadas; 6, papilas fungiformes; 7, hileras de papilas filiformes; 8, epitelio; 9, lámina propia; 10, corpúsculos o botones gustativos; 11, fibras sensoriales; 12, glándulas salivales de von Ebner; 13, papilas coriales; 14, papilas coriales secundarias; 15, surco circular; 16, surco interpapilar

   d. La lámina propia forma una **papila corial primaria** que puede tener **papilas secundarias** menores.
   e. Carecen de corpúsculos o botones gustativos.
   f. Su abundancia convierte la superficie dorsal de la lengua en una superficie rugosa, abrasiva, que al contactar con el epitelio del paladar duro tiene una función de mucosa masticatoria.
2. **Papilas fungiformes**.
   a. Dispersas y aisladas, entre las filiformes, y más abundantes en la punta de la lengua.
   b. Tienen un tallo corto y una parte superior más ancha, de 150 a 400 μm de diámetro.
   c. La superficie del epitelio es roma, lisa, pero en el interior la lámina propia forma una papila primaria y varias secundarias sólo en la parte plana superior de la papila lingual.
   d. La lámina propia está muy vascularizado, por lo que estas papilas se ven de color rojo.
   e. El epitelio posee **corpúsculos gustativos**.
3. **Papilas circunvaladas o caliciformes**.
   a. Hay entre 10 y 12 y se encuentran delante y adyacentes al surco terminal.
   b. Están hundidas en la mucosa y rodeadas de un surco circular, que recuerda una trinchera, por lo que la papila no está más elevada que el resto de la superficie lingual.
   c. El epitelio superior es liso, queratinizado, y el de las caras laterales de la papila no está queratinizado y presenta **corpúsculos gustativos**, los cuales también se pueden encontrar en el epitelio de la pared opuesta del surco circular que rodea la papila.
   d. Estas papilas suelen estar relacionadas con glándulas salivales serosas presentes en la lámina propia y entre el músculo lingual, llamadas **glándulas de von Ebner**, cuyos conductos excretores desembocan en el surco circular que rodea la papila.
4. **Papilas foliadas**.
   a. Se encuentran en parejas en la cara dorsolateral de las zonas más cercanas al surco terminal.
   b. Son abudantes en algunos mamíferos, más difíciles de apreciar en el ser humano. Son visibles en el recién nacido, pero en el adulto son escasas y rudimentarias.
   c. Presentan la forma de crestas separadas por **surcos interpapilares**, lo que les da aspecto de pliegues, láminas u hojas perpendiculares al borde de la lengua, separadas por los surcos.
   d. Su cara dorsal tiene un epitelio queratinizado, pero sus caras laterales tienen un epitelio no queratinizado.
   e. Suelen presentar una **papila corial primaria** y tres **papilas secundarias**.

f. En el ser humano no tienen muchos **corpúsculos gustativos**, que sí son muy abundantes en las papilas foliadas de otros animales, como el conejo. Los corpúsculos gustativos se encuentran en las paredes laterales.
g. Se relacionan con **glándulas serosas**.

D. **Corpúsculos gustativos**. Las papilas linguales, excepto las filiformes, presentan botones o corpúsculos gustativos (fig. 14.7).

1. También se pueden encontrar corpúsculos gustativos aislados en faringe, epiglotis, paladar blando, laringe y esófago.
2. Son estructuras con forma de barril presentes dentro del epitelio de la mucosa.
   a. En cortes histológicos suelen verse como corpúsculos ovalados de unos 70 μm, más claros que el resto del epitelio.
   b. Se extienden desde la lámina basal hasta casi la superficie, donde quedan recubiertos por una delgada capa del epitelio que está perforada por un **poro gustativo** externo.
3. En el corpúsculo se encuentran de 50 a 100 células, algunas redondeadas basales, la mayoría fusiformes extendidas desde la base al ápice del corpúsculo. Se distinguen varios tipos celulares[4]:
   a. **Células de tipo I o células oscuras**. Aproximadamente el 60 % de las células.
      (1) Su citoplasma es oscuro visto con el microscopio electrónico.
      (2) Son fusiformes, con un núcleo alargado e irregular, **microvellosidades alargadas** en su ápice, a veces ramificadas, y **gránulos** apicales en su citoplasma.

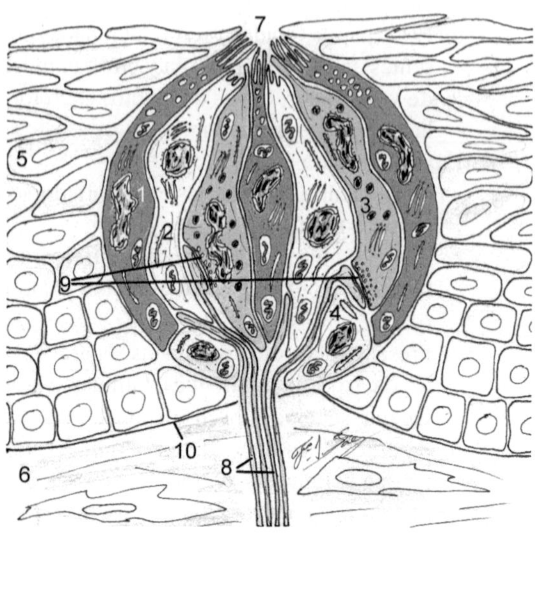

Figura 14.7 Ultraestructura del corpúsculo gustativo. 1, células oscuras de tipo I; 2, células claras o receptoras de tipo II; 3, células intermedias o presinápticas de tipo III; 4, célula basal; 5, epitelio; 6, lámina propia; 7, poro gustativo externo; 8, axones sensoriales; 9, sinapsis; 10, lámina basal

[4] El estudiante que consulte diferentes libros de Histología puede advertir diferencias y contradicciones entre las descripciones de unos textos y otros.

(3) Se parecen a las células de la glía, ya que emiten **procesos laminares** finos que rodean a las otras células, regulan los niveles de iones en el medio extracelular y eliminan los neurotransmisores liberados por las otras células.
(4) No está claro si transmiten señales a las terminaciones nerviosas o a las otras células del corpúsculo.

b. **Células de tipo II, claras, o receptoras**. El 30 % del total.
(1) Se observan muy claras con el microscopio electrónico.
(2) Son fusiformes con un núcleo redondeado y **microvellosidades cortas** y gruesas en su ápice.
(3) En sus membranas plasmáticas poseen **receptores asociados a la proteína G**[5].
(4) Cada célula posee receptores de un sabor concreto, pero no de otros, y en un corpúsculo gustativo hay células que perciben diferentes sabores.

c. **Células de tipo III, intermedias o presinápticas**. El 7 % de las células del corpúsculo.
(1) Su citoplasma tiene una densidad intermedia entre la de las células de tipo I y de tipo II.
(2) Son fusiformes, con un núcleo alargado con profundas invaginaciones, un único y grueso **proceso apical**, y **vesículas perinucleares** densas.
(3) Muestran **sinapsis** convencionales –con **vesículas sinápticas**– en puntos de contacto con terminaciones nerviosas sensitivas.
(4) Producen algunas proteínas típicas de las neuronas.

d. **Células de tipo IV o basales**.
(1) Son células pequeñas y redondeadas, situadas en la base del corpúsculo, que poseen un núcleo esferoidal irregular y **filamentos intermedios**.
(2) Se cree que son las **células progenitoras** que proliferan para producir nuevas células tipo I, II y III del corpúsculo.
(3) Algunos autores creen que estas células no se dividen, sino que proceden de células basales del epitelio próximas al corpúsculo.

e. **Células perigemmales (células de tipo V)**, descritas por algunos autores.
(1) Están situadas en la periferia y separan a las células del corpúsculo del resto de las células del epitelio.
(2) Se cree que pueden ser células madre de las células del botón gustativo.

4. Las células del corpúsculo tienen una vida corta y se renuevan constantemente.

[5] Los receptores asociados a proteína G son una amplia familia de proteínas que se encuentran en las membranas plasmáticas de las células. Son proteínas con 7 dominios transmembrana. Son transductores de señales, ya que se estimulan por la llegada de alguna molécula y transmiten la señal al interior de la célula. El estudiante de Odontología estudiará estos receptores en los cursos de Biología Celular o Bioquímica.

   a. Las células de tipo II viven unos 8 días.
   b. Las células de vida más larga son las de tipo III, con una vida media de 22 días.
5. La renovación se produce gracias a la proliferación de las células basales de tipo IV del propio corpúsculo, de células basales del epitelio cercanas al corpúsculo, o de células perigemmales.
6. Los estímulos de los sabores se producen por la **adsorción**[6] de moléculas a los receptores de la superficie de las membranas de las células gustativas. Esto provoca una polarización de la membrana que da lugar a la liberación de sustancias que estimulan las terminaciones nerviosas.
7. Las células del corpúsculo pueden producir neurotransmisores, mediadores autocrinos y mediadores paracrinos, lo que indica que las células del corpúsculo se regulan unas a otras. Se ha comprobado que en el corpúsculo se producen las siguientes sustancias neurotransmisoras o reguladoras:
   a. **Células de tipo I**. Producen **GABA**. No está claro si pueden estimular las terminaciones nerviosas o realizar un control paracrino de las células de tipo II.
   b. **Células de tipo II**. Producen:
      (1) **ATP**. Se cree que estimula las terminaciones nerviosas y controla la actividad de las células de tipo III y de las propias células de tipo II.
      (2) **Acetilcolina**. Parece que realiza control autocrino.
      (3) **Adenosina**. Su función es la regulación autocrina.
   c. **Células de tipo III**. Producen:
      (1) **Serotonina**. Puede que estimulen las terminaciones nerviosas y hagan un control paracrino de células de tipo II.
      (2) **GABA**. Como la serotonina, puede estimular las fibras sensoriales y controlar a las células de tipo II.
      (3) **Noradrenalina**.
8. Las células encargadas de percibir los sabores son las células de tipo II y las de tipo III. Las terminaciones nerviosas sensitivas rodean las células de tipo II y III.
   a. Las células de tipo III presentan **sinapsis** con las terminaciones nerviosas. Por tanto, parece que la transmisión del estímulo se produce por vía sináptica.
   b. No está claro cómo transmiten el estímulo las células de tipo II. Existen dos hipótesis:
      (1) **Transmisión indirecta**. El impulso causado en la célula de tipo II se transmite a la de tipo III, y ésta última lo transmite a la terminación nerviosa mediante sinapsis.
      (2) **Transmisión directa**. El impulso se transmite directamente desde la célula de tipo II a la terminación nerviosa, por medios todavía desconocidos.

[6] Adsorción significa que se une a la superficie, y no debe ser confundido con absorción, que significa que se incorpora al interior.

9. Las células gustativas pueden distinguir cinco tipos de **sabores**:
   a. **Salado**, que se debe sobre todo a los iones Na^+.
   b. **Ácido**, producido por los iones H^+.
   c. **Dulce**, producido por varias moléculas, sobre todo **glúcidos**, pero también otros tipos de macromoléculas, como la **sacarina**.
   d. **Amargo**, producido por muchas sustancias
   e. **Umami**, palabra que proviene de la combinación de los términos japoneses うまい umai, 'delicioso' y 味 mi, 'sabor'.
      (1) Este sabor lo produce:
         (a) El **glutamato**. Es un aminoácido. Se puede encontrar:
            1. De manera natural en la leche materna, en carnes y en verduras.
            2. En muchas sustancias utilizadas como condimento o salsa. Por ejemplo, el **garo** (del latín garum, y este del griego antiguo γάρονο, 'caballa, verdel') un condimento producido a partir de restos de pescado que era rico en glutamato y era muy utilizado por las clases altas de la antigua sociedad romana.
         (b) Algunos **ribonucleótidos**, por ejemplo:
            1. **Ácido inosínico (inosina monofosfato o IMP)**. El IMP se encuentra sobre todo en las carnes.
            2. **Ácido guanílico (guanosina monofosfato o GMP)**. El GMP se encuentra en las verduras.
      (2) Actualmente, la industria alimentaria utiliza el glutamato monosódico, el IMP (o sus sales) y el GMP para potenciar el sabor de productos procesados.

E. Especialización en la captación de los sabores:
   1. Algunas células de tipo II tienen receptores de sabor dulce, otras de sabor amargo y otras de sabor umami. En un corpúsculo se mezclan células de tipo II especializadas para cada uno de estos sabores.
   2. Las células de tipo III son las células receptoras del sabor ácido.
   3. Actualmente se sigue investigando para averiguar la identidad de las células receptoras del sabor salado.

F. Aunque solo percibimos cinco sabores diferentes, la combinación con la percepción de **olores** permite distinguir una amplia gama de sabores.

Lo que hay que recordar

La pared de la boca está formada, desde la cavidad bucal hacia el exterior, por una túnica mucosa, una túnica submucosa, a veces ausente, y músculo esquelético en algunas zonas y hueso en otras. El epitelio de la boca es escamoso estratificado y puede ser queratinizado, paraqueratinizado y no queratinizado. En el epitelio queratinizado y paraqueratinizado se pueden distinguir las capas basal, espinosa, granular y cornificada. En el no queratinizado se observan los estratos basal, intermedio y superficial. Los queratinocitos (células del epitelio) se forman a partir de células madre en la capa basal y ascienden a medida que se diferencian para morir y ser eliminados en el estrato córneo o en el estrato superficial. Durante su diferenciación, las células se llenan de queratina, pierden el núcleo y los orgánulos y su membrana se engrosa por la adición de proteínas y lípidos. En el epitelio hay otros tipos de células: melanocitos (células pigmentadas), células de Merkel (sensoriales) y células de Langerhans (células dendríticas interdigitantes). En la boca se pueden encontrar tres tipos de mucosa: de revestimiento, masticatoria y especializada. En la superficie dorsal de la lengua hay una mucosa especializada que tiene papilas linguales, en algunas de las cuales el epitelio tiene corpúsculos gustativos, que son receptores del gusto.

Lectura adicional

Adams D 1976. Keratinization of oral epithelium. Annals of the Royal College of Surgeons of England 58: 351–358.

Alonso L, Fuchs E 2003. Stem cells of the skin epithelium. PNAS 100 (suppl_1): 11830–11835.

Arvidson K, Grafstrom R C, Pemer A 1988. Scanning electron-microscopy of oral-mucosa invivo and invitro – a review. Scanning Microscopy 2: 385–396.

Barret A W, Scully C 1994. Human oral mucosal melanocytes – A review. Journal of Oral Pathology & Medicine 23: 97–103.

Barret A W, Cruchley A T, Williams D M 1996. Oral mucosal Langerhans' cells. Critical Reviews in Oral Biology & Medicine 7: 36–58.

Boulais N, Misery L 2007. Merkel cells. Journal of the American Academy of Dermatology 57: 147–165.

Brand A, Havav A H, Clausen B E 2023. Langerhans cells in the skin and oral mucosa: Brothers in arms? European Journal of Immunology 53: 2149499.

Chandvarkar V, Mishra M N, Sangeetha R, Premalatha B R 2020. The current understanding on Langerhans' cells and its role in oral lesions. Contemporary Clinical Dentistry 11: 211–216.

Chiego D J 2023. Oral Mucosa. En: Essentials of Oral Histology and Embryology. 6ª ed. Elsevier, pp. 168–183.

Cui Y Z, Man X Y 2023. Biology of melanocytes in mammals. Frontiers in Cell and Developmental Biology 11: 1309557.

Dale B A, Salonen J, Jones A H 1990. New approaches and concepts in the study of differentiation of oral epithelia. Critical Reviews in Oral Biology and Medicine 1: 167–190.

Eisenberg E, Natarajan E, Formaker B K 2014. Oral Mucosa and Mucosal Sensation. En: Fundamentals of Oral Histology and Physiology, Hand A R y Frank M E Eds. Wiley Blackwell, pp. 165–190.

Farbman A I 1988. The Oral Cavity. En: Cell and Tissue Biology – A Textbook of Histology. Weiss L Editor. 6ª ed. Urban & Schwarzenberg, pp. 573–594.

Fehrenbach M J, Popowics T 2020. Oral Mucosa. En: Illustrated Dental Embryology, Histology, and Anatomy. 5ª ed. Elsevier, pp. 105–123.

Feller L, Masilana A, Khammissa R A G et al. 2014. Melanin: the biophysiology of oral melanocytes and physiological oral pigmentation. Head & Face Medicine 10: 8.

Frank M E 2014.Chemoreception and Perception. En: Fundamentals of Oral Histology and Physiology, Hand A R y Frank M E Eds. Wiley Blackwell, pp. 191–220.

Gartner L P 2017. Digestive System: Oral Cavity. En: Textbook of Histology. 4ª Ed. Elsevier, pp. 419–434.

Gómez de Ferraris M E, Campos Muñoz A 2009. Cavidad bucal. En: Histología, Embriología e Ingeniería Tisular Bucodental. 3ª ed. Médica Panamericana, pp. 137–176.
Karring T 1973. Mitotic-activity in oral epithelium. Journal of Periodontal Research 8: 11–47.
Kierszenbaum A L, Tres L L 2019. Upper digestive segment. En: Histology and Cell Biology – An Introduction to Pathology. 5ª ed. Elsevier, pp. 511–542.
Krstić R V 1991. Digestive Apparatus. En: Human Microscopic Anatomy. An Atlas for Students of Medicine and Biology. Springer Verlag, pp. 161–255.
Larjava H, Koivisto L, Häkkinen L, Heino J 2011. Epithelial integrins with special reference to oral epithelia. Journal of Dental Research 90: 1367–1376.
Lucarz A, Brand G 2007. Current considerations about Merkel cells. European Journal of Cell Biology 86: 243–251.
Moll I, Roessler M, Brandner J M et al. 2005. Human Merkel cells – aspects of cell biology, distribution and functions. European Journal of Cell Biology 84: 259–271.
Nanci A 2013. Oral Mucosa. En: Ten Cate's Oral Histology. 8ª Ed. Elsevier, pp. 278–310.
O'Dowd G, Bell S, Wright S 2023. Oral tissues. En: Wheater's Functional Histology. Elsevier, pp. 241–252.
Sidhu G S, Chandra P, Cassai N D 2005. Merkel cells, normal and neoplastic: An update. Ultrastuctural Pathology 29: 287–294.
Watanabe L-S 2004. Ultrastructures of mechanoreceptors in the oral mucosa. Anatomical Science International 79: 55–61.

Glándulas salivales y amígdalas 15

Qué aprenderás en este capítulo

En este capítulo, aprenderás que las glándulas salivales principales están formadas por el parénquima (el epitelio) y el estroma (los demás tejidos). Estudiarás la organización de estos tejidos y cómo se produce la saliva en la glándula salival. Verás que la saliva tiene muchas funciones importantes. Finalmente, aprenderás que hay varios tipos de amígdalas en la boca y la faringe, y cuál es su estructura microscópica.

15.1 Características generales de las glándulas salivales

A. Saliva.
   1. En la cavidad bucal desembocan numerosas **glándulas exocrinas extraepiteliales compuestas** llamadas **glándulas salivales**[1].
   2. Algunas de estas glándulas son **serosas**, otras **mucosas** y otras **mixtas**.
   3. La secreción de todas estas glándulas constituye la **saliva**, un líquido viscoso, incoloro, formado mayoritariamente por agua en la que se encuentran disueltas proteínas, anticuerpos, moléculas orgánicas pequeñas y electrolitos.
   4. La saliva se produce en los **adenómeros** de las glándulas salivales, pero se modifica en los primeros **conductos excretores** que salen de los adenómeros (**conductos intercalados** y **conductos estriados**, que son **conductos intralobulillares**).
      a. En consecuencia, el producto final que llega a la boca no es el mismo que sale del adenómero.

[1] En algunos textos se utiliza el término 'glándula salivar'. Aunque el uso de 'salivar' como adjetivo está recogido en los diccionarios como sinónimo de 'salival', para evitar confusiones creemos preferible restringir su uso como verbo (salivar: producir saliva).

F.J. Sáez, I. Badiola, *Histología Bucal Básica*,
https://doi.org/10.1007/978-3-032-24363-8_15

b. Por este motivo, al conjunto formado por adenómero, conducto intercalado y conducto estriado se le denomina **sialona** (del griego σίαλον síalon, 'saliva'), y se considera que es la unidad funcional productora de saliva (fig. 15.1).

B. Tipos de glándulas salivales.

1. **Glándulas salivales menores o accesorias**:
   a. Son glándulas salivales pequeñas que secretan saliva constantemente y están localizadas en la **mucosa** o en la **submucosa** de la pared de la cavidad bucal, sin que exista una cápsula de tejido conjuntivo que las envuelva.
   b. Se cree que pueden existir entre 600 y 1000 de estas glándulas.
   c. La mayoría son de secreción mucosa o mixta.
   d. Su secreción puede aumentar por estímulos nerviosos.
   e. Se pueden encontrar por toda la pared de la boca, excepto en las encías y la parte anterior del paladar duro.
   f. Suelen denominarse según su localización, y son:
      (1) Glándulas linguales o de von Ebner, de secreción serosa.
      (2) Glándulas bucales o yugales, de secreción mixta (seromucosa).
      (3) Glándulas labiales, mixtas.
      (4) Glándulas molares, de secreción seromucosa.
      (5) Glándulas palatinas, mucosas.
      (6) Glándulas faríngeas, mucosas.
2. **Glándulas salivales principales**.
   a. Son tres tipos de glándulas grandes que sólo secretan saliva cuando son estimuladas.
   b. Cada tipo de glándula principal se presenta como órganos pares que están rodeados por una **cápsula** de tejido conjuntivo.

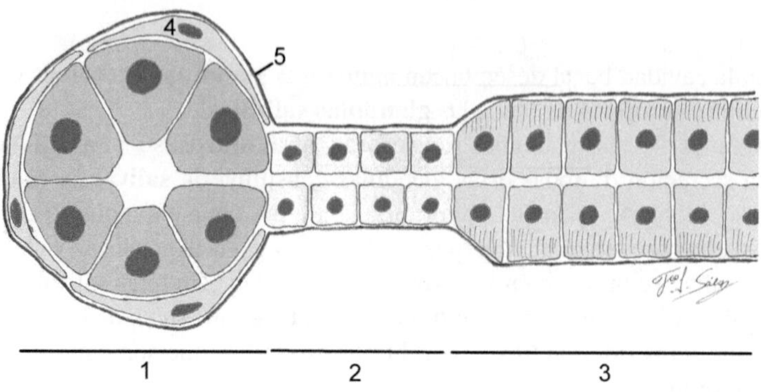

Figura 15.1 Esquema simplificado que representa la organización de la sialona. 1, adenómero; 2, conducto intercalado; 3, conducto estriado; 4, células mioepiteliales; 5, lámina basal

c. Estas glándulas son (fig. 15.2):
  (1) **Glándulas parótidas**.
    (a) De secreción serosa.
    (b) Son la más grandes.
    (c) Situadas tras la mandíbula, se extienden hasta el oído medio.
    (d) Cada una de ellas vierte saliva por un conducto que desemboca frente al segundo molar maxilar.
    (e) Están inervadas por el nervio craneal IX.
  (2) **Glándulas submandibulares**.
    (a) De secreción mixta.
    (b) Se encuentran en la parte posterior del suelo de la boca.
    (c) Cada una vierte su saliva por un conducto que desemboca bajo la lengua.
    (d) Están inervadas por el nervio craneal VII.
  (3) **Glándulas sublinguales**.
    (a) De secreción mixta.
    (b) Son las más pequeñas.
    (c) Se sitúan en la parte anterior del suelo de la boca, justo bajo la mucosa bucal.
    (d) Poseen muchos conductos excretores que desembocan de forma independiente en la cavidad bucal, bajo la lengua.
    (e) Están inervadas por el nervio craneal VII.

d. Las glándulas parótidas y las submandibulares están situadas fuera de la pared de la boca, entre los músculos de la cara, y se comunican con la cavidad bucal por largos conductos excretores. Las glándulas sublinguales, en cambio, se encuentran justo bajo la mucosa y tienen conductos cortos.

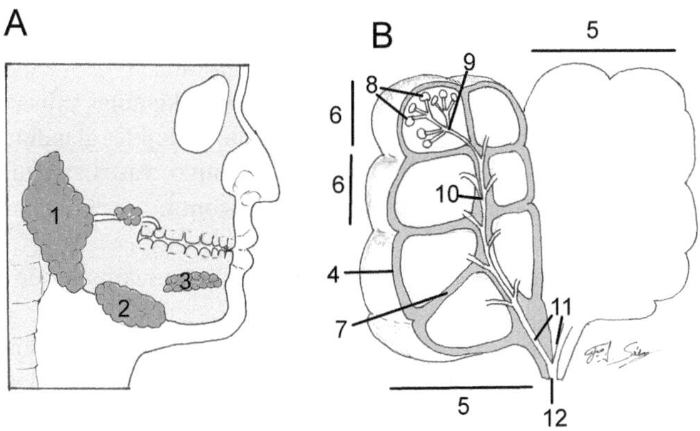

Figura 15.2 Localización de las glándulas salivales en la cabeza con respecto a la boca (**A**) y organización anatómica básica de una glándula salival principal (**B**). 1, glándula parótida; 2, glándula submandibular; 3, glándula sublingual; 4, cápsula; 5, lóbulo; 6, lobulillo; 7, tabiques interlobulillares; 8 adenómeros; 9, conducto intralobulillar; 10, conducto interlobulillar; 11, conducto lobular; 12, conducto principal

e. Las glándulas parótidas y submandibulares producen saliva en respuesta a estímulos nerviosos, exclusivamente. Las glándulas sublinguales producen algo de saliva de forma constitutiva, pero su secreción aumenta mucho por estímulos nerviosos.

C. Desarrollo embrionario.
1. Las glándulas salivales comienzan a formarse entre la cuarta y duodécima semana del desarrollo del embrión.
a. Las glándulas parótidas comienzan a desarrollarse entre la cuarta y sexta semana de vida embrionaria.
b. Las glándulas submandibulares hacia la sexta semana.
c. La sublingual y las glándulas menores entre la octava y duodécima semana.
2. Se forman a partir del epitelio bucal. Debido a que el epitelio de la cavidad bucal sufre grandes desplazamientos durante este periodo, no se puede determinar con exactitud si se originan del ectodermo o del endodermo:
a. Se cree que las glándulas parótidas proceden del ectodermo y las submandibulares y sublinguales del endodermo.
b. No obstante, como ya se indicó en el capítulo 2, hay autores que afirman que todas las glándulas salivales son ectodérmicas.
3. El proceso de formación de las glándulas está regulado por **interacciones epitelio-mesenquimáticas**, de forma similar a como se describió en el desarrollo del diente.
4. Se originan como **yemas** del epitelio bucal que crecen hacia el **mesénquima (ectomesénquima)** subyacente. La yema crece y se ramifica. Posteriormente, en el centro de la estructura epitelial se abre la **luz** de la glándula (fig. 3.13A–D).
5. Las células epiteliales alcanzan la madurez en los dos meses finales de gestación.
6. Posteriormente, las glándulas crecen y aumenta el volumen de los adenómeros con respecto al volumen de conductos y estroma.

D. Organización anatómica e histológica básica de las glándulas salivales.
1. En las glándulas se denomina **parénquima** al tejido glandular epitelial, mientras que el resto de tejidos (tejido conjuntivo, vasos sanguíneos y nervios) que rodean el parénquima forman el **estroma**.
2. Organización del estroma:
a. En las glándulas salivales principales, existe una **cápsula** de tejido conjuntivo denso que rodea toda la glándula.
b. La cápsula puede dividir la glándula en varias porciones más o menos independientes a las que llamamos **lóbulos** (del latín científico lobulus, y este del griego λοβός lobós 'saco' y el sufijo diminutivo latino -ŭlus).
c. Tabiques de tejido conjuntivo surgen desde la cápsula hacia el interior. Estos tabiques separan pequeñas porciones de cada lóbulo, que llamamos **lobulillos** (de lóbulo y el sufijo diminutivo latino *-ellus*).
d. Dentro de cada lobulillo, un **tejido conjuntivo laxo** engloba los epitelios glandulares. Este tejido se denomina **estroma intralobulillar**.

3. Organización del parénquima:
   a. En los lobulillos encontramos numerosos adenómeros.
   b. De los adenómeros surgen conductos excretores epiteliales que al principio son de luz estrecha y discurren por el estroma laxo del lobulillo.
      (1) Estos conductos pueden diferir en su aspecto y organización, pero mientras discurren por el lobulillo se denominan **conductos intralobulillares** (del prejifo de origen latino intra-, 'dentro de').
      (2) En las glándulas salivales hay dos tipos de conductos intralobulillares, el **conducto intercalado** y el **conducto estriado**.
   c. Los conductos estriados convergen en conductos mayores que abandonan el lobulillo y discurren por los tabiques que los separan, formando así los **conductos interlobulillares** (del latín inter-, 'entre').
   d. Los conductos interlobulillares convergen en otros mayores. Normalmente, la secreción de un lóbulo puede converger en un único conducto llamado **conducto lobular**.
   e. En las parótidas y submandibulares los conductos lobulares convergen en un único **conducto principal**.
   f. Los conductos excretores poseen epitelios simples con células bajas en sus tramos iniciales. A mayor distancia del adenómero, las células son más altas y pueden terminar formando epitelios estratificados, que en ocasiones tienen algunas **células caliciformes**.
      (1) Los conductos intralobulillares poseen **epitelios cúbicos simples**.
      (2) Los conductos interlobulillares poseen **epitelios simples cúbicos altos, cilíndricos** e incluso **pseudoestratificados cilíndricos**.
      (3) El conducto lobular posee **epitelio estratificado cúbico o cilíndrico**.
      (4) Finalmente, en el conducto principal, sobre todo cerca de su desembocadura en la cavidad bucal, podemos encontrar **epitelio plano estratificado no queratinizado** similar al de la mucosa bucal.

15.2 Organización histológica de las sialonas de las glándulas salivales principales

A. Las glándulas salivales pueden ser mucosas, serosas o mixtas:
   1. Las **glándulas serosas** están formadas por acinos serosos.
   2. Las **glándulas mucosas** presentan túbulos mucosos, aunque debido a que en el corte histológico suelen parecer acinos, también se habla de acinos mucosos o tubuloacinos mucosos.
   3. En las **glándulas mixtas** encontramos acinos serosos, tubuloacinos mucosos, y tubuloacinos mixtos (túbulos mucosos revestidos por un casquete de células serosas llamado **semiluna de Giannuzzi**).

B. Acinos serosos.
   1. Los acinos serosos son estructuras esféricas que están formadas por 8 a 12 células cúbicas, que en realidad tienen forma piramidal, que rodean una pequeña luz central.

2. Estructura celular (fig. 15.3A):
   a. Antes de expulsar su secreción, las células son grandes y están llenas de gránulos de secreción. Después de expulsar su secreción, las células disminuyen de tamaño y no muestran tantos gránulos.
   b. El núcleo, esférico, suele estar situado en la mitad basal de la célula.
   c. Organización del citoplasma:
      (1) En posición basal con respecto al núcleo y a su alrededor abunda el retículo endoplásmico rugoso.
      (2) El aparato de Golgi suele ser supra o paranuclear.
      (3) Las mitocondrias están dispersas entre el retículo endoplásmico y la zona apical supranuclear.
      (4) En el citoplasma puede haber algunos lisosomas, tonofilamentos y microtúbulos.
      (5) El citoplasma apical suele estar repleto de vesículas de secreción grandes de 1 μm de diámetro, los **gránulos de secreción**, que por su naturaleza serosa se denominan **gránulos de cimógeno** (del griego ζύμη zýmē, 'fermento' y -γενής -genḗs, 'que produce').
      (6) La región basal de la célula es basófila, mientras que la región apical es acidófila debido a los gránulos de cimógeno.
   d. La superficie apical de la célula presenta pequeñas **microvellosidades**, que también tapizan unos pequeños **canalículos** que se encuentran entre las regiones apicales de las células vecinas. Estos canalículos intercelulares son como invaginaciones digitiformes que parten de la luz del acino y se internan unas 5 μm entre las células del epitelio.

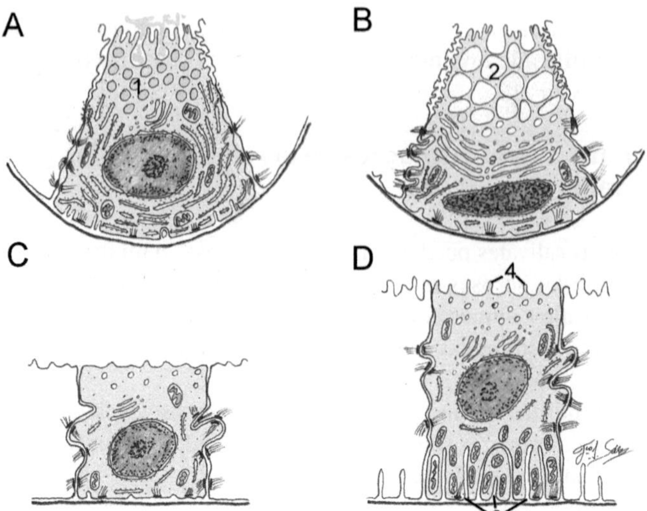

Figura 15.3 Ultraestructura de las células glandulares serosas (**A**) y mucosas (**B**) y de las células de los conductos intercalado (**C**) y estriado (**D**). 1, gránulo de cimógeno; 2, gránulo de mucígeno; 3, laberinto basal; 4, microvellosidades

e. La superficie basal de la célula puede presentar repliegues que, en ocasiones, forman un pequeño **laberinto basal**.

3. Las células se unen a las vecinas por complejos de unión:
   a. Hay **uniones herméticas, ocluyentes**, situadas en posición apical, salvo cuando hay canalículos intercelulares, en cuyo caso se sitúan en el fondo de éstos.
      (1) Estas uniones aíslan la luz del acino del ambiente tisular que rodea al acino:
         (a) Son selectivamente permeables a sustancias de pequeño peso molecular (agua y ciertos iones).
         (b) Pueden convertirse en parcialmente permeables para moléculas grandes por acción de los neurotransmisores liberados por las terminaciones nerviosas.
      (2) Estas uniones dividen el interior celular en dos **dominios**, el **apical** encargado de la secreción, y el **basolateral** encargado de la coordinación con las células vecinas del acino y con el estroma.
   b. También existen **uniones adherentes** que rodean las células, bajo las uniones herméticas, y **desmosomas**.
4. La liberación de los gránulos se produce por **secreción ecrina**, es decir, por exocitosis, con lo que se libera el contenido de los gránulos en la luz del adenómero.
5. Algunas de las sustancias que producen estas células son la **α-amilasa**, la **lisozima**, la **lactoferrina**, la **peroxidasa**, varias **proteasas** y **factores de crecimiento** (NGF y EGF). En los lactantes se produce **lipasa**.

C. Tubuloacinos mucosos.
   1. Los túbulos mucosos poseen una luz más amplia que los acinos serosos y están formados por células cúbicas.
   2. Las células están repletas de **gránulos de mucígeno** (del latín muccus, 'moco'), que reciben ese nombre ya que su secreción se denomina **mucina**.
   3. El material de estos gránulos suele destruirse durante el procesamiento de los tejidos, por lo que en las preparaciones histológicas habituales las células presentan un aspecto claro, parecen vacías, o se ven llenas de grandes espacios vacíos rodeados de una red laxa de citoplasma poco teñido.
   4. La célula mucosa tiene gránulos de mucígeno en los dos tercios apicales y el núcleo y los orgánulos aparecen como si estuvieran comprimidos en la porción basal (fig. 15.3B):
      a. El núcleo está en una posición basal y suele tener un aspecto aplanado, comprimido.
      b. Con el microscopio electrónico se aprecian, alrededor de este núcleo, algunas cisternas de retículo endoplásmico rugoso, el aparato de Golgi supranuclear y algunas mitocondrias.
   5. Cuando la célula acaba de expulsar su secreción, el núcleo y los orgánulos se distienden y el volumen que ocupan aumenta, hasta el punto que las células pueden confundirse con células serosas. En condiciones fisiológicas norma-

les las células mucosas no vacían todos sus gránulos, por lo que es raro que se observen en este estado.

6. Las células tienen **complejos de unión** similares a los de las células serosas.
7. La secreción se libera por exocitosis (**secreción ecrina**), y está formada por **mucinas**, una familia de proteínas muy glicosiladas, que forman una sustancia viscosa llamada **moco**.

D. Tubuloacinos mixtos.

1. Un tubuloacino mixto está formado por un tubuloacino mucoso rodeado de uno o varios casquetes de células serosas, próximos al extremo ciego del túbulo.
2. Estos casquetes se denominan **semilunas de Giannuzzi o de von Ebner**.
3. En preparaciones por congelación se observa que las células mucosas y las serosas están entremezcladas en la pared tubular. Por tanto, la imagen que se observa en las preparaciones habituales puede ser un **artefacto** debido a que las técnicas de preparación hinchan las células mucosas, las cuales desplazan a las serosas hacia el exterior.
4. La estructura de las células serosas y mucosas no difiere de la de estas células en los acinos serosos o en los tubuloacinos mucosos.

E. Células mioepiteliales.

1. Todos los adenómeros de las glándulas salivales están rodeados por una lámina basal.
2. Entre ésta y las células glandulares se observan las **células mioepiteliales o células en cesta**.
3. Estas células también se pueden encontrar en los conductos intercalados y estriados.
4. Son células delgadas, por lo que son difíciles de ver y normalmente sólo se aprecia el núcleo y raramente un delgado citoplasma acidófilo.
5. Tienen forma estrellada y sus prolongaciones, que abrazan el epitelio del adenómero o el conducto, están repletas de **filamentos de actina y miosina**.
6. Poseen capacidad contráctil. Su contracción facilita la liberación de la secreción.
7. En la membrana plasmática hay **cavéolas**, que se cree que intervienen en los mecanismos que desencadenan la contracción.
8. Se unen entre sí y a las células epiteliales por **desmosomas**, y con la lámina basal por **hemidesmosomas**.
9. Aunque se parecen a células de músculo liso, son de origen epitelial.

F. Conductos intercalados o intercalares, cuellos o istmos.

1. Los primeros conductos que reciben la secreción del adenomero son los **conductos intercalados**. Son pequeños, con poca luz y un epitelio cúbico bajo, por lo que son difíciles de distinguir.
2. Hay **células mioepiteliales** y una **lámina basal**.
3. Los conductos intercalados que salen de los adenómeros convergen en conductos intercalados algo más grandes, antes de desembocar en los conductos estriados.

4. En las glándulas serosas estos conductos son largos y en las mucosas son más cortos y difíciles de observar.
5. Al microscopio electrónico se observa (fig. 15.3C):
   a. Un núcleo central y pocos orgánulos, en concreto un retículo endoplásmico rugoso escaso, preferentemente basal, un aparato de Golgi pequeño y supranuclear, pequeños gránulos y algunas mitocondrias.
   b. Las células se unen por **complejos de unión** apicales, **desmosomas** dispersos y algunas **uniones de hiato (gap)**.
   c. Las células se unen a la lámina basal por **hemidesmosomas**.
   d. Las células muestran pequeñas **interdigitaciones** con las células vecinas.
6. Los gránulos de estas células se liberan por exocitosis hacia la luz del conducto. Contienen sustancias que se incorporan a la saliva, como **lisozima** y **lactoferrina**, y quizá otros compuestos no identificados.

G. Conductos estriados
1. Los **conductos estriados** son de mayor diámetro, con una luz mayor que los conductos intercalados.
2. Su epitelio es cúbico alto o cilíndrico, con un citoplasma muy acidófilo. Se observan las siguientes estructuras celulares (fig. 15.3D):
   a. Un núcleo redondeado y situado en posición central.
   b. Estriaciones basales perpendiculares a la superficie. Se trata de un **laberinto basal**.
      (1) Está formado por **invaginaciones** de la membrana plasmática, abundantes y profundas.
      (2) Las invaginaciones delimitan regiones del citoplasma en las que se encuentran **mitocondrias** dispuestas verticalmente, paralelas a las invaginaciones y perpendiculares a la lámina basal.
      (3) El laberinto basal es típico de epitelios en los que se produce un **transporte activo** de electrolitos.
   c. El aparato de Golgi y el retículo endoplásmico están muy poco desarrollados.
   d. Hay algo de retículo endoplásmico liso en el citoplasma apical, acompañado de pocas **vesículas de secreción**. Estas vesículas contienen **calicreína** y probablemente otras proteínas, que se añaden a la saliva.
   e. Hay **vesículas de endocitosis** que eliminan ciertas sustancias de la saliva.
   f. También se observan algunos lisosomas y peroxisomas, y depósitos de **glucógeno** perinucleares.
   g. En la zona apical, la superficie celular presenta unas pequeñas **microvellosidades**.
   h. Las células se unen entre sí por **complejos de unión**, pero carecen de uniones de hiato (gap).
   i. En la zona basolateral, hay **interdigitaciones** con las células vecinas.
3. En los conductos estriados y en algunos conductos interlobulillares se observan unas células basales dispersas entre las células cilíndricas del epitelio. Pueden ser células madre que regeneran el epitelio.

H. Estroma
1. El estroma de las glándulas salivales principales está formado por:
   a. **Cápsula** de tejido conjuntivo que rodea los lóbulos, forma el límite de la glándula y la separa de los tejidos y órganos vecinos.
   b. **Tabiques** de tejido conjuntivo, que derivan de la cápsula y se dirigen hacia el interior, dividiendo cada lóbulo en varios lobulillos. Por su interior se disponen los vasos sanguíneos, los nervios y los conductos interlobulillares que llevan la saliva hacia la cavidad bucal.
   c. **Estroma intralobulillar**, que es el tejido conjuntivo laxo que se encuentra dentro de cada lobulillo, rodeando los adenómeros y los conductos intercalado y estriado.
2. El estroma intralobulillar es de tejido conjuntivo laxo que contiene:
   a. Los **vasos sanguíneos** de la microcirculación y las **terminaciones nerviosas** más finas que inervan los adenómeros, conductos y vasos sanguíneos.
   b. Se distinguen pocos **vasos linfáticos**.
   c. Hay fibroblastos y macrófagos, y a veces adipocitos aislados o en pequeños grupos.
   d. Puede haber algunos linfocitos.
   e. Se aprecian abundantes **células plasmáticas** que producen **inmunoglobulinas de tipo A (IgA)** (fig. 15.4):
      (1) Las IgA se liberan en forma de dímeros.
      (2) Los dímeros se unen a una **proteína receptora** de la superficie de la membrana plasmática de la cara basal de las células epiteliales (tanto del adenómero como de los conductos). Dicha proteína receptora se une a la IgA por una de sus regiones, llamada **componente secretor**.
      (3) Una vez unida la IgA al receptor, el complejo es introducido en las células epiteliales mediante **endocitosis**, por lo que se producen vesículas intracelulares que en la cara interna de su membrana poseen el complejo IgA-receptor.
      (4) Estas vesículas viajan por el citoplasma, se dirigen hacia el lado apical de la célula mediante **transcitosis** y se liberan en dicho polo mediante **exocitosis**.
      (5) En ese momento, el complejo receptor-IgA se rompe:
         (a) Una parte queda anclada en la membrana y el otro fragmento, que es el componente secretor unido a la IgA, se libera.
         (b) La molécula liberada, formada por IgA y el componente secretor, se denomina **inmunoglobulina A secretora (IgAS)** y es soluble, por lo que se mezcla con los componentes de la saliva.
      (6) También se liberan pequeñas cantidades de IgG e IgM.
3. Inervación.
   a. Las **fibras nerviosas** penetran en las glándulas acompañando a los vasos sanguíneos y finalmente forman un plexo de **fibras amielínicas** anexo a las arteriolas, los adenómeros y los conductos, en el que las fibras están protegidas por sus células de Schwann.

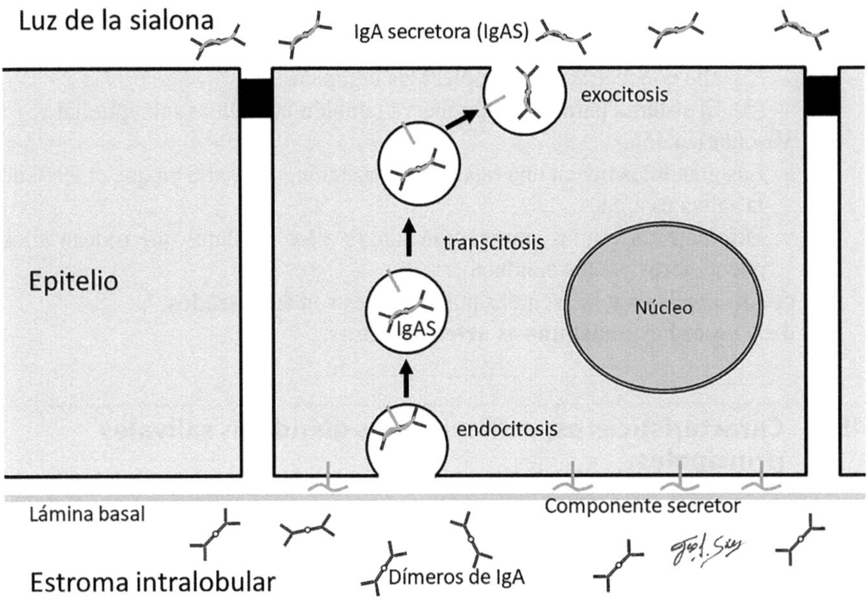

Figura 15.4 Esquema simplificado del proceso de secreción salival de inmunoglobulina A producida por las células plasmáticas. Las estructuras celulares y moleculares no están dibujadas a escala

b. Estas fibras regulan la secreción y proceden de los sistemas nervioso simpático y parasimpático.
c. Los axones contactan con las células epiteliales de dos maneras:
   (1) **Terminación hipolemmal.** El axón deja el nervio, se libera de su célula de Schwann, atraviesa la lámina basal del epitelio y forma una **varicosidad** que contacta con la membrana basolateral de las células epiteliales, de la que queda a una distancia de 10–20 nm.
   (2) **Terminación epilemmal.** El axón no deja el nervio y está protegido por la célula de Schwann, excepto en donde forma una **varicosidad** que se aproxima a la célula epitelial, de la que queda separada 100–200 nm. En este caso, entre la varicosidad y la célula epitelial se encuentran las **láminas basales** de la célula de Schwann y del epitelio.
d. En ambos casos, en las varicosidades se observan **vesículas sinápticas**, pero no se aprecian más diferenciaciones típicas de las sinapsis, ni en el axón ni en la célula epitelial.
e. El efecto estimulador se realiza sobre las células glandulares y sobre los vasos sanguíneos, lo que afecta a la concentración y composición de la saliva:
   (1) La estimulación del **parasimpático** mediante liberación de **acetilcolina** y **péptido intestinal vasoactivo** produce una saliva rica en agua y sales, pero pobre en compuestos orgánicos.

(2) La estimulación del sistema nervioso **simpático** por liberación de **noradrenalina** conlleva la producción de poca saliva espesa, con una alta concentración de moléculas orgánicas.
(3) El sistema parasimpático inerva también las células mioepiteliales.

4. Vascularización:
   a. Las glándulas tienen una rica vascularización, necesaria ya que el 99 % de la saliva es agua.
   b. Diferentes arteriolas suministran sangre a los capilares que rodean a los adenómeros y a los conductos.
   c. Los capilares y las vénulas postcapilares son **fenestrados**.
   d. A veces hay **anastomosis arteriovenosas**.

15.3 Características específicas de las glándulas salivales principales

A. **Glándulas parótidas**:
1. Están formadas exclusivamente por **acinos serosos**.
2. Los conductos intercalados suelen ser largos.
3. Los conductos estriados son numerosos.
4. Suele haber **adipocitos**.
5. En ocasiones se observan **folículos linfoides**, que no se observan en el resto de las glándulas salivales principales.

B. **Glándulas sublinguales**:
1. Predominan los **tubuloacinos mucosos**, pero hay **tubuloacinos mixtos** y algunos **acinos serosos**, aunque lo que se aprecia como acinos serosos podrían ser secciones transversales de las semilunas de Giannuzzi de tubuloacinos mixtos.
2. Los conductos intercalados son cortos y escasos.
3. Los conductos estriados también son escasos y a veces no se distingue bien la estriación basal.

C. **Glándulas submandibulares**:
1. Muestran un predominio de **acinos serosos**, aunque hay algunos **tubuloacinos mucosos** y otros **tubuloacinos mixtos**.
2. Los conductos intercalados y estriados son menos numerosos que en las parótidas.

15.4 Secreción de saliva

A. La saliva que llega a la boca difiere de la producida en el adenómero:
1. La saliva producida en el adenómero se denomina **saliva primaria**. La saliva primaria es **iso o hipertónica** con respecto al plasma.
2. La saliva primaria se modifica en los conductos de la sialona y se convierte en la **saliva secundaria**. La saliva secundaria es **hipotónica**.

B. Composición de la saliva. La saliva incluye numerosas sustancias:
  1. Agua, que constituye el 99 % de la saliva.
  2. Proteínas y péptidos:
     a. **α-amilasa**. Degrada el almidón.
     b. **Lipasa salival o lipasa lingual**, que degrada los lípidos de la leche.
     c. **Proteínas ricas en prolina**. Se acumulan en la superficie del diente, formando la **película adquirida**. Facilitan la mineralización del diente y la resistencia a la caries.
     d. **Mucinas**. Proteínas muy glicosiladas. Protegen, facilitan la digestión del bolo alimenticio y tienen función defensiva.
     e. **Histatinas**. Péptidos ricos en **histidina**. Hay varias histatinas en la saliva que se sitúan en la película adquirida del diente, donde tienen acción bactericida y fungicida.
     f. **Cistatinas**. Una familia de fosfoproteínas que contienen **cisteína**. Son inhibidoras de las proteasas producidas por las bacterias.
     g. **Peroxidasa**. Utiliza el **peróxido de hidrógeno** para producir sustancias tóxicas para las bacterias.
     h. **Lisozima**, que rompe las paredes bacterianas.
     i. **Lactoferrina**. Proteína que fija **hierro** y dificulta el metabolismo bacteriano.
     j. **Defensinas**. Pequeños péptidos (15–20 aminoácidos) que permeabilizan las membranas bacterianas.
     k. **IgA secretora (IgAS)**. Anticuerpos.
     l. **EGF**. El factor de crecimiento epidérmico favorece la cicatrización de heridas de la mucosa bucal.
     m. **NGF**. Interviene en la cicatrización de heridas. Lo produce la glándula submandibular.
     n. **Insulina**.
     o. **Proteínas de unión al AMPc**.
     p. **Albúmina sérica**.
  3. Moléculas orgánicas pequeñas:
     a. Glucosa.
     b. Aminoácidos.
     c. Urea.
     d. Ácido úrico.
     e. Lípidos.
  4. Electrolitos:
     a. Na^+.
     b. K^+.
     c. Cl^-.
     d. HCO_3^-.
     e. Ca^{2+}.
     f. Mg^{2+}.
     g. HPO_4^{2-} (monohidrógeno fosfato).

h. Tiocianato ($N{\equiv}C{-}S^-$, SCN^-).
i. F^-.

C. Muchas de estas sustancias se producen en los adenómeros, pero algunas, como las IgAS, se producen en el estroma y pasan a través de adenómeros y conductos.

15.5 Secreción y modificación de la saliva

A. La mayor parte de la secreción de saliva en las glándulas principales se produce por estímulos externos que provocan un acto reflejo.
   1. Los estímulos externos que desencadenan el acto reflejo actúan sobre:
      a. **Quimiorreceptores** de la olfacción y el gusto.
      b. **Mecanorreceptores** de la masticación, incluyendo mecanorreceptores del **ligamento periodontal**.
   2. Los estímulos externos son captados por terminaciones sensoriales y transmitidos al sistema nervioso central, donde se genera un impulso nervioso en los **sistemas simpático y parasimpático** que se dirigen a las glándulas salivales.

B. La saliva primaria tiene una composición diferente a la de la saliva secundaria que llega a la boca. La concentración de algunas sustancias, como por ejemplo los electrolitos, es modificada en los conductos. De hecho, muchos electrolitos son secretados o reabsorbidos en esta parte de la sialona.
   1. Secreción en el adenómero (fig. 15.5):
      a. Las proteínas se producen en el retículo endoplásmico, se transportan al aparato de Golgi y allí se empaquetan en vesículas que se liberan por **exocitosis**. La exocitosis es estimulada por la liberación de **noradrenalina** por las terminaciones simpáticas.
      b. La liberación de agua y electrolitos está controlada sobre todo por el sistema parasimpático y en menor medida por el sistema simpático.
         (1) La liberación de **acetilcolina** por el parasimpático produce una liberación de Ca^{2+} en el citoplasma de la célula epitelial o del conducto (almacenado en el retículo endoplásmico). Esta liberación de calcio también puede ser estimulada por la noradrenalina del sistema simpático.
         (2) El aumento de la concentración de Ca^{2+} estimula la **exocitosis** de las vesículas de secreción, pero su principal efecto es abrir los **canales de Cl^-** en el polo apical y **canales de K^+** en el polo basolateral.
         (3) El flujo de Cl^- hacia la luz arrastra Na^+ por **transporte paracelular**[2].
         (4) El aumento de NaCl en la luz del adenómero arrastra el flujo de agua por **ósmosis**. El agua atraviesa las células epiteliales por las **acuaporinas** presentes en sus membranas, y quizás también por transporte paracelular.

[2] Se llama transporte paracelular al que se produce por el espacio entre las células. Está controlado por las uniones herméticas entre las células epiteliales.

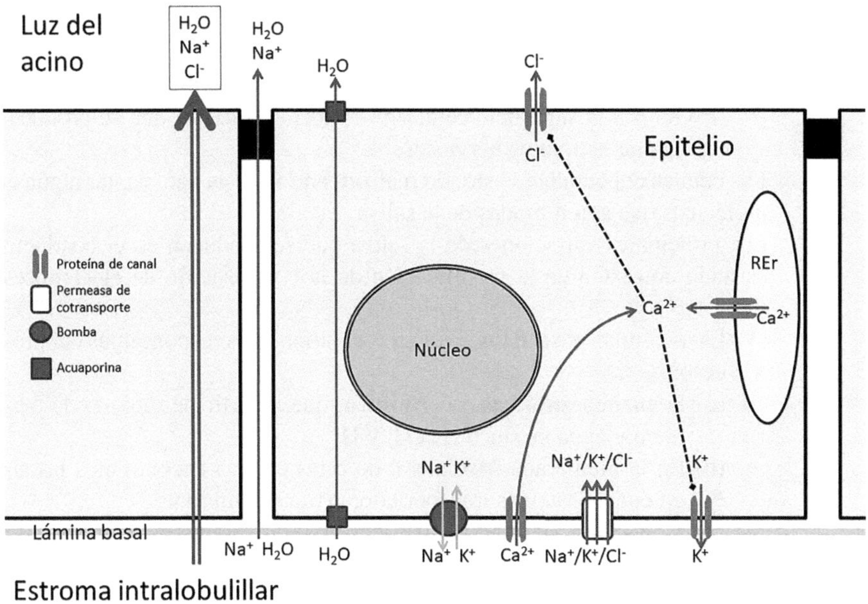

Figura 15.5 Esquema simplificado del transporte de agua y electrolitos en las células acinares de las glándulas salivales. Los estímulos nerviosos provocan un aumento de concentración de iones de calcio en el citosol, lo que estimula la salida de Cl^- al lumen y de potasio al estroma. La salida de Cl^- arrastra el paso paracelular del Na^+ y el transporte de agua transcelular (a través de las acuaporinas) y paracelular. El resultado neto es el paso de agua, cloro y sodio a la saliva

c. Para mantener en la célula del adenómero el equilibrio iónico necesario, en la cara basolateral de la célula existe un cotransportador de $Na^+/K^+/Cl^-$, que introduce estos iones en la célula desde los tejidos del estroma.
d. Para que todo este transporte de iones se produzca, es necesario mantener una concentración intracitosólica de K^+ alta y de Na^+ baja. Esto se consigue gracias a una **bomba de Na^+/K^+** situada en la cara basolateral de la célula, que introduce K^+ y saca Na^+. Todo el transporte de iones requiere, por tanto, el aporte de energía que se consume como ATP en la bomba de Na^+/K^+.

2. En el conducto intercalado se modifica parcialmente la composición de la saliva:
   a. Se secreta algo de **lisozima** y **lactoferrina** almacenada en sus vesículas de secreción.
   b. Además, en las glándulas serosas y mixtas se secreta HCO_3^- y se reabsorbe Cl^-.
3. Las principales modificaciones de la saliva se producen en el conducto estriado:
   a. Se secreta **calicreína**.
      (1) Es una proteína que modifica las **cistatinas** y las **proteínas ricas en prolina** producidas en el adenómero.

(2) A diferencia de otras proteínas secretadas en la saliva, no se acumula en vesículas de secreción que se liberan en respuesta a estímulos nerviosos, sino que se transporta en pequeñas vesículas desde el aparato de Golgi a la superficie celular y se libera a medida que se produce, sin mediar estímulos nerviosos.

b. Las células del conducto estriado realizan **endocitosis** para captar algunas moléculas que son retiradas de la saliva.

c. Las principales variaciones de la saliva que se producen en el conducto estriado consisten en la modificación de la composición de **electrolitos** (fig. 15.6):

(1) Estas células poseen los siguientes componentes responsables del proceso:

(a) la enzima **anhidrasa carbónica**, que a partir de dióxido de carbono y agua produce HCO3⁻ y H^+.

(b) En la membrana basolateral de estas células encontramos las siguientes proteínas transportadoras transmembrana:

1. **ATPasa de Na^+/K^+ (bomba de sodio/potasio)**, que expulsa Na^+ e introduce K^+.
2. **Canal de Cl^-**, que saca estos iones de la célula.

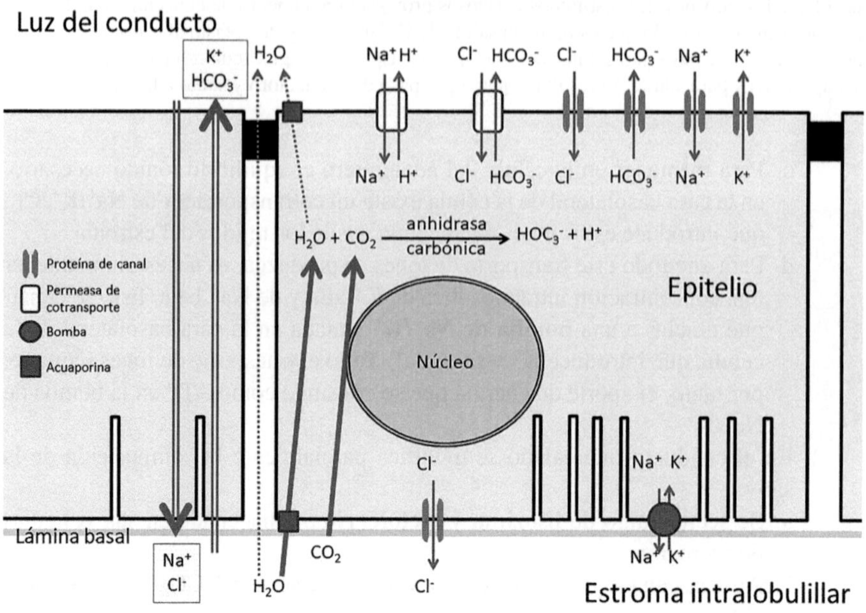

Figura 15.6 Esquema simplificado del transporte de agua y electrolitos en las células del conducto estriado. La anhidrasa carbónica produce bicarbonato, que sale al lumen del conducto. También se expulsan iones K^+. Al mismo tiempo, se absorbe Cl^- y Na^+. Puede haber un transporte de agua, pero no suele notarse un flujo neto

(c) En la membrana apical se encuentran otras proteínas transportadoras:
1. **Canal de Na^+**, que retira estos iones de la saliva y lo introduce en el citosol.
2. **Canal de Cl^-**, que introduce el cloruro en la célula.
3. **Canal de bicarbonato**, que saca este ion al lumen del conducto.
4. **Canal de K^+**, que permite salir a este ion.
5. **Cotransportadora HCO_3^-/Cl^-**, que expulsa HCO_3^- e introduce Cl^-.
6. **Cotransportadora de Na^+/H^+**, que expulsa H^+ hacia la luz e introduce Na^+ en el citosol.

(2) El aporte energético que mueve el transporte que se produce en estas células es resultado de:
(a) La producción intracelular de HCO_3^- y H^+.
1. El aumento de la concentración intracelular de HCO_3^- provoca su salida de la célula hacia la luz, lo que acidifica el citosol.
2. La acidificación del citosol permite la absorción de sodio del lumen gracias al cotransportador de Na^+/H^+.

(b) La actividad de la bomba de sodio/potasio de la cara basolateral:
1. Al expulsar el Na^+ hacia el intersticio, disminuye su concentración en el citosol y arrastra la captura del ion presente en la saliva.
2. La salida de K^+ restaura la neutralidad eléctrica.

(3) Hay muchos más transportadores en ambas membranas implicados en el proceso, que es mucho más complejo de lo resumido aquí.

(4) El resultado final de la actividad de estas proteínas es:
(a) Una **reabsorción neta de Na^+ y Cl^-**, lo que produce una saliva hipotónica.
(b) Una **secreción neta de K^+ y HCO_3^-**.
(c) Puede producirse un **transporte paracelular de agua** hacia la luz del conducto, que también puede moverse a través de acuaporinas de las membranas celulares, aunque no suele observarse un flujo neto de agua en ninguna dirección.

C. La composición final de la saliva varía mucho dependiendo del flujo.
1. Si el flujo de saliva es elevado:
a. Aumenta la concentración de Na^+ y Cl^- y disminuye la de K^+.
b. Además, el flujo elevado de saliva aumenta los niveles de HCO_3^- en la saliva.
2. Si el flujo de saliva es bajo, se produce el efecto inverso.

15.6 Funciones de la saliva

A. La saliva es un líquido complejo que lleva a cabo múltiples funciones:

1. **Procesamiento de alimentos**. Se lleva a cabo mediante varias acciones:
   a. Humedecer los alimentos para formar el **bolo alimenticio**.
   b. Digerir algunas sustancias, gracias a las enzimas salivales, como la **amilasa o ptialina**, que degrada el almidón, y la **lipasa salival**.
   c. Facilitar la actividad de los corpúsculos gustativos, al disolver las sustancias que producen los **sabores**.
2. **Protección**, que se lleva a cabo mediante diversos mecanismos:
   a. **Lubricación**, gracias sobre todo a las **mucinas**. Esto facilita los movimientos de la lengua, permite la fonación y protege la mucosa bucal.
   b. **Limpieza o lavado mecánico**, producido por el flujo de líquido por la boca.
   c. Protección contra **microorganismos patógenos**. Esto se debe a muchos factores:
      (1) Las **mucinas** facilitan la aglutinación de bacterias, lo que impide que se adhieran a las mucosas.
      (2) Las **IgA secretoras**, que se unen a las bacterias para que sean fagocitadas por los leucocitos y macrófagos.
      (3) Las **lisozimas**, que rompen las paredes bacterianas.
      (4) Las **defensinas**, que permeabilizan las membranas de las bacterias.
      (5) Las **sialoperoxidasas**, que producen sustancias bactericidas.
      (6) La **lactoferrina**, que capta hierro, lo que impide que ciertas bacterias que lo necesitan lo puedan utilizar.
      (7) Las **histatinas**, que son péptidos ricos en histidina que tienen capacidad antifúngica.
3. **Regulación** de varios procesos:
   a. **Regulación del pH bucal**, que suele estar próximo al pH neutro.
      (1) Un pH acido facilita la acción bacteriana que produce caries dental.
      (2) La saliva controla el pH gracias a un **tampón bicarbonato/ácido carbónico**.
      (3) También influyen los **péptidos ricos en histidina** y los **fosfatos** de la saliva.
   b. Intervención en la **integridad del diente**. Además de la regulación del pH, que previene la caries, la saliva participa en el mantenimiento de la estructura dental mediante varios mecanismos:
      (1) **Maduración del esmalte**, cuya dureza puede aumentar después de la erupción del diente.
      (2) **Remineralización**, mediante dos mecanismos:
         (a) Formando cristales de **fluorapatita** en el esmalte, más resistentes a la caries.
         (b) Reparando con iones Ca^{2+} y PO_4^{3-} las manchas dentales de esmalte y dentina producidas por desmineralización.

(3) **Formación de la película dental adquirida**, una capa orgánica acelular que recubre los dientes y que está formada por glicoproteínas de origen salival. Esta película es protectora y lubricante.

c. Participación en la **excreción** y **equilibrio hídrico**. La contribución de la saliva a estos procesos es de poca importancia. Por ejemplo:

(1) A través de la saliva se expulsa alcohol, aunque éste puede ser reabsorbido en el estómago.

(2) Se puede compensar la falta de líquidos con una disminución de la secreción salival.

B. Como la saliva es fácil de colectar puede ser utilizada para usos médicos. Se pueden detectar sustancias que se incorporan a la saliva durante la producción en la glándula salival o que pasan a la saliva en la cavidad bucal:

1. **Diagnóstico**: actualmente se utiliza la saliva en test de detección de fármacos (esteroides) y drogas.
2. **Técnicas forenses**:
   a. Se puede determinar el **grupo sanguíneo** del 80 % de las personas, ya que los oligosacáridos de las mucinas pueden tener la misma estructura que los oligosacáridos responsables de los grupos sanguíneos.
   b. Las células desprendidas de la mucosa bucal en la saliva se utilizan como fuente de **ADN**.

15.7 Amígdalas

A. Las **fauces o istmo de las fauces** es la abertura que comunica la boca con la faringe. En esta zona, la mucosa puede tener:

1. **Tejido linfoide difuso**. Es un tejido conjuntivo infiltrado por muchos lifocitos.
2. **Amígdalas**. Son unos órganos linfoides formadas por regiones de tejido linfoide muy evidentes y bien delimitadas, donde el epitelio se puede invaginar formando unas **criptas**.

B. Existen varios tipos de amígdalas que se disponen en la región de la **orofaringe**, así como otras que se encuentran en la **rinofaringe**, y todas ellas constituyen el llamado **anillo linfático faríngeo de Waldeyer** (fig. 15.7), formado por:

1. **Amígdalas palatinas**, dos acúmulos ovalados prominentes en la región entre los arcos glosopalatinos y faringopalatinos. Normalmente se las denomina simplemente amígdalas.
2. **Amígdalas linguales**, se encuentran en la raíz de la lengua.
3. **Amígdalas tubáricas**, en la pared faríngea lateral, en la entrada de la trompa auditiva.
4. **Amígdalas faríngeas o adenoides**, situadas en el techo de la faringe.

C. Las dos primeras se encuentran en la orofaringe, las otras dos en la rinofaringe.

D. En el contorno de las amígdalas el tejido conjuntivo se condensa formando una **cápsula**. La presencia de esta cápsula permite extirpar las amígdalas mediante procedimientos quirúrgicos.

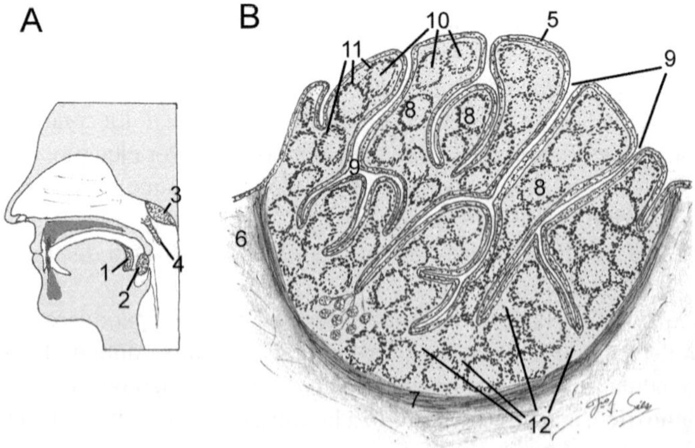

Figura 15.7 Localización de las amígdalas en la cavidad bucal y faringe (**A**) y organización histológica de la amígdala palatina (**B**). 1, amígdala lingual; 2, amígdala palatina; 3, amígdala faríngea o adenoide; 4, amígdala tubárica; 5, epitelio de revestimiento; 6, lámina propia; 7, cápsula; 8, folículos linfoides o linfáticos; 9, criptas amigdalinas; 10, centro germinativo; 11, zona del manto o corona; 12, tejido parafolicular

E. Todas ellas se caracterizan porque en la lámina propia de la mucosa se encuentran acumulaciones esféricas de linfocitos llamadas **folículos o nódulos linfoides**.
   1. El folículo linfoide es una estructura propia del tejido linfoide que puede encontrarse en otros órganos linfoides, como el bazo o los ganglios linfáticos.
   2. En el folículo linfoide se produce el contacto entre los **linfocitos B** con su antígeno. Se observa una acumulación de linfocitos y otras células que colaboran con ellos y se lleva a cabo un proceso de maduración y diferenciación de los linfocitos B.
   3. Este proceso origina nuevos linfocitos B capaces de fabricar anticuerpos más eficaces contra el antígeno.

F. Los folículos linfoides invaden totalmente el tejido conjuntivo y lo desplazan y, a veces, se infiltran en el epitelio, por lo que es difícil distinguir un límite entre el epitelio y la lámina propia.

G. Los folículos linfoides pueden ser:
   1. **Folículos primarios**: formados sólo por linfocitos pequeños, que son linfocitos vírgenes que no han contactado con un antígeno.
   2. **Folículos secundarios**: son folículos donde se ha producido el contacto con el antígeno y se está produciendo la maduración de los linfocitos. Están formados por:
      a. **Centro germinativo**, en la región central, que se tiñe más pálido en las secciones histológicas.

(1) Se produce cuando un linfocito B que ha reconocido su antígeno prolifera, y se acumulan linfocitos grandes (**inmunoblastos o linfoblastos**[3]).
(2) Estos linfocitos poseen eucromatina dispersa en sus núcleos en lugar de heterocromatina como en los linfocitos pequeños.
(3) También hay **células dendríticas foliculares**[4] **(FDC)** y **macrófagos**.

b. **Zona del manto o corona**, que es un anillo o casquete externo que rodea el centro germinativo. Está formado por linfocitos B pequeños, que son **linfocitos vírgenes** y **linfocitos memoria** que han sido excluidos del centro germinativo porque no están reaccionando con un antígeno.

3. Alrededor de los folículos linfoides se localiza el **tejido linfoide parafolicular**, constituido por **linfocitos T**.

H. En las amígdalas existen **vasos linfáticos eferentes**, que drenan linfa hacia los ganglios linfáticos.

I. Todas las amígdalas son similares, pero difieren histológicamente por dos estructuras que pueden variar:
1. **Criptas amigdalinas**. Son invaginaciones del epitelio de la mucosa. Pueden ser profundas y ramificadas, o más sencillas, e incluso pueden no existir.
2. **Epitelio de revestimiento**, que depende de la zona donde se encuentra.
   a. En la orofaringe suele ser **estratificado plano**.
   b. En la rinofaringe es **pseudoestratificado cilíndrico ciliado**, que es el epitelio típico de las vías respiratorias altas (**epitelio respiratorio**).

J. Las principales características de las amígdalas se resumen en la siguiente tabla:

	Epitelio	Criptas	Cápsula	Otras características
Amígdalas palatinas	Estratificado plano no queratinizado	Profundas y ramificadas, abundantes	Gruesa	Glándulas mucosas por fuera de la cápsula
Amígdala lingual	Estratificado plano no queratinizado	Aplanadas y poco ramificadas, escasas	Poco delimitada	En las criptas desembocan glándulas linguales mucosas
Amígdalas faríngeas y tubáricas	Pseudoestratificado cilíndrico ciliado	No hay criptas, a veces repliegues superficiales	Adherida al periostio	Glándulas mixtas en la amígdala

[3] El término linfoblasto se desaconseja en este contexto, pues también se utiliza para referirse a los precursores de los linfocitos vírgenes.

[4] Aunque en algunos textos se considera a las células dendríticas foliculares una variente de las células dendríticas interdigitantes, en realidad se trata de dos células completamente diferentes en su origen, en sus características y en su función.

Lo que hay que recordar
La saliva se produce en las glándulas salivales, que pueden ser glándulas pequeñas dispersas en la mucosa y la submucosa (glándulas menores) u órganos encapsulados (glándulas principales). En las glándulas principales hay tabiques de tejido conectivo que separan varios lobulillos, los cuales, junto con el tejido conectivo laxo intralobulillar inervado y vascularizado, forman el estroma. El parénquima está formado por adenómeros y conductos excretores. Cada adenómero con los primeros conductos excretores (conducto intercalado y conducto estriado) forman la sialona, que produce saliva. Los adenómeros pueden ser acinos serosos, tubuloacinos mucosos y tubuloacinos mixtos. Las glándulas parótidas son exclusivamente serosas, las glándulas sublinguales y submandibulares tienen adenómeros serosos, mucosos y mixtos. La saliva primaria, iso o hipertónica, se produce en los adenómeros y se modifica en los conductos salivales para formar saliva secundaria, que es hipotónica. La saliva contiene enzimas para el procesamiento de los alimentos, así como sustancias lubricantes, antibacterianas, antifúngicas y reguladoras del pH. También contiene sustancias que intervienen en el mantenimiento de la integridad de los dientes. Las amígdalas tienen una mucosa infiltrada de linfocitos que forman folículos linfoides, donde los linfocitos B se especializan para producir mejores anticuerpos contra su antígeno. El epitelio de las amígdalas se invagina para formar criptas.

Lectura adicional

Berkovitz B K B, Holland G R, Moxham B J 2018. Salivary glands. En: Oral Anatomy, Histology & Embryology. 5ª ed. Elsevier, pp. 303–321.

Chibly A M, Aure M H, Patel V N, Hoffman M P 2022. Salivary gland function, development, and regeneration. Physiological Reviews 102: 1495–1552.

Chiego D J 2023. Salivary Glands and Tonsils. En: Essentials of Oral Histology and Embryology. 6ª ed. Elsevier, pp. 184–194.

Emmelin N 1987. Neve interactions in salivary-glands. Journal of Dental Research 66: 509–517.

Fehrenbach M J, Popowics T 2020. Head and Neck Structures. En: Illustrated Dental Embryology, Histology, and Anatomy. 5ª ed. Elsevier, pp. 135–148.

Gartner L P 2017. Digestive System: Oral Cavity. En: Textbook of Histology. 4ª ed. Elsevier, pp. 419–434.

Gómez de Ferraris M E, Campos Muñoz A 2009. Glándulas salivales. En: Histología, Embriología e Ingeniería Tisular Bucodental. 3ª ed. Médica Panamericana, pp. 177–208.

Hand A R 2014. Salivary Glands, Salivary Secretion, and Saliva. En: Fundamentals of Oral Histology and Physiology, Hand A R and Frank M E Editores. Wiley Blackwell, pp. 223–140.

Jamieson J D 1988. The Exocrine Pancreas and Salivary Glands. En: Cell and Tissue Biology – A Textbook of Histology. Weiss L Editor. 6ª ed. Urban & Schwarzenberg, pp. 715–736.

Kierszenbaum A L, Tres L L 2019a. Digestive glands. En: Histology and Cell Biology – An Introduction to Pathology. 5ª ed. Elsevier, pp. 575–606.

Kierszenbaum A L, Tres L L 2019b. Upper digestive segment. En Histology and Cell Biology – An Introduction to Pathology. 5ª ed. Elsevier, pp. 511–542.

Krstić R V 1991. Digestive Apparatus. En: Human Microscopic Anatomy. An Atlas for Students of Medicine and Biology. Springer Verlag, pp. 161–255.

Nanci A 2013. Salivary Glands. En: Ten Cate's Oral Histology. 8ª Ed. Elsevier, pp. 253–277.

O'Dowd G, Bell S, Wright S 2023. Oral tissues. En: Wheater's Functional Histology. Elsevier, pp. 241–252.

Pawlina W 2024. Digestive System I: Oral cavity and Associated Structures. En: Histology a Text and Atlas with correlated Cell and Molecular Biology. 9ª ed. Wolters Kluwer, pp. 588–631.

Redman R S 1994. Myoepithelium of salivary-glands. Microscopy Research and Technique 27: 25–45.

Redman R S 2025. Salivary gland carbonic anhydrases. Histology and Histopathology. Histology and Histopathology 40:1675–1692.

Shang Y F, Shen Y Y, Zhang M C et al. 2023. Progress in salivary glands: Endocrine glands with immune functions. Frontiers in Endocrinology 14: 1061235.

Swid M A, Li L P, Drahnak E M et al. 2023. Updated salivary gland immunohistochemistry. Archives of Pathology & Laboratory Medicine 147: 1383–1389.

Tandler B, Phillips C J 2000. Organic secretion by striated ducts. European Journal of Morphology 38: 233–236.

Tandler B, Nagato T, Toyoshima K, Phillips C J 1998. Comparative ultrastrure of intercalated ducts in major salivary glands: A review. Anatomical Record 252: 64–91.

Tandler B, Gresik E W, Nagato T, Phillips C J 2001. Secretion by striated ducts of mammalian major salivary glands: Review from an ultrastructural, functional, and evolutionary perspective. Anatomical Record 264: 121–145.

Tucker A S 2007. Salivary gland development. Seminars in Cell and Developmental Biology 18: 237–244.

Complejo articular temporomandibular (CATM) 16

Qué aprenderás en este capítulo
La articulación temporomandibular acopla la mandíbula con el hueso temporal en la base del cráneo. Es una diartrosis con algunas características especiales. En este capítulo verás su origen embrionario y su organización histológica, que difiere de la típica de otras diartrosis.

16.1 Características generales

A. La **articulación temporomandibular** (**ATM**) es la articulación de la **cabeza o cóndilo** de la **mandíbula** con el **hueso temporal**, en la base del **cráneo**.
B. La mandíbula se articula con el cráneo por dos articulaciones, derecha e izquierda. Ambas se caracterizan por trabajar de forma coordinada:
   1. Si se mueve la ATM de un lado, la ATM del otro lado también sufre algún tipo de desplazamiento.
   2. Es imposible que la ATM de un lado trabaje independientemente de la del otro lado.
C. En esta articulación se combinan movimientos de bisagra (pivote) con movimientos de desplazamiento (deslizamiento).
   1. Los movimientos de rotación o bisagra en el plano sagital convierten la ATM en una **articulación ginglimoide**.
   2. La ATM también es una **articulación artrodial**, ya que realiza movimientos de traslación o deslizamiento.
   3. La combinación de ambos tipos de movimiento permite considerar funcionalmente la ATM como una **articulación ginglimoartrodial**.
D. Las propiedades funcionales de la ATM permite realizar varios movimientos de la mandíbula:

F.J. Sáez, I. Badiola, *Histología Bucal Básica*,
https://doi.org/10.1007/978-3-032-24363-8_16

1. **Ascenso** y **descenso** de la mandíbula, lo que conlleva el cierre y la apertura de la mandíbula mediante movimientos rotatorios del cóndilo.
2. Movimientos de desplazamiento hacia delante de hasta 1,5 cm:
   a. La **protrusión** es el movimiento de desplazamiento hacia delante con contacto de los dientes.
   b. La **propulsión** es el desplazamiento sin contacto dental.
3. Movimientos de desplazamiento hacia atrás.
   a. La **retrusión** es el desplazamiento hacia atrás con contacto dental.
   b. La **retropulsión** es el desplazamiento hacia atrás sin contacto dental.
4. **Lateralidad centrífuga** y **lateralidad centrípeta**, que son movimientos laterales. Cuando la mandíbula se desplaza hacia un lado, el cóndilo de ese lado se mueve centrífugamente mientras que el del otro lado se mueve hacia la línea media del cuerpo (centrípetamente).
   a. Durante los movimientos laterales, la ATM de un lado se mueve de forma distinta a la del otro lado.
   b. El cóndilo que se traslada más es el contralateral al movimiento, es decir, que en un desplazamiento de la mandíbula hacia la derecha, el cóndilo izquierdo se traslada más que el derecho.

16.2 Descripción anatómica del complejo articular temporomandibular (CATM)

A. La ATM está asociada a músculos y ligamentos para formar una estructura compleja que permite el movimiento en varias direcciones del hueso mandibular. Esta estructura se denomina **complejo articular temporomandibular (CATM)**. La descripción de esta estructura compleja es objeto de la anatomía, por lo que aquí se describe brevemente.

B. La ATM es una **diartrosis (articulación sinovial) bicondílea**[1], formada por (fig. 16.1):
   1. **Cóndilo mandibular o apófisis del cóndilo mandibular**, que es el extremo dilatado del hueso mandibular que se articula con el hueso temporal. En los jóvenes la cabeza del cóndilo es más redondeada que en los adultos.
   2. **Hueso temporal**, en el cual se distinguen dos superficies que se articulan con el cóndilo mandibular:
      a. **Fosa mandibular o cavidad glenoidea**, una concavidad del hueso temporal.
      b. **Eminencia articular**, una región convexa situada anteriormente con respecto a la fosa mandibular.
   3. **Cavidad articular o sinovial**, situada entre ambos huesos y dividida en dos partes, superior e inferior, por el disco articular.

[1] Se considera bicondilar porque los dos huesos que se articulan tienen superficies convexas.

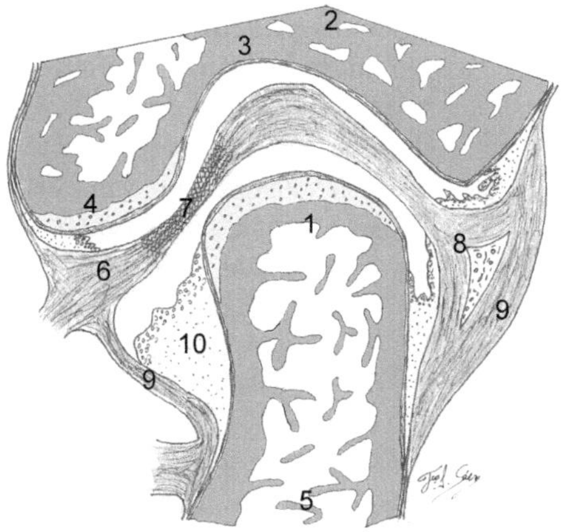

Figura 16.1 Sección que muestra la organización de la articulación temporomandibular. 1, cóndilo mandibular; 2, hueso temporal; 3, fosa mandibular o cavidad glenoidea; 4, eminencia articular; 5, hueso mandibular; 6, banda anterior del disco articular; 7, zona intermedia del disco articular; 8, disco articular posterior bilaminar; 9, ligamento capsular; 10, membrana sinovial

4. **Disco articular**, situado entre el cóndilo mandibular y el hueso temporal.
   a. El disco articular divide la cavidad articular en dos cavidades independientes.
   b. Algunos autores lo llaman erróneamente "*menisco*", pero no es un menisco, ya que los meniscos dividen de forma incompleta las cavidades articulares en dos cavidades comunicadas entre sí.
   c. En este disco articular se distinguen tres regiones:
      (1) **Banda anterior**, unilaminar.
      (2) **Zona intermedia** fina.
      (3) **Disco posterior**, más grueso, que termina dividiéndose en dos láminas.
5. **Ligamento capsular**, que forma la **cápsula articular** que constituye las paredes de la cavidad sinovial. Como en otras diartrosis, en su cara interna se encuentra una **membrana sinovial**.

C. Además, a esta articulación se asocian otros ligamentos y músculos para formar el CATM. Hay numerosos músculos que pueden intervenir en los movimientos de la ATM, pero solo vamos a señalar los cuatro más importantes:
   1. **Músculo pterigoideo lateral**. Su cabeza superior termina en el ligamento capsular de la región anterior de la ATM, mientras su cabeza inferior contacta con el periostio de la mandíbula en la región de unión con el ligamento capsular de la zona anterior. Protruye la mandíbula y tira del disco articular hacia adelante.
   2. **Músculo pterigoideo medial**. Se dirige desde el hueso pterigoideo hasta la parte inferior de la rama de la mandíbula. Lleva hacia adelante y eleva la mandíbula.
   3. **Músculo temporal**. Eleva y retrae la mandíbula.
   4. **Músculo masetero**. Eleva la mandíbula.

D. Por su parte, los ligamentos que intervienen en el CATM se agrupan en dos clases:

1. **Ligamentos principales**:
   a. **Ligamento capsular**. Ya lo hemos mencionado como componente de la ATM.
      (1) Este ligamento restringe los movimientos de la articulación y limita la distancia que ambos huesos se pueden separar sin causar daño.
      (2) Está formado por (fig. 16.2):
         (a) **Cápsula articular**, que ya hemos mencionado, y recubre la cavidad articular. Su parte externa es fibrosa y su parte interna es la membrana sinovial.
         (b) **Ligamento lateral o temporomandibular**. Es un engrosamiento lateral de la cápsula articular con dos partes:
            1. Una **porción oblicua**, que va desde la eminencia articular en diagonal, hacia atrás y hacia abajo, hasta la parte externa del cóndilo.
            2. Una **porción horizontal**, que se origina en la eminencia articular y se inserta en la parte lateral del cóndilo.
   b. **Ligamentos colaterales**.
   c. **Ligamento temporodiscal**.
2. **Ligamentos accesorios**:
   a. **Ligamento pterigomandibular**.
   b. **Ligamento esfenomandibular**.
   c. **Ligamento estilomandibular**.

16.3 Desarrollo de la ATM

A. Para entender la ATM es necesario comprender su desarrollo.
B. Comienza en la octava semana de gestación (fig. 16.3). Se producen dos condensaciones de mesénquima que forman el **blastema temporal** y el **blastema condilar** (del griego clásico βλάστημα blástēma, 'germen, retoño'), separados a cierta distancia el uno del otro.

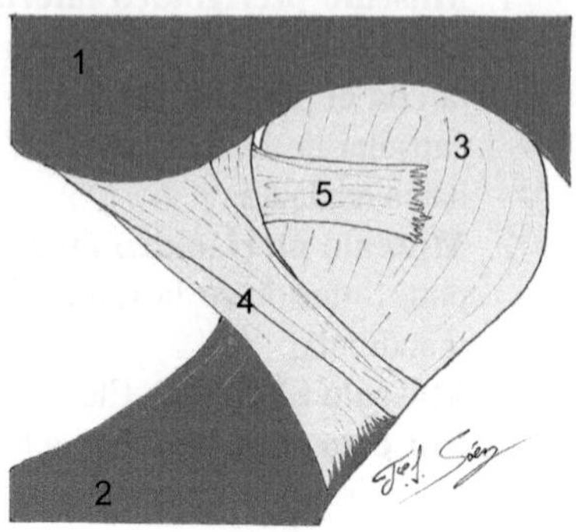

Figura 16.2 Ligamento capsular. El ligamento capsular está formado por la cápsula articular (3) y el ligamento lateral o temporomandibular, que tiene dos partes: la porción oblicua externa (4) y la porción horizontal interna (5). 1, hueso temporal; 2, mandíbula

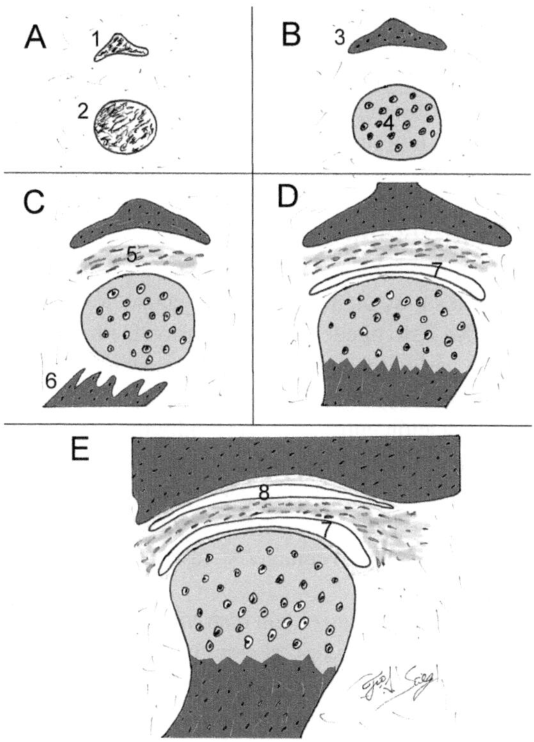

Figura 16.3 Desarrollo de la articulación temporomandibular. En la octava semana (**A**) se forman dos condensaciones de mesénquima que forman el blastema temporal (1) y el blastema condilar (2). A partir de la décima semana (**B**), comienza la osificación intramembranosa en el blastema temporal (3) mientras que el blastema condilar se convierte en cartílago (4). Poco después (**C**) se observa una condensación de mesénquima entre ambos esbozos, que formará el disco articular (5). Al mismo tiempo, la mandíbula que se está formando por osificación intramembranosa se aproxima al blastema condilar (6). En la semana duodécima (**D**), aparece una hendidura entre el futuro disco articular y el cóndilo, que se convertirá en la cavidad articular inferior (7). Una semana más tarde (**E**), se produce otra hendidura entre el hueso temporal y el disco articular, que dará lugar a la cavidad articular superior (8)

C. Ambos blastemas terminan por enfrentarse hacia la decimosegunda semana. La separación entre los blastemas disminuye por el crecimiento del blastema condilar.
D. En seguida aparece una hendidura sobre el blastema del cóndilo. Dicha hendidura se convertirá en la **cavidad articular inferior de la ATM**.
E. La osificación comienza antes en el blastema temporal que en el condilar:
   1. El blastema temporal sufre una **osificación intramembranosa**.
   2. El blastema condilar se convierte en cartílago (**cartílago condilar**) y también contribuye a la **cápsula articular**.
F. Al mismo tiempo, se produce una segunda hendidura próxima al blastema temporal en osificación que será la **cavidad articular superior** de la ATM.

G. Entre ambas hendiduras, el mesénquima se convierte en el **disco articular**.
H. El resultado es que el esbozo del cóndilo mandibular queda formado por cartílago hialino cubierto por una delgada capa de mesénquima fibroso. Posteriormente, el cóndilo sufrirá una **osificación endocondral**, aunque en la superficie articular permanecerá una capa de cartílago.

16.4 Estructura histológica de la ATM

A. Existen descripciones muy diferentes de la organización histológica de los componentes de la ATM. Esto puede deberse a varios factores:
   1. Existe una gran variación en las diferentes especies. Como muchos estudios se hacen sobre modelos animales, no siempre la estructura es idéntica.
   2. Hay una gran variación entre diferentes individuos. La organización histológica es distinta en cada persona, lo que da lugar a descripciones diferentes.
   3. La organización histológica de la ATM se va modificando durante el desarrollo, con lo que depende de la edad del individuo.
B. A continuación se describen las características histológicas de los diversos componentes de la ATM.
C. **Cóndilo mandibular**. La organización histológica del cóndilo mandibular se va modificando durante el desarrollo y el crecimiento postnatal.
   1. Organización del cóndilo mandibular en el **feto y el neonato** (fig. 16.4A):
      a. Ya se ha indicado que el cóndilo se forma a partir de un molde de **cartílago hialino** en el que se produce una **osificación endocondral**.

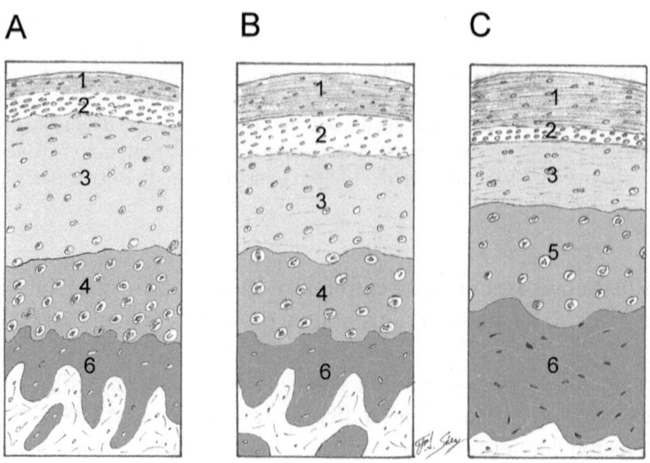

Figura 16.4 Estructura histológica del cóndilo mandibular en feto y neonato (**A**), individuo joven (**B**) e individuo adulto (**C**). 1, zona superficial articular; 2, zona proliferativa; 3, zona de cartílago; 4, zona de hipertrofia, calcificación y erosión; 5, zona de cartílago calcificado; 6, hueso

b. Mientras el cóndilo se osifica, en su superficie pemanecen una capa de cartílago y de otros tejidos.
c. En las fases de desarrollo fetal y en el neonato, la superficie articular del cóndilo está formada, desde la cavidad articular hacia el hueso, por las siguientes estructuras.
   (1) **Zona superficial articular**, una cubierta de **tejido conjuntivo fibroso** con las siguientes características:
      (a) Es una capa continua con la capa profunda del periostio del hueso mandibular, mientras que la capa superficial del periostio del hueso mandibular contribuye a formar la cápsula articular.
      (b) Tiene escasos capilares sanguíneos. La vascularización disminuye con la edad.
      (c) Está formada por:
         1. **Fibras colágenas de tipo I**, orientadas en dirección anteroposterior y paralelas entre sí.
         2. **Fibroblastos**. Los componentes celulares disminuyen con la edad.
         3. **Fibras elásticas**.
   (2) **Zona proliferativa**, una capa de **células mesenquimáticas** indiferenciadas o inmaduras que se van transformando en condroblastos y producen cartílago.
   (3) **Zona de cartílago**, que es **cartílago hialino**.
   (4) **Zona de hipertrofia, calcificación y erosión**. A medida que se produce nuevo cartílago en la zona proliferativa, los condrocitos situados en las zonas más profundas sufren modificaciones:
      (a) **Hipertrofia**.
      (b) **Mineralización de la matriz**.
      (c) **Degeneración del cartílago:** Las células se **necrosan**, hay invasión vascular y se observan **condroclastos**.
d. La zona de erosión es la zona de comienzo de la **osificación**.
   (1) En los espacios producidos por degeneración del cartílago se alojan **osteoblastos** procedentes de la médula ósea del hueso mandibular, y se pueden ver **espículas óseas** en crecimiento que no se encuentran paralelas unas a otras, como ocurre durante el crecimiento de los huesos largos.
   (2) Esto indica que en el cóndilo se produce un **crecimiento multidireccional**.
   (3) El hueso en formación suele ser hueso esponjoso.
e. Algunos autores han comparado el proceso de osificación del cóndilo mandibular con el proceso de osificación de la placa epifisaria de los huesos largos. Las principales características de ambos se resumen en la siguiente tabla:

	Cartílago	Recubrimiento	Condroblastos	Crecimiento	Resorción del cartílago	Trabéculas óseas
Cartílago condilar o condíleo	Hialino	Conjuntivo fibroso	Desordenados	Multidireccional	Por condroclastos	Al azar
Cartílago epifisario	Hialino	Sin recubrimiento	En columnas	Unidireccional	Invasión de capilares osteógenos	Verticales

2. Organización del cóndilo mandibular durante el **crecimiento postnatal** (fig. 16.4B): en las dos primeras décadas de la vida postnatal se mantienen las capas descritas. En este periodo se producen algunos cambios:
   a. La **zona articular** y la **zona proliferativa** se van engrosando.
   b. La **zona de cartílago** (condroblastos y condrocitos) puede ser relativamente más delgada ya que la hipertrofia aparece enseguida.
3. Organización del cóndilo mandibular en el **adulto** (fig. 16.4C).
   a. En el adulto se observan los siguientes cambios:
      (1) La actividad proliferativa cesa, aunque se mantiene una capa de células de reserva con dicha capacidad.
      (2) El cartílago se convierte en **fibrocartílago**.
      (3) La zona de hipertrofia se calcifica con intensidad, de forma que el grado de calcificación es mayor incluso que en el hueso.
   b. Por tanto, en el cóndilo adulto podemos encontrar las siguientes zonas desde la cavidad articular hacia el hueso mandibular:
      (1) **Zona superficial articular**. Es **tejido conjuntivo fibroso** que forma una capa relativamente gruesa.
         (a) Es rica en **fibras colágenas** y puede contener algunas **fibras elásticas**.
         (b) Los **fibroblastos** están dispersos en el tejido.
         (c) Pueden verse algunos **condrocitos**, por lo que se podría considerar una forma de cartílago fibroso.
         (d) Contiene **proteínas de zona superficial (SZP)**:
            1. Facilitan que se disipen las cargas por fricción.
            2. Las sintetizan las células de la zona superficial y pueden liberarse en el líquido sinovial.
      (2) **Zona proliferativa**. Es una zona delgada y rica en células que retienen la capacidad de proliferar.
         (a) Si la ocasión lo requiere, estas células se dividen para renovar la articulación.
         (b) Esto puede ocurrir por ejemplo si hay cambios funcionales o en ciertos tratamientos ortodónticos.
      (3) **Zona fibrocartilaginosa**. Se describe esta capa como una capa fibrosa de apariencia variable.

(a) En algunos textos no se considera estrictamente cartílago.
(b) Se trata de una zona muy fibrosa con células redondeadas que parecen **condrocitos**.
(c) Tiene **colágena de tipo I** y **colágena de tipo II**, por lo que se puede considerar una capa de **cartílago fibroso**.

(4) **Cartílago calcificado**. Situado en contacto con el hueso que, en este caso, suele ser una capa de **hueso compacto**. Como hemos dicho, su grado de mineralización es muy alto.

D. **Fosa mandibular**. En esta zona, el hueso temporal está recubierto exclusivamente por una capa fina de **tejido conjuntivo** similar a un periostio (fig. 16.5A).

E. **Eminencia articular**.

1. En el neonato no existe la eminencia articular, que se desarrolla posteriormente.
2. En el **niño**, esta estructura se desarrolla de una forma parecida a la del cóndilo mandibular, por lo que posee las mismas capas que el cóndilo en crecimiento, que desde la cavidad articular hasta el hueso son:
   a. **Zona superficial articular** fibrosa.
   b. **Zona proliferativa**. Esta zona produce activamente condrocitos.
   c. **Zona de cartílago hialino**.
   d. **Zona de hipertrofia, calcificación y erosión**. En esta zona, los condrocitos mueren, la matriz se calcifica y en las regiones profundas es remplazada por matriz ósea.
3. El proceso de formación y crecimiento de la eminencia articular es más rápido que el del cóndilo, por lo que la capacidad proliferativa cesa antes, y en el joven y en el adulto el hueso temporal de la eminencia articular está recubierto, desde la cavidad articular hasta el hueso temporal, por las siguientes zonas (fig. 16.5B):
   a. **Zona superficial articular**, que es una cubierta de **tejido conjuntivo fibroso**. Como en el cóndilo, produce SZP.
   b. **Zona proliferativa**, que mantiene escasa capacidad de regeneración.

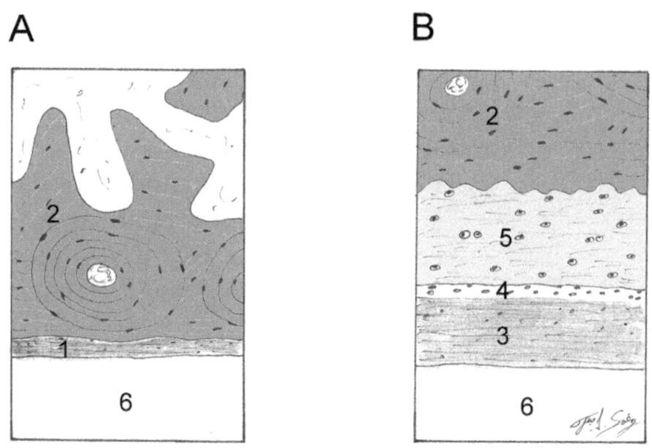

Figura 16.5 Superficies articulares del hueso temporal: fosa mandibular (**A**) y eminencia articular (**B**). 1, tejido conjuntivo similar a periostio; 2, hueso; 3, zona articular de conjuntivo fibroso; 4, zona proliferativa; 5, zona fibrocartilaginosa; 6, cavidad articular con líquido sinovial

c. **Zona fibrocartilaginosa**. Está constituida por **cartílago fibroso**, que deriva del cartílago hialino original.

F. **Disco articular**.

1. El disco articular, cuya forma se adapta a la de las superficies articulares del hueso temporal y el cóndilo mandibular, está formado mayoritariamente por **tejido fibroso denso**. Posee **fibroblastos, fibras colágenas de tipo I** y **glicosaminoglicanos**.
2. Durante el desarrollo fetal y postnatal, el disco está muy vascularizado. En el adulto, el disco está inervado y vascularizado en sus regiones periféricas.
3. Tanto la superficie superior del disco articular como la inferior son cóncavas, debido a que sus extremos anterior y posterior son más gruesos (hasta 3 mm) que la zona central (1 mm), lo que permite distinguir en el disco varias zonas:

a. **Zona anterior**, gruesa, situada ligeramente anterior al cóndilo. Su parte anterior se fusiona con la pared de la cápsula articular. Se caracteriza por tener:

(1) **Fibras colágenas de tipo I** desorientadas, al azar.
(2) Células similares a condrocitos. Algunos autores las denominan **fibrocondrocitos**.
(3) **Adipocitos** aislados.
(4) Vasos sanguíneos y nervios.

b. **Zona central**, delgada, separa la vertiente anterior del cóndilo de la vertiente posterior de la eminencia articular. Se caracteriza por:

(1) Tener **fibras colágenas de tipo I** que se organizan de forma más densa y forman haces, que se orientan en dirección antero-posterior y mediolateral. Esta orientación se hace más evidente con la edad. Pueden adoptar una disposición ondulada.
(2) Ser avascular y no estar inervado.

c. **Zona posterior**, que ocupa el espacio entre el cóndilo y el techo de la fosa glenoidea.

(1) Como la zona anterior, se caracteriza por tener:
(a) Fibras colágenas dispuestas al azar.
(b) Células similares a condrocitos.
(c) Adipocitos aislados.
(d) Vasos sanguíneos y nervios.

(2) En su parte más próxima a la cápsula se divide en dos láminas. Por eso se puede distinguir:
(a) **Lámina retrodiscal superior**: es tejido fibroso relativamente laxo con muchas **fibras elásticas**, que sólo aparecen en esta región del disco articular. Esta lámina superior contacta con la pared de la cápsula articular y con los huesos del cráneo en la fisura escuamotimpánica.
(b) **Lámina retrodiscal inferior**: está formada exclusivamente por tejido conjuntivo sin fibras elásticas, y esta lámina se fusiona con el periostio del cuello del cóndilo.

(c) **Tejido retrodiscal o retroarticular**: está situado entre las láminas superior e inferior del disco bilaminar.
   1. Es un **tejido conjuntivo muy laxo** y altamente vascularizado e inervado.
   2. Si queda atrapado entre el cóndilo y el hueso temporal provoca sensación de dolor.

4. Durante el movimiento de la mandíbula, el disco se mueve pasivamente para adaptarse a los cambios relativos de posición del cóndilo con respecto del hueso temporal (fig. 16.6).
5. El disco se mueve con el cóndilo ya que la mitad inferior de la cápsula articular está muy unida al cóndilo.

G. **Cápsula articular**.
1. La cápsula articular recubre toda la articulación y crea una **cavidad articular** dividida en dos por el disco articular y rellena de **líquido sinovial**.
2. El cerramiento de la articulación se consigue porque la cápsula articular se une:
   a. Por arriba al **periostio del hueso temporal**.
   b. Por debajo al **periostio del cóndilo**.
3. La capsula articular posee dos capas:
   a. La **capa externa** es fibrosa y es una modificación de la capa externa fibrosa del periostio bilaminar del cuello del cóndilo mandibular.
   b. La **capa interna** es una **membrana sinovial**. Esta membrana sinovial es continua con la capa interna osteogénica del periostio bilaminar que recubre el cuello del cóndilo.
      (1) La membrana sinovial recubre toda la superficie interna de la cápsula y forma repliegues o **vellosidades** que sobresalen hacia el interior de la cavidad sinovial. Estas vellosidades aumentan con la edad.
      (2) La membrana sinovial también recubre la parte posterior bilaminar del disco articular, pero no el resto del disco.
      (3) No recubre el cóndilo mandibular.

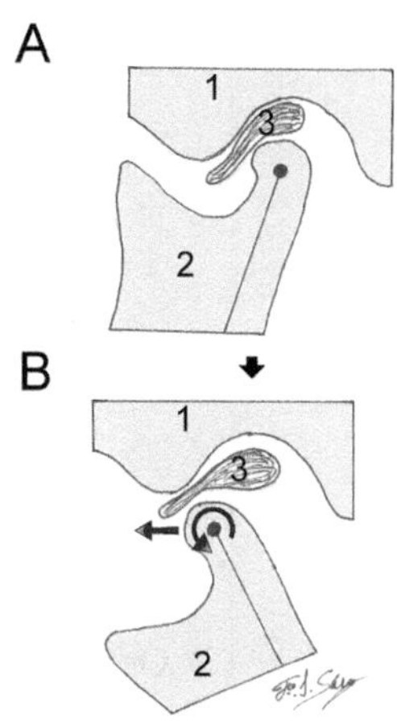

Figura 16.6 Movimiento de la mandíbula: mandíbula cerrada (**A**) y mandíbula abierta (**B**). Las flechas largas indican la dirección de los movimientos de la mandíbula. El disco articular se deforma para adaptarse a los movimientos del cóndilo mandibular. 1, hueso temporal; 2, mandíbula; 3, disco articular

4. La organización histológica de la cápsula articular es similar a la de otras cápsulas articulares de otras articulaciones sinoviales descrita en el capítulo 7.
   a. Por lo que respecta a la **capa subíntima**, se han descrito dos de los tres tipos de membranas sinoviales que ya hemos estudiado: **areolar** y **fibrosa**. Esto depende de la zona de la articulación:
      (1) En la región posterior de la parte superior de la cápsula articular es de tipo areolar.
      (2) En la región anterior de la parte superior es fibrosa.
      (3) No se ha descrito la presencia de sinovial adiposa, aunque con la edad y ciertas situaciones patológicas puede haber un incremento en adipocitos de la subíntima.
   b. La **capa íntima** se caracteriza por:
      (1) Posee sinoviocitos de tipo A y de tipo B.
         (a) **Sinoviocitos de tipo A**:
            1. Al microscopio óptico se ven como células redondeadas situadas cerca de la cavidad articular.
            2. Con el microscopio electrónico se ven repliegues superficiales similares a **filopodios**, vesículas de varios tamaños y lisosomas. El núcleo posee varios pequeños parches de heterocromatina y los nucléolos son raros.
            3. En la ATM se han descrito sinoviocitos de tipo A **electrolúcidos** y **electrodensos**. Los primeros poseen más vesículas y lisosomas y desmosomas con los que se unen a otros sinoviocitos de tipo A.
            4. Existe evidencia de que estas células proceden de los **monocitos** y se comportan como **macrófagos**, por tanto, pertenecen al **sistema fagocítico mononuclear**. Expresan **MHC de tipo II**.
         (b) **Sinoviocitos de tipo B**:
            1. Son células con retículo endoplásmico rugoso bien desarrollado y **gránulos de secreción** densos. El núcleo es grande e indentado, con varios nucléolos y poca heterocromatina. En su membrana plasmática se observan **cavéolas**. Algunas veces, estas células poseen grandes vesículas por lo que se pueden confundir con los sinoviocitos de tipo A.
            2. Producen **colágena de tipo I y II**, **fibronectina** y glicosaminoglicanos, como el **ácido hialurónico**, que parece un componente clave del líquido sinovial.
            3. Estos sinoviocitos poseen **receptores de estrógenos**, lo que podría explicar que las mujeres posean más trastornos de la ATM que los varones.
      (2) La proporción de sinoviocitos de tipo A y B en la membrana sinovial es variable, depende de la edad, pero en general son más abundantes los de tipo B.
      (3) Origen de los sinoviocitos:

   (a) Los sinoviocitos de tipo B aparecen durante la formación de la cavidad articular y el ligamento capsular.
   (b) Los sinoviocitos de tipo A aparecen después del nacimiento.
(4) Los sinoviocitos A y B forman una capa de tipo epitelial sin lámina basal.
   (a) Para evitar que la matriz extracelular de la membrana sinovial salga libremente a la cavidad articular, los sinoviocitos de tipo B poseen procesos citoplasmáticos que se extienden superficialmente por la superficie interna de la membrana sinovial y forman un entramado.
   (b) Los sinoviocitos de tipo A se sitúan entre los resquicios que dejan las prolongaciones de los sinoviocitos B (véase la fig. 7.10).

16.5 Vascularización e inervación del CATM

A. La vascularización del CATM procede principalmente de las **arterias temporal superficial, timpánica anterior, auricular profunda y faríngea ascendente**. Todas estas arterias proceden de la **arteria carótida externa**.
B. Las terminaciones nerviosas del CATM proceden del **nervio auriculotemporal**, el **nervio masetero** y el **nervio temporal profundo**, todos ellos ramas del **quinto nervio craneal**.
C. La ATM muestra terminaciones nerviosas libres y encapsuladas, que, citadas de más abundantes a más escasas, serían terminaciones libres, corpúsculos de Ruffini, órganos tendinosos de Golgi y corpúsculos de Vater-Pacini.
D. Estas terminaciones se encuentran dispuestas como sigue:
   1. **Terminaciones libres**: dispersas por toda la ATM. Se encuentran incluso en la membrana sinovial y los bordes del disco articular. Son receptores del **dolor**.
   2. **Corpúsculos de Ruffini**. Situados en capas superficiales de la cápsula articular. Son mecanorreceptores que captan la **postura**.
   3. **Órganos tendinosos de Golgi**. Presentes en los ligamentos. Son mecanorreceptores que detectan si la articulación está en los extremos de su capacidad de movimiento.
   4. **Corpúsculos de Vater-Pacini**. Se localizan en capas profundas de la cápsula. Son mecanorreceptores que captan **movimiento**.

Lo que hay que recordar

El complejo articular temporomandibular (CATM) está formado por la articulación temporomandibular (ATM) y los ligamentos y músculos asociados. La ATM acopla la mandíbula con el hueso temporal en la base del cráneo. Es una articulación ginglimoartrodial que permite diversos tipos de movimiento. Se trata de una diartrosis atípica, ya que la cavidad articular está dividida en dos por un disco articular. El cóndilo mandibular está recubierto por varias capas de tejido, una de las cuales es cartílago, que con la edad se convierte en fibrocartílago. El cóndilo se articula con dos áreas del hueso temporal: la fosa mandibular (recubierta por una fina capa de tejido conectivo similar al periostio) y la eminencia articular (recubierta por varias capas de tejido, incluido cartílago, que se vuelve fibroso con la edad). El disco articular presenta una zona central avascular y no inervada, que separa el cóndilo de la parte posterior de la eminencia articular, una zona anterior, vascularizada e inervada, y una zona posterior, vascularizada e inervada, dividida en dos láminas y un tejido conectivo retrodiscal laxo entre ellas. La cápsula articular es similar a la de otras diartrosis. Durante los movimientos mandibulares, el cóndilo gira y se desplaza desde la fosa mandibular hasta la eminencia articular, presionando la zona central no inervada del disco articular. Los desplazamientos anormales del disco articular pueden hacer que el cóndilo presione otras regiones del disco articular, lo que provoca dolor.

Lectura adicional

Barlattani A, Martelli M, Gargari M, Ottria L 2019. Articular disc of temporomandibular joint: an anatomical and histological study. Functional considerations. Journal of Biological Regulators and Homeostatic Agents 33: 199–208.

Bender M E, Lipin R B, Goudy S L 2018. Development of the pediatric temporomandibular joint. Oral and Maxillofacial Surgery Clinics of North America 30: 1.

Berkovitz B K B, Pacy J 2002. Ultrastructure of the human intra-articular disc of the temporomandibular joint. European Journal of Orthodontics 24: 151–158.

Berkovitz B K B, Holland G R, Moxham B J 2018. Temporomandibular joint. En: Oral Anatomy, Histology & Embryology. 5ª ed. Elsevier, pp. 293–302.

Chiego D J 2023. Temporomandibular Joiing. En: Essentials of Oral Histology and Embryology. 6ª ed. Elsevier, pp. 158–167.

Constanza F, Bryan Q, Evelyn B E, Ramón F 2021. Anatomical and histological components of the bilaminar zone of the temporomandibular joint. A narrative review. International Journal of Morphology 39: 477–483.

Dijkgraaf L C, DEBont L G M, Boering G, Liem R S B 1996. Structure of the normal synovial membrane of the temporomandibular joint: A review of the literature. Journal of Oral and Maxillofacial Surgery 54: 332–338.

Fehrenbach M J, Popowics T 2020. Temporomandibular Joint. En: Illustrated Dental Embryology, Histology, and Anatomy. 5ª ed. Elsevier, pp. 275–284.

Gómez de Ferraris M E, Campos Muñoz A 2009. Complejo articular temporomandibular (CATM). En: Histología, Embriología e Ingeniería Tisular Bucodental. 3ª ed. Médica Panamericana, pp. 209–230.

Griffin C J, Hawthorn R, Harris R 1975. Anatomy and histology of the human temporomandibular joint. Monographs in Oral Science 4: 1–26.

Hinton R J, Serrano M, So S 2009. Differential gene expression in the perichondrium and cartilage of the neonatal mouse temporomandibular joint. Orthodontics & Craniofacial Research 12: 168–177.

Kiga N 2012. Histochemistry for studying structure and function of the articular disc of the human temporomandibular joint. European Journal of Histochemistry 56: 56–57.
Kuroda S, Tanimoto K, Izawa T et al. 2009. Biomechanical and biochemical characteristics of the mandibular condylar cartilage. Osteoarthritis and Cartilage 17: 1408–1415.
Mizoguchi I, Toriya N, Nakao Y 2013. Growth of the mandible and biological characteristics of the mandibular condylar cartilage. Japanese Dental Sicence Review 49: 139–150.
Nanci A 2013. Temporomandibular Joint. En: Ten Cate's Oral Histology. 8ª ed. Elsevier, pp. 311–327.
Nozawa-Inoue K, Amizuka N, Ikeda N et al. 2003. Synovial membrane in the temporomandibular joint – Its morpohology, function and development. Archives of Histology and Cytology 66: 289–306.
Piette E 1993. Anatomy of the human temporomandibular joint. An updated comprehensive review. Acta Stomatologica Belgica 90: 103–127.
Porto F 2014. Temporomandibular Joint. En: Fundamentals of Oral Histology and Physiology, Hand A R and Frank M E Editores. Wiley Blackwell, pp. 149–161.
Tsutusmi-Arai C, Tran A, Arai Y et al. 2025. Mandibular condylar cartilage in development and diseases: a PTHrP-centric view. Orthodontics & Craneofacial Research (in press) https://doi.org/10.1111/ocr.12936
Xu M L, Zhang X Y, He y 2022. An updated view on temporomandibular joint degeneration: insights from the cell subsets of mandibular condylar cartilage. Stem Cells and Development 31: 445–459.

Pulpa dental

17

Qué aprenderás en este capítulo

En este capítulo, aprenderás cómo se organiza el tejido conjuntivo de la pulpa dental en varias zonas, qué células la forman y cómo se organizan los nervios y vasos sanguíneos que la recorren. Verás que los odontoblastos, que forman la dentina, se encuentran en el límite entre la dentina y la pulpa dental y cuando están activos son células con muchos orgánulos biosintéticos. Aprenderás que hay células madre multipotentes que pueden producir muchos tipos celulares y se están utilizando para estudios de regeneración tisular. Verás que en la pulpa dental hay dos tipos de fibras nerviosas sensoriales: uno responsable de la sensibilidad de la dentina y otro de la sensibilidad pulpar. Finalmente, estudiarás las funciones que realiza la pulpa y aprenderás que puede sufrir algunas alteraciones, incluyendo la formación de cálculos pulpares.

17.1 Características generales

A. La **pulpa dental** (del latín pulpa, 'carne') es el tejido blando, no mineralizado, que ocupa la cavidad interna de los dientes (**cavidad pulpar**), tanto en la corona como en la raíz. En términos coloquiales se le suele denominar "*nervio*", que científicamente es un término incorrecto.

B. En la pulpa dental se encuentran los **odontoblastos**, las células productoras de **dentina**, por lo que dentina y pulpa dental están íntimamente relacionadas y se consideran un **complejo dentino-pulpar**. No obstante, es importante poner énfasis en sus diferencias:

F.J. Sáez, I. Badiola, *Histología Bucal Básica*,
https://doi.org/10.1007/978-3-032-24363-8_17

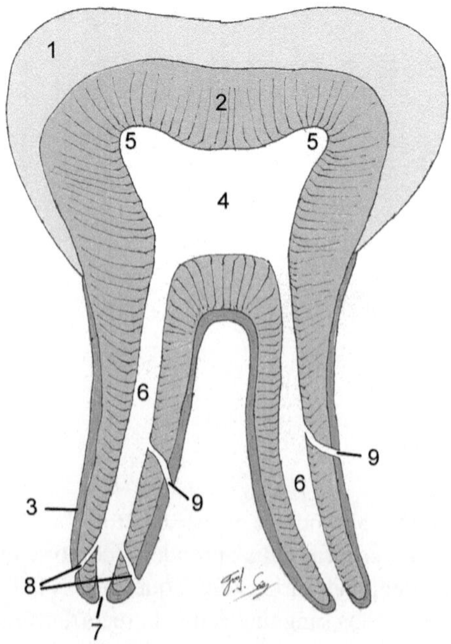

Figura 17.1 Sección de un diente que muestra la distribución de los tejidos y la organización de la cavidad pulpar. 1, esmalte; 2, dentina; 3, cemento; 4, porción coronaria de la cavidad pulpar o cámara pulpar; 5, cuernos pulpares; 6, conductos radiculares; 7, foramen apical; 8, forámenes accesorios; 9, canales laterales

1. La dentina está mineralizada, la pulpa es un tejido blando.
2. Las células que forman la dentina son de origen ectomesenquimático (a partir de las crestas neurales). En cambio, en la pulpa se mezclan células de diferente procedencia.
3. La dentina no está vascularizada, la pulpa sí.

C. La pulpa dental se forma a partir de la **papila dental**, un tejido de origen ectomesenquimático que forma parte del germen dental y que procede de las células de las **crestas neurales**. Conviene recordar el desarrollo del diente que se estudió en el capítulo 13.

D. Forma de la cavidad pulpar:
1. En los dientes con una única raíz, la cavidad pulpar ocupa corona y raíz, sin que se aprecie un límite entre ambas regiones. En la zona de las cúspides puede presentar uno (caninos) o tres (incisivos) **cuernos pulpares**, que son prolongaciones de la cámara hacia la cúspide.
2. En los dientes con varias raíces (fig. 17.1), la cavidad pulpar se divide en dos regiones:
   a. Una porción coronaria o **cámara pulpar**, en la que se pueden distinguir:
      (1) Un techo del que salen **cuernos pulpares** hacia las cúspides.
      (2) Un piso, en el cual se abren orificios que comunican con las porciones radiculares.
   b. Unas **porciones o conductos radiculares**, una por cada raíz.

E. En la región apical, la cavidad pulpar de la raíz termina en un orificio llamado **foramen apical**.

1. En el foramen, la pulpa dental se comunica con los tejidos del periodonto, sin que se distinga un límite neto, por lo que esta región recibe el nombre de **espacio indiferenciado de Black o periápice**.
2. En el periápice se localizan **células madre** (**mesenquimáticas**) **de reserva**.
3. Por el foramen apical pasan los vasos sanguíneos y los nervios que irrigan e inervan la pulpa dental.
4. En ocasiones, la parte apical de la cavidad pulpar no tiene un único orificio, sino que presenta varios. En estos casos, el más grande es el foramen apical y los demás se denominan **forámenes accesorios**.
5. A veces la cavidad pulpar de la raíz se comunica con el periodonto por canales laterales, pero esto no ocurre en todos los dientes.

F. El depósito interno de dentina puede producirse durante toda la vida del diente, por lo que la cavidad pulpar va disminuyendo de volumen con la edad y, consecuentemente, el volumen de pulpa dental también disminuye.

17.2 Organización tisular de la pulpa dental

A. La pulpa dental es un **tejido conjuntivo laxo** ricamente vascularizado e inervado que muestra una organización por zonas, más fáciles de apreciar en la pulpa de la corona que en la pulpa de la raíz. Se pueden distinguir las siguientes zonas (fig. 17.2):
   1. **Zona supraodontoblástica**. Esta zona no existe verdaderamente y por ello no se muestra en la fig. 17.2. No obstante, algunos autores la incluyen ya que al preparar los tejidos para su examen microscópico se produce una separación entre la predentina y los odontoblastos. En esta zona se encuentran:
      a. **Plexo nervioso marginal o plexo predentinario (plexo de Bradlaw)**. No es un verdadero plexo, pero sí es una congregación de axones.
      b. **Células dendríticas**.
   2. **Zona odontoblástica**. Es una capa de células que parece un epitelio, aunque en realidad no lo es, ya que no posee lámina basal. Se pueden observar:
      a. **Odontoblastos**: células de aspecto epitelial, pero de origen ectomesenquimático. Las características de los odontoblastos se explicarán más adelante. Suelen disponerse como en un epitelio cilíndrico, como si formaran una empalizada.
         (1) En la zona coronaria suelen tener aspecto de **epitelio cilíndrico pseudoestratificado**.
         (2) En la zona radicular recuerda más un **epitelio cilíndrico simple**.
      b. **Fibras reticulares** (colágena de tipo III).
      c. Capilares sanguíneos.
      d. **Terminaciones de fibras nerviosas** que pueden penetrar en la dentina.
   3. **Zona oligocelular o basal de Weil**. También se llama **zona subodontoblástica**. Situada por debajo de los odontoblastos, es una zona muy pobre en células. Como hay pocas o ninguna célula, se observan pocos núcleos, pero

Figura 17.2 Organización histológica y topográfica de la pulpa dental. 1, dentina; 2, predentina; 3, zona odontoblástica; 4, zona oligocelular o basal de Weil; 5, zona rica en células; 6, zona central; 7, odontoblastos; 8, fibras de von Korff; 9, célula subodontoblástica de Höhl; 10, fibras nerviosas (plexo de Raschkow); 11, fibroblastos; 12, vasos sanguíneos; 13, células dendríticas interdigitantes; 14, células madre de la pulpa dental (DSPC); 15, pericitos; 16, macrófago; 17, linfocito; 18, célula plasmática

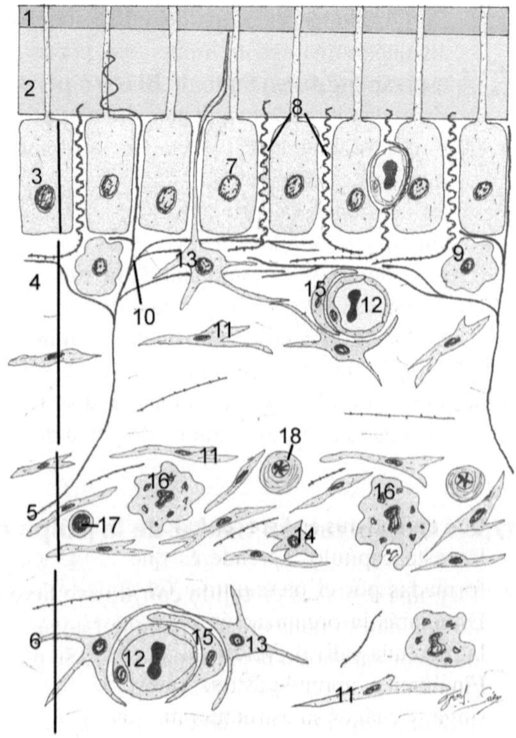

hay muchas prolongaciones citoplasmáticas de células situadas en la siguiente capa, por lo que habría que decir que es una zona "pobre en núcleos".

a. La zona oligocelular es bien visible en la región coronaria, pero raramente distinguible en la región radicular.
b. En esta región se pueden distinguir:
   (1) Unas células en contacto con los odontoblastos que se llaman **células subodontoblásticas de Höhl**, situadas en la frontera entre esta zona y la zona odontoblástica. Cada una de estas células de Höhl procede de la última división mitótica de la célula que originó un odontoblasto.
   (2) Un plexo nervioso (**plexo de Raschkow**), más desarrollado en la porción coronaria que en la porción radicular de la pulpa.
   (3) una red capilar (**plexo capilar subodontoblástico**).
   (4) Fibras colágenas de tipo III (**fibras reticulares**) que se introducen en la zona odontoblástica (**fibras de von Korff**).
   (5) **Fibroblastos**, que contactan con los odontoblastos y las células de Höhl mediante uniones de hiato (gap).
   (6) **Células dendríticas interdigitantes** del sistema inmunitario (células presentadoras de antígenos), generalmente en posición perivascular, cuyas prolongaciones se introducen entre los odontoblastos y al parecer se introducen en los túbulos dentinarios.

4. **Zona rica en células**. Se observa claramente en la corona, pero es más difícil de apreciar en la pulpa de la raíz. En esta zona se observan muchas células:
   a. Las más numerosas son los **fibroblastos**.
   b. También hay **células mesenquimáticas indiferenciadas** (de origen ectomesenquimático).
   c. **Macrófagos**.
   d. **Linfocitos**.
5. **Zona central**. Es **tejido conjuntivo laxo** con menos células que la zona anterior. Presenta:
   a. **Fibroblastos**.
   b. **Macrófagos**.
   c. **Células dendríticas interdigitantes** perivasculares.
   d. **Pericitos**. Como ya se ha indicado, los pericitos son células que rodean los vasos sanguíneos pequeños (capilares y vénulas postcapilares) y que al parecer son otra forma de célula mesenquimática de reserva.

B. Algunos autores clasifican las zonas odontoblástica, oligocelular y rica en células en la llamada **zona odontogénica o periférica**.

C. Entre la zona rica en células y la zona central se identifica a veces un **plexo nervioso parietal**.

17.3 Células de la pulpa dental

A. **Odontoblastos**. El odontoblasto surge de las **células ectomesenquimáticas** de la papila dental y su estructura y su funcionamiento varían en función del momento en que se encuentren durante la odontogénesis y en el diente adulto. Estas diferencias las estudiaremos cuando veamos la dentinogénesis, en el capítulo dedicado a la dentina.
1. Disposición (fig. 17.3):
   a. Como ya se ha indicado, se encuentran en la periferia de la pulpa, en contacto con la dentina, formando la zona odontoblástica.
   b. Forman una capa de tejido de apariencia epitelial que carece de lámina basal.
      (1) Esta capa epitelial es de aspecto **pseudoestratificado cilíndrico** en la corona. El aspecto pseudoestratificado puede ser un artefacto producido por el plano en que se realizan las secciones, ya que los odontoblastos tienden a apiñarse entre sí porque al sintetizar dentina son empujados hacia el interior de la cavidad pulpar.
      (2) En la raíz aparentan un **epitelio cilíndrico o cuboideo simple**
      (3) En el periápice es más **aplanado** y su actividad es menor.
2. Tomando como plano de referencia la **conexión amelodentinaria (CAD)**, en la corona, o la **conexión cementodentinaria (CCD)**, en la raíz, el odontoblasto presenta un **polo proximal**, en contacto con la dentina, o más concretamente con la predentina, y un **polo distal o basal**, en contacto con la pulpa.

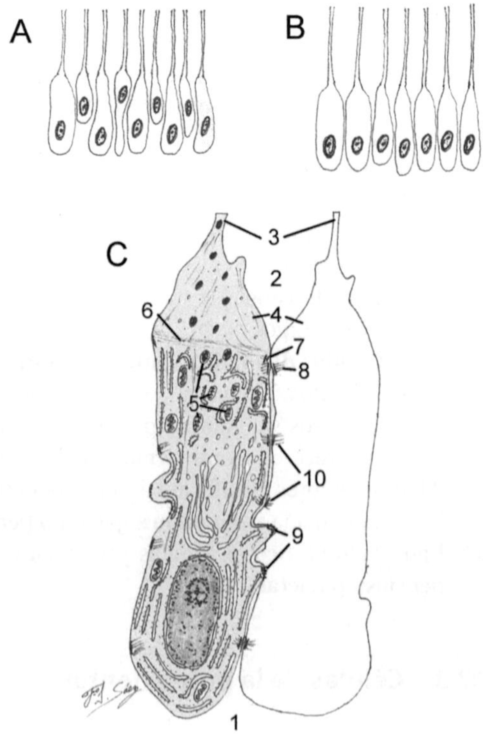

Figura 17.3 Organización de los odontoblastos en la corona (**A**), en la raíz (**B**) y ultraestructura del odontoblasto (**C**). 1, polo distal; 2, polo proximal; 3, proceso odontoblástico; 4, cono proximal; 5, cuerpos en ábaco; 6, velo o barra terminal; 7, unión hermética; 8, desmosoma en banda; 9, unión de nexo (gap); 10, desmosomas

3. Los **odontoblastos en reposo (odontoblastos viejos)** son células pequeñas, apretadas entre sí.
   a. Su núcleo está en posición proximal.
   b. En el citoplasma distal están los orgánulos, que son escasos.
   c. El citoplasma proximal, supranuclear, no posee orgánulos y sí inclusiones de lípidos y citoesqueleto.
   d. Las vesículas de secreción son escasas o no existen.
4. Los **odontoblastos activos** tienen una estructura más compleja (fig. 17.3).
   a. Son unas células altas, cilíndricas, de unas 40–50 μm de alto y 5–10 μm de ancho, más altas en la corona que en las regiones cervicales o radiculares. Si los odontoblastos no están secretando activamente y están en reposo, pueden tener un aspecto más achaparrado.
   b. El extremo proximal de la célula tiene forma de cono (**cono proximal**) y de su vértice se extiende una prolongación celular, el **proceso odontoblástico**, que penetra en unas cavidades tubulares de la dentina llamadas **túbulos dentinarios**.
      (1) Se discute la longitud de los procesos odontoblásticos. Los túbulos dentinarios, que estudiaremos en su momento, pueden atravesar todo el grosor de la dentina, pero no está claro si el proceso odontoblástico llega hasta el final del túbulo o sólo se extiende en parte de su longitud.

Se asume que llegan al menos hasta un tercio del grosor de la dentina, pero también existen datos que indican que pueden ocupar toda la longitud del túbulo dentinario.

(2) En el proceso odontoblástico no se observan orgánulos grandes (retículo endoplásmico, mitocondrias o aparato de Golgi), solo vesículas de secreción, citoesqueleto y vesículas de pinocitosis.

c. El núcleo es grande, basal, con heterocromatina periférica y varios nucléolos.

d. En el citoplasma se observan:

(1) Mucho **retículo endoplásmico rugoso** y **ribosomas**. Estos orgánulos se extienden por toda la célula, excepto en el cono de la cara proximal. Por este motivo, el citoplasma es muy **basófilo**.

(2) El **aparato de Golgi**, supranuclear.

(3) **Gránulos de secreción**. Todos los gránulos de secreción se transportan hasta el cono proximal y el proceso odontoblástico. Son de varios tipos:

(a) Gránulos de secreción alargados con un material de aspecto ordenado como unas cuentas, por lo que reciben el nombre de **cuerpos en ábaco**. Estos gránulos transportan y procesan colágena y otras sustancias de la matriz dentinaria.

(b) Gránulos de secreción redondeados que se sabe que contienen **sialoproteína ósea** y **osteocalcina**.

(4) Muchas mitocondrias dispersas por el citoplasma.

(5) Citoesqueleto:

(a) **Microtúbulos**.

(b) Abundantes **filamentos de vimentina**, especialmente en el cono proximal y el proceso odontoblástico, donde se disponen de forma paralela siguiendo el eje de dicha prolongación celular.

(c) Entre el cono celular y el resto del citoplasma se observa un **velo o barra terminal**, formado por **microfilamentos de actina**, que contacta con complejos de unión (**uniones adherentes**) situados en la membrana a ese nivel.

e. Los odontoblastos se unen entre sí mediante **complejos de unión** situados en su cara proximal.

(1) Estos complejos están formados por:

(a) **Unión hermética (ocluyente)**.

(b) **Desmosoma en banda (unión adherente)**, bajo la unión ocluyente.

(2) Estos complejos de unión no parecen formar verdaderos cinturones que rodean las células (**zónulas**), como ocurre en los epitelios auténticos, por lo que no está claro si sellan el espacio intercelular o sólo sirven para dar consistencia al conjunto de células.

(3) Si el espacio intercelular no está bien sellado, es posible que haya un paso de sustancias de la dentina a la pulpa, y viceversa. De hecho, se ha demostrado que algunas sustancias (por ejemplo, proteínas del

suero) atraviesan el espacio entre los odontoblastos, pero otras no, con lo que existe cierta incertidumbre sobre este asunto.

f. En el resto de las membranas laterales de la célula se observan **interdigitaciones** y se unen entre sí por **desmosomas**.

g. Existen **uniones de hiato (gap)**, tanto entre odontoblastos como con otras células de la cara basal (células de Höhl y fibroblastos).

5. Las funciones conocidas del odontoblasto son:
   a. Producir y mineralizar la **dentina** mediante las secreciones que se producen en el cono proximal y gracias al proceso odontoblástico. Uno de sus principales productos es la colágena, que es uno de los componentes mayoritarios de la dentina.
   b. Formar una barrera selectiva que dificulte el paso de toxinas a la pulpa y que permita la salida de fluido a los túbulos dentinarios. Además, se cree que el odontoblasto controla la composición de dicho fluido.
   c. Responder a daños o toxinas bacterianas produciendo **mediadores de la inflamación**, como la **interleucina-8** que atrae y activa a los neutrófilos, u otras que activan las células dendríticas. También producen **β-defensinas** que matan bacterias.
   d. Según algunas teorías, que veremos en el siguiente capítulo, el odontoblasto puede actuar como **receptor sensorial**. Aunque no se han descrito sinapsis entre los odontoblastos y las terminaciones axónicas, el odontoblasto quizá pueda afectar a la sensibilidad de los axones próximos.
6. Las membranas plasmáticas de los odontoblastos expresan altos niveles de **receptores del TGF-β** (siglas en inglés del **factor de crecimiento transformante beta**). Se ha demostrado que el TGF-β estimula la actividad del odontoblasto durante el desarrollo y, en el diente adulto, durante la reparación de la dentina.
7. El odontoblasto maduro es una célula incapaz de dividirse, por lo que se cree que puede vivir tanto como el diente.
   a. Aproximadamente la mitad de los odontoblastos mueren en los cuatro años siguientes a la erupción del diente.
   b. No obstante, si se dañan los odontoblastos de una zona, la pulpa puede producir nuevos odontoblastos.
   c. Durante la odontogénesis, los odontoblastos maduran como respuesta a **estímulos inductores** del órgano del esmalte (corona) o de la vaina de Hertwig (raíz).
   d. En el diente adulto, la formación de nuevos odontoblastos a partir de células madre de reserva, cuando ya no existe ni órgano del esmalte ni vaina de Hertwig, debe de ser en respuesta a otras señales diferentes pero desconocidas.

B. **Fibroblastos**. En la pulpa se pueden encontrar células propias del tejido conjuntivo. Las células más numerosas son los fibroblastos. En algunos textos se les llama **pulpoblastos**.

1. En la **pulpa joven** suelen abundar **fibroblastos activos**, con mucho citoplasma y los orgánulos propios de la síntesis proteica bien desarrollados (retículo endoplásmico rugoso y aparato de Golgi).
2. En la **pulpa madura** se observan sobre todo **fibroblastos inactivos**, con escaso citoplasma y pocos orgánulos biosintéticos.
3. Los fibroblastos pueden contactar unos con otros por **desmosomas**.
4. Estas células son remplazadas de vez en cuando:
   a. Se forman en la zona central de la pulpa, migran hacia la periferia y allí mueren por apoptosis.
   b. Se ha calculado que tienen una vida media de 24 ± 11 días.

C. **Células ectomesenquimáticas indiferenciadas y células madre**.
1. Existen células ectomesenquimáticas indiferenciadas en la pulpa que, con los estímulos adecuados, remplazan fibroblastos y odontoblastos.
   a. Se encuentran sobre todo en la zona rica en células y en la zona central, generalmente próximas a vasos sanguíneos.
      (1) Suelen ser células grandes poliédricas, con un núcleo central grande y claro.
      (2) Su citoplasma es abundante y muestra extensiones periféricas.
   b. El número de estas células va disminuyendo con la edad.
2. Algunos investigadores han conseguido aislar células de la pulpa dental que, en ciertas condiciones y con la adición de los factores adecuados, se multiplican y pueden diferenciarse en odontoblastos, condrocitos, osteoblastos, adipocitos, células endoteliales y neuronas, es decir, son **células multipotentes**.
   a. A estas células se les ha llamado **células madre de la pulpa dental** (**DPSC**, por sus siglas en inglés).
   b. Son una fuente potencial de regeneración de tejidos, por lo que se está investigando con ellas en el campo de la **ingeniería tisular**.
   c. No está claro si todas las células ectomesenquimáticas indiferenciadas de la pulpa dental pueden actuar como células madre, o solamente algunas de ellas.

D. **Células de defensa**.
1. En la pulpa dental se pueden encontrar **células dendríticas**.
   a. En la pulpa del diente preeruptivo se encuentran en la zona odontoblástica y alrededor de ella.
   b. En los dientes erupcionados se encuentran bajo la capa odontoblástica.
   c. Suelen estar asociadas a los vasos sanguíneos y a las terminaciones nerviosas. Pueden infiltrarse entre los odontoblastos y sus prolongaciones penetran en los túbulos dentinarios.
   d. En los dientes con **caries** son más abundantes.
   e. Como ya se explicó, su función es presentar antígenos a los **linfocitos T** para activar su respuesta inmune.
   f. Estas células pueden penetrar en la **linfa** y desplazarse a los **ganglios linfáticos** para estimular allí la respuesta inmune. En casos de caries, se ha

observado que las células dendríticas llegan a los ganglios linfáticos a las 16 horas.

2. Los **macrófagos** suelen encontrarse en la zona central.
   a. Estas células se encargan de eliminar restos de células muertas para permitir la renovación celular de la pulpa.
   b. En caso de inflamación, actúan como **células presentadoras de antígenos** y fagocitan agentes extraños.
3. Los **linfocitos** se encuentran en pequeña cantidad en la pulpa dental sana.
   a. Son mayoritariamente **linfocitos T**, presentes en pulpa sana e inflamada.
   b. Normalmente, los **linfocitos B** son muy escasos en la pulpa sana y en las primeras fases de la inflamación, pero aparecen en fases más avanzadas.
4. En la pulpa también se encuentran **células plasmáticas**.
5. Pueden observarse a veces **mastocitos**, generalmente en posición perivascular. Los mastocitos son difíciles de observar, pero son los responsables de los procesos de inflamación de la pulpa dental mediante la liberación de histamina, que produce edema.
6. Puede haber **neutrófilos**, sobre todo cuando se produce una caries.
7. Se pueden encontrar algunos **eosinófilos**.

17.4 Matriz extracelular de la pulpa dental

A. En la matriz extracelular de la pulpa se encuentra **colágena**.
   1. Se encuentra en menor proporción que en otros tejidos conjuntivos. De hecho, la colágena sólo representa entre el 3 y el 5 % del peso seco de la pulpa.
   2. Las formas más abundantes son las **colágenas de tipo I y III**, en cantidades similares (tipo I 55–60 % – tipo III 40 %). Esta proporción se mantiene durante toda la vida, pero la cantidad total de colágena aumenta con la edad.
   3. Las fibras reticulares:
      a. Son fibras muy finas que se distribuyen al azar.
      b. En la zona subodontoblástica se hacen muy gruesas, adoptan forma helicoidal o en sacacorchos y se introducen entre los odontoblastos, formando el **plexo de von Korff**, en el que parece que también se encuentra **colágena de tipo VI**.
   4. También hay otras variedades colágenas en menor cantidad (**colágena tipo V y tipo VI**, por ejemplo).
   5. En la infancia, las fibras colágenas son simples y están dispersas por la pulpa.
   6. En la pulpa adulta, el aumento de la cantidad de colágena conlleva que se formen haces de fibras.
   7. Las fibras son más abundantes en la zona apical de la pulpa, lo cual tiene importancia en los tratamientos endodónticos.

B. Las **fibras elásticas** son muy escasas en la pulpa, pero se encuentran en las paredes de los vasos sanguíneos, sobre todo arteriales. También se han identificado **fibras de oxitalán**. Recordemos que las fibras elásticas poseen elastina y fibrilina, mientras que las de oxitalán poseen únicamente fibrilina.

C. De los **glicosaminoglicanos** presentes en la pulpa madura, el 60 % es **ácido hialurónico**, el 20 % **dermatán-sulfato**, el 12 % **condroitina-sulfato** y el resto **heparán-sulfato**. Sin embargo, durante el desarrollo, el glicosaminoglicano mayoritario es condroitina-sulfato.

D. La matriz extracelular posee otras moléculas:
   1. Típicas del tejido conjuntivo, como **fibronectina**, **tenascina** o **integrina**.
   2. Algunas propias del tejido óseo, como la **sialoproteína ósea (BSP)**, **osteopontina (OPN)**, y **proteína morfogenética ósea (BMP)**. En la pulpa inmadura del germen dental también se puede encontrar **osteonectina**. La presencia de estas proteínas puede justificarse en las similitudes que presentan la dentina y el hueso.
   3. También se encuentran **metaloproteinasas** y **factores de crecimiento (TGF-β)**.

17.5 Vascularización de la pulpa

A. Los vasos sanguíneos entran y salen de la pulpa a través del foramen apical y los forámenes accesorios.
   1. Normalmente, una o dos **arteriolas** penetran por el foramen apical. Las más grandes pueden tener un diámetro de 150 μm.
   2. Otros vasos más pequeños entran por los forámenes accesorios.
   3. Las **venas** que salen de la pulpa discurren paralelas a las arteriolas.

B. Una vez en la pulpa, las arteriolas aumentan su diámetro y disminuyen el grosor de su pared.
   1. En la porción radicular de la pulpa, discurren por la zona central y van emitiendo algunas ramas laterales más pequeñas que se dirigen hacia la zona subodontoblástica, donde se ramifican.
   2. En la corona, las arteriolas emiten ramificaciones más abundantes que también se dirigen a la zona subodontoblástica, donde se produce una densa red de capilares que forma el **plexo capilar subodontoblástico**:
      a. Tiene sobre todo **capilares continuos** y una pequeña cantidad de **capilares fenestrados** (4–5 %) con una lámina basal continua.
      b. Todos ellos presentan **pericitos** y a su alrededor son frecuentes las **células dendríticas**.
      c. Los capilares se encuentran bajo los odontoblastos y entre ellos. En ocasiones se observan en la predentina.

C. Los capilares vierten su sangre en las **vénulas postcapilares**, que confluyen en **vénulas centrales**.

D. Las vénulas centrales se fusionan en otras que salen por el foramen apical.
   1. Las vénulas suelen tener un diámetro similar a las arteriolas, pero con pared más fina y una luz más amplia.
   2. Las células musculares lisas forman una capa fina y discontinua.

E. En la pulpa dental son frecuentes las **anastomosis arteriovenosas**. Tienen el tamaño de arteriolas y presentan células endoteliales relativamente altas

F. Los vasos sanguíneos mantienen un tono de constricción regulado por las terminaciones del **sistema simpático**.
   1. La regulación del flujo sanguíneo es importante, pues el aumento de diámetro de los vasos (**vasodilatación**) acompañado de un aumento de permeabilidad produce un aumento del volumen del líquido intersticial (**edema**), que es parte del proceso inflamatorio.
   2. Al estar la pulpa restringida en la cavidad pulpar, la inflamación estimula terminaciones nerviosas sensitivas que producen sensación de **dolor**.

G. Actualmente, los odontólogos determinan la vitalidad de la pulpa mediante técnicas que miden el flujo sanguíneo.

H. Aunque son difíciles de observar, se ha comprobado también la existencia de **vasos linfáticos** en la zona subodontoblástica y, en mayor proporción, en la zona central de la pulpa.
   1. Estos vasos se forman como vasos ciegos en las regiones periféricas de la corona y confluyen en vasos de la zona central.
   2. Uno o dos vasos más amplios abandonan la pulpa por el foramen apical.

17.6 Inervación de la pulpa

A. La pulpa está ricamente inervada. Se ha calculado que en un diente pueden penetrar unos 2500 axones agregados en **nervios** que poseen poco perineuro y endoneuro.

B. Los nervios entran por el foramen apical acompañando a los vasos sanguíneos, formando el **haz neurovascular**. Si los forámenes accesorios son grandes, también pueden entrar algunos nervios.
   1. En la raíz, los nervios acompañan a los vasos sanguíneos por la zona central y emiten algunas ramificaciones hacia las zonas periféricas. La mayor parte de las fibras se dirigen a la zona coronaria, donde se ramifican abundantemente.
      a. Muchas de las ramas se dirigen a la periferia y se forma un plexo nervioso en la zona subodontoblástica (**plexo de Raschkow**).
      b. Algunas terminaciones nerviosas penetran entre los odontoblastos y pueden formar un **plexo marginal (plexo de Bradlaw)** entre éstos y la predentina, mientras que otras terminaciones nerviosas penetran en los túbulos dentinarios.
   2. Los nervios contienen **axones mielínicos y amielínicos**, pero la mielina se va perdiendo, por lo que en la zona coronaria hay menos axones mielínicos. Los que llegan al plexo de Raschkow suelen ser axones amielínicos.

C. En la pulpa dental existen terminaciones nerviosas sensitivas y del sistema vegetativo.
   1. Terminaciones sensitivas
      a. Cada vez existen más evidencias de que las fibras sensitivas actúan en funciones de regulación del metabolismo de la pulpa dental mediante la liberación de **neuropéptidos** u otras sustancias, como el **péptido relacio-**

nado con el gen de la calcitonina (CGRP), **encefalina**, **somatostatina** y **endorfina**.

b. Son fibras procedentes del **par craneal V (nervio trigémino)**. Este nervio produce tres ramas (**oftálmica**, **maxilar** y **mandibular**):
   (1) La pulpa de los dientes del maxilar superior está inervada por fibras de la **rama maxilar**.
   (2) La pulpa de los dientes de la mandíbula está inervada por fibras de la **rama mandibular**.
c. Las fibras sensitivas pueden ser de dos tipos:
   (1) **Mielínicas de tipo A**, responsables de la sensibilidad de la dentina.
      (a) Las fibras mielínicas de tipo A constituyen el 25 % de las fibras que penetran en un diente.
      (b) Llegan a la zona periférica, la zona basal de Weil, y allí suelen perder la mielina y forman el **plexo nervioso subodontoblástico de Raschkow**.
      (c) Muchos axones terminan aquí, pero algunas terminaciones axónicas se introducen entre los odontoblastos y en los túbulos dentinarios. Estas terminaciones pueden expandirse en forma de brocha o de abanico.
      (d) En estas zonas contactan con el cuerpo del odontoblasto o con su proceso. Aunque no se han descrito verdaderas sinapsis, sí se han detectado en los túbulos dentinarios algunas moléculas típicas de las sinapsis.
      (e) Son responsables de una sensación de **dolor agudo (punzante), breve, rápido y localizado**, que se corresponde con una **sensibilidad dentinaria**.
      (f) Existen ramas colaterales de estas fibras que se dirigen hacia los vasos sanguíneos, de manera que si la terminación sensorial en la periferia recibe un estímulo éste se propagaría a los centros nerviosos, pero también a la rama colateral mediante el llamado **reflejo axónico**, y produciría una vasodilatación.
      (g) Algunos factores que pueden causar dolor dentinario son:
         1. Muchos agentes externos, como el agua o el aire fríos.
         2. Acciones del dentista, como los contactos mecánicos con sondas o fresas y la deshidratación con un algodón.
   (2) **Amielínicas de tipo C**, responsables de la sensibilidad y, por tanto, de la sensación de dolor de la pulpa.
      (a) Las fibras amielínicas de tipo C terminan en la zona central de la pulpa.
      (b) Captan el dolor de la pulpa dental, que se manifiesta como un **dolor lento, sordo, difuso y prolongado**.
      (c) También existen colaterales que pueden inervar vasos sanguíneos y realizarían un **reflejo axónico** como el que hemos visto en las fibras mielínicas.

2. Terminaciones del sistema vegetativo
   a. Está formada por **axones amielínicos de tipo C** con función vasomotora que inervan el músculo liso de los vasos sanguíneos.
   b. La mayor parte de estas fibras son del **sistema simpático** que proceden del **ganglio cervical superior** y liberan **noradrenalina** y, en algunos casos, **neuropéptido Y**, lo que provoca vasoconstricción.
   c. Aunque no está claramente demostrado, parece que también existen fibras del **sistema parasimpático**:
      (1) Producen **acetilcolina** o **polipéptido intestinal vasoactivo (VIP**, por sus siglas en inglés), que estimulan a las células del endotelio del vaso a producir **óxido nítrico (NO)**, el cual se transmite a las células musculares de la arteriola y provoca la vasodilatación.
      (2) No obstante, ya que la presencia de terminaciones del sistema parasimpático no está bien demostrada, podría ser que la vasodilatación se produjera:
         (a) Por mecanismos reflejos de los axones sensitivos.
         (b) Por la producción de sustancias en el propio tejido. Por ejemplo, el NO se puede producir por **hipoxia** (falta de oxígeno en los tejidos) o por daños en los tejidos.
         (c) Además, como se ha señalado antes, las terminaciones nerviosas sensoriales de la pulpa liberan **CGRP**, un neuropéptido que provoca la vasodilatación.

17.7 Actividad y funciones de la pulpa

A. **Inducción** de la producción del esmalte, durante la odontogénesis, como ya se explicó en el capítulo correspondiente.
B. **Formación de la dentina**, que también se produce durante la odontogénesis. En el diente adulto se mantiene la síntesis de una pequeña cantidad de dentina.
C. **Mantenimiento** de la dentina, ya que aporta sustancias que pasan desde el líquido intersticial hasta los túbulos dentinarios o que se secretan desde el odontoblasto.
D. **Captación de estímulos dolorosos**, ya que las fibras nerviosas de la pulpa son las responsables del dolor dentinario, agudo (punzante), breve, rápido y localizado, y del dolor pulpar, lento, sordo, difuso y prolongado.
E. **Defensa del diente**, que generalmente se traduce en la capacidad de **reparar** el diente mediante la producción de dentina. La dentina que se produce puede ser de dos tipos, que estudiaremos en el capítulo correspondiente:
   1. **Dentina terciaria o reparadora**, que se produce por nuevos odontoblastos en respuesta a una agresión.
   2. **Dentina peritubular**, que se forma en los túbulos dentinarios y puede llegar a cegarlos como defensa, por ejemplo, a una caries.

17.8 Alteraciones de la pulpa

A. Con el paso del tiempo la pulpa suele sufrir modificaciones diversas.
B. Todas las alteraciones afectan a la capacidad de la pulpa para responder a un posible daño y están en relación con la capacidad para producir nuevos odontoblastos y reparar la dentina.
C. Las alteraciones de la pulpa pueden ser:
   1. **Reducción de volumen**. Uno de los cambios más importantes es la reducción del volumen de la cavidad pulpar y, en consecuencia, del volumen de la pulpa dental.
      a. Esta reducción de volumen se debe al depósito continuo de dentina por los odontoblastos.
      b. La reducción de volumen estrecha el canal radicular, que puede llegar a ser muy delgado. Este hecho puede afectar a la inervación y la irrigación de la pulpa. En ocasiones, el canal radicular puede quedar cegado.
   2. **Modificación de las características tisulares**. Pueden ser debidas a varias causas:
      a. Reducción del número de células.
         (1) El número y la densidad de células de la pulpa disminuye con la edad.
         (2) Se ha calculado que de los 20 a los 70 años la densidad celular disminuye a la mitad.
      b. Aumento del número de fibras colágenas. Con la edad también aparecen haces de fibras colágenas, que provocan la transformación del tejido en **conjuntivo semidenso**.
   3. **Degeneración nerviosa**. Con la edad también se produce degeneración de las fibras nerviosas, por lo que se va perdiendo sensibilidad.
   4. **Calcificación**. Una de las alteraciones de la pulpa más llamativa es la aparición de regiones calcificadas. Estas calcificaciones pueden ser (fig. 17.4):
      a. **Cálculos pulpares o dentículos**. Se produce depósito de mineral sobre un centro de colágena. Estos cálculos suelen ser esféricos u ovalados, aunque también pueden tener formas irregulares. Pueden clasificarse según varios criterios:
         (a) Existencia o no de túbulos dentinarios:
            1. **Cálculos verdaderos**, cuando se aprecian **túbulos dentinarios**. Normalmente se observan odontoblastos en su periferia, con procesos que penetran por los túbulos.
            2. **Cálculos falsos**, si sólo presentan capas concéntricas de material calcificado.
         (b) Localización en la pulpa:
            1. **Cálculos libres**, si no contactan con la dentina.
            2. **Cálculos adheridos**, si contactan con la dentina.
            3. **Cálculos incluidos**, cuando terminan por quedar embebidos en la dentina. Un dentículo puede formarse como libre, crecer y llegar a ser adherido o incluido.

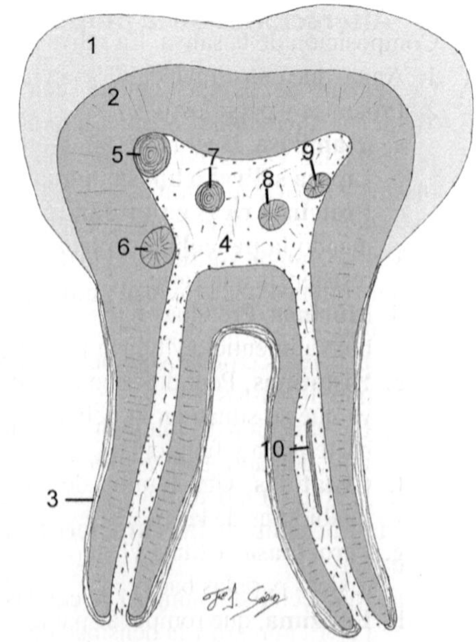

Figura 17.4 Diferentes tipos de calcificaciones de la pulpa dental. 1, esmalte; 2, dentina; 3, cemento; 4, pulpa dental; 5, cálculo dental falso adherido; 6, cálculo dental verdadero incluido; 7, cálculo falso libre; 8, cálculo verdadero libre; 9, cálculo verdadero adherido; 10, aguja cálcica

b. **Calcificaciones difusas**. Son frecuentes en la pulpa de la raíz. Tienen aspecto alargado, por lo que se llaman **agujas cálcicas**. Se forman siguiendo el trayecto de haces de fibras colágenas o rodeando los vasos sanguíneos.

Lo que hay que recordar

Se suelen distinguir varias zonas en la pulpa dental. La zona supraodontoblástica contiene el plexo de Bradlaw y células dendríticas. La zona odontoblástica está formada por odontoblastos, contiene capilares y puede estar atravesada por fibras reticulares de von Korff y terminaciones nerviosas. La zona basal de Weil es oligocelular, contiene células subodontoblásticas de Höhl, el plexo nervioso de Raschkow, el plexo capilar subodontoblástico, las fibras de von Korff y células dendríticas. La zona rica en células tiene muchos de los tipos de células del tejido conjuntivo en mayor abundancia que en la zona central. Entre estas dos zonas se encuentra el plexo nervioso parietal. En la pulpa hay células madre multipotentes que pueden producir células de muchos tipos de tejidos, incluidos tejidos que no están presentes en el diente, y que se están utilizando en la ingeniería de tejidos. En la pulpa dental hay terminaciones nerviosas motoras y sensitivas. Las fibras nerviosas sensitivas de tipo A (mielinizadas) llegan a la dentina y son responsables de registrar el dolor dentinario, que es agudo, breve, rápido y localizado. Las fibras sensitivas de tipo C (no mielinizadas) detectan el dolor pulpar, que es lento, sordo, difuso y prolongado. Con la edad, la pulpa puede sufrir varias alteraciones, por ejemplo la formación de cálculos pulpares.

Lectura adicional

Alvarez-Vásquez J L, Castañeda-Alvarado C P 2022. Dental Pulp Fibroblast: A Star Cell. Journal of Endodontics 48: 1005–1019.

Bae Y C, Yoshida A 2020. Morphological foundations of pain processing in dental pulp. Journal of Oral Science 62: 126–130.

Barker B C 1980. Pulpal pain. Australian Society of Prosthodontists Bulletin 10: 3–7.

Bender I B 2000. Pulpal pain diagnosis – A review. Journal of Endodontics 27: 175–179.

Berkovitz B K B, Holland G R, Moxham B J 2018. Dental pulp. En: Oral Anatomy, Histology & Embryology. 5ª Ed. Elsevier, pp. 176–194.

Caruntu I D, Savinescu S D, Amalinei C 2014. Morphometric approach to pulp fibroblast development in tooth germ. Biomed Research International 2014: 836583.

Chiego D J 2023. Dental Pulp. En: Essentials of Oral Histology and Embryology. 6ª Ed. Elsevier, pp. 110–130.

Dammaschke T 2010. The formation of reparative dentine and Hohl cells in the dental pulp. Endo-Endodontic Practice Today 4: 255–261.

Dega V, Mogoanta L, Manolea H, et al. 2006. Radiological and microscopic aspects of the denticles. Romanian Journal of Morphology and Embryology 47: 263–268.

Fehrenbach M J, Popowics T 2020. Dentin and Pulp. En: Illustrated Dental Embryology, Histology, and Anatomy. 5ª ed. Elsevier, pp. 160–174.

Feiglin B 1994. Aspects of dentinal and pulpal pain. Diagnosing dental pain. Annals of the Royal Australasian College of Dental Surgeons 12: 143–152.

Gartner L P 2017. Digestive System: Oral Cavity. En: Textbook of Histology. 4ª Ed. Elsevier, pp. 419–434.

Goga R, Chandler N P, Oginni A O 2008. Pulp stones: a review. International Endodontic Journal 41: 457–468.

Goldberg M, Smith A J 2004. Cells and extracellular matrices of dentin and pulp: A biological basis for repair and tissue engineering. Critical Reviews in Oral Biology & Medicine 15: 13–27.

Gómez de Ferraris M E, Campos Muñoz A 2009. Complejo dentino-pulpar I: pulpa dental. En: Histología, Embriología e Ingeniería Tisular Bucodental. 3ª ed. Médica Panamericana, pp. 231–254.

Jain N, Grupta A, Meena N 2013. An insight into neurophysiology of pulpal pain: Facts and hypotheses. Korean Journal of Pain 26: 347–355.

Koling A, Raskandersen H 1983. Membrane junctions in the subodontoblastic region – A freeze-fracture study of the human dental-pulp. Acta Odontologica Scandinavica 41: 99–109.

Koling A, Raskandersen H, Baggersjoback D 1981. Membrane junctions on odontoblasts – A freeze-fracture study of the human dental-pulp. Acta Odontologica Scandinavica 39: 355–360.

Morse D R 1991. Age-related-changes of the dental-pulp complex and their relationship to systemic aging. Oral Surgery Oral Medicine Oral Pathology Oral Radiology and Endodontics 72: 721–745.

Nair P N R 1995. Neural elements in dental pulp and dentin. Oral Surgery Oral Medicine Oral Pathology Oral Radiology and Endodontics 80: 710–719.

Ngassapa D 1996. Correlation of clinical pain symptoms with histopathological changes of the dental pulp: A review. East African Medical Journal 73: 779–781.

O'Dowd G, Bell S, Wright S 2023. Oral tissues. En: Wheater's Functional Histology. Elsevier, pp. 241–252.

Stenvik A, Mjor I A 1970. Epithelial remnants and denticle formation in human dental pulp. Acta Odontologica Scandinavica 28: 721.

Tamgadge S, Tamgadge A, Agre B P et al. 2023. Odontoblasts in health and disease with an additional note on its three-dimensional histological perspective. Journal of the Scientific Society 50: 4–9.

Warshawsky H 1988. The Teeth. En: Cell and Tissue Biology – A Textbook of Histology. Weiss L Editor. 6ª ed. Urban & Schwarzenberg, pp. 594–640.

Wisniewska K, Rybak Z, Szymonowicz M et al. 2021. Review on the lymphatic vessels in the dental pulp. Biology-Basel 10: 1257.

Zhang W B, Yellick P C 2021. Tooth repair and regeneration: Potential of dental stem cells. Trends in Molecular Medicine 27: 501–511.

Dentina

18

Qué aprenderás en este capítulo

En este capítulo te mostraremos cómo es la dentina, cuáles son sus características, su composición, los tipos de dentina que se pueden distinguir y su organización histológica. Verás que la dentina esta formada por túbulos dentinarios y una matriz intertubular, que son sus estructuras básicas. Además, en la dentina se pueden ver otras estructuras secundarias producidas por variaciones en las estructuras básicas. Podrás estudiar cómo se produce la diferenciación del odontoblasto desde una célula mesenquimática indiferenciada. También te mostraremos cómo se sintetiza y mineraliza la dentina. Finalmente, verás las teorías que tratan de explicar cómo se produce el dolor dentinario.

18.1 Características generales

A. La **dentina, marfil o sustancia ebúrnea** forma la masa principal del diente, que en la corona está recubierta por el esmalte y en la raíz por el cemento. La dentina forma la pared de la cavidad pulpar en la que se aloja la pulpa dental.
B. La dentina es una sustancia **amarillenta** y **semitransparente** en estado fresco.
C. Desde el punto de vista mineral es más **dura** que el hueso compacto, con el cual muestra ciertas similitudes en su organización molecular.
D. La dentina está formada por:
   1. Una **matriz extracelular mineralizada**, que es el componente mayoritario.
   2. Los **túbulos dentinarios**, unas cavidades tubulares, normalmente paralelas entre sí, que atraviesan la dentina en todo su espesor. En estos túbulos se encuentran:
      a. El **licor dentinario**, que se encuentra en los túbulos dentinarios.

F.J. Sáez, I. Badiola, *Histología Bucal Básica*,
https://doi.org/10.1007/978-3-032-24363-8_18

b. No se observan células completas, pero en los túbulos dentinarios, inmersas en el licor dentinario, se alojan:
   (1) **Procesos odontoblásticos**.
   (2) **Terminaciones nerviosas**.

E. En el límite interno de la dentina, en la zona de contacto con la pulpa, la dentina está revestida de una capa de **odontoblastos**, las células que producen y mantienen la dentina y cuyos procesos se alojan en los túbulos dentinarios.
F. Entre la dentina y los odontoblastos suele observarse una delgada capa de dentina no mineralizada llamada **predentina**.
G. Como la dentina y los odontoblastos de la pulpa dental están muy relacionados, se suele hablar del **complejo dentino-pulpar** para referirse al conjunto formado por dentina y pulpa dental.
H. Las propiedades físicas de la dentina son muy importantes para el odontólogo.
   1. Su color, amarillento, aunque variable, es el responsable del color del diente.
   2. Es más dura que el hueso y el cemento, pero menos que el esmalte, debido al contenido mineral de su matriz extracelular[1].
   3. Por eso mismo, su grado de **radiopacidad** es mayor que el del hueso y menor que el del esmalte, razón por la que en las radiografías se ve más denso que el primero pero menos que el segundo[2].
   4. Es relativamente **elástica**, lo que permite compensar la dureza del esmalte y resistir así las fuerzas masticatorias.
   5. Es más **permeable** que el esmalte debido a la presencia de los túbulos dentinarios.
I. Se han descrito distintas **variedades de dentina** en un diente atendiendo a diferentes criterios. A continuación, se van a describir dichas variedades.

18.2 Clasificación de la dentina atendiendo a su posición en el diente (clasificación topográfica)

A. Según la posición que ocupa en el diente, la dentina se puede clasificar en tres tipos (fig. 18.1):
   1. **Dentina del manto o dentina palial**. Es la primera que se produce y, por tanto, la más externa.
      a. Está en contacto con el esmalte, en la corona, o el cemento, en la raíz, respectivamente.
      b. Tiene unas 20–150 μm de espesor.
      c. En su matriz, las **fibras colágenas gruesas** (0,1–0,2 μm) están dispuestas de forma ordenada, perpendiculares a la superficie de la dentina.
      d. Su grado de mineralización es menor que en el resto de la dentina.

[1] Sobre la dureza de los tejidos mineralizados humanos, conviene repasar la tabla de durezas incluida al principio del capítulo 6.
[2] Hay que tener en cuenta que en una radiografía lo más denso se observa más blanco y lo menos denso, más negro.

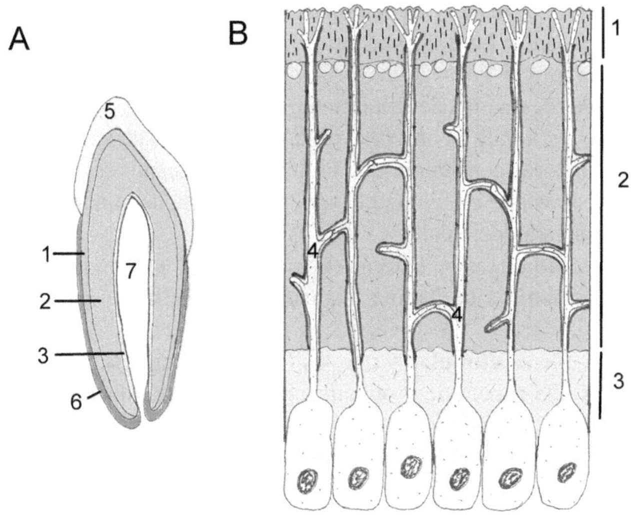

Figura 18.1 Clasificación topográfica de la dentina: sección de un diente (**A**), y vista ampliada de la dentina (**B**). 1, dentina del manto o palial; 2, dentina circumpulpar; 3, predentina; 4, túbulos dentinarios con procesos odontoblásticos; 5, esmalte; 6, cemento; 7, pulpa

   e. Como los túbulos dentinarios se ramifican aquí, el número de túbulos que se observan es mayor que en las otras zonas de la dentina.
   f. En la raíz se suele observar con aspecto granuloso, por lo que algunos autores consideran que en la raíz no hay dentina del manto sino una capa de dentina llamada **capa granulosa de Tomes**.
2. **Dentina circumpulpar**. Es el resto de la dentina mineralizada que forma la masa principal del diente.
   a. Es gruesa, pero el grosor depende del tipo de pieza dental y de la zona del diente que se observe.
   b. Sus fibras colágenas son más finas (50–200 nm) y dispuestas de formar irregular, entrelazadas en un retículo muy cerrado.
3. **Predentina**. Delgada capa de dentina no mineralizada que se sitúa en la parte más interna, en el límite con la cavidad pulpar y en contacto directo con los odontoblastos.
   a. Tiene unas 20 a 30 μm de ancho.
   b. El grosor de la predentina en un diente suele permanecer estable, ya que a medida que se sintetiza nueva predentina en su cara interna, la predentina más externa se mineraliza y convierte en dentina. No obstante:
      (1) En los periodos con dentinogénesis más activa el grosor puede ser mayor.
      (2) En edades avanzadas suele adelgazarse.
   c. Su matriz es similar a la del **osteoide**, con un 90 % de colágena y un 10 % de proteínas no colágenas, con muchos componentes azufrados.

   d. En secciones teñidas con hematoxilina y eosina, la dentina se observa en tonos rosados, pero la predentina se ve más clara, con menor intensidad de tinción.

B. Las variedades de dentina descritas anteriormente son bien visibles en la corona. Sin embargo, en la raíz se observan algunas peculiaridades:
   1. Algunos autores consideran que la dentina del manto es exclusiva de la corona, mientras que en la raíz la capa más externa de la dentina sería la **capa granulosa** ya mencionada.
   2. Se ha descrito una capa externa de unas 10 a 20 μm de grosor, en el límite entre el cemento y la dentina, llamada **capa hialina o capa de Hopewell-Smith**.
      a. Parece que es **atubular** y que las fibras colágenas se disponen perpendiculares a la superficie y oblicuas, lo que permite distinguir esta capa del resto de la dentina.
      b. Puede ser un material que permite adherir el cemento a la dentina.

C. Como la dentina del manto es delgada o no existe en ciertas zonas, la mayor parte de los datos sobre la estructura de la dentina que se explican en este capítulo se refieren a la dentina circumpulpar.

18.3 Clasificación de la dentina según su origen (clasificación histogenética)

A. La dentina se sintetiza y deposita durante toda la vida del diente. El depósito de dentina es elevado durante la odontogénesis, pero después de la erupción del diente la síntesis de dentina se ralentiza.

B. Teniendo esto en cuenta, se han distinguido tres variedades de dentina según el momento en que se forma (fig. 18.2):
   1. **Dentina primaria**. Es la dentina que se produce durante la odontogénesis, desde que comienza a formarse la corona hasta que se completa la formación de la raíz, es decir, hasta que termina la erupción del diente.
      a. Constituye la mayor parte de la dentina del diente.
      b. Si se relaciona con la clasificación topográfica, la dentina primaria está formada por la dentina del manto y la mayor parte de la dentina circumpulpar.
   2. **Dentina secundaria**, también llamada **dentina adventicial, regular o fisiológica**. Es la dentina que se produce después de completarse la formación de la raíz.
      a. Constituye la parte más interna de la dentina circumpulpar.
      b. Su síntesis se realiza durante toda la vida del diente con mucha mayor lentitud que la de la dentina primaria, lo que hace que el grosor de la dentina aumente lentamente, mientras disminuye el volumen de la cavidad pulpar.

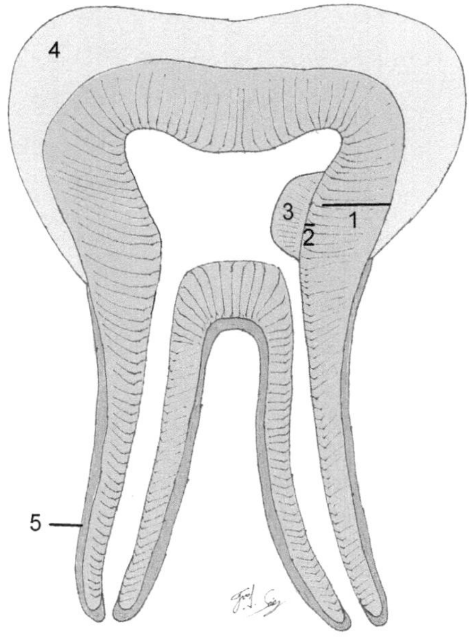

Figura 18.2 Clasificación histogenética de la dentina. 1, dentina primaria; 2, dentina secundaria; 3, dentina terciaria o reparadora; 4, esmalte; 5, cemento

c. El límite entre dentina primaria y secundaria se suele detectar por una ligera curvatura de los túbulos dentinarios, que cuando se observa al microscopio se detecta como una línea oscura.

d. El grosor de la dentina secundaria difiere en cada región del diente.

(1) En los dientes con varias raíces, suele ser más gruesa en el techo y en el suelo de la cámara pulpar, pero más delgada en los cuernos pulpares.

(2) El depósito de dentina secundaria es alto en las raíces.

3. **Dentina terciaria**. También se habla de **dentina reparadora, reactiva, irregular o patológica**. Es la dentina que se produce como respuesta a un **agente nocivo o noxa** (del latín noxa, 'daño') o a un estímulo localizado.

a. Sólo se produce en la zona afectada.

b. Al crecer depositándose hacia dentro desde el borde de dentina secundaria, deforma la cavidad pulpar.

c. La estructura microscópica de la dentina terciaria es muy variable, y se puede distinguir (fig. 18.3):

(1) Dentina normal, cuya estructura es como la de las dentinas primaria y secundaria que estudiaremos más adelante.

(2) Dentina con muy pocos túbulos dentinarios.

(3) **Osteodentina**, con odontoblastos que quedan atrapados en la matriz, formando una estructura que recuerda a la del hueso.

(4) Dentina irregular, con los túbulos dentinarios orientados en múltiples direcciones, entrecruzándose.

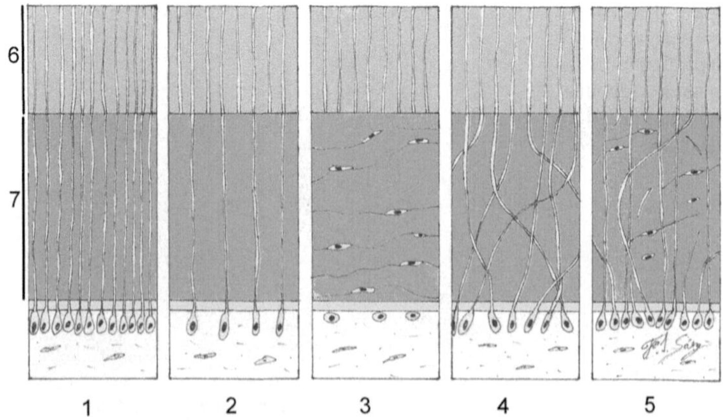

Figura 18.3 Diferentes formas de organización histológica de la dentina terciaria. 1, dentina normal; 2, dentina con muy pocos túbulos dentinarios; 3, osteodentina; 4, dentina irregular; 5, dentina que muestra una combinación de los tipos de organización; 6, dentina primaria o secundaria; 7, dentina terciaria

(5) Dentina que presenta una combinación de varios o todos los tipos que acabamos de describir.

d. Algunos autores distinguen dos tipos de dentina terciaria:
   (1) **Dentina reactiva**. Producida por los mismos odontoblastos que producen la dentina primaria o secundaria. Son los **odontoblastos primitivos** los que reaccionan al estímulo.
   (2) **Dentina reparadora**. Producida por nuevos odontoblastos formados a partir de células de reserva debido a que los odontoblastos primitivos han sido dañados por la noxa.

18.4 Matriz extracelular de la dentina

A. La dentina no contiene células, sólo los **procesos odontoblásticos** y **terminaciones nerviosas**, y la mayor parte de su volumen está formado por matriz extracelular. Por ello, para entender la dentina es imprescindible estudiar la organización de su matriz extracelular.

B. El **agua** puede constituir el 10 % de la matriz. En este medio líquido se disponen componentes orgánicos (20 %) y componentes inorgánicos (70 %), si bien todo es variable según la región de la dentina.

C. La dentina se produce primero como **predentina**, no mineralizada, y posteriormente se produce la mineralización. Por ello, a la hora de estudiar la matriz dentinaria se suele distinguir la composición de la **matriz orgánica** y de la **matriz inorgánica o mineral**. No obstante, hay que tener siempre presente que ambas están relacionadas íntimamente.

D. **Matriz orgánica**. Está formada por los siguientes componentes:

1. **Colágena** (90 % de la matriz orgánica). Fundamentalmente es **colágena de tipo I**, aunque existe un 1–2 % de **colágena de tipo III y V**. La mayor parte del mineral de la matriz de la dentina se acomoda sobre y entre las fibrillas colágenas.
2. **Proteínas no colágenas**, que se sitúan entre las fibras colágenas.
   a. La **sialofosfoproteína dentinaria (DSPP)** es una proteína que se escinde rápidamente para formar otras proteínas, que a su vez sufren muchas modificaciones después de ser sintetizadas. El procesamiento de la DSPP es tan rápido que esta proteína nunca se ha podido aislar. Las proteínas derivadas de la DSPP son:
      (1) **Fosfoforina dentinaria o fosfoproteína dentinaria (DPP)**. Se produce por escisión del **extremo C-terminal** de DSPP.
         (a) Posee muchos residuos de **ácido aspártico** y **serina**, esta última generalmente fosforilada.
         (b) Tiene muchas cargas negativas y es capaz de unirse al calcio (Ca^{2+}).
         (c) Parece que también se une a la colágena y facilita la formación de cristales de hidroxiapatita.
      (2) **Sialoproteína dentinaria (DSP)**. Se produce por escisión del **extremo N-terminal** de la DSPP. Su distribución en la dentina y su función no están nada claras.
         (a) Según algunos, DSP se encuentra principalmente alrededor de los túbulos dentinarios (dentina peritubular), donde inhibe la mineralización para evitar que los túbulos se rellenen de dentina.
         (b) Otros autores la sitúan exclusivamente en la dentina del manto.
         (c) En algunos libros se indica que se encuentra exclusivamente en la predentina.
      (3) **Glicoproteína dentinaria (DGP)**. Se produce por escisión de la **región central** de la DSPP.
   b. **Proteína de la matriz dentinaria-1 (DMP1)**. DMP1 se encuentra principalmente alrededor de los túbulos dentinarios (**dentina peritubular**). Es muy parecida a DSP y parece que pueden actuar de forma sinérgica.
   c. **Proteínas que contienen γ-carboxiglutamato (proteínas Gla)**. Son unas proteínas que contienen una secuencia de aminoácidos que se unen al Ca^{2+}.
      (1) Entre dichos aminoácidos se encuentra el **glutamato** carboxilado por acción de la **vitamina K**.
      (2) En la dentina se han localizado al menos dos proteínas de esta familia, presentes en poca cantidad:
         (a) **Osteocalcina o proteína Gla ósea (BGP**, por sus siglas en inglés).
            1. Está presente en osteoblastos, odontoblastos y cementoblastos.
            2. Se une de forma reversible a los cristales de hidroxiapatita.
            3. Quizá interviene en los procesos de mineralización.

(b) **Proteína Gla de la matriz (MGP)**. Es una proteína que está presente también en el hueso, donde se supone que interviene en los procesos de calcificación.

d. **Osteonectina**.
e. **Sialoproteína ósea (BSP)**.
f. **Osteopontina**.
g. **Fosfoglicoproteína de la matriz extracelular**.
h. Proteínas del suero. Entre ellas **albúmina** e **inmunoglobulinas**.
i. **Proteoglicanos**. Por citar alguno, decorina, biglicano y perlecano.
j. **Factores de crecimiento**. Entre ellos, TGF, BMP, FGF e IGF.
k. Enzimas proteolíticas. Se ha localizado **enamelisina** y **metaloproteinasas de la matriz (MMP)**.

3. **Lípidos**. Se han detectado **fosfolípidos** (fosfatidilcolina y fosfatidiletanolamina) y **colesterol**.

E. **Matriz inorgánica**.
1. Está constituida fundamentalmente por **cristales de hidroxiapatita**, más pequeños que los que se encuentran en el esmalte, pero similares a los que se encuentran en el hueso.
   a. Los cristales tienen unos 36 nm de longitud, 25 de anchura y 10 de altura.
   b. Estos cristales se sitúan paralelos a las fibras colágenas, y se disponen entre las fibras y dentro de ellas, entre sus moléculas.
2. Hay otros minerales en menor cantidad, como **carbonatos**, **sulfatos**, **flúor**, **cobre**, **hierro**, **cinc** y **magnesio**.

18.5 Organización histológica de la dentina

A. Cuando se estudia la dentina al microscopio se han podido observar dos tipos de estructuras:
1. **Estructuras básicas de la dentina**. Son los verdaderos componentes de la dentina. Son dos:
   a. Unas cavidades cilíndricas que atraviesan la dentina desde la pulpa hasta la superficie dentinaria. Estas cavidades son los **túbulos dentinarios**.
   b. Una matriz que forma la mayor parte del volumen dentinario. Se le denomina **matriz intertubular o dentina intertubular**.
2. **Estructuras secundarias de la dentina**. Son estructuras que se observan con el microscopio, pero que en realidad están producidas por la disposición de las estructuras básicas, por su diferente grado de mineralización o por la relación de la dentina con cemento y esmalte.
3. Vamos a estudiar ambos tipos de estructuras por separado.

B. **Estructuras básicas de la dentina**. Son dos, los túbulos dentinarios y la matriz intertubular.
1. **Túbulos dentinarios**. Son cavidades cilíndricas en las que se aloja el proceso odontoblástico.

a. Los túbulos dentinarios atraviesan la dentina desde la capa odontoblástica de la pulpa hasta el límite con el esmalte (CAD) o con el cemento (CCD).
b. En ciertas ocasiones, se observa que el túbulo se adentra parcialmente en el esmalte o en el cemento.
   (1) Esto se debe a que, durante la odontogénesis, el proceso odontoblástico se introduce entre los ameloblastos antes de la formación del esmalte, o entre los cementoblastos, antes de la formación del cemento.
   (2) En consecuencia, cuando el esmalte o el cemento comienza a depositarse lo hace alrededor del proceso odontoblástico y deja una región tubular hueca donde se aloja dicho proceso y es continuación del túbulo dentinario.
c. Los túbulos dentinarios no tienen el mismo grosor en toda su longitud.
   (1) Son más anchos en las cercanías de la pulpa (2,5 μm) que en las proximidades del esmalte o el cemento (1 μm).
   (2) Esto se debe al depósito hacia el centro del túbulo de matriz mineralizada en las regiones más alejadas del odontoblasto.
d. El número de túbulos dentinarios es alto.
   (1) En las cercanías de la pulpa existen entre 60.000 a 75.000 túbulos por mm^2.
   (2) En las cercanías del esmalte o el cemento, la densidad de túbulos es menor, y puede reducirse a la mitad.
   (3) Esta diferencia se debe a que, durante el crecimiento de la dentina, ésta se va depositando hacia el interior del diente y los odontoblastos se van apiñando a medida que el espacio pulpar disminuye, lo que implica que los túbulos se disponen en menos espacio.
e. Los túbulos dentinarios presentan dos tipos de curvaturas:
   (1) **Curvaturas primarias**. Cuando se observa un diente en un corte perpendicular, desde la corona hasta el ápice, los túbulos dentinarios suelen mostrar una trayectoria curva desde la CAD o la CCD hasta la pulpa (fig. 18.4).
      (a) Se originan por los movimientos relativos de los odontoblastos durante la dentinogénesis. Estos movimientos se producen porque la cámara pulpar va disminuyendo de volumen y los odontoblastos se van reacomodando en el espacio disponible.
      (b) Estas curvaturas suelen tener forma de "S" inclinada (itálica).
      (c) Dicha "S" tiene una convexidad coronaria en la parte externa de la dentina, y una convexidad apical en la parte más interna.
      (d) En las regiones de las cúspides o incisales, las curvas son menores, y los túbulos pueden parecer rectilíneos.
      (e) En la región apical puede haber una única curvatura, con una convexidad apical muy poco pronunciada, y hasta pueden llegar a ser rectilíneos.
   (2) **Curvaturas secundarias**. Son pequeñas curvas sinusoidales que aparecen de forma relativamente regular en todo el trayecto de un túbulo.

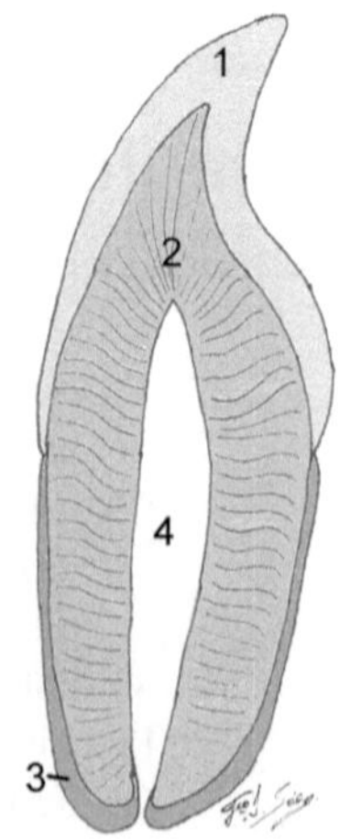

Figura 18.4 Curvaturas primarias de los túbulos dentinarios. 1, esmalte; 2, dentina; 3, cemento; 4, pulpa dental

(a) Quedan incluidas en las curvaturas primarias.
(b) Pueden ser un reflejo del trayecto espiral que realizan los odontoblastos al desplazarse centrípetamente mientras sintetizan la dentina.

f. Los túbulos dentinarios se pueden ramificar. Hay dos tipos de ramificaciones:
   (1) **Ramificaciones colaterales o túbulos secundarios**.
      (a) Las ramificaciones colaterales son muy delgadas, de menos de 1 μm de diámetro, y parten en ángulo recto del túbulo principal, hasta contactar con los túbulos próximos.
      (b) Por estos túbulos secundarios se introducen ramas del proceso odontoblástico, que se puede comunicar con los procesos de los odontoblastos vecinos mediante **uniones de hiato (gap)**.
      (c) La ramificación es más elevada en la raíz que en la corona.
   (2) **Ramificaciones terminales**, presentes en el trayecto final de los túbulos dentinarios, cerca del esmalte o el cemento.
      (a) En la corona, estas ramificaciones terminales son arborescentes.
      (b) En la raíz, estas terminaciones son dicotómicas.

g. En el interior del túbulo se pueden encontrar las siguientes estructuras:
   (1) **Proceso odontoblástico**. Ya lo hemos estudiado en el capítulo dedicado a la pulpa.
   (2) **Terminaciones nerviosas**, desnudas. Son terminaciones sensitivas procedentes de la pulpa.
   (3) **Prolongaciones de células dendríticas**, cuyos somas celulares se encuentran en la pulpa dental.
   (4) **Fibras colágenas**, que forman una matriz muy laxa no mineralizada.
   (5) **Licor dentinario**, es un medio líquido, procedente del líquido intersticial de la pulpa dental, que rellena todo el espacio del túbulo que

rodea el proceso odontoblástico (**espacio periprocesal**) y el resto de estructuras que se encuentran en dicho espacio. También se llama **fluido dentinario**.

h. Resulta muy difícil determinar la longitud de los procesos odontoblásticos, la presencia de terminaciones nerviosas y de las prolongaciones de las células dendríticas, por lo que existe bastante controversia sobre estos puntos.
i. Con el tiempo, los túbulos dentinarios desarrollan una pared del túbulo (fig. 18.5):
   (1) Al principio de la dentinogénesis, los túbulos dentinarios recién formados presentan la cavidad tubular y su contenido rodeados por la matriz intertubular, sin que exista una estructura que forme una verdadera pared del túbulo.
   (2) Tras la mineralización de la dentina intertubular, se deposita desde el exterior hacia el centro del túbulo una fina capa de material, como una vaina.
      (a) Esta vaina o pared, se denomina **matriz o dentina peritubular, tubular o intratubular**.
      (b) Está en el límite con la dentina intertubular.
      (c) Se caracteriza por estar bastante mineralizada, porque la colágena, que es muy escasa[3], es de tipo III, y porque abundan las sustancias orgánicas no colágenas, como las proteínas DSP y DMP1.
      (d) En conjunto, la dentina peritubular está más mineralizada que la dentina intertubular, pero se distinguen tres zonas en esta dentina peritubular (fig. 18.6):
         1. **Zona externa hipomineralizada**. Es muy delgada y es la primera que se deposita.
         2. **Zona media hipermineralizada**. Es la más gruesa.
         3. **Zona interna hipomineralizada**. Es la de formación más reciente.
j. Si el crecimiento de la dentina peritubular llega a cegar la luz del túbulo, se produce la **dentina esclerótica** y se habla de **túbulos escleróticos**.
   (1) La dentina esclerótica también se denomina **dentina translúcida**, ya que en las regiones donde abunda este tipo de dentina su aspecto es más claro que en otras regiones de la dentina.
   (2) La cantidad de dentina esclerótica aumenta con la edad, y es más frecuente en el tercio apical de la raíz y en la zona media de la dentina coronaria, a medio camino entre la pulpa y la CAD.
   (3) El depósito de dentina esclerótica comienza a los 18 años de edad sin que existan estímulos identificables, por lo que se considera que es un proceso fisiológico.

[3] Algunos autores afirman que en la dentina peritubular no hay colágena.

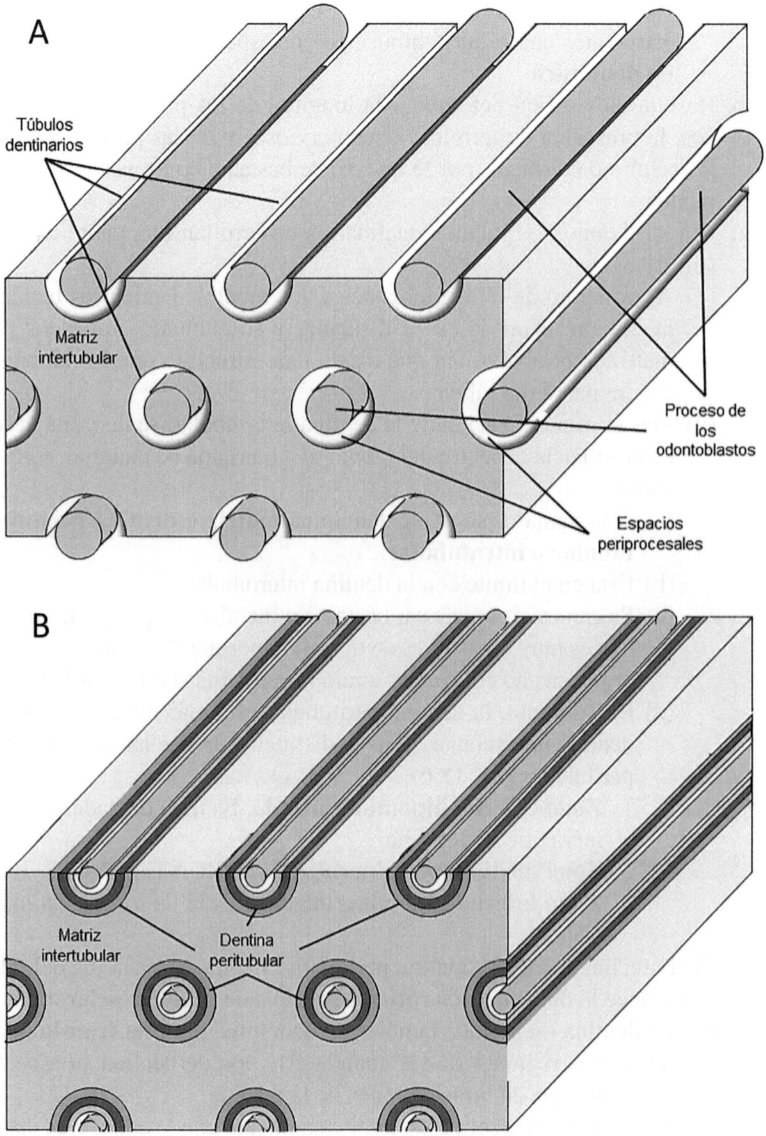

Figura 18.5 Estructura de los túbulos dentinarios recién formados (**A**), que son cavidades cilíndricas que atraviesan la matriz intertubular y carecen de una pared tubular. Pasado un tiempo (**B**), en los túbulos se produce una pared de dentina mineralizada (dentina peritubular)

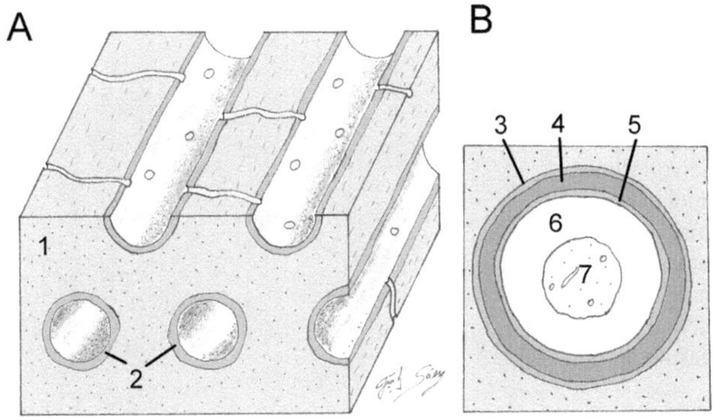

Figura 18.6 Organización histológica de la dentina: representación de la organización general de la matriz intertubular y los túbulos dentinarios (**A**) y corte transversal de un túbulo dentinario mostrando la estructura de la dentina peritubular (**B**). 1, matriz intertubular; 2, dentina peritubular; 3, zona hipomineralizada externa; 4, zona hipermineralizada; 5, zona hipomineralizada interna; 6, espacio periprocesal; 7, proceso odontoblástico. En A, los túbulos dentinarios se muestran vacíos para simplificar

(4) También puede producirse oclusión de los túbulos dentinarios por depósitos de sales minerales sin que se haya depositado dentina orgánica.
(5) Es muy importante señalar que la dentina esclerótica reduce la permeabilidad de la dentina, lo cual puede ayudar a prolongar la vitalidad de la pulpa.

2. **Dentina o matriz intertubular**. Es la segunda estructura básica de la dentina y constituye la mayor parte de la matriz dentinaria, es decir, la masa principal de la dentina de la corona y la raíz.
   a. En la dentina circumpulpar, que es la mayor parte de la dentina, está constituida por una malla de fibrillas colágenas de tipo I, de 50 a 200 nm de grosor, mineralizadas.
      (1) El grado de mineralización es menor que el de la dentina peritubular.
      (2) La malla de colágena se forma porque las fibrillas se disponen al azar dentro de un plano más o menos perpendicular a la superficie de los túbulos dentinarios.
   b. En la dentina del manto, las fibras colágenas son más gruesas y se disponen perpendiculares a la superficie de la dentina.

C. **Estructuras secundarias de la dentina**. Son estructuras que se observan al microscopio, generalmente en preparaciones por desgaste, y que están producidas por variaciones en la mineralización o en la organización de las estructuras básicas. Se distinguen tres (fig. 18.7):
   1. **Líneas incrementales**. La dentina crece por **aposición**. Debido a que el proceso de mineralización puede variar con el tiempo, se observan líneas paralelas entre sí que separan capas de dentina producidas sucesivamente.

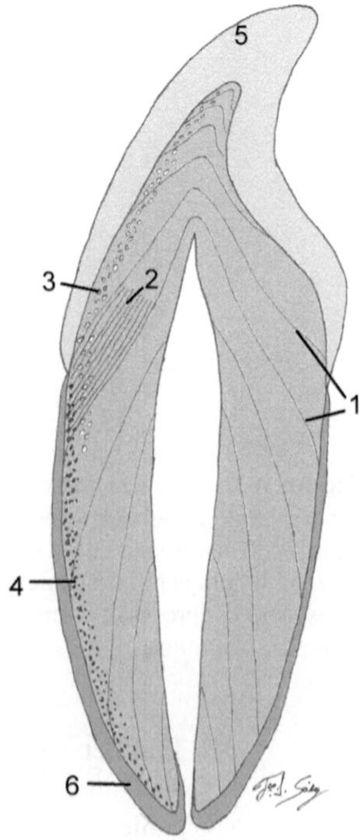

Figura 18.7 Unidades estructurales secundarias de la dentina. 1, líneas de contorno o de Owen; 2, líneas menores de incremento, de imbricación o de von Ebner; 3, dentina interglobular o espacios de Czermack; 4, capa granulosa de Tomes; 5, esmalte; 6, cemento. No se muestran las líneas incrementales diarias ni las líneas de mineralización

a. Estas líneas se disponen más o menos perpendiculares a los túbulos dentinarios.
b. Existen varios tipos de líneas, que en la dentina primaria son[4]:
   (1) **Líneas de contorno o de Owen**[5]. Están espaciadas entre sí de forma variable y se cree que son debidas a alteraciones en la mineralización, ya que son **líneas hipomineralizadas**.
      (a) En los cortes longitudinales de los dientes, se observa que en la corona forman estructuras con aspecto de casquete, pero en la raíz son bandas convergentes hacia la superficie de la pulpa.
      (b) En cortes transversales se ven como anillos concéntricos.
      (c) La línea de Owen más evidente es la **línea neonatal**, que se produce en el nacimiento.
      (d) Otras líneas pueden deberse a periodos de malnutrición o de enfermedad.

[4] La velocidad de deposición de la dentina secundaria es mucho menor, por lo que las líneas de incremento siguen un patrón diferente e irregular.
[5] Existe algo de confusión con este término. Owen describió unas líneas en la dentina que al parecer se deben a las curvaturas secundarias de los túbulos. Posteriormente, se han observado otras líneas que tienen la misma disposición pero que se deben a problemas de mineralización. Estas últimas se llaman ahora líneas de Owen.

(2) **Líneas menores de incremento de von Ebner o líneas de imbricación**.
   (a) Estas líneas están separadas entre sí unas 20 μm de promedio.
   (b) La dentina depositada entre dos líneas se corresponde con un periodo de actividad de 5 días.

(3) **Líneas incrementales diarias**. Situadas entre las líneas de von Ebner.
   (a) Están separadas unas 4 μm, como promedio, si bien puede variar de 8 μm en la corona a 3 μm en la raíz.
   (b) Delimitan los procesos de mineralización de un día de duración, ya que las fibrillas de colágena cambian de orientación de un día para otro.

(4) **Línea de mineralización**. Son líneas que aparecen entre las líneas incrementales diarias.
   (a) Están separadas a una distancia de entre 1,7 a 2 μm.
   (b) Se forman cada 12 horas.

2. **Dentina interglobular o espacios de Czermack**. Aparecen sobre todo en la dentina coronaria, raramente en la de la raíz, en la región de contacto entre dentina del manto y dentina circumpulpar (o la capa granulosa y la dentina circumpulpar en la raíz), y señalan el comienzo de esta última.
   a. Se ven como **zonas hipomineralizadas** que rodean zonas mineralizadas esféricas, globulares, de ahí el nombre de interglobular.
   b. Se producen por un defecto en la fusión de los **calcosferitos** que se describirán más adelante.
   c. Abundan en las personas con defectos en **vitamina D** durante la odontogénesis.
   d. En estas regiones, la distribución y el recorrido de los túbulos dentinarios no se ven afectados, aunque es posible que carezcan de dentina peritubular.
3. **Zona o capa granulosa de Tomes**. Es una zona situada en la parte periférica de la dentina de la raíz, cerca de la CCD, observable en secciones por desgaste.
   a. Está formada por estructuras granulosas cuyo número aumenta desde la región cervical hasta la apical.
   b. Esta zona está menos mineralizada que la dentina circumpulpar de la raíz.
   c. No se sabe exactamente qué son, ya que no se distinguen ni en preparaciones descalcificadas y teñidas ni con el microscopio electrónico. Hay dos hipótesis plausibles.
      (1) Son regiones donde las ramificaciones terminales de los túbulos dentinarios están entrelazadas.
         (a) El entrelazamiento se debería a movimientos de los odontoblastos en varias direcciones en los primeros momentos de la formación de la dentina de la raíz.
         (b) Estos movimientos se producirían porque la actividad de los odontoblastos de la raíz no estaría tan regulada como en la formación de la dentina de la corona.

(2) Las proteínas colágenas y no colágenas se organizan de manera especial en esta región próxima al cemento.

18.6 Diferenciación del odontoblasto

A. La formación de la dentina o **dentinogénesis** comienza en la fase de campana terminal. La síntesis y depósito de dentina comienza en las regiones incisales o de las cúspides y va progresando como una onda hacia las regiones de las asas cervicales del órgano del esmalte.
B. Cuando se completa la síntesis de la dentina coronaria, comienza la formación de la dentina de la raíz.
C. La progresión de la síntesis de dentina desde las regiones oclusales o incisales hacia las regiones apicales se refleja en la estructura de las células de la pulpa que sintetizan la dentina, es decir, los **odontoblastos**.
   1. Los odontoblastos maduran siguiendo una onda que comienza en las regiones incisales y oclusales y termina en las regiones apicales.
   2. Algunos autores hablan de un ciclo vital del odontoblasto, pero no es un término muy correcto, pues al final de su vida el odontoblasto no vuelve al principio o genera nuevos odontoblastos. Por tanto, sería más correcto hablar de **proceso de diferenciación del odontoblasto**.
D. Durante el proceso de diferenciación del odontoblasto, éste pasa por varias fases, muchas de las cuales son visibles en un mismo diente en desarrollo cuando se observan diferentes regiones del germen dental (fig. 18.8). Estas fases se pueden resumir así:
   1. **Célula mesenquimática indiferenciada**. Estas células de la papila dental se van situando en la periferia, cerca del órgano del esmalte.
      a. Son células pequeñas, estrelladas, con un núcleo grande, poco citoplasma con pocos orgánulos, que sintetizan **colágenas de tipo I y III**.
      b. Entre estas células y el epitelio interno del órgano del esmalte se observa una capa acelular, amorfa, formada por fibrillas colágenas finas.
      c. A medida que las células del **epitelio interno del órgano del esmalte** maduran, lo cual se evidencia en un cambio en su polaridad –que se explicará en el capítulo correspondiente–, envían señales a las células mesenquimáticas para su desarrollo.
   2. **Preodontoblasto**. Son células cúbicas o cilíndricas bajas.
      a. Son células **polarizadas**, con un **polo proximal** (dirigido hacia el órgano del esmalte) y un **polo distal** en contacto con la papila dental.
      b. El citoplasma de estas células tiene **prolongaciones citoplasmáticas** en la cara proximal.
      c. Las células se unen entre sí formando una estructura de aspecto epitelial.
      d. La zona acelular situada entre ellas y la lámina basal del órgano del esmalte se reduce y desaparece progresivamente.

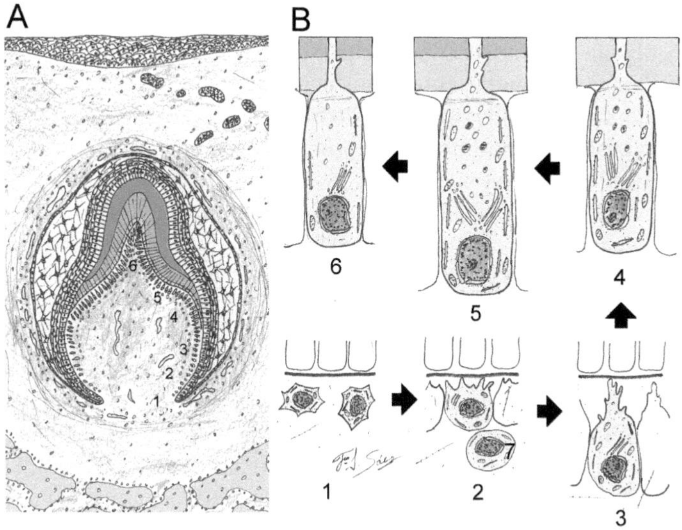

Figura 18.8 Germen dental en estadio de campana aposicional (**A**), en el que se pueden encontrar la mayoría de las fases del proceso de diferenciación del odontoblasto (**B**). 1, célula mesenquimática indiferenciada; 2, preodontoblasto; 3, odontoblasto joven; 4, odontoblasto secretor; 5, odontoblasto secretor maduro; 6, odontoblasto de transición; 7, célula subodontoblástica de Höhl. En **A**, los números indican las posiciones relativas donde pueden observarse las distintas fases del proceso mostradas en **B**

e. Estas células todavía son capaces de dividirse por **mitosis**. Algunas de las células producidas en estas divisiones se sitúan en el polo distal, hacia la papila, formando las **células subodontoblásticas de Höhl**.

3. **Odontoblasto joven**. Son células más altas que las anteriores que se organizan como un epitelio cilíndrico
   a. Son incapaces ya de dividirse.
   b. Las células están mucho más polarizadas, lo que se demuestra observando la distribución de orgánulos en el citoplasma.
      (1) Abunda el retículo endoplásmico rugoso, que se sitúa en paralelo con el eje próximo-distal de la célula.
      (2) El aparato de Golgi se sitúa entre el núcleo y el polo proximal de la célula.
      (3) El citoesqueleto predomina en el polo proximal.
      (4) En dicho polo, una de las prolongaciones iniciales se hace más grande que las otras y forma un **proceso odontoblástico** que se va alargando en perpendicular a la lámina basal del órgano del esmalte.
4. **Odontoblasto secretor**. Comienza a sintetizar dentina.
   a. La síntesis de dentina comienza con el depósito de **predentina** entre las células y la lámina basal del epitelio interno del órgano del esmalte.

b. Deja de sintetizarse colágena de tipo III, y se sintetiza **colágena de tipo I** y alguna otra variedad en mucha menor cantidad (colágenas V y VI).
c. Se sintetizan también otras moléculas que intervienen en la formación de la dentina, como las **metaloproteinasas** y algunos **proteoglicanos**. Algunos proteoglicanos inhiben, al principio, la mineralización.

5. **Odontoblasto secretor maduro**.
   a. Se caracterizan por ser células altas que poseen un núcleo basal y un citoplasma basófilo con una región del aparato de Golgi muy evidente.
   b. Con el microscopio electrónico se observan los orgánulos que se indicaron cuando se describió el odontoblasto en el capítulo dedicado a la pulpa dental (fig. 17.3).
   c. Al sintetizarse la dentina, el **proceso odontoblástico** queda dentro de una cavidad tubular que será el **túbulo dentinario**.
   d. La célula sigue sintetizando matriz orgánica y comienza la mineralización de la matriz situada más alejada del odontoblasto. Al parecer, la proteína DMP1 inhibe la mineralización bloqueando pequeñas partículas de fosfato cálcico, y al romperse esta proteína comienza la mineralización.
   e. La secreción de dentina continúa hasta formar la dentina del manto y la dentina circumpulpar.
6. **Odontoblasto de transición**. En esta fase, los odontoblastos son células más pequeñas.
   a. Se producen una vez formada la dentina primaria, cuando la síntesis de dentina se ralentiza y comienza a formarse la dentina secundaria.
   b. Su actividad sintética es menor, porque la síntesis de **dentina secundaria** es lenta.
   c. Pueden recuperar el aspecto de odontoblastos maduros para formar dentina terciaria.

18.7 Dentinogénesis

A. Como ya se ha indicado, primero se produce la dentina de la corona y, cuando la corona ya está formada, se produce la dentina de la raíz. En ambos casos, se produce primero la dentina del manto y después la dentina circumpulpar[6]. Después de la erupción del diente, se produce en menor cantidad y a menor velocidad la dentina secundaria.
B. La formación de la dentina se produce en varias fases:
   1. **Síntesis y depósito de matriz orgánica**. Las fibrillas colágenas y otras moléculas de la matriz dentinaria se sintetizan y se van depositando sobre el polo proximal de los odontoblastos.
   2. **Mineralización de la matriz**, mediante la precipitación de sales, principalmente de calcio, como ya se ha indicado anteriormente.

[6] Hay que recordar que se discute la existencia de dentina del manto en la raíz.

C. La mineralización comienza en las regiones más externas de la dentina, alejadas del odontoblasto, y progresa hacia las zonas más internas, próximas al odontoblasto.
D. Existe una excepción, la **capa hialina**, la primera dentina que se produce en la raíz.
   1. En esta capa, la mineralización comienza en un punto intermedio y progresa hacia los odontoblastos y hacia la superficie.
   2. Esto permite que la superficie de esta capa tarde un tiempo en mineralizarse y facilita que la matriz dentinaria se entremezcle con la matriz del cemento, lo que favorece la adhesión de ambos materiales una vez mineralizados.
E. Existe alguna diferencia en la forma de síntesis de la dentina del manto y la dentina circumpulpar. Para entenderlas bien, es preciso explicar cómo se produce la mineralización. Después daremos algunos detalles sobre la formación de la dentina.
F. Mecanismos de mineralización.
   1. Se han descrito dos mecanismos de mineralización (fig. 18.9):
      a. **Nucleación de mineral sobre las fibrillas de colágena**.
         (1) Los minerales se depositan en las fibrillas de colágena de tipo I, todo ello bajo control de la proteína **DPP**. DPP es aniónica y puede captar calcio.
         (2) Si aumentan mucho los niveles de DPP, se inhibe la mineralización. Si el odontoblasto reduce la producción de DPP a niveles menores, se produce el depósito de calcio en la matriz.
         (3) Al parecer, DPP localiza los puntos ideales de mineralización y estabiliza y orienta los cristales.
         (4) Parece que la DPP se libera en los procesos odontoblásticos a cierta distancia del soma celular, por lo que no hay DPP en la predentina.
      b. **Nucleación mediante vesículas matriciales**. De forma simultánea al mecanismo anterior, o en su lugar, la mineralización puede producirse en las **vesículas matriciales** que surgen de la superficie del odontoblasto por **gemación**.
         (1) En el interior de estas vesículas crecen cristales de hidroxiapatita, al parecer sin la intervención de la DPP.
         (2) El proceso es similar al que se produce en el hueso y que se describió en el capítulo correspondiente.
         (3) Como se indicó en el capítulo 7, los cristales salen de la vesícula, se depositan en la matriz y forman núcleos de mineralización que van creciendo y fusionándose con los cristales vecinos, formando un **frente de mineralización**.
   2. En algunas ocasiones, puede ocurrir una mezcla de ambos procesos de mineralización.
   3. El frente de mineralización también se ha llamado **metadentina**.
   4. Este frente de mineralización avanza centrípetamente en la capa de dentina. Puede avanzar de dos maneras (fig. 18.9):

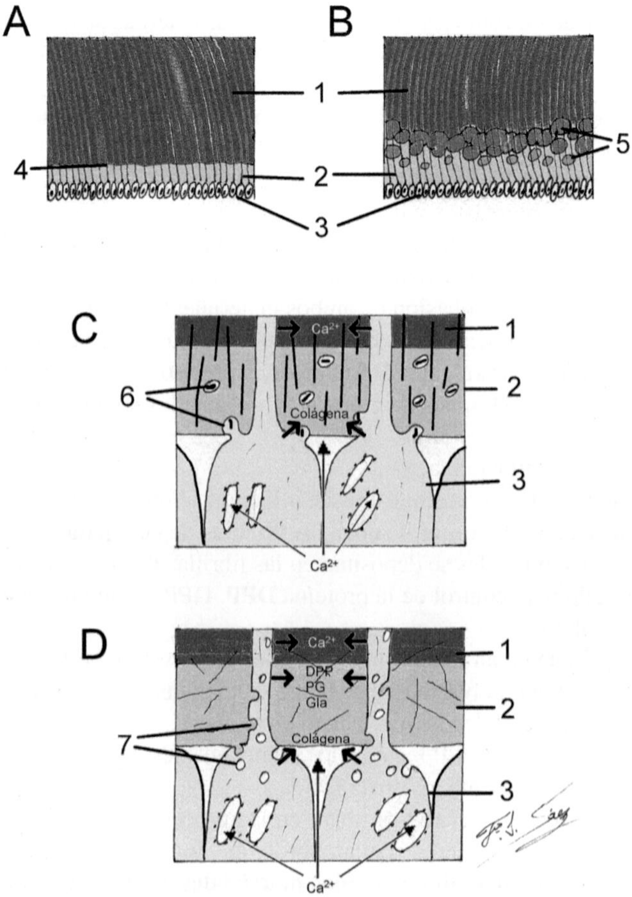

Figura 18.9 Mineralización de la dentina. El frente de mineralización de la dentina avanza centrípetamente, bien como un frente de mineralización lineal (**A**), bien mediante calcosferitos (**B**). La mineralización de la dentina del manto (**C**) se produce fundamentalmente mediante la formación de vesículas matriciales que libera el odontoblasto, probablemente mediante gemación. En la dentina circumpulpar (**D**) no se producen vesículas matriciales y la mineralización se produce directamente en las fibras colágenas. Los iones calcio (Ca^{2+}) pueden alcanzar la dentina desde la pulpa dental por transporte paracelular (entre las células), pero también pueden entrar en el odontoblasto, que lo almacena y lo libera en el polo opuesto. En las cercanías del cuerpo del odontoblasto se liberan colágena y proteoglicanos. En posiciones más alejadas del cuerpo del odontoblasto, cerca del frente de mineralización, el proceso odontoblástico libera Ca^{2+}, proteína DPP, más proteoglicanos y proteína Gla. 1, dentina; 2, predentina; 3, odontoblastos; 4, frente de mineralización lineal; 5, calcosferitos; 6, vesículas matriciales; 7, vesículas de exocitosis. Las flechas indican la dirección del transporte de iones y moléculas orgánicas

a. **Frente de mineralización lineal**. En este caso, se ve una línea de mineralización que avanza progresivamente por aposición homogénea de mineral sobre las zonas ya mineralizadas.
b. **Frente de mineralización globular o por calcosferitos**. Lo que ocurre en este caso es que se observa una mineralización heterogénea, ya que hay zonas de mineralización esféricas separadas por zonas no mineralizadas.
   (1) Estas zonas mineralizadas se llaman **calcosferitos**.
   (2) Los calcosferitos aumentan de tamaño y se fusionan.
   (3) Dentro de ellos, los cristales pueden tener una orientación radial.
   (4) El avance por calcosferitos puede producirse a partir de vesículas matriciales, pero también por nucleación sobre fibrillas colágenas.

5. No está muy claro cómo llegan los iones minerales hasta la matriz desde la pulpa dental. Aunque las uniones herméticas entre los odontoblastos son incompletas, lo que supuestamente debe facilitar el **transporte paracelular**, parece que gran parte del transporte se realiza a través del citoplasma del odontoblasto.
   a. El odontoblasto maduro capta y almacena **iones de calcio**. Se ha demostrado la existencia de **bombas de calcio (ATPasas)** en la membrana distal, que introducen el calcio en la célula, y de **canales de calcio** en la membrana proximal del odontoblasto, que libera los iones hacia la dentina.
   b. También hay **bombas de calcio** que almacenan este ion en las cisternas del retículo endoplásmico.
   c. Además, el odontoblasto eleva las concentraciones de **iones fosfato** gracias a la **fosfatasa alcalina**.
6. Como el proceso de mineralización se produce con retraso con respecto a la síntesis de nueva predentina, siempre queda una franja de predentina no mineralizada en la parte más interna de la dentina, en contacto con los odontoblastos.

G. Síntesis de la dentina.
1. Durante la síntesis de dentina se depositan colágena y proteoglicanos en la región más próxima al cuerpo del odontoblasto.
2. En zonas más alejadas del odontoblasto, justo en el límite con las zonas mineralizadas, es decir, en el llamado frente de mineralización, el proceso odontoblástico libera **iones**, **proteínas Gla** y nuevos proteoglicanos. También se encuentra aquí la proteína **DPP**, que parece la responsable del comienzo de la mineralización (fig. 18.9).
3. **Síntesis de la dentina del manto**
   a. La primera dentina que se forma es la dentina del manto.
   b. La primera señal de síntesis de dentina es la aparición de las **fibras de von Korff** entre los odontoblastos. Estas fibras son de **colágena de tipo III**, son gruesas, de 0,1 a 0,2 mm de diámetro, y al principio están asociadas a **fibronectina**.
   c. Después comienzan la síntesis de **colágena de tipo I**. Son fibras colágenas gruesas rodeadas de mucha matriz amorfa. Las fibras colágenas se dispo-

nen en paralelo entre ellas y en perpendicular con respecto a la lámina basal del epitelio interno del órgano del esmalte.
   d. Predomina la mineralización por **vesículas matriciales**.
   e. La metadentina o frente de mineralización se produce mediante **calcosferitos**.
4. **Síntesis de la dentina circumpulpar**.
   a. La dentina del manto puede tener 20 a 150 μm de grosor. Cuando se alcanza este grosor, los odontoblastos comienzan a producir la **dentina circumpulpar** que, como ya se ha dicho, constituye la mayor parte de la dentina.
   b. En la dentina circumpulpar las fibras colágenas son más finas y se disponen irregularmente.
   c. La mineralización se produce exclusivamente por **nucleación sobre las fibrillas**, ya que no se han descrito vesículas matriciales.
   d. En la metadentina se puede observar un **frente de mineralización lineal** o una **mineralización por calcosferitos**.
   e. En la frontera entre dentina del manto y dentina circumpulpar de la corona, el proceso final de fusión de los calcosferitos es defectuoso y se producen regiones hipomineralizadas entre las regiones globulares contiguas, formando la **dentina interglobular o espacios de Czermack**, que se han descrito como una de las estructuras secundarias de la dentina.

18.8 Sensibilidad de la dentina

A. La dentina y la pulpa son estructuras extremadamente sensibles, lo cual no tiene una buena explicación desde el punto de vista evolutivo.
B. A la pulpa dental llegan **terminaciones nerviosas sensitivas** de dos tipos (capítulo 17):
   1. Fibras amielínicas de tipo C que terminan en la pulpa. Las fibras tipo C son responsables del **dolor pulpar**, un dolor lento, sordo, difuso y prolongado.
   2. Fibras mielínicas de tipo A que, desprovistas ya de su vaina, se introducen entre los odontoblastos, y pueden ser identificadas dentro de los túbulos dentinarios. Son responsables de una sensación de **dolor dentinario** agudo, punzante, breve, rápido y localizado
C. Se ha tratado de explicar mediante tres teorías cómo se capta la sensación de dolor punzante en la dentina (fig. 18.10):
   1. **Teoría de la inervación directa**. Las **terminaciones nerviosas** que penetran en los túbulos dentinarios serían las responsables de captar directamente los estímulos dolorosos.
      a. Esta opción parece la más evidente, pues es lógico pensar que las terminaciones nerviosas sean las que captan los estímulos dolorosos.
      b. Ahora bien, no todos los túbulos están inervados y, cuando lo están, las terminaciones nerviosas no suelen llegar a la parte más externa de la dentina.

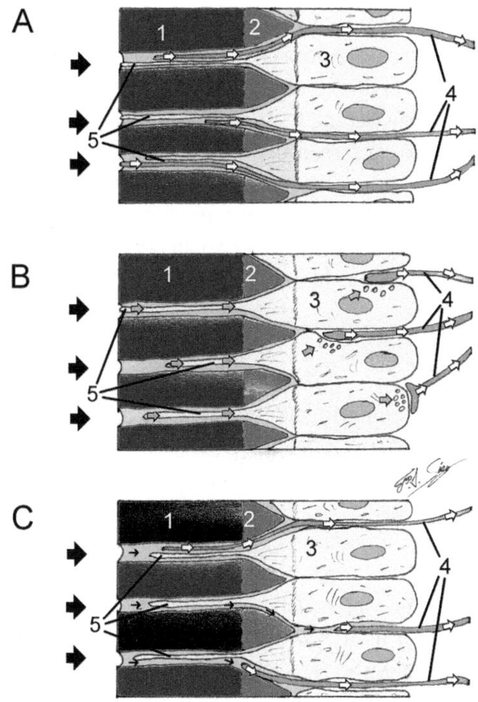

Figura 18.10 Las tres teorías propuestas para explicar la sensibilidad dentinaria. Los estímulos dolorosos están representados con las flechas negras grandes. Según la teoría de la inervación directa (**A**), las terminaciones nerviosas captan el estímulo, que se transmite por la fibra nerviosa (flechas blancas). Según la teoría de la transducción (**B**), los estímulos dolorosos son captados por el proceso odontoblástico y se transmiten por esta célula (flechas grises), hasta que estimula a las terminaciones nerviosas, que transmiten la sensación de dolor (flechas blancas). Según la teoría hidrodinámica (**C**), los estímulos dolorosos provocan un desplazamiento del licor dentinario (flechas negras pequeñas). Este movimiento y los cambios de presión asociados estimulan a las terminaciones nerviosas, que transmiten el estímulo (flechas blancas). 1, dentina; 2, predentina; 3, odontoblastos; 4, terminaciones nerviosas; 5, procesos odontoblásticos

   c. Estos y otros datos ponen en duda que la sensación de dolor sea captada directamente por la terminación nerviosa.
2. **Teoría de la transducción**. Según esta teoría, el **proceso odontoblástico** sería el responsable de captar el estímulo doloroso y transmitirlo mediante sinapsis a las terminaciones nerviosas.
   a. No se ha podido demostrar ni la capacidad del proceso odontoblástico de recibir el estímulo ni la unión sináptica de la célula con el axón.
   b. Sí se han visto **uniones de hiato (gap)**, entre el odontoblasto y los axones, que podrían funcionar como sinapsis eléctricas.
3. **Teoría hidrodinámica**. Según esta teoría, los estímulos dolorosos provocarían movimientos en el **licor dentinario** de los túbulos, con consiguientes **cambios de presión**.

   a. Estos movimientos y las variaciones de presión serían las que estimularían a las terminaciones nerviosas.
   b. Esta teoría tiene el apoyo de bastantes resultados experimentales.

D. Aunque la tercera teoría parece la más probable, no se puede descartar que parte del dolor dentinario se pueda deber a inervación directa o a la transmisión a través del odontoblasto.

E. Si la dentina queda expuesta, se produce una **hipersensibilidad** a ciertos estímulos que causan dolor. En este caso, el dentista debe rellenar y taponar los túbulos dentinarios de la zona expuesta para eliminar o reducir esta hipersensibilidad.

Lo que hay que recordar

La dentina es el tejido mineralizado que recubre la pulpa dental. Es un tejido acelular, aunque presenta prolongaciones de odontoblastos y células dendríticas y terminaciones nerviosas. Según su posición en el diente, se consideran tres tipos de dentina desde el exterior hacia el interior: dentina del manto, dentina circumpulpar y predentina. Según el momento de su formación, se distinguen tres tipos de dentina: primaria (sintetizada antes de la erupción), secundaria (sintetizada después de la erupción) y terciaria (sintetizada en respuesta a una noxa). La matriz extracelular de la dentina contiene colágeno tipo I y algo de colágeno tipo III y otras proteínas de la dentina, y está mineralizada con cristales de hidroxiapatita similares a los presentes en la matriz ósea. La dentina está formada por túbulos dentinarios y una matriz intertubular, que son sus estructuras básicas. Además, en la dentina se pueden observar otras estructuras secundarias, producidas por variaciones en las estructuras básicas. El proceso de diferenciación de un odontoblasto comienza con células mesenquimáticas indiferenciadas de la pulpa dental cercanas a la lámina basal del órgano del esmalte, que se desarrollan en odontoblastos secretores. Los odontoblastos sintetizan la matriz orgánica de la dentina y, posteriormente, controlan el depósito de minerales, que es similar al que se produce en los huesos. Se pueden distinguir dos frentes de mineralización: el frente de mineralización lineal y el frente de mineralización por calcosferitos. Existen tres teorías para explicar la captación del dolor en la dentina: la teoría de la inervación directa, la teoría de la transducción y la teoría hidrodinámica.

Lectura adicional

Almeida A W, Almeida M L P, Dechichi P 1998. The mineralization process in mantle and circumpulpar dentin. Journal of Dental Research 77: 1153–1153.

Berkovitz B K B, Holland G R, Moxham B J 2018a. Dentine. En: Oral Anatomy, Histology & Embryology. 5ª Ed. Elsevier, pp. 152–175.

Berkovitz B K B, Holland G R, Moxham B J 2018b. Dentinogenesis. En: Oral Anatomy, Histology & Embryology. 5ª Ed. Elsevier, pp. 387–386.

Chen S, Xie H, Zhao S L et al. 2022. The genes involved in dentinogenesis. Organogenesis 18: 1–19.
Chiego D J 2023. Dentin. En: Essentials of Oral Histology and Embryology. 6ª Ed. Elsevier, pp. 97–109.
Chung G, Jung S J, Oh S B 2013. Cellular and molecular mechanisms of dental nociception. Journal of Dental Research 92: 948–955.
Fehrenbach M J, Popowics T 2020. Dentin and Pulp. En: Illustrated Dental Embryology, Histology, and Anatomy. 5ª ed. Elsevier, pp. 160–174.
Goldberg M 2014. Dentin, Pulp, and Tooth Pain. En: Fundamentals of Oral Histology and Physiology, Hand A R and Frank M E Editores. Wiley Blackwell, pp. 85–112.
Gómez de Ferraris M E, Campos Muñoz A 2009. Complejo dentino-pulpar II: dentina. En: Histología, Embriología e Ingeniería Tisular Bucodental. 3ª ed. Médica Panamericana, pp. 255–290.
Johansen E 1964. Microstructure of enamel and dentin. Journal of Dental Research 43: Suppl 1007–1020.
Kuhnisch J, Dietz W, Heinrich-Weltzien R et al. 2003. The intra-tubular dentine structure in permanent teeth – a SEM-investigation. Microscopy and Microanalysis 9: 440–441.
Magloire H, Couble M L, Thivichon-Prince B et al. 2009. Odontoblast: A mechano-sensory cell. Journal of Experimental Zoology Part B-Molecular and Developmental Evolution. 312B: 416–424.
Magloire H, Maurin J C, Couble M L et al. 2010. Topical review. Dental pain and odontoblasts: Facts and hypotheses. Journal of Orofacial Pain 24: 335–349.
Maurin J C, Couble M L, Thivichon-Prince B; Magloire H 2013. Odontoblast: a key cell involved in the perception of dentinal pain. M S – Medecine Sciences 29: 293–299.
Mjör I A, Smith M R, Ferrari M, Mannocci F 2001. The structure of dentine in the apical region of human teeth. International Endodontic Journal 34: 346–353.
Moss M L 1974. Studies on dentin. 1. Mantle dentin. Acta Anatomica 87: 481–507.
Nagahama S 1982. A histological study on the nature of human interglobular dentin. Okajims Folia Anatomica Japonica 58: 383–390.
Nanci A 2013. Dentin-Pulp Complex. En: Ten Cate's Oral Histology. 8ª Ed. Elsevier, pp. 165–204.
O'Dowd G, Bell S, Wright S 2023. Oral tissues. En: Wheater's Functional Histology. Elsevier, pp. 241–252.
Sato H, Kagayama M, Sasano Y, Mayanagi H 2000. Distribution of interglobular dentine in human tooth roots. Cell Tissues Organs 166: 40–47.
Scott J N, Weber D F 1976. Microscopy of primary-secondary dentin interface. Journal of Dental Research 55: B120–B120.
Sun Y T, Sanders A M, Pashley D H et al. 2025. Beyond hydrodynamics: the role of ion channels in dentine hypersensitivity. Journal of Dentistry 157: 105745.
Symons N B 1965. Interglobular dentine and the calcospherite pattern. Archives of Oral Biology 10: 1009–1010.
Taintor J F, Biesterfeld R C, Langeland K 1981. Irritational or reparative dentin – A challenge of nomenclature. Oral Surgery Oral Medicinej Oral Pathology Oral Radiology and Endodontology 51: 442–449.
Warshawsky H 1988. The Teeth. En: Cell and Tissue Biology – A Textbook of Histology. Weiss L Editor. 6ª ed. Urban & Schwarzenberg, pp. 594–640.

Esmalte

19

Qué aprenderás en este capítulo

En este capítulo, aprenderás que el esmalte, el tejido que cubre la dentina en la corona, es el tejido más duro y más mineralizado del cuerpo. Verás que es un tejido acelular cuya matriz tiene un alto contenido mineral, un bajo contenido de materia orgánica y carece de colágena. Verás que la estructura básica del esmalte es la varilla del esmalte, y que con el microscopio se pueden ver estructuras secundarias debidas a variaciones en la forma, la organización y la composición de las varillas. Estudiarás las características de la superficie del esmalte. Finalmente, verás cómo se produce la amelogénesis y el proceso de diferenciación del ameloblasto.

19.1 Características generales

A. El **esmalte** (del occitano antiguo esmalt, y este del franco smalt y el alemán schmelz), **tejido adamantino** (del griego antiguo ἀδαμάντινος adamántinos, 'diamantino') o **sustancia adamantina**, es una estructura mineralizada que recubre la corona del diente.

B. Origen:
   1. Se forma durante la odontogénesis, mientras el **germen dental** está incluido en el **mesénquima** o en el **tejido conjuntivo de la mucosa bucal**, antes de la erupción, gracias a la actividad de las células del **órgano del esmalte**.
   2. Durante la erupción dental, el órgano del esmalte desaparece y el esmalte queda expuesto en la cavidad bucal.
   3. Después de la erupción, aunque puede sufrir modificaciones, no puede sintetizarse más esmalte.

F.J. Sáez, I. Badiola, *Histología Bucal Básica*,
https://doi.org/10.1007/978-3-032-24363-8_19

C. Es un tejido **acelular**, ya que carece de células o de prolongaciones celulares en su interior. Por este motivo, aunque puede sufrir modificaciones, si se pierde esmalte éste no puede regenerarse.
D. Se puede perder esmalte por desgaste debido al contacto entre dientes, por la actividad masticatoria, por el cepillado mecánico fuerte y por la acción de sustancias ácidas, como las bebidas gaseosas (carbonatadas), que favorecen la desmineralización.
E. La superficie del esmalte está recubierta por materiales orgánicos que forman una **película** adherida al esmalte.
F. El esmalte es el tejido más mineralizado del cuerpo humano, más que el hueso o el cemento y más que la dentina.
G. Al ser un tejido muy mineralizado es un tejido muy **duro** desde el punto de vista mineralógico, pero es **frágil**[1].
   1. Su resistencia mejora gracias a la elasticidad de la dentina sobre la que se apoya. Si la dentina se daña o destruye por caries o por una mala intervención del dentista, el esmalte se fragmenta con facilidad.
   2. Aunque el esmalte es más blando que los materiales geológicos con una composición similar, tiene una resistencia mayor debido a la organización de los cristales en **prismas o varillas**, que explicaremos más adelante.
H. Es un tejido **translúcido**, por lo que el color que observamos en el diente suele corresponder al de los tejidos subyacentes.
I. Es muy poco permeable.
J. Debido a su alto contenido mineral, es la sustancia más **radiopaca** de nuestro organismo, por lo que en las radiografías se observa muy blanco.
K. La zona de contacto con la dentina forma la **conexión amelodentinaria o CAD**.
L. La distancia desde la CAD hasta la superficie del esmalte, es decir, el grosor del esmalte, es variable entre los diferentes dientes, pero también en un mismo diente.
   1. Normalmente, el esmalte es más grueso en las regiones incisales y oclusales (hasta 2,5 mm) que en las laterales (1,3 mm), mientras que es muy fino y se adelgaza en las regiones cervicales.
   2. Es más grueso en las regiones vestibulares (malares o labiales) que en las linguales o palatinas.
   3. El esmalte es más delgado en los surcos y fosas entre las cúspides.
M. En la región cervical, el esmalte se adelgaza y finalmente deja de recubrir la dentina en la raíz. En esa región cervical, el esmalte se relaciona con el **cemento** que recubre la dentina de la raíz (**unión amelocementaria**). Esto se produce de tres maneras posibles (fig. 19.1):
   1. **Solapamiento**. El cemento cubre el esmalte. Es lo más frecuente y se produce en el 60 % de los casos.
   2. **Contacto**. El cemento y el esmalte se tocan, pero el esmalte no queda recubierto. La dentina queda siempre protegida por uno de los dos tejidos. Es

[1] Conviene repasar la tabla de durezas de los tejidos, disponible al principio del tema 6.

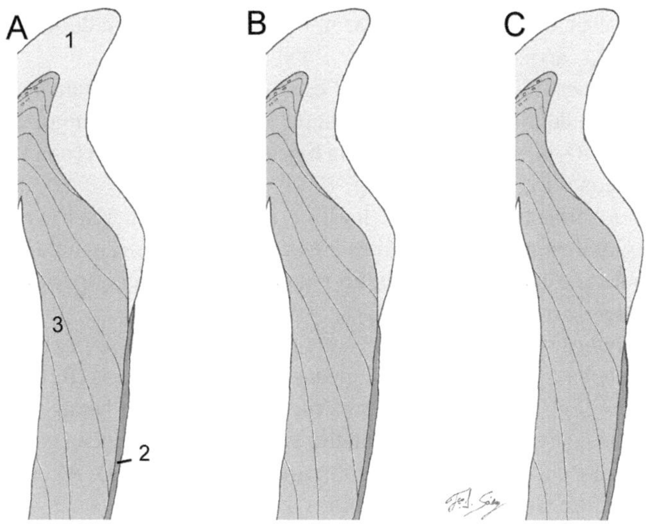

Figura 19.1 Relación entre el esmalte y el cemento: el cemento cubre el esmalte (**A**, solapamiento), el cemento y el esmalte se tocan (**B**, contacto) y cemento y esmalte no se tocan y la dentina queda al descubierto (**C**, separación). 1, esmalte; 2, cemento; 3, dentina

menos frecuente que la anterior, aproximadamente presente en el 30 % de los dientes.

3. **Separación**. La dentina queda al descubierto en una franja debido a que esmalte y cemento quedan separados una distancia. Es lo menos frecuente.

19.2 Composición del esmalte

A. El esmalte es un **tejido acelular** y altamente **mineralizado**.
   1. En el esmalte maduro, la **fracción mineral** constituye el 95–96 % del peso total y un 88–90 % del volumen.
   2. Las **moléculas orgánicas** representan sólo entre el 1 y el 2 % del peso.
   3. El resto, en torno al 2 % del peso (5–10 % del volumen), es **agua**.
B. La **matriz inorgánica** está formada fundamentalmente por **cristales de hidroxiapatita**, de fórmula $\mathbf{Ca_{10}(PO_4)_6(OH)_2}$, es decir, como en el hueso o en la dentina.
   1. Al contrario que en otros tejidos mineralizados, parece que en el esmalte no hay fosfato cálcico amorfo.
   2. Puede haber otros minerales, como **carbonatos** y **sulfatos**, pero en mucha menor cantidad.
   3. Puede haber, en pequeñas cantidades, algunos **oligoelementos**, como **magnesio**, **hierro** o **flúor**. Éste último es muy importante, pues los **iones fluoruro** pueden sustituir a algunos grupos hidroxilo para producir **fluorhidroxiapa-**

tita, que es más resistente a la acción desmineralizadora de los ácidos y, por tanto, a la caries.

4. Los cristales de hidroxiapatita del esmalte son de mayor tamaño que los del hueso o la dentina. Pueden tener entre 100–1000 nm de largo, 30–70 nm de ancho, y 10–40 nm de alto, aunque hay que indicar que en cada fuente se dan dimensiones muy diferentes (fig. 19.2A).
5. Tradicionalmente se han descrito los cristales como alargados y de contorno **hexagonal**, pero algunos autores creen que la forma hexagonal que se observa se debe a la proyección en un plano de un **paralelepípedo**, que sería su verdadero contorno (fig. 19.2B).
6. En el interior de los cristales los elementos químicos se organizan molecularmente en unas estructuras llamadas **celdillas unitarias** (fig. 19.2C).
   a. Estas celdillas unitarias son estructuras con forma hexagonal, en cuyos vértices se sitúan **iones de calcio**, en los lados se colocan **grupos fosfato**, y en el centro se encuentra un **grupo hidroxilo (OH)**. Alrededor del OH central se sitúan otros tres átomos de calcio.
   b. Esta disposición se repite, unas celdillas unitarias junto a otras y en distintos planos, para formar el cristal del esmalte.
   c. La estructura básica de la celdilla se puede ver modificada en algunos lugares.
      (1) Los fosfatos y, en menor medida los hidroxilos, pueden ser sustituidos por **carbonatos**.
      (2) Los iones calcio pueden ser sustituidos por **magnesio**.
      (3) Los hidroxilos pueden ser sustituidos por **flúor**.
7. Los cristales quedan muy empaquetados entre sí, con algunos **hiatos o poros** de menos de 5 nm entre ellos, que pueden ser ocupados por moléculas de agua o moléculas orgánicas.

C. La **matriz orgánica** es escasa en los lugares donde los cristales están muy ordenados, y es mayor en los lugares donde los cristales están más desorganizados.
   1. Está formada sobre todo por proteínas, entre las cuales no se encuentra la colágena, ya que el esmalte carece de esta proteína.
   2. Desde que comienza hasta que termina la síntesis del esmalte se producen muchos cambios en la composición.
      a. Algunas proteínas se pueden encontrar sólo en ciertas fases del desarrollo del esmalte.
      b. Al comienzo de la maduración del esmalte, las proteínas pueden constituir el 23–30 % de su matriz, pero en el esmalte maduro pueden ser el 1 %.
   3. Algunas de las proteínas mejor caracterizadas del esmalte inmaduro son:
      a. **Amelogeninas**. Son las más abundantes durante la formación del esmalte (90 %).
         (1) Los ameloblastos secretan varias **isoformas** de la misma proteína.
         (2) Tiene tendencia a la autoagregación, por lo que forman **nanoesferas** de unos 20 nm de diámetro que se agrupan en cadenas y cintas.
         (3) Parece que impiden el crecimiento lateral de los cristales de hidroxiapatita.

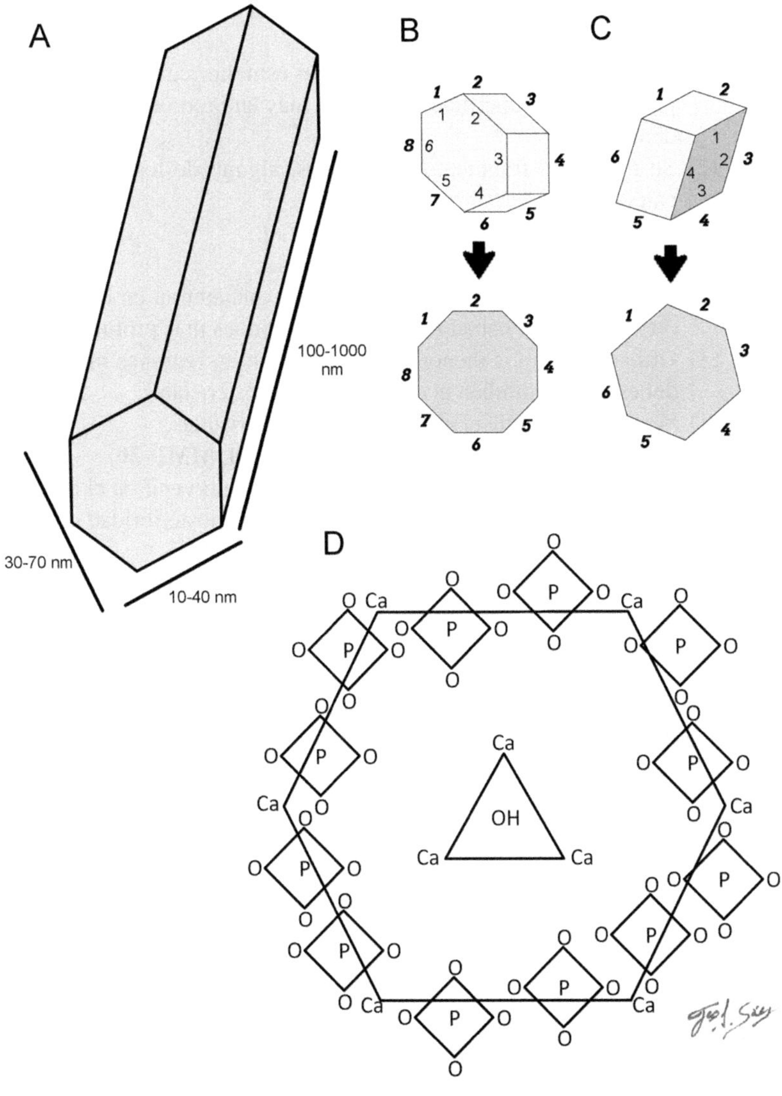

Figura 19.2 La estructura probable del cristal de hidroxiapatita (**A**) es la de una estructura alargada de perfil hexagonal, cuyas medidas son variables. Algunos autores proponen una estructura alternativa. Según ellos, si los cristales fueran prismas de base hexagonal, en las secciones microscópicas se deberían ver con un contorno octogonal (**B**). En cambio, el aspecto hexagonal se produciría por la proyección en un plano de un hexaedro (**C**). En **B** y **C**, los números en redondilla indican las caras del perfil del cristal, mientras que los números en itálica y negrita señalan las caras del cristal que se proyectan en la sección microscópica. Se muestra también la estructura de la celdilla unitaria del esmalte (**D**)

b. **Ameloblastina** (antiguamente llamada **amelina**). Es menos abundante que la anterior (5 %).
   (1) Se encuentra en más cantidad en el esmalte recién formado (el más próximo a la superficie) que en el más antiguo (el más próximo a la dentina).
   (2) Se rompe en fragmentos peptídicos, alguno de los cuales se une al calcio.
c. **Enamelina**. Presente en muy poca cantidad.
   (1) Es una glicoproteína y está fosforilada.
   (2) Se fragmenta y algunos fragmentos se encuentran en la superficie de crecimiento del esmalte, pero no en regiones más profundas.
   (3) Otros fragmentos menores se encuentran en regiones más profundas del esmalte e inhiben el crecimiento de los cristales.
   (4) Se cree que regula el crecimiento de los cristales.
d. **Enamelisina (metaloproteinasa de matriz-20, MMP-20)**.
   (1) Mientras las proteínas anteriores parecen intervenir en el crecimiento del esmalte, la enamelisina se produce con posterioridad e interviene en la **maduración** final del esmalte.
   (2) Puede intervenir en la fragmentación de las proteínas que hemos mencionado antes.
e. **Proteasa de serina de la matriz del esmalte** (**calicreína 4**).
   (1) Se secreta cuando ha terminado de sintetizarse todo el esmalte.
   (2) Parece que interviene degradando otras proteínas.
f. **Amelotonina**.
   (1) Se asocia con la **lámina basal** de los ameloblastos durante un breve periodo, al comienzo de la fase de maduración del esmalte.
   (2) Se cree que interviene en la formación de la capa final de **esmalte aprismático**.
g. **Proteína odontogénica asociada al ameloblasto (ODAM)**. Se sintetiza al mismo tiempo que la anterior y también se asocia a la lámina basal.
h. **Tuftelina o proteína de los flecos**.
   (1) Se localiza en la unión amelodentinaria cuando comienza a formarse el esmalte.
   (2) En realidad, las tuftelinas son varias proteínas similares.
   (3) Se encuentra en muchos otros tejidos, por lo que no está claro cuál es su función, pero se cree que puede ser una molécula señal que interviene en los procesos de inducción entre ameloblastos y odontoblastos.
   (4) En el esmalte maduro se han detectado derivados de las tuftelinas.

4. Como vemos, muchas de las proteínas se fragmentan en moléculas más pequeñas una vez secretadas. Por lo general, la proteína entera se encuentra en el esmalte en formación en las regiones próximas a los ameloblastos, mientras que los fragmentos se localizan en regiones más viejas del esmalte, alejadas de los ameloblastos.
5. Existe una pequeña cantidad de **glicosaminoglicanos** en el esmalte. También se ha identificado una escasa cantidad de **lípidos**.

D. El **agua** puede estar en los poros entre los cristales, rodeando los materiales orgánicos, rellenando defectos en los cristales y formando una capa hidratada alrededor de los cristales. La presencia del agua es importante pues el **flúor** se difunde por el agua.

19.3 Unidad estructural básica del esmalte

A. Cuando se estudia la organización histológica del esmalte ocurre como en el caso de la dentina y se describen dos tipos de estructuras:
   1. Unas **estructuras básicas** que constituyen el esmalte.
   2. Unas **estructuras secundarias** que son visibles al microscopio como consecuencia de la diferente organización de las unidades básicas.

B. La unidad estructural básica del esmalte, llamada por sus siglas **UEBE**, es el **prisma o varilla del esmalte**. Es importante no confundir esta estructura con los cristales de hidroxiapatita, que son mucho más pequeños y que se encuentran dentro de estas UEBE.

C. La varilla del esmalte se describió con forma hexagonal, de ahí el nombre de prisma del esmalte, pero en realidad la forma de las varillas no es regular, por lo que el término prisma es poco recomendable (fig. 19.3).

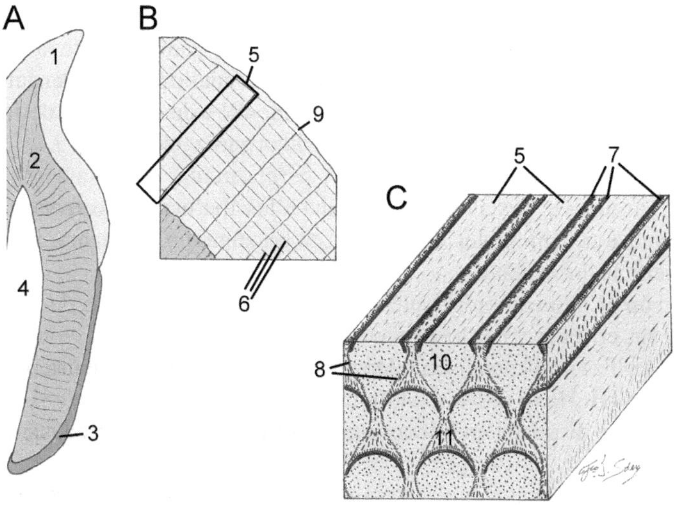

Figura 19.3 Unidad estructural básica del esmalte (UEBE): vista general de la disposición en el diente (**A**), orientación de las UEBE en el esmalte (**B**) y detalle aumentado de la organización de las UEBE (**C**). 1, esmalte; 2, dentina; 3, cemento; 4, pulpa dental; 5, prisma o varilla del esmalte; 6, estriación transversal; 7, vaina de la varilla; 8, esmalte intervarillar o sustancia interprismática; 9, esmalte avarillar; 10, cabeza del prisma; 11, cola del prisma

D. Las varillas del esmalte son estructuras alargadas, de unos 5–6 μm de grosor y hasta 2,5 mm de longitud, que se extienden desde la CAD hasta la superficie del esmalte.
E. Las varillas del esmalte están formadas por el empaquetamiento de numerosos **cristales de hidroxiapatita** (varios millones). Estos cristales se orientan generalmente con su eje mayor en la dirección longitudinal de la varilla del esmalte.
F. Las varillas o UEBE están unidas por una pequeña cantidad de **sustancia interprismática o esmalte intervarillar**.
G. En el esmalte intervarillar encontramos muchos cristales de hidroxiapatita con una orientación diferente a los de la varilla.
H. Entre la varilla del esmalte y el esmalte intervarillar se ha descrito una pequeña región, la **vaina de la varilla**, donde se concentra la **matriz orgánica**.
   1. En una pequeña región de la varilla puede no existir vaina, y los cristales de hidroxiapatita de la varilla confluyen con los del esmalte intervarillar.
   2. Algunos autores creen que no existe una verdadera vaina de la varilla, sino que hay una mayor concentración de materiales orgánicos y agua en los bordes de la varilla. Esta mayor concentración se debe a que ocupan los espacios microscópicos producidos por la diferente organización de los cristales de la varilla y el esmalte intervarillar.
   3. El dentista debe tener en cuenta que la vaina de la varilla es más resistente a los ácidos que la varilla. Esto es importante para las actividades de sellado que se realizan para prevenir la caries, que precisan un grabado previo con ácidos para mejorar la adhesión.
I. Como hay muchas variaciones con respecto a la organización de las varillas, se considera que son estructuras cilíndricas embebidas en el esmalte intervarillar. No obstante, cuando se observan las varillas del esmalte cortadas transversalmente se pueden observar tres **patrones de organización** (fig. 19.4):
   1. **Patrón I**. Las varillas muestran un perfil circular perfectamente delimitado, ya que los cristales de la varilla y los del esmalte intervarillar tienen orientaciones diferentes. Predomina en las zonas próximas a la dentina y a la superficie del esmalte.
   2. **Patrón II**. No se observa un límite claro en algunos lados de la varilla, ya que sus cristales y los del esmalte intervarillar tienen orientaciones similares. Las varillas se disponen en hileras paralelas. Es poco frecuente.
   3. **Patrón III**. No se observa un límite claro en algunos bordes de la varilla. Las varillas se disponen en hileras escalonadas. Es el patrón predominante en el ser humano.
J. En cortes transversales al eje longitudinal de las varillas, la disposición más frecuente de estas y del esmalte intervarillar, que es el patrón III, toma forma de **ojo de cerradura antigua** o, en ocasiones, de **escamas de pez** (fig. 19.3 y fig. 19.4).
   1. Debido a la forma de ojo de cerradura antigua, en los cortes transversales al eje longitudinal de la varilla se suele distinguir una **cabeza**, un **cuello** y una **cola**.

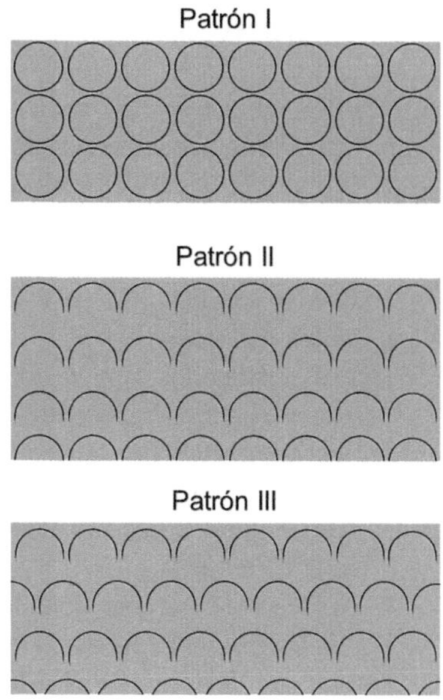

Figura 19.4 Los tres patrones que se observan en cortes transversales de las varillas del esmalte. El patrón I muestra varillas circulares con límites bien definidos. El patrón II y el patrón III muestra las varillas con algunos bordes mal definidos. En el patrón II se ven las varillas en hileras paralelas. En el patrón III las varillas se encuentran en hileras escalonadas

2. La cabeza es de unos 5 μm de ancho, la cola de 1 μm de ancho.
3. De la cabeza a la cola, la varilla mide unas 9 μm.

K. Normalmente, en la cabeza de la varilla los cristales siguen el eje longitudinal de la varilla, pero en el cuello los cristales van adoptando orientaciones más oblicuas, hasta que en la cola se disponen perpendiculares al eje longitudinal.

19.4 Esmalte aprismático o avarillar

A. Existen regiones de esmalte que carecen de las varillas típicas y forman el **esmalte aprismático a avarillar**, que suele aparecer en la superficie externa del esmalte.
B. Suele aparecer en los **dientes primarios**, donde tiene un grosor de 20 a 100 μm, y en algunos permanentes. En este último caso, se encuentra en las regiones cervicales y en los surcos coronarios, donde su grosor suele estar entre 20 y 70 μm.
C. También se ha descrito que el primer esmalte que se forma, en contacto con la dentina, es una fina capa de esmalte avarillar de muy pocas micras.
D. En el esmalte avarillar los cristales se disponen paralelos entre sí y en perpendicular con relación a la superficie del diente.
E. Este material está más mineralizado debido a la ausencia de las moléculas orgánicas que suelen estar entre las varillas.
F. Se cree que al sintetizarse este esmalte no se forman varillas porque al comienzo y al final de la amelogénesis el ameloblasto carece de **proceso de Tomes**.

19.5 Estructuras secundarias del esmalte

A. Al observar el esmalte con ciertas técnicas microscópicas se ven unas formaciones que llamamos **estructuras secundarias**.
   1. Como en el caso de la dentina, esos elementos no son constituyentes del esmalte, sino que son estructuras derivadas de la organización de los verdaderos constituyentes del esmalte, las varillas.
   2. Pueden ser debidas a varios factores.

B. **Estriaciones transversales**.
   1. Las varillas del esmalte muestran unas líneas o **estriaciones** transversales a su eje longitudinal cada 3–6 μm (fig. 19.3).
   2. Normalmente, la distancia entre estas líneas es menor cerca de la dentina que cerca de la superficie.
   3. Parece que marcan la secreción de esmalte producida por los ameloblastos cada 24 horas.
   4. No se sabe si se trata de zonas con diferente cantidad de material orgánico o con ligeras variaciones en la orientación de los cristales.

C. **Estrías de Retzius, periquimatías y líneas de imbricación de Pickerill** (fig. 19.5).
   1. Las **estrías de Retzius** son líneas de crecimiento que delimitan bandas dispuestas en intervalos de 20 a 40 μm.
      a. En las cúspides y bordes incisales se disponen de CAD a CAD de un lado a otro, como casquetes que recubren el diente.
      b. En las caras laterales de la corona se observan como bandas oblicuas desde la superficie externa hasta la CAD.
      c. Lógicamente, en cortes transversales del diente se observan como anillos concéntricos.
      d. En el esmalte formado antes del nacimiento, las estrías son poco visibles o ausentes.
      e. Aunque se discute la causa real que produce la aparición de las estrías de Retzius, lo que sí está claro es que son **líneas de crecimiento**.
      f. No es seguro si son señales de producción rítmica del esmalte que provocan ligeros cambios en la composición, forma o grosor de las varillas, o si lo que señalan son fases de incorporación a la producción de esmalte de nuevas cohortes de células (ameloblastos) a medida que crece la corona.
      g. Existe una línea más gruesa que las otras y es la **línea neonatal**, que se produce en el momento del nacimiento.
      h. Se pueden producir líneas más marcadas debidas a periodos de enfermedad o malnutrición. Estas líneas, como la línea neonatal, son gruesas (20–40 μm) y representan una situación de estrés de varios días, y en ellas las varillas muestran una variación de grosor y un cambio de dirección.
      i. En el diente humano se ha comprobado que existen entre 7 y 9 estriaciones transversales entre cada estría de Retzius.

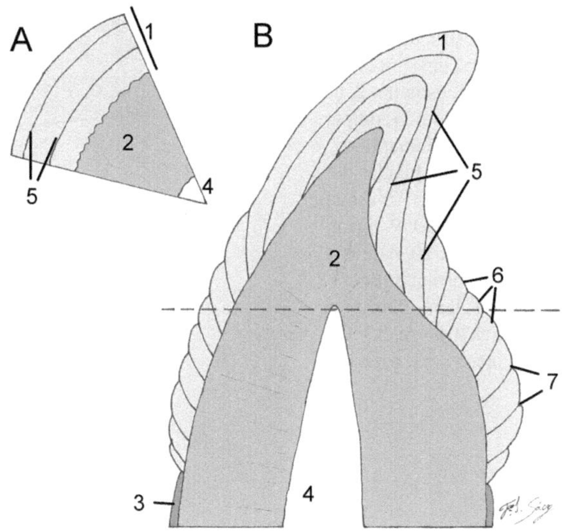

Figura 19.5 Algunas unidades estructurales secundarias del esmalte (UESE) mostradas en una sección transversal al diente (**A**) y en sección incisoapical (**B**). La línea discontinua en **B** indica el lugar del corte de la sección **A**. 1, esmalte; 2, dentina; 3, cemento; 4, pulpa dental; 5, estrías de Retzius; 6, periquimatías; 7, líneas de imbricación de Pickerill

(1) Como se cree que las estrías transversales se forman cada 24 horas, cada estría de Retzius señalan un periodo de síntesis de esmalte de siete días.

(2) Este dato se ha utilizado para el análisis del crecimiento de **dientes fósiles** de homínidos.

2. En los puntos en los que las estrías de Retzius contactan con la superficie lateral del esmalte se forman unos surcos, llamados **líneas de imbricación de Pickerill**. Las líneas de imbricación están separadas entre 15–20 μm en la zona cervical y hasta 100 μm en zonas más alejadas de la región cervical del diente.
3. Entre las líneas de imbricación, la superficie del esmalte forma unas crestas suaves, poco pronunciadas, que se denominan **periquimatías** (fig. 19.5). Como las estrías de Retzius, cabe pensar que cada periquimatía indica un periodo de síntesis de 7 días.

D. **Penachos adamantinos de Linderer**.

1. Los **penachos adamantinos de Linderer** aparecen como fallas o fracturas del esmalte que tienen forma ramificada y recuerdan un arbusto o una mata de hierba (fig. 19.6).
2. Surgen de la CAD y se extienden por el tercio más interno del esmalte, en la misma dirección que las varillas del esmalte.
3. Son abundantes y suelen estar espaciados a intervalos de unas 100 μm. Tienen un grosor de varias varillas y son zonas **hipomineralizadas**.
4. Parecen originarse por variaciones en la orientación de grupos de varillas. También se ha sugerido que pueden deberse a defectos de mineralización.

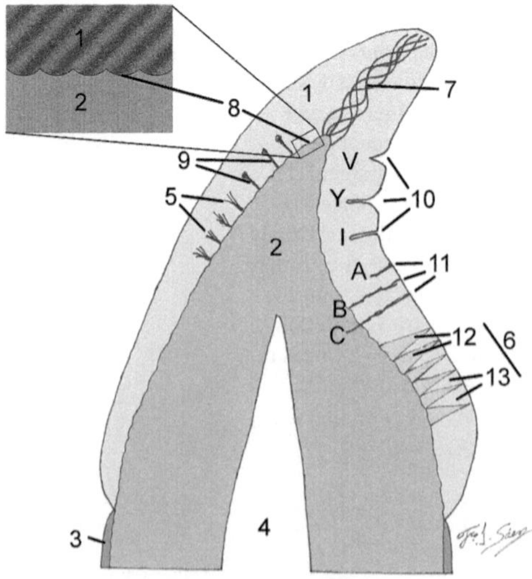

Figura 19.6 Algunas unidades estructurales secundarias del esmalte (UESEs). 1, esmalte, 2, dentina; 3, cemento; 4, pulpa; 5, penachos adamantinos de Linderer; 6, bandas de Hunter-Schreger; 7, esmalte nudoso; 8, CAD; 9, husos adamantinos; 10, fisuras o surcos del esmalte (tipo V, Y e I); 11, laminillas o microfisuras (tipo **A**, **B** y **C**); 12, diazonas; 13, parazonas

5. Lo que sí está claro es que en los penachos la matriz orgánica es más abundante que en otras zonas del esmalte. Aquí suele encontrarse la proteína **tuftelina**.

E. **Bandas de Hunter-Schreger**.
   1. En cortes longitudinales por desgaste del diente y utilizando luz polarizada se observan unas bandas claras y oscuras en las cuatro quintas partes internas del esmalte que constituyen las **bandas de Hunter-Schreger** (fig. 19.6).
      a. Las bandas tienen unas 50 μm de grosor.
      b. Las bandas claras se llaman **parazonas**.
      c. Las bandas oscuras son las **diazonas**.
   2. Estudios con el microscopio electrónico de barrido hacen pensar que estas bandas se deben al curso sinuoso de las varillas.
      a. Al realizar un corte del diente, unos grupos de varillas se seccionan en un ángulo y otros en otro ángulo diferente, y cada grupo refleja la luz de distinta forma.
      b. Las varillas que se cortan longitudinalmente son las parazonas, y las que se cortan transversalmente son las diazonas (fig. 19.7).
      c. En el tercio superficial del esmalte, las varillas se orientan todas en la misma dirección, y por eso ahí no se observan bandas de Hunter-Schreger.

F. **Esmalte nudoso**.
   1. El **esmalte nudoso** es una estructura visible en las cúspides de las piezas dentales que se forma por el enrollamiento y entrecruzamiento de las varillas entre sí (fig. 19.6).
   2. Se piensa que esto sirve para aumentar la resistencia del esmalte en estas regiones más expuestas a las fuerzas de la masticación.

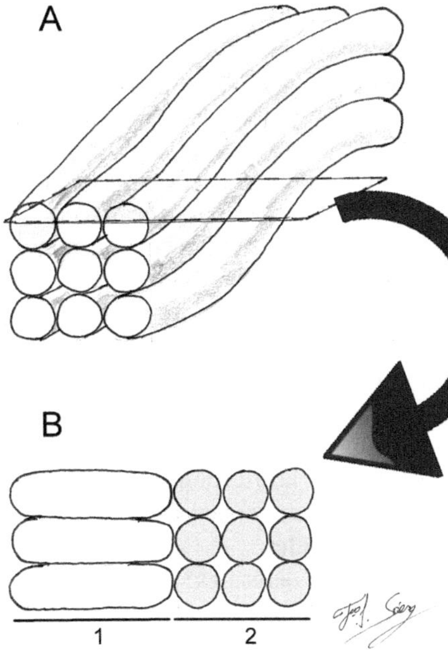

Figura 19.7 Las bandas de Hunter-Schreger se deben al curso sinuoso de las varillas en la parte interna del esmalte. Cuando se realiza una sección en un plano (**A**), esta atraviesa grupos de varillas que muestran diferentes perfiles de corte (**B**). Los perfiles alargados (varillas cortadas longitudinalmente) son las parazonas (1) y los perfiles redondeados (varillas cortadas transversalmente) son las diazonas (2)

G. **Conexión amelodentinaria (CAD).**

1. La **conexión amelodentinaria o CAD** es el plano de contacto entre el esmalte y la dentina (fig. 19.6).
2. Permite que el esmalte se adhiera a la dentina gracias a que no es una frontera recta, sino que tiene un perfil festoneado que muestra una sucesión de regiones convexas del esmalte de unas 25 a 100 μm, que encajan en concavidades de la dentina.
3. Este perfil festoneado es más evidente en la zona de las cúspides o incisales, mientras que la CAD es más lisa en las zonas laterales del diente.
4. En estudios más detallados se ha observado que existe otro festoneado más pequeño, de 2 a 5 μm.
5. En estudios nanoestructurales, se ha visto que las fibrillas colágenas de la dentina se mezclan con los cristales del esmalte en la frontera entre ambos materiales.
6. La estructura de la CAD parece estar preparada para cumplir dos funciones:
   a. Aumentar la adhesión entre la dentina y el esmalte y evitar el desprendimiento del esmalte provocado por las fuerzas de masticación.
   b. Limitar la propagación de las fracturas del esmalte y evitar que se extiendan a la dentina o al menos frenar su propagación[2].

[2] La mayoría de las fracturas del esmalte se detienen en la CAD, y las pocas que penetran en la dentina lo hacen muy pocas micras.

H. **Husos adamantinos.**
   1. Los **husos adamantinos** tienen forma de mazas o clavas que surgen perpendicularmente desde la CAD, con un diámetro de 0,5 a 1,5 μm y una longitud de 10 a 25 μm, a veces más (fig. 19.6).
   2. Son estructuras tubulares formadas al comienzo de la síntesis del esmalte:
      a. Algunos procesos de los odontoblastos se alojan entre los ameloblastos durante un tiempo (**procesos odontoblásticos remanentes**), por lo que en esos puntos no se deposita esmalte.
      b. Cuando desaparece el proceso odontoblástico, la región queda hueca y se rellena de **licor dentinario**.
   3. Como son continuación de un túbulo dentinario, los husos adamantinos se han denominado **túbulos dentinarios penetrantes**, aunque son más gruesos que los túbulos de la dentina.
   4. Los husos adamantinos son más frecuentes en las regiones de las cúspides.
   5. Después de la erupción ya no suelen contener el proceso odontoblástico, aunque se discute si pueden contener **colágena**.

I. **Fisuras oclusales.**
   1. Las **fisuras oclusales** son regiones de la superficie del esmalte de premolares y molares donde muestra unos valles hacia el interior.
   2. Se han descrito tres tipos. Las fisuras V, las I y las Y (fig. 19.6).
      a. Las **fisuras V** tienen forma más ancha en la superficie y se estrechan lentamente a medida que se profundiza, por lo que en cortes tiene forma de "v".
      b. Las **fisuras I** son las más estrechas, y en los cortes tienen forma de "i".
      c. Las **fisuras Y** presentan en cortes la forma de esta letra, anchas al principio y muy estrechas en la parte profunda.

J. **Laminillas del esmalte.**
   1. Las **laminillas** son estructuras visibles a simple vista que surgen de la superficie hacia el interior en línea recta y, en ocasiones, se extienden hasta la CAD.
   2. Algunos autores consideran dos tipos:
      a. **Laminillas primarias**:
         (1) Producidas por fallos en la mineralización durante la **amelogénesis**.
         (2) Suelen contener **material orgánico**, ya sean componentes propios del esmalte o remanentes del órgano del esmalte o del tejido conjuntivo que rodea al germen dental durante la erupción.
      b. **Laminillas secundarias**:
         (1) Son grietas producidas después de la erupción del diente como resultado de fuerzas de tensión, traumas o cambios de temperatura.
         (2) Si poseen material orgánico es procedente de la **saliva**.
   3. Se distinguen tres tipos de laminillas (fig. 19.6):
      a. **A** (no sobrepasan el tercio externo del esmalte). Son primarias.
      b. **B** (pueden llegar a atravesar la CAD). Son primarias,
      c. **C** (pueden llegar hasta la dentina). Son secundarias.

19.6 Superficie del esmalte

A. Desde el punto de vista de la **actividad clínica del dentista**, la superficie del esmalte es muy importante. Hay que tener en cuenta que aquí el esmalte contacta con la **comida**, se aplican las **restauraciones**, se adhieren los **brackets ortodóncicos**, se **blanquea**, se **remineraliza**, comienza la **caries**, etc.

B. La superficie del esmalte es diferente que el resto del esmalte.
   1. Físicamente, el esmalte superficial es más duro, menos poroso, más radiopaco, y menos soluble que el resto del esmalte.
   2. La composición también es diferente, ya que está más mineralizado, posee mayor concentración de ciertos elementos, como el **flúor**, pero tiene menos carbonato. Por estar más mineralizado, es más resistente a la caries.
   3. Como se ha indicado anteriormente, el esmalte superficial suele ser avarillar.

C. La superficie del esmalte no es lisa. Puede presentar:
   1. **Laminillas**. Se observan como líneas de la superficie.
   2. **Periquimatías**.
      a. Las periquimatías se van suavizando con el tiempo debido al desgaste y la abrasión.
      b. El desgaste y la abrasión son menores en las zonas cervicales.
   3. **Fositas**.
      a. Se encuentran en las zonas cervicales, donde el epitelio reducido del esmalte puede persistir un tiempo después de la erupción.
      b. Son impresiones del final de los ameloblastos.
      c. Tienen 1–1,5 μm de profundidad.
   4. **Tapas del esmalte**. Son pequeñas elevaciones de 10–15 μm de ancho frecuentes en las zonas laterales del diente.
   5. **Agujeros focales**. Presentes también en zonas laterales del diente.
   6. **Brochs**[3]. Son elevaciones de la superficie de 30–50 μm de diámetro.

D. Se puede perder esmalte por tres procesos:
   1. **Atrición**, debido al contacto entre los dientes, ya sea un contacto en el plano oclusal o en un plano proximal. Esto provoca que la superficie de contacto entre los dientes vaya aumentando con la edad.
   2. **Abrasión**, debida al contacto con materiales de origen externo. Un cepillado dental excesivo puede causar abrasión.
   3. **Erosión**, debida a la acción de sustancias ácidas, como algunas bebidas o los ácidos gástricos

E. El dentista debe tener en cuenta que el cemento usado para la fijación de los **brackets** puede causar desmineralización del esmalte.

F. Finalmente, el esmalte está recubierto por unas láminas que se forman por la acumulación de materiales de diferente origen. Estas láminas pueden ser:

[3] La palabra inglesa *broch* (del escocés *brough*, 'fuerte') designa una torre defensiva troncocónica característica de la Edad del Hierro escocesa (250 a.C.–500 d.C).

1. **Cutícula del esmalte o cutícula primaria**. Es un material producido por los ameloblastos cuando termina la formación de la corona. Es, por tanto, el último producto de secreción de dichas células.
   a. Recubre el diente cuando se produce la erupción.
   b. Tiene un grosor de unas 30 μm, está formada por **proteínas** y puede contener **inmunoglobulinas** y restos de células del **epitelio reducido del esmalte**.
   c. En la región cervical puede contener otras moléculas (**proteoglicanos** y **glicosaminoglicanos**) aportados por tejidos de la encía.
   d. Va desapareciendo después de la erupción.
   e. La cutícula del esmalte y los restos del **epitelio reducido del esmalte** que puedan erupcionar forman la **membrana de Nasmyth**.
2. **Película secundaria, exógena o adquirida**. Se forma por la deposición de **proteínas salivales** y otras procedentes de la **hendidura gingival**[4] que forman una película de 0,5–1 μm de espesor. En principio es acelular y carece de bacterias. Sin embargo, las **bacterias** se adhieren con facilidad a su superficie.
3. **Placa dental o biofilm**[5]. Se produce por el crecimiento de **bacterias** sobre la película secundaria.
   a. Cuando el depósito de bacterias es elevado, se forma una capa que reviste la película secundaria.
   b. En situaciones fisiológicas suelen ser **cocos y filamentos Gram-positivos anaerobios facultativos**.
   c. En inflamaciones crónicas del periodonto la flora bacteriana es más variada y predominan las **bacterias anaerobias Gram-negativas**, que incluyen **cocos**, **bacilos**, **bacterias filamentosas** y **bacterias móviles (espiroquetas)**.
   d. El crecimiento de esta placa se evita con el cepillado de los dientes.
   e. Las bacterias pueden producir sustancias ácidas que pueden desmineralizar el esmalte y producir **caries**.

19.7 Amelogénesis

A. La **amelogénesis** se produce durante la **odontogénesis** a partir del **órgano del esmalte**. Como éste último desaparece con la erupción, en el diente maduro no se puede formar nuevo esmalte.
B. La amelogénesis es un proceso continuo, pero para estudiarlo se suele dividir en fases:
   1. Primero se produce una **matriz orgánica** que se mineraliza ligeramente (30 % de materia mineral). Es probable que la matriz orgánica tenga como misión producir y organizar la mineralización.

[4] La hendidura gingival se describe en el capítulo 20.
[5] Se suele denominar biofilm a las comunidades de microbios que crecen sobre una superficie.

2. En una segunda fase, se produce la eliminación de la mayoría de la matriz orgánica y el agua y el crecimiento de los cristales de hidroxiapatita.

C. El proceso de mineralización del esmalte no se conoce bien.
   1. El calcio pasa al esmalte desde el órgano del esmalte, probablemente a través del ameloblasto, utilizando un transporte activo que realizan **bombas de calcio**.
   2. No se han descrito **vesículas matriciales**, como en la dentina o el hueso. Es posible que la cristalización de los minerales se produzca de forma más o menos espontánea.
   3. Se ha propuesto que la mineralización la activan las **amelogeninas**. Las amelogeninas se ensamblan en **nanoesferas** de unos 20 a 100 nm de diámetro, en cuyo interior o a su alrededor se forman los cristales.

D. La aposición del esmalte sobre la dentina comienza en la **fase de campana aposicional**, la última fase de formación de la corona.

E. La síntesis del esmalte se debe a las células del epitelio interno del órgano del esmalte, que se diferencian en **ameloblastos** en el llamado **proceso de diferenciación de los ameloblastos**[6], en el que sufren cambios fenotípicos que originan diferentes actividades en cada momento.

F. El proceso de diferenciación del ameloblasto es continuo, pero para estudiarlo mejor se ha dividido en varias **etapas**. Estas etapas pueden ser visibles en un mismo órgano del esmalte desde las regiones de las cúspides hacia las regiones cervicales. Algunos autores han agrupado estas etapas en tres **estadios**.

G. Las fases del proceso de diferenciación (estadios y etapas) se muestran en la fig. 19.8 y se describen a continuación:
   1. **Estadio presecretor**.
      a. **Etapa morfogenética**.
         (1) Las células se convierten en **preameloblastos**.
         (2) Son células cilíndricas bajas o cúbicas, con un núcleo central y poco aparato de Golgi hacia la zona distal, donde existe un complejo de unión.
         (3) Existen mitocondrias y otros orgánulos dispersos en el citoplasma.
         (4) Estas células se dividen activamente.
      b. **Etapa de histodiferenciación**.
         (1) El preameloblasto se diferencia en un **ameloblasto joven**.
         (2) Este aumenta su volumen y se va haciendo más cilíndrico.
         (3) El núcleo y los orgánulos se concentran en el polo distal.
         (4) Se desarrolla el aparato de Golgi, que se desplaza a una posición proximal, y aumenta el número de cisternas del retículo endoplásmico, por lo que el citoplasma se hace **basófilo**.
         (5) Se desarrolla otro complejo de unión en la zona proximal. De esta forma, dos complejos de unión rodean la célula, uno en cada polo.

[6] Como ocurría en el desarrollo del odontoblasto, algunos libros hablan de ciclo vital del ameloblasto, pero aquí preferimos evitar esta denominación.

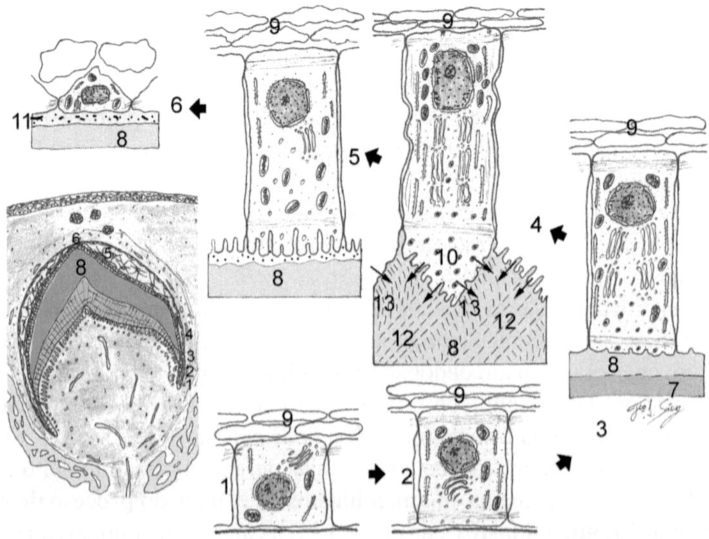

Figura 19.8 Ciclo vital del ameloblasto. En la ilustración, que representa un germen dental en estadio de campana aposicional se indican con números las posiciones relativas de los tipos celulares señalados por cada número. 1, etapa morfogenética (preameloblasto); 2, etapa de histodiferenciación (ameloblasto joven); 3, etapa de secreción inicial (ameloblasto); 4, etapa secretora (ameloblasto secretor maduro); 5, etapa de maduración (ameloblasto festoneado, no se muestra el ameloblasto liso); 6, etapa de protección (ameloblasto involutivo); 7, predentina; 8, esmalte; 9, estrato intermedio, 10, proceso de Tomes; 11, cutícula; 12, cabeza del prisma; 13, cola del prisma. No se muestran la etapa de transición (entre 4 y 5) ni la etapa desmolítica (después de 6). Las flechas gruesas indican la progresión del desarrollo del ameloblasto, las flechas finas señalan la dirección de la deposición de esmalte por los ameloblastos

(6) En el citoplasma, a la altura de estos complejos, se observan unos filamentos de actina que forman un **velo o barra terminal** en cada polo.

(7) La reorientación de orgánulos en el interior celular se denomina **reversión de la polaridad**.

(8) Esta célula todavía puede dividirse y comienza a sintetizar algunas proteínas del esmalte.

(9) Durante un corto periodo de tiempo sintetiza **sialoproteína dentinaria**, una proteína que también producen los odontoblastos.

(10) En esta etapa comienza a degradarse la lámina basal del epitelio dental interno.

2. **Estadio secretor**.

   a. **Etapa de secreción inicial**.

   (1) En esta fase la secreción ya es intensa.

   (2) La célula (ameloblasto) es más alta y posee más orgánulos, pero todavía no se ha desarrollado el proceso de Tomes característico del ameloblasto maduro.

(3) Los ameloblastos se unen a las células del **estrato intermedio** mediante **desmosomas**.
(4) El primer esmalte que se sintetiza no forma varillas (UEBE), sino que es **esmalte avarillar**.

b. **Etapa secretora**.
(1) En esta fase aparece el **proceso de Tomes** y se sintetiza activamente el esmalte. El proceso de Tomes es una prolongación cónica del citoplasma que se produce en el **polo proximal**, es decir, el polo que mira hacia la CAD.
(2) En estas células, el aparato de Golgi está muy desarrollado y forma una estructura cilíndrica rodeada de cisternas del retículo endoplásmico rugoso. Ambos orgánulos se sitúan en posición proximal con respecto al núcleo, situado distalmente.
(3) Existen numerosas **vesículas de secreción** que migran al proceso de Tomes y se liberan por **exocitosis** sin almacenarse en el citoplasma. Estas vesículas se han llamado **cuerpos ameloblásticos o cuerpos adamantinos**.
(4) El esmalte que se sintetiza ya es **esmalte varillar**.
(5) Junto con la matriz orgánica que se deposita se van incorporando los primeros **cristales de hidroxiapatita**, que incluso se entremezclan con los cristales de la dentina vecina en la CAD.
(6) A medida que progresa la secreción, la posición del núcleo del ameloblasto puede variar, desde una situación próxima al polo distal hasta una situación más cercana al polo proximal.
(7) Cada polo de la célula presenta un **velo o barra terminal** asociado a uniones entre las células.
  (a) En el polo proximal de los ameloblastos, las uniones entre las células rodean todo el perímetro celular (**zónulas**), por lo que se produce un sellado del espacio intercelular.
  (b) En el polo distal, las uniones intercelulares no son continuas y no sellan el espacio intercelular.
(8) El proceso de Tomes presenta dos zonas formadoras de esmalte:
  (a) Una zona secretora de **superficie irregular**, con numerosas **invaginaciones**, que forma la cabeza de las varillas.
  (b) Una zona secretora de **superficie lisa** que es responsable de la formación de la cola de las varillas.
(9) Las regiones del proceso de Tomes más próximas a las cúspides del proceso forman las varillas del esmalte. El esmalte intervarillar se produce a partir de las zonas del proceso de Tomes más alejadas de las cúspides, es decir, las más próximas a los complejos de unión.
(10) Para la formación de una UEBE intervienen cuatro ameloblastos, uno de los cuales forma la cabeza, otros dos forman el cuello, y el último produce la cola. Cada uno de estos ameloblastos interviene en la formación de ciertas partes de cuatro varillas (fig. 19.9).

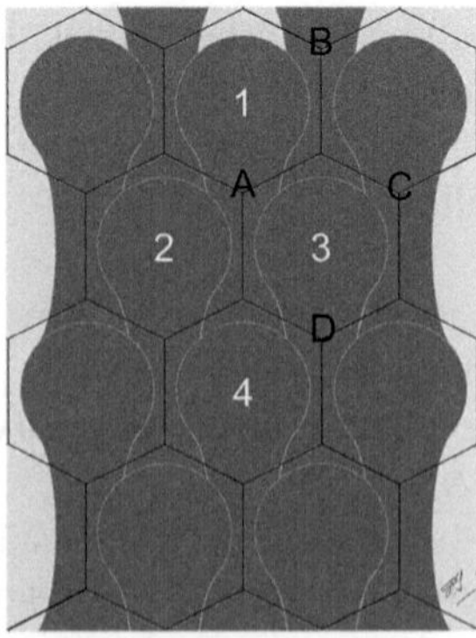

Figura 19.9 Formación de las varillas del esmalte. Se han representado superpuestos los perfiles de las varillas (en oscuro) y de los ameloblastos (hexágonos claros). Algunas varillas se han marcado con letras (de la **A** a la **D**) y algunos ameloblastos se han numerado (del 1 al 4). Cada varilla se produce por materiales aportados por cuatro ameloblastos; por ejemplo, la varilla **A** está formada por materiales sintetizados por los ameloblastos 1, 2, 3 y 4. A su vez, cada ameloblasto aporta materiales a cuatro varillas; por ejemplo, de manera simplificada, se puede apreciar que el ameloblasto 3 aporta materiales a la cabeza de la varilla **D**, a los cuellos de las varillas **A** y **C**, y a la cola de la varilla **B**

3. **Estadio de maduración.**
   a. Este estadio se caracteriza porque se produce el endurecimiento del esmalte. Esto no se debe a que se depositen nuevos cristales de hidroxiapatita, sino a que los ya existentes aumentan de tamaño.
   b. El proceso es lento y puede durar varios años, desde que se produce la formación de la corona hasta que se produce la erupción del diente.
   c. En este estadio se pueden distinguir varias etapas:
      (1) **Etapa de transición.**
         (a) Es una fase breve en la que se modifica la morfología del ameloblasto.
         (b) La célula disminuye de volumen y se reduce el número de orgánulos.
         (c) En los roedores, algunas células, hasta un 25 % de ellas, mueren por **apoptosis**.
         (d) En esta fase se producen invaginaciones del epitelio externo del esmalte que alojan **vasos sanguíneos**. Aunque estos no penetran en el órgano del esmalte, se facilita que el riego sanguíneo se aproxime a los ameloblastos.
      (2) **Etapa de maduración.**
         (a) Durante esta etapa se produce una reducción de agua y material orgánico del esmalte.
            1. Antes de la maduración, el esmalte está formado en un 65 % de su peso por agua, 20 % por material orgánico y 15 % por hidroxiapatita.

2. En la composición final del esmalte, la hidroxiapatita alcanza un 96 % del peso. La eliminación de agua y moléculas orgánicas se debe a la actividad del ameloblasto.

(b) Durante este periodo mueren por **apoptosis** más ameloblastos (en roedores otro 25 % del número inicial).

(c) Además, la superficie proximal del ameloblasto, que ha perdido el proceso de Tomes, sufre variaciones cíclicas consistentes en la formación de una superficie **festoneada**, que se vuelve **lisa**, vuelve a festonearse, vuelve a hacerse lisa, y así de forma cíclica.

1. Este proceso de creación, pérdida y recreación de una superficie festoneada se denomina **modulación**, y se producen hasta tres ciclos diarios.
2. Estos ciclos se manifiestan como una **onda** que se dirige desde las zonas menos maduras del esmalte a las más maduras, es decir, que comienza en la zona cervical y se dirige hacia la incisal.

(d) Durante esta etapa, por tanto, se pueden distinguir dos formas del ameloblasto:

1. **Ameloblasto liso**. Cada ameloblasto pasa un 20 % del tiempo en esta forma.
   a. En esta fase el **pH** del esmalte se aproxima a la neutralidad.
   b. El ameloblasto liso posee uniones estrechas que son lábiles (permeables) en su zona proximal y muy herméticas en su zona distal.
   c. En su interior se observan cisternas de retículo endoplásmico liso.
   d. El ameloblasto liso posee poca actividad endocítica y no bombea calcio, que puede moverse exclusivamente por difusión. Como el calcio está muy concentrado en el esmalte, es difícil que en esta fase puede llegar nuevo calcio al esmalte.
2. **Ameloblasto festoneado**. Cada ameloblasto pasa un 80 % en forma festoneada.
   a. El pH del esmalte es ligeramente ácido. Se cree que esta acidez se debe a la liberación de protones (**iones de hidrógeno**) que se produce por el crecimiento de los cristales.
   b. En esta fase, el ameloblasto festoneado posee uniones herméticas en su zona proximal y débiles en su zona distal.
   c. El ameloblasto festoneado realiza mucha **endocitosis**.
   d. Además, puede regular el transporte del **calcio**, ya que bombea calcio hacia la matriz.
   e. En el citoplasma se pueden ver lisosomas.

(e) En resumen, el crecimiento de los cristales del esmalte se produce fundamentalmente durante las fases de ameloblasto festoneado.

1. En esta fase, se bombea calcio activamente en el borde festoneado y disminuye el pH por el crecimiento de los cristales.
2. El crecimiento de los cristales libera protones que se neutralizan mediante la liberación de **bicarbonato**, producido por la **anhidrasa carbónica** de los ameloblastos.

(f) En esta etapa de maduración el ameloblasto tiene la capacidad de absorber el agua y degradar y absorber las sustancias orgánicas (**ameloblasto absortivo**). Para ello, el ameloblasto produce **enzimas lisosómicas**, **fosfatasa alcalina** y una ATPasa de membrana dependiente de calcio (**bomba de calcio**).

1. Las proteínas del esmalte son degradadas por las enzimas que se liberan a la matriz mediante la exocitosis de los lisosomas. De esta forma se producen fragmentos peptídicos menores que pueden atravesar la unión lábil existente entre los ameloblastos lisos, pasan entre las células y allí son absorbidos.
2. En el ameloblasto festoneado, la endocitosis se produce en el borde festoneado.

(g) Durante la etapa de maduración, se deposita un material entre el esmalte y la superficie del ameloblasto.

1. Este material recuerda a una lámina basal, pero carece de sus proteínas típicas y tiene una forma diferente de laminina (**laminina 332**).
2. El ameloblasto se une a esta estructura mediante **hemidesmosomas**.

(3) **Etapa de protección**.

(a) Se produce una regresión del ameloblasto (**ameloblasto involutivo**).

(b) Las células se aplanan, excepto en zonas donde se producen fisuras, dejan de formar una capa bien definida y no se distinguen de las del **estrato intermedio**, con las que se fusionan.

(c) También se fusionan con el **epitelio externo** del órgano del esmalte. El conjunto forma el llamado **epitelio reducido del esmalte o epitelio dental reducido**.

(d) En esta fase, el ameloblasto produce la **cutícula primaria**.

(4) **Etapa desmolítica**.

(a) Una vez formado el epitelio dental reducido, éste secreta enzimas que pueden destruir el tejido conjuntivo que lo recubre y separa del epitelio bucal (**desmólisis**).

(b) De esta forma se facilita la erupción del diente.

Lo que hay que recordar

El esmalte es el tejido mineralizado más duro de nuestro cuerpo. Es un tejido acelular. La matriz del esmalte es principalmente mineral y está formada por grandes cristales de hidroxiapatita. En el esmalte inmaduro hay sustancias orgánicas, principalmente proteínas que regulan la mineralización, pero en el esmalte maduro estas son escasas. No hay colágena. La unidad estructural básica del esmalte es la varilla o prisma del esmalte. En algunas zonas puede haber esmalte aprismático. Dependiendo de las variaciones en la organización y composición de las varillas, se pueden observar varios tipos de unidades estructurales secundarias. La superficie del esmalte no es lisa y se pueden distinguir diversas formaciones. El esmalte se puede perder en la superficie por atrición, abrasión y erosión. Además, el esmalte puede estar cubierto por capas de material orgánico en las que pueden crecer microorganismos y formar una placa dental o biofilm. La amelogénesis se produce durante la odontogénesis. Primero se sintetiza una matriz orgánica ligeramente mineralizada, seguida de la eliminación de la matriz orgánica y el crecimiento de los cristales de hidroxiapatita. Para producir esmalte, los ameloblastos se someten a un proceso de diferenciación que pasa por varias fases. Al final de la amelogénesis, el órgano del esmalte se convierte en el epitelio reducido del esmalte.

Lectura adicional

Bei M 2009. Molecular genetics of ameloblast cell lineage. Journal of Experimental Zoology Part B-Molecular and Developmental Evolution 312B: 437–444.

Berkovitz B K B, Holland G R, Moxham B J 2018a. Amelogenesis. En: Oral Anatomy, Histology & Embryology. 5ª Ed. Elsevier, pp. 369–386.

Berkovitz B K B, Holland G R, Moxham B J 2018b. Enamel. En: Oral Anatomy, Histology & Embryology. 5ª Ed. Elsevier, pp. 123–143.

Berkovitz B K B, Holland G R, Moxham B J 2018c. Investing organic layers on enamel surfaces. En: Oral Anatomy, Histology & Embryology. 5ª Ed. Elsevier, pp. 144–151.

Chiego D J 2023a. Biofilms. En: Essentials of Oral Histology and Embryology. 6ª Ed. Elsevier, pp. 195–202.

Chiego D J 2023b. Enamel. En: Essentials of Oral Histology and Embryology. 6ª Ed. Elsevier, pp. 88–96.

Deutsch D, CatalanoSherman J, Dafni L et al. 1995. Enamel matrix proteins and ameloblast biology. Connective Tissue Research 32: 92–107.

Duverger O, Lee J S 2024. The intricacies of tooth enamel: Embryonic origin, development and human genetics. Journal of Structural Biology 216: 108135.

Fan Y, Zhou Y C, Zou X D et al. 2015. Epigenetic control of gene function in enamel development. Current Stem Cell Research & Therapy 10: 405–411.

Fehrenbach M J, Popowics T 2020. Enamel. En: Illustrated Dental Embryology, Histology, and Anatomy. 5ª ed. Elsevier, pp. 149–159.

Fernandes C P, Chevitarese O 1991. The orientation and direction of rods in dental enamel. Journal of Prosthetic Dentistry 65: 793–800.

Fukumoto S, Yamada A, Nonaka K, Yamada Y 2005. Essential roles of ameloblastin in maintaining ameloblast differentiation and enamel formation. Cell Tissues Organs 181: 189–195.

Gil-Bona A, Bidlack F B 2020. Tooth enamel and its dynamic protein matrix. International Journal of Molecular Sciences 21: 4458.

Gómez de Ferraris M E, Campos Muñoz A 2009. Esmalte. En: Histología, Embriología e Ingeniería Tisular Bucodental. 3ª ed. Médica Panamericana, pp. 291–332.
Hand A R 2014. Enamel. En: Fundamentals of Oral Histology and Physiology, Hand A R and Frank M E Editores. Wiley Blackwell, pp. 63–84.
Ida-Yonemochi H 2025. Role of glucose metabolism in amelogenesis. Journal of Oral Biosciences 67: 100667.
Lacruz R S, Habelitz S, Wright J T, Paine M L 2017. Dental enamel formation and implications for oral health and disease. Physiological Reviews 97: 939–993.
Moradian-Oldak J 2012. Protein-mediated enamel mineralization. Frontiers in Bioscience-Landmark 17: 1996–2023.
Nanci A 2013. Enamel: Composition, Formation and Structure. En: Ten Cate's Oral Histology. 8ª Ed. Elsevier, pp. 122–164.
O'Dowd G, Bell S, Wright S 2023. Oral tissues. En: Wheater's Functional Histology. Elsevier, pp. 241–252.
Robinson C 2015. Enamel maturation: a brief background with implications for some enamel dysplasias. Frontiers in Physiology 5: 338.
Romaniuk K, Shroff F R 1965. Directional variation in terminal portions of enamel rods in human deciduous teeth. Journal of Dental Research 44: 1208.
Simmer J P, Papagerakis P, Smith C E et al. 2010. Regulation of Dental Enamel Shape and Hardness. Journal of Dental Research 89: 1024–1038.
Skobe Z, Stern Z 1980. The pathway of enamel rods at the base of cusps of human teeth. Journal of Dental Research 59: 1026–1032.
Warshawsky H 1988. The Teeth. En: Cell and Tissue Biology – A Textbook of Histology. Weiss L Editor. 6ª ed. Urban & Schwarzenberg, pp. 594–640.
Wu K, Li X C, Bai Y Y et al. 2024. The circadian clock in enamel development. International Journal of Oral Science 16: 56.
Yin K F, Paine M L 2017. Bicarbonate transport during enamel maturation. Calcified Tissue International 101: 457–464.

Periodonto de protección 20

Qué aprenderás en este capítulo
Este capítulo explica la organización histológica del periodonto de protección, que consta de la encía y la unión dentogingival. Aprenderás que puedes distinguir una encía adherida, unida al hueso alveolar, y una encía libre, no unida al hueso alveolar, y verás cómo se organiza la mucosa de ambas encías. Se explica que la unión dentogingival está formada por el surco gingival, el epitelio del surco y el epitelio de unión, que están soportados por una lámina propia. Aprenderás las peculiares características del epitelio de unión. También verás la estructura de la papila gingival. Se explica la organización del ligamento gingival. Finalmente, estudiarás el origen del periodonto de protección, su inervación y vascularización.

20.1 Componentes del periodonto

A. Se denomina **periodonto** (del griego clásico περι peri 'alrededor de' y ὀδούς, ὀδόντος odoús, odóntos 'diente') a los tejidos y estructuras que se asocian a los dientes y les proporcionan protección y sostén.
B. Se puede dividir el periodonto en dos partes diferentes, pero relacionadas entre sí:
   1. **Periodonto de protección**.
      a. Esta parte del periodonto separa los tejidos internos del periodonto y los aísla del ambiente de la cavidad bucal mediante un sellado en la región cervical de la corona dental.
      b. Está formado por la **encía** (del latín gingīva 'encía') y la **unión dentogingival**. Ésta última es la parte de la encía que contacta íntimamente con el diente.
      c. Estas estructuras son regiones especializadas de la mucosa bucal.

F.J. Sáez, I. Badiola, *Histología Bucal Básica*,
https://doi.org/10.1007/978-3-032-24363-8_20

2. **Periodonto de inserción.**
   a. Formado por los tejidos internos, sin contacto con la cavidad bucal, que rodean la raíz dental y que sujetan el diente.
   b. Los componentes del periodonto de inserción son el **cemento**, el **ligamento periodontal** y el **hueso alveolar**.
   c. El cemento es el tejido que rodea la dentina de la raíz del diente, a la que está unido. Puede ser considerado como un tejido dental, pero se forma al mismo tiempo y con el mismo origen que el ligamento periodontal y el hueso alveolar, por lo que estos tres tejidos forman una unidad funcional y suelen estudiarse juntos.

20.2 Componentes del periodonto de protección

A. Los componentes del periodonto de protección son la encía y la unión dentogingival (fig. 20.1). Ambas están constituidas por la **mucosa gingival**, que es una parte especializada de la mucosa bucal

B. En posición apical con respecto a la encía, se encuentra una región de la mucosa bucal que está laxamente unida a la parte inferior de los huesos alveolares y se denomina **mucosa alveolar** (fig. 20.1).

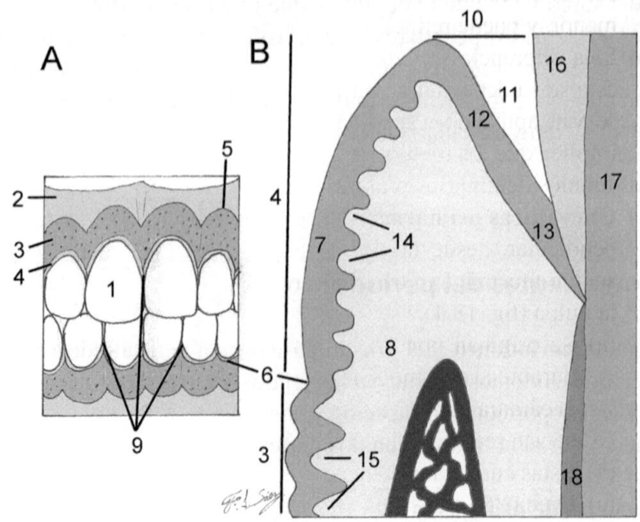

Figura 20.1 Vista frontal de la dentadura (**A**) y sección de la cara vesticular de la región cervical del diente (**B**), mostrando el periodonto de protección. 1, diente; 2, mucosa alveolar; 3, encía adherida; 4, encía libre; 5, unión mucogingival; 6, surco marginal; 7, epitelio de la encía; 8, lámina propia; 9, papila gingival o papila interdental; 10, unión dentogingival; 11, surco o hendidura gingival; 12, epitelio del surco; 13, epitelio de unión; 14, papilas adelomorfas; 15, papilas delomorfas; 16, esmalte; 17, dentina; 18, cemento

   1. La mucosa alveolar está formada por un **epitelio no queratinizado** y fino, una **lámina propia** con escasas **papilas coriales** y una **submucosa** amplia con muchas **glándulas salivales menores** de secreción mucosa.

C. El límite entre la mucosa gingival y la mucosa alveolar se denomina **unión mucogingival**, y se distingue con claridad como un **surco mucogingival** de la superficie de la mucosa.

D. En la superficie palatina de los dientes del maxilar superior no existe una mucosa alveolar y la mucosa gingival de la encía adherida contacta directamente con la mucosa del paladar duro, sin que se aprecie una frontera nítida.

E. La encía (fig. 20.1) es la parte de la **mucosa bucal** que recubre el exterior de los huesos alveolares y se adhiere a las regiones cervicales de los dientes.

F. La mucosa de la encía se denomina **mucosa gingival**. Como todas las mucosas bucales estudiadas en el capítulo 14 está formada por:
   1. Un **epitelio**.
   2. Una **lámina propia o corion** de tejido conjuntivo.

G. En la encía se distinguen dos regiones:
   1. **Encía adherida**. Es la más próxima a la unión mucogingival, se sitúa tapizando los bordes o crestas alveolares de los **huesos alveolares**.
   2. **Encía libre o marginal**. Es la más próxima a la región del cuello de los dientes. Se encuentra en posición coronal con respecto a la encía adherida. No está en contacto con el hueso alveolar.

H. Es fácil observar a simple vista el punto de unión de ambas encías (libre y adherida), ya que forma un pequeño surco denominado **surco marginal o surco gingival libre**.
   1. Este surco marginal está aproximadamente a la altura de la unión entre esmalte y cemento.
   2. En algunos individuos no se observa este surco, y el límite entre ambas encías muestra una línea de puntos alineados irregularmente.

I. La **encía libre** es una estructura en forma de cresta con dos vertientes:
   1. La vertiente visible que se orienta hacia la región vestibular (malar o labial) o hacia la región lingual o palatina, según el maxilar, es la que llamamos realmente encía libre.
   2. La vertiente que se orienta hacia el diente constituye la **unión dentogingival**.

J. La unión dentogingival está formada por varias estructuras:
   1. **Surco o hendidura gingival**. Es el pequeño espacio, a veces un espacio virtual, que separa la vertiente dental de la encía del esmalte dental.
   2. **Epitelio del surco**. Es el epitelio que tapiza la vertiente dental de la encía en la zona del surco gingival.
   3. **Epitelio de unión**. Es la parte del epitelio que tapiza la vertiente dental de la encía en la zona más próxima al cuello del diente. En esta zona, a diferencia de lo que ocurre en la zona del surco gingival, el epitelio está íntimamente unido al esmalte de la corona dental.
   4. **Lámina propia**. Es tejido conjuntivo sin límites claros con la lámina propia de la encía libre.

K. La región de la encía libre que se sitúa entre dos dientes vecinos se denomina **papila gingival, papila interdental o encía interdental**.
   1. Entre los dientes anteriores, esta papila gingival suele tener forma piramidal.
   2. En los molares, en cambio, está aplanada en dirección vestíbulo-lingual, e incluso muestra una depresión cóncava. En este caso se le denomina **collado o col**, y en cortes vestíbulo-linguales tiene forma de silla de montar.

20.3 Histología de la encía

A. La encía está separada de la mucosa alveolar por la **unión mucogingival**. En la superficie de la mucosa se aprecia un **surco mucogingival**.
   1. A un lado de dicho surco, se observa que la mucosa es rosa brillante (mucosa alveolar).
   2. En el lado correspondiente a la encía, la mucosa es rosa pálido (mucosa gingival).
   3. Con el microscopio se observa que en esta unión se produce una transición brusca en la mucosa, tanto en el tipo de epitelio como en la organización de la lámina propia:
      a. Tipo de epitelio.
         (1) El epitelio de la encía es **paraqueratinizado**.
         (2) El epitelio de la mucosa alveolar es algo más grueso y no está queratinizado.
      b. Variedad de la lámina propia.
         (1) La lámina propia de la encía adherida posee muchos haces de fibras colágenas unidas al periostio.
         (2) La lámina propia de la mucosa alveolar es un conjuntivo laxo con muchas fibras elásticas que se extienden hasta una gruesa **submucosa**.

B. La encía está dividida en dos regiones, la **encía adherida** y la **encía libre**, separadas por la **unión o surco marginal (surco gingival libre)**.
   1. La encía adherida tiene un color rosado pálido, con una superficie rugosa, generalmente (aunque no siempre) con aspecto punteado, que suele recordar una “piel de naranja”. Esta encía tiene una consistencia firme.
   2. La encía libre suele presentar un aspecto rosado coral y brillante, una superficie lisa y una consistencia más blanda.
   3. Cuando se observa con el microscopio la estructura histológica de ambas zonas de la encía no se ve una gran diferencia entre una y otra, por lo que en la zona del surco marginal no se aprecia una transición brusca como ocurre en la unión mucogingival.

C. **Epitelio de la encía.**
   1. En ambas regiones de la encía predomina un **epitelio paraqueratinizado**.
   2. En la encía adherida hay regiones ortoqueratinizadas, pero la mayoría es epitelio paraqueratinizado (75 %) y puede haber algunas zonas no queratinizadas (10 %).

D. **Lámina propia o corion**.
1. Tejido conjuntivo de la lámina propia:
   a. La lámina propia de la encía adherida es **conjuntivo denso** y se adhiere al periostio (**mucoperiostio**).
   b. La lámina propia de la encía libre es **conjuntivo semidenso**. Está por encima de la cresta del hueso alveolar y no contacta con ningún periostio.
2. En la región de contacto entre epitelio y lámina propia pueden observarse a veces **papilas coriales** (que ya se explicaron en el capítulo dedicado a la mucosa bucal).
   a. En la encía adherida, las papilas son largas y estrechas, empujan al epitelio y producen elevaciones de la superficie libre del epitelio, lo que origina su aspecto rugoso (cáscara de naranja). Se denominan **papilas delomorfas** (del griego antiguo δῆλος dêlos, 'visible' y μορφο morpho, μορφος morphos, 'forma').
   b. En la encía libre, las papilas, son cortas, numerosas y son **papilas adelomorfas**, lo que implica que la superficie del epitelio es lisa.
3. En la lámina propia de ambas encías se observan haces de **fibras colágenas de tipo I** relativamente gruesos que se entremezclan, especialmente en la zona de la encía libre, y forman el llamado **ligamento gingival o supracrestal**.
   a. En el ligamento gingival, además de fibras colágenas se han descrito **fibras de elaunina**.
   b. La principal función de las fibras es sostener la encía libre, unir la encía adherida al hueso y el diente y unir los dientes vecinos.
   c. Estas fibras forman varios grupos que reciben diferentes nombres según su disposición. Aunque se han descrito muchos grupos de fibras, vamos a indicar aquí los más importantes (fig. 20.2):
      (1) **Grupo gíngivo-dental**, formado por fibras que se dirigen desde la superficie de la raíz del diente (cemento) hacia la encía libre.
      (2) **Grupo gíngivo-alveolar o periostio-gingival**, formado por fibras que parten desde el periostio de la cresta alveolar y se dirigen hacia la encía libre.
      (3) **Grupo periostio-dental**, que tiene fibras que parten del cemento dental y llegan hasta el periostio de la vertiente externa de la cresta alveolar.
      (4) **Grupo circular**, con fibras que forman un anillo alrededor del cuello del diente.
      (5) **Grupo transeptal o dento-dental**, formado por fibras que van del cemento de un diente al cemento de otro diente, por encima de la cresta alveolar, atravesando la papila gingival.
   d. Algunos autores consideran que el ligamento gingival forma parte del **ligamento periodontal**. De hecho, las fibras de ambos se entremezclan en la región cervical.

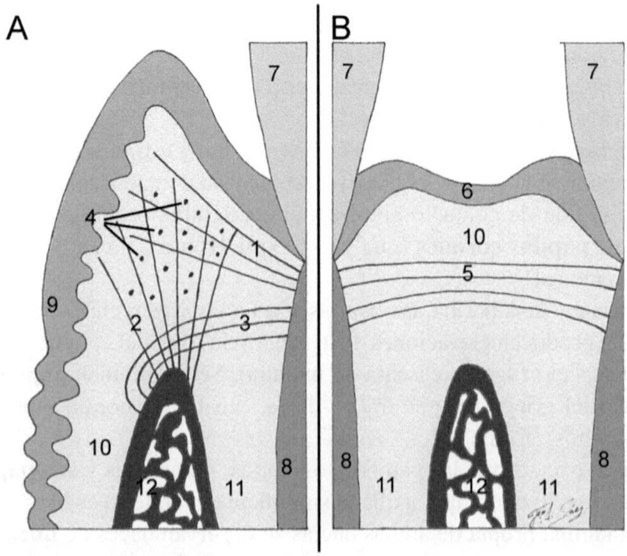

Figura 20.2 Sección vestíbulolingual (**A**) y mesiodistal (**B**) de la región cervical de unos dientes mostrando la organización del ligamento gingival. 1, grupo gíngivo-dental; 2, grupo gíngivo-alvelolar o periostio-gingival; 3, grupo periostio-dental; 4, grupo circular; 5, grupo transeptal o dento-dental; 6, collado; 7, esmalte; 8, cemento; 9, epitelio de la encía; 10, lámina propia; 11, ligamento periodontal, 12, hueso alveolar

4. Aunque la lámina propia de la encía está en continuación con el ligamento periodontal, sin que haya una frontera clara entre ambos, es importante señalar que existen importantes diferencias, que se señalan en esta tabla:

	Encía	Ligamento periodontal
Colágena de tipo III	Poca	Mucha
Ácido hialurónico	Poco	Mucho
Producción de colágena	Baja	Alta
Tasa de renovación de la colágena	Lenta	Rápida
Fosfatasa alcalina	No	Sí
Origen de los fibroblastos	Mesénquima (mesodermo)	Crestas neurales (ectomesénquima)
Proteínas contráctiles en los fibroblastos	No	Sí
Proliferación de los fibroblastos	Baja	Alta
Producción de prostaglandinas en respuesta a la histamina	No	Sí

5. La lámina propia de la encía está muy **vascularizada**. En cada papila corial se observa una arteriola ascendente y una vénula descendente, conectadas por capilares.

20.4 Histología de la unión dentogingival

A. La **unión dentogingival** se corresponde con la vertiente interna o dental de la encía libre. Está formada por el **epitelio del surco**, que queda separado del esmalte dental por el **surco gingival**, el **epitelio de unión** y la lámina propia que se encuentra bajo ambos epitelios.
B. En la unión dentogingival el epitelio de unión sella los tejidos del periodonto y los separa de la cavidad bucal.
C. El **surco gingival** tiene una profundidad de 0,5 a 3 mm.
   1. Cuando es mayor de 3 mm se considera una situación patológica que se denomina **bolsa gingival**.
   2. En este surco se encuentra líquido, el **fluido gingival**, que pasa desde la lámina propia a través del epitelio de unión, **células descamadas** de los epitelios de unión y del surco y **células inflamatorias**, sobre todo **neutrófilos**.
      a. Es interesante señalar que en el resto de epitelios de la mucosa bucal no se ha detectado el paso de fluidos y células como el que se produce a través del epitelio de unión.
      b. El fluido gingival está formado por **moléculas inorgánicas** (sodio, potasio, calcio y magnesio), **proteínas** (inmunoglobulinas, citocinas, fibrinógeno, proteasas), **células** (células descamadas del epitelio, neutrófilos y bacterias) y **residuos celulares**.
      c. Su composición puede variar en estados patológicos y puede ser utilizada como un indicador de la gravedad de una posible infección.
D. El **epitelio del surco** se encuentra en la vertiente dental de la encía libre, tapizando la cara gingival del surco gingival.
   1. Este epitelio es continuación del de la encía libre, con el que contacta en la cresta gingival, y por tanto tiene las características del epitelio de la mucosa bucal.
   2. Es un **epitelio plano estratificado no queratinizado**. En sus estratos superficiales se produce **citoqueratina 4**, típica de los epitelios no queratinizados en la mucosa bucal.
E. El **epitelio de unión o epitelio de fijación** se encuentra en el suelo del surco gingival (fig. 20.3).
   1. Forma una especie de cinturón o banda que rodea el cuello dental.
   2. Deriva en parte del **epitelio reducido del órgano del esmalte**, ya que durante la erupción este epitelio se fusiona con el de la mucosa bucal y es atravesado por la corona dental (se explicará la erupción dental en otro capítulo).
   3. Este epitelio está adherido al cuello de la corona clínica, de forma que fija la encía a la superficie del **esmalte**[1] y sella y protege los tejidos del periodonto.

[1] En realidad, el epitelio de unión se fija a la película que recubre el esmalte, pero ni esta película ni el esmalte son visibles en las preparaciones microscópicas descalcificadas que se usan habitualmente.

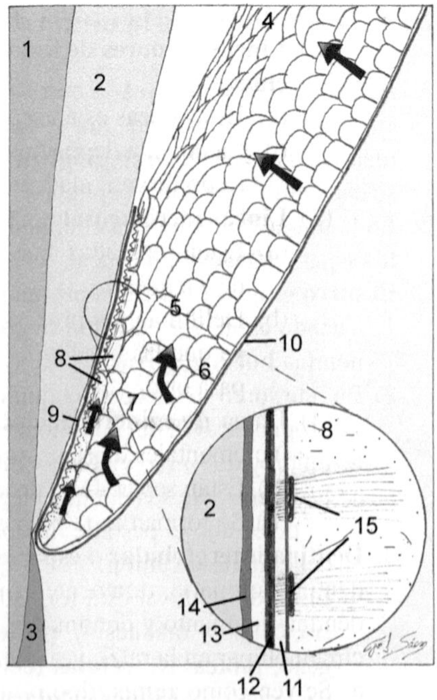

Figura 20.3 Organización histológica del epitelio de unión. La zona enmarcada por un círculo está ampliada para mostrar la estructura de la lámina basal interna. 1, dentina; 2, esmalte; 3, cemento; 4, epitelio del surco; 5, epitelio de unión; 6, células basales; 7, células suprabasales; 8, células DAT (directamente adheridas al diente); 9, lámina basal interna; 10, lámina basal externa; 11, lámina lúcida; 12, lámina densa; 13, sublámina lúcida; 14, cutícula; 15, hemidesmosomas. Las flechas indican la dirección de ascenso de las células epiteliales

4. El epitelio de unión es un epitelio no queratinizado y con la lámina propia subyacente forma una mucosa de revestimiento. No obstante, se trata de un epitelio especial. Presenta dos particularidades:
   a. Las células de este epitelio no sufren el proceso de diferenciación habitual en los epitelios estratificados de la mucosa bucal. Esto se puede apreciar por varios datos:
      (1) Producen citoqueratinas diferentes:
         (a) Las células de este epitelio no expresan la citoqueratina 4.
         (b) Expresan en todos los estratos las **citoqueratinas 5, 14 y 19**, que son típicas del estrato basal. También son las que se expresan en el epitelio reducido del esmalte.
         (c) Además, las células del epitelio de unión expresan las **citoqueratinas 8 y 18**, que se encuentran habitualmente en los epitelios simples.
      (2) Producen la proteína **ODAM** (siglas de odontogénica asociada al ameloblasto), una proteína que también producen los ameloblastos. Se ha comprobado que esta proteína se produce en ciertos epitelios neoplásicos, cuyas células se mantienen permanentemente indiferenciadas, lo que sugiere que tiene algún papel en mantener el estado indiferenciado.
      (3) Los **tonofilamentos** y los **desmosomas** son menos abundantes que en el resto de epitelios de la mucosa bucal.

(4) No existe un **estrato granuloso** ni un **estrato superficial**.
(5) Las células no muestran **gránulos de queratohialina** ni **cuerpos laminares**.

b. Posee dos **láminas basales**.
(1) Hay una **lámina basal externa** que separa el epitelio de la lámina propia. Es decir, está en el polo basal del epitelio.
(2) En el extremo final más profundo del epitelio, la lámina basal lo rodea y forma una segunda lámina basal, la **lámina basal interna**, que recubre el polo apical del epitelio y se sitúa entre éste y el esmalte dental. La lámina basal interna es atípica:
(a) Se adhiere a un tejido mineralizado y no a un conjuntivo no mineralizado, como ocurre con la mayoría de las láminas basales.
(b) Su composición es especial:
1. Carece de laminina y de colágena de tipo IV, presentes en la mayoría de las láminas basales.
2. Posee una variedad especial de laminina, la **laminina 332**, presente también en la lámina basal del ameloblasto durante la fase de maduración.
3. Posee proteínas propias de los ameloblastos, como la **amelotonina** y la **proteína ODAM**.
(c) En el microscopio electrónico de transmisión se observan tres zonas en la lámina basal, que desde el epitelio hacia el diente son:
1. **Lámina lúcida**. Es la zona más clara en contacto con la superficie de las células del epitelio.
2. **Lámina densa**. Una banda más oscura a continuación de la anterior.
3. **Subámina lúcida**. Es una banda clara entre la lámina densa y la superficie dental.

5. Células del epitelio de unión:
a. Las **células basales**, más o menos cúbicas, están situadas sobre la lámina basal externa. Como en los demás epitelios de la mucosa bucal, se dividen para producir nuevas células que ascienden por el epitelio.
b. Las células suprabasales se van aplanando a medida que ascienden en el epitelio y se alejan de la lámina basal externa.
c. Existe un **estrato espinoso**.
d. No hay estrato granuloso ni estrato superficial.
e. Entre las células existen amplios espacios y hay menos **desmosomas** que los habituales en otros epitelios de la mucosa bucal. Esto facilita el paso de líquido y células desde la lámina propia al fluido gingival.
f. Es frecuente encontrar **neutrófilos** infiltrados entre las células epiteliales.
g. La **velocidad de renovación** de las células del epitelio de unión es la más alta de todos los epitelios de la mucosa bucal.
h. El movimiento de las células es peculiar, pues se dirigen ascendiendo en dirección coronal, con un movimiento casi paralelo a la superficie dental.

   i. Finalmente, encontramos unas células que están en contacto con la lámina basal interna y el esmalte y que se denominan **células DAT** (siglas de **D**irectly **A**ttached to the **T**ooth). Las células DAT se adhieren mediante **hemidesmosomas** a la lámina basal interna.
6. Cuando el epitelio de unión resulta dañado, puede ser rápidamente regenerado por el epitelio del surco y por el epitelio bucal. Las células que regeneran este epitelio rápidamente comienzan a producir la **proteína ODAM**.
7. Desde que el diente aparece en la cavidad bucal (**erupción**), la unión entre el epitelio y el diente va descendiendo.
   a. Inmediatamente después de la erupción, el epitelio de unión se encuentra en la mitad cervical de la corona anatómica.
   b. Con la edad, el punto de unión va descendiendo en dirección apical. Si una persona sufre una exposición de la raíz del diente (por la edad o por alteraciones patológicas), el epitelio de unión puede proliferar en dirección apical y unirse al cemento.

F. La lámina propia del epitelio del surco y del epitelio de unión es un **tejido conjuntivo laxo**.
1. Posee pocos **fibroblastos** y **fibras colágenas**.
2. Tiene muchas **células transitorias** (linfocitos, neutrófilos, monocitos) y macrófagos, lo que sugiere que se encuentra en un estado de **inflamación** permanente.
   a. Es posible que el estado de inflamación permanente de este tejido sea responsable de emitir señales para mantener las características del epitelio.
   b. En ciertos experimentos en los que se ha conseguido reducir la inflamación, se produce una **queratinización** del epitelio del surco.

G. Existe una rica vascularización bajo el epitelio de unión con muchas **vénulas postcapilares**. Estos vasos son la fuente de líquido, moléculas y células del sistema inmune que posteriormente atraviesan el epitelio para formar el **fluido gingival**.

20.5 Papila gingival

A. La **papila gingival** es la parte de la encía situada entre dos dientes vecinos.
B. Presenta encía adherida y encía libre.
C. Su forma varía en función de la forma de contacto entre los dientes.
1. Vista desde el exterior o el interior de la boca suele tener forma de cuña.
2. Cuando se ve en secciones vestíbulo-linguales:
   a. En los dientes anteriores suele presentar la misma forma.
   b. En los dientes posteriores, que tienen una superficie de contacto mayor, la papila gingival suele ser cóncava, con forma de silla de montar. Esta estructura se denomina **collado**[2] **o col**.

[2] La Real Academia Española define collado (del latín *collis, -is* 'colina', 'altura'.) como "depresión suave por donde se puede pasar fácilmente de un lado a otro de una sierra".

D. El collado posee un epitelio similar al del epitelio de unión, no está queratinizado, es delgado, tiene el mismo origen y se mantiene por divisiones celulares.
   1. Es un sitio sensible a las **infecciones** porque entre los dientes tienden a acumularse restos de alimentos y **bacterias** y es frecuente observar **células inflamatorias** en la lámina propia.
   2. Si los dientes posteriores están muy separados, no se observa el collado, la papila gingival es aplanada y puede estar queratinizada.

20.6 Origen y desarrollo del periodonto de protección

A. En la formación de la encía y el resto del periodonto de protección se pueden distinguir tres fases (fig. 20.4):
   1. Antes de la erupción:
      a. Una vez formada la corona, durante la etapa de protección de los **ameloblastos**, se forma la **cutícula primaria**, los ameloblastos se fusionan con el resto de células del órgano del esmalte y forman el **epitelio dental reducido**.
      b. Este epitelio está formado por varias capas de células aplanadas, una **lámina basal interna** (contacta con el diente) y una **lámina basal externa**, que lo separa del conjuntivo de la lámina propia de la mucosa bucal.
      c. Las células que están en contacto con el esmalte se unen mediante **hemidesmosomas** a la lámina basal que la separa del diente (lámina basal interna del epitelio reducido del esmalte).
   2. Durante la erupción:
      a. El epitelio dental reducido se acerca al epitelio bucal.
      b. El tejido conjuntivo entre ambos degenera (**desmólisis**), y los epitelios contactan y se fusionan.

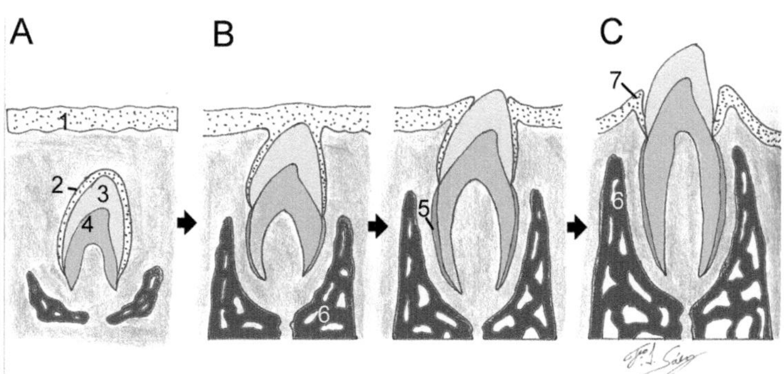

Figura 20.4 Formación del periodonto de protección durante la erupción dental (véase también el capítulo 22): Etapa preeruptiva (**A**), etapa eruptiva prefuncional (**B**) y etapa eruptiva funcional o posteruptiva. 1, epitelio bucal, 2, epitelio reducido del esmalte; 3, esmalte; 4, dentina; 5, cemento; 6, hueso alveolar; 7, epitelio de la encía. Las flechas indican el progreso de unas etapas a otras

c. La lámina basal externa del epitelio reducido se fusiona con la lámina basal del epitelio bucal.
d. En el área central de los epitelios fusionados se produce una **necrosis** (del latín tardío necrōsis y este del griego νεκρο- nekro-, 'muerto' y -σις -sis, 'estado irregular, enfermedad'). Las células mueren y se forma un orificio a través del cual puede salir el diente.

3. Después de la erupción:
   a. Al salir el diente, la mucosa bucal se invagina a su alrededor formando el **surco gingival**, el **epitelio del surco** y el **epitelio de unión**.
   b. El **epitelio de unión**:
      (1) Se forma mayoritariamente por células procedentes del epitelio dental reducido y por algunas células del epitelio bucal.
      (2) Con el paso del tiempo la mayor parte de las células son remplazadas por otras procedentes del epitelio bucal.
   c. El resto de **la encía (libre y adherida)** deriva de la mucosa bucal.

B. La encía se forma con la erupción. Si el diente cae, la encía desaparece.

20.7 Vascularización

A. Los vasos sanguíneos que irrigan la encía tienen tres orígenes (fig. 20.5):
   1. **Vasos supraperiósticos**: circulan por la mucosa alveolar y del paladar y se introducen en las encías.

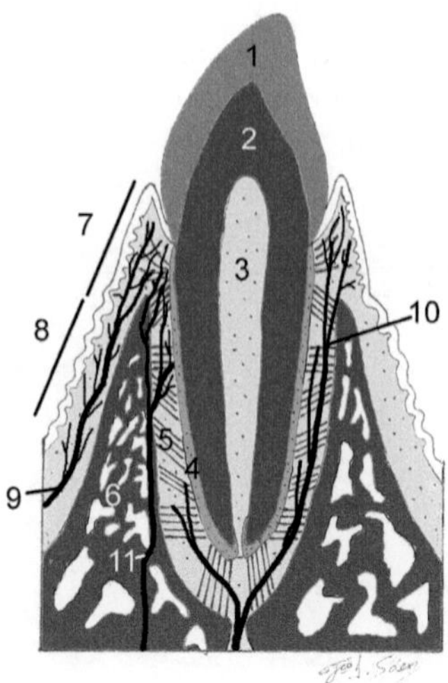

Figura 20.5 Vascularización del periodonto de protección. Tres tipos de vasos irrigan la encía: los vasos supraperiósticos, procedentes de la mucosa alveolar o de la mucosa del paladar (9), los vasos del ligamento periodontal, que llegan hasta la encía (10), y los vasos del hueso alveolar, que producen ramas que irrigan el ligamento periodontal y la encía (11). Para simplificar, cada tipo de vaso se ha representado en un único lado del diente. 1, esmalte; 2, dentina; 3, pulpa dental; 4, cemento; 5, ligamento periodontal; 6, hueso alveolar; 7, encía libre; 8, encía adherida

2. **Vasos del ligamento periodontal**: alcanzan la lámina propia de las encías y se anastomosan con los vasos supraperiósticos.
3. **Vasos del hueso alveolar**: salen del hueso alveolar y dan ramas hacia la encía, donde se anastomosan con los otros vasos. También irrigan el ligamento periodontal.

20.8 Inervación

A. El periodonto de protección está inervado por divisiones del **nervio trigémino (V)**. En concreto, llegan las siguientes divisiones:
   1. Labiales superiores del nervio infraorbitario.
   2. Nervio alveolar superior.
   3. Nervio palatino anterior.
   4. Nervio sublingual (terminal del nervio lingual).
   5. Nervio alveolar inferior.
   6. Nervio mentoninano.

B. En la encía adherida, las fibras nerviosas terminan en la lámina propia, sólo raramente se ven terminaciones que llegan al epitelio.

C. La unión dentogingival puede estar ricamente inervada con **terminaciones nerviosas libres** en el conjuntivo y entre las células del epitelio de unión. Esta rica inervación puede estar relacionada con el estado de inflamación de esta zona.

Lo que hay que recordar

El periodonto está formado por las estructuras asociadas al diente. Se distingue entre periodonto de protección y periodonto de inserción. El periodonto de protección está formado por la encía y la unión dentogingival. La encía se puede dividir en dos zonas: la encía adherida, situada en una posición más apical con respecto al diente y adherida al hueso alveolar, y la encía libre, situada en una posición más cervical, que no está en contacto con el hueso alveolar. En la lámina propia de ambas encías se encuentra el ligamento gingival, que está formado por varios grupos de fibras colágenas. Se han encontrado diferencias importantes entre el tejido conectivo de la encía y el del ligamento periodontal. La unión dentogingival está formada por el surco gingival, el epitelio del surco y el epitelio de unión, estos últimos sostenidos por una lámina propia. El epitelio de unión está adherido al diente y tiene una lámina basal interna y otra externa. Entre dos dientes se encuentra la papila gingival o interdental, que entre los dientes posteriores forma el collado. El epitelio del periodonto de protección se forma durante la erupción dental por fusión del epitelio reducido del esmalte y el epitelio bucal.

Lectura adicional

Arnim S S, Hagerman D A 1953. The connective tissue fibers of the marginal gingiva. Journal of the American Dental Association 47: 271–281.

Bartold P M, Walsh L J, Narayanan S 2000. Molecular and cell biology of the gingiva. Periodontology 2000 24: 28–55.

Bosshardt D D, Lang N P 2005. The Junctional Epithelium: from Health to Disease. Journal of Dental Research 84: 9–20.

Caimi M, Duarte G, Vicente I, Pedemonte R 1989. Elastic system in human gingiva in health and periodontal disease. Anales de la Facultad de Odontología 25: 21–48.

Delima A J, Van Dyke T E 2003. Origin and function of the celular components in gingival crevice fluid. Periodontology 2000 31: 55–76.

Fehrenbach M J, Popowics T 2020. Gingival and Dentogingival Junctional Tissue. En: Illustrated Dental Embryology, Histology, and Anatomy. 5ª ed. Elsevier, pp. 124–134.

Garnick J J, Ringle R D 1988. The dentogingival junction as seen with light-microscopy and scanning electron-microscopy. Scanning Microscopy 2: 1113–1122.

Giannopolou C, Cimasoni G 1996. Functional characteristics of gingival and periodontal ligament fibroblasts. Journal of Dental Research 75: 895–902.

Gómez de Ferraris M E, Campos Muñoz A 2009. Periodonto de protección: encía y unión dentogingival. En: Histología, Embriología e Ingeniería Tisular Bucodental. 3ª ed. Médica Panamericana, pp. 333–354.

Goodson J M 2003. Gingival crevice fluid flow. Periodontology 2000 31: 43–54.

Hokama M M, Foster R A, Archer S Y et al. 1987. Comparative characterizacion of gingival and periodontal-ligament cells, invitro. Journal of Dental Research 66: 357–357.

Hou L T, Yaeger J A 1993. Cloning and characterization of human gingival and periodontal-ligament fibroblast. Journal of Periodontology 64: 1209–1218.

Jany Z, Jakubovsky J, Kovar M et al. 1984. Contribution to the knowledge on the ulstrastructure of marginal gingivae. Czechoslovak Medicine 7: 135–144.

Krstić R V 1991. Digestive Apparatus. En: Human Microscopic Anatomy. An Atlas for Students of Medicine and Biology. Springer Verlag, pp. 161–255.

McKnight H, Kelsey W P, Hooper D A et al. 2014. Proteomic analyses of human gingival and periodontal ligament fibroblasts. Journal of Periodontology 85: 810–818.

Newman H N 1990. The tooth-gingiva interface: weak or strong? The Journal of the Western Society of Periodontology/Periodontal Abstracts 38: 5–9.

Nishio C, Wazen R, Moffat P, Nanci A 2013. Expression of odontogenic ameloblast-associated and amelotonin proteins in the junctional epithelium. Periodontology 2000 63: 59–66.

O'Dowd G, Bell S, Wright S 2023. Oral tissues. En: Wheater's Functional Histology. Elsevier, pp. 241–252.

Palmer R M, Lubbock M J 1995. The soft connective tissues of the gingiva and periodontal ligament: are they unique? Oral Diseases 1: 230–237.

Pöllänen M T, Salonen J I, Uitto V J 2003. Structure and function of the tooth-epithelial interface in health and disease. Periodontology 2000 31: 12–31.

Schroeder H E, Listgarten M A 1997. The gingival tissues: The architecture of periodontal protection. Periodontology 2000 13: 91–120.

Schroeder H E, Listgarten M A 2003. The junctional epithelium: From strength to defense. Journal of Dental Research 82: 158–161.

Shimono M, Ishikawa T, Enokiya Y, et al. 2003. Biological characteristics of the junctional epithelium. Microscopy 52: 627–639.

Somermanb M J, Archer S Y, Imm G R, Foster R A 1988. A comparative-study of human periodontal-ligament cells and gingival fibroblasts invitro. Journal of Dental Research 67: 66–70.

Squier C A 1981. Keratinization of the sulcular epithelium – A pointless pursuit. Journal of Periodontology 52: 426–429.

Stern I B 1981. Current concepts of the dentogingival junction – The epithelial and connective-tissue attachments to the tooth. Journal of Periodontology 52: 465–476.
Subbarao K C, Nattuthurai G S, Sundararajan S K et al. 2019. Gingival crevicular fluid: an overview. Journal of Pharmacy and Bioallied Sciences 11: S135–S139.
Warshawsky H 1988. The Teeth. En: Cell and Tissue Biology – A Textbook of Histology. Weiss L Editor. 6ª ed. Urban & Schwarzenberg, pp. 594–640.

Periodonto de inserción

21

Qué aprenderás en este capítulo

Aquí se explica el origen embrionario y la organización histológica del periodonto de inserción, formado por el cemento, el ligamento periodontal y el hueso alveolar. Verás que los tres tejidos se forman durante el desarrollo de la raíz del diente a partir de las células ectomesenquimáticas del folículo dental. Aprenderás que el cemento es un tejido mineralizado muy similar al hueso, aunque se pueden distinguir varios tipos de cemento, en algunos de los cuales no hay células. Verás que, a diferencia del hueso, el cemento no se suele remodelar y es muy resistente a la resorción. Aprenderás que el ligamento periodontal es un tejido conjuntivo con grupos de fibras colágenas que lo atraviesan, desde el hueso alveolar al cemento. Finalmente, estudiarás que el hueso alveolar es odontodependiente y verás que en él se pueden diferenciar varias caras y cómo se organiza cada una.

21.1 Características generales

A. El **periodonto de inserción** está formado por **cemento**, **ligamento periodontal** y **hueso alveolar**.
B. Las tres estructuras están íntimamente relacionadas y poseen el mismo origen a partir del **folículo dental**, el cual deriva del **ectomesénquima**.
C. Las tres estructuras del periodonto de inserción se desarrollan y evolucionan de forma coordinada y en relación con los movimientos del diente. Cuando se pierde el diente, las tres estructuras desaparecen:
   1. El cemento y la mayor parte del ligamento periodontal se pierden con el diente.
   2. Las partes remanentes del ligamento, así como el hueso alveolar, se pierden por **regresión** de los tejidos.

F.J. Sáez, I. Badiola, *Histología Bucal Básica*,
https://doi.org/10.1007/978-3-032-24363-8_21

D. La unión entre el diente y el hueso alveolar es una articulación, la **articulación alveolodental**, que se considera una **gonfosis**. Mantiene el diente en su lugar y permite resistir las fuerzas de la masticación.

21.2 Origen y desarrollo del periodonto de inserción

A. El periodonto de inserción se forma con la **raíz dental** (fig. 21.1).
   1. Como ya vimos en el capítulo 13, después de formarse la corona dental se desarrolla la **vaina de Hertwig** por unión de los epitelios dental interno y externo de las asas cervicales del órgano del esmalte.
   2. Esta vaina crece en sentido apical. Al crecer, va rodeando los tejidos de la papila dental e induce la formación de **odontoblastos**, los cuales comienzan a sintetizar la **dentina** de la raíz.
   3. La primera capa de dentina que se forma, de unas 10–20 μm de grosor, constituye la **capa hialina** que se encuentra en la superficie de la dentina de la raíz. Se cree que esta capa también contiene sustancias típicas del esmalte, producidas por las células de la vaina de Hertwig.

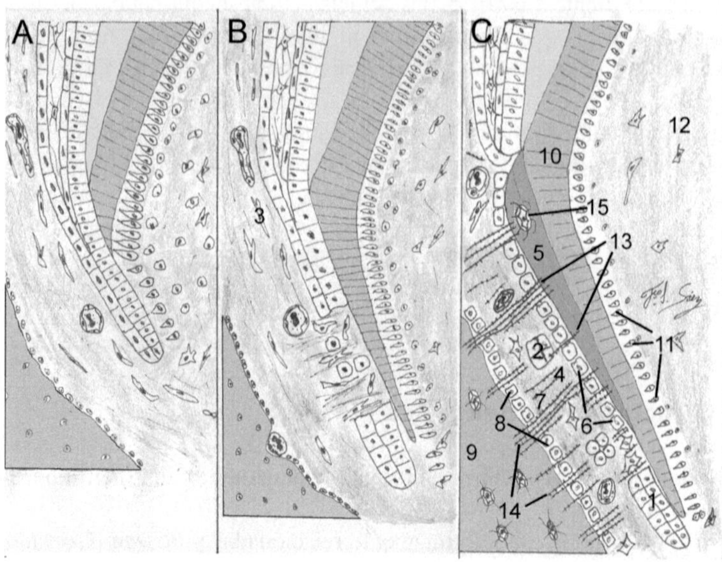

Figura 21.1 Desarrollo de la raíz del diente: fases tempranas de formación de dentina de la raíz (**A** y **B**) –que se han visto ya en la fig. 13.12– y comienzo de la formación del periodonto de inserción (**C**). 1, vaina de Hertwig; 2, restos epiteliales de Malassez; 3, saco o folículo dental; 4, mesénquima del folículo dental que invade el espacio entre los restos de Malassez; 5, cemento; 6, cementoblastos; 7, membrana periodontal (ligamento periodontal); 8, osteoblastos; 9, hueso alveolar; 10, dentina; 11, odontoblastos; 12, pulpa dental; 13, fibras perforantes; 14, fibras de Sharpey; 15, cementocito

4. A medida que la vaina radicular crece en sentido apical se va fragmentando en las regiones cervicales, en las cuales se está produciendo dentina.
   a. La fragmentación se produce porque algunas células de la vaina mueren por **apoptosis**.
   b. Los espacios que se producen son invadidos por tejidos del folículo dental.
5. A partir del folículo dental que invade estos espacios se producen:
   a. **Cementoblastos**, próximos a la dentina, que comienzan a sintetizar **cemento**. Como la mineralización de la capa hialina de la dentina es lenta, se puede producir una mezcla de las fibras colágenas de dentina y cemento antes de la mineralización, lo que facilita que el cemento quede firmemente adherido a la dentina.
   b. **Fibroblastos**, que sintetizan tejido conjuntivo con **fibras colágenas**. Este tejido posee las fibras desordenadas y se denomina **membrana periodontal.** Posteriormente, las fibras del tejido se organizan en grupos y forman un tejido muy fibroso, el **ligamento periodontal**.
   c. **Osteoblastos**, a partir de células del folículo dental situadas algo más alejadas de la dentina, que sintetizan **hueso alveolar** mediante **osificación intramembranosa** (véase el capítulo 7). Este hueso alveolar rodea el ligamento periodontal y la raíz.
6. El extremo apical de la vaina de Hertwig sigue creciendo, e induce la formación de nueva dentina en posiciones más apicales, mientras que las posiciones alejadas de su extremo apical se fragmentan y son invadidas por nuevo mesénquima del folículo dental. Así se repite el proceso a medida que la vaina crece.
7. El resultado de todo este proceso es el crecimiento de la raíz (dentina) y la formación del periodonto de inserción asociado a ella.

B. En resumen, todos los tejidos de la raíz y el periodonto de inserción son de **origen ectomesenquimático** a partir de dos tejidos diferentes:
   1. A partir de la **papila dental**: pulpa y dentina de la raíz.
   2. A partir del **folículo dental**: cemento, ligamento periodontal y hueso alveolar.

C. En el periodonto pueden quedar algunos restos de la vaina de Hertwig. Estos **restos epiteliales de Malassez** son los únicos tejidos del periodonto que proceden del **ectodermo de superficie**.

D. Aunque lo que acabamos de explicar es lo más aceptado, existen otras teorías para explicar el origen del periodonto de inserción.
   1. Se ha propuesto que las células de la vaina de Hertwig pueden transformarse en cementoblastos en un proceso llamado **transición epitelio-mesenquimática**. Esto no está demostrado.
   2. Se ha señalado que el cemento acelular y el cemento celular (dos variedades de cemento que se explican más adelante) tienen distinto origen:
      a. El **cemento acelular** se originaría a partir de la vaina de Hertwig.
      b. El **cemento celular** se formaría a partir de células procedentes del folículo dental.

3. Si estas teorías son exactas, el cemento tendría un doble origen a partir del ectodermo de superficie y a partir del ectomesénquima.

E. A veces, quedan restos de la vaina de Hertwig en la superficie de la raíz que producen pequeñas masas de un material similar al esmalte. Estas estructuras se denominan **perlas de esmalte**. Suelen aparecer en las áreas de bifurcación de la raíz.

21.3 Cemento

A. **Características generales.**
1. El cemento es el **tejido mineralizado** que recubre la raíz dental, desde el cuello hasta el ápice. Está adherido a la dentina por una de sus caras y al ligamento periodontal por otra. Su función principal es proporcionar soporte y fijación a las fibras del ligamento periodontal.
2. El cemento es un tejido **avascular** que **carece de inervación** propia.
3. Es un tejido muy similar al hueso, tanto por sus células como por la composición química de su matriz y por su organización histológica.
   a. No obstante, al carecer de vasos y nervios, el cemento se diferencia del hueso en que carece de **canales de Havers** y **canales de Volkmann**.
   b. Al contrario que el hueso, el cemento **no se remodela** y es muy **resistente a la resorción**, lo cual es fundamental para poder realizar técnicas de **ortodoncia**.
   c. Otra diferencia con el hueso es que el cemento puede crecer en grosor durante toda la vida del diente.
4. El cemento se deposita de forma discontinua, por eso se deposita en capas separadas por las **líneas de imbricación o incrementales de Salter** (realmente líneas de reposo), que son líneas oscuras que separan capas más claras de cemento.
5. El cemento es más grueso en las regiones apicales (50–200 μm, aunque puede pasar de 600 μm) que en las regiones cervicales (10–15 μm).
   a. El crecimiento lento y continuo durante toda la vida del diente modifica la forma de la raíz dental.
   b. El grosor aumenta con la edad del diente.
6. En la región apical, además de recubrir la dentina, puede recubrir la porción final del **conducto radicular**.
   a. Como resultado, el conducto radicular puede quedar en su parte final revestido de cemento.
   b. Esto provoca que el conducto radicular tenga la forma de dos conos enfrentados por sus vértices, es decir, con una constricción en el punto donde el conducto comienza a estar revestido por cemento. Estos dos conos son:
      (1) El **conducto o cono dentinario**.
      (2) El **conducto o cono cementario**. Al final de éste se encuentra el **foramen apical**, el punto donde la pulpa dental se entremezcla con el ligamento periodontal y forma el **espacio indiferenciado de Black**

o periápice, en el que existen **células mesenquimáticas de reserva multipotentes**.

7. Existen tres posibles formas de relación entre el cemento y el esmalte en la unión amelocementaria de la región cervical. Estas tres formas de relación se muestran en la fig. 19.1.
   a. En el 60 % de los dientes, el cemento se puede encontrar recubriendo la parte final del esmalte coronario (**solapamiento**).
   b. También puede encontrarse contactando con el esmalte, sin recubrirlo, lo cual se observa en el 30 % de las piezas (**contacto**).
   c. En el resto de los dientes existe una pequeña distancia entre el cemento y el esmalte, lo que deja una pequeña franja de dentina sin recubrir por ningún tejido mineralizado (**separación**).

B. **Propiedades físicas**.
   1. El cemento está menos mineralizado que el hueso o la dentina.
   2. Su color es amarillento y no es brillante.
   3. Aunque es más claro que la dentina, es difícil de diferenciar de ésta por el aspecto, pero se puede diferenciar porque es más blando[1].
   4. La permeabilidad depende del tipo de cemento (es más permeable el cemento celular), y de la edad (disminuye con la edad).
   5. Como es un tejido algo blando y las regiones cervicales son finas, si la encía desciende y deja expuestas regiones de cemento, éstas pueden perderse, con lo que la dentina puede quedar al descubierto.

C. **Matriz extracelular**.
   1. La matriz extracelular del cemento está formada por **materia orgánica** (20 %), **materia inorgánica** (45–50 %) y **agua** (32 %).:
   2. La **materia orgánica** resulta difícil de analizar debido a la dificultad para obtener suficiente cantidad de muestra para analizar. En ella encontramos:
      a. **Fibras colágenas de tipo I**. Son el 90 % de las proteínas de la matriz. No obstante, puede haber pequeñas cantidades de otras formas de colágena, como la **colágena de tipo III**. Las fibras pueden ser de dos tipos:
         (1) **Fibras intrínsecas**. Se llaman así porque están dentro del cemento y no sobrepasan sus límites. Las producen los **cementoblastos** durante la síntesis del cemento.
         (2) **Fibras extrínsecas**. Son fibras del ligamento periodontal que penetran en la matriz del cemento. Por tanto, son fibras producidas por los **fibroblastos** del ligamento periodontal. También se llaman **fibras perforantes**. Son semejantes a las fibras de Sharpey que penetran en el hueso.
      b. **Proteoglicanos**, como el lumicano, versicano, decorina, fibromodulina y biglicano. Estas sustancias también se encuentran en el hueso. Se concentran cerca de las lagunas que alojan las células y alrededor de los canalículos que comunican las lagunas.

[1] Conviene recordar la tabla comparativa de la dureza de los tejidos y minerales mostrada en el capítulo 6.

c. **Glicosaminoglicanos**, sobre todo condroitina-sulfato, pero también ácido hialurónico y dermatán-sulfato. El condroitina-sulfato se concentra alrededor de las lagunas que alojan las células.

d. **Proteínas no colágenas**. La mayoría de ellas están presentes también en el hueso. Entre ellas se ha demostrado la existencia de:

(1) **Proteína de unión del cemento (CAP**, por sus siglas en inglés). Es una proteína que estimula la unión de las células mesenquimáticas a la matriz. Se ha localizado en la matriz y en los cementoblastos. No se encuentra en el hueso.

(2) **Fosfatasa alcalina**.

(3) **Sialoproteína ósea (BSP)**.

(4) **Proteína de la matriz dentinaria-1 (DMP1)**.

(5) **Sialoproteína dentinaria (DSP)**.

(6) **Fibronectina**.

(7) **Osteocalcina**.

(8) **Osteonectina**.

(9) **Osteopontina**. Se encuentra en las líneas incrementales.

(10) **Tenascina**.

(11) **Factores de crecimiento**, aunque se suelen encontrar inactivos o bloqueados de alguna manera.

3. La **materia inorgánica o mineral** está formada por:

a. **Hidroxiapatita** (**fosfato cálcico**). Es el componente mineral mayoritario.

(1) Forma cristales más pequeños que los del esmalte o los de la dentina, de unos 55 nm de ancho, 8 nm de grueso y longitud variable.

(2) Los cristales se alojan dentro de las fibras colágenas y entre ellas.

(3) La hidroxiapatita del cemento es menos cristalina que la de otros tejidos dentales, y por eso es más fácil de desmineralizar.

b. También puede haber **carbonatos de calcio** y algunos **oligoelementos** como hierro, azufre y flúor.

(1) Los niveles de **flúor** son altos, mayores que en los demás tejidos mineralizados.

(2) Los niveles de flúor son mayores en el cemento acelular que en el celular.

(3) Estos niveles de flúor pueden ser los responsables de que el cemento sea **resistente a la resorción**.

D. **Tipos de cemento**.

1. Existen varios tipos de cemento (fig. 21.2):

a. **Cemento acelular de fibras extrínsecas (AEFC**, por sus siglas en inglés), formado sólo por una matriz mineralizada en la que no se incluyen células.

(1) Se le llama **cemento primario**, pues suele sintetizarse al principio de la formación de la raíz.

(2) También se le llama **cemento acelular**. Esta denominación no es adecuada pues como veremos también hay otras variedades de cemento acelular.

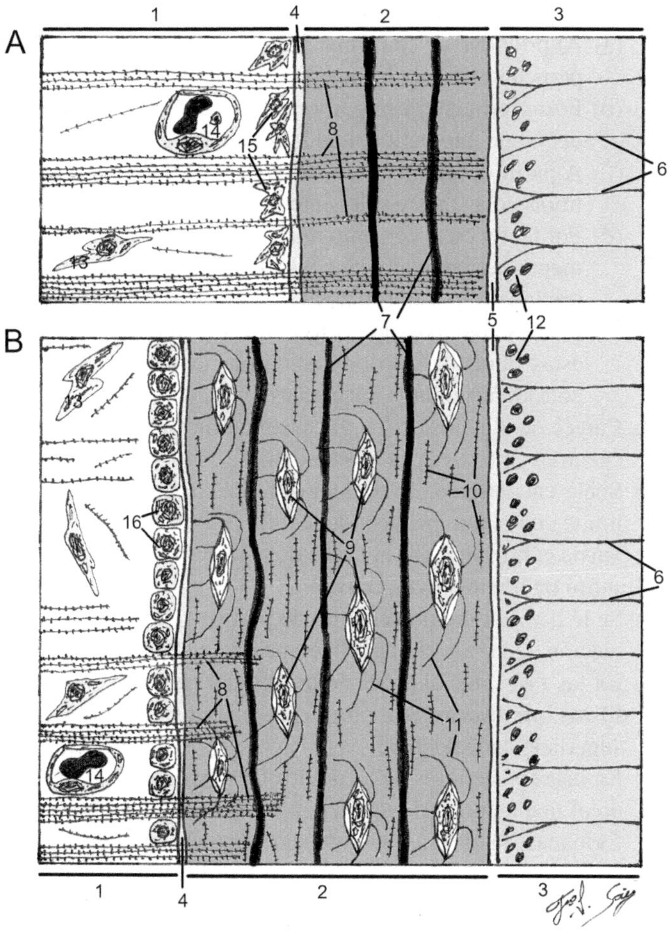

Figura 21.2 Organización histológica de las dos variedades principales de cemento, el cemento acelular de fibras extrínsecas (AEFC) y cemento celular de fibras intrínsecas (CIFC). El AEFC (**A**) carece de fibras intrínsecas de colágena y de cementocitos incluídos en la matriz, sintetizada por cementoblastos similares a fibroblastos (15). Desde el ligamento periodontal (1) penetran fibras perforantes (fibras extrínsecas, 8), sintetizadas por los fibroblastos (13). El CIFC (**B**) posse en su matriz fibras colágenas intrínsecas (10) y cementocitos (9) incluidos dentro lagunas. La matriz es sintetizada por cementoblastos similares a osteoblastos (16). En fases iniciales de su desarrollo, el CIFC carece de fibras extrínsecas (parte superior en **B**), pero en fases posteriores es frecuente que fibras del ligamento periodontal queden atrapadas en la matriz de cemento como fibras perforantes o extrínsecas (8, parte inferior en **B**). 2, cemento; 3, dentina; 4, cementoide; 5, capa hialina; 6, túbulos dentinarios; 7, líneas de imbricación o incrementales de Salter; 11, canalículos calcóforos; 12, capa granulosa de Tomes; 14, capilares sanguíneos

(3) Posee **fibras extrínsecas**:
  (a) Al principio de su formación, los cementoblastos producen fibras perpendiculares a la superficie de la dentina con la que contactan.
  (b) Posteriormente, estas fibras contactan con las fibras principales del ligamento periodontal producidas por sus fibroblastos.
  (c) A partir de este momento, los cementoblastos dejan de sintetizar fibras colágenas y solo sintetizan otros componentes de la matriz.
  (d) Por tanto, en el cemento maduro las fibras penetran desde el ligamento periodontal y se consideran **fibras colágenas extrínsecas**, producidas por fibroblastos.
  (e) No obstante, hay que considerar que la porción más profunda de estas fibras ha sido producida por los cementoblastos y podrían considerarse fibras intrínsecas.
(4) Carece de algunos de los glicosaminoglicanos y proteínas que se encuentran en otros tipos de cemento.
(5) Suele encontrarse abundantemente desde la región cervical hasta el límite con el tercio apical de la raíz. En los dientes frontales, también puede cubrir regiones apicales de la raíz.

b. **Cemento de fibras intrínsecas**:
(1) Se le llama **cemento secundario** porque se produce al final de la formación de la raíz, durante la erupción dental y después de ésta.
(2) En las fases iniciales del desarrollo del cemento solamente contiene **fibras intrínsecas**. Son fibras colágenas dispuestas paralelamente a la superficie de la dentina.
(3) En fases posteriores de su desarrollo, cuando ya está bien diferenciado el ligamento periodontal con sus grupos de fibras principales bien formadas, la síntesis de cemento continúa alrededor de estas fibras que quedan integradas en la superficie del cemento y forman **fibras extrínsecas**:
  (a) Cuando esto ocurre, algunos autores lo consideran otra variedad de cemento a la que llaman **cemento de fibras mixtas**, ya que contiene ambos tipos de fibras, extrínsecas e intrínsecas.
  (b) Este tipo de cemento constituye la mayoría del cemento secundario.
  (c) Las fibras extrínsecas penetran perpendicularmente en el cemento desde el ligamento periodontal.
  (d) Se encuentran de forma esporádica o densamente ordenadas en paralelo.
(4) Puede ser de dos tipos:
  (a) **Cemento acelular de fibras intrínsecas**.
    1. Es muy poco frecuente.
    2. Carace de células. Esto se debe a que los cementoblastos solamente secretan matriz del cemento hacia el polo opuesto al ligamento periodontal. De esta forma, es muy difícil que queden atrapados en la matriz del cemento.

(b) **Cemento celular de fibras intrínsecas (CIFC).**
1. Contiene células llamadas **cementocitos**.
2. Durante su formación, los cementoblastos secretan matriz por todo su perímetro, por lo que pueden quedar atrapados por la matriz secretada. Así se convierten en cementocitos.
3. También se le llama **cemento celular**.
4. Es abundante en la región apical de la raíz, y muy abundante en las áreas interradiculares.
5. Este cemento se produce más deprisa que el AEFC.
6. Es la única variedad de cemento que puede reparar con rapidez un defecto de la raíz producido por resorción. Esto se debe a su alta tasa de crecimiento.

c. **Cemento acelular y afibrilar**. Puede haber zonas pequeñas y delgadas de cemento sin fibrillas colágenas y acelular.
(1) Normalmente recubre el esmalte y la dentina en la región cervical, en la zona de la unión amelocementaria.
(2) No interviene en la sujeción del diente.
(3) No está claro cómo y por qué se produce este tipo de cemento, se discute si puede ser producido por células de origen **mesenquimático** o por células epiteliales originadas a partir del **epitelio reducido del esmalte**.

d. **Cemento mixto estratificado celular**. Aparece en regiones cercanas al ápice. Está formado por capas alternas de AEFC y CIFC.

2. Se ha descrito un **cemento intermedio**, sintetizado por las células de la vaina de Hertwig en la superficie de la dentina, antes de que los cementoblastos produzcan cemento.
a. Este cemento intermedio es un tejido duro, afibrilar, delgado, de unas 10 μm de espesor.
b. Estaría formado por proteínas propias del esmalte.
c. Según otros autores, el cemento intermedio no existe como tal, sino que es simplemente **cemento acelular** o una región en la que las fibras colágenas de dentina y cemento se entrecruzan y forman una **zona intermedia**.
d. Esta capa no se observa en todos los dientes.

3. Distribución del cemento:
a. El **cemento acelular** suele depositarse en más cantidad en la región cervical y sin cubrir el tercio apical de la raíz, aunque también puede depositarse una fina capa sobre el tercio apical.
b. El **cemento celular** suele depositarse en la región apical de la raíz, a veces sobre una fina capa de cemento acelular.
c. Esta disposición no es exclusiva y se pueden encontrar muchas variaciones.
(1) En algunas raíces se puede observar que el cemento acelular recubre al celular.
(2) En otras raíces se ven capas alternas de cemento celular y acelular.

4. Existe controversia sobre el origen de los **cementoblastos** que forman cada tipo de cemento.
   a. Algunos autores creen que el cemento acelular lo sintetizan cementoblastos originados a partir de la **vaina de Hertwig**, mientras que el cemento celular lo sintetizan cementoblastos de **origen ectomesenquimático**.
   b. Esto no se ha demostrado con certeza, pero sí es cierto que los cementoblastos que producen ambos tipos de cemento difieren fenotípicamente como se indica en la siguiente tabla.

Cementoblastos del cemento acelular	Cementoblastos del cemento celular
Vida corta	Vida larga
Similares a fibroblastos	Similares a osteoblastos
Producen citoqueratinas	No producen citoqueratinas
No producen osteocalcina	Producen osteocalcina
No poseen receptores de la paratohormona	Poseen receptores de la paratohormona
Expresan factores de crecimiento TGF-β e IGF	No expresan factores de crecimiento TGF-β e IGF

E. **Células del cemento.**
1. En el cemento podemos encontrar dos tipos celulares, los **cementoblastos** y los **cementocitos**.
2. En la proximidad de la superficie del cemento pueden encontrarse a veces **cementoclastos u odontoclastos**.
   a. Son células muy similares a los **osteoclastos** y realizan la **resorción** de la dentina y el cemento.
   b. Estas células sólo aparecen en situaciones patológicas (inflamación y fuerzas físicas excesivas) y durante la resorción de las raíces de los dientes primarios (**rizoclasia**).
3. **Cementoblastos.**
   a. Los cementoblastos se encuentran en la superficie del cemento, adosados a él, en el límite con el ligamento periodontal y, por tanto, parcialmente incluidos en éste.
   b. Se organizan en como un epitelio.
   c. Cuando son activos son células cúbicas, muy basófilas.
      (1) Al microscopio electrónico poseen un **núcleo** excéntrico con uno o dos **nucléolos**.
      (2) Tienen muchas **mitocondrias**, **retículo endoplásmico rugoso** y **aparato de Golgi** bien desarrollados.
      (3) Suele haber muchos **gránulos de glucógeno**, **filamentos intermedios** y **microfilamentos de actina**.
      (4) Entre las células hay uniones por **desmosomas** e **hiato (gap)**.
   d. Cuando son inactivos son aplanados con un núcleo muy heterocromático.
   e. Entre las células y el cemento bien desarrollado suele haber una capa de cemento sin mineralizar que se denomina **cementoide o precemento**.

f. Estas células carecen de actividad fosfatasa alcalina, que sí tienen los osteoblastos.

4. **Cementocitos**.
   a. Los cementocitos son cementoblastos que quedan incluidos en el cemento mineralizado.
   b. Los cementocitos son células ovoides, con su eje mayor paralelo al eje longitudinal de la raíz, que presentan núcleos pequeños y oscuros, casi **picnóticos**, y tienen un citoplasma acidófilo.
   c. Con el microscopio electrónico se observan muy pocos orgánulos en el citoplasma, con muy pocas mitocondrias y pocas vesículas dilatadas del retículo endoplásmico rugoso, lo que indica que son células con poca actividad. De hecho, no existen evidencias de que el cementocito realice alguna actividad en el mantenimiento del cemento.
   d. Los cementocitos se alojan en cavidades de la matriz llamadas **lagunas, cementoceles o cementoplastos**.
   e. A veces se observan cavidades vacías debidas a la muerte de los cementocitos. Esto es más evidente cuando el cemento es muy grueso, y probablemente se debe al hecho de que las células mueren por la dificultad de conseguir los nutrientes, ya que el cemento carece de vasos sanguíneos.
   f. De los cementoceles surgen **canalículos calcóforos** como los de los osteocitos, por lo que la organización de estas células y la organización del cemento recuerda mucho a la organización del hueso.
   g. Los cementocitos tienen **prolongaciones celulares** que se alojan en los canalículos calcóforos y contactan con las prolongaciones de los cementocitos vecinos.
      (1) La mayoría de las prolongaciones y los canalículos calcóforos, independientemente de en qué cara de la célula se produzcan, suelen dirigirse hacia la superficie externa del cemento: las que salen de la cara interna del cementocito hacen un giro y se dirigen hacia la superficie externa.
      (2) Esto se debe a que la nutrición de las células se produce a partir de los vasos del ligamento periodontal.
      (3) Por este motivo, las células situadas en regiones profundas del cemento, donde la llegada de nutrientes es más difícil, pueden morir.

F. **Resorción y reparación**.
1. El cemento es muy resistente a la resorción. No obstante, se pueden encontrar pequeñas zonas de resorción. No se conocen las causas que producen esta resorción, pero se cree que puede ser una respuesta a pequeños traumas.
2. La resorción la realizan células llamadas **cementoclastos u odontoclastos**, ya que también reabsorben la dentina.
3. Se han propuesto varias teorías para explicar la resistencia del cemento a la resorción:
   a. Existe una **delgada capa de matriz no mineralizada en la superficie del cemento**, con colágeno muy empaquetado, que protege el cemento.

b. Los cementoblastos que recubren el cemento no responden a los estímulos hormonales (**paratohormona**) como los osteoblastos que recubren el hueso. En consecuencia, no se separan de la superficie del cemento e impiden la acción de los cementoclastos.
c. En el hueso, las células limitantes óseas degradan el osteoide que recubre el tejido óseo como paso previo para la actuación de los osteoclastos. No existe una célula que realice esta función en el cemento.

4. Si por una situación patológica se reabsorbe el cemento o la dentina de la raíz, se puede producir una **reparación** mediante la síntesis y depósito de cemento por los cementoblastos (fig. 21.3), los cuales están programados para mantener la superficie de la raíz lisa.
   a. En el punto donde se detiene la resorción de cemento y sobre el que se deposita el nuevo cemento se observa la llamada **línea de inversión o línea de reversión**.
   b. Si la reparación del cemento es correcta, las **fibras perforantes** del ligamento periodontal se integran en la superficie del nuevo cemento y se recupera la funcionalidad original del periodonto.
   c. Si la reparación de cemento no es correcta, puede llegar a fusionarse el cemento con el hueso alveolar, con pérdida del ligamento periodontal que los separa, lo que produce una pérdida de movilidad de la articulación o **anquilosis** (del griego antiguo ἀγκύλωσις ankýlōsis, 'soldadura').

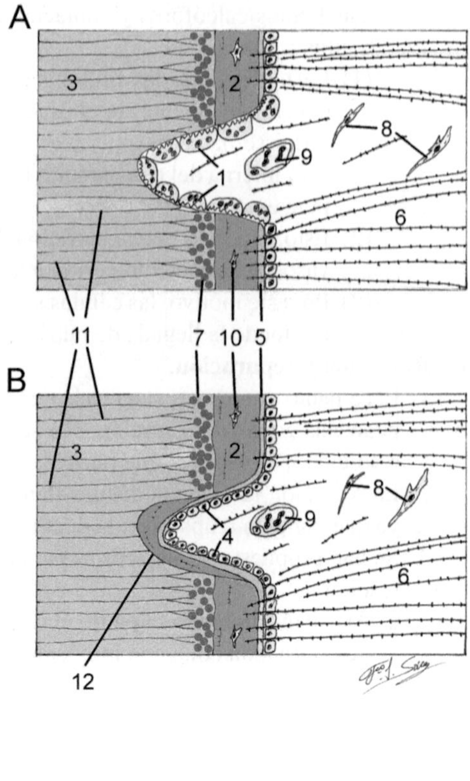

Figura 21.3 Resorción patológica en la raíz del diente (**A**) y reparación posterior (**B**). La resorción la realizan los odontoclastos (1), que destruyen cemento (2) y dentina (3). Si las condiciones lo permiten, la raíz se puede reparar mediente la actividad de nuevos odontoblastos (4) que sintetizan nuevo cemento, que sustituye tanto a la dentina como al cemento reabsorbidos. 5, cementoide; 6, ligamento periodontal; 7, capa granulosa de Tomes; 8, fibroblastos; 9, vasos sanguíneos; 10, cementocitos; 11, túbulos dentinarios; 12, línea de inversión o de reversión

d. Con la resorción de cemento se puede perder algo de dentina, que puede llegar a ser sustituida por nuevo cemento cuando se vuelve a depositar este.

e. Durante la reparación del cemento solo se produce **CIFC**.

5. Con la edad, el cemento se va modificando.
   a. Su superficie, lisa, se va haciendo más rugosa.
   b. El depósito constante de cemento puede llegar a obstruir el **foramen apical**.
   c. Los cementoceles más profundos pueden estar vacíos, y sólo los más superficiales están ocupados por células vivas.
   d. Aunque el cemento es resistente a la resorción, el cemento envejecido puede ser reabsorbido parcialmente. Este proceso es cíclico, de forma que se pierde cemento, se detiene la resorción y se vuelve a depositar cemento en la zona reabsorbida.

21.4 Ligamento periodontal

A. El ligamento periodontal que rodea la raíz es un tejido conjuntivo fibroso. Sus fibras principales contactan con el hueso alveolar y con el cemento, en los que se insertan.

B. También se ha denominado **desmodonto**, **ligamento alveolodental**, **periodonto** y **gonfosis**. Sus funciones son:

1. **Sujeción** del diente. Si el ligamento se pierde o falla, el diente se cae.
2. **Amortiguar o resistir las fuerzas masticatorias**, gracias a las fibras y a la sustancia fundamental.
3. **Recibir sensaciones** y enviarlas al encéfalo para el correcto funcionamiento de la masticación. Esto se realiza gracias a su **inervación**. No obstante, esta característica se conoce con poco detalle. La estimulación de receptores del ligamento causa la apertura refleja de la mandíbula.
4. **Nutrir** al propio ligamento, al cemento y al hueso alveolar, gracias a sus **vasos sanguíneos**.
5. **Mantener** los dientes y el periodonto.
   a. Células del ligamento periodontal (**cementoblastos** y **osteoblastos**) se encargan de **regenerar** cemento y hueso alveolar si es necesario.
   b. Además, el ligamento periodontal posee **células mesenquimáticas** capaces de regenerar los tejidos.
6. **Mantener un grosor adecuado** durante toda la vida del diente, aunque el grosor se reduce paulatinamente con la edad.
7. **Limitar la actividad mineralizante** de osteoblastos y cementoblastos al hueso y al diente, respectivamente, para mantener el ligamento periodontal sin mineralizar, pese a que se encuentra entre dos tejidos mineralizados.
   a. Existen evidencias de que los fibroblastos del ligamento periodontal producen sustancias que regulan la actividad de los tejidos mineralizados

adyacentes para impedir que estos proliferen e invadan el espacio que ocupa el ligamento.
b. Cuando esta regulación falla, el ligamento se mineraliza y se produce la **anquilosis** dental.
8. **Adaptarse a la actividad funcional**.
a. Si la actividad aumenta, el ligamento y sus haces de fibras se engruesan.
b. Si disminuye la actividad, disminuye el grosor de los haces de fibras y el ligamento.

C. En el ápice dental, el ligamento periodontal contacta con el conjuntivo de la **pulpa dental**, mientras que en la región cervical del diente se mezcla con la lámina propia de la encía (**ligamento gingival**), lo que permite que todas estas estructuras formen un sistema funcional.

D. La anchura del ligamento periodontal varía en cada individuo y en cada diente:
1. Puede estar entre 0,15 y 0,38 mm.
2. Suele disminuir con la edad:
a. En los individuos de 11 a 16 años de edad tiene 0,21 mm de media.
b. Desde los 32 a los 52 años, 0,18 mm.
c. De 51 a 67 años, 0,15 mm.

E. Existe una zona más estrecha del ligamento que sirve de apoyo o palanca para movimientos laterales y que está aproximadamente en el límite entre el tercio medio y el tercio apical de la raíz. Esta zona se llama **fulcro o fulcrum** (del latín fulcrum, 'soporte').

F. **Células del ligamento periodontal**.
1. Como tejido conjuntivo, el ligamento periodontal puede contener células **residentes** y células **transitorias**, pero además puede contener otras células.
2. **Fibroblastos**:
a. Los fibroblastos son las células fundamentales del ligamento, ya que sintetizan la matriz y renuevan y reparan el tejido.
b. Son de **origen ectomesenquimático**.
c. Suelen tener las características de fibroblastos activos con los orgánulos biosintéticos muy desarrollados, y se ha comprobado que la **síntesis de proteínas** es elevada.
(1) Como consecuencia de esta actividad, los fibroblastos del ligamento periodontal realizan una **renovación** muy rápida de la matriz, especialmente de las fibras de colágena, que se están remodelando constantemente.
(2) En el capítulo 20 se han señalado las diferencias entre los fibroblastos del ligamento periodontal y los de la encía.
d. Una peculiaridad de los fibroblastos en este tejido es que muestran un **cilio** con estructura interna **9 + 0**, en lugar de la estructura habitual 9 + 2, es decir, que carece de los microtúbulos centrales.
e. Los fibroblastos se conectan entre sí con muchos contactos intercelulares, **desmosomas** y **uniones de hiato**, lo que no es habitual en otros tejidos.

f. Se ha propuesto que los fibroblastos del ligamento periodontal tienen capacidad contráctil y de migración que son importantes para participar en los movimientos del diente durante y después de la erupción.
   (1) La actividad contráctil se ha demostrado en cultivos celulares, donde las células pueden tomar el aspecto de **miofibroblastos**.
   (2) En los tejidos nunca aparecen con el aspecto de miofibroblastos, aunque sí se ha descrito que poseen **microfilamentos de actina**.
   (3) Se ha comprobado que los fibroblastos tienen cierta capacidad de desplazarse a lo largo de las fibras colágenas en dirección ápical-coronal.

3. **Células mesenquimáticas indiferenciadas**:
   a. En el ligamento periodontal existen células mesenquimáticas indiferenciadas en la proximidad de los **vasos sanguíneos** que son capaces de producir fibroblastos, osteoblastos y cementoblastos.
   b. De esta forma se remplazan células muertas por **apoptosis**.
   c. Lo que no está claro es si existen diferentes poblaciones de células mesenquimáticas, cada una de ellas capaz de renovar un único tipo celular, o si todas las células mesenquimáticas son iguales y pueden producir fibroblastos, osteoblastos y cementoblastos.
   d. Algunas de estas células pueden ser **células madre pluripotentes**, capaces de formar otros tejidos con los estímulos adecuados.
      (1) Se ha comprobado que estas células pueden transformarse en **adipocitos**, **cementoblastos**, **osteoblastos** y **condroblastos**.
      (2) Estas células tienen interés pues pueden utilizarse para la regeneración de tejidos del individuo y se pueden obtener con relativa facilidad.

4. **Células propias de tejidos limítrofes**:
   a. En la frontera del ligamento con los tejidos vecinos se encuentran células asociadas a dichos tejidos.
      (1) **Cementoblastos** en la superficie de contacto con el cemento (fig. 21.2).
      (2) **Osteoblastos** en la superficie de contacto con el hueso alveolar (fig. 21.1C). Cuando no hay síntesis activa de hueso, los osteoblastos se convierten en **células limitantes óseas**.
   b. Si se produce resorción de la raíz, se pueden observar **cementoclastos** (**odontoclastos**) en la frontera con el cemento.

5. **Células epiteliales**:
   a. En el ligamento periodontal se pueden observar células residuales de la vaina de Hertwig, que forman los **restos epiteliales de Malassez**.
      (1) Estos restos epiteliales son grupos de células cuboidales, que en las secciones histológicas tienen aspecto de cúmulos, pero que se ha comprobado que son cordones palalelos entremezclados que forman un **retículo** que se sitúa a unos 25 μm de la superficie del cemento.
      (2) Los grupos de células están separadas del tejido conjuntivo por una **lámina basal**. Las células muestran **tonofilamentos**, **desmosomas**, **hemidesmosomas** y **uniones herméticas**.

b. Estas células pueden tener algún papel en el desarrollo inicial del cemento, y podrían intervenir en el mantenimiento del ligamento maduro.

6. **Células de defensa**: En el ligamento periodontal se suelen encontrar **macrófagos, mastocitos, eosinófilos** y **células dendríticas**.

G. **Matriz extracelular del ligamento periodontal**.

1. La matriz extracelular contiene **fibras colágenas de tipo I** (70 % del total), pero también algunas de **tipo III** (20 %).
2. Las fibras de tipo III se encuentran preferentemente alrededor de los vasos sanguíneos, los nervios y las fibras de Sharpey que penetran en el hueso alveolar.
3. Se ha descrito también **colágena de tipo XII**.
   a. La colágena de tipo XII no forma fibras, sino que sirve para enlazar otras fibras de colágenas.
   b. Surge en el ligamento del diente después de la erupción y parece intervenir en el mantenimiento de la integridad del ligamento periodontal.
   c. Cuando se realizan tratamientos ortodóncicos, la colágena de tipo XII se concentra en el lado del ligamento sometido a presión.
4. Las fibras colágenas se organizan de dos maneras:
   a. **Fibras principales**. Se llaman así a fibras que se agrupan en haces de unas 5 μm de grosor, con diferentes orientaciones en cada zona del ligamento periodontal.
   b. **Fibras secundarias**. Son fibras que no se agrupan y se encuentran aparentemente desordenadas.
5. Las fibras principales forman diferentes grupos según su orientación (fig. 21.4):
   a. **Grupo crestoalveolar o fibras oblicuas ascendentes**.
      (1) Estas fibras se mezclan con las del ligamento gingival, ya que se disponen en dirección ascendente desde la cresta alveolar (la parte superior del hueso alveolar) hasta la zona de contacto entre el cemento y el esmalte.
      (2) Evitan **movimientos de extrusión** del diente.
   b. **Grupo horizontal o de transición**.
      (1) Perpendiculares a la superficie de la raíz dental.
      (2) Están situadas en dos lugares: un grupo debajo del grupo crestoalveolar y otro cercano al ápice de la raíz.
      (3) Resisten **fuerzas horizontales** con respecto al diente y evitan movimientos laterales.
   c. **Grupo oblicuo descendente**.
      (1) Es el grupo más numeroso en fibras principales.
      (2) Las fibras van desde el hueso alveolar al cemento en dirección descendente (hacia el ápice de la raíz).
      (3) Mantienen el diente en su alvéolo y permiten aguantar las **fuerzas masticatorias** y **fuerzas de intrusión**.
      (4) Son las fibras más potentes de todas.

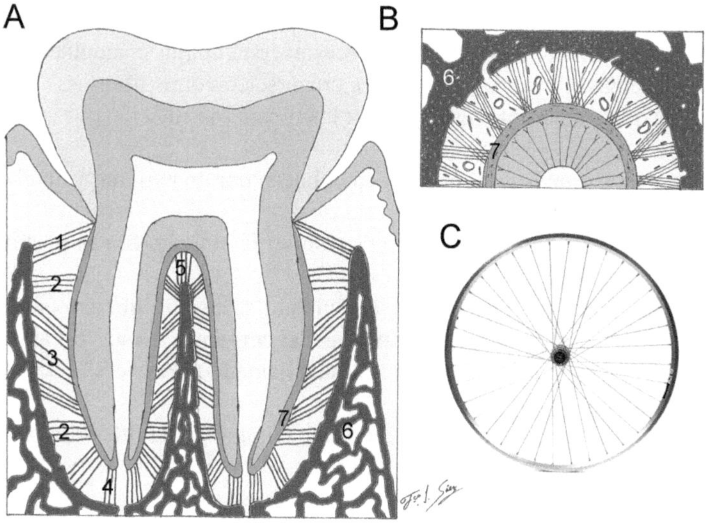

Figura 21.4 Fibras principales del ligamento periodontal (**A**), corte transversal de una raíz dental para mostrar la dirección de las fibras del ligamento periodontal (**B**) e imagen de una rueda de bicicleta para mostrar la disposición de los radios (**C**). 1, grupo crestoalveolar (fibras oblicuas ascendentes); 2, grupo horizontal o de transición; 3, grupo oblicuo descendente; 4, grupo apical; 5, grupo interradicular; 6, hueso alveolar; 7, cemento

d. **Grupo apical**.
   (1) Se encuentran en el ápice, salen del cemento que rodea el foramen apical hacia la parte más profunda del alvéolo dental.
   (2) Estas fibras impiden **movimientos laterales** y de **extrusión**, al tiempo que amortiguan las **fuerzas de intrusión**, con la ayuda de la **sustancia fundamental** de la matriz.
   (3) En esta zona el conjuntivo es más laxo, lo que permite el acceso de **vasos sanguíneos** y **nervios**.
e. **Grupo interradicular**.
   (1) Estas fibras se observan exclusivamente en los **dientes multirradiculares**.
   (2) Se disponen en forma de abanico desde la cresta del tabique interradicular hacia el cemento.
   (3) Evitan **movimientos laterales y de rotación**.
6. Entre los grupos de fibras principales existen los llamados **espacios intersticiales**, ocupados por los **vasos sanguíneos**, **vasos linfáticos**, **nervios**, **células** y **fibras secundarias**.
7. Las fibras principales se dirigen desde el hueso alveolar al cemento y atraviesan todo el ancho del ligamento periodontal.
   a. Cuando se observan en cortes transversales a la raíz, las fibras se disponen como los radios de las ruedas de una bicicleta, ya que no se dirigen

directamente desde el hueso al cemento por el trayecto más corto y no contactan con las superficies óseas ni cementarias en ángulo recto.

b. Además, en su trayecto pueden cruzarse con otras fibras.

c. Todo esto permite resistir mejor las fuerzas de rotación que sufra el diente.

8. Las fibras principales penetran en el hueso por un extremo y en el cemento por el otro:
   a. Las fibras que penetran en el hueso se denominan **fibras perforantes o de Sharpey**.
   b. Las fibras que penetran en el cemento se llaman **fibras perforantes** y constituyen las **fibras extrínsecas del cemento**. A estas fibras que penetran en el cemento también se les ha llamado fibras de Sharpey, como las del hueso.
   c. En este libro se va a mantener una denominación diferente para ambos tipos de fibras para evitar confusión:
      (1) Cuando se mencionen las **fibras de Sharpey** será en referencia a las que penetran en el **hueso**.
      (2) Se denominarán **fibras perforantes** a las que penetran en el **cemento**.
9. En el ligamento periodontal humano hay pocas **fibras elásticas**, que se disponen alrededor de los **vasos sanguíneos**. En algunos animales son muy abundantes.
10. Se han encontrado **fibras de oxitalán**.
    a. Las fibras de oxitalán suelen conectar el cemento o el hueso con los vasos sanguíneos, y la mayoría suelen disponerse en paralelo a la superficie dental.
    b. Son muy abundantes en la región cervical, donde al llegar a la encía se entrecruzan con las fibras del **ligamento gingival**.
11. También se han descrito **fibras de elaunina** asociadas a los vasos sanguíneos.
12. En la **sustancia fundamental** del ligamento periodontal se ha identificado **ácido hialurónico, dermatán-sulfato, condroitina-sulfato** y **heparán-sulfato**.
13. Se han aislado dos **proteoglicanos**, uno similar a la decorina y otro parecido al biglicano.
14. También se han identificado **glicoproteínas adhesivas** típicas del tejido conjuntivo, como la **fibronectina** (distribuida uniformemente por todo el ligamento, durante y después de la erupción), la **tenascina** (concentrada en las cercanías del hueso alveolar y el cemento) y la **vitronectina** (asociada a las fibras elásticas).

H. **Otras estructuras del ligamento periodontal**.

1. En los **espacios intersticiales**, además de las células, se encuentran los vasos sanguíneos, vasos linfáticos y nervios.

2. **Vasos sanguíneos**:
   a. El ligamento periodontal es un tejido conjuntivo excepcionalmente bien vascularizado, probablemente debido al alto grado de renovación celular y molecular del tejido.
   b. La irrigación del ligamento periodontal se produce a partir de varias arterias o arteriolas En la mayoría de los casos son vasos que también irrigan la encía y que se han mostrado en la fig. 20.5:
      (1) Arterias que se dirigen a la pulpa dental y penetran en el ligamento periodontal por el **periápice**.
      (2) Arterias del **hueso alveolar** que producen ramas que salen del hueso alveolar y penetran en el ligamento. Se les denomina arterias perforantes.
      (3) Arterias que proceden de la **encía** e irrigan la zona más próxima a la corona.
   c. Muchos vasos sanguíneos se orientan en dirección axial (ápice-cuello), más o menos paralelos a la superficie dental, con conexiones transversales, y la vascularización es más abundante en la zona próxima al hueso que en la cercana al cemento.
   d. Las arteriolas forman un **plexo capilar** alrededor del diente.
   e. También se ha descrito un **plexo postcapilar** cerca del hueso alveolar, formado por **vénulas postcapilares** que penetran en el hueso.
   f. Una característica de los capilares del ligamento periodontal es que suelen ser **capilares fenestrados**. Esto puede ser debido a los requerimientos metabólicos producidos por la alta actividad sintética de los fibroblastos.
   g. La circulación venosa está formada principalmente por **vénulas postcapilares**.
      (1) Apenas se observan venas circulando en paralelo a las arteriolas, ya que la mayoría de las vénulas postcapilares penetran en el hueso alveolar donde se unen a las venas de este tejido.
      (2) También hay vénulas en la región próxima a la encía que se mezclan con las venas de esta zona.
   h. Son abundantes las **anastomosis arteriovenosas**.
   i. Los vasos linfáticos suelen discurrir en paralelo a la circulación arterial.
3. **Nervios del ligamento periodontal**:
   a. Los nervios suelen acompañar a los vasos sanguíneos y tienen dos orígenes:
      (1) Algunos proceden de la **región periapical** y ascienden por el ligamento hacia la proximidad de la encía.
      (2) Otros penetran en el ligamento periodontal desde el **hueso alveolar** y se dividen en ramas que ascienden hacia la encía y ramas que descienden hacia el ápice.
   b. Hay fibras mielínicas y amielínicas.
      (1) Las **fibras mielínicas** son todas **fibras sensoriales**.
      (2) Las **fibras amielínicas** pueden ser sensoriales o del **sistema nervioso autónomo**. Las fibras del sistema nervioso autónomo inervan los **va-**

sos sanguíneos. Se ha demostrado la existencia de **fibras simpáticas**, pero no de fibras parasimpáticas.

c. Las fibras sensoriales son receptoras de dolor (terminaciones libres), del tacto, de la presión y de movimiento y posición.

d. Se han observado terminaciones nerviosas de cuatro tipos:

(1) **Terminaciones sensoriales libres**, que son las más frecuentes. Son arborescentes y están distribuidas por todo el ligamento periodontal.

(2) **Corpúsculos de Ruffini**, que son abundantes y predominan en la región apical.

(3) **Terminaciones nerviosas helicoidales**, presentes en la región media y que no se han estudiado con detalle.

(4) Estructuras similares a los **corpúsculos de Vater-Pacini**, que son muy poco frecuentes.

21.5 Hueso alveolar o proceso alveolar

A. El **hueso alveolar**, **apófisis alveolar, proceso alveolar o borde alveolar** es la parte de los huesos maxilares, superior e inferior, que soporta las raíces dentales.

B. El hueso alveolar está formado por hueso que rodea y contiene el **alvéolo dental** (del latín *alveŏlus*, diminutivo de *alveus* 'cavidad'), que es el receptáculo donde se aloja la raíz de los dientes.

C. Frecuentemente se considera el hueso alveolar formado por dos partes: el **hueso alveolar propiamente dicho**, que es la vertiente del proceso alveolar que contacta con el diente, y el **hueso alveolar de soporte**, formado por el resto del hueso alveolar.

D. No existe un límite anatómico preciso entre el hueso alveolar y el hueso basal del cuerpo del maxilar.

E. El proceso alveolar es **odontodependiente**: se forma con el diente y se destruye si se pierde éste.

F. Los términos utilizados para describir los componentes del hueso alveolar son variados. Para evitar confusiones, cuando se haga referencia a una estructura del hueso alveolar, se indicarán sus nombres alternativos.

G. Desde el punto de vista anatómico, los huesos alveolares siguen el contorno en arco de los maxilares formando las paredes de los alvéolos dentales. Los alvéolos pueden ser:

1. **Alvéolos simples**, con una cavidad para alojar a los **dientes unirradiculares**.
2. **Alvéolos compuestos**, con varias cavidades (**divertículos**) separadas por **tabiques internos**, para alojar las raíces de **dientes multirradiculares** (dos o tres cavidades para dientes con dos o tres raíces, respectivamente).

H. En cada alvéolo dental se pueden distinguir dos tipos de paredes (fig. 21.5):

1. **Tablas alveolares libres**. Son las paredes de las caras vestibular (malar o labial) y lingual o palatina.

a. Estas tablas poseen una cara que da al alvéolo dental y otra cara libre, que se orienta hacia el vestíbulo o la cavidad bucal (lingual o palatina).

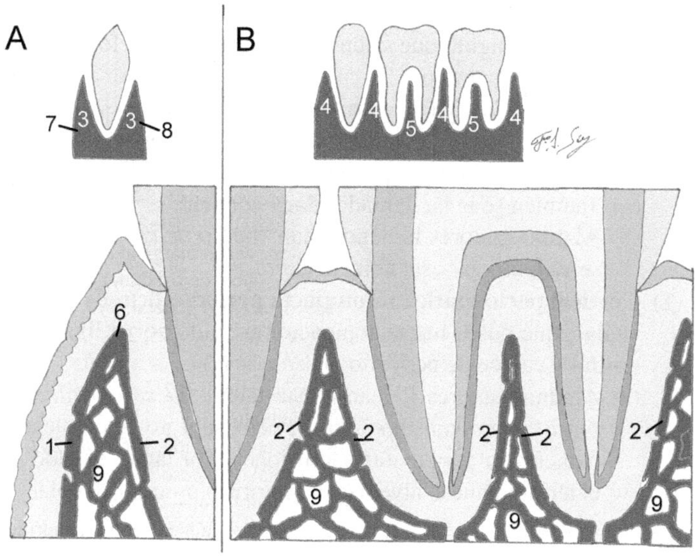

Figura 21.5 Estructura del hueso alveolar en sección vestíbulo-lingual (**A**) y mesiodistal (**B**). Arriba se muestra una vista general y debajo detalles aumentados. 1, compacta o cortical perióstica; 2, compacta o cortical periodóntica; 3, tablas alveolares libres; 4, tabiques interdentales o septum; 5, tabiques interradiculares o interseptum; 6, cresta alveolar; 7, tabla vestibular; 8, tabla lingual; 9, hueso esponjoso o trabecular

b. Cada alvéolo dental tiene dos tipos de tablas alveolares libres:
   (1) **Tablas vestibulares**.
   (2) **Tablas linguales** (mandíbula) o **tablas palatinas** (maxilar superior).

2. **Tabiques alveolares**. Estas formaciones de hueso separan las raíces de los dientes.
   a. Se observan mejor en cortes mesiodistales.
   b. Pueden ser de dos tipos:
      (1) **Tabiques interdentales, séptum** (del latín saeptum 'seto, cercado, muro') **o huesos interdentales**. Separan los alvéolos de dos dientes vecinos.
      (2) **Tabiques interradiculares, interséptum o huesos interradiculares**. Separan los divertículos de un diente multirradicular.

I. Organización del tejido óseo en el hueso alveolar:
   1. Cuando se observan en cortes que los atraviesan de lado a lado y son paralelos al eje longitudinal (eje oclusal-apical) del diente, todas las tablas y tabiques presentan una **forma triangular**.
      a. La base del triángulo contacta con el hueso maxilar o mandibular.
      b. El vértice más alejado de dicho hueso se denomina **cresta alveolar**, que se sitúa cerca de la región cervical del diente.

2. En las tablas alveolares libres:
   a. Los lados del triángulo que salen de la cresta alveolar forman las dos vertientes de la tabla, que son:
      (1) **Cortical perióstica o compacta perióstica**. Es la **vertiente libre** (vestibular, lingual o palatina), que está formada por tejido óseo compacto revestido por **periostio**.
         (a) También se le ha llamado **placa cortical**.
         (b) Algunos autores lo denominan "*hueso de soporte*", pero aquí no se va a utilizar esta nomenclatura.
      (2) **Cortical periodóntica o compacta periodóntica**. Es la **vertiente alveolar**, que posee hueso compacto revestido por el **ligamento periodontal** y carece de periostio.
         (a) Algunos autores llaman a esta tabla "*hueso alveolar*" o "*hueso alveolar propiamente dicho*", pero aquí no se empleará esta nomenclatura para evitar confusiones. Por tanto, cuando se emplee el término hueso alveolar se referirá al proceso alveolar en su conjunto.
         (b) La compacta periodóntica también se denomina **lámina dura** debido a que es más opaca a los rayos X. Esta opacidad no parece ser debida a un mayor contenido mineral, sino a que el hueso está muy compacto, aunque también se debe a que los rayos X deben atravesar más hueso debido al ángulo en que inciden.
   b. La compacta periodóntica y la compacta perióstica de una tabla libre contactan en la **cresta alveolar**, a la que llegan desde direcciones convergentes. Entre ellas suele encontrarse algo de **hueso esponjoso o trabecular**.
      (1) La cresta alveolar y la compacta perióstica están revestidas por la encía y la unión dentogingival.
      (2) La compacta periodóntica, como ya se ha indicado, contacta con el ligamento periodontal.
3. En los tabiques interdentales e interradiculares:
   a. Las dos vertientes del tabique están en contacto con el ligamento periodontal y están formadas por **hueso compacto**, que se denomina **cortical o compacta periodóntica**.
   b. Ambas vertientes contactan en la cresta alveolar y entre ellas suele haber **hueso esponjoso**.
4. Las **compactas periodónticas** se caracterizan porque las fibras de colágeno del ligamento periodontal penetran en el hueso. Son las llamadas **fibras de Sharpey** que ya hemos mencionado anteriormente.
   a. Las fibras de Sharpey se mineralizan en la periferia, pero no en su interior.
   b. Este hueso se remodela constantemente. El hueso neoformado carece de fibras de Sharpey, pero continuamente se forman nuevas fibras que penetran en él.
   c. La parte de la compacta periodóntica que contacta con el ligamento periodontal y que contiene las fibras de Sharpey se caracteriza por poseer menos fibras intrínsecas de lo habitual que se entrelazan entre sí. Por lo

tanto, no se trata de hueso laminar típico, sino más bien de **hueso entretejido o no laminar** (véase el capítulo 6).

d. Este hueso entretejido no laminar se apoya sobre hueso laminar típico, pero algunas veces toda o casi toda la compacta periodóntica está formada por hueso entretejido.
e. Esta distribución de hueso laminar e inmaduro es variable, pues el hueso está remodelándose constantemente, por lo que pueden verse muchas situaciones diferentes.
f. Hay **vasos sanguíneos** y **nervios** que entran y salen del hueso desde y hacia el ligamento periodontal a través de pequeñas perforaciones o forámenes, por lo que la cortical periodóntica también se ha llamado **placa cribiforme** (del latín cribrum, 'cribo').

5. Las **compactas periósticas** están formadas por laminillas óseas superficiales que revisten un tejido óseo con sistemas de Havers.
6. Tanto en las tablas libres como en los tabiques, entre las placas compactas existe **hueso esponjoso** con **trabéculas**, que si son grandes pueden llegar a tener osteonas.
   a. Entre las trabéculas hay **médula ósea amarilla**, con muchos **adipocitos**, aunque a veces puede haber **médula ósea roja (hematopoyética)**.
   b. En los dientes anteriores las compactas pueden estar fusionadas y, por tanto, los huesos alveolares carecen de hueso esponjoso entre ambas.

Lo que hay que recordar

El periodonto de inserción está formado por el cemento, el ligamento periodontal y el hueso alveolar, todos ellos formados por el folículo dental durante el desarrollo radicular. El cemento es un tejido mineralizado similar al hueso, sintetizado mediante aposición por los cementoblastos y con cementocitos situados en las lagunas de la matriz, que puede contener fibras intrínsecas (sintetizadas por los cementoblastos) y fibras extrínsecas (sintetizadas por los fibroblastos del ligamento periodontal). Se puede distinguir entre un cemento acelular de fibras extrínsecas o cemento primario (AEFC) y un cemento de fibras intrínsecas o cemento secundario, acelular o celular (CIFC). El ligamento periodontal une la raíz dental al hueso alveolar. Tiene grupos de fibras principales de colágeno con diferentes orientaciones que surgen del hueso alveolar y se insertan en el cemento. El hueso alveolar es una estructura odontodependiente que forma las paredes del alvéolo dental donde se alojan las raíces del diente. Está formado por tablas alveolares libres, que son las paredes de los lados malar o labial y lingual o palatino, y por tabiques alveolares, que separan las raíces contiguas de diferentes dientes (tabiques interdentales) o del mismo diente (tabiques interradiculares).

Lectura adicional

Arzate H, Zeichner-David M 2021. Cementum proteins beyond cementum. Extracellular Matrix Biomineralization of Dental Structures 10: 157–217.

Berkovitz B K B, Holland G R, Moxham B J 2018a. Alveolar bone. En: Oral Anatomy, Histology & Embryology. 5ª Ed. Elsevier, pp. 237–260.

Berkovitz B K B, Holland G R, Moxham B J 2018b. Cementum. En: Oral Anatomy, Histology & Embryology. 5ª Ed. Elsevier, pp. 195–206.

Berkovitz B K B, Holland G R, Moxham B J 2018c. Development of the root and periodontal ligament. En: Oral Anatomy, Histology & Embryology. 5ª Ed. Elsevier, pp. 402–420.

Berkovitz B K B, Holland G R, Moxham B J 2018d. Periodontal ligament. En: Oral Anatomy, Histology & Embryology. 5ª Ed. Elsevier, pp. 207–236.

Bosshardt D D, Selvig K A 2000. Dental cementum: the dynamic tissue covering of the root. Periodontology 13: 41–75.

Chiego D J 2023a. Cementum. En: Essentials of Oral Histology and Embryology. 6ª Ed. Elsevier, pp. 131–138.

Chiego D J 2023b. Periodontium: Alveolar Process and Cementum. En: Essentials of Oral Histology and Embryology. 6ª Ed. Elsevier, pp. 149–157.

Chiego D J 2023c. Periodontium: Periodontal Ligament. En: Essentials of Oral Histology and Embryology. 6ª Ed. Elsevier, pp. 139–148.

Davidovitch Z, Nicolay O F, Ngan P W, Shanfeld J L 1988. Neurotransmitters, cytokines, and the control of alveolar bone remodeling in orthodontics. Dental Clinics of North America 32: 411–435.

De Jong T, Bakker A D, Everts V, Smith T H 2017. The intricate anatomy of the periodontal ligament and its development: Lessons for periodontal regeneration. Journal of Periodontal Research 52: 965–974.

Fehrenbach M J, Popowics T 2020. Periodontium: Cementum, Alveolar Process, and Periodontal Ligament. En: Illustrated Dental Embryology, Histology, and Anatomy. 5ª ed. Elsevier, pp. 175–196.

Foster B L, Nociti F H, Somerman M J 2022. Development and structure of cementum. En: Dental Cementum in Anthropology, Naji S, Rendu W, Gourichon L Editores. Cambridge University, pp. 46–64.

Gómez de Ferraris M E, Campos Muñoz A 2009. Periodonto de inserción: cemento, ligamento periodontal y hueso alveolar. En: Histología, Embriología e Ingeniería Tisular Bucodental. 3ª ed. Médica Panamericana, pp. 355–392.

Hand A R 2014. Structure and Physiology of the Periodontium. En: Fundamentals of Oral Histology and Physiology, Hand A R and Frank M E Editores. Wiley Blackwell, pp. 115–135.

He W, Fu Y, Yao S, Huang L 2023. Programmed cell death of periodontal ligament cells. Journal of Cellular Physiology 238: 1768–1787.

Hirashima S, Kanazawa T, Ohta K, Nakamura K 2020. Three-dimensional ultrastructure imaging and quantitative analysis of the periodontal ligament. Anatomical Science International 95: 1–11.

Hirashima S, Ohta K, Togo A, Nakamura K 2022. 3D mesoscopic architecture of a heterogeneous cellular network in the cementum-periodontal ligament-alveolar bone complex. Microscopy 71: 22–33.

Iwayama T, Sakashita H, Takedachi M, Murakami S 2022. Periodontal tissue stem cells and mesenchymal stem cells in the periodontal ligament. Japanese Dental Science Review 58: 172–178.

Krstić R V 1991. Digestive Apparatus. En: Human Microscopic Anatomy. An Atlas for Students of Medicine and Biology. Springer Verlag, pp. 161–255.

Martins J F B, Rodrigues C F D, Diogo P et al. 2021. Remodelling compartment in root cementum. Folia Morphologica 80: 972–979.

Nanci A 2013. Periodomtium. En: Ten Cate's Oral Histology. 8ª Ed. Elsevier, pp. 205–232.

O'Dowd G, Bell S, Wright S 2023. Oral tissues. En: Wheater's Functional Histology. Elsevier, pp. 241–252.

Saffar J L, Lasfargues J J, Cherruau M 1997. Alveolar bone and the alveolar process: The socket that is never stable. Periodontology 2000 13: 76–90.

Sokos D, Everts V, de Vries T J 2015. Role of periodontal ligament fibroblasts in osteoclastogenesis: a review. Journal of Periodontal Research 50: 152–159.

Takahashi S, Yamamoto T, Takahashi T, Yawaka Y 2023. Incremental lines in human cellular cementum: A histological study. Journal of Oral Biosciences 65: 55–61.

Ten Cate A R 1996. The role of epithelium in the development, structure and function of the tissues of tooth support. Oral diseases 2: 55–62.

Trujillo A D, DeCasien A R, Janiak M C et al. 2022. A comparative genetic analysis of acellular cementum. En: Dental Cementum in Anthropology, Naji S, Rendu W, Gourichon L Editores. Cambridge University, pp. 83–93.

Warshawsky H 1988. The Teeth. En: Cell and Tissue Biology – A Textbook of Histology. Weiss L Editor. 6ª ed. Urban & Schwarzenberg, pp. 594–640.

Wen X Y, Pei F, Jin Y, Zhao Z H 2025. Exploring the mechanical and biological interplay in the periodontal ligament. International Journal of Oral Science 17: 23.

Yamamoto T, Hasegawa T, Hongo H, Amizuka N 2019. Alternating lamellar structure in human celular cementum and rat compact bone: Its structure and formation. Journal of Oral Biosciences 61: 105–114.

Erupción dental 22

Qué aprenderás en este capítulo

En este capítulo estudiarás cómo erupcionan los dientes primarios y permanentes, qué mecanismos están implicados en los movimientos dentales y qué fases se pueden distinguir en la erupción dental. Terminarás aprendiendo cómo se produce el remplazo de los dientes primarios por los permanentes, gracias a la resorción de la raíz (rizoclasia) y a la caída de los dientes primarios (exfoliación).

22.1 Nociones generales

A. Como se ha indicado en capítulos anteriores, en el ser humano existen dos tipos de denticiones:
   1. **Dentición primaria, temporal, decídua o de leche**.
      a. Aparece después del nacimiento, durante la **primera infancia**.
      b. Está formada por veinte piezas, ordenadas por hemiarcada en dos **incisivos**, un **canino** y dos **molares**.
   2. **Dentición permanente**.
      a. Aparece progresivamente durante la **segunda infancia** y la **pubertad**.
      b. Está formada por treinta y dos piezas. Por hemiarcada, se trata de dos **incisivos**, un **canino**, dos **premolares** y tres **molares**.
      c. Como se ha indicado en el capítulo 13, se pueden considerar dos tipos de dientes permanentes:
         (1) **Dientes de remplazo**.
            (a) Algunos dientes permanentes remplazan a los dientes primarios, que se caen debido a la pérdida de su raíz (**rizoclasia**).
            (b) Son dientes de remplazo los incisivos, caninos y premolares, que se forman a partir de la **lámina de sucesión**.

F.J. Sáez, I. Badiola, *Histología Bucal Básica*,
https://doi.org/10.1007/978-3-032-24363-8_22

(2) **Dientes de incremento**.
(a) Otros dientes permanentes surgen en nuevas posiciones posteriores a los dientes primarios, debido al crecimiento de los maxilares, y no remplazan a otros dientes.
(b) Los dientes de incremento son los molares, que se forman a partir de la **lámina de incremento**, que se produce por el crecimiento hacia atrás de la lámina general.

B. La existencia de dos denticiones nos convierte en seres **difiodontos** (del griego antiguo διπηυοσ diphyos 'duplicado').

C. El remplazo de los dientes primarios por los permanentes puede durar hasta seis años.
1. Cada diente nuevo se desarrolla en distinto momento y cada diente primario sustituido es exfoliado en distinto momento.
2. Durante este periodo puede haber dientes primarios conviviendo con dientes permanentes. A esto se le llama **dentición mixta**.

D. Los procesos de **erupción** de un diente primario y un diente permanente son similares. La diferencia reside en que para que se produzca la erupción del diente permanente es necesaria la **exfoliación** del diente primario.

22.2 Mecanismo de erupción

A. Durante la erupción dental, el diente migra desde el interior del maxilar y hace su aparición en la cavidad bucal. En este proceso se produce el movimiento del diente, pero también se producen cambios histológicos y el desarrollo de algunas estructuras.

B. La erupción es un proceso complejo y se han propuesto varios mecanismos para explicarlo:
1. **Crecimiento y desarrollo de la raíz**.
a. El crecimiento de la raíz elevaría la pieza dental hacia la cavidad bucal.
b. Aunque este mecanismo parece lógico, cuando se extirpan experimentalmente las raíces a dientes en crecimientos estos son capaces de erupcionar.
2. **Remodelación ósea y desarrollo del hueso alveolar**.
a. Durante la erupción dental se modifica el hueso próximo al diente. Algunos autores han propuesto que el depósito de hueso nuevo empujaría o desplazaría el diente.
b. Parece poco probable que este mecanismo influya en la erupción.
(1) Se ha comprobado que durante la erupción predomina más la resorción que la aposición de hueso, por lo que parece difícil de explicar que el hueso lleve al diente hasta la cavidad bucal.
(2) Durante la erupción del diente permanente, se elimina hueso para abrir un canal que le permita salir de la **canastilla ósea**. En algunos experimentos se ha comprobado que este canal se abre, aunque previamente se haya extirpado el diente, por tanto, el hueso no se reabsorbe por la presión del diente en ascenso, sino de forma independiente.

3. **Presión del conjuntivo periodontal.**
   a. Esta presión sería debida al aumento de volumen por aporte vascular al **líquido intersticial**.
   b. Cuando se elimina un diente no erupcionado y se sustituye por una pieza de metal o silicona, esta erupciona con normalidad.
   c. Durante la erupción, el folículo dental y el periodonto que se produce a partir de él presentan **capilares fenestrados**, lo que podría producir un aumento de la presión hidrostática en el tejido periodontal.
   d. También se ha descrito que, durante la erupción dental, el periodonto posee diferentes composiciones de **proteoglicanos** y **glicosaminoglicanos**, que pueden por tanto influir en la hidratación del tejido.
4. **Tracción del conjuntivo periodontal**. Esta tracción podría deberse a dos causas:
   a. La formación de nuevas **fibras colágenas**. Se ha propuesto que las fibras colágenas podrían tener actividad contráctil, pero esto no se ha demostrado. Si se tratan los dientes en erupción con fármacos que impiden la formación de fibras colágenas, la erupción se produce con normalidad, lo que indica que la tracción por fibras colágenas no tiene un papel esencial.
   b. La actividad contráctil de los **fibroblastos**. No hay muchas evidencias que apoyen esta idea.
      (1) Es posible que los fibroblastos o **miofibroblastos** puedan contraerse y transmitir esta contracción a las fibras colágenas.
      (2) También se ha sugerido que la migración de estas células realiza algún tipo de tracción del diente.

C. No se han encontrado pruebas definitivas que apoyen uno u otro de los mecanismos anteriores. Sí parece claro que:
   1. La erupción se debe fundamentalmente a la acción del folículo dental y sus derivados (periodonto).
   2. Es un proceso multifactorial.
   3. De alguna manera intervienen los fibroblastos y la presión hidrostática del ligamento periodontal.

D. Por tanto, podemos asumir que la erupción es un proceso complejo en el que pueden intervenir todos estos mecanismos en mayor o menor medida.

E. No se conoce tampoco cómo está regulada la erupción dental. Se sabe que es un proceso con una regulación compleja, pues durante la erupción se tienen que coordinar destrucción de tejidos y formación de tejidos.

F. Se ha comprobado que el proceso de erupción puede estar regulado por **hormonas**, por ejemplo:
   1. **Tiroxina**, producida por la **glándula tiroides**.
   2. **Hidrocortisona**, producida por la zona fasciculada de la glándula suprarrenal.

G. Por otra parte, se han identificado varias moléculas que pueden estar implicadas en la regulación de la erupción, aunque los datos disponibles son escasos todavía:
   1. Factor de crecimiento epidérmico (EGF).
   2. Factor de crecimiento transformante β1 (TGF-β1).

3. Factor de crecimiento transformante α(TGF-α).
4. Proteína morfogenética ósea 2 (BMP-2).
5. Factor estimulante de colonias 1 (CSF-1).
6. Interleucina 1α (IL-1α).
7. Factor nuclear κB (NF κB).
8. C-Fos.
9. Proteína quimiotáctica de monocitos 1 (MCP-1).
10. Proteína relacionada con la hormona paratiroidea (PTHrP).

H. El proceso de erupción dental conlleva la **remodelación del hueso**, para lo cual es necesario reclutar **monocitos** de la sangre para que se activen y se conviertan en osteoclastos. Es un proceso complejo, con muchas moléculas implicadas en su regulación, que de manera sencilla se produce así:
   1. Comienza en el **germen dental** con la producción en el retículo estrellado de **IL-1α, TGF-β1** y **PTHrP**.
   2. Estas moléculas inducen a las células del **folículo dental** a secretar **CSF-1, MCP-1, c-Fos** y **NF κB**.
   3. A su vez, esto estimula la acumulación de **monocitos** en el folículo dental y su fusión para formar **osteoclastos**.

22.3 Movimientos del diente durante la erupción

A. Existen varios movimientos básicos cuya combinación produce la erupción dental. Estos movimientos son (fig. 22.1):
   1. **Movimiento de traslación**. Es un movimiento horizontal del diente.
   2. **Movimiento axial o vertical**. Generalmente hacia el plano oclusal.

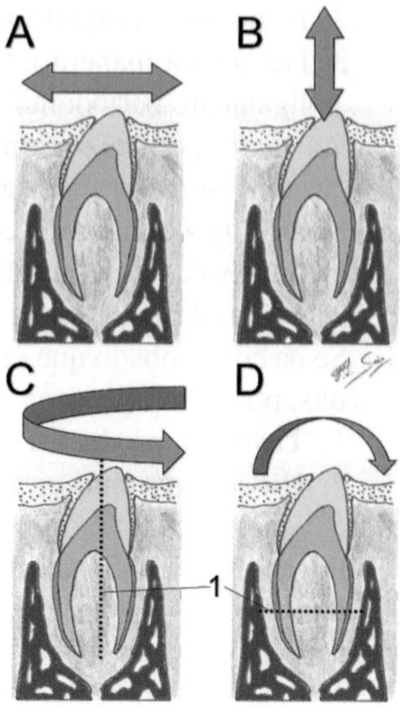

Figura 22.1 Movimientos de un diente. Las flechas señalan la dirección de los movimientos de traslación (**A**), axial o vertical (**B**), de rotación (**C**) y de inclinación (**D**). Cuando existe un eje de rotación está indicado con la línea discontinua (1). En el caso de los movimientos de inclinación (**D**), el eje de rotación está en el fulcro

3. **Movimiento de rotación**. Movimientos de giro alrededor del eje vertical del diente.
4. **Movimiento de inclinación**. Movimientos alrededor del *fulcrum*.

B. Estos movimientos se pueden producir antes de la erupción, durante la erupción y después de la erupción.

C. Los movimientos más visibles son los producidos durante la erupción, pero el diente puede seguir desplazándose durante toda su vida.

22.4 Erupción dental

A. Para estudiar la erupción dental se puede dividir esta en tres etapas (véase la fig. 20.4 del capítulo 20):

B. **Etapa preeruptiva**.

1. Cuando los dientes comienzan a formarse en el embrión son pequeños y tienen mucho espacio disponible. Hasta que se produce la erupción, los gérmenes dentales crecen y necesitan más espacio, pero los maxilares se alargan y los dientes se desplazan para acomodarse a los huesos en desarrollo.
2. Los gérmenes dentales se encuentran rodeados del hueso maxilar, que forma una **canastilla ósea**.
   a. En los esbozos de los **dientes primarios**, la corona está parcialmente rodeada por la canastilla ósea y separada del **epitelio bucal** por tejidos blandos (**tejido conjuntivo**).
   b. En los esbozos de los **dientes permanentes**, las canastillas óseas rodean completamente la corona, salvo un orificio en la posición oclusal llamado **canal gubernacular o *gubernaculum dentis***, que contacta con la lámina propia de la encía.
3. En los dientes permanentes, la fase preeruptiva dura muchos años y durante este periodo los gérmenes dentales sufren muchos movimientos (fig. 22.2).
   (1) **Dientes de remplazo**:
      (a) Se sitúan en posición lingual con respecto a sus predecesores y en la misma canastilla ósea.
      (b) A partir de aquí sufren movimientos y hay cambios relativos de posición debidos también al crecimiento mandibular.
      (c) Al final de esta fase:
         1. Los **incisivos** y **caninos** se sitúan en posición lingual con respecto a los dientes primarios, en sus propias canastillas óseas.
         2. Los **premolares**, que al principio están situados próximos al área oclusal del diente primario, pasan a situarse debajo de los molares primarios, entre sus raíces, que poseen forma divergente.
   (2) **Dientes de incremento**:
      (a) Se forman a partir de la **lámina de incremento**, que se desarrolla cuando lo permite el crecimiento de la mandíbula.
      (b) Cuando estos dientes empiezan a formarse, la falta de espacio hace que se encuentren inclinados.

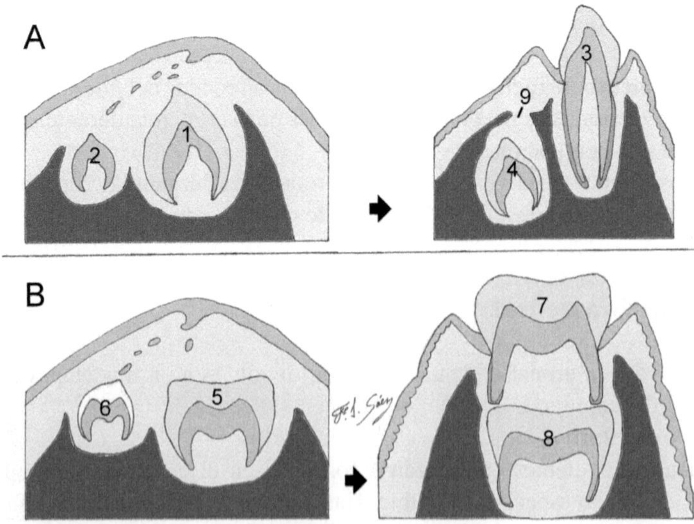

Figura 22.2 Movimientos de desplazamiento relativos entre un incisivo deciduo y el incisivo permanente (**A**) y entre un molar deciduo y un premolar permanente (**B**). 1, esbozo del incisivo deciduo; 2, esbozo del incisivo permanente; 3, incisivo deciduo; 4, incisivo permanente preparado para hacer erupción; 5, esbozo del molar deciduo; 6, esbozo del premolar permanente; 7, molar deciduo con raíces divergentes; 8, premolar permanente preparado para hacer erupción; 9, *gubernaculum dentis*. Las flechas indican el progreso del proceso de desarrollo

(c) Con el tiempo, el crecimiento maxilar permite que el diente vaya adoptando una posición vertical.

4. Las canastillas óseas se modifican durante esta fase para adaptarse a los cambios de posición de los dientes. No se sabe si la remodelación del hueso se produce como una adaptación a los movimientos dentales, o si la remodelación del hueso es la responsable de los movimientos de los dientes.

C. **Etapa eruptiva prefuncional.**
1. Esta etapa abarca la erupción del diente y está caracterizada por:
   a. La formación de la raíz.
   b. La destrucción de tejidos situados sobre el diente (el órgano del esmalte y la canastilla ósea).
   c. La formación del periodonto de inserción (cemento, ligamento periodontal y hueso alveolar).
2. La formación de la raíz se produce a partir de la **vaina epitelial de Hertwig** (el proceso se ha estudiado en el capítulo dedicado a la odontogénesis).
   a. Esta vaina tiene una **función inductora** (induce la formación de odontoblastos) y una **función modeladora**, ya que determina la forma de la raíz.
   b. El crecimiento de la raíz va acompañado del aumento de longitud del diente y del consiguiente desplazamiento de la corona hacia la superficie de la mucosa bucal.

c. Sin embargo, aunque puede parecer algo obvio, no está claro que el crecimiento de la raíz provoque la erupción dental.
3. Durante la erupción dental, se produce la modificación de los tejidos situados sobre el diente.
   a. El conjuntivo del *gubernaculum dentis* posee fibras que parecen dirigirse hacia la mucosa. El hueso que rodea dicho canal se reabsorbe para permitir el paso de la corona dental, formando una vía de erupción, en la cual aparecen **macrófagos** que liberan sustancias que degradan el tejido conjuntivo (**desmólisis**).
   b. El órgano del esmalte se convierte en el **epitelio reducido**.
      (1) Las células de la parte superior del epitelio reducido del esmalte proliferan hacia el tejido conjuntivo.
      (2) Se cree que estas células secretan enzimas que realizan **desmólisis**, lo que permite que el epitelio reducido se vaya aproximando al epitelio bucal.
   c. Los **fibroblastos** del conjuntivo situados entre el diente y el epitelio bucal dejan de sintetizar fibras colágenas, sintetizan **hidrolasas** y reabsorben los materiales degradados. Finalmente, sus núcleos se hacen picnóticos y mueren.
   d. Para terminar, se produce la fusión de los epitelios reducido y bucal, que forman el **periodonto de protección**.
      (1) A continuación, se produce **necrosis** por **isquemia** en la zona central de la región fusionada. La muerte de esas células produce un orificio por el que comienza a brotar el diente.
      (2) La zona fusionada del epitelio reducido y epitelio bucal, con la lámina propia subyacente, forman la **unión dentogingival**.
4. Otro proceso que tiene lugar es la formación del **periodonto de inserción**.
   a. En el folículo dental se desarrollan **cementoblastos**, **fibroblastos** y **osteoblastos**, que producen respectivamente cemento, ligamento periodontal y hueso alveolar.
   b. La formación del ligamento periodontal es compleja:
      (1) Primero se produce un tejido conjuntivo con fibrillas sin orientación definida, que se denomina **membrana periodontal**.
      (2) Después se van formando los grupos de **fibras principales**. Las primeras fibras principales aparecen cuando la raíz no ha comenzado a desarrollarse y forman fibras del área cervical.
      (3) Cuando la raíz crece, aparecen nuevos haces de fibras principales que surgen de la superficie de la raíz.
      (4) Cuando el diente hace oclusión, estos haces de fibras adquieren la organización definitiva del periodonto adulto.
      (5) En el extremo apical de la raíz se forma el llamado **ligamento en hamaca o membrana limitante de la pulpa**, formado por fibras entrelazadas de la papila dental, el folículo dental y el periodonto en formación. Este ligamento en hamaca se sitúa en un plano sobre el que se sustenta la raíz en crecimiento.

(6) Las fibras del ligamento periodontal se remodelan constantemente, lo que puede colaborar en la tracción del diente.

D. **Etapa eruptiva funcional o posteruptiva**.
1. Es una fase muy prolongada en el tiempo, ya que comprende todos los movimientos desde la eclosión hasta la pérdida del diente.
2. Son movimientos más lentos que pueden tener tres funciones:
   a. **Acomodación al crecimiento maxilar**.
      (1) Estos movimientos se producen hasta el final del crecimiento, al llegar a la edad adulta.
      (2) Para adaptarse al crecimiento del maxilar se producen remodelaciones de los huesos alveolares y del ápice dental.
      (3) Son más frecuentes en los individuos jóvenes, de 14 a 18 años, y se producen antes en las mujeres que en los hombres.
   b. **Compensación del desgaste oclusal por atrición**.
      (1) Durante toda su vida, el diente se desgasta en su **cara oclusal** debido al roce con los dientes con los que se enfrenta.
      (2) Para compensar la pérdida de esmalte en la cara oclusal, el diente sufre **movimientos axiales** que lo elevan de su alvéolo.
      (3) Estos movimientos se acompañan de la aposición de **cemento** en la raíz que compensa la pérdida de material dental en el plano oclusal o proximal.
   c. **Compensación del desgaste interproximal por atrición**.
      (1) Los dientes sufren un desgaste en los puntos de contacto con los dientes vecinos en sus caras proximales.
      (2) Normalmente, este desgaste se compensa con la **deriva mesial** de los dientes, que hace que cada diente se aproxime a su vecino anterior.
      (3) Estos movimientos son importantes durante la práctica de tratamientos de ortodoncia.
3. Se han propuesto varios mecanismos que podrían ser los responsables de los desplazamientos que producen la **deriva mesial** de los dientes:
   a. Los dientes suelen estar inclinados en dirección mesial, y esto causa una fuerza en esa dirección.
   b. La oclusión dental causa unas fuerzas dirigidas hacia adelante, que empujarían los dientes.
   c. Las fibras del **ligamento gingival**, especialmente las **fibras transeptales** que van de un diente al vecino, realizan una fuerza de atracción de los dientes.
   d. La lengua y las mejillas presionan y empujan a los dientes.
   e. Se deposita hueso alveolar en la parte distal de los alvéolos dentales, lo que empuja al diente en dirección mesial.
4. Hay datos que apoyan y contradicen cada uno de estos mecanismos. Probablemente, la deriva mesial tenga un origen multifactorial.

22.5 Remplazo de la dentición primaria

A. La erupción de los dientes de remplazo conlleva la pérdida y sustitución de sus correspondientes dientes primarios. Los dientes primarios se pierden por un proceso llamado **exfoliación** (del latín exfoliāre 'deshojar').

B. Para que el diente caiga, es necesario primero que se produzca la resorción de su raíz y del periodonto que lo sostiene. La pérdida de la raíz se denomina **rizoclasia** (de los términos griegos ῥιζο rizo, 'raíz' y κλάστης klástēs, 'que rompe').
   1. La rizoclasia se produce por la presión del diente permanente en crecimiento.
   2. No es un proceso continuo, ya que puede haber periodos de actividad y de reposo alternos.

C. La exfoliación se produce de forma casi simétrica en los lados derecho e izquierdo de la boca y normalmente se pierden antes los dientes mandibulares que los del maxilar superior, con la excepción de los cuatro segundos molares, que se pierden simultáneamente.

D. En las mujeres, la exfoliación suele producirse antes que en los varones.

E. Existen diferencias en la exfoliación de los distintos tipos de diente:
   1. Los **incisivos** y **caninos** permanentes erupcionan en una posición lingual con respecto a sus correspondientes piezas deciduas, y ello provoca la destrucción de la raíz, pero gran parte de la cámara pulpar del diente primario permanece intacta.
   2. Los **premolares** permanentes se desarrollan entre las raíces de los molares primarios, y el proceso de exfoliación de las raíces de estos últimos provoca también la destrucción de dentina interrradicular, de parte de la pulpa dental y, en ocasiones, de parte de la dentina coronaria y de esmalte.

F. La rizoclasia y la exfoliación pueden estar estimuladas por la presión que ejerce la pieza de remplazo.
   1. De hecho, si por alguna causa no se ha desarrollado un diente de remplazo, no se produce rizoclasia del diente deciduo.
   2. Una vez que comienza la rizoclasia y el diente primario comienza a perder sujeción, la presión producida por la **masticación** puede incrementar la actividad de resorción de las raíces.

G. La resorción la realizan los **odontoclastos o cementoclastos**.
   1. Son células aparentemente idénticas a los osteoclastos y se producen, como ellas, por la fusión de **monocitos**. Por tanto, pertenecen al **sistema fagocítico mononuclear**.
   2. Los odontoclastos son multinucleados, con un citoplasma muy vacuolado. Estas células se adosan a la superficie de cemento y dentina y degradan estos materiales. En la superficie que contacta con los tejidos dentales, la membrana plasmática presenta numerosas invaginaciones que forman un **borde en cepillo o fruncido**. Esta estructura es la típica de los osteoclastos.

H. Durante la exfoliación también se desorganiza el periodonto.

1. Se produce una detención de la síntesis de colágena y otras moléculas de la matriz extracelular.
2. Se liberan las fibras insertadas en el hueso y el cemento (**fibras de Sharpey** y **fibras perforantes**). La pérdida de fibras se produce con rapidez.
3. Los fibroblastos mueren, unos probablemente en respuesta a daños producidos en el tejido, otros por mecanismos de **apoptosis**.

I. Se produce un descenso del **epitelio de unión**, lo que provoca un aumento en la movilidad del diente y facilita su caída.

J. También se producen cambios en la **pulpa dental**, que se atrofia. Este proceso es indoloro pero no se conoce bien cómo se produce.

K. La consecuencia final es que el diente queda suelto por degradación de la raíz y de todos los tejidos periodontales. Así, a medida que se produce la exfoliación del diente primario, queda libre el camino para la erupción del diente de remplazo.

Lo que hay que recordar

Los seres humanos son difiodontos, ya que tienen una dentición primaria que es sustituida por una dentición permanente, compuesta por dientes de remplazo y dientes de incremento. Se han propuesto cuatro mecanismos para explicar los movimientos del diente en erupción: crecimiento de la raíz, desarrollo del hueso alveolar, presión del tejido conjuntivo periodontal y tracción del tejido conjuntivo. Los dientes pueden tener movimientos de traslación, axiales, de rotación y de inclinación. A lo largo de la vida del diente, hay tres etapas relacionadas con la erupción: preeruptiva, eruptiva prefuncional y eruptiva funcional o posteruptiva. Durante la sustitución de la dentición primaria se produce la rizoclasia o reabsorción de la raíz del diente primario, lo que permite que el diente se exfolie o se caiga para facilitar la erupción del diente permanente.

Lectura adicional

Berkovitz B K B, Holland G R, Moxham B J 2018. Development of the dentitions. En: Oral Anatomy, Histology & Embryology. 5ª Ed. Elsevier, pp. 421–441.

Chiego D J 2023. Eruption and Shedding of the Teeth. En: Essentials of Oral Histology and Embryology. 6ª Ed. Elsevier, pp. 75–87.

Fehrenbach M J, Popowics T 2020. Tooth Development and Eruption. En: Illustrated Dental Embryology, Histology, and Anatomy. 5ª ed. Elsevier, pp. 52–76.

Gómez de Ferraris M E, Campos Muñoz A 2009. Erupción dentaria. En: Histología, Embriología e Ingeniería Tisular Bucodental. 3ª ed. Médica Panamericana, pp. 393–410.

Hand A R 2014. Tooth Eruption and Shedding. En: Fundamentals of Oral Histology and Physiology, Hand A R y Frank M E Editores. Wiley Blackwell, pp. 136–148.

Harakopakis-Hajishengallis, E 2007. Physiologic root resortion in primary teeth: molecular and histological events. Journal of Oral Science 49: 1–12.

Jacobson A 1983. The physiology of tooth eruption. Birth Deffects-Original Article Series 19: 67–82.
Kardos T B 1996. The mechanism of tooth eruption. British Dental Journal 181: 91–95.
King R 1997. Mechanism of tooth eruption. British Dental Journal 182: 49–49.
Kirilov B 2023. Complex view of the eruption of the permanent teeth. Journal of IMAB 29: 5178–5181.
Makino Y, Fujikawa K, Matsuki-Fukushima M et al. 2021. Role of innate inflammation in the regulation of tissue remodeling during tooth eruption. Dentistry Journal 9: 7.
Marks S C 1987. Tooth eruption – The regulation of a localized, bilaterally symmetrical metabolic event in alveolar bone. Scanning Microscopy 1: 1125–1133.
Marks S C, Schoeder H E 1996. Tooth eruption: Theories and facts. Anatomical Record 245: 374–393.
Nanci A 2013. Physiologic Tooth Movement: Eruption and Shedding. En: Ten Cate's Oral Histology. 8ª Ed. Elsevier, pp. 233–252.
Sasak T, Motegi N, Suzuki H et al. 1988. American Journal of Anatomy 183: 303–315.
Suda N 2022. Role of reduced enamel epithelium in root resorption. Journal of Oral Biosciences 64: 43–48.
Wang X P 2013. Tooth eruption without roots. Journal of Dental Research 92: 212–214.
Warshawsky H 1988. The Teeth. En: Cell and Tissue Biology – A Textbook of Histology. Weiss L Editor. 6ª ed. Urban & Schwarzenberg, pp. 594–640.
Wise G E 1998. The biology of tooth eruption. Journal of Dental Research. 77: 1576–1579.
Wise G E 2009. Cellular and molecular basis of tooth eruption. Orthodontics & Craniofacial Research 12: 67–73.
Wise G E, King G J 2008. Mechanisms of tooth eruption and orthodontic tooth movement. Journal of Dental Research 87: 414–434.
Wise G E, Frazier-Browers S, D'Souza R N 2002. Cellular, molecular, and genetic determinants of tooth eruption. Critical Reviews in Oral Biology & Medicine 13: 323–334.
Yamaguchi T, Hosomichi K, Shirota T, et al. 2022. Primary failure of tooth eruption: Etiology and management. Japanese Dental Science Review 58: 258–267.
Yao E H, Du J H, Jiang X Q 2024. Tooth root development and homeostasis during eruptive and post-eruptive movement. Chinese Journal of Dental Research 29: 273–289.
Yu Y, Cui C, Guan S Y et al. 2021. Function of orofacial stem cells in tooth eruption: An evolving perspetiva. Chinese Journal of Dental Research 24: 143–152.

Dientes primarios 23

Qué aprenderás en este capítulo
Las características de los dientes que hemos visto en los capítulos previos se refieren principalmente a los dientes permanentes. Aunque los dientes primarios son similares a los dientes permanentes, en este capítulo estudiarás algunas características diferenciales.

23.1 Denticiones humanas

A. El ser humano es un animal **difiodonto** porque presenta una **dentición primaria** y una **dentición permanente**, que sustituye a la primaria.
   1. Los **dientes primarios, decíduos, temporales, caducos o de leche** aparecen durante la primera infancia, normalmente desde los seis meses de edad hasta los tres años.
   2. A partir de los seis años, se produce paulatinamente la **exfoliación** o pérdida de los dientes primarios y su sustitución por los **dientes permanentes**.

B. Los dientes primarios se diferencian de sus equivalentes dientes permanentes en varios aspectos (fig. 23.1), que se detallan en los siguientes apartados. Algunas diferencias influyen a la hora de decidir un tratamiento odontológico.

F.J. Sáez, I. Badiola, *Histología Bucal Básica*,
https://doi.org/10.1007/978-3-032-24363-8_23

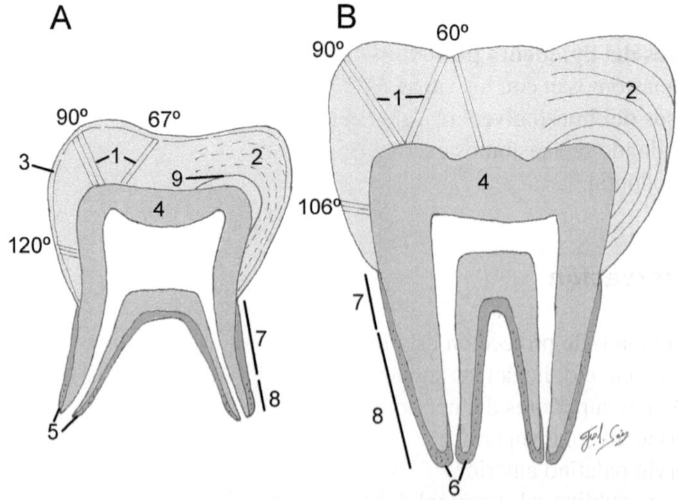

Figura 23.1 Principales diferencias entre un diente primario (**A**) y un diente permanente (**B**). 1, prismas del esmalte; 2, estrías de Retzius; 3, esmalte avarillar o aprismático. 4, dentina; 5, cemento que no se deposita en el foramen apical; 6, cemento que se deposita en el foramen apical; 7, cemento acelular; 8, cemento celular; 9, línea neonatal del esmalte. Se indican los ángulos que forman las varillas del esmalte (UEBE) con la superficie

23.2 Tamaño y forma de los dientes

A. Los dientes primarios son más pequeños que sus correspondientes en la dentición permanente. Esto es evidente especialmente en sentido vertical (eje oclusal-apical).
   1. **Corona**: los dientes primarios tienen coronas más pequeñas, más bajas y más redondeadas. Los bordes incisales de los incisivos poseen forma de **flor de lis**.
   2. **Raíz**: En general, las raíces son más cortas.
      a. La raíz de dientes unirradiculares es acintada, mientras que en los dientes permanentes son tubulares.
      b. Las raices de los molares son **divergentes**, se bifurcan cerca de la región cervical y se curvan para alojar los primordios de los premolares permanentes. Esto dificulta al dentista el acceso mecánico a estas zonas.
      c. Además, se puede producir un crecimiento irregular de dentina secundaria que forma puentes que dificultan la realización de endodoncias.

B. Forma de los dientes:
   1. Incisivos y caninos deciduos tienen formas similares a los incisivos y caninos permanentes que les remplazan respectivamente, salvo las diferencias ya señaladas.

2. Los molares deciduos difieren de los premolares permanentes que los sustituyen. Los molares deciduos tienen coronas con un **diámetro mesiodistal** mayor que las de los premolares permanentes.

C. Las **cavidades pulpares** son relativamente grandes cuando se comparan con las de los dientes permanentes.
   1. Tienen **cuernos pulpares** bien desarrollados y amplios **conductos radiculares**.
   2. Los **conductos accesorios** se originan en la zona de bi o trifurcación de las raíces, mientras que en los dientes permanentes se producen en el tercio apical.

23.3 Desarrollo

A. Los dientes primarios se desarrollan con más rapidez que los permanentes. Además, su vida es más corta y termina con la **rizoclasia** a la que sigue la **exfoliación**.

B. El proceso de **mineralización** comienza antes del nacimiento:
   1. Por este motivo, esmalte y dentina suelen tener una **línea incremental neonatal** muy marcada que se produce en el momento del nacimiento.
   2. Esto implica que los dientes primarios pueden verse afectados por **alteraciones sistémicas prenatales**. En cambio, los dientes permanentes se ven más afectados por anomalías postnatales.

23.4 Propiedades físicas y químicas

A. La mayor parte de los **tejidos duros** del diente, como el esmalte y la dentina, son más delgados en los dientes deciduos que en sus correspondientes dientes permanentes.
   1. Probablemente por ello, el esmalte y la dentina son más **permeables** en los dientes primarios que en los permanentes.
   2. No obstante, en algunos casos la dentina es menos permeable porque tiene menos **túbulos dentinarios**.

B. Por otra parte, la composición de los tejidos minerales del diente es similar a la de los mismos tejidos en los dientes permanentes.
   1. En general, hay que suponer que el **grado de mineralización** es algo menor.
   2. Sin embargo, existen estudios contradictorios, ya que algunos detectan niveles menores de ciertos minerales, mientras que otros estudios señalan niveles semejantes de los mismos elementos.
   3. Sí parece que hay niveles diferentes de **oligoelementos**. Así, en el esmalte:
      a. Hay menos Berilio (Be), Litio (Li) y Estroncio (Sr).
      b. Hay más Cobre (Cu), Vanadio (V) y Cadmio (Cd).

C. Pese a tener una composición similar, tanto el esmalte como la dentina suelen ser tejidos algo menos duros en los dientes de leche que en los dientes permanentes. Esto conlleva que el diente primario sea menos opaco a los **rayos X**.
D. Los dientes de leche y los permanentes también difieren en el **color**. El diente primario es blanco azulado o grisáceo, mientras que el diente permanente suele ser blanco amarillento.

23.5 Esmalte

A. La organización histológica del esmalte es igual que la de los dientes permanentes
B. No obstante, podemos señalar las siguientes peculiaridades:
   1. Suele haber **esmalte aprismático** en toda la superficie de la corona. En consecuencia, las varillas del esmalte nunca llegan a la superficie del diente.
   2. Las **UEBE o varillas del esmalte** poseen forma de gota de agua en corte transversal, frente a la típica forma de ojo de cerradura antigua.
   3. La orientación de las UEBE es distinta a la de las varillas de los dientes permanentes en cada región de la corona:
      a. Parte profunda de fosas y fisuras de las caras oclusales. Aquí se producen ángulos agudos de 67–70°, frente a los ángulos de 60° de las UEBE de los dientes permanentes.
      b. Cúspides. Aquí, tanto los dientes primarios como los permanentes presentan UEBE con ángulos rectos (90°).
      c. Tercio gingival. En esta región, las UEBE forman ángulos obtusos de 120°, a diferencia de los dientes permanentes que tienen ángulos de 106°.
   4. No hay **estrías de Retzius** prenatales, ya que el esmalte que se produce en este periodo es muy homogéneo. La **línea neonatal**, grande y oscura, separa el esmalte prenatal del postnatal, el cual sí posee estrías de Retzius poco marcadas.
   5. Debido al escaso desarrollo de las estrías de Retzius y a la presencia de esmalte aprismático superficial, no se observan periquimatías ni líneas de imbricación. Sólo se aprecian **periquimatías** en el esmalte cervical del segundo molar deciduo.
   6. **Laminillas o microfisuras**. Son abundantes y pueden llegar a la cavidad pulpar, lo que facilita la entrada de bacterias.
   7. **Husos adamantinos** y **túbulos dentinarios remanentes**. Se encuentran en mayor proporción en la parte de las cúspides. Esto no tiene aparentemente una repercusión en la sensibilidad dental, pues el desarrollo del plexo nervioso es menor en los dientes primarios.
   8. Existen **bandas de Hunter-Schreger**. En los dientes anteriores se encuentran en las superficies incisales, en los molares están en el tercio medio y cervical.

23.6 Dentina

A. La dentina tiene una organización histológica básica similar a la de los dientes permanentes.
B. Sin embargo, existen algunas diferencias o características específicas en los dientes primarios:
   1. **Túbulos dentinarios.**
      a. Su tamaño y número es similar al de los dientes permanentes, pero parece que, al menos en los molares, hay menos túbulos, con menor densidad.
      b. Los túbulos dentinarios se ramifican dicotómicamente en la porción terminal.
      c. Existen **túbulos dentinarios gigantes** con fibras colágenas de tipo I y III, pero sin procesos odontoblásticos. Las fibras de colágena tipo III parecen proceder de las fibras de von Korff.
      d. En la región cervical puede haber túbulos rectilíneos, mientras que en los dientes permanentes son curvos.
   2. La **dentina interglobular o espacios de Czermack** es escasa o no hay.
   3. En las piezas multirradiculares puede haber defectos estructurales, como fisuras u oquedades incompletas a partir de la cámara pulpar (**líneas de receción**).

23.7 Pulpa dental

A. La pulpa dental es relativamente abundante, ya que la cavidad pulpar es grande si se tiene en cuenta el menor tamaño del diente.
B. Teniendo en cuenta que la vida de un diente primario es más corta que la de un diente permanente, la pulpa dental no alcanza una organización histológica tan desarrollada como lo hace en los dientes permanentes.
C. Durante el desarrollo de la raíz, la pulpa es muy celular, pero luego disminuye el número de células y aumenta la concentración de fibras hasta la exfoliación.
D. En general, las zonas histológicas observadas en la pulpa son las mismas que en un diente permanente, pero no siempre son distinguibles:
   1. Los odontoblastos forman una estructura de **aspecto pseudoestratificado** debido a la variedad de disposición de sus núcleos. El aspecto pseudoestratificado es mayor en la corona, con 5 a 7 estratos, que en la raíz, con sólo 1 o 2 estratos.
   2. La **zona oligocelular de Weil** no es bien visible.
   3. La **zona rica en células** se observa sólo en la zona coronaria y no forma una capa continua. Cuando un diente forma dentina terciaria, puede llegar a desaparecer.
E. En la pulpa de la raíz son muy frecuentes las **anastomosis arteriovenosas**.
F. La corona está más vascularizada en la región media, pero el resto de la pulpa presenta la misma **vascularización**.
G. El grado de **inervación** es menor que en un diente permanente:

1. La región cervical está bastante inervada (nunca como en un diente permanente).
2. Las terminaciones nerviosas son más abundantes en la corona que en la raíz.
3. Parece que los dientes primarios son menos sensibles al dolor que los permanentes.

23.8 Cemento

A. Algunas de las características del cemento en los dientes primarios son:
   1. El cemento sólo tapiza el exterior de la raíz y nunca se introduce por el foramen apical.
   2. En la **unión amelocementaria** se puede observar solapamiento y contacto, pero nunca separación (ver tipos de unión amelocementaria en el capítulo dedicado al esmalte). Por tanto, nunca queda la dentina expuesta al medio circundante.
   3. Existe **cemento celular** y **cemento acelular**. Este último predomina en los dos tercios superiores de la raíz.

23.9 Ligamento periodontal

A. El ligamento periodontal de los dientes deciduos es más ancho que el de los dientes permanentes.

Lo que hay que recordar

Los dientes primarios tienen algunas características que los diferencian de los dientes permanentes. Por lo general, son más pequeños, suelen presentar una línea incremental neonatal marcada, pueden verse gravemente afectados por trastornos sistémicos prenatales y sus molares tienen raíces divergentes. Sus tejidos muestran un grado de mineralización similar al de los dientes permanentes. La superficie suele presentar esmalte aprismático. Las varillas del esmalte suelen mostrar diferentes grados de inclinación que en los dientes permanentes. La dentina puede presentar túbulos gigantes y poca dentina interglobular. La pulpa dental no siempre presenta la zonificación característica de los dientes permanentes y es menos sensible.

Lectura adicional

Agematsu H, Imai R, Sakai T et al. 1988. A scanning electron microscopic study on secondary dentin in deciduous teeth. Shika Gakuho. Dental Science Reports 88: 1333–1345.

Angker L, Swain MV, Kilpatrick N 2003. Mirco-mechanical characterization of the properties of primary tooth dentine. Journal of Dentistry 31: 261–267.

Degen T C, Lang N P, Bosshardt D D 2002. Immunocytochemical characterization of the dentin-cementum interface in deciduous teeth. Journal of Dental Research 81: A440–A440.

Fehrenbach M J, Popowics T 2020. Primary Dentition. En: Illustrated Dental Embryology, Histology, and Anatomy. 5ª ed. Elsevier, pp. 265–274.

Gómez de Ferraris M E, Campos Muñoz A 2009. Dientes primarios. En: Histología, Embriología e Ingeniería Tisular Bucodental. 3ª ed. Médica Panamericana, pp. 411–425.

Hargreave J A, Weatherell J A 1964. Fluoride content of dentin + enamel in human deciduous teeth. Journal of Dental Research 43: 959.

Harris E F, Lease L R 2005. Mesiodistal tooth crown dimensions of the primary dentition: A worldwide survey. American Journal of Physical Anthropology 128: 593–607.

Holbrook I B, Leaver A G 1976. Glycoproteins in dentin of human deciduous teeth. Archives of Oral Biology 21: 509–512.

Isokawa S, Kosakai T, Kajiyama S 1963. Interglobular dentin in deciduous tooth. Journal of Dental Research 42: 831.

Lynch R J M 2013. The primary and mixed dentition, post-eruptive enamel maturation and dental caries: a review. International Dental Journal 63: 3–13.

Mahoney P 2012. Incremental enamel development in modern human deciduous anterior teeth. American Journal of Physical Anthropology 147: 637–651.

Mahoney E, Holt A, Swain M, Kilpatrick N 2000, The hardness and modulus of elasticity of primary molar teeth: an ultra-micro-indentation study. Journal of Dentistry 28: 589–594.

Nina S 2012. Enamel of primary teeth – morphological and chemical aspects. Swedish dental journal Supplement 222: 1–77.

Rodd H D, Boissonade F M 2002. Comparative immunohistochemical analysis of the peptidergic innervation of human primary and permanent tooth pulp. Archives of Oral Biology 47: 375–385.

Rodd H D, Boissonade F M 2005. Vascular status in human primary and permanent teeth in health and disease. European Journal of Oral Science 113: 128–134.

Sabel N 2012. Enamel of primary teeth – morphological and chemical aspects. Swedish Dental Journal 222 Supplement: 1–77.

Salanitri S, Seow W K 2013. Developmental enamel defects in the primary dentition: aetiology and clinical management. Australian Dental Journal 58: 133–140.

Sisca R F, Provenza D V 1972. Initial dentin formation in human deciduous teeth – electron-microscope study. Calcified Tissue Research 9: 1–16.

Soskolne A W, Bimstein E 1989. Apical migration of the junctional epithelium in the human primary dentition as a multifactorial phenomenon. The Journal of Periodontics 13: 239–242.

Sumikawa D A, Strawn S E, Watanabe L G et al. 1996. Microstructure of dentin in deciduous teeth. Journal of Dental Research 75: 1432–1432.

Sumikawa D A, Marshall G W, Gee L, Marshall S J 1999. Microstructure of primary tooth dentin. Pediatric Dentistry 21: 439–444.

Vrbic V, Stupar J, Byrne A R 1987. Trace elements content of primary and permanent tooth enamel. Caries Research 21: 37–39.

Índice

F.J. Sáez, I. Badiola, *Histología Bucal Básica*,
https://doi.org/10.1007/978-3-032-24363-8

B

F

G

H

Q

R

U

V

Batch number: 10614857

Printed by Printforce, the Netherlands